THIEMIG-TASCHENBÜCHER · BAND 63

D1678039

THIEMIG-TASCHENBÜCHER · BAND 63

Nuclear Power Dictionary

English-German

compiled by

E. Brandenberger, Zurich
F. Stattmann, Erlangen

VERLAG KARL THIEMIG · MÜNCHEN

Fachwörter der Kraftwerkstechnik

Teil III · Kernenergie

Englisch-Deutsch

von E. Brandenberger, Zürich
und F. Stattmann, Erlangen

VERLAG KARL THIEMIG · MÜNCHEN

HERAUSGEBER
DER THIEMIG-TASCHENBÜCHER
PROF. DR. DR. E. h. W. HANLE, GIESSEN
PROF. DR. M. POLLERMANN, JÜLICH

ISBN 3-521-06112-4

© 1978 Verlag Karl Thiemig, München, Printed in Germany.
Satz und Druck: Karl Thiemig, Graph. Kunstanstalt und Buchdruckerei AG,
München.

INDEX · INHALT

PREFACE

After the second part of "Fachwörter der Kraftwerkstechnik" had been published in 1973, the users of this dictionary of power plant terminology encouraged the author to compile the counterpart in the English to German version. This dictionary has now been completed. The long preparation period is attributable to the fact that the English-language source literature for this volume is much more comprehensive than the comparable German literature. It became necessary to concentrate on the major nuclear power plant configurations currently being built in English-speaking countries. This "Nuclear Power Dictionary" thus is not simply a "reversal" of the 1973 German-English edition. Instead, the terminology was derived from up-to-date English-language sources without regard to the dictionary structure previously used.

It was a fortunate circumstance that the German author had primarily excerpted literature on pressurized water reactors whereas the Swiss author devoted more attention to boiling water reactor designs. This complementary form of collaboration and the fact that the authors are from two different countries should preclude the hazard of bias.

Fundamentally, the selection of therms followed similar lines to those applied in the first two volumes. The authors attempted to duly consider the current status in the nuclear energy controversy by including terminology related to the fuel cycle, waste storage and processing methods as well as licensing procedures. Although these fields are not directly associated with nuclear power plant technology as such, they have become decisive in nuclear power plant construction projects.

Due to the vast scope of available British and American sources, the terminology volume included in this dictionary has doubled in comparison with the German-English forerunner. A new typographical layout had to be applied to retain the original format without sacrificing readability and convenience.

Twenty years after the publication of "Wörterbuch der Kernenergie" by Franzen-Hardt-Muszynski, a commendable dictionary hardly outdated in its substance, the authors hope to present here a reasonably adequate complement reflecting the latest state of the art, as a useful tool not only to professional translators, but also to the much wider circle of those reading the specialist literature in the English language.

If this dictionary can help to reduce the nuclear energy discussion to concrete terms by making English-language sources more accessible to promoters and opponents of nuclear energy alike, it will certainly serve an additional purpose commensurate with the authors' intentions.

March 1978   *E. Brandenberger, F. Stattmann*

VORWORT

Der 1973 erschienene 2. Teil der »Fachwörter der Kraftwerkstechnik« (Band 48) über die Kernkraftwerke weckte bei vielen Benutzern den Wunsch nach einem entsprechenden Werk in der Sprachrichtung englisch-deutsch. Ein solches Gegenstück wird hiermit vorgelegt. Die im Vergleich zur deutschsprachigen noch wesentlich umfangreichere und für einen einzelnen Bearbeiter noch weniger zu überblickende englischsprachige Fachliteratur bedingte eine besonders lange Vorbereitungszeit und die Beschränkung auf die wichtigsten, derzeit in englischsprachigen Ländern gebauten Kernkraftwerkstypen. Dies um so mehr, als es sich hier um keine »Umstülpung« des Bandes 48 von 1973 handelt. Vielmehr wurde das Wortgut völlig unabhängig davon streng nach englischsprachigen Originalquellen erarbeitet.

Als günstiger Umstand erwies sich, daß der Schwerpunkt des vom schweizerischen Bearbeiter gesammelten Materials beim Siedewasserreaktor lag, während der deutsche Bearbeiter vor allem Literatur über Druckwasserreaktoren ausgewertet hatte. Durch diese glückliche Ergänzung und die Herkunft der beiden Autoren aus zwei verschiedenen Ländern wird weitgehend die Gefahr einer gewissen sachlichen Einseitigkeit vermieden.

Die Prinzipien der Auswahl der aufzunehmenden Termini und ihrer Darbietung sind dieselben wie bei den beiden früheren Bänden. Es wurde der Versuch gemacht, den aktuellen Stand der Kernenergiediskussion durch die Aufnahme der wichtigsten Termini des Brennstoffkreislaufs, der Abfallagerung und -aufbereitung und der Genehmigungsverfahren zu berücksichtigen. Zwar liegen diese Gebiete außerhalb der Kernkraftwerkstechnik im eigentlichen Sinne, sind jedoch für den Kernkraftwerksbau entscheidend geworden. Durch die Reichhaltigkeit der Quellen hat sich der Umfang gegenüber dem deutsch-englischen Band etwa verdoppelt. Dem mußte durch eine veränderte Typographie Rechnung getragen werden, um das Werk noch im Taschenbuchformat zu halten, ohne die Lesbarkeit und damit den Gebrauchswert zu schmälern.

Die Verfasser hoffen, hiermit 20 Jahre nach Erscheinen des auch heute kaum veralteten und vorbildlichen »Wörterbuches der Kernenergie« von Franzen-Hardt-Muszynski eine einigermaßen adäquate Fortschreibung und Ergänzung auf den neuesten Stand, und damit nicht nur den Fachübersetzern, sondern auch dem viel weiteren Kreis von Lesern der englischsprachigen Fachliteratur ein brauchbares Hilfsmittel zu bieten. Sie würden sich vor allem freuen, durch diese Hilfe bei der Erschließung der englischen Original- und Primärliteratur auch für Kernkraftwerksgegner einen kleinen Beitrag zur Versachlichung der Kernenergiediskussion leisten zu können.

März 1978   *E. Brandenberger, F. Stattmann*

Directions for Use

The denotation of grammatical gender is that generally used in dictionaries, namely, *m, f, n, mpl, fpl, npl.*

Explanations are printed in *italics*.

Parts of the German equivalent in brackets may be left out as well. If, however, the word *oder/or* appears between brackets, the following word may replace the last word preceding the brackets.

~ The tilde mark stands for the preceding catchword.

In the German equivalent, the keyword is repeated by its initial followed by a dot.

Hinweise für die Benutzung des Wörterbuches

Die Kennzeichnung des grammatischen Geschlechts entspricht der allgemein in Wörterbüchern üblichen mit *m, f, n, mpl, fpl, npl.*

Nur der Erläuterung dienende Zusätze sind durch *Kursivdruck* kenntlich gemacht.

Klammern um einen Teil des deutschen Äquivalents bedeuten, daß das Eingeklammerte ebensogut auch weglassen werden kann. Steht jedoch zwischen Klammern das Wort *oder,* so kann das folgende Wort an die Stelle des letzten der Klammer vorangehenden Wortes treten.

~ Die Tilde wiederholt den Titelkopf.

In der deutschen Entsprechung wird das Hauptstichwort durch seinen Anfangsbuchstaben mit Punkt wiederholt.

adj.	adjective
AEC	Atomic Energy Commission *(US)* *(extinct; now succeeded by NRC and ERDA)*
AGR	Advanced Gas-cooled Reactor *(UK)*
ANS	American Nuclear Society *(US)*
BE	Brennelement
BWR	boiling water reactor
B & W	Babcock & Wilcox *(US)*
CANDU	Canadian Deuterium-Uranium (Reactor)
CE	Combustion Engineering *(US)*
CEA	control element assembly *(CE PWR)*
CRD(M)	control rod drive (mechanism)
CRFR	Clinch River Fast Reactor *(US)*
DE	Dampferzeuger
DIN	Deutsche Industrienorm
DWR	Druckwasserreaktor
ESF	engineered safety feature
f	Femininum/feminine noun
GB	Great Britain
HKL	Hauptkühlmittelleitung
HTGR	high-temperature gas-cooled reactor
HTR	high-temperature reactor/Hochtemperaturreaktor
HWR	heavy water reactor
ISI	in-service inspection
KKW	Kernkraftwerk
KW	Kraftwerk
LMFBR	liquid-metal fast breeder reactor
LWR	light water reactor
m	Maskulinum/masculine noun
n	Neutrum/neuter noun
PCRV	prestressed concrete reactor vessel
pl	Plural
PWR	pressurized water reactor
RCC	rod cluster control
RCP	reactor coolant pump
RCS	reactor coolant system
RDB	Reaktordruckbehälter
RHR	residual heat removal
RPV	reactor pressure vessel
SAS	Schnellabschaltsystem *(SWR)*
SB	Sicherheitsbehälter
SG	steam generator
SGHWR	Steam Generating Heavy Water Reactor *(UK)*
SWR	Siedewasserreaktor
SYN.	Synonym
UK	United Kingdom
UKAEA	United Kingdom Atomic Energy Authority
US	United States
USAEC	United States Atomic Energy Commission
USNRC	United States Nuclear Regulatory Commission
v	Verb/verb

A

ability to fix fission products
Fähigkeit *f* zum Festhalten von
Spaltprodukten

~ **to function**
Funktionstüchtigkeit *f*

abnormal occurrence abnormes
Vorkommnis *n oder*
Ereignis *n*

~ **operational transients**
anomale Betriebstransienten
fpl

~ **plant conditions** anomale
Betriebsbedingungen *fpl*

abraded coal particle
Kohleabriebpartikel *f (HTR)*

absolute filter Absolutfilter *n*,
m, Feinstfilter

absorbed dose Energiedosis *f*

~ **dose rate** Energie-
dosisleistung *f*

absorber Absorber *m*

gravity-drop ~ Einfall-A. *m*,
durch Schwerkraft
einfallender A.

thermally released ~
thermisch
freigegebener A. *m*

uniformly distributed ~**s**
gleichmäßig verteilte A. *mpl*

~ **alloy** Absorberlegierung *f*

~ **can material** Absorberstab-
Hüllrohrwerkstoff *m*

~ **change** Absorberwechsel *m*

~ **coupling** Absorberkupplung *f*

~ **dose rate** Absorber-
dosisleistung *f*

~ **element** Absorberelement *n*

~ **finger** Absorberfinger *m*
(DWR-Steuerelement)

~ **guide tube**
Absorberführungsrohr *n*

~ **material** Absorbermaterial *n*

~ **member** Absorberglied *n*

~ **portion** Absorberteil *m*
(Steuerstab)

~ **rod** Absorberstab *m*, Stellstab,
Steuerstab

stainless steel clad ~ **rod**
A. in Edelstahlhülle *f*
(oder -hülse)

~ **rod control gas** Steuergas *n*
der Absorberantriebe

~ **rod drive** Absorberstab-
antrieb *m*

~ **rod drive servicing cage**
Wartungskorb *m* für
Absorberstabantriebe

~ **rod guide box**
Absorberstabführungs-
kasten *m*

~ **rod guide sheath**
Absorberstabführungsrohr
n (DWR)

~ **rod guide tube**
Absorberstabführungsrohr *n*

~ **rod runaway** Weglaufen *n* von
Absorberstäben

~ **rod structure**
Absorberstabgerüst *n*

~ **rod system**
Absorberstabsystem *n*,
Stellstabsystem

~ **rod worth**
Absorberstabwirksamkeit *f*

~ **section** aktiver
Absorberstabteil *m*,
Stellstabteil

~ **tube** Absorberröhrchen *n*

absorption
Absorption *f*

~ **analysis** Absorptionsanalyse *f*
~ **coefficient**
Absorptionskoeffizient *m*
~ **control** Steuerung *f* durch
Absorption,
Absorbersteuerung *f*
~ **cross section** wirksamer
Absorptionsquerschnitt *m,*
Wirkungsquerschnitt für
Absorption
~ **curve** Absorptionskurve *f*
~ **energy** Absorptionsenergie *f*
exponential ~ exponentielle
Absorption *f*
fast ~ Schnellabsorption *f*
~ **loss** Absorptionsverlust *m*
~ **mean free path** mittlere freie
Absorptionsweglänge *f*
neutron ~ Neutronen-
absorption *f*
~ **particle** Absorptionspartikel *f*
~ **reaction rate** Absorptions-
reaktionsgeschwindigkeit *f*
~ **resonance**
Absorptionsresonanz *f*
~ **unit** Absorber *m (in*
Lüftungsanlage)
absorptive power SYN.
absorptivity
Absorptionsvermögen *n*
abundance SYN. natural ~
natürliche Häufigkeit *f* (eines
Isotops)
abundance ratio Isotopen-
häufigkeitsverhältnis *n*
AC, a. c. (alternating current)
Wechselstrom *m*
AC/DC (a.c./d.c.) equipment
Allstromgeräte *npl*
AC power
Wechselstromversorgung *f*

AC standby power
Notwechselstromversorgung *f*
AC standby power bus
Sammelschiene *f* für
Notwechselstromversorgung
accelerated by a spring
federbeschleunigt
acceleration spring
Beschleunigungsfeder *f*
accelerometer
Beschleunigungsaufnehmer
m, -messer *m*
acceptable damage annehmbarer
Schaden *m*
~ **limits** zulässige Grenzwerte
mpl
acceptance test
Abnahmeprüfung *f*
access Zugang *m*
single-channel ~
Einzelkanalzugang *m (AGR,*
HTGR)
~ **control area** Zone *f* mit
kontrolliertem Zugang
~ **control point**
(Zugangs)Kontrollposten *m*
~ **control procedures**
Zugangskontrollen *fpl,*
Zugangskontrollverfahren *npl*
~ **control technique**
Zugangskontroll- *oder*
-überwachungsverfahren *n*
~ **cover** Einstieg-,
Zugangsdeckel *m*
~ **facility** Zugangsmöglichkeit *f*
~ **hatchway** Zugangsschleuse *f*
~ **opening** Zugangsöffnung *f*
~ **penetration**
Zugangsdurchführung *f*
~ **philosophy** Zugangskriterien
npl, Zutrittsphilosophie *f*

~ **platform for fuel transport flask** Zugangsbühne *f* für BE-Transportbehälter

accessibility Begehbarkeit *f*, Zugänglichkeit *f*

allow *v* **sufficient** ~ ausreichenden Zugang erlauben

~ **problem** Frage *f* der Zugänglichkeit (strahlenverseuchter Räume)

accessible area begehbarer Bereich *m*

~ **reactor building** begehbares Reaktorgebäude *n*

accident Unfall *m*, Störfall *m*

cold water ~ Kaltwasserunfall

cold water-boron mismatch ~ Schadensfall *m* infolge Unterborierung (des Kaltwassers)

control rod ~ Steuerstabunfall

control-rod ejection ~ Störfall durch Ausstoß des Steuerstabes

core meltdown ~ Unfall mit Ab- *oder* Zusammenschmelzen des Kerns

criticality ~ Kritikalitätsunfall

depressurization ~ Unfall mit Systemdruckerniedrigung

design basis ~ , **DBA** Auslegungsunfall

dropped control rod cluster ~ Störfall durch Steuerelementeinfall

fuel handling ~ BE-Handhabungs(oder -Transport)unfall

fuel handling ~ **resulting in damage to fuel cladding** zu BE-Hüllenschaden führender BE-Handhabungsunfall

loss-of-coolant ~, **LOCA** Kühlmittelverlustunfall *m*

maximum loss-of-coolant ~ maximaler Kühlmittelverlustunfall *m*

worst postulated loss-of-coolant ~ schwerster postulierter Kühlmittelverlustunfall *m*

maximum credible ~ , **MCA** größter anzunehmender Unfall *m*, GAU (GaU)

mechanical ~ mechanischer Störfall *m*

reactivity ~ Reaktivitätsunfall *m*

reactivity insertion ~ Störfall *m* durch Einbringen von Reaktivität

rod fall ~ SYN. **rod fallout** ~ Störfall durch Ausfallen des Steuerstabes (aus dem Reaktor)

startup ~ Anfahr- *oder* Startzwischenfall *m*

steam-line rupture ~ Störfall *m* durch Bruch einer Dampfleitung

worst assumed ~ schlimmster angenommener Unfall *m*

worst conceivable ~ schlimmster denkbarer Unfall *m*

worst credible ~ schlimmster glaubhafter (*oder* anzunehmender) Unfall *m*

worst reasonable ~ schlimmster wahrscheinlicher Unfall *m*

accident analysis Unfall-
analyse f, Störfallanalyse f
~ **condition heat load**
Wärmebelastung f durch den
Unfallzustand
~ **preventing features**
Unfallverhütungseinrichtungen
fpl
~ **sequence** Störfallabfolge f,
Unfallablauf m
~ **shield** Unfallabschirmung f,
-schutzvorrichtung
accidental exposure
unbeabsichtigte Bestrahlung f
accommodate v **the expansion
and contraction of the water**
(surge tank) die Ausdehnung
und Schrumpfung des Wassers
auffangen *(oder* -nehmen*)*
accommodate v **the full heat
content of s.th.** den vollen
Wärmeinhalt von etwas
aufnehmen
accommodate v **the movement
of s.th. due to thermal
expansion** die
Wärmedehnungsbewegung
von etwas aufnehmen
accommodate v **thermal
expansion** Wärmedehnung
f aufnehmen
accumulated dose akkumulierte
oder Gesamtdosis f
**accumulated up to the age of
X** *(doses)* (ak)kumuliert bis
zum Alter X
accumulation Anfall m,
Ansammlung f
~ **of non-condensible gases**
Ansammeln n *oder*
Ansammlung f nicht

kondensierbarer Gase
total lifetime ~ Gesamtanfall
m während der Lebenszeit
accumulator Druckspeicher m,
Hydraulikspeicher m
~ **discharge** Speicherentladung f
~ **gas** Druckspeichergas n
~ **gas charging system**
Druckspeicher-
Gas(auf)ladesystem n
~ **gas cushion**
Druckspeicher-Gaspolster n
~ **oil charging system**
Druckspeicher-
Öl(auf)ladesystem n
~ **piston position monitor**
Druckspeicher-
Kolbenstellungs-
Überwachungsgerät n
~ **refill pump** Druckspeicher-
Nachfüllpumpe f
~ **tank** Druckspeicher m,
Hydraulikspeicher
~ **tank discharge**
(Druck)Speicherentladung f
~ **tank stop valve** Speicher-
behälter-Absperrventil n
Acheson graphite
Elektrographit m
achievable burn-up erzielbarer
Abbrand m
achieving full power Erreichen
n der vollen Leistung
(Reaktor)
acid dissolution *(of nucl. fuel)*
Auflösung f in Säure
(Kernbrennstoff)
~ **storage tank** Säure(lager-,
-speicher)behälter m
~ **tank** Säurebehälter m,
Säuretank m

~ **transfer pump** Säure-
Förderpumpe *f*

~ **treatment plant** Beizanlage *f*

~ **pickling** Säurebeizung *f*

~ **waste** aggressiver *oder*
korrodierender Abfall *m*

acoustic booth schallgedämmte
oder -schluckende Zelle *f*

~ **ceiling** schallschluckende
Decke *f*

act *v* **as both moderator and
coolant** sowohl als Moderator
als auch als Kühlmittel wirken

act *v* **as pressure containment** als
Druckeinschluß wirken

act of sabotage Sabotageakt *m*

action of blast Druck- *oder*
Stoßwellenwirkung *f*

activate *v* aktivieren (radioaktiv
machen), anregen, ansteuern
(Regelung)

activated carbon, ~ charcoal
Aktivkohle *f*

~ **charcoal adsorber**
Aktivkohleadsorber *m*

~ **charcoal column**
Aktivkohlekolonne *f*

~ **charcoal delay (bed) system**
Aktivkohle-
Verzögerungsanlage *f*

~ **charcoal filter** Aktivkohlefilter
n, m

~ **charcoal iodine filter**
Jod-Aktivkohlefilter *n, m*

~ **corrosion products**
(radio)aktivierte Korrosionsprodukte *npl*

~ **impurity** aktivierte
Verunreinigung *f*

~ **primary sodium** aktiviertes
Primärnatrium *n*

~ **water** aktiviertes Wasser *n*

activation Aktivierung *f*

~ **analysis** Aktivierungsanalyse *f*

~ **cross section**
Aktivierungsquerschnitt *m*

~ **detector**
Aktivierungsdetektor *m*

~ **energy** Aktivierungsenergie *f*

~ **foil** Aktivierungsfolie *f*

~ **gas** Aktivierungsgas *n*

~ **gas activity** Aktivierungsgas-
aktivität *f*

~ **probe** Aktivierungssonde *f*

~ **product**
Aktivierungsprodukt *n*

active SYN. radioactive aktiv,
radioaktiv, spaltbar

~ **area (= controlled area)**
überwachtes Gebiet *n,*
kontrollierte Zone *f*

~ **by-product** radioaktives
Nebenprodukt *n*

~ **component** aktive
(radioaktive) Komponente *f*

~ **core** Vermehrungsraum *m*

~ **core volume** aktives
Kernvolum(en) *n*

~ **core height** aktive Kernhöhe *f,*
Höhe des
Vermehrungsraumes

~ **core zone** aktive Kernzone *f*

~ **deposit** aktiver
Niederschlag *m*

~ **drainage pipework** aktive
Entwässerungs(rohr)leitungen
fpl

~ **dust** radioaktiver Staub *m*

~ **effluent** aktive Ausströmung *f,*
aktiver Ausfluß *m,*
Abfallstoff *m*

~ **effluent building** *(SGHWR)*

Aktivabwässer-
Aufbereitungsgebäude *n*

~ **effluent disposal** Beseitigung
f von flüssigem radioaktivem
Abfall

~ **effluent drain hold-up tank**
aktiver Sammeltank *m*

~ **effluent drain pipe**
Abflußleitung *f* für
radioaktives Abwasser

~ **effluent drain pump**
(SGHWR)
Aktivwasserpumpe *f*,

~ **effluent system**
Aktivabwässersystem *n*

~ **effluent treatment plant**
(SGHWR) Aktivabwässer-
Aufbereitungsanlage *f*

~ **fallout** radioaktiver
Niederschlag *m*

~ **fission product** radioaktives
Spaltprodukt *n*

~ **fission product release**
Abgabe *f* von radioaktiven
Spaltprodukten

~ **fuel length** aktive
Brennstofflänge *f*

~ **fuel region** aktive
Brennstoffzone *f*

~ **heat transfer surface area**
aktive Wärmeübergangsfläche
f (aller Brennstäbe)

~ **(or hot) laboratory** aktives
Labor *n*, »heißes« Labor

~ **laundry** Dekontaminations-
wäscherei *f*

~ **laundry** radioaktive Wäsche *f*

~ **length** aktive Länge *f*

~ **material** radioaktiver Stoff *m*

~ **source** aktive Quelle *f*

~ **UO₂ length** aktive UO_2-Länge

f, -Zone *f (Brennstab)*

~ **waste** radioaktive Abfälle *mpl*

~ **waste disposal plant**
Aktivabfall-
Aufbereitungsanlage *f*

~ **waste incinerator**
Verbrennungsofen *m* für
radioaktive Abfälle

~ **waste storage facilities**
Aktivabfall-Lager- *oder*
Speicheranlagen *fpl*,
-einrichtungen *fpl*

~ **(or hot) workshop** aktive
Werkstatt *f*, »heiße«
Werkstatt

~ **zone** Spaltzone *f*, aktiver Teil
m eines Reaktors

activities determining downtime
die Ausfall- oder Stillstandzeit
bestimmende Aktivitäten
oder Handlungen *fpl*

activity Aktivität *f*,
Radioaktivität *f*

~ **accident** Aktivitätsunfall *m*

~ **buildup** Aktivitätsaufbau *m*,
-ansammlung *f*

~ **concentration** Aktivitätskonzentration *f*

~ **content** Aktivitätsgehalt *m*

~ **decay** Aktivitätsabbau *m*

~ **decay store** Abklinglager *n*

~ **discharge** SYN. **activity
release** Aktivitätsabgabe *f*

~ **discharge at the stack**
Aktivitätsaustritt *m* oder
-abgabe *f* am Kamin

~ **discharge to the environment**
Aktivitätsabgabe *f* an die
Umwelt

~ **discharge level**
Aktivitätsabgabepegel *m*,

-freisetzungspegel *m*

activity inventory Aktivitäts-
inventar *n*, -bestand *m*

~ **level** Aktivitätspegel *m*

beta/gamma ~ level
Beta-Gamma-Aktivitäts-
pegel *m*

~ **measuring instrument**
Aktivitätsmeßgerät *n*

~ **measuring point**
Aktivitätsmeßpunkt *m*,
-meßstelle *f*

~ **measuring tube**
Aktivitätsmeßrohr *n*

~ **monitoring** Überwachung *f*
der Aktivität

~ **range** Aktivitätsbereich *m*

~ **release** SYN. **activity
discharge** Aktivitätsabgabe *f*,
-freisetzung *f*

~ **retention capability**
Aktivitätsrückhalte-
vermögen *n*

~ **source** Aktivitätsträger *m*

actual value Ist-Wert *m*

actuation Betätigung *f*,
Inbetriebnahme *f*

~ **circuit** Betätigungs-, Stell-,
Eingriffschaltung *f*

~ **time** Stellzeit *f*

~ **output signal** Betätigungs-
Ausgangssignal *n*,
Steuerungssignal *n*

~ **shaft** Abtriebswelle *f*,
Betätigungswelle *f*

actuator gear Betätigungs-,
Stellvorrichtung *f*,
-einrichtung *f*

acute exposure SYN. **acute
irradiation** kurzzeitige *oder*
-fristige (Intensiv-)

Bestrahlung *f*

adapter Zwischenstück *n*,
Paßstück *n*

**adaptability to siting
requirements** *(nuclear power
plant)* Anpassungsfähigkeit
f an Erfordernisse der
Standortwahl

additional level holding pump
Zusatzspiegelhaltepumpe *f*

adiabatic lapse rate zu einer
adiabatischen Schichtung
gehöriger Temperatur-
gradient *m*

adjoint flux Flußadjungierte *f*

~ **of neutron flux density**
Adjungierte *f* der
Neutronenflußdichte

administrative control
Sicherheitspolitik *f* intern

~ **safeguards** organisatorische
Sicherungsmaßnahmen *fpl*

adsorbate adsorbierte Substanz
f, Sorbend, Sorptiv *n*

adsorbent SYN. **adsorbing
material, adsorptive (agent)**
Adsorptionsmittel *n*,
Adsorbens *n*, adsorbierende
Substanz *f*

adsorber Adsorber *m*

~ **column** Adsorberkolonne *f*

~ **dryer** Adsorbertrockner *m*,
Adsorptionstrockner *m*

~ **tank** Adsorberbehälter

adsorbing material SYN.
adsorbent, adsorptive (agent)
Adsorbens *n*,
Adsorptionsmittel *n*

adsorption Adsorption *f*

~ **on charcoal** A. an Aktivkohle

~ **bed** Adsorptionsbett *n*

liquid-nitrogen-cooled ~ mit Flüssigstickstoff gekühlte A.

~ system Adsorptionsanlage *f*

~ type cleanup unit Adsorptions-Reinigungsgerät *n (für Ölabscheider)*

adsorptive (agent) SYN. adsorbent Adsorbens *n*, Adsorptionsmittel *n*

advanced gas-cooled reactor, AGR Fortgeschrittener Gasgekühlter Reaktor *m*, FGR

advantage factor Verbesserungsfaktor *m*, optimales Bestrahlungsverhältnis *n*

adverse effects *(of a nuclear power station)* **on its surroundings** nachteilige (Aus)Wirkungen *fpl* auf seine *(d. h. des KKW's)* Umgebung

~ tensile test Kreuzzugversuch *m*

Advisory Committee on Reactor Safeguards *(USAEC)*, **ACRS** (amerikanischer) beratender Reaktorsicherheitsausschuß *m*

AE = architect-engineer Ingenieur-Architekt *m*, Planungs- und Entwurfsfirma *f*

Aeroball measuring probe Kugelmeßsonde *f*

~ measuring room Kugelmeßraum *m*

~ (flux) measuring system Kugelmeßsystem *n*

~ measurement Kugelmessung *f*

~ system Aeroballsystem *n*, Kugelmeßsystem *n*

~ tube squeeze-off tool Abquetschwerkzeug *n* für Kugelröhrchen

aerosol Aerosol *n*, Schwebstoff *m*

~ activity Aerosolaktivität *f*

~ concentration Aerosolkonzentration *f*

~ filter Aerosolfilter *n, m*

~ removal filter Schwebstofffilter

A frame A-Gestell *n (für BE-Lagerung)*

aftercooler Nachkühler *m*

afterheat, after-heat SYN. residual heat Nachwärme *f*

~ condenser Nachwärmekondensator *m*

~ output Nachwärmeleistung *f*

~ removal Nachwärmeabfuhr *f*

~ removal chain Nachwärmeabfuhrkette *f*

~ removal system SYN. decay heat removal system Nachkühlkreis(lauf) *m*

after-irradiation Nachbestrahlung *f*

after-power Nachleistung *f*

age hardening Aushärtung *f*, Alterung *f (Werkstoff)*

aging *(or* **ageing) at room temperature** Selbst-Alterung *f*

agitation of the tank contents Umrühren *n* des Behälterinhaltes

agitator SYN. stirrer Rührwerk *n*

~ body Rührwerkkörper *m*

~ mixer Rührwerk *n*, Rührwerkmischer *m*

~ (or stirrer) tank Rührwerkbehälter *m*

aggressiveness of the coolant
Aggressivität *f* des
Kühlmittels

**AGR = Advanced Gas-Cooled
Reactor** (GB)
fortgeschrittener gasgekühlter
Reaktor *m*, FGR

AGR absorber rod
FGR-Absorberstab *m*

AGR element
FGR-Brennelement *n*

AGR fuelling machine
FGR-Wechselmaschine *f*

AGR technology
FGR-Technik *f*

air activity measuring room
Luftaktivitätsmeßraum *m*

~ **(activity) monitor**
Luftüberwachungsgerät *n*

~ **afterheater**
Luftnacherhitzer *m*

~ **control vane** Luftleitblech *n*,
Luftleitschaufel *f*

~ **cooler** Luftkühler *m*

~ **count** Luftzählung *f (von
Radioaktivität)*

~ **cooling duct** Kühlluft- *oder*
Luftkühlkanal *m*

~ **dose** Luftdosis *f*

~ **ejector off-gas radiation
monitoring system**
Turbinenkondensator-Abgas-
Strahlenüberwachungs-
system *n*

~ **entrainment** *(in coolant
system)* Lufteinschluß *m*,
Luftmitriß *m*

~ **equivalent** Luftäquivalent *n*
(Absorber)

~ **evaporator** Luftverdampfer *m*

~ **exhaust(er) fan**
Luftabzugsventilator *m*

~ **extraction system**
Luftabsaugung f,
Luftabsaugesystem *n*

~ **flow regulating damper**
Luftmengenregulierklappe *f*

~ **handling unit** Umluftgerät *n*

~ **heater** Lufterhitzer *m*

~ **hose connection**
Luft-Schlauchanschluß *m (in
Entlüftungsleitung)*

~ **in(-)leakage** Lufteinbruch *m*,
Falschluft *f*

~ **liquifier** Luftverflüssiger *m*

~ **monitor** Luftwarngerät *n*,
Luftüberwachungs-
einrichtung *f*

~ **operators** Druckluft-
betätigungseinrichtungen *fpl*

~ **particulate monitor** Luft-
Schwebstoffteilchen-
Überwachungsgerät *n*

~ **preheater** Luftvorerhitzer *m*

~ **recirculation cooler**
Umluftkühler *m*

~ **recirculation cooling**
Umluftkühlung *f*

~ **recirculation cooling capacity**
Umluftkühlleistung *f*

~ **recirculation fan**
Umluftventilator *m*

~ **recirculation filter**
Umluftfilter *n*, *m*

~ **recirculation system**
Umluftsystem *m*,
Umluftanlage *f*

~ ~ **for plant compartments**
Umluftanlage *f* für
Anlagenräume

~ ~ **for spaces of restricted
accessibility** Umluftanlage *f*

für bedingt begehbare Räume
~ ~ **for operating compartment**
Umluftanlage für Betriebs-
räume
~ **relieving capacity**
Luftablaßleistung f, -fähigkeit
~ **routing system**
Lüftungskanalnetz n,
Luftführungssystem n
~ **suit** luftdichter Schutzanzug m
~ **supply** Luftversorgung f,
Druckluftversorgung
~ **test SYN. pneumatic pressure
test** (containment building)
Druckprüfung, Luftprüfung f
airborne luftgetragen, sich in der
Luft befindend
~ **contamination** Kontamination
f der Luft, Luftverseuchung f
~ **waste** Schwebstoffabfall m
air-cooled pipe penetration
luftgekühlte
Rohrdurchführung f
aircraft crash Flugzeugabsturz m
~ **crash impact** Flugzeug-
absturzaufschlag m, -wirkung
f, -auswirkung f
~ **impact** Flugzeugabsturz m (als
äußere Einwirkung auf KKW
in Sicherheitsanalyse)
~ **impact resistance** Flugzeug-
absturzfestigkeit f
~ **strike** Auftreffen n oder
Aufprall m eines Flugzeuges
(auf ein KKW)
airlock, air-lock, air lock
Schleuse f, Luftschleuse f
main ~ Haupt(personen)-
schleuse
personnel ~ Personenschleuse
airlock system

Schleusensystem n
airplane crash hazards Gefahren
fpl durch Flugzeugabsturz
air-steam phase Luft-Dampf-
Phase f
airtight steel hemisphere door
luftdichte halbkugelförmig
gewölbte Stahltür f
air-transmissable isotope durch
Luft übertragbares Isotop n
alarm Alarmierung f, Gefahren-
oder Notwarnung f
~ **contact** Druckknopf-Melder
m (Notruf)
~ **limit** Alarmgrenzwert m
albedo Albedo f
align v oneself directly over the
fuel element with precision
(grappler head) sich direkt
über dem BE genau
einfahren, die BE-Position
genau anfahren
aliphatic alcohol aliphatischer
Alkohol m
allow v full access into the
containment vollen oder
uneingeschränkten Zugang
zur Sicherheitshülle
ermöglichen
~ **occupancy under both normal
and accident conditions**
(control room) (eine)
Besetzung unter normalen wie
Störfallbedingungen
ermöglichen
all wheel drive truck
geländegängiges Fahrzeug n
alkaline degreasing solution
alkalische Entfettungslösung f
allowance for thermal expansion
Zugabe f für Wärmedehnung

alpha-beta (phase) change *(in uranium)* Alpha-Beta-Phasenwechsel *m*

~ **(beta, gamma) emitter** Alpha(Beta-, Gamma-)strahler *m*

~ **decay** Alphazerfall *m*

~ **particle** Alphateilchen *n*

~ **rays** Alphastrahlen *mpl*

alternate immersion test Wechseltauchversuch *m*

alternating current, a.c., AC Wechselstrom *m*

~ **stress** Wechselbeanspruchung *f*

alumina insulating pellet wärmehemmende Al$_2$O$_3$-Tablette *f (Brennstab)*

~ **pellets impregnated with palladium metal** *(D/O catalyst)* mit Palladium imprägnierte Aluminiumtabletten *fpl*

ambient pressure Umgebungsdruck *m*

amenable to repair reparaturfreundlich

ample complement of control rods reichlich bemessene Anzahl *f* an Steuerstäben

~ **thermal margin** reichlicher thermischer Sicherheitsabstand *m*

analytic balance Analysenwaage *f*

anchorage point *(piping)* Fest-, Fixpunkt *m*

~ **system** *(PCRV)* Verankerungssystem *n (Spannbeton-RDB)*

ancillary *or* **side stream cooler**

Nebenkühler *m*

~ **cooling water system** *(SGHWR)* Neben- *oder* Zwischenkühlsystem *n*

~ **sea water system** *(SGHWR)* Meerwasser-Zwischenkühlkreis(lauf) *m*

angle valve combination Eckventilkombination *f*

angular flux density Winkelflußdichte *f*

anhydrous citric acid wasserfreie Zitronensäure *f*

anion resin boron removal bed *(SGHWR)* Anionenharz-Deborierbett *n*

anisotropy Anisotropie *f*

~ **factor** Anisotropiefaktor *m*

annealing Weichglühen *n*

~ **furnace** Glühofen *m*

annual maintenance shutdown jährliche Abschaltung *f oder* Stillsetzung *f* zur Überholung (*oder* Wartung)

~ **shutdown** jährliche Abschaltung *f oder* Stillsetzung *f*

~ **throughput** *(fuel reprocessing plant)* Jahresdurchsatz *m*

annular air gap Luft-Ringspalt *m*, ringförmiger Luftspalt *m* *(BE)*

~ **downcomer space between reactor core and pressure vessel** ringförmiger Fallraum *m* zwischen Reaktorkern und Druckgefäß *(SWR)*

~ **fuel bed** *(HTGR)* Brennstoffring *m*

~ **fuel compact section** *(HTGR)* Brennstoffring *m*

~ **gap** Ringspalt *m*
~ **ledge** Konsolring *m*
~ **region** Ringzone *f*
~ **space (between the shield building and the containment vessel)** Ringraum *m* (zwischen Beton- und Stahlhülle) *(DWR-SB)*
~ **spacer** ringförmiger Abstandshalter *m (BE)*
~ **spent fuel decay storage module** *(LMFBR)* Ringlager *n* für bestrahlte BE
~ **zone** Ringzone
annulus Ringraum *m*, -spalt *m*
~ **between core barrel and vessel wall** *(PWR)* Ringraum zwischen Kernbehälter und Druckgefäßwand *(DWR)*
~ **between pipes** Ringraum zwischen (konzentrischen) Rohren
~ **between reactor core and vessel wall** Ringraum zwischen Kern und Druck-gefäßwand *(LWR)*
~ **between steel shell and shield housing** *(PWR containment)* Ringraum zwischen Stahlhülle und Betonabschirmung
~ **formed between core shroud and vessel wall** *(BWR)* zwischen Kernmantel und Behälterwand gebildeter Ringraum
~ **cooling system** Ringraum-Kühlsystem *n (DWR)*
~ **exhaust air handling system** *(Westingh. PWR)* Ring-raum- *oder* -spaltabsaugung *f*
~ **servicing walkway** Ring-

raumbedienungsgang *m*
annunciate *v* melden, signalisieren *(Gerät)*
anticipated transient without scram, ATWS unkontrollierte Leistungssteigerung *f* ohne Schnellabschaltung
anti-foamant SYN., **anti-foam reagent** Antischaummittel *n*
anti-foam reagent add tank Antischaummittel-Dosier-behälter *m*
anti-friction coating Reibungs-schutzüberzug *m*, Überzug gegen Reibung
anti-inhibitor SYN. **inhibitor poison** Anti-Inhibitor *m*
anti-levitation safeguard Sicherung *f* gegen Aufschwimmen
antimony Antimon *n*
~ **rod** Antimonstab *m*
anti-motoring protection Rück-leistungsschutz *m (Generator)*
antiparticle Antiteilchen *n*
anti-reverse rotation device Rücklaufsperre *f (Hauptkühl-mittelpumpe)*
anti-streaming insert *(gas-cooled reactor)* Einsatz *m* gegen freien Austritt von Neutronen
anti-vortex baffle Strömungs-störer *m (Natriumpumpe)*
applicable limits geltende Grenzwerte *mpl*
~ **requirements** geltende Anforderungen *fpl (von Vorschriften)*
approach to criticality Annäherung *f* an den kritischen Zustand (*oder die*

Kritikalität), erstes Kritisch-
machen *n*

~ **to criticality phase**
Annäherungsphase *f* an den
kritischen Zustand

~ **to equilibrium phase**
Übergangsphase *f* zum
Gleichgewicht

~ **to fuel cycle equilibrium**
Annäherung *f* an das Brenn-
stoffkreislauf-Gleichgewicht

**approach-to-power testing
program** Prüfprogramm *n* für
das Hochfahren auf (volle
Auslegungs)Leistung (*oder*
für allmähliche Leistungssteigerung)

aqueous phase wäßrige Phase *f*

~ **reprocessing** wäßrige
(Wieder)Aufarbeitung *f*

area 1. Zone *f*,
2. Fläche *f*

~ **exposed to hydraulic pressure**
hydraulischem Druck
ausgesetzte Zone *f* (*oder*
Fläche *f*)

~ **inaccessible during normal
plant operation** während des
Normalbetriebes der Anlage
unzugängliche Zone *f*

~ **monitor** Flächenmonitor *m*,
Raumüberwachungsgerät *n*

~ **monitoring** Raumüber-
wachung *f*, Gebietsüber-
wachung *f*

~ **radiation monitors** Strahlen-
überwachung *f* der Anlagenräume

~ **of failure** Schadenzone *f*

~ **of radiation** Strahlungszone *f*

~ **activity** Flächenaktivität *f*

~ **density SYN. surface density**
Flächendichte *f*

argon, Ar Argon *n*, Ar

~ **activation** Argonaktivierung *f*

~ **cooler** Argonkühler *m*

~ **cover gas atmosphere** Argon-
Schutzgasatmosphäre *f*

~ **cover gas space** Argon-
Schutzgasraum *m*

~ **cover gas system** Argon-
Schutzgassystem *n*

~ **heating (system)** Argon-
heizung *f*

~ **heating system** Argonheiz-
system *n*

~ **manifold (*or* distribution)
station** Argonverteilungs-
station *f*

~ **storage tank** Argonspeicher-
oder -lagerbehälter *m*

~ **supply station** Argon-
versorgungsstation *f*

~ **supply system** Argon-
versorgungssystem *n*, Argon-
versorgung *f*

~ **system** Argonsystem *n*

arising quantity anfallende *oder*
angefallene Menge *f*

arranged in cross-counterflow
im Kreuzgegenstrom
geschaltet (*Heizflächen*)

array of fuel rods Anordnung
f von Brennstäben,
Brennstabanordnung *f*

articulated absorber
Gliederabsorber *m*

articulating joint
Kreuzkupplung *f*

asbestos packing
Asbestdichtung *f*

aseismic design aseismische *oder*

erdbebensichere Auslegung *f* *oder* Konstruktion *f*

assembly 1. Anordnung *f*, 2. Baugruppe *f*, 3. Zusammenbau *m*, Montage *f*, Einbau *m*

~ **into clusters** *(fuel rods)* Zusammenbau *m* (von Brennstäben) zu Bündeln

~ **of the fuel into fuel pins and fuel assemblies** Zusammenbau des Brennstoffs zu Brennstäben und BE

double-door, hydraulically-latched, welded steel ~ *(personnel airlock)* doppeltürige, hydraulisch verriegelte Schweißstahl-Baugruppe *f*

exponential ~ Exponentialanordnung *f*

subcritical ~ unterkritische Anordnung *f*

~ **and operating corridor** Montage- und Bedienungsflur *m*

~ **bottom fitting** Brennelement-Fußstück *n*, BE-Fußstück

~ **clearance** Einbauspiel *n*

critical ~ kritische Anordnung *f*

~ **envelope** (Brenn)Element-Umhüllende *f*

~ **fit-up** Probemontage *f*

~ **grid-plate** (Brennelement-)Gitterplatte *f (SWR)*

assess *v* **the on-stream performance of a powdered resin treatment plant** die betriebliche Leistung einer Pulverharz-(Wasser)-Aufbereitungsanlage abschätzen (*oder* bewerten)

atmospheric blow-off tank *(HTGR)* Abblasebehälter *m*

~ **diffusion** atmosphärische Diffusion *f*

~ **diffusion theory** Ausbreitungstheorie *f*

~ **dilution** atmosphärische Verdünnung *f*, Verdünnung in der Atmosphäre *(von Abgas oder Abluft)*

~ **dump valve** Abblaseventil *n* zur Atmosphäre (*oder* ins Freie)

~ **exhaust station** Abblasestation *f*

~ **inversion condition** Inversionswetterlage *f*

~ **steam dump valve** Dampf-abblaseventil *n* zur Atmosphäre (*oder* ins Freie)

~ **surge tank** atmosphärischer Druckausgleichsbehälter *m*

~ **turbulence factor** atmosphärischer Turbulenzfaktor *m*

atomic attenuation coefficient atomarer Schwächungskoeffizient *m*

~ **number SYN. charge** *or* **proton number** Ordnungszahl *f*, Protonenzahl, (Kern-)Ladungszahl, Atomnummer *f*

~ **ratio** Atomverhältnis *n*

~ **stopping power** atomares Bremsvermögen *n*

~ **tritium diffusion** atomare Tritiumdiffusion *f*

~ **weight** Atomgewicht *n*

attainability of high reliability and availability factors Erreichbarkeit *f* hoher

Betriebssicherheit und hoher
Verfügbarkeitsfaktoren

attenuate *v* **the neutron flux** den
Neutronenfluß (ab)schwächen
(oder dämpfen)

attenuation Schwächung *f,*
Dämpfung *f*

geometric ~ geometrische
Dämpfung

~ **of neutron flux** Dämpfung des
Neutronenflusses

~ **coefficient** Schwächungs-,
Dämpfungskoeffizient *m*

~ **factor** Schwächungs-,
Dämpfungsfaktor *m*

~ *(or* **attenuating) mechanism**
Schwächungsmechanismus *m*

**ATWS = anticipated transient
without scram** unkontrollierte
Leistungssteigerung *f* ohne
Schnellabschaltung

auctioneering Höchst- *oder*
Maximalwertauswahl *f*

~ **circuit** Höchst- *oder* Maximal-
wertauswahlschaltung *f*

~ **unit** Höchstwertauswahl-
einheit *f*

audible and visual alarm
akustischer und optischer
Alarm *m,* akustische und
optische Warnung *f*

~ **nuclear count rate monitoring**
akustische Nuklear-
Zählraten-Überwachung *f*

audio alarm akustische Warn-
oder Störmeldung *f*

austenite Austenit *m (Gamma-
eisen)*

austenitic boronated steel
austenitischer Borstahl *m*

auto bypass connection

Anschluß *m* für automatische
Umführung

autoclave Autoklav *m*

auto-control feature selbst-
regelndes Verhalten *n,* Selbst-
regelungseigenschaft *f*
(Reaktor)

auto-control rod Selbst-
steuerstab *m*

**auto-depressurization system
SYN. automatic
depressurization system**
automatisches Druck-
entlastungssystem *n,* Druckabbausystem

automatic changeover control
Umschaltregelautomatik *f*

~ **counter** automatischer
Zähler *m*

~ **data handling** automatische
Datenverarbeitung *f*

~ **depressurization system SYN.
auto-depressurization system**
automatisches Druckabbau-
system *n (oder* Druck-
entlastungssystem)

~ **dump and isolation actions**
automatische Abblase- und
Absperrvorgänge *mpl*

~ **flow feedback control**
Regelung *f* mit automatischer
Förderstromrückführung *f*

~ **gas analyzer** automatisches
Gasanalysengerät *n*

~ **positioning system**
automatisches Positionier-
system *n (BE-Wechsel-
maschine)*

~ **power setback system**
automatisches Leistungs-
reduzier-, -rückstell-,

-rückfahrsystem *n*

~ **pressure suppression**
automatischer Druckabbau *m*

~ **purge system control valve**
automatisches Spülsystem-
Regelventil *n*

~ **quick-changeover unit**
Schnellumschaltautomatik *f*

~ **shim and follow-up** Trimm-
nachfolgesteuerung *f*

autoradiography Autoradio-
graphie *f*

auxiliary AC power Eigenbedarfs-Wechselstrom *m*,
Hilfswechselstrom

~ **boiler** Hilfskessel *m*

~ **boiler plant**
Hilfskesselanlage *f*

~ **building** (Reaktor)Hilfs-
anlagengebäude *n*

~ **building ventilation system**
Hilfsanlagengebäude-
Lüftungssystem *n*

~ **circuit** Hilfskreislauf *m*

~ **coolant system** *(Westinghouse
PWR)* Komponenten-
kühlsystem *n*

~ **demineralized water cooling
system** Deionat-Hilfs- *oder*
-Zwischenkühlsystem-
kreislauf *m*

~ **equipment compartment**
Hilfsanlagenraum *m*

~ **equipment shielding**
Abschirmung *f* für Hilfs-
anlagen

~ **fluid system** Hilfsarbeits-
mittelsystem *n*

~ **helium circuit** Helium-
Hilfskreislauf *m*

~ **power** (elektrischer)

Eigenbedarf *m*, Eigenbedarfs-
strom *m*

complete loss of normal ~ ~
vollständiger *oder* vollkom-
mener Ausfall des normalen
elektrischen Eigenbedarfes

~ **shutdown station**
Notsteuerstelle *f*

~ **spray line** Hilfs(ein)sprüh-
leitung *f*

~ **steam manifold** Hilfsdampf-
verteiler *m*

~ **steam package boiler**
Kompakt-Hilfsdampfkessel
m, Hilfsdampfkessel in
Kompaktbauweise

~ **steam supply system** Hilfs-
dampfversorgung *f*, Hilfs-
dampf(versorgungs)system *n*

~ **steam system** Hilfsdampf-
system *n*, Hilfsdampfnetz *n*

~ **system** Hilfssystem *n*

~ **variable** Hilfsgröße *f*,
Hilfsvariable *f*

availability Verfügbarkeit *f*

average burn-up mittlerer
Abbrand *m*

~ **coordination number** mittlere
Koordinationszahl *f*

~ **core burn-up** mittlerer Kern-
abbrand *m*

~ **core transit time** mittlere
Kerndurchlaufzeit *f*

~ **cross section** mittlerer
Wirkungsquerschnitt *m*

~ **discharge exposure** mittlerer
oder durchschnittlicher
Entladeabbrand *m*

~ **energy per ion pair formed**
mittlere Energie *f* pro
erzeugtes Ionenpaar

average enrichment mittlere
Anreicherung *f*

~ **exposure** mittlere *oder*
Durchschnittsbestrahlung *f*

~ **film coefficient** mittlerer Filmkoeffizient *m*

~ **film difference** mittlere Film-
differenz *f*

~ **fuel enrichment** mittlere
Anreicherung *f* des
Brennstoffs

~ **life** mittlere Lebensdauer *f*

~ **power density** mittlere *oder*
durchschnittliche Leistungsdichte *f*

~ **power per fuel rod** mittlere
Brennstableistung *f*

~ **power per rod over the entire
core** mittlere (Brenn)-
Stableistung *f* über den
gesamten Kern

~ **power range monitor, APRM**
Leistungsbereich-Monitor *m*,
Überwachungsgerät *n* für den
mittleren Leistungsbereich

~ **reactor temperature**
Reaktormitteltemperatur *f*

~ **surface heat flux to the pellet**
mittlere *oder*
durchschnittliche
Oberflächen-Wärmebelastung
f der (Brennstoff-)Tablette

~ **thermal conductivity of the
fuel** mittlere
Wärmeleitfähigkeit *f* des
Brennstoffs

~ **void content** mittlerer
Dampfblasengehalt *m*

averaging Mittelwertbildung *f*

Avogadro constant (*or* **number**)
Loschmidtsche Zahl *f*

axial baffle plate axiales
Leitblech *n*

~ **factor** axialer Faktor *m*

~ **flow fan** Axialventilator *m*,
-gebläse *n*

~ **form factor** axialer
Formfaktor *m*

~ **guidance system**
Axialführungssystem *n*

~ **instability** axiale Unstabilität
f (*oder* Instabilität)

~ **inversion refueling scheme**
BE-Wechselplan *m* mit
axialem Umsetzen

~ **peaking factor**
Axialüberhöhungsfaktor *m*,
-heißstellenfaktor

~ **power flattening** axiale
Leistungsabflachung *f*

~ **register between pellets**
axiales Einfluchten *n* zwischen
(Brennstoff-)Tabletten

~ **stop** Axialhaltenocken *m*

~ **thermal fuel elongation** axiale
thermische Brennstoff-
längung *f*

~ **thrust bearing**
Axialschublager *n*,
Drucklager

axis displacement Achsversatz *m*

axisymmetric internal load
axialsymmetrische
Innenbelastung *f*

azimuthal instability azimutale
Unstabilität *f*

~ **power tilt** azimutales
Leistungskippen *n*

B

back diffusion Rückdiffusion f,
Rückdiffundieren n
~ **diffusion of fission products**
R. von Spaltprodukten
~ **driving** *(refueling machine)*
Rück(wärts)lauf m, -gang m
backed up by 100 % standby
durch eine 100 % ige Reserve
gestützt
back-face v hinterdrehen
backfit v SYN. retrofit
nachrüsten, nachträglich
ausrüsten
backfitting Nachrüsten n,
Nachrüstung f
backflow Rückströmung f
backflushing Rückspülen n,
Rückspülung f
background Sekundärstrahlung f
(= *meist* natürliche
Strahlung), Untergrund m,
Nulleffekt m
~ **(noise)** (Stör)Untergrund m,
Rauschen n
~ **level** Untergrundpegel m
~ **monitor** Hinter- *oder*
Untergrundmonitor m
~ **monitoring** Untergrund-.
überwachung f
~ **radiation** SYN. natural background radiation (natürliche)
Untergrundstrahlung f, natürlicher Strahlenpegel m;
Strahlungsuntergrund m;
Umgebungs-Raumstrahlung f
backpressure valve
Druckhaltearmatur f
backscatter SYN. backscattered
radiation, backscattering
Rückstreuung f
~ **factor** Rückstreufaktor m
backseat Rückdichtsitz m
(Armatur)
backup heater *(PWR pressurizer)* Reserveheizstab m
~ **(or standby) vent valve**
Reserveentlüftungsventil n
~ **reactor shutdown capability**
Zweitabschaltsystem n
~ **regulator** Reserve(vordruck)-
regler m
~ **safety device** Reserve- *oder*
Hilfssicherheitsvorrichtung f
~ **shutdown center**
Notsteuerwarte f
backwash *(fuel reprocessing)*
Rückwaschprozeß m
~ **tank** Rückspülbehälter m
~ **water** Rückspülwasser n
~ **water connection** Rückspül-
oder Waschwasseranschluß m
backwashing equipment
Rückspüleinrichtung f (für
Ionentauscher)
badge SYN. film badge (Film)-
Plakette f,
Personendosimeter n
baffle (plate) Leitblech n,
-schaufel f; Prallblech n;
-platte f; Umlenkblech n
~ **support flange** Stützflansch m
baffling *(Westinghouse PWR
SG)* Leit-, Umlenkbleche npl
bail *(BWR fuel assembly)*
(Aufhänge-, Trag)Bügel m
balance v ausregeln, ausgleichen
~ **transient xenon changes in the
fuel** instationäre
Xenonänderungen im
Brennstoff ausgleichen

balance of plant, BoP, BOP
konventioneller *oder*
nichtnuklearer
Kernkraftwerksteil *m,*
Dampfkraftanlage *f*
~ **pipe** Ausgleichsleitung *f*
balancing tank Ausgleichs(loch)-
behälter *m*
baler (Ballen)Presse *f (für
Festabfälle)*
hydraulic ~ hydraulische P.
~ **room** (Abfall)Pressenraum *m*
baling Ballenpressen *n,* Pressen
n zu Ballen
ball bearing supported in
Kugellagern gelagert
~ **check valve** Kugelrückschlag-
ventil *n*
~ **coupling** Kugelkupplung *f*
~ **spline** *(CRDM)*
Kugelrückführung *f*
~ **stop** Kugelanschlag *m*
ballnut Kugelmutter *f*
ballooning SYN. clad ballooning
Aufblähung *f* der (Brennstab-
Zirkon)Hülle
bamboo ridge formation
Bambuseffekt *m (Brennstab)*
band-operated hoist
Bänderhubwerk *n*
band screen SYN. traveling
screen Siebband *n*
(Kühlwasserreinigung)
bank position indication
Stabbank-Stellungsanzeige *f*
banked (rod) configuration
(PWR rod control)
Bankanordnung *f*
(Steuerstäbe bzw. -elemente)
maintain *v* an approxi-
mately ~ ~ eine annähernde

B. aufrechterhalten
barn Barn *n*
barrel-calandria guide structure
(CE PWR) zylindrische
Kalandriagefäß-Führungs-
konstruktion *f*
barrel section Behälter- *oder*
Zylinderteil *m*
barricade shield bewegliche
Strahlenabschirmung *f,*
beweglicher Strahlen-
schild *m*
barrier Barriere *f,* Sperre *f*
~ **shield** Sperrabschirmung *f,*
-schild *m*
~ ~ **for the escape of fission**
products to the environment
Sp. für das Entweichen von
Spaltprodukten in die
Umgebung
barytes concrete Barytbeton *m*
base design Grundauslegung *f,*
-konstruktion *f*
~ **removal ion exchanger**
Entbasungsionen(aus)-
tauscher *m*
~ **slab** Grundplatte *f,*
Fundamentplatte *f*
baseline inspection SYN.
preserve inspection, *GB*
fingerprinting Nullaufnahme
*f (vor Wiederholungs-
prüfungen)*
baseplate Grundplatte *f*
~ **drains** Abläufe *mpl* in
Bodenplatten
basic improvements
grundlegende Verbesserungen
fpl
~ **neutron economy of the**
reactor grundlegende

Neutronenökonomie *f* des Reaktors

~ **station thermal cycle** Grundwärmeschaltung *f* des Kraftwerks

basket loading room *(SGHWR)* (Transport)Korbladeraum *m*

~ **transfer system** Korbschleusanlage *f*, -system *n*

batch Charge *f*

~ **data** Chargendaten *npl*

~ **loading of fuel** chargenweises Brennstoffladen *n*

batching tank *(Westinghouse PWR)* (Borsäure-)Ansetzbehälter *m*

batchwise chargenweise

BATEA = best available technology economically achievable beste zur Verfügung stehende und wirtschaftlich erreichbare Technik *f (am. Umweltschutzkriterium)*

bayonet closure Bajonettverschluß *m (Kühlkanal)*

B.C.D. = burst can detection *(GB)* Hülsenbruchüberwachung *f*, Nachweis *m* von Hüllenschäden

B₄C peripheral control B₄C-Randsteuerelement *n*

B₄C safety rod B₄C- *oder* Borkarbidsicherheitsstab *m*

B₄C shim/scram rod B₄C- *oder* Borkarbidtrimm/ Schnellschlußstab *m*

bead on plate test Aufschweißbiegeversuch *m*

beam Strahl *m*

broad ~ breiter Str., breites

Bündel *n*

~ **hole** Bestrahlungskanal *m*, Strahlenkanal *m*, -durchgang *m*

narrow ~ streustrahlenfreies Bündel *n*

~ **spring** *(Westinghouse PWR fuel assembly)* Blattfeder *f*

bearing cooler Lagerkühler *m*

~ **cooling water heat exchanger** *(BWR rec. pump)* Lagerkühlwasserkühler *m*

~ **instability** Lagerspiel *n*, Lagerinstabilität *f*

~ **lubrication cooling water supply system** *(BWR)* Lagerdruckwassersystem *n*

~ **pin jacking bolt** *(reactor coolant pump)* Lagerbolzen-Abdrückschraube *f*

~ **pin puller** Lagerbolzen-Ausziehwerkzeug *n*

~ **plate** Tragplatte *f*

~ **(pressurized) water system** Lagerdruckwassersystem *n*

~ **ring** Lagerring *m*

~ **shield** Lagerschild *m*

~ **support tube** Lagertragrohr *n*

~ **surface** Auflagefläche *f*, tragender Querschnitt *m*

~ **vibration detector** Lagerschwingungsdetektor *m*, -aufnehmer *m*, -abgriff *m*

~ **vibration measuring instrument** Lagerschwingungsmeßgerät *n*

~ **water pressure booster pump** Lagerdruckhaltepumpe *f*

beginning of commercial operation Anfang *m*, Beginn *m* des kommerziellen *oder*

Leistungsbetriebes
Belleville spring Tellerfeder *f*
below grade level unterirdisch,
unter Tage
bellows Faltenbalg *m,* (Balg)-
Kompensator *m*
(Rohrleitung)
~ **assembly** Balgkonstruktion *f*
~ **expansion joint** Balgkompensator *m (Rohrleitung)*
~ **seal** Dichtbalg *m,*
Balgdichtung *f*
~ **(-sealed) isolating valve**
Absperrarmatur *f* mit
Faltenbalg
~ **(-sealed) valve** Faltenbalg-
ventil *n,* Balgenventil *n*
~ **unit** Dehnungsbalg *m,*
Dehnungsstück *n*
benchboard Steh(steuer)pult *n*
bend radius Biegeradius *m*
minimum ~ minimaler *oder*
Mindest-B.
bending moment Biegemoment
n, Biegungsmoment
induce *v* ~ **~s in the vessel**
wall B-e in der Kessel- *oder*
Behälterwand erzeugen
~ **strength SYN. flexural**
strength Biegefestigkeit *f,*
Biegungsfestigkeit *f*
bend(ing) test Biegeversuch *m*
axial and lateral ~ **~s** axiale
und seitliche B-e *pl*
benign environment gutartige
Umgebung *f*
beryllia Berylliumoxid *n*
beryllium sheath
Berylliumhülle *f*
beta-alpha phase change Beta-
Alpha-Phasenänderung *f*

beta decay Betazerfall *m*
~ **decay series**
Betazerfallsreihe *f*
~ **(gamma) hand and shoe**
monitor Beta/Gamma-Hand-
und Schuhmonitor *m*
~ **(gamma) scanning detector**
Beta/Gamma-Abtastzähler *m*
~ **heating** Beta-Aufheizung *f*
~ **measuring station** Beta-
meßplatz *m*
~ **particle** Betateilchen *n*
~ **rays** Betastrahlen *mpl*
~ **transition** Betaübergang *m*
Bethe-Tait excursion Bethe-
Tait-Exkursion *f*
bevel box with rectangular
section chain tube
Kettenkasten *m*
BF₃ counter, BF₃ counting tube
BF_3-Zähler *m,* -Zählrohr *n*
biased by a spring von einer
Feder vorgespannt, mit
Federvorspannung
biaxial zweiachsig *(Spannung)*
bidirectional *(coolant flow)* in
zwei Richtungen
bidirectional fuelling *(CANDU*
reactor) BE-Wechsel *m* in
zwei Richtungen (*oder* von
zwei Seiten)
binder, binding agent
Bindemittel *n*
~ **resin** Binderharz *n*
binding energy
Bindungsenergie *f*
nuclear ~ ~ Kernbindungs-
energie *f*
bioassay biologischer Test *m*
biodegradable biologisch
abbaubar

biological concentration factor biologischer Konzentrationsfaktor *m*

~ **effectiveness** biologische Wirksamkeit *f*

~ **shield** biologischer Schild *m*, biologische Abschirmung *f*
mass concrete ~ ~ biol. A. aus Massenbeton

biologically shielded biologisch abgeschirmt

bird cage Abstandskäfig *m*, Sicherheitsgitter *n* (*gegen Erreichen des kritischen Zustandes*)

birth rate SYN. production rate, creation rate, formation rate Entstehungsrate *f;* Erzeugungsrate *f,* -geschwindigkeit *f;* Bildungsrate *f*

"Biso" coating »Biso«-Beschichtung *f* (*v. HTR-Brennstoffpartikeln*)

bistable trip unit Grenzwert-melder-Abschalt- *oder* -Auslöseeinheit *f*

~ **unit** Grenzwertmeldereinheit *f*

bitumen and caustic soda store Lager *n* für Bitumen und Natronlauge

~ **embedment plant** Bituminier-anlage *f* (*f. radioakt. Abfälle*)

~ **embedment station** Bituminierstation *f*

~ **heater,** ~ **melting tank** Schmelzofen *m*

bituminization Einbituminieren *n*, Bituminierung *f* (*v. Abfällen*)

bituminize *v* **SYN.**

incorporate *v* **in bitumen** einbituminieren

black schwarz (= *alle einfallende Strahlung absorbierend*)

~ **absorber rod** schwarzer Absorberstab *m*

~ **plant start-up** unabhängiges Anfahren *n* des Kraftwerkes (*ohne Fremdstrom-einspeisung*)

~ **rod** schwarzer Steuerstab *m*

blank test Blindversuch *m*

blanked-off nozzle Blindstutzen *m*

blanket 1. Brutzone *f*, Brutmantel *m*, 2. (Schutzgas)-Polster *n*, Puffer *m*

~ **gas** Schutzgas *n*

~ **gas clean-up system** Schutzgasreinigungssystem *n*

~ **gas flow** Schutzgasstrom *m*, Schutzgasmenge *f*

~ **gas generator** Schutzgas-erzeuger *m*

~ **gas space** Schutzgasraum *m*

~ **gas supply** Schutzgas-versorgung *f*

~ **gas system** (*SGHWR*) Schutzgassystem *n*

~ **region** Brutzone *f*

~ **subassembly** (*LMFBR*) Brutelement *n*

~ **subassembly change** Brut-elementwechsel *m*

~ **subassembly flow rate** Brut-elementdurchsatz *m*

blanket *v* **free D₂O surfaces with helium** freie D_2O-Flächen mit Helium abdecken (*oder* puffern)

blanketed by gepuffert *oder*
abgedeckt von *(oder* mit)
blast-proof building druck-
wellenfestes *oder* -sicheres
Gebäude *n*
bleed control valve
Abziehregelventil *n*
~ **flow** Entnahmemenge *f*,
-strom *m*
~ **line** Abziehleitung *f*,
Entnahmeleitung *f*
bleed *v* **off gas** (to the primary
containment purge duct) Gas
(zum Primärsicherheitshüllen-
Ausblasekanal) abziehen
blind-off cap Blinddeckel *m*
block *v* **the leak path** den
Leckageweg blockieren *(oder*
sperren)
block valve Sperrschieber *m*
~ **valve seal water system** Sperr-
schieber-Sperrwassersystem *n*
blockage of a single channel
Blockade *f* eines einzelnen
Kanals
blocking capacitor
Abblockkondensator *m*
block-shaped fuel element
(HTGR) blockförmiges
Brennelement *n*
block-type element fuelled HTR
HTR *m* mit blockförmigen
Brennelementen
blow down *v* 1. abschlämmen
(Dampferzeuger); 2. abblasen
**blowdown SYN. depressuriza-
tion** Abblasen *n*, System-
druckerniedrigung *f*
blowdown 1. Abschlämmen *n*,
Absalzen *n (DE, Kühlturm)*;
2. Abschlämme *f*

~ **atmospheric vent**
Abschlämmentlüftung *f*
**complete ~ of the reactor
coolant through any rupture
of the reactor coolant system**
vollständiges A. des
Hauptkühlmittels durch
irgendeinen Bruch des Haupt-
kühlmittelsystems
subcooled ~ unterkühltes A.
~ **control system** Abschlämm-
regelung *f*
~ **demineralization** Abschlämm-
wasserentsalzung *f*
~ **flash tank** Abschlämmwasser-
entspanner *m*
~ **flow** Abschlämm(wasser)-
menge *f*, -strom *m*
~ **heat transfer** Wärmeübergang
m bei Systemdruck-
erniedrigung
~ **load** Abblasebelastung *f*
~ **mixer** Abschlämm(wasser)-
Mischstrecke *f*
~ **nozzle** Abschlämmstutzen *m*
~ **phase** Abblase-, Entleerungs-,
Systemdruckerniedrigungs-
phase *f*
~ **pipe** Abschlämmleitung *f*
~ **point** Abschlämmstelle *f*
~ **rate** Abschlämmrate *f*
~ **return pump** Abschlämm-
Rückspeisepumpe *f*, Ablauge-
Rückführpumpe
~ **thrust** Abblasedruck *m*,
-schub *m*
blower SYN. gas circulator *(gas-
cooled reactor)* (Gasumwälz)-
Gebläse *n*
~ **failure** Gebläseausfall *m*,
Ausfall eines Gebläses *oder*

von Gebläsen
~ **inlet fairing** Gebläse-Eintritts-
gehäuse *n*
blow hole Lunker *f*
blowing nitrogen on the surface
(LMFBR) Anblasen *n* der
Oberfläche mit Stickstoff
body burden SYN. whole body
dose Ganzkörperbelastung *f*
(biol. Strahlenschutz),
Ganzkörper-, Voll-
bestrahlungsdosis *f*
   maximum permissible ~ ~
maximal zulässige G.
bogie Fahrwerk *n*, Lore *f (f.*
BE-Transport)
boiler *(Brit. gas-cooled reactor)*
Dampferzeuger *m*
~ **region** *(nucl. superheat*
reactor) Dampferzeugungs-
zone *f*
boiling Sieden *n;*
Verdampfung *f*
   bulk ~ SYN. saturated ~
Volumensieden, Oberflächen-
keims. mit Blasenfluß im
Flüssigkeitskern
~ **delay** Siedeverzug *m*
   film ~ Filmsieden
   forced convection ~ S. bei
erzwungener Konvektion
   local ~ örtliches S.
   natural recirculation ~
Naturumlauf *m* mit S.
~ **nuclear superheat reactor**
plant Heißdampf-
Siedewasserreaktoranlage *f*
~ **superheat fuel assembly**
Siedeüberhitzerelement *n*
~ **temperature**
Siedetemperatur *f*

transition ~ partielle
(instabile) Filmverdampfung
~ **D₂O reactor**
D_2O-Siedewasserreaktor *m*
~ **H₂O reactor**
H_2O-Siedewasserreaktor *m*
~ **heavy-water reactor**
Schwerwassersiedereaktor *m*
~ **light-water reactor**
Leichtwassersiedereaktor *m*
~ **water reactor, BWR**
Siedewasserreaktor *m*
boil-off of residual coolant
Verkochen *n* von restlichem
Kühlmittel
bolt heater Flanschschrauben-
heizgerät *n*, elektr. Heizstab
m zum Aufheizen der
(Hauptkühlmittel)-
Pumpen-Flanschschrauben
bolting flange Flanschring *m*
Boltzmann('s) constant
Boltzmannsche Konstante *f*
Boltzmann equation
Boltzmannsche
Stoßgleichung *f*
~ **transport equation**
Boltzmannsche Transport-
gleichung *f*
bond 1. (metallurgischer)
Verbund *m* zwischen
Brennstoff und Hülle; 2. *allg.*
Bindung *f*
bone dose Knochendosis *f (biol.*
Strahlenschutz)
~ **seeker** Substanz *f,* die sich in
vivo vorzugsweise in Knochen
ablagert
~ **tolerance dose** zulässige
Knochendosis *f*
bonnet Gehäuseoberteil *n*

(Armatur)
booster element
Anfahrelement *n*
~ **fan** Druckerhöhungsgebläse *n*
~ **pump** Druckerhöhungspumpe
f, Zusatzpumpe
boral Boral *n*
borate *v* borieren
borated makeup water boriertes
Zusatzwasser *n*
~ **water** boriertes Wasser *n*,
Borwasser
~ **water storage tank** Borwasser-
vorratsbehälter *m*
borated-water header
Borwasserschiene *f*,
-sammler *m*
boration SYN. borating
Borieren *n*, Borierung *f*,
Borzusatz *m*
emergency ~ of the coolant
Notb. des Kühlmittels
metered ~ dosierte B.,
dosierter Borzusatz
shutdown ~ Abfahrb.
boric acid Borsäure *f*
granular ~ ~ pulverisierte
B.
technical grade granular ~ ~
technische B., pulverisiert
~ **-acid addition, subcritical**
Borsäurezusatz *m*, -zugabe *f*
im unterkritischen Zustand
~ **acid batching** Ansetzen *n* der
Borsäure
~ **acid charge tank** Borsäure-
einspeisebehälter *m*
~ **acid concentrator** Borsäure-
Konzentrationseinrichtung *f*
~ **acid emergency shutdown**
system Borsäure-

notabschaltung *f*
~ **acid evaporator**
Borsäureverdampfer *m*
~ **acid evaporator bottoms**
Borsäureverdampfer-
konzentrat *n*
~ **acid evaporator concentrate**
transfer pump Borsäure-
verdampferkonzentrat-
Förderpumpe *f*
~ **acid evaporator condensate**
pump Borsäureverdampfer-
kondensatpumpe *f*
~ **acid evaporator condensate**
tank Borsäureverdampfer-
kondensatbehälter *m*
~ **acid evaporator condenser**
Borsäureverdampfer-
kondensator *m*
~ **acid evaporator package**
Borsäureverdampfer-
Kompakteinheit *f*
~ **acid (or poison) injection**
(system) Borsäure-
notabschaltung *f*
~ **acid injection pump** Borsäure-
einspeisepumpe *f*
~ **acid injection tank** Borsäure-
einspeisebehälter *m*
~ **acid make-up tank**
Zusatz-Borsäurebehälter *m*
~ **acid metering pump**
Borsäuremeßpumpe *f*
~ **acid metering pump discharge**
line Borsäuremeßpumpen-
Druckleitung *f*
~ **acid metering pump drain**
Borsäuremeßpumpen-
entwässerung *f*
~ **acid metering pump suction**
line Borsäuremeßpumpen-

Ansaugleitung *f*

~ **acid mixing station** Borsäure-Ansetzstation *f*

~ **acid poisoning** Borsäure-vergiftung *f*

~ **acid precipitation** Borsäure-ausfällung *f*

~ **acid pump** Borsäurepumpe *f*

~ **acid removal capacity** Borsäureentzugsleistung *f*

~ **acid solution** Borsäurelösung *f*

~ **acid storage tank** Borsäure-speicher(behälter) *m*

~ **acid transfer line** Borsäure-förderleitung *f*

~ **acid transfer pump** Borsäure-förderpumpe *f*

boron, B *(neutron absorber)* Bor *n*, B

~ **addition** Borzusatz *m*

~ **and temperature mismatch** schlechte Anpassung *f* von Bor und Temperatur

~ **carbide** Borkarbid *n*

~ **carbide absorber** Borkarbidabsorber *m*

~ **carbide control rod** *(BWR)* Borkarbidsteuerstab *m* *(SWR)*

~ **carbide pellet** Borkarbid-tablette *f*

~ **chamber** Bor(trifluorid)-kammer *f* *(Ionisationskammer)*

~ **charge** Borladung *f*

~ **concentration** Bor-konzentration *f*
analytically determined ~ ~ analytisch bestimmte B.

~ **concentration adjustment** Einstellen *n* oder Einstellung

f der Borkonzentration

~ **concentration dial** Borkonzentrations-wählscheibe *f*

~ **content** Borgehalt *m*

~ **control system** Borregelsystem *n*

~ **dilution** Borverdünnung *f*

~ **injection** Boreinspeisung *f*, Borierung *f*

~ **injection tank** *(PWR safety injection system)* Boreinspeise-, Borierbehälter *m*

~ **recovery system** *(PWR)* Borsäure-rückgewinnung(sanlage) *f*

~ **removal SYN. deboration** Borentzug *m*, Deborierung *f*

~ **removal by demineralized water addition** B. durch Zugabe von Deionat (*oder* Deionatzugabe)

~ **removal bed** Borentzugs-, Deborierbett *n*

~ **removal capacity** Borentzugs-leistung *f*, Borentzugs-vermögen *n*

~ **(reactivity) worth** Borwirkwert *m*

boronated stainless steel nichtrostender Stahl *m* mit Borzusatz

boron-carbide-containing tube *(BWR control blade)* borkarbidhaltiges Rohr *n* *(SWR-Steuerelement)*

bottled inert gas Edelgas *n* oder inertes Gas in Flaschen

~ **oxygen supply** 1. Versorgung *f* aus

Sauerstoffflaschen; 2. Vorrat
m an (*oder* von) Sauerstoffflaschen

bottom (of) containment
extension (*BWR*)
Bodenwanne *f*

~ **connector fitting** (*HTGR fuel*
element) Bodenverbindungs-
stück *n*

~ **cooling system**
Bodenkühl(ungs)system *n*

~ **flange** unterer Flansch *m*

~ **head center disc** (*RPV*)
Bodenkalotte *f* (*RDB*)

~ **liner (plate)** (*containment*
structure) Bodenblech *n*

~ **nozzle** (*Westinghouse PWR*
fuel assembly) Fußstück *n*,
BE-Fuß *m*

~ **nozzle plate** Fußendplatte *f*,
untere Endplatte

~ **out** *v* nach unten durch-
stoßen (*Absorberteil*)

~ **plenum** unterer
Sammelraum *m*

~ **plug** unterer (Brennstab-
verschluß)Stopfen *m*

~ **raft** (*or* **slab** *or* **mat**)
Bodenplatte *f* (*bautechnisch*)

~ **reflector** Bodenreflektor *m*

~ **reflector sleeve**
Bodenreflektorrohr *n*

~ **thermal shield** thermischer
Bodenschild *m*, thermische
Bodenabschirmung *f*

~ **tie plate** Bodenstück *n* (BE)

bottoms SYN. **tailings**
Bodensatz *m*, Destillations-
rückstand *m*

~ **pump** Rückstand-,
Schlammpumpe *f*

bottom-entry control rods
(*BWR*) von unten
eingefahrene Steuerstäbe *mpl*

bottom-mounted drive unit
(*BWR control rod*) am
Boden montierter
(Steuerstab)Antrieb *m*

bottom-mounted in-core
instrumentation system am
Boden *oder* unten montiertes
Kerninstrumentierungs-
system *n*

Boudouard reaction
Boudouard-Reaktion *f*

bound-atom scattering cross
section Streuquerschnitt *m*
gebundener Atome

boundary Grenze *f*,
Abschluß *m*

extrapolated ~ extrapolierte
Grenze

pressure-containing (*or*
retaining) ~ Druckhaltegrenze
f oder druckhaltende
Umschließung *f* (*HKM*,
Aktivmedien)

~ **isolating valve** (*SGHWR*)
Abschluß-Absperrventil *n*

~ **layer** Grenzschicht *f*

bow(ing) (*HTGR fuel element*)
Verbiegung *f*, Durchbiegen *n*

bowing (gewollte)
asymmetrische Brennstoff-
verteilung *f*

box grab Kastengreifer *m*

box-type manifold
Verteilkasten *m*

BPTCA = best practical control
technology currently available
beste gegenwärtig verfügbare
praktische

Bekämpfungstechnik f
(Umweltschutz)
bracket Konsole f, Strebe f,
Stütze f, Winkeleisen n
bracing plate
Versteifungsblech n
braid fabric Tressengewebe n
(für Abfallfilter)
braking gas Bremsgas n
~ section Bremsstrecke f
branch (GB) Stutzen m
(Druckbehälter)
  bottom access ~ (AGR)
  Bodenzugangsst.
  viewing ~ (AGR)
  Beobachtungsst.
~ feeder Zweigspeiseleitung f
~ run Abzweigrohr n, -leitung f,
Leitungsabzweig m
branching decay verzweigter
Zerfall m
~ fraction Verzweigungsanteil m
~ ratio Verzweigungs-
verhältnis n
breach SYN. break, rupture
Bruch m (Rohr, Kreislauf)
**~ of circuit due to failure of
a penetration** B. eines
Kreislaufes infolge von
Schaden an einer
Durchführung
~ of cladding Hülsenbruch m
breached circuit fluid return
Rücklauf m aus gebrochenem
Kreislauf
break SYN. rupture Bruch m
~ in the primary coolant line B.
in der Primärkühlmittel-
leitung
  **double-ended ~ in the largest
  reactor coolant pipe**

doppelseitig offener B. (in)
der größten Hauptkühl-
mittelleitung
  **instantaneous double-ended
  guillotine ~** augenblicklicher
  doppelseitig offener B. mit
  völliger Durchtrennung
  severance type ~ B. mit
  völliger Durchtrennung
break size Bruchgröße f
breakdown SYN. dismantling
Zerlegen n
~ of a fuel stringer (AGR) Z.
einer Brennstoffsäule
~ (or dismantling) equipment
Zerlegegerät n
~ (or dismantling) machine
Zerleg(e)maschine f
breathing air Atemluft f
~ air distribution system
Atemluftverteilungssystem n
~ rate Atmungsmenge f
breed element Brut-,
Brütelement n
breeder (reactor) Brüter m,
Brutreaktor m
  fast ~ schneller B.
~ rod SYN. breeder pin
Brutstab m
~ rod clad(ding) tube Brutstab-
hüllrohr n
breeding SYN. converting,
conversion (of fertile
material) Brüten n,
Brutprozeß m, -vorgang m,
Konvertieren n, Konversion f
~ blanket Brutmantel m,
Brutzone f
~ factor Brutfaktor m
~ gain Brutgewinn m
~ rate Brutrate f

~ **ratio** SYN. **conversion ratio**
Brutverhältnis *n*, Brutfaktor
m, besser Konversionsgrad *m*

~ **reactor** SYN. **breeder reactor**
Brutreaktor *m*, Brüter *m*

power ~ ~ Leistungsb.

thermal ~ ~thermischer B.

Breit-Wigner formula Breit-
Wigner-Formel *f*

bremsstrahlung
Bremsstrahlung *f*

bridge access ladder *(SGHWR
refuelling machine)* Brücken-
zugangsleiter *f*

~ **drive rack** *(SGHWR
refuelling machine)* Brücken-
antriebszahnstange *f*

~ **drive unit**
Brückenfahrantrieb *m*

~ **mounting platform** auf die
Brücke montierter Laufsteg *m*

~ **transmission system** Brücken-
Kraftübertragungssystem *n*

~ **walkway** Brückenlaufsteg *m*,
-gang *m*

brine cooling system
Solekühlkreislauf *m*

~ **heat exchanger** Solewärme-
tauscher *m*, Solekühler *m*

~ **loop** Solekreislauf *m*

~ **system** Solesystem *n*,
-kreislauf *m*

bring *v* **a plant to its full licensed
power** eine Anlage auf ihre
volle Genehmigungsleistung
bringen *(oder* fahren)

bring *v* **a plant up (from zero to
full load/to half power)** eine
Anlage (von Null- auf
volle/halbe Leistung)
hochfahren

brittle spröde

~ **fracture** *(or* **failure)**
Sprödbruch *m*

~ **fracture resistance**
Sprödbruchsicherheit *f*

**brittle-fracture-oriented
operating diagram**
Sprödbruchfahrdiagramm *n*

B.S.D. (= **burst slug detection)
gear** *(or* **system)** *(GB)*
Hüllenfehler- *oder* -bruch-
Spüranlage *f*

bubble plate Glockenboden *m*,
Bodenglocke *f (Füllkörper)*

buckling 1. Beulen *n*
(Werkstoff);
2. Flußdichtewölbung *f*

geometric ~ geometrische
Flußdichtewölbung

material ~ materielle
Flußdichtewölbung

~ **calculation** Beulrechnung *f*

~ **factor** Krümmungsfaktor *m*

~ **vector** Flußdichtewölbungs-
vektor *m*

buffer Puffer *m*

~ **gas** Puffergas *n*

~ **helium** *(LMFBR)*
Pufferhelium *n*

~ **pin** *(CE PWR fuel assembly)*
Pufferbolzen *m*, -stift *m*

~ **section** Pufferstrecke *f*

~ **store** Pufferlager *n*,
Zwischenlager

~ **tank** SYN. **intermediate
storage tank** 1. Pufferbehälter
m; 2. Zwischen-
speicher(behälter) *m*

~ **vessel** Puffer-,
Zwischenbehälter *m*

building access lock Gebäudezugangsschleuse *f*

~ **activity release check list**
Prüfliste *f* für Aktivitäts-
freisetzung im Gebäude

~ **drains** (*or* **effluents**) Abwasser
n aus Gebäudeentwässerung

~ **exhaust air** Gebäudeabluft *f*

~ **radiation monitor system**
Gebäude-Strahlungs-
überwachung(sanlage) *f*

~ **radiation release check list**
Prüfliste *f* für Strahlungs-
abgabe im Gebäude

~ **spray system**
Gebäudesprühsystem *n*

build-up Ansammlung *f*, Aufbau
m, Zuwachs *m*

~ **of fission products** A. von
Spaltprodukten

~ **of impurity and activity levels**
A. von Verunreinigungs- und
Aktivitätspegeln

~ **of radioactivity** A. von
Radioaktivität

~ **of surface or airborne**
contamination A. von
Oberflächen- oder
Schwebstoffkontamination

~ **of Wigner energy** A. von
Wignerenergie

~ **factor** Aufbau-,
Zuwachsfaktor *m*

built-in inertia (*PWR coolant*
pump) eingebaute Trägheit
f (*Schwungrad*)

~ **reactivity** anfängliche
Überschußreaktivität *f*

bulk boiling Volumensieden *n*,
Blasenverdampfung *f*

~ **gas outlet temperature**
(*gas-cooled reactor*) mittlere

Gasaustrittstemperatur *f*

~ **outlet coolant temperature**
mittlere Kühlmittel-
austrittstemperatur *f*

~ **temperature** mittlere
Temperatur *f*, bezogen auf
Wärme-Massenstrom

bund wale Umfassungsmauer *f*,
-wand *f* (*Becken, Wanne*
o. ä.)

burial Ein-, Vergraben *n* (*von*
Abfällen)

~ **ground** Abfallager *n*,
Endlager, Enddeponie *f*
(*f. Abfälle*)

burnable poison brennbares
(Neutronen- *oder*
Reaktor)Gift *n*,
(ab)brennbarer Absorber *m*

~ **poison rod** (ab)brennbarer
Absorberstab *m*, Stab *m* aus
(ab)brennbarem
(Reaktor)Gift

~ **poison rod handling tool**
Manipuliergerät *n* für
abbrennbare Absorberstäbe

burn-out (*fuel*)
Durchbrennen *n*

burn-out heat flux Wärme- *oder*
Heizflächenbelastung *f oder*
Wärmestrom *m* beim
Durchbrennen

~ **point** Durchbrennpunkt *m*

burn-up Abbrand *m*
average ~ mittlerer A.
maximum ~ höchster *oder*
maximaler A.

~ **condition** Abbrandzustand *m*

~ **compensation** Abbrand-
kompensation *f*

~ **control** Abbrandsteuerung *f*

~ **cycle** Abbrandzyklus *m*

~ **distribution** Abbrand-
verteilung *f*

~ **equilibrium** Abbrand-
gleichgewicht *n*

~ **measuring reactor** Abbrand-
meßreaktor *m*

~ **measuring system** Abbrand-
meßanlage *f*

~ **core** SYN. **spent core**
abgebrannter Kern *m*

**burst in the reactor cooling
circuit** *(SGHWR)* Bruch *m im*
Reaktorkühlkreislauf

burst can Brennelementschaden
m, Hülsenbruch *m*, Platzen *n*
der Hülle, (Brennstab-)
Hüllrohrschaden *m*

~ **can detection, B.C.D.** *(GB)*
Nachweis *m* von
Hüllrohrschaden *oder* von
beschädigten Brennelementen

~ **can detection equipment** (*or*
gear), B.C.D. equipment
SYN. **burst can detection
system** Überwachungsgeräte
npl für Hüllenschaden,
BE-Leckstellen-
überwachungssystem *n*

~ **can detection room** Hülsenüberwachungsraum *m,*
BE-Leckstellen-
überwachungsraum *m*

~ **can detection system** SYN.
burst can detection equipment
(*or* **gear)** *(GB)* BE-Hüll(en)-
schadenüberwachungsanlage
f, BE-Leckstellen-
überwachungssystem *n*

~ **can location gear**
BE-Leckstellen-

ortung(sanlage) *f*

~ **cartridge detection** (*or*
B.C.D.) equipment (*or*
system) SYN. **burst can
detection equipment**
BE-Leckstellenüber-
wachungsanlage *f,*
BE-Hüllenschadenüber-
wachung(sanlage) *f*

~ **cartridge detection room**
(GB) BE-Leckstellen-
überwachungsraum *m,*
Hülsenüberwachungsraum

~ **duct** gebrochener Kanal *m*

~ **pin detection system**
(LMFBR) System *n* zur
Brennstabschadenssuche

~ **slug** *(GB)* schadhaftes
Brennelement *n*

~ **slug detection, B.S.D.** SYN.
burst can (*or* **cartridge)
detection** BE-Leckstellen-
feststellung *f,*
Hüll(en)schadenfeststellung

~ **slug detection equipment**
SYN. **burst can** (*or* **cartridge)
detection equipment**
BE-Leckstellen-
überwachungssystem *n,*
BE-Hüllenschaden-
überwachung(sanlage) *f*

burst-circuit accident (*or*
incident) *(GB)* Störfall
m durch (*oder* infolge von)
Kreislaufbruch

burst-circuit reactor trip
(SGHWR)
Reaktorschnellschluß *m*
infolge Kreislaufbruch

bursting diaphragm (*or* **disc)**
SYN. **rupture disc**

Platzmembran *f,* Berst-,
Reißscheibe *f*
~ **disc nozzle** Stutzen *m* für
Berstscheibe
~ **panel** Berst-, Reißplatte *f*
~ **resistance** Berstsicherheit *f*
~ **stress** Berstspannung *f*
butterfly valve Klappe *f*
(Armatur), Drosselklappe *f*
BWR = boiling water reactor
SWR = Siedewasser-
reaktor *m*
BWR control rod
SWR-Steuerstab *m*
BWR control rod drive
SWR-Steuerstabantrieb *m*
bypass *v* umführen, umleiten;
(Dampf) abblasen
~ **a portion of dump to the
condenser** einen Teil der
Überproduktion zum
Kondensator führen
bypass Umführung(sleitung) *f,*
Neben-, Umleitung *f;* Neben-
strom *m,* Nebenschluß *m*
on ~ to s.th. im Nebenschluß
zu etw.
~ **filter** Nebenschluß-, Bypass-,
Umgehungsfilter *n, m*
~ **filtration** Nebenschluß-
filterung *f*
~ **flash tank** Abblase-, Über-
produktionsentspanner *m*
~ **flow** Nebenschluß-, Umleit-,
Umführungsstrom *m*
~ **loop** Nebenschluß-, Umleit-,
Umführungskreislauf *m*
~ **purification** (*or* **clean-up**)
system Nebenstrom-
reinigungskreislauf *m,*
Nebenstromreinigungsanlage *f*

~ **steam flow**
Umleitdampfmenge *f*
~ **stream SYN. bypass flow**
Nebenschluß-, Umführungs-,
Umleitstrom *m*
~ **system** Umleitstation *f,*
Umleitsystem *n*
by-product material radioaktive
Nebenprodukte *npl*

C

**cable bridge with plug connector
plates** Kabelbrücke *f* mit
Steckerplatten
~ **duct** Kabelkanal *m*
~ **layering device** (*SGHWR
refuelling machine*) Kabel-
aufrollvorrichtung *f*
~ **penetration unit** (*for
containment structure*) Kabel-
durchführungselement *n*
~ **platform** Kabelbühne *f*
~ **reel capsule** Kabelaufroll-
kapsel *f*
~ **stressing gallery** (*PCRV, PC
containment*)
Kabelspanngang *m*
~ **trailing device** Kabelschlepp-
einrichtung *f*
cadmium cut-off Kadmium-
einfanggrenze *f*
effective ~ ~effektive K.
~ **ratio** Kadmiumverhältnis *n*
cageless ball bearing käfigloses
Kugellager *n*
calibrated neutron flux power
geeichte Neutronen-
flußleistung *f*

calandria Kalandriagefäß *n*; Moderatorbehälter *m* *(Schwerwasserreaktor)*

~ **barrel** Kalandriagefäß-zylinder *m*

~ **blanket gas** Kalandria-gefäßschutzgas *n*

~ **diameter** Kalandriagefäß-durchmesser *m*

~ **height** Kalandriagefäßhöhe *f*

~ **outlet plenum** Kalandria-gefäß-Austrittssammelraum *m*

~ **over-pressurization** *(SGHWR)* Überdruckaufbau *m* im Kalandriagefäß

~ **plenum zone** Kalandriagefäß-Sammelraumzone *f*

~ **room** Kalandriagefäßraum *m*

~ **structure** Kalandriagefäß-konstruktion *f*

~ **tube insulating gas system** Kalandriagefäßrohr-Sperrgassystem *n*

~ **tube thickness** Kalandria-gefäßrohrstärke *f*

~ **vault** *(SGHWR)* Kalandria-gefäßgrube *f*

calcination Kalzinierung *f* *(Abfallaufbereitung)*

calculated rod worth berechneter Stab-Reaktivitätswert *m*

calibrating tube Eichrohr *n*

can SYN. canning, cladding Hülse *f*, Hülle *f*, Umhüllung *f (Brennstab)* **spirally-finned** ~ H. mit spiralförmigen Flossen *(gasgek. Reaktor)*

~ **burst temperature** Bersttemperatur *f* der Hülle

~ **failure** (BE-) Hüllenschaden *m*

~ **failure detection pipe** *(gas-cooled reactor)* Hülsen-überwachungsrohr *n*

~ **material** Hüll(en)material *n*, -werkstoff *m*

~ **rupture** Hülsenbruch *m*, Hülsenschaden *m*

~ **segment** *(SGHWR fuel element seal plug)* Nockensegment *n*

~ **surface temperature SYN. clad surface temperature** Hüllen-Oberflächen-temperatur *f*

~ **thickness SYN. canning wall thickness** Hüllen(wand)dicke *f*, -stärke *f*

canal (for fuel transfer) (BE-Schleuse)Kanal *m*

candidate fuel specimen in Frage kommende Brennstoffprobe *f*

can/fuel interspace SYN. cold gap Zwischenraum *m* zwischen Hülle und Brennstoff

canister (for fuel transport) BE-Transportkanister *m*

~ **capping mechanism** Kanister-Deckelverschließmaschine *f*

canless (fuel) assembly *(PWR)* kastenloses Brennelement *n*

canned motor Spaltrohrmotor *m*

~ **motor pump** Spaltrohr-(motor)pumpe *f*

can(ning) burst Brennstoff-hüllenbruch *m*, Hüllrohrbruch, Bersten *n* der Hülle

canning SYN. can, cladding

(Brennstab)Hülle *f*, Hülse *f*,
Umhüllung *f*
~ **machine** Verschließmaschine *f*
~ **(or cladding) material**
Hüllmaterial *n*,
Hüllenwerkstoff *m*
~ **position** Verschließposition *f*
~ **(or cladding) wall thickness**
Hüllenwanddicke *f*
can-pellet clearance Spiel *n*
zwischen Hülle und
(Brennstoff)Tablette
**capability for fuel cycle
flexibility** Fähigkeit *f* zur
Brennstoffzyklusflexibilität
~ **for plutonium recycle**
Fähigkeit *f* zur Plutoniumrückführung
~ **to commission the complete
primary system under full
operating conditions of
temperature and pressure**
Fähigkeit *f* zur
Inbetriebnahme des
kompletten Primärsystems bei
voller Betriebstemperatur und
vollem Betriebsdruck
~ **to shut down the plant safely**
sichere Abfahr- *oder*
Abschaltfähigkeit *f* der
Anlage
capable of gas-dynamic support
gasdynamisch tragfähig
capacity for fabricating fuel
Brennelement-Fertigungs-
kapazität *f*
~ **factor** effektiv abgegebene
Energie *f*
~ **run** Leistungslauf *m*
capillary action
Kapillarwirkung *f*

**capital cost per kilowatt of
electrical capacity**
Kapitalkosten *pl* pro Kilowatt
elektrischer Leistung,
spezifische Kapitalkosten
capture *v* einfangen
capture Einfang(prozeß) *m*
~ **cross section**
Einfangquerschnitt *m*
~ **cross section resonance**
Einfangquerschnittsresonanz *f*
~ **gamma radiation** Einfang-
gammastrahlung *f*
carrier rack Ablagegestell *n (für
Reaktorteile bei Ausbau)*
carrying out of radioactive D₂O
(in liquid effluents) Austragen
n oder Ausschleppen *n* von
radioaktivem D₂O
**carry-over of radioactive
substances to the turbine**
Einschleppung *f oder*
Überreißen *n* radioaktiver
Stoffe in die Turbine
cartridge SYN. fuel cartridge
(Magnox reactor)
Brenn(stoff)stab *m*
~ **cooling pond** *(Magnox
reactor)* BE-Becken *n*,
Brennelement(lager)becken
cartridge-type seal
Dicht(ungs)patrone *f*
cascade *(isotope separation)*
(Trenn)Kaskade *f (Isotopen-
trennanlage)*
casing Gehäuse *n*
~ **flange** Gehäuseflansch *m*
cask *(US)* Transport- *oder*
Lagerbehälter *m (für
radioaktive Stoffe, vor allem
abgebrannte BE)*

irradiated fuel ~ T. für
abgebrannte BE
multi-element ~
Mehrelement-T.
single-element ~
Einzelelement-T.
cask body BE-Transport-
behälterkörper *m*, -gehäuse *n*
~ loading pit BE-Transport-
behälter-Ladebecken *n*,
-grube *f*
~ loading station
Transportbehälter-
Ladestation *f*
~ rest Transportbehälter-
Abstellplatz *m*
~ washdown pit Transport-
behälter-Abspülgrube *f*,
-becken *n*
castellation *(in SGHWR
auxiliary shield)* Kronierung *f*,
Aussparung *f*
catalyzer *(SGHWR)* Kataly-
sationseinrichtung *f*
catalyst Katalysator *m*
platinized alumina ~ Alu-K.
mit Platinüberzug
~ bed Katalysatorbett *n*
catalytic recombination
katalytische Rekombination *f*
~ recombiner (system)
katalytische
Rekombinationsanlage *f*
catch pan with protective layer
(SNR 300) Auffangschale *f*
mit Schutzschicht
~ pot *(for SGHWR drains)*
Auffangtopf *m*
~ tank Auffangbehälter *m*
cater *v* **for abnormal modes of
operation** abnormen

Betriebsweisen *fpl (oder
-fällen mpl)* Rechnung tragen
cation (bed) demineralizer
Kationen(bett)-
Vollentsalzungsanlage *f*
caustic scrubber (unit)
Laugenwäscher *m*
**~ soda proportioning (or
dosing) pump** Natronlauge-
dosierpumpe *f*
~ solution Lauge *f*,
Laugenlösung *f*
~ (storage) tank Lauge(n)-
behälter *m*, -speicher *m*
~ transfer pump Lauge(n)-
förderpumpe *f*
~ water (electric type) heater
Lauge(n)vorwärmer *m*
cave 1. Kaverne *f (Deponie f.
radioakt. Abfall)*; 2. heiße
Zelle *f*
cavitational failure *(fuel
element)* Kavitationsschaden
m, Ausfall *m* infolge
Kavitation
cavity 1. Kavität *f*, Groblunker *f*,
Hohlraum *m*, Saughöhle *f*
(Guß); 2. Grube *f*
reactor ~ Reaktorgrube *f*
~ cover(ing) Gruben-
abdeckung *f*
~ shield Grubenabschirmung *f*
**CEA = control element
assembly** *(CE PWR)*
Steuerelement *n*
CEA deviation Steuerelement-
(stellungs)abweichung *f*
CEA extension shaft
Steuerelement-Antriebs-
stangenverlängerung *f*
CEA position Steuer-

elementstellung *f*

CEA shroud Steuerelement-
Führungseinsatz *m*

cell 1. Zelle *f*, Raum *m (in
Sicherheitshülle)*; 2. Reaktor-
zelle *f*

  hot ~ heiße Z.

  reactor ~ Reaktorz.

  shielded ~ geschützte Z.

~ **correction factor** Zellen-
korrekturfaktor *m*

~ **ventilation fan** Zellenlüftungs-
ventilator *m*

cement *v* kitten, leimen,
verleimen, zementieren

cement asbestos Zementasbest
m, Eternit *n*

~ **proportioning screw** Zement-
dosierschnecke *f (Abfall-
einzementieranlage)*

cent Cent *n (Faktor der
Reaktoraktivität)*

center fuel melt(ing)
Mittenschmelzen *n* des
Brennstoffs

~ **of population** Bevölkerungs-
zentrum *n*, Gebiet *n* großer
Bevölkerungsdichte

~ **rod** *(in fuel assembly)*
zentraler Brennstoffstab *m*

centered zentriert

centering tube Zentrierrohr *n*

central compartment *(in
containment structure)*
Mittelraum *m*, mittlerer
Raum *(in Sicherheitshülle)*

~ **core zone** mittlere Kernzone *f*,
Mittelzone *f* des Kerns

~ **fuel melting**
Mittenschmelzen *n*

~ **graphite rod**

Graphitzentralstab *m*

~ **handling control room**
zentraler Handhabungs-
schaltraum *m*, Transportleit-
zentrale *f*, zentraler
Transportleitstand *m*

~ **instrumentation thimble**
*(Westinghouse PWR fuel
assembly)* zentrales *oder* im
Mittelpunkt liegendes
Instrumentierungsrohr *n*

~ **hole** zentraler Hohlraum *m*

~ **mast manipulator** Zentral-
mastmanipulator *m*,
Greiferstange *f*

~ **power cycler** zentraler
Taktgeber *m (DWR-Steuer-
elementsteuerung)*

~ **region of the core** Mittelzone
f des Kerns

~ **support tube** *(HTGR fuel
element)* Mitten-Stützrohr *n*

~ **tie rod** *(AGR fuel stringer)*
(zentrale) Führungs- *oder*
Zugstange *f*

~ **tube** *(HTGR fuel element)*
Zentralrohr *n*

~ **tubular spine** *(HTGR fuel
element)* Tragrohr *n*,
Zentralrohr

Centrifix purifier Centrifix-
Wasserabscheider *m*

centrifugal action
Fliehkraftwirkung *f*

~ **casting** Schleudergußstück *m*

~ **separator** Fliehkraft-
abscheider *m*

~ **steam separator** Zentrifugal-
Dampf/Wasser-Abscheider
m, Zentrifugaldampf-
abscheider *m*

centrifugation Zentrifugieren *n*,
Schleudern *n*
centrifuge Zentrifuge *f*
ceramet SYN. cermet Keramik-
Metall-Gemisch *n*,
Metallkeramik *f*
ceramic filter element
keramisches *oder* Keramik-
Filterelement *n*
~ **fuel** keramischer Brennstoff *m*
~ **material moderated reactor**
keramisch moderierter
Reaktor *m*
~ **packing material** *(D₂O
distillation column)*
keramische Füllkörper *mpl*
~ **reactor** keramischer
Reaktor *m*
~ **UO₂ pellet** keramische
UO₂-Tablette *f*
~ **uranium dioxide** keramisches
Urandioxid *n*
Čerenkov radiation Čerenkov-
Strahlung *f*
cerium isotope Ceriumisotop *n*
cermet SYN. ceramet
Metallkeramik *f*, Keramik-
Metall-Gemisch *n*
~ **fuel** Cermet-Brennstoff *m*
cesium, Cs Cäsium *n*,
Caesium, Cs
~ **iodine** Cäsiumjodid *n*
~ **separation plant** Cäsium-
abscheideanlage *f*
cestral tube Kegelstrahlröhre *f*
chafe *v* ab-, durchscheuern
chaffer Wärmröhre *f*
**chain SYN. decay chain, decay
family** Zerfallsreihe *f*,
Zerfallskette *f*
~ **fission yield** Gesamtspalt-

ausbeute *f*
~ **reaction** Kettenreaktion *f*
self-sustaining ~ sich selbst
unterhaltende K.
support *v* **a** ~ eine K.
unterhalten
change in vessel shell thickness
Behälter-Wandstärkenüber-
gang *m*, Behälter-
Wandstärkenänderung *f*
~ **room SYN. changing room**
Umkleideraum *m*
~ **room facilities**
Umkleideraumeinrichtungen
fpl
change-out frequency
Auswechselhäufigkeit *f*
channel SYN. fuel channel
1. Brennelementkanal *m*;
2. Brennelementkasten *m*
(SWR)
emptied ~ *(gas-cooled
reactor, SGHWR)* entleerter
Brennelementkanal
~ **blockage** Kanalblockade *f*,
-verstopfung *f*
~ **bypass for maintenance**
Umführung *f* eines Kanals
zwecks Wartung
~ **coolant flow rate** Kanal-
Kühlmitteldurchsatz *m*
~ **fission rate** Kanalspalt(ungs)-
rate *f*
~ **gas outlet temperature** Kanal-
Gasaustrittstemperatur *f*
~ **head** 1. Sammel-,
Verteilkammer *f*; 2. Kopf
m oder Kopfstück *n* des
BE-Kastens *(SWR)*;
3. Primärkammer *f*
(DWR-DE)

~ **heat output** Kanal-
Wärmeleistung *f*

~ **inversion** axiales
BE-Umsetzen *n* im Kanal

~ **outlet temperature** Kanal-
Austrittstemperatur *f*

~ **refuelling plug** *(SGHWR)*
Kanal-BE-Wechselstopfen *m*

~ **stripping machine** Element-
kastenabstreifmaschine *f*
(SWR)

~ **tube** *(SGHWR)* Kanalrohr *n*

~ **velocity** Geschwindigkeit *f* im
Kanal *(Kühlmittel)*

charcoal activation Kohle-
aktivierung *f*

~ **adsorption bed** (Aktiv)Kohle-
adsorptionsbett *n*

~ **bed** (Aktiv)Kohlebett *n*

~ **delay bed** (Aktiv)Kohle-
verzögerungsbett *n*

~ **filter** Aktivkohlefilter *n, m*

~ **trap** Aktivkohlefalle *f*

charge *v* 1. (unter hohem
Druck) einspeisen,
beaufschlagen; 2. (be)laden

~ **the decontamination facility
with hot or cold water** die
Dekontanlage mit heißem
oder kaltem Wasser
beaufschlagen

~ **a fuel channel with new fuel**
einen Brennstoffkanal mit
neuem Brennstoff (*oder*
neuen BE) laden

charge SYN. loading
1. Beschicken *n*, Beladen *n*,
Laden *n (eines Reaktors* mit
Brennstoff; 2. Ladung *f (=
eingesetzter Brennstoff)*

~ **and discharge operations** Be-
und Entladevorgänge *mpl*

~ **chute** Ladeschurre *f (brit.
gasgek. Reaktor)*

~ **face** *(GB)* Ladebühne *f,*
-fläche *f*

~ **machine SYN. (re)fuel(l)ing
machine** Lademaschine *f,*
BE-Wechselmaschine

top ~ machine L. für Laden
von oben

~ **machine access port** *(HTGR)*
Lademaschinen-Zugangs-
öffnung *f*

~ **machine decontamination
tank** Lademaschinen-
Dekontaminierbehälter *m*

~ **machine gantry**
Lademaschinenportal *n*

~ **machine grab** Lademaschinen-
greifer *m*

~ **machine isolation valve** Lade-
maschinenabsperrventil *n*

~ **machine maintenance bay**
Lademaschinenwartungs-
platz *m*

~ **machine run(-)away**
Weglaufen *n* der
Lademaschine

~ **machine vent valve** Lade-
maschinenentlüftungsventil *n*

~ **number SYN. atomic number,
proton number**
Kernladungszahl *f,*
Ordnungszahl, Protonenzahl

~ **room SYN. fueling room**
Beschickungsraum *m,*
BE-Wechselraum

~ **valve** Ladeschieber *m*

charge/discharge facility
(SGHWR) Lade/Entlade-
anlage *f*

charge/discharge process Lade/
Entladevorgang *m*
charged particle equilibrium
Gleichgewicht *n* geladener
Teilchen
charge-sensitive amplifier
ladungsempfindlicher
Verstärker *m*
charging BE-Wechsel *m*, Laden
n, Beladen; Beschicken *n*
on-load ~ B. unter Last (*oder*
während des Betriebes)
~ **cycle** Beschickungszyklus *m*,
Ladezyklus
~ **gas** (*PWR accumulator tank*)
Druckgas *n*
~ **line** (*PWR*) Primärspeise-
leitung *f*, HD-Einspeise-
leitung
~ **line isolation valve**
HD-Einspeiseleitungs-
Absperrarmatur *f*
~ **period** Beschickungsperiode *f*
~ **pump** (*PWR*) Hochdruck-
oder HD-Einspeisepumpe
~ **pump suction header**
HD-Einspeisepumpen-
Ansaugsammler *m*
~ **room** Zugaberaum *m*
~ **stream** Einspeisestrom *m*
Charpy test Charpysche
Pendelschlagprüfung *f*
Charpy V-notch specimen
Charpy-V-Kerbschlagprobe
f (*Werkstoffprüfung*)
check fit-up SYN. trial fit-up
Probemontage *f*
check for leakage Leck(age)-
kontrolle *f*
"checkerboard pattern" Schach-
brettmuster *n* (*BE im*

Reaktorkern)
check-off list Prüfliste *f*
pre(-)operational ~
vorbetriebliche P.
check(-)out Aus-, Durchprüfen
n, Aus-, Durchprüfung *f*
checkpoint Kontrollposten *m*
(*am Eingang zur
Kontrollzone*)
check valve Rückschlagklappe *f*,
-ventil *n*
chemical addition Chemikalien-
zusatz *m*, -ein-, -zuspeisung *f*,
-zugabe *f*
~ **addition system** Chemikalien-
zusatzsystem *n*
~ **addition tank** Chemikalien-
zusatzbehälter *m*
~ **cleaning basin** Beizwanne *f*
~ **and volume control system**
(*PWR*) chemisches und
Volumenregelsystem *n*,
System *n* für Wasserchemie
und Volumenregelung
~ **collecting tank** Chemie-
abwasser-Sammelbehälter *m*
~ **control system** chemisches
Regelsystem *n*, Chemikalien-
einspeisesystem
~ **decontamination system**
chemisches
Dekontaminationssystem *n*
~ **dosemeter** (*or* **dosimeter**)
chemisches Dosimeter *n*
~ **dosing** Chemikaliendosierung
f, -impfung *f*
~ **drain tank** Chemieabwasser-
Auffangbehälter *m*
~ **drain tank pump**
Chemieabwasserpumpe *f*
~ **drains** Chemieabwässer *npl*

~ **impurity cleanup (or removal) system** *(HTGR)* Abscheidesystem *n* für chemische Verunreinigungen

~ **mixing tank** Chemikalienansetz-, -löse-, -mischbehälter *m*

~ **mixing tank mixer** Chemikalienansetzbehälter-Rührwerk *n*

~ **mixing tank orifice** Chemikalienansetzbehälter-blende *f*

~ **neutron absorber** chemischer Neutronenabsorber *m* **soluble** ~ ~ löslicher ~ N.

~ **(neutron) poison** chemisches (Reaktor)Gift *f*

~ **poison density** Reaktorgiftdichte *f*

~ **processing tank** Chemikalienaufbereitungsbehälter *m*

~ **proportioning pump** Chemikaliendosierpumpe *f*

~ **reactivity control system** chemisches Reaktions-(ab)regelsystem *n*

~ **reprocessing** chemische (Wieder)Aufarbeitung *f (von abgebrannten BE)*

~ **sampling system** chemisches *oder* Chemikalien-Probe(n)-entnahmesystem *n*

~ **separation** chemische Trennung *f*

~ **shim system** chemisches Trimmsystem *n*

~ **shutdown system** chemisches Abschaltsystem *n*

~ **solution safety injection system** Chemikalienlösungs-Sicherheitseinspeisesystem *n*

~ **supply pump** Chemikalienförderpumpe *f*, Chemikalienzuspeisepumpe

~ **tank** Chemikalienbehälter *m*

~ **transfer pump** Chemikalienförderpumpe *f*

~ **waste(s)** Chemieabfälle *mpl*; Chemieabwässer *npl*

chemically dosed with s.th. mit etwas chemisch geimpft

~ **inert gas** chemisch inertes Gas *n*

chevron type moisture separator Grobwasserabscheider *m*, Grobwasserabscheide-vorrichtung *f*

chilled water Kaltwasser *n*

~ **water circulating pump** Kaltwasserumwälzpumpe *f*

~ **water heat exchanger** Kaltwasserwärmetauscher *m*

~ **water plant** Kaltwasseranlage *f*

~ **water precooler** Kaltwasservorkühler *m*

~ **water pump** Kaltwasserpumpe *f*

~ **water return tank** Kaltwasserrücklaufbehälter *m*

chiller SYN. water chiller Kaltwasseraggregat *n*, Kaltwassererzeuger *m* **central** ~ Kaltwasserzentrale *f*

chop and leach *(fuel reprocessing)* Zerschneiden *n* und Auslaugen *n*, Hack- und Auslaugeverfahren *n*

chromatograph Chromatograph *m*

chronic exposure

Dauerbestrahlung *f*,
Dauerstrahlenbelastung *f*

circuit 1. *elektrisch:* Schaltung *f*,
Stromkreis *m*; 2. *(GB)*
Kreislauf *m*

~ **corrosion rate** Kreislauf-
korrosionsrate *f*

~ **leakage** Kreislaufleckage *f*

~ **leak rate** Kreislaufleckrate *f*

~ **materials** Kreislaufwerkstoffe
mpl

circuit-closing connection *(el.)*
Arbeitsstromschaltung *f*

circuit-opening connection
Ruhestromschaltung *f (el.)*

circular brick Gitterblock *m*

~ **catwalk** Rundlauf *m*

~ **crab runway girder** Rundlauf-
katzträger *m*

~ **track crane SYN. polar crane**
Rundlaufkran *m*

circular-grained graphite
Graphit *m* mit rundem Korn

circulating fuel reactor Reaktor
m mit umlaufendem
Brennstoff

~ **pump** Umwälzpumpe *f*

~ **water system** Haupt-
kühlwassersystem *n*

circulation loop Umwälzkreislauf *m*

circulator Umwälzer *m:*
a) Umwälzgebläse *n (GB)*;
b) Umwälzpumpe *f*

circulator casing
Gebläsegehäuse *n*

~ **outer casing** Gebläseaußen-
gehäuse *n*

~ **drive turbine** *(HTR)* Gebläse-
antriebsturbine *f*

~ **(drive) turbo-generator (set)**

Gebläseturbogruppe *f*,
Gebläseturbosatz *m*

~ **seal gas** Gebläsesperrgas *n*

circumferential break Umfangs-,
Peripheriebruch *m*,
umlaufender Bruch

~ **cable** *(PCRV)* Rundum-
spannkabel *n*

~ **finning** Querberippung *f*

~ **prestress(ing)**
Ringvorspannung *f*

~ **prestressing tendon**
Ringspannglied *n*

~ **ridge** (*LWR fuel rod*)
umlaufender Grat *m (oder*
Kamm *m) (Bambuseffekt)*

~ **ridging SYN. bamboo effect**
Bambuseffekt *m*

**circumferentially wrapped with
tensioned steel cables**
(PCRV) mit gespannten
Stahlkabeln umwickelt
(Spannbetonbehälter)

clad *v* plattieren

~ **internal surfaces with stainless
steel** Innenflächen mit
rostfreiem Stahl p.

~ **by weld deposit SYN. weld-
deposit-clad** schweißplattiert

clad (Brennstab)Hülle *f*, Hülse *f*

~ **ballooning** Aufblähen *n* der
(Brennstab-Zirkon)Hülle

~ **creep** Kriechen *n* der Hülle

~ **damage** Hüll(rohr)schaden *m*

~ **ductility** Hüllenduktilität *f*

~ **fusion defect** Bindefehler *m*
der Plattierung

~ **material SYN. can material,
cladding material**
Hüllenmaterial *n*,
-werkstoff *m*

~ **melting** Abschmelzen *n* der Hülle, Hüllenschmelzen

~ **net unrecoverable circumferential strain** nicht rückgängig zu machende Netto-Umfangsverformung *f* der Hülle

~ **surface temperature** Hüllenoberflächentemperatur *f*

~ **temperature** SYN. **cladding temperature** Hüllentemperatur *f*

~ **temperature limitation** Hüllentemperaturbegrenzung *f*

~ **thickness** SYN. **cladding thickness** Hüll(en)wandstärke *f*, Hüllrohr-Wanddicke *f*

cladding SYN. **(fuel)(rod) clad(ding)** (Brennstab)Hülle *f*, Hülse *f*, Umhüllung *f*

collapsed *or* **collapsible** ~ SYN. **fuel (rod) flattening** Kollabierschaden *m*, -schäden *mpl*

faulty ~ schadhafte Hülle(n) (*oder* Hülse(n))

metallic ~ Metallhülle

~ **buckling** Beulen *n* der Hülle

~ **creep** SYN. **clad creep** Kriechen *n* der Hülle

~ **defect** Hüllenfehler *m*, -schaden *m*

~ **expansion** Aufweitung *f* der Hülle

~ **material** Hüllenwerkstoff *m*, Hüllenmaterial *n*

~ **rupture** Hülsenbruch *m*

~ **strain** Hüllen-Streckdehnung *f*

~ **temperature** Hüllentemperatur *f*

peak ~ **temperature** Spitzenh., Hüllentemperaturspitze

~ **temperature variation** Hüll(en)temperaturschwankung *f*

~ **thickness** 1. Hüllenwandstärke *f*; 2. Stärke *f* der Plattierung, Plattierungsstärke

~ **tube** SYN. **clad tube** Hüllrohr *n*, Umhüllungsrohr *(Brennstab)*

~ **tube cross-sectional area** Hüllrohr-Querschnittsfläche *f*

~ **tube diameter** Hüllrohrdurchmesser *m*

~ **tube expansion** Hüllrohraufweitung *f*, -dehnung *f*

~ **tube internal side** Hüllrohrinnenseite *f*

~ **tube material** Hüllrohrwerkstoff *m*

~ **tube rupture** Hüllrohrriß *m*

~ **tube surface** Hüllrohroberfläche *f*

~ **tube surface temperature** Hüllrohroberflächentemperatur *f*

~ **tube temperature** Hüllrohrtemperatur *f*

~ **tube temperature coefficient** Hüllrohrtemperaturkoeffizient *m*

~ **tube wall thickness** Hüllrohrwanddicke *f*, -stärke *f*

clarity level *(water in fuel pool)* Klarheit *f*, reziproker Trübungsgrad *m*

class I seismic structure Baukörper *m oder* Bauwerk *n* der Erdbebenklasse I

clean *(reactor)* sauber *(= nicht*

radioaktiv und nicht
radioaktiv kontaminiert)
clean area SYN. **~ conditions
area** Reinheitszone f
~ **cold, critical reactor** sauberer
kalter kritischer Reaktor m
~ **conditions** saubere
Bedingungen fpl, Reinheits-
bedingungen
~ **D₂0 tank** Rein-D₂0-Behälter
m, Reinschwerwasserbehälter
~ **radwaste** sauberer Aktivabfall
m, saubere Aktivabwässer npl
~ **sodium dump tank**
(LMFBR) Reinnatrium-
Ablaßbehälter m
clean-condition v in klinisch
reinen Zustand bringen (oder
versetzen)
clean-up bed (SGHWR)
Reinigungsbett n
~ **cell** (SGHWR) Reinigungs-
(anlagen)zelle f
~ **demineralizer** (LWR)
Primärreinigungs-
Mischbettfilter n, m
~ **demineralizer system** Primärreinigungsanlage f
~ **demineralizer pump** Primär-
reinigungspumpe f,
Reaktorwasserreinigungs-
pumpe
~ **efficiency** Reinigungs-
(wirkungs)grad m
~ **plant** Reinigungsanlage f
~ **for the reactor coolant**
(SGHWR) Reaktorkühl-
mittel-R.
~ **process** Reinigungsvorgang m
~ **system** Reinigungssystem n,
Primärreinigungsanlage f

(SWR)
~ **system heat exchanger**
Reaktorwasserreinigungs-
system-Wärmetauscher m
~ **(system) mixed-bed filter**
Reinigungsmischbett-
filter n, m
clearance SYN. **gap** Spalt m,
Lücke f (zwischen
Rohrleitung u. Befestigung)
**CLEM = closed-loop ex-vessel
machine** (LMFBR)
druckbehälterexterne
(BE-Wechsel)Maschine f
CLEM/transporter combination
Kombination f druckgefäß-
externe BE-Wechsel-
maschine/BE-Transporter
clevis Gabelkopf m, -schuh m
climb to full-power operation
SYN. **raise to power, power
raising** Hochfahren n auf
Vollastbetrieb
close v **off the flow path** den
Strömungsweg absperren
closed air-cooling circuit
geschlossener
Luftkühlkreislauf m
~ **circuit** SYN. **closed loop,
closed cycle** geschlossener
Kreislauf m
~ **cooling water system**
Zwischenkühlkreis(lauf) m
~ **cooling water system elevated
tank** Zwischenkühlwasser-
Hochbehälter m
~ **cooling water system filter**
Zwischenkühlkreisfilter n, m
~ **cooling water system heat
exchanger** (Kühlwasser)
(konventioneller) Zwischen-

kühler *m*
~ **cycle** 1. geschlossener (Kreis)-Prozeß *m;* 2. geschlossener Kreislauf *m (US)*
~ **shipping crate (for unirradiated fuel)** Transportbehälter *m* für neue Brennelemente
~ **self-contained air recirculation system** geschlossenes selbständiges Umluftsystem *n*
closed-cycle gas turbine *(HTGR)* Gasturbine *f* im geschlossenen Kreislauf
closed-gas-circuit water-cooled squirrel-cage induction motor wassergekühlter Käfigläufermotor *m* für geschlossenen Gaskreislauf
closed-loop cooling SYN. closed-circuit cooling Kühlung *f* im geschlossenen Kreislauf, Kreislaufkühlung
close-pitched tubes *(steam generator)* Rohre *npl* mit enger Teilung
close-up inspection Nahinspektion *f,* -besichtigung *f,* In-augenscheinnahme *f*
closing inventory Endinventar *n,* End(lager)bestand *m*
closure gasket *(PWR vessel)* Deckelflanschdichtung *f*
~ **gasket groove** *(RPV)* Eindrehung *f* für Dichtring
~ **head** *(RPV, fuel shipping cask)* Deckel *m*
~ **head cavity** Deckelgrube *f*
~ **head insulation SYN. vessel head insulation**

Deckelisolierung *f*
~ **head penetration** Deckeldurchführung *f,* Deckeldurchbruch *m*
~ **nut** Stiftschraubenmutter *f*
~ **nut carrier rack** Transportpalette *f* für Stiftschraubenmuttern
~ **nut wrench** Deckelmutternschlüssel *m*
~ **plug** Schließ-, Verschlußstopfen *m (Kühlkanal)*
~ **seal** *(SGHWR fuel channel)* Abschlußdichtung *f*
~ **stud** Deckel-, Verschlußschraube *f (RDB),* Stiftschraube
~ **stud elongation** Stiftschraubenlängung *f*
~ **stud sealing sleeve** Abdichthülse *f*
~ **unit** *(AGR standpipe)* Verschluß *m*
cloud of escaped gases Wolke *f* ausgetretener *oder* entwichener Gase
cluster (BE-)Bündel *n*
three-ring ~ *(HTGR)* Dreiringbündel
~ **arrangement** (BE-)Bündelanordnung *f*
~ **drive control** *(PWR)* Fingersteuerstab-Antriebssteuerung *f*
~ **shroud tube** Bündelhüllrohr *n*
clustered in bundles gebündelt, bündelweise angeordnet
clutch magnet Kupplungsmagnet *m (Steuerstabantrieb)*
CO impurity *(HTGR)*

CO-Verunreinigung *f*

CO₂ clean-up (*or* **purification) system** CO₂-Reinigung-(sanlage) *f*

~ **coolant gas circulator (**or **blower)** CO₂-Kühlgasgebläse *n*

~ **coolant gas inlet** CO₂-Kühlgaseintritt *m*

~ **coolant gas outlet (**or **exit)** CO₂-Kühlgasaustritt *m*

~ **exhaust system** CO₂-Abblasesystem *n*

~ **freeze-out counterflow heat exchanger** CO₂-Ausfrier-gegenströmer *m*

~ **safety relief system** CO₂-Sicherheitsabblase-system *n*

~ **storage** CO₂-Lagerung *f (oder* -Speicherung *f)*

~ **volume flow rate** CO₂-Volumendurchsatz *m*

CO₂-cooled pressure-tube reactor Druckrohrreaktor *m* mit CO₂-Kühlung

CO₂-cooled natural-uranium(-fuelled) reactor CO₂-gekühlter Natururan-reaktor *m*

coadsorption Koadsorption *f*

coagulation facility Koagulier-, Ausfällanlage *f (z.* Dekontamination)

coal gasification Kohlevergasung *f*

coarse control Grobsteuerung *f,* Grobregelung *f*

~ **control element** Grobsteuerelement *n*

~ **orientation** (*refueling machine)* Grobfahrt *f*

coastal movement Bewegung *f* des Küstensockels

~ **water pollution** Küsten-gewässerverunreinigung *f*

coastdown SYN. coasting
1. Nachlauf *m (Steuerstäbe);*
2. Auslauf *m (Motor, Pumpe)*

~ **of the reactor plant due to loss of station power** Herunterfahren *n* der Reaktoranlage infolge Ausfalls des elektrischen Kraftwerkseigenbedarfs

coated fuel particle beschichtetes Brennstoff-teilchen *n*

~ **particle** beschichtetes Teilchen *n*

~ **particles in a matrix of silicon carbide** (*HTGR)* beschichtete Teilchen in einer Siliziumkarbid-matrix

~ **nuclear fuel particle** beschichtetes Kernbrennstoff-teilchen *n*

coated-particle type fuel element (*HTGR)* Brennelement *n* mit beschichteten Teilchen

coating Beschichtung *f,* Überzug *m*

coaxial relay Koaxialrelais *n*

cobalt Kobalt *n*

~ **gun** Kobaltkanone *f*

~ **pellet** Kobaltkügelchen *n,* Kobalttablette *f*

cobalt-60 pearls Kobalt-60-Perlen *fpl*

**cocoon SYN. strippable film
paint** Abziehfarbe f *(zur
Dekontaminierung)*

co-current flow Parallelströmung f

coefficient of elasticity in shear
Schubmodul m,
Schubkoeffizient m

~ **of heat transfer SYN. heat
transfer coefficient** Wärme-
übergangskoeffizient m,
-zahl f

coherent radiation kohärente
Strahlung f

~ **scattering** kohärente
Streuung f

**coffin SYN. (spent fuel)
shipping cask,** *(GB)* **shipping
flask** Transportbehälter m (für
abgebrannte BE),
BE-Transportbehälter

~ **crane** BE-Transport-
behälterkran m

coil heat exchanger *(SGHWR
coolant pump)* Schlangen-
wärmetauscher m

~ **housing** Spulengehäuse n

coiled finned-tube type cooler
spiralförmiger
Rippenrohrkühler m

coincidence Koinzidenz f,
gleichzeitiges Zusammen-
treffen n *(von Ereignissen)*

~ **circuit** Koinzidenzschaltung f

~ **system** Koinzidenzsystem n

cold 1. kalt (= nicht
radioaktiv); 2. auf
Umgebungstemperatur

~ **area** nicht radioaktiver
Bereich

~ **coolant slug incident**
Kaltwasserzwischenfall m

~ **gap** Einfüllspiel n, Einfüllspalt
m *(zwischen Brennstoff-
tabletten und Hülle)*

~ **gas header** *(gas-cooled
reactor)* Kaltgassammler m

~ **gas measuring point** Kaltgas-
meßstelle f

~ **gas penetration** Kaltgas-
durchführung f

~ **gas plenum** Kaltgas(sammel)-
raum m

~ **gas temperature** Kaltgas-
temperatur f

~ **gas temperature control**
Kaltgastemperaturregelung f

~ **header** Kaltsammler m

~ **laboratory** kaltes (= nicht
radioaktives) Labor n

~ **leg** kalter Strang m

~ **leg isolation valve** Kaltstrang-
Absperrarmatur f

~ **leg side** *(PWR SG tube
bundle)* Kaltstrangseite f

~ **leg temperature** Kaltstrang-
temperatur f

~ **pump startup** Pumpen-
Kaltstart m

~ **reactivity** kalte Reaktivität f

~ **reactor** kalter *oder*
jungfräulicher Reaktor m

~ **reheat header** kalte Zwischen-
überhitzerschiene f

~ **side** Abgang m

~ **stress** Kaltbeanspruchung f

~ **subcritical** kalt, unterkritisch
(Reaktor)

~ **trap** Kältefalle f, Kaltfalle,
Kühlfalle, Kondensationsfalle,
Ausfriertasche f

~ **trap removal tool**

Ausbauwerkzeug *n* für
Kühlfallen
~ **trapping** Kälte(aus)fällung *f*
~ **water shock**
Kaltwasserschock *m*
cold-water-boron mismatch
accident *(PWR)* Störfall *m*
infolge Fehlanpassung von
Kaltwasser und Bor
cold-water transient Kaltwasser-
einbruch *m*
cold-worked stainless-steel
cladding *(PWR)*
kaltbearbeitete *oder*
-verformte Hülle *f* aus
rostfreiem Stahl
collapse mode *(of structural*
damage to a local component
by an aircraft strike) Einsturz
m, Zusammenbrechen *n*,
Zusammenbruch *m*
collapsible can *(or cladding)*
andrückbare Hülle *f*,
Andrückhülle
collecting tank
Sammelbehälter *m*
collectron Kollektron *n*, sich
selbst mit Energie
versorgender Neutronen-
detektor *m*
collet finger *(BWR control rod*
drive) Spannfinger *m*
~ **piston** *(BWR control rod*
drive) Spannkolben *m*
collided ships on nearby rivers
(as accident source)
zusammengestoßene Schiffe
npl auf nahegelegenen
Flüssen *(als äußere*
Gefährdung eines KKW)
~ **tank vehicles on nearby roads**

zusammengestoßene
Tankfahrzeuge *npl* auf
nahegelegenen Straßen *(als*
äußere Gefährdung eines
KKW)
collision *(particles, photons,*
atoms, nuclei) Stoß *m*
elastic ~ elastischer S.
inelastic ~ unelastischer S.
~ **cross section** Wirkungsquerschnitt *m* für Stoß *(oder*
des Stoßes)
~ **density** Stoßdichte *f*
~ **probability** Stoß-
wahrscheinlichkeit *f*
~ **rate density** Stoßraten-
dichte *f*
colloidal impurity kolloidale
Verunreinigung *f (v. Wasser)*
color coded area
farbkodiertes
Gebiet *n*, farbkodierte Zone *f*
COLSS = core operating limit
supervisory system *(CE*
PWR) Kern-Betriebs-
grenzwert-
Überwachungssystem *n*
column 1. Säule *f;* 2. Kolonne *f*
~ **of elements** *(HTGR,*
SGHWR) BE-Säule
~ **reflux rate** Kolonnen-
Rücklaufgeschwindigkeit *f*
~ **top** Kolonnenkopf *m*
combined aerosol and activated
charcoal filter unit
Filtereinheit *f* Aerosol- und
Aktivkohlefilter
~ **centrifugal and impact**
separator kombinierter
Fliehkraft/Prallabscheider *m*,
kombinierte Fliehkraft/

Prallflächen *fpl*
~ **condensate polishing/reactor coolant purification plant** *(SGHWR)* kombinierte Kondensataufbereitungs- und Reaktorkühlmittelreinigungs- anlage *f*
~ **cyclone and demister separator** kombinierter Zyklon- und Aerosol- abscheider *m*
~ **reactor coolant clean-up and condensate polishing plant** *(SGHWR)* kombinierte Reaktorkühlmittelreinigungs- und Kondensat- Vollentsalzungsanlage *f*
~ **reactor-desalting plant** nukleare Doppelzweckanlage *f* zur Strom- und Süßwasser- erzeugung
~ **superheat/boiling fuel assembly** kombiniertes Siede-/Überhitzerelement *n*
comfort conditions behagliche Bedingungen *fpl*, Behaglichkeitsbedingungen *(Klimatisierung)*
commercial burial site auf kommerzieller Basis betriebene Ablagerungsstätte *f (oder* Deponie *f) (für radioaktiven Abfall)*
~ **operation** Leistungsbetrieb *m*, kommerzieller Betrieb *(KKW)*
be *v* **in full** ~ im vollen L. sein
commissioning test Inbetriebnahmeprüfung *f*
common active waste manifold gemeinsame Aktivabfall-

Verteil(er)leitung *f*
~ **feed and return manifold** gemeinsame Vor- und Rücklauf-Verteilleitung *f*
~ **flow control setpoint** gemeinsamer Förderstrom- Regel(ungs)sollwert *m*
~ **mode failure** (kleinste) Ausfallkombination *f*, Common-Mode-Failure *n*, Ausfall *m oder* Fehler *m* aus gemeinsamer Ursache
compact 1. Preßling *m*, 2. kompakt, verdichtet
die-pressed ~ **(of triplex coated fuel particles)** *(HTGR)* gesenkgepreßter P. (aus Triplex-Brennstoffpartikeln)
~ **radial expansion** Radialdehnung *f* des Preßlings
~ **type reactor** Kompaktreaktor *m*
comparator Vergleicher *m*, Komparator *m*
~ **alarm unit** Vergleicher- warn(melde)gerät *n*
compartment (abgeschotteter) Raum *m*
~ **cooling and inerting equipment** *(LMFBR)* Raumkühlungs- und Inertisierungsanlagen *fpl*
~ **spray nozzle header** Raum- Sprühverteilerleitung *f*
compartmentalized equipment arrangement geschottete Anordnung *f* der Anlagen
compartmentation system (Ab)Schottungssystem *n*
compatibility with cladding material *(fuel)* Verträglichkeit

f mit Hüllenwerkstoff

complete coolant pipe separation vollständige Durchtrennung *f* einer Kühlmittelleitung

~ **loss of coolant** vollständiger Kühlmittelverlust *m*

~ **removal of the fuel and reactor internals** vollständiger Ausbau *m* des Brennstoffs und der Reaktoreinbauten

~ **rupture of a reactor coolant pipe** vollständiges Abreißen *n* einer Hauptkühlmittelleitung

completely inserted position *(control rod)* ganz eingefahrene Stellung *f*

~ **removed position** *(control rod)* ganz ausgefahrene Stellung *f*

complexing agent Komplexbildner *m (chem.)*

component board modules Steckkarten *fpl*

~ **cooling filter** Zwischenkühlkreisfilter *n, m*

~ **cooling heat exchanger** nukl. Zwischenkühler *m*

~ **cooling line** Zwischenkühlleitung *f*

~ **cooling loop** *(PWR)* **SYN. comp. clg. system** (nuklearer) Zwischenkühlkreis(lauf) *m (DWR)*

~ **cooling loop demineralized water** Zwischenkühlkreislaufdeionat *n*

~ **cooling loop liquid monitor** Flüssigkeitsüberwachungsgerät *n* im nuklearen Zwischenkühlkreis(lauf)

~ **cooling loop makeup flow** Zusatz(wasser)menge *f* für den Zwischenkühlkreis

~ **cooling loop surge tank SYN. ~ cooling surge tank** Zwischenkühlkreis-Ausgleichsbehälter *m*

~ **cooling pump** (nukl.) Zwischenkühl(kreis)pumpe

~ **cooling pump inlet header** Zwischenkühl(kreis)pumpen-Eintrittssammler *m*

~ **cooling surge tank SYN. ~ cooling loop surge tank** Zwischenkühlkreis-Ausgleichsbehälter *m*

~ **cooling system SYN. ~ cooling loop** (nuklearer) Zwischenkühlkreis(lauf) *m*

~ **cooling water** Zwischenkühl(kreis)wasser *n*

~ **of forces** Kräftelinie *f,* Kraftkomponente

~ **wash cell** *(FFTF)* Komponentenwaschzelle *f*

compound cross section Querschnitt *m* für Zwischenkernbildung

composite structure Verbundkonstruktion *f*

~ **core structure** Kernverband *m*

compositional range *(steel alloys)* Zusammensetzungsbereich *m*

comprehensive ultrasonic examination record US-Atlas *m,* Ultraschallatlas *m,* vollständiger US-Prüfungsbericht *m*

compression fitting Ermeto-

Verschraubung f
~ **strength** Druckfestigkeit f
~ **type cable fitting** Druckkabel-
durchführung f
~ **wave** Druckwelle f
~ **stress** Druckspannung f,
Druckbeanspruchung f
~ **in the cladding** D. in der
(Brennstab)Hülle
compressive flow kompressible
Strömung f
compressor diaphragm
Kompressormembran(e) f
~ **seal water pump** Kompressor-
Sperrwasserpumpe f
~ **station** Kompressorstation f
Compton effect
Comptoneffekt m
~ **scattering coefficient**
Comptonstreukoeffizient m
**computer-based data acquisition
system** Datenerfassungsanlage
f auf Rechnerbasis
computer-controlled reactor
rechnergesteuerter Reaktor m
concave (or **dished**) **end** (nuclear
fuel pellet) konkaves (oder
tellerförmig vertieftes) Ende n
conceivable accident
anzunehmender oder
vorstellbarer Unfall m
concentrate v **and solidify liquid
reactor wastes** Reaktor-
abwässer npl (oder -flüssig-
abfälle mpl) eindicken (oder
konzentrieren) und
verfestigen
concentrate (Abfall)-
Konzentrat n
~ **vault** Konzentratbunker m
concentrated boric acid solution

konzentrierte Borlösung f
~ **liquid waste** Abwasserkonzentrat n
~ **low-activity liquid waste**
niederaktives Abwasser-
konzentrat n
~ **poison solution** konzentrierte
Vergiftungslösung f
~ **radioactive liquid waste**
radioaktives Abwasser-
konzentrat n
~ **waste** Abfallkonzentrat n
concentrates holding tank
Konzentratbehälter m
steam-jacketed ~ K. mit
Dampfmantel
~ **processing train** Konzentrat-
Verarbeitungsstrang m (oder
-straße f), Konzentrat-
Aufbereitungsanlage f
concentration 1. Konzentrieren
n, Konzentrierung f (von
Abwässern); 2. Konzentration
f (von Aktivität)
~ **after mixing** Endkonz.
~ **of impurities in the coolant**
K. der Kühlmittelverunrei-
gungen
~ **of radioactivity near the
ground** Radioaktivitätskonz.
in Bodennähe
lowest allowable ~ niedrigst-
zulässige K.
maximum permissible ~, **MPC**
maximal zulässige K., MZK
concentric (**double**) **pipe**
konzentrische Doppelrohr-
leitung f
concrete base mat
Betongrundplatte f,
Fundamentplatte

~ **embedment system**
(Ein)Betoniersystem *n (für radioakt. Abfälle)*

~ **fill** Betonschüttung *f*

~ **hold-up tank** Beton-Konzentratsammelbehälter *m*

~ **of high specific weight**
Schwerbeton *m*

~ **pressure vessel** Betondruck-behälter *m*

~ **pressure vessel station**
Kraftwerk *n* mit Betondruck-behälter

~ **ring wall** *(in containment structure)* Beton-Ringmauer *f*

~ **shield(ing)** Betonabschirmung *f*, Betonschild *m*

~ **shield cubicle** Beton-abschirmzelle *f*

~ **shield compartment** mit Beton abgeschirmter Raum *m*

~ **walled compartment** Raum *m* mit Betonwänden

concurrent flow Parallelstrom *m*, Parallelströmung *f*

condensate and demineralized water storage and supply system Speicher- und Einspeisesystem *n* für Kondensat und Deionat

~ **circulating pump** Kondensat-umwälzpumpe *f*

~ **collecting tank** Kondensat-sammelbehälter *m*

~ **demineralizer system**
Kondensatvollentsalzungs-anlage *f*, Kondensat-reinigungssystem *n*

~ **drain pipe** Kondensat-ablaufrohr *n*, -leitung *f*

~ **filter** Kondensatfilter *n, m*

~ **pump** Kondensatpumpe *f*

~ **sparger (ring)** *(BWR)*
Kondensatverteilring *m*

~ **storage tank** Kondensat-speicherbehälter *m*

~ **tank** Kondensatbehälter *m*, -tank *m*

condensation nucleus
Kondensationskern *m*

~ **nucleus counter**
Kondensationskernzähler *m*

condenser Kondensator *m*

~ **air removal gas monitor**
Kondensatorevakuierungs-Gasüberwachungsgerät *n*

~ **off-gas treatment plant** *(SGHWR)* Kondensator-abgas-Aufbereitungsanlage *f*

condenser-recombiner carbon bed system *(SGHWR)*
Kondensator-Rekombinator-Kohle(filter)bett-System *n*

condensing lute *(SGHWR)*
Kondensationsring *m*

condition of design Auslegungs-bedingung *f*

conditions requiring a trip for plant protection Zustände *mpl*, die zum Schutz der Anlage einen Schnellschluß (*oder* eine Schnell-abschaltung) erfordern

conductivity indicator Leitfähig-keitsanzeiger *m*

~ **meter** Leitfähigkeits-meßgerät *n*

conductor Leiter *m (el.)*

~ **modules** Leitermoduln *npl*

conduit 1. *allg.* Leitung *f (f. Wasser)*; 2. *el.* Panzerrohr *n*

configuration control

Konfigurationssteuerung *f*
configured in a(n) ... array *(fuel rods in assembly)* in einer ... -Anordnung gruppiert
confinement Druckstauraum *m*, Umschließung *f*
confirmatory test program Bestätigungsprüfprogramm *n*
conformance with ECCS criteria Einhaltung *f* der Kernnotkühlsystem-Kriterien
conical bottom *(resin fill tank)* konischer Boden *m*
~ **skirt support** konischer Stütz- *oder* Tragring *m*
~ **support skirt** konische Tragschürze *f*, konische Standzarge *f*
connected in a unitized fashion blockgeschaltet, in Blockschaltung *f*
connection shell for cable penetration Anschluß *m* an Sicherheitshülle für Kabeldurchführung
constant ratchet(t)ing of requirements ständige Verschärfung *f* von (Sicherheits)Anforderungen
~ **speed** Festdrehzahl *f*
constrain *v* **the coolant water to axial flow** das Kühlwasser (= Kühlmittel) auf Axialströmung beschränken
construction lead time Bauvorlaufzeit *f*
~ **opening** (Material)Transport-, Montageöffnung *f (in der Sicherheitshülle)* während der Bauzeit
temporary ~ opening

zeitweilige *oder* befristete Montageöffnung
~ **permit, CP** Bau-, Errichtungsgenehmigung *f (für ein KKW)*
construction sequence Reihenfolge *f* bei der Errichtung
contact corrosion Kontaktkorrosion *f*, Elementbildung *f*
~ **finger** Relaiszunge *f*, Kontaktfinger *m*
~ **holding indicator** Hafthaltemelder *m*, Kontakthaltemelder
containment 1. *als Prinzip:* Sicherheitseinschluß *m*; 2. Sicherheitshülle *f*, -behälter *m*, -gebäude *n*
continuously pressurized double ~ doppelte Sicherheitshülle unter dauernder Druckhaltung
double ~ with pump-back doppelte Sicherheitshülle mit Rücksaugung
double pressure ~ doppelwandige Sicherheitshülle
full pressure zero leak ~ Nulleckage-Volldruck-Sicherheitshülle
iced ~ Eiscontainer *m*
low-pressure ~ ND-Sicherheitshülle
multiple-barrier ~ Mehrfachsicherheitshülle
negative-pressure ~ Unterdrucksicherheitshülle
pressure ~ Drucksicherheitshülle
pressure relief ~ Sicherheitshülle mit Druckentlastung

pressure retaining ~
druckhaltende
Sicherheitshülle
pressure suppression ~
Druckabbau-Sicher-
heitshülle, Sicherheits-
hülle mit Druckabbau-
system
primary ~ Primärsicherheits-
hülle
**reinforced concrete pressure
~** Stahlbeton-Volldruck-
Sicherheitshülle
secondary ~ Sekundär-
sicherheitshülle
concrete secondary ~
Beton-Sekundärs.
pressurized secondary ~ unter
Druck stehende Sekundärs.
single-barrier ~ einfache
Sicherheitshülle
standard ~ Standard-
sicherheitshülle
surface ~ Übertage-
sicherheitshülle
underground ~ Untertage-
sicherheitshülle
containment air cleaning system
Sicherheitshüllen-
Luftreinigungsanlage *f*
~ **air particulate monitor** Überwachungsgerät *n* für Teilchenaktivität in der Sicherheits-
hüllenluft
~ **atmosphere** Sicherheitshüllenatmosphäre *f*
~ **atmospheric control system**
Inertisierungssystem *n* für
Sicherheitshüllenatmosphäre
~ **barrier** Sicherheitshüllen-
sperre *f*, -wandung *f*

~ **building SYN. containment
structure** Sicherheitshülle *f*,
-behälter *m*, -gebäude *n*,
Druckschale *f*
~ **clean-up plant** Sicherheits-
hüllen-Abluft-
reinigung(sanlage) *f*
~ **cooling system SYN. ~ spray
system** Sicherheitshüllen-
Notkühlanlage *f*,
Gebäudesprühsystem *n*
~ **dome** Sicherheitshüllen-
kuppel *f*
~ **engineered safeguard**
technische Sicherheits-
einrichtung *f* der Sicherheitshülle
~ **equipment cooling water
return tank** Sicherheitshüllen-
Kühlwasser-Rücklauf-
behälter *m*
~ **equipment crane** Sicherheits-
hüllenkran *m*, Kran in der
Sicherheitshülle
~ **internal concrete** Sicherheits-
hüllen-Innenbeton *m*
~ **metal enclosure** Blechhülle
f des Sicherheitsbehälters
~ **penetration** Sicherheitshüllen-
durchdringung *f (oder
-durchführung f)*
~ **pool cooling and clean-up
system** (innenliegendes)
BE-(Lager)Beckenkühl- und
-reinigungssystem *n*
~ **pressure boundary integrity**
Integrität *f* der
(druckhaltenden
Umschließung der)
Sicherheitshülle
~ **pressure boundary isolation**

valve Sicherheitshüllen-
Druckabgrenzungs-
Absperrventil *n*

~ **pressure suppression**
Druckabbau *m* im
Sicherheitsbehälter *m*

~ **purge** Sicherheitshüllen(luft)-
spülung *f*, Durchblasen *n* der
Sicherheitshülle

~ **shell** Druckschale *f*,
Druckhülle *f*,
Sicherheitshülle *f*
primary/secondary ~ Primär-/
Sekundärs.
spherical steel ~ stählerne
kugelförmige S.

~ **spray** Gebäudesprühung *f*

~ **spray actuation signal**
Gebäudesprüh(system)- *oder*
Gebäudenotkühlungs-
Auslösesignal *n*

~ **spray (system) heat exchanger**
(Sicherheitshüllen-Ein)-
Sprühkühler *m*

~ **spray loop** Gebäude-
sprühkreis(lauf) *m*,
Sicherheitshüllen-Einsprüh-
oder Notkühlkreislauf *m*

~ **spray pump** Gebäude-
sprühpumpe *f*, Sicherheits-
hüllen-Einsprühpumpe *f*

~ **spray system** Gebäude-
sprühanlage *f*, -system *n*,
Sicherheitshüllen-
Notkühlsystem *n*

~ **steel pressure vessel** Stahl-
Sicherheitsdruckbehälter *m*

~ **structural design** bauliche
Auslegung *f* der Sicherheitshülle

~ **structure SYN. containment**

building Sicherheitshülle *f*,
-behälter *m*, -gebäude *n*,
Druckschale *f*

above-ground ~ Übertage-S.

~ **sub-atmospheric pressure**
Unterdruck *m* in der S.

~ **sump** Containmentsumpf *m*,
Gebäudesumpf

~ **sump isolation valve**
Gebäudesumpf-
Absperrarmatur *f*

~ **sump pump** (Reaktor)-
Gebäudesumpfpumpe *f*

~ **system** Sicherheits-
einschlußsystem *n*,
Umschließungssystem
double ~ ~, **partial** ~ ~,
primary ~ ~ doppeltes S.,
Teil-S., Primär-S.

~ **vessel** Sicherheitsbehälter *m*

~ **vessel bottom liner plate**
Sicherheitshüllen-
Bodenblech *n*

contaminant radioaktiver
Kontaminationsstoff *m*

contaminated 1. *allgemein:*
verschmutzt; 2. (radioaktiv)
kontaminiert, verseucht

~ **machine shop** Werkstatt *f* für
kontaminierte Maschinen

~ **oil storage tank** 1. Schmutzöl-
behälter *m;* 2. Speicherbehälter *m* für kontaminiertes
Öl

contamination 1. Verschmutzung *f;* 2. (radioaktive)
Kontamination *f*

~ **hazard** Kontaminations-
gefahr *f*, Kontaminations-
gefährdung *f*

~ **monitor** Kontaminations-

monitor *m*, -melder *m*,
-überwachungsgerät *n*
~ **of ground water supplies**
Kontaminierung *f* des
Grundwassers
airborne radioactive ~ radioaktive Schwebstoff-
Kontamination
radioactive ~ radioaktive K.
**content meter by U.V.
fluorescence** UV-Fluoreszenz-
analysengerät *n*
continue *v* **to function during
a reactor trip** während eines
Reaktorschnellschlusses (*oder*
einer Reaktorschnell-
abschaltung) weiter
funktionieren
continued occupancy (*control
room*) ständige *oder* dauernde
Besetzung *f*
continuous air monitor
permanent in Betrieb
stehender Luftmonitor *m*
~ **boron analyzer** Gerät *n* zur
kontinuierlichen
Borbestimmung
~ **charge and discharge cycle**
kontinuierlicher Lade-/
Entlade-Zyklus *m*
~ **dispersal** laufende Abgabe
f der Abluft
~ **exposure** kontinuierliche
Bestrahlung *f* (*oder*
Strahlenbelastung *f*)
~ **fuel replacement** laufender
Brennstoffersatz *m*
~ **girth weld** (*RPV,
containment*) durchlaufende
Rundschweißnaht *f*
~ **inspection** laufende Inspektion

f, laufende Prüfung *f*
~ **maximum rating** maximale
Dauerleistung *f*
~ **monitoring feature** Dauer-
überwachungseinrichtung *f*
~ **oxygen analyzer** Gerät *n* zur
kontinuierlichen Sauerstoff-
bestimmung
~ **repositioning** (*control rods*)
kontinuierliche Verstellung *f*,
laufendes Nachstellen *n*
~ **yearly occupancy** ständige
Besetzung *f* das ganze Jahr
hindurch (*oder* über)
**continuously available in-core
readings** durchgehend
verfügbare Kerninnen-
daten *npl*
**control and instrumentation
installation** Regel- und
Meßanlage *f*, -einrichtung *f*,
Leittechnik *f*
~ **assembly SYN. member**
Steuerelement *n*
~ **assembly shroud** Steuer-
element-Führungseinsatz *m*
~ **building** Wartengebäude *n*
~ **cabinet** Steuerschrank *m*,
Regelschrank
~ **cluster** Fingersteuerstab *m*,
Steuerelement *n (DWR)*
~ **cluster changing fixture**
Werkzeug *n* zum
Auswechseln der Finger-
steuerstäbe
~ **cluster drive shaft** Steuer-
element-Antriebsstange *f*
~ **curtain** 1. Steuermembran *f*
(undurchlässig für langsame
Neutronen), 2. Vergiftungsblech *n (SWR)*

temporary ~ zeitweilig
eingesetztes Vergiftungsblech

~ **effectiveness** Wirksamkeit
f der Steuerung (*oder*
Regelung)

~ **element** Steuerelement *n*,
-organ *n*

~ **element assembly** *(CE PWR)*
Steuerelement *n (mit Finger-
steuerstäben)*

~ **element drive mechanism,
CEDM** *(CE PWR)* Steuer-
(element)antrieb *m*

~ **element drive mechanism
nozzle** Steuerelementantriebs-
stutzen *m*

~ **element drive system, CEDS**
(CE PWR) Steuerelement-
antriebssystem *n*

~ **element finger** Steuerelementfinger *m*, Fingersteuerstab *m*

~ **element guide tube** Steuer-
element-Führungsrohr *n*

~ **element nozzle** Steuer-
elementstutzen *m*

~ **element shroud tube**
Steuerstab-Führungseinsatz *m*

~ **element unit** Steuerorgan *n*

~ **gas** Steuergas *n*

~ **gas buffer** Steuergaspuffer *m*

~ **gas system** Steuergassystem *n*

~ **group control** *(PWR rod
control system)* Steuerstab-
Gruppen- *oder*
-Banksteuerung *f*

~ **loop** Regelkreis *m*

~ **of power distribution** Steuerung *f* der Leistungsverteilung

~ **of axial power distribution**
Steuerung *f* der axialen
Leistungsverteilung

~ **poison** Steuer(neutronen)-
gift *n*

~ **range** 1. Steuerhub *m;* 2. Aus-
steuer(ungs)bereich *m*, -um-
fang *m*

~ **relay** Steuerrelais *n*

~ **rod** Steuerstab *m*,
Stellstab *m*

boron carbide ~
Borkarbidsteuerstab

use *v* **all** ~**s ganged together**
alle Steuerstäbe
zusammengeschaltet einsetzen

~ **rod absorber** Steuerstab-
(neutronen)absorber *m*

~ **rod absorber assembly**
Steuerstababsorberelement *n*

~ **rod accumulator piston
position** Steuerstab-
Hydraulikspeicher-Kolben-
stellung *f*

~ **rod actuation program**
Steuerstabfahrprogramm *n*

~ **rod bank SYN. control rod
group** Stabbank *f*

~ **rod bank position control
system** Stabbankstellungs-
regelung *f*

~ **rod bulk insertion** Sammel-
einfahren *n* der Steuerstäbe

~ **rod calibration** Steuerstab-
eichung *f*, Steuerstabdichte-
verteilung *f*

~ **rod cell** Steuerstabzelle *f*

~ **rod channel** Steuerstab-
kanal *m*

~ **rod cluster** *(Westinghouse
PWR)* Fingersteuerstab *m*,
Steuerelement *n*

~ **rod cluster changing fixture**
Fingersteuerstab- *oder*

Steuerelement-Auswechsel-
gerät *n*

control rod cluster handling
Handhabung *f* von Steuerelementen

~ **rod cluster thimble
plug tool** Werkzeug *n*
für Steuerelement-
Führungsrohrstopfen

~ **rod configuration** Steuerstab-
konfiguration *f*, -anordnung *f*

~ **rod cooling system**
Steuerstab-Kühlsystem *n*

~ **rod coupling socket**
Kupplungsstück *n* am
Steuerstab

~ **rod drive** SYN. **control rod
drive mechanism** Steuer-
(stab)antrieb *m*

magnetic-jack ~ elektromagnetischer Klinkenschritt-
heber-Steuerantrieb

decouple *v a* ~ einen St.
abkuppeln

~ **rod drive chamber** *(BWR)*
Steuerstabantriebsraum *m*

~ **rod drive coupling spud**
Steuerstabantriebs-
Kupplungsstück *n*

~ **rod drive housing** Steuerstabantriebsgehäuse *n*

~ **rod drive housing supports**
Steuerstab-Antriebsgehäuse-
abstützung *f*, -stützsystem *n*

~ **rod drive hydraulic system**
hydraulisches Steuerstab-
antriebssystem *n*, Steuerstab-
antriebs-Hydrauliksystem

~ **rod drive mechanism, CRDM**
(Westinghouse PWR)
Steuerstabantrieb *m*

magnetic-latch (*or* **jack)** ~
elektromagnetischer Klinken-
schrittheber-St.

~ **rod drive mechanism adapter**
(PWR) Zentrierglocke *f* (für
Steuerstab- *oder* -element-
antrieb)

~ **rod drive mechanism baffle
can** Leitblechabdeckung *f* für
Steuerantrieb

~ **rod drive mechanism coil**
Steuerstabantriebsspule *f*

~ **rod drive mechanism cooling
system** Steuerstabantriebs-
Kühlsystem *n*

~ **rod drive mechanism housing**
Steuerstabantriebsgehäuse *n*

~ **rod drive mechanism housing
rupture** Steuerstabantriebs-
Gehäusebruch *m*

~ **rod drive mechanism missile
shield** Steuerstabantriebs-
Splitterschutz *m*

~ **rod drive mechanism
protective cover** Steuerstab-
antriebs-Schutzdeckel *m*

~ **rod drive mechanism servicing
equipment** Steuerstab-
antriebs-Wartungs-
einrichtung(en) *f(pl)*

~ **rod drive mechanism
ventilation shroud**
Steuerstabantriebs-
Lüftungshaube *f*

~ **rod drive missile shield**
Steuerstabantriebs-Splitter-
schutz *m*

~ **rod drive piston** *(BWR)*
Steuerstabantriebskolben *m*

~ **rod drive pump** Steuerstab-
antriebspumpe *f*

~ **rod drive shaft** *(PWR)*
Steuerstabantriebsstange *f*

~ **rod drive shaft guide tube**
Führungsrohr *n* für
Steuerstabantriebsstange

~ **rod drive shaft handling
fixture** Steuerstabantriebs-
stangen-Handhabungs-
vorrichtung *f*

~ **rod drive shaft storage rack**
(Ablage)Gestell *n* für
Steuerstabantriebsstangen

~ **rod drive shaft unlatching
tool** Kupplungswerkzeug *n*
für Steuerstabantriebs-
stangen

~ **rod drive system** Steuerstab-
antriebssystem *n*

~ **rod drive system heat
exchanger** Steuerstabantriebs-
system-Wärmetauscher *m*

~ **rod drive system hydraulic
pump unit** Steuerstabantriebs-
system-Hydraulikpumpe *f*

~ **rod drive system hydraulic
reservoir filling pump**
Hydraulikspeicher-Füllpumpe
f des Steuerstabantriebs-
systems

~ **rod drive thimble** (*or* **housing**)
(BWR) Steuerstabantriebs-
gehäuse *n*

~ **rod drive uncoupling pin**
Steuerstabantriebs-
(Ent)Kupplungsbolzen *m*

~ **rod drop time test** Steuerstab-
Einfallzeitversuch *m*

~ **rod dynamic loading**
dynamische Belastung *f* durch
die Steuerstäbe

~ **rod efficiency function** Steuer-

kennlinie *f*

~ **rod ejection** Steuerstabauswurf *m*

~ **rod extension** Steuerstab-
verlängerung *f*

~ **rod free fuel assembly**
steuerstabfreies Brenn(stoff)-
element *n*

~ **rod guide** Steuerstabführung *f*

~ **rod guide bushing** Steuerstab-
führungsbuchse *f*

~ **rod guide plate** Steuerstab-
führungsplatte *f*

~ **rod guide structure** Steuerstab-Führungseinsatz *m*

~ **rod guide structure
underwater removal tool**
Werkzeug *n* für Ausbau des
Führungseinsatzes unter
Wasser

~ **rod guide thimble**
(Westinghouse PWR)
Steuerstab(finger)-
Führungsrohr *n*

~ **rod guide tube** Steuerstab-
führungsrohr *n*

~ **rod grab** Steuerstabgreifer *m*

~ **rod impact velocity**
Steuerstab-Stoß-
geschwindigkeit *f*

~ **rod insertion speed** Einfahr-
geschwindigkeit *f* des
Steuerstabes (*oder* der
Steuerstäbe)

~ **rod latch** Steuerstab-
(antriebs)klinke *f*

~ **rod local peaking** örtliche
Steuerstab-Heißstellen-
bildung *f*

~ **rod maneuvering** Steuerstab-
manövrieren *n*

~ **rod maneuvering strategy**
Steuerstab-Manövrierstrategie

~ **rod mechanism** Steuerstabantrieb *m*

~ **rod mechanism cooling shroud**
Steuerstabantriebs-Kühlhaube
f, -Kühlluftmantel *m*

~ **rod mechanism housing**
Steuerstabantriebsgehäuse *n*

~ **rod mechanism pressure tube**
Steuerstabantriebs-
Druckkörper *m,* -Druckrohr *n*

~ **rod mechanism vent**
Steuerstabantriebsentlüftung *f*

~ **rod motion** Steuerstab-
bewegung *f*

~ **rod motion speed** Steuerstab-
Fahrgeschwindigkeit *f*

~ **rod motor drive** Steuerstab-
antriebsmotor *m,* -motor-
antrieb *m*

~ **rod motor generator set**
(BWR) Steuerstab-
Umformersatz *m*

~ **rod nozzle penetration**
Durchführung *f oder*
Durchbruch *m* für Steuerstab-
stutzen

~ **rod pattern** Steuerstab-
anordnung *f*

~ **rod pitch** Steuerstababstand *m*

~ **rod poison** Steuerstab-
Neutronengift *n*

~ **rod positioning** Positionierung
f oder Verstellung *f* der
Steuerstäbe

~ **rod programming** Steuerstab-
programmierung *f*

~ **rod shock absorber**
Steuerstab-Stoßdämpfer *m*

~ **rod shroud** Steuerstab-

Führungseinsatz *m*

~ **rod shroud grid assembly**
oberer Rost *m (im RDB)*

~ **rod shroud tube** Steuerstab-
leitrohr *n,* -führungsrohr

~ **rod snubbing impact**
Steuerstab-Abfangstoß *m*

~ **rod stroke SYN. control rod**
travel Hub *m* des
Steuerstabes, Steuerstabhub

~ **rod support tube** Steuerstab-
Stützrohr *n*

~ **rod system** Steuerstab-
system *n*

sector ~ rod Sektorenst.

~ **rod travel SYN. ~ rod stroke**
Steuerstabhub *m*

~ **rod tripping** Steuerstab-
Schnellabschaltung *f,*
-Schnellschluß *m*

~ **rod uncoupling actuator**
Steuerstabentkoppler *m*

~ **rod velocity limiter**
Steuerstab-Geschwindigkeits-
begrenzung(seinrichtung) *f*

~ **rod withdrawal** Ausfahren *n*
oder Ziehen *n* der Steuerstäbe

~ **rod withdrawal program**
Steuerstab-Ausfahr-
programm *n*

~ **rod worth** Steuerstab-
Reaktivitätswert *m,*
Steuerstab-Wirkwert *m*

~ **rod worth minimizer** *(BWR)*
Steuerstab-Fahrrechner *m*

~ **room** (Schalt)Warte *f; CH, A:*
Kommandoraum *m*

~ **room evacuation**
Wartenräumung *f,* Räumung
oder Evakuierung *f* der Warte

~ **room evacuation span**

Wartenevakuierungszeitraum *m*, -spanne *f*

control/scram rod Steuer/ Trimmstab *m*

control strategy Steuerstrategie *f*, Regelstrategie

~ **worth (per CEA drive)** *(CE PWR)* Steuerreaktivitätswert *m* (pro Steuer(element)- antrieb)

controllable beherrschbar

controlled access kontrollierter Zugang *m*

~ **access area** Kontrollbereich *m*

~ **access zone** Zone *f* mit kontrolliertem Zugang

~ **area** Kontrollbereich *m*

  ~ **monitored by health physics personnel** von Strahlenschutzpersonal überwachter K.

  ~ **of increased contamination probability** K. mit der Wahrscheinlich- keit erhöhter Kontamination

~ **area ventilation system** nukleare Lüftungsanlage *f*

~ **break-down gap device** Funkenstreckenschalter *m*

~ **change room area** Umkleide- kontrollzone *f*

~ **conditions** kontrollierte Bedingungen *fpl*

~ **discharge** kontrollierte Abgabe *f*, kontrolliertes Ablassen *n*, kontrollierte Freisetzung *f*

  ~ **of potentially contaminated liquid wastes** kontr. A. potentiell kontaminierter Abwässer

~ **environment** kontrollierte Umgebung *f*

~ **leakage bypass** *(reactor coolant pump)* Umleitung *f* für die kontrollierte Leckage

~ **leakage pump** Pumpe *f* mit Wellen(ab)dichtung

~ **leakage seal assembly** Dichtungssatz *m* mit kontrollierter Leckage

~ **locker and change facilities** kontrollierte Spind- und Umkleideeinrichtungen *fpl*, Spind- und Umkleide- einrichtungen im Kontroll- bereich

~ **motion** *(of a pipe)* kontrollierte (Rohrleitungs)- Bewegung *f*

~ **nuclear fusion (reaction)** kontrollierte Kernverschmelzung *f*

~ **nuclear reaction** gesteuerte Kernreaktion *f*

~ **system** Regelstrecke *f*

~ **variable** Regelgröße *f*

~ **water spray** geregelte *oder* gesteuerte Wasser- einsprühung *f*

controller Regler *m*

convection Konvektion *f*

~ **barrier** Konvektionsbarriere *f*, -sperre *f*

~ **cooler** Konvektionskühler *m*

~ **convective coolant medium** konvektives Kühlmittel *n*, Konvektionskühlmittel

~ **heat transfer SYN. heat transfer by convection, heat exchange by convection, convective heat exchange**

Wärmeübertragung *f oder* -übergang *m* durch Konvektion (Mitführung *f,* Berührung *f*), konvektiver Wärmeübergang *m,* konvektive Wärmeüber-tragung *f*

convection mass and energy transport konvektiver Stoff- und Energieaustausch *m,* -transport *m*

conventional portion of the (nuclear power) plant konventioneller Teil *m* der (Kernenergie)Anlage

convergent reaction konvergente Reaktion *f*

conversion Konversion *f,* Verwandlung *f,* (chemische) Umwandlung *f*

~ **coefficient SYN. ~ ratio, internal ~ coefficient** Konversionsgrad *m,* -koeffizient *m,* -faktor *m,* Umwandlungskoeffizient *m,* -faktor *m,* Koeffizient *m* der inneren Konversion

~ **factor** Konversionsfaktor *m*

~ **gain SYN. breeding gain** Konversionsgewinn *m,* Brutgewinn

~ **plant** Konversionsanlage *f*

~ **rate** Konversionsrate *f*

~ **ratio SYN. ~ coefficient, breeding ratio** Konversions-grad *m,* -faktor *m,* -verhältnis *n;* Brutfaktor *m,* Brutverhältnis *n*

converter (reactor) Konverter-reaktor *m,* Reaktorkonverter *m,* Konverter *m,*

Konversionsreaktor *m*

non-breeding ~ nicht brütender K.

conveying gas blower Fördergasgebläse *n*

conveyor car (BE-)Schleus-wagen *m*

coolant SYN. reactor coolant (Reaktor)Kühlmittel *n*

ejected ~ ausgestoßenes K.

gaseous single-phase ~ gasförmiges Einphasen-K.

liquid ~ flüssiges K.

liquid-metal ~ Flüssig-metall-K.

primary ~ Primärk.

secondary ~ Sekundärk.

circulate *v* ~ **through the reactor vessel** K. durch den RDB umwälzen

sample *v* **the** ~ Kühlmittel-proben entnehmen

~ **activation** Kühlmittel-aktivierung *f*

~ **activity** Kühlmittel(radio)-aktivität *f*

~ **and moderator void coefficient** Kühlmittel- und Moderator(dampf)blasen-koeffizient *m*

~ **bypass flow** Kühlmittel-Bypass-Strömung *f*

~ **change** Kühlmittelaustausch *m*

~ **channel** *(HTR)* Kühlkanal *m*

~ **channel closure** Kühlkanal-verschluß *m*

~ **channel closure unit** Kühlkanalkopf *m*

~ **channel end closure** Positions-verschluß *m*

~ **channel geometry** Kühlkanal-

geometrie *f*
~ **channel inlet/outlet**
Kühlkanaleintritt/austritt *m*
~ **channel position** Kühlkanal-
position *f*
~ **circuit** *(GB)* Kühl-
(mittel)kreis(lauf) *m*
primary ~ circuit Primärk.
secondary ~ circuit
Sekundärk.
~ **circuit clean-up** Kühl(mittel)-
kreis(lauf)-Reinigung *f*
~ **circulating pump** Kühlmittelumwälzpumpe *f*
~ **circulation** Kühlmittelumlauf
m, -umwälzen *f*
~ **circulation failure** Ausfall
m der Kühlmittelumwälzung
(*oder* des Kühlmittelumlaufs)
~ **circulator** 1. Kühlmittel-
gebläse *n*; 2. Kühlmittelpumpe *f*
~ **circulator seal gas** *(HTR)*
Kühlgebläsesperrgas *n*
~ **clad film coefficient**
Kühlmittel-Hülle-
Filmkoeffizient *m*
~ **clean-up system SYN.**
coolant purification system
Kühlmittelreinigung *f*,
Kühlmittelreinigungssystem *n*
~ **composition** Kühlmittel-
zusammensetzung *f*,
Zusammensetzung *f* des
Kühlmittels
~ **cross-flow** Kühlmittel-
Querstrom *m*, Kühlmittel-
Querströmung *f*
~ **density** Kühlmitteldichte *f*
~ **density coefficient** Kühlmittel-
dichtekoeffizient *m*

~ **density reduction** Kühlmittel-
dichteverminderung *f*
~ **enthalpy at core inlet**
Kühlmittelenthalpie *f* am
Kerneintritt
~ **evaporator plant** Kühlmittel-
verdampferanlage *f*
~ **exit header** Kühlmittel-
austrittssammler *m*
~ **exit temperature** Kühlmittel-
austrittstemperatur *f*
~ **filter** Kühlmittelfilter *n*, *m*
~ **flow** Kühlmittelstrom *m*,
-durchsatz *m*, -menge *f*
incoming ~ flow eintretender
Kühlmittelstrom
carry *v* **the ~ flow through the**
reactor den Kühlmittelstrom
durch den Reaktor leiten
(*oder* führen)
obstruct *v* **the ~ flow** die
Kühlmittelströmung be- *oder*
verhindern
~ **flow area** Kühlmittel-
Durchflußfläche *f*,
-querschnitt *m*
~ **flow blockage** Kühlmittel-
stromblockade *f*
~ **flow channel** Kühlmittel-
durchfluß- *oder* -durchström-
kanal *m*
~ **flow path** Kühlmittel-
strömungsweg *m*
~ **fluid** Kühlmedium *n*
~ **gas** Kühlgas *n*
~ **gas activity** Kühlgasaktivität *f*
~ **gas carrying ancillary system**
kühlgasführendes
Nebensystem *n*, kühlgas-
führende Nebenanlage *f*
~ **gas circuit** *(GB)* Kühlgaskreis-

(lauf) *m*
coolant gas circulator
Kühlgasgebläse *n*
 integrated ~ ~ integriertes K.
~ **gas channel**
Kühlgaskanal *m*
~ **gaseous activity** gasförmige
Aktivität *f* im Kühlmittel
~ **gas heat-up** Kühlgas-
aufheizung *f*
~ **gas impurities** Kühlgas-
verunreinigungen *fpl*
~ **gas loss make-up**
Kompensation *f* der Kühlgas-
verluste
~ **gas mass flow** Kühlgas-
massenstrom *m*
~ **gas monitoring** Kühlgas-
überwachung *f*
~ **gas pressure** Kühlgasdruck *m*
~ **gas stagnation** Kühlgas-
stagnation *f*
~ **gas stream** Kühlgasstrom *m*
~ **gas stripper**
Kühlmittelentgaser *m*
~ **impurity** Kühlmittel-
verunreinigung *f*
~ **injection** Kühlmitteleinspeisung *f*
~ **inlet nozzle** Kühlmittel-
eintrittstutzen *m*
~ **inlet pipe** Kühlmitteleintritts-
leitung *f*, -rohr *n*
~ **inlet pressure** Kühlmittel-
eintrittsdruck *m*
~ **inlet temperature** Kühlmittel-
eintrittstemperatur *f*
~ **inventory** Kühlmittelbestand
m, -füllung *f*, -inhalt *m*
~ **leakage** Kühlmittelleckage *f*
~ **letdown stream** Kühlmittel-

ablaßstrom *m*
~ **loop** Kühl(mittel)kreis(lauf) *m*
~ **loop activity** Kühlkreislauf-
aktivität *f*
~ **loop shutoff valve** Kühlkreis-
lauf-Absperrarmatur *f*
~ **loop support** Abstützung
f oder Auflagerung *f* des
Kühlkreislaufes
~ **make-up** Kühlmittelzusatz *m*,
Zusatzkühlmittel *n*,
Kühlmittelergänzung *f*
~ **mass flow** Kühlmittelmassen-
strom *m*
~ **mass flow rate** Kühlmittel-
massendurchsatz *m*
~ **mass velocity** Kühlmittel-
massengeschwindigkeit *f*
~ **monitoring system**
Kühlmittelüberwachungs-
system *n*
~ **nozzle** Kühlmittelstutzen *m*
~ **nozzle protective cap**
Schutzdeckel *m* für
Kühlmittelstutzen
~ **operating environment**
betriebliche Umgebung *f* des
Kühlmittels
~ **outlet pipe** Kühlmittel-
austrittsleitung *f*, -rohr *n*
~ **outlet temperature**
Kühlmittelaustrittstemperatur
~ **piping** Kühlmittelleitung(en)
f(pl)
~ **piping rupture** Kühlmittel-
leitungsbruch *m*, Bruch *m* der
Kühlmittelleitung
~ **pressure** Kühlmitteldruck *m*
~ **pressure control loop**
Kühlmitteldruckregelkreis *m*
~ **pressure drop (across s.th.)**

Kühlmitteldruckabfall
m (über etw.)
~ **pressure signal** Kühlmittel-
drucksignal *n*
~ **purification and deborating
demineralizer** *(PWR)* Ionen-
(aus)tauscher *m* zur
Kühlmittelreinigung und
Borentfernung (*oder*
Deborierung)
~ **purification booster pump**
(PWR) Kühlmittelreinigungs-
Druckerhöhungspumpe *f*
~ **purification demineralizer**
Kühlmittelreinigungs-Ionen-
(aus)tauscher *m*
~ **purification pump** Kühlmittel-
reinigungspumpe *f*
~ **purification system**
Kühlmittelreinigung *f*,
Kühlmittelreinigungssystem *n*
~ **receiving system** Kühlmittel-
übernahmesystem *n*
~ **recirculation** *(BWR)*
Kühlmittelumwälzung *f*
external ~ ~ externe K.
internal ~ ~ interne K.
~ **recirculation flow** Kühlmittel-
umwälzmenge *f*
~ **recirculation loop** Kühlmittel-
umwälzschleife *f*, -kreislauf *m*
~ **recirculation pump**
Kühlmittelumwälzpumpe *f*
~ **recirculation system** *(BWR)*
Kühlmittelumwälzsystem *n*
~ **recombiner** Kühlmittel-
rekombinationsanlage *f*
~ **recombiner condenser**
Kühlmittelrekombinations-
anlagen-Rückverflüssiger *m*
~ **storage system** Kühlmittel-

lagerung *f*, Kühlmittel-
lagerungssystem *n*
~ **storage tank** Kühlmittelspeicher *m*, Kühlmittellager-
behälter *m*
~ **system leg** Kühlmittelstrang *m*
~ **system rupture** Bruch *m* im
Kühlsystem
~ **temperature** Kühlmitteltemperatur *f*
~ **temperature control loop**
Kühlmitteltemperatur-
regelung *f*, -regelkreis *m*
~ **temperature entering reactor
vessel at full power**
Kühlmitteltemperatur *f* am
Druckbehältereintritt bei
Vollast
~ **temperature leaving reactor
vessel at full power**
Kühlmitteltemperatur *f* am
Druckbehälteraustritt bei
Vollast
~ **through-flow** Kühlmittel-
durchfluß *m*
~ **treatment and storage system**
(PWR) Kühlmittelreinigungs-
und -speichersystem *n*
~ **tube assembly** *(Canadian
NPD reactor)* Kühlkanalbau-
gruppe *f*
~ **velocity** Kühlmittel-
geschwindigkeit *f*
~ **void fraction** Kühlmittel-
dampfblasengehalt *m*
~ **volume** Kühlmittelvolumen *n*
~ **volume control** Kühlmittel-
volumenregelung *f*
~ **warm-up rate** Kühlmittel-
Aufwärmgeschwindigkeit *f*
~ **water clean-up system** *(BWR)*

Reaktorwasser-Reinigungs-
system *n*, Primärreinigungsanlage *f*
coolant-to-steam temperature
difference Temperaturunterschied *m* beim Übergang
des Kühlmittels in Dampf
cooldown Abkühlen *n*,
Abkühlung *f*
plant ~ A. der Anlage
~ **process** Abkühlvorgang *m*
~ **rate** Abkühlgeschwindigkeit *f*
cooler SYN. **heat exchanger**
Kühler *m* (*in Reaktorhilfs-*
und -nebensystemen)
~ **bank** (*or* **battery**)
Kühlerbatterie *f*
cooling 1. (Ab)Kühlung *f*,
Kühlen *n*; 2. Erkalten *n*
provide *v* **normal ~ without**
any operator action or
reliance on outside power
ohne jedes Eingreifen der
Bedienung oder Verlaß auf
Fremdstrom normal kühlen
~ **accident** Kühl(ungs)unfall *m*
~ **capability** Kühlfähigkeit *f*,
-vermögen *n*
provide *v* **sufficient ~ ~ to**
keep cladding temperature
below specified values
genügend K.vorsehen, um die
BE-Hüllentemperatur unter
den festgelegten Werten
zu halten
~ **coil** Kühlschlange *f*
~ **coil heater** (*containment*
cooling) Kühlschlangen-Heiz-
vorrichtung *f*
~ **cowl** Kühlhaube *f*
~ **curve** Kühlkurve *f*

~ **jacket** Kühlmantel *m*
~ **line** SYN. **cooling pipe**
Kühlleitung *f*
~ **pipe** SYN. **cooling line**
Kühlleitung *f*; Kühlrohr *n*
~ **piping rupture** Kühlleitungs-
bruch *m*, Kühlrohrbruch
~ **pond** 1. *allg.* Kühlteich *m*;
2. *(GB)* Brennstofflager-
becken, BE-Becken *n*,
Abklingbecken *n*
~ **rate** Kühlgeschwindigkeit *f*
~ **unit** Kühlaggregat *n*
~ **water recirculating system**
Kühlwasserumwälzsystem *n*
~ **water surge tank** Kühlwasser-
ausgleichsbehälter *m*
~ **water user** (*or* **using**
equipment) Kühlwasser-
verbraucher *m*
copper oxide bed
Kupferoxidbett *n*
~ **oxide catalyzation** Kupfer-
oxidkatalyse *f*
coprecipitation Mitfällung *f*
phosphate and sulfide ~
Phosphat- und Sulfid-M.
~ **method** Mitfällungsmethode *f*,
-verfahren *n*
core SYN. **reactor core**
(Reaktor)Kern *m*,
Spaltzone *f*
active ~ aktiver K.
borated ~ borierter K.
chemical(ly) shim(med) ~
K. mit Borzusatz *oder*
-trimmung
dilute fissile ~ K. aus
verdünntem Spaltstoff
equilibrium ~
Gleichgewichtskern

full Pu ~ Pu-Vollkern
initial ~ Erstkern
multi(-)region ~
Mehrzonenkern
non-uniform ~ nicht
einheitlicher Kern
**pressurized water reactor
~** Druckwasserreaktork.
reload ~ Nachladekern
**~ and cooling pond support
structure (SGHWR)** Kern-
und BE-Becken-Trag-
konstruktion *f*
~ average coolant temperature
Kühlmittel-Durchschnitts-
temperatur *f* im Kern
~ average exit quality
Durchschnittsqualität *f* am
Kernaustritt
~ average heat flux mittlere
Heizflächenbelastung *f* im
Kern
~ average power mittlere
Leistung *f* des Kerns
~ average void within assembly
mittlerer Dampfblasenanteil
m innerhalb des Brenn-
elementes
~ baffle *(Westinghouse PWR)*
Kernumfassung *f*
~ barrel *(Westinghouse PWR)*
Kernbehälter *m*
~ barrel and guide structure
Kernbehälter- und
Führungsgerüst *n*
**~ barrel centering pad on
internals support ledge**
Führungsklotz *m* zur
Zentrierung des
Kernbehälters auf der
Tragleiste

**~ barrel emergency support pad
for MCA** Konsole *f* zur
GaU-Abstützung des
Kernbehälters
~ barrel shell Tragmantel *m*
~ barrel storage area
Kernbehälterabstellplatz *m*
~ barrel support ledge *(RPV)*
Tragleiste *f* für den
Kernbehälter
~ barrel support skirt Siebtonne
f für den Kernbehälter
~ blackness Strahlenabsorption
f des Kerns
~ bottom Kernboden *m*
~ cell Kernzelle *f*
~ charge Kerneinsatz *m*,
Kernladung *f*
~ coolant flow rate Kühlmitteldurchsatz *m* durch den Kern
~ coolant loop Kernkühlkreis-
(lauf) *m*
~ component Kernbauteil *n*
~ component pot Topf *m* für
Kernteile
**~ component transfer pot
storage tube** Kernbauteil-
Transportbehälter-
Lagerrohr *n*
~ configuration
Kernanordnung *f*
~ coolant channel
Kernkühlkanal *m*
~ cooldown Kern(ab)kühlen *n*,
Kern(ab)kühlung *f*
~ cooling Kernkühlung *f*
**~ cooling portion (of safety
injection system)** Kernkühltei¹
m (des Sicherheitseinspeise-
systems)
~ cycle Kernreisezeit *f*

~ **damage** Kernschaden *m*,
Beschädigung *f* des Kerns

~ **decay heat removal capability**
Kernzerfallswärme-
Abfuhrleistung *f*

~ **decay heat boiloff**
Absieden *n* durch Nach-
zerfallswärme im Kern

~ **deluge system** SYN. **core
reflooding system**
Kernflutsystem *n*

~ **design** Kernauslegung *f*

~ **diameter** Kerndurchmesser *m*

~ **edge zone** Randzone *f* des
Kerns

~ **fabrication tolerance** Kern-
fertigungstoleranz *f*

~ **flooding system** SYN. ~
deluge system, ~ **reflooding
system** Kernflutsystem *n*

~ **flooding train**
Kernflutstrang *m*

~ **fuel handling mechanism**
(LMFBR) BE-Transport-
maschine *f* im Kern

~ **fuel temperature** Brennstofftemperatur *f* im Kern

~ **grid (structure)** Kerngitter *n*

~ **grid plate** *(HTR)* Kerngitter-
platte *f*

~ **head** Kerndeckel *m*

~ **heatup** Kernaufheizung *f*

~ **height** Kernhöhe *f*

~ **hot spot** SYN. **peak** Heißstelle
f im Kern

~ **inlet temperature** Kern-
eintrittstemperatur *f*

~ **internal part** Kerneinsatzteil
m, Teil *m* der Kerneinbauten

~ **internals** Kerneinbauten *mpl*

~ **isolation cooling system**

(BWR) Notkernkühlsystem *n*

~ **levitation** Levitation *f oder*
Aufschwimmen *n* des Kerns

~ **lifting forces**
Kernhubkräfte *fpl*

~ **loading** 1. Kern(be)laden *n*,
Beschickung *f* des Kerns;
2. Kernladung *f*,
Kerneinsatz *m*

~ **loading at rated power**
Kernladen bei Nennleistung
first ~ **loading** Erstkernladung, erste Kernladung

~ **location** Kernposition *f*

~ **matrix position** Kernmatrix-
position *f*

~ **melt(down)** Kernschmelzen *n*,
Abschmelzen *n* des Kerns
~ **and subsequent fission
product release** K. und
nachfolgende Freisetzung von
Spaltprodukten

~ **melt(down) accident** Unfall
m mit Zusammenschmelzen
des Reaktorkerns

~ **midpoint**
Kernmittelpunkt *m*

~ **module** Kern-Einheitszelle *f*

~ **monitor(ing) computer** Kern-
überwachungsrechner *m*

~ **monitoring calculations**
Kernüberwachungs-
(be)rechungen *fpl*

~ **monitoring instrumentation**
Kernüberwachungs-
instrumentierung *f*

~ **neutron multiplication** Kern-
Neutronenmultiplikation,
-vermehrung *f*

~ **octant** Kernoktant *m*

~ **operating limit supervisory**

system Kern-Betriebs-
grenzwert-Überwachungs-
system *n*
~ **outlet temperature** Kern-
austrittstemperatur *f*
~ **/pond support structure**
(SGHWR) Kern/
(BE-)Becken-Trag-
konstruktion *f*
~ **power density** Kernleistungs-
dichte *f*
~ **power distribution** Kern-
leistungsverteilung *f,*
Leistungsverteilung *f* im Kern
~ **power rating** Kern(nenn)-
leistung *f*
~ **power tilt** Kernleistungs-
kippen *n*
~ **pressure drop control**
Beherrschung *f* des
Druckabfalls im Kern
~ **pressure loss** Kerndruck-
verlust *m*
~ **protection calculator**
Kernschutzrechner *m*
~ **protection trip** Kernschutz-
Schnellabschaltung *f,*
-Schnellschluß *m*
~ **radial power distribution**
radiale Leistungsverteilung
f im Kern
~ **radiation field** Kernstrahlen-
feld *n,* -strahlungsfeld
~ **rating** Kern(nenn)leistung *f*
~ **recharge operation** Kern-
wechselvorgang *m*
~ **refill rate** Kern-Wiederauffüll-
geschwindigkeit *f*
~ **reflector** Kernreflektor *m*
~ **reflooding system SYN.**
~ **deluge system,** ~ **flooding**

system Kernflutsystem *n*
~ **reflood period** *(after LOCA)*
Kern-(Wieder)Flutzeit *f*
~ **region** Kernzone *f*
intermediate ~ **region**
Mittelzone des Kerns
three ~ **regions of different
enrichments** drei Kernzonen
(mit) verschiedener
Anreicherung
~ **residence time** Verweilzeit
f des Brennstoffs im Kern
~ **residual heat**
Kernnachwärme *f,*
Kern-Nachzerfallswärme
~ **restraint** Kernhalterung *f*
~ **restraint mechanism** Kern-
halterungsmechanismus *m*
~ **rod** Kernstab *m*
~ **shroud** *(BWR, CE PWR)*
1. *SWR:* Kernmantel *m,*
Kernummantelung *f;* 2.
CE-DWR: Kernumfassung *f*
~ **shroud support ring**
Kernmantel-Auflagering *m*
~ **shroud supports** Kernmantel-
Auflagerung *f*
~ **size** Kerngröße *f*
~ **skirt** *(DFR)* Kernstandzarge *f*
~ **slumping** Zusammenfall
m oder -sacken *n* des Kerns
~ **sparger ring** *(BWR)*
Kernsprühring *m*
~ **spectrum** Kernspektrum *n*
~ **spray and poison sparger**
Ringleitung *f* für Kern-
notkühlung und Kern-
vergiftung
~ **spray header** Verteiler *m* für
Kernnotkühlung
~ **spray heat exchanger** Kern-

sprühwärmetauscher *m*

~ **spray heat exchanger booster pump** Druckerhöhungspumpe *f* für Kernsprühwärme- tauscher

~ **spray inlet** Kern- notkühlungseintritt *m*

~ **spray pump** Kernsprühpumpe *f*

~ **spray nozzle** Kernsprühdüse *f*

~ **spray ring** Kernsprühkranz *m*

~ **spray sparger** Kern- notkühlungs- *oder* Kern- sprühring *m*

~ **spray system** Kernsprüh- system *n*, -anlage *f* **low pressure** ~ ~ Niederdruck-K.

~ **spray suction line** Kernsprüh- Saugleitung *f*

~ **stability** Kernstabilität *f*

~ **stabilizing lug** *(CE PWR)* radiale (Kern)Abstützung *f*

~ **standby cooling system** Kern- notkühlsystem *n*

~ **status** Zustand *m* des Kerns

~ **structure** Kernaufbau *m*, Kerngerüst *n*

~ **structure lay(-)down location** Abstellplatz *m* für das Kerngerüst

~ **support assembly** Kernstütz- konstruktion *f*

~ **support floor** Kerntragplatte *f*

~ **support grid** Gitterplatte *f*, Kerntraggitter *n*

~ **support grid plate** Kern- Gittertragplatte *f*

~ **support plate insert** Kern- Gitterplatteneinsatz *m*

~ **support structure** Kerntragwerk *n*, Kerntrag- konstruktion *f*

~ **support structure pad** *(PWR)* Konsole *f* zur Abstützung des Kernbehälterschemels

~ **temperature distribution** Temperaturverteilung *f* im Kern

~ **thermal density** thermische Dichte *f* des Kerns

~ **thermal transient** instationärer Wärmezustand *m* des Kerns

~ **vault** *(SGHWR)* Kerngrube *f*, Kernraum *m*

~ **vault system** *(SGHWR)* Kernraum-Schutzgassystem *n*

~ **void content (or fraction)** Dampfblasengehalt *m* im Kern

~ **water cover(ing)** Wasserbedeckung *f* des Kerns

coring SYN. **micro(scopic) segregation** Korn-, Kristall-, Dendriten-, Mikroseigerung *f*

corner post Eckpfosten *m*

corpuscular rays Korpuskular- strahlen *mpl*

corrosion allowance Korrosionszuschlag *m*, Zuschlag *m* für Korrosion

~ **control agent** Korrosions- schutzmittel *n*

~ **control(ling) chemical** chemisches Korrosions- schutzmittel *n*, Korrosions- schutzchemikalie *f*

~ **control system** Korrosions- schutzsystem *n*

~ **inhibiting oil** korrosionshemmendes Öl *n*

~ **inhibitor** Korrosions-
schutzmittel *n*

~ **inhibitor concentration**
Korrosionsschutzmittel-
konzentration *f*

~ **inhibitor solution** Korrosions-
schutzmittellösung *f*

~ **product activity**
Korrosionsproduktaktivität *f*

~ **product concentration**
Korrosionsprodukt-
konzentration *f*

~ **product impurities**
Verunreinigungen *fpl* durch
Korrosionsprodukte

~ **protection lining** Korrosions-
schutzauskleidung *f*

~ **rate of the canning material**
Korrosionsrate *f* des Hüllen-
werkstoffes

corrosion-prone crevice
korrosionsanfällige Ritze *f*

corrosion-resistant
korrosionsfest, korrosions-
resistent, korrosions-
beständig

~ **chrome-nickel steel** k-er
Chromnickelstahl *m*

~ **coating** k-er Anstrich *m*
oder Überzug *m*

~ **cladding** *or* **lining** k-e Auskleidung *f*

corrosive attack
Korrosionsangriff *m*

corrugated vanes *(Westinghouse
PWR SG)* gewellte
Prallbleche *npl* *(DWR-DE-
Wasserabscheider)*

**cost effectiveness of a safeguard
system** Kostenwirksamkeit *f*
eines technischen Sicherheits-

systems

counter Zähler *m*

G-M ~ G(eiger)-M(üller)-Z.,
-Zählrohr *n*

scintillation ~ Szintillationsz.

counter-current centrifuge
Gegenstromzentrifuge *f*

~ **distillation** Gegenstrom-
destillation *f*, Rektifikation *f*

~ **flow, counterflow** Gegenstrom
m, Gegenströmung *f*

counter tube lifting unit
Zählrohraufzug *m*

counting coil Zählspule *f*

~ **preparation** Meßpräparat *n*

~ **room** Zählraum *m*,
Meßraum

~ **tube** Zählrohr *n*

coupling (Zangen)Kupplung *f*,
Kupplungsstück *n* *(Steuerantrieb)*

~ **and guide tube** Kupplungs-
und Führungsrohr *n*

~ **constant**
Kupplungskonstante *f*

~ **nut** Kupplungsmutter *f*

~ **nut socket wrench** *(PWR
coolant pump servicing tool)*
Kupplungsmutter-Steck-
schlüssel *m*

~ **nut wrench** Kupplungs-
mutternschlüssel *m*

~ **spindle** Kupplungsspindel *f*

~ **support stand** Kupplungs-
laterne *f*

coupon (Werkstoff)Probe(n)-
platte *f*

course *(PV construction)* Schuß
m, (Schmiede)Ring *m*

cover gas SYN. blanket gas
Schutzgas *n*

nitrogen ~ **gas** Stickstoff-Sch.

~ **gas analysis**
Schutzgasanalyse f

~ **gas cleanup system** Schutzgasreinigungssystem n

~ **gas discharge line** Schutzgas-
ableitung f

~ **gas generator** Schutzgas-
erzeuger m

~ **gas space** Schutzgasraum m

~ **gas supply** Schutzgas-
versorgung f

~ **slab** Deckenriegel m,
Deckenplatte f

CO₂ blanketing CO_2-Schutzgas-
füllung f

CO₂ generator CO_2-Erzeuger m

CP = construction permit Bau-
bzw. Errichtungsgenehmigung
f (für ein KKW)

CP application Antrag m auf
Errichtungsgenehmigung

**CPC = core protection
calculator** Kernschutz-
rechner m

CPV = concrete pressure vessel
Betondruckbehälter m

crab (refueling machine)
Laufkatze f

~ **drive unit** Katzfahrantrieb m

~ **drive rack** (SGHWR refueling
machine) Katzfahrantriebs-
Zahnstange f

~ **transmission system** Katzfahr-
getriebe f

~ **traversing motion** Katz-
(ver)fahren n

crack growth rate Riß-
ausbreitungsgeschwindigkeit f

~ **propagation** Rißfortpflanzung
f, Rißausbreitung f

cracking mode (structural
damage to local component
by aircraft strike) Reißen n,
Rißbildung f

cradle support (SGHWR steam
drum) Kesselstuhlauflager n

crane girder Kranbahnträger m

~ **hatch** Kranluke f

~ **(support) wall** (in containment-
structure) Kranstütz- oder
-tragmauer f (oder -wand f)

**CRDM = control rod drive
mechanism** Steuerstab-
antrieb m

CRDM position indicator
Stellungsanzeiger m für
Steuerstabantriebe

creep SYN. creepage, creeping
Kriechen n

~ **behavior** Kriechverhalten n

~ **deformation path**
Kriechverformungsweg m

~ **rate** Kriechgeschwindigkeit f

~ **rupture properties**
Kriechbrucheigenschaften fpl

~ **test** Standversuch m

creep-rupture test
Zeitstandversuch m

criss-cross rack elektrisches
Unterverteilungsgestell n

critical kritisch (Reaktor)
go v ~ kritisch werden

~ **assembly** kritische
Anordnung f

~ **concentration** kritische
Konzentration f

~ **minimum concentration**
minimale kritische
Konzentration f

~ **condition** kritischer
Zustand m

~ **configuration** kritische Anordnung *f*

~ **experimental configuration** kritische Versuchsanordnung

~ **equation** kritische Gleichung *f*

~ **experiment** kritisches Experiment *n*

~ **facility** kritische Anlage *f*

~ **heat flux, CHF** kritische Heizflächenbelastung *f*, KHB, kritische Wärmestromdichte *f*

~ **heat flux ratio** Ausbrandsicherheit *f*

~ **infinite cylinder** kritischer Zylinder *m* unendlicher Abmessung

~ **minimum infinite cylinder** kleinster kritischer Zylinder *m* unendlicher Abmessung

~ **accident** Kritikalitätsunfall *m*

~ **alarm system** Kritikalitäts-alarm-, -warnsystem *n*

~ **safety** Kritikalitätssicherheit *f*

~ **in-vessel component** kritischer druckgefäßinterner Anlageteil *m*

~ **mass SYN. critical chain reacting mass** kritische Masse *f*

    reform *v* a ~ **mass** eine k. Masse neu bilden *(nach Kernschmelzunfall)*

    minimum ~ **mass** minimale k. Masse

~ **organ** kritisches Organ *n*

~ **path** kritischer Pfad *m*, kritischer Weg *m*

~ **path method, CPM** Methode *f* des kritischen Weges *(Netzwerkplanung)*

~ **pathway along which an accident might develop** kritischer Weg, auf dessen Verlauf sich ein Unfall entwickeln könnte

~ **reactor** kritischer Reaktor *m*

~ **safety component** entscheidende Sicherheitskomponente *f*, entscheidender sicherheitstechnischer Bauteil *m*

~ **service water** Nebenkühlwasser *n* für kritische (*oder* lebenswichtige) Anlagen, Notstandkühlwasser

~ **service water pump** *(HTR)* Notstandkühlwasserpumpe *f*

~ **size** kritische Größe *f*, kritische Abmessungen *fpl*

~ **toughness level** kritisches Bruchzähigkeitsniveau *n (Werkstoff)*

~ **volume** kritisches Volumen *n*

    minimum ~ **volume** minimales k. V.

~ **zero power condition** kritischer Nulleistungszustand *m (Reaktor)*

criticality Kritikalität *f*, Kritizität *f*, kritischer Zustand *m*

    initial ~ Anfangs-, Erstk.

    preclude *v* **accidental** ~ zufällige K. ausschließen

cross flow Kreuzstrom *m*, Querstrom

    ~ **through the tube banks** K. durch die Rohrbündel

    ~ **region** Kreuz- *oder* Querstromzone *f*

cross linked polyolefines vernetzte Polyolefine *npl*

cross section (Wirkungs)-
Querschnitt *m*
activation ~ Aktivierungsqu.
angular ~ Winkelqu.
bound-atom scattering ~
Streuungsqu.gebundener
Atome
capture ~ Einfangqu.
coherent scattering ~
kohärenter Streuqu.
Doppler-averaged ~
Doppler-Wirkungsqu.
double differential ~
doppelter Differentialqu.
effective thermal ~
thermischer Wirkungsqu.
elastic scattering ~
Wirkungsqu. für
elastische Streuung
fission ~ Wirkungsqu. für
Kernspaltung
group removal ~ Gruppen-
verlustqu.
group transfer scattering ~
Gruppenübergangsqu.
incoherent scattering ~
Wirkungsqu.für inkohärente
Streuung
inelastic ~ Wirkungsqu. für
unelastische Streuung
macroscopic ~ makroskopischer W.
neutron absorption ~
Neutronenabsorptionsqu.
nonelastic ~ Wirkungsqu. für
nichtelastische Wechsel-
wirkung
**radioactive inelastic
scattering** ~
radioaktiver Wirkungsqu. für
unelastische Streuung

removal ~
Ausscheidungsqu.
scattering ~ Streuqu.
slowing-down ~ SYN.
stopping ~ Brems-
(wirkungs)qu., W. für (*oder*
der) Bremsung
spectral ~ Spektralqu.
stopping ~ SYN.
slowing-down ~ Brems-
(wirkungs)qu., W. für (*oder*
der) Bremsung
thermal ~ thermischer W.
**thermal inelastic
scattering** ~ thermischer
Wirkungsqu. für
unelastische Streuung
total ~ Gesamtqu., totaler
Wirkungsqu.
transport ~ Transportqu.
cross-sectional area
Querschnittsfläche *f*
cross travel direction (*crane,
refueling mach.*) Katzfahr-
richtung *f*
~ **travel fine alignment
photoelectric cell unit**
(*SGHWR refueling machine*)
Katzfahr-Feinzentrierungs-
Photozelle *f*
crucible carrier
Tiegelträger *m*
~ **chamber** Tiegelkammer *f*
crud (deposits) Korrosions-
produktablagerung *f*, -belag
m, -ansätze *mpl*
cruciform absorber section
(*BWR control rod*) kreuz-
förmiger Absorberteil *m*
~ **blade rod** (Steuer)Stab *m* mit
kreuzförmigen Blättern

~ **control blade** Steuerstab-
kreuz n
~ **control rod** *(BWR)* Steuerstab
m mit kreuzförmigem
Querschnitt
crumpled foil *(insulation)*
Knitterfolie f
cryogenerator Kryogenerator m
cryogenic distillation column
Tiefstkühl-Destillations-
kolonne f
~ **system** Kryosystem n
cryostat Kryostat m,
Kältebad n
crystal lattice Kristallgitter n
~ **of the uranium oxide fuel**
K. des UO_2-Brennstoffs
**crystallization, crystallizing;
crystal formation; crystallizing
out** Kristallisation f,
Kristallisieren n,
Kristallbildung f,
Auskristallisieren n,
Kornbildung f
crystal(line) structure Kristall-
struktur f, Kristallbau m,
-gefüge n, kristallographische
Struktur f
**cumulative dose SYN.
accumulated dose** kumulative
(oder akkumulierte) Dosis f,
Summendosis f, Gesamtdosis f
~ **usage factor** kumulativer
Abnutzungs- *oder* Werkstoff-
ermüdungsfaktor m
curie, Ci, c, C Curie n, Ci, c, C
current density
Stromdichte f
curtain worth *(BWR)*
Vergiftungsblech- *oder*
-streifen-Reaktivitätswert m

curvature *(of spherical pressure
vessel)* Krümmung f
customized plant kunden-
spezifisch ausgelegte (KKW-)
Anlage f
cut-in/out of a loop Zuschalten
bzw. Abschalten n eines
Kreislaufs
cut-out Ausschnitt m
cycle 1. Kreisprozeß m; 2. *bes.
US* Kreislauf m
cyclic operation capability
Fähigkeit f zum zyklischen
oder Wechselbetrieb
~ **stress** zyklische *oder* Wechselbeanspruchung f
cyclone Zyklon m
~ **discharge line** Zyklon-
ausblaseleitung f
~ **separator** Zyklon(wasser)-
abscheider m, Abscheide-
zyklon m
cylindrical cavity zylindrische
Grube f, Zylinderhohlraum
m, Zylinderkavität f
~ **crane wall** *(in containment)*
zylindrische Kranmauer f
~ **grabhead** *(refuelling machine)*
zylindrischer Greifkopf m
~ **missile shield** Splitterschutz-
zylinder m
~ **shell (portion)** *(RPV)*
Zylindermantel m,
zylindrischer Mantelteil m
~ **skirt** zylindrische Schürze f
oder Zarge f
~ **wall inspection** Zylinderwand-
prüfung f

D

D-bank SYN. **D-rod bank**
  D-Bank f, Dopplerbank,
  D-Steuerstabbank
D₂O D₂O, Deuteriumoxid n,
  schweres Wasser n
~ **catch tank** D₂O-Auffang-
  behälter m
~ **control and purification plant**
  D₂O-Regel- und Reinigungsanlage f
~ **cooled pressure vessel** Druckbehälter m mit D₂O-Kühlung
~ **distillation column** D₂O-
  Destillationskolonne f,
  Anreicherungskolonne
~ **distillation plant** (or **system**)
  D₂O-Destillationsanlage f
~ **distillation plant vacuum
  pump discharge gas** Abgas
  n der D₂O-Destillations-
  anlagen-Vakuumpumpe f
~ **distillation tower** D₂O-
  (Destillations)Turm m
~ **drain cooler** D₂O-
  Entwässerungskühler m
~ **drain pump** D₂O-
  Entwässerungspumpe f
~ **drain tank** D₂O-
  Ablaßbehälter m, D₂O-
  Entwässerungsbehälter
~ **feed pump** D₂O-
  Einspeisepumpe f
~ **helium degasifier** (**unit**) D₂O-
  Entgaser m
~ **initial inventory** D₂O-
  Erstausstattung f
~ **level measuring system** D₂O-
  Füllstandmessung f,
  -meßanlage f, -meßsystem n

~ **main circuit** (or **loop** or
  system) D₂O-Hauptkreis-
  lauf m
~ **moderator control and
  purification plant** D₂O-
  Moderator-Regel- und
  -Reinigungsanlage f
~ **moderator cooling system**
  D₂O-Moderatorkühlsystem n
~ **moderator inlet ring main**
  D₂O-Moderator-Eintritts-
  ringsammler m
~ **moderator outlet ring main**
  D₂O-Moderator-Austritts-
  ringsammler m
~ **moderator transfer pump**
  D₂O-Moderator-
  Förderpumpe f
~ **pressure tube reactor** D₂O-
  Druckröhrenreaktor m
~ **pressure vessel reactor**
  D₂O-Druckkesselreaktor m
~ **proportioning pump** D₂O-
  Dosierpumpe f
~ **purification loop** D₂O-
  Reinigungskreislauf m
~ **purification plant** (or **system**)
  D₂O-Reinigungsanlage f
~ **reflux pump** D₂O-
  Rücklaufpumpe f,
  -Rückführpumpe
~ **separator** D₂O-Abscheider m
~ **spill-over tank** D₂O-Überlauf-
  behälter m
~ **spray nozzle** (in calandria)
  D₂O-Einspritzdüse f
~ **storage and volume control
  system** D₂O-Vorrats- und
  Volumenregelsystem n
~ **storage tank** D₂O-Vorrats-
  behälter m

~ **transfer pump** D_2O-Förderpumpe f

~ **upgrading system** (*or* plant) D_2O-Anreicherungsanlage f

~ **volume control system** D_2O-Volumenregelsystem n

damage from minor knocks and abrasions Schaden m oder Schäden mpl durch leichtere Stöße und Abschürfungen

~ **limit** Schaden(s)grenze f

~ **mechanism** (*materials*) Schadensmechanismus m (bei Werkstoffen)

damaged fuel assembly beschädigtes Brennelement n

~ **fuel assembly cask** Behälter m für beschädigte BE

~ **RCC element container** Köcher m für beschädigte Fingersteuerstäbe (*oder* Steuerelemente)

damgate slab Schützriegel m (*Beckenschütz*)

damper casing Klappengehäuse n

dashpot action Stoßdämpferwirkung f (*Steuerelementfinger*)

~ **region** (*or* section) Stoßdämpferzylinder m, Stoßdämpferteil m

daughter Tochter f, Folge-, Zerfallsprodukt n

~ **element** Folgeprodukt n

~ **product** Tochterprodukt n

deactivate v (*a system*) (*ein System*) absteuern

deactivation Entaktivierung f

dead end clamp Abspannklemme f

~ **load of structure** Eigengewicht n des Baukörpers

~ **time** Totzeit f

deborated de-, entboriert; mit Borentzug

deborating *or* **deboration** De-, Entborieren n, Borentzug m, Borentfernung

~ **demineralizer** Ionenaustauscher m für Borentfernung

~ **demineralizer flush water flow indicator** Durchflußanzeiger m für Entborierungs-Ionentauscher-Spülwasser

~ **resin** Borentfernungsharz n, Entborierharz

decanning Ab-, Enthülsen n (*von BE*)

decanting pump Dekantierpumpe f

decarbonated river water entkarbonisiertes Flußwasser n

decarbonization (*of piping materials*) Kohlenstoffentzug m

decay v abklingen, zerfallen

~ (*radiation*) Abklingen n, Zerfall m

~ **chain** SYN. decay family Zerfallskette f, -reihe f

~ **constant** Zerfallskonstante f, Abklingkonstante f

~ **heat** Abklingwärme f, Nachzerfallswärme f

~ **heat removal** Abfuhr f der Nachzerfallswärme, Nachkühlen n, -kühlung f

~ **heat removal circuit** (*or* **system**) Nachkühlkreis-(lauf) *m*

~ **heat system** Nachzerfalls-wärme-Abführsystem *n*, Nachkühlsystem

~ **hold-up line** Abklingstrecke *f*

~ **period** Abkling-, Zerfall(s)-zeit *f*

~ **power** Nachzerfallsleistung *f*

~ **product** Folge-, Zerfallsprodukt *n*

~ **series SYN.** ~ **chain**, ~ **family** Zerfallsreihe *f*

~ **store** Abklinglager *n*

~ **store cooling loop** Abklinglager-Kühlkreis-(lauf) *m*

~ **tank** Abklingbehälter *m*

~ **time** Abkling-, Zerfallszeit *f*

~ **tube** Abklingrohr *n*

deceleration valve (*hydraulic drive*) Bremsventil *n*

decladding Ab-, Enthülsen *n* (*von BE*)

chemical ~ chemische Entfernung *f* der Hülle

mechanical ~ mechanische Entfernung *f* der Hülle

decommissioning (*of a nuclear power station*) Außerdienst-stellung *f*, Stillegung *f*

decomposition Abbau *m*

decompression Kompressions-verminderung *f*

decontaminable dekontaminierbar

~ **coat of paint** d-er Anstrich *m*, Dekontamina-tionsanstrich

decontaminant SYN.

decontamination substance Dekontaminationsmittel *n*

decontaminate *v* dekontaminieren, (von Radioaktivität) entseuchen

decontaminating solution SYN. decontamination solution Dekontaminations-, Dekontaminierlösung *f*

decontamination Dekontamination *f*, Dekontaminierung *f*, Entseuchung *f*

~ **acid tank** Dekontaminations-säurebehälter *m*

~ **area** Dekontaminationszone *f*, Dekontaminier(ungs)zone

~ **area change room** Umkleideraum *m* in der Dekontaminierungszone

~ **building** Dekontaminations-gebäude *n*

~ **caustic tank** Dekontaminier-laugebehälter *m*

~ **caustic tank heater** Dekontaminierlaugen-Vorwärmer *m*

~ **center** Dekontaminations-zentrum *n*, zentrale Dekontaminierung *f*

~ **drains** Dekontaminations-abwässer *npl*

~ **drains tank** Dekontamina-tionsabwasserbehälter *m*

~ **equipment** (*or* **facilities**) Dekontaminiereinrichtungen *fpl*

~ **factor** Dekont(aminations)-faktor *m*

~ **index** Dekontaminations-index *m*

~ **liquor** Dekontaminations-
abwässer *npl*
~ **pit** *(for equipment)* Dekonta-
minationsgrube *f*
~ **pit pipework system** Dekonta-
minationsgruben-
Rohrleitungsnetz *n*
~ **rinse (water) tank**
Dekontaminier-
Abwasserbehälter *m,*
Auffangbehälter *m* für
Personen- und Laborabwässer
~ **room** Dekont(aminierungs)-
raum *m*
personnel ~ r. Personend.
~ **solution** SYN.
decontaminating solution
Dekont(aminierungs)lösung *f*
~ **solution condenser**
Dekont(aminierungs)lösungs-
kondensator *m*
~ **station** Dekontaminations-
station *f*
~ **substance** SYN.
decontaminant Dekontaminationsmittel *n*
~ **system** Dekont(aminations)-
anlage *f*
~ **system drying air filter**
Dekont(aminations)anlagen-
Trockenluftfilter *n, m*
~ **system pump**
Dekont(aminations)-
anlagenpumpe *f*
~ **system water heater** Wasser-
heizung *f* für
Dekont(aminier)anlage
~ **tank** Dekontaminierlösungs-
behälter *m*
~ **transfer pump**
Dekontaminierlösungs-

Förderpumpe *f*
decrating room
(BE-)Auspackraum *m*
decrease in fuel integrity
Minderung *f* der
Unversehrtheit des
Brennstoffs, Leckwerden
n des Brennelements (*oder*
der BE)
~ **in peaking factor**
Verringerung *f* des
Heißstellenfaktors *m*
dedeuterize *v* de-,
entdeuterieren
~ **exhausted resin** erschöpftes
(Ionentauscher)Harz e.
dedeuterization SYN.
dedeuterizing De-,
Entdeuterieren *n,*
-deuterierung *f*
dedeuterization tank
Deuterierbehälter *m*
dedeuterizing SYN.
dedeuterization De-,
Entdeuterieren *n,*
-deuterierung *f*
deenergize *v (PWR CRDM)*
entregen, stromlos machen
de-entrainment column
Abscheidekolonne *f*
defective channel cut-out
Defektkanalabschaltung *f*
~ **loop** schadhafter Kreislauf *m*
**deflagrations of explosive gas
clouds** *(safety-related external
impact)* Abbrennen *n oder*
Brände *mpl oder*
Verpuffungen *fpl* explosiver
Gaswolken *(EVA)*
deflection 1. Ausschlag *m,*
Ablenkung *f;*

2. Durchbiegung f
~ **of assemblies under seismic input** Durchbiegen n von BE unter Erdbebenbelastung
maximum ~ *(tube sheet)* maximale Durchbiegung f
deflector Deflektor m
deformability Verformbarkeit f, Verformungsfähigkeit f
degasification line Entgasungsleitung f
~ **products** Ausgasungsprodukte npl
~ **tank** Entgasungsbehälter m
degasifier Entgaser m
~ **supply line** Entgaserzulauf m
degassing SYN. degasification Entgasung f
degradation of coolant outlet temperature Verschlechterung f der Kühlmittel-Austrittstemperatur
~ **of heavy water** Schwerwasser-Abreicherung f
degraded D$_2$O purification system D$_2$O-Abwasser-Aufbereitungssystem n
~ **D$_2$O storage tank** Lagerbehälter m für abgereichertes D$_2$O, D$_2$O-Abwasser-Lagerbehälter m
~ **D$_2$O system** D$_2$O-Abwassersystem n
~ **heavy water** abgereichertes Schwerwasser n
degreasant Entfettungsmittel n
~ **solution** entfettende Lösung f
degree of enrichment Anreicherungsgrad m
dehydrated boric acid pellet dehydratisierte Borsäurepille f

dehydration Dehydration f, Dehydrierung f
delatch v *(CRDM)* ausklinken, entkuppeln, entriegeln
delta rays Deltastrahlen mpl
delay adsorber Verzögerungsadsorber m
~ **bed** Verzögerungsbett n, -strecke f (f. radioakt. Medien)
low temperature ~ bed NT(= Niedertemperatur)-V.
~ **bed assembly** Verzögerungsanlage f, -strecke f, -block m
~ **bed precooler** Verzögerungsstrecken-Vorkühler m
~ **bed train** Verzögerungsstrang m
~ **bed system** Verzögerungsanlage f
~ **coil** Verzögerungsrohrschlange f, Verzögerungsstrecke f
~ **ducting** Verzögerungs-(gas)leitungen fpl
~ **loop** Verzögerungsstrecke f
~ **period** Verzögerungszeit f
~ **tank** Verweilbehälter m, -tank m
active ~ t. Aktivabfall-V.
~ **time** Verzögerungszeit f
delayed-critical verzögert-kritisch
delayed neutron verzögertes Neutron n
~ **neutron fraction** Anteil m der verzögerten Neutronen (b. d. Spaltung)
~ **neutron monitor** Überwachungsgerät n für verzögerte Neutronen

~ **neutron yield** Ausbeute *f* an
   verzögerten Neutronen
~ **off-gases** verzögerte Abgase
   npl
~ **radiation** verzögerte
   Strahlung *f*
**delivery rate of injection water
   to the reactor coolant system
   (PWR)** Abgaberate *f* des
   (Sicherheits)Einspeisewassers
   an das Hauptkühl(mittel)-
   system
~ **tube nozzle** Strahldüse *f*
demineralization tank Voll-
   entsalzungsbehälter *m*
**demineralized water/boric acid
   ratio control loop** Deionat/
   Borsäure-Verhältnis-
   Regelkreis *m (oder*
   -Regelung *f)*
~ **water preheater** Deionat-
   vorwärmer *m*
~ **water storage system (PWR)**
   Deionatspeicher- *oder*
   -vorratssystem *n*
~ **water storage tank** Deionat-
   behälter *m*
~ **water transfer pump** Deionat-
   förderpumpe *f*
demineralizer Vollentsalzer *m*,
   Vollentsalzungsanlage *f*
~ **building** Vollentsalzungs-
   gebäude *n*
demister SYN. mist eliminator
   Aerosol-, Nebel-,
   Tröpfchenabscheider *m*
~ **mat** Aerosolabscheidermatte *f*
~ **(type) separator (or unit)**
   Aerosolabscheider *m*
densification 1. Verdichtung
   f (v. Brennstoff im

Brennstab); 2. Eindickung
   f (z. B. v. Flüssigabfällen)
densitometer Densitometer *n*,
   Dichtemeßgerät *n*
density measuring probe Dichte-
   meßsonde *f*
**Department of the Environment
   (GB)** britische
   Umweltschutzbehörde *f*
**departure from nucleate boiling,
   DNB** Übergang *m* vom
   Bläschensieden zum
   Filmsieden, DNB-Punkt *m*
~ **from nucleate boiling ratio,
   DNBR** DNB-Verhältnis *n*,
   Sicherheit *f* gegen Filmsieden
deplete *v* **SYN. degrade** *v*
   (nuclear fuel) abreichern
depleted fuel SYN. spent fuel
   abgereicherter *oder*
   abgebrannter *oder*
   verbrauchter (Kern)-
   Brennstoff *m*
~ **material** abgereichertes *oder*
   verarmtes Material *n*
~ **resin material** erschöpftes
   (Ionenaustauscher)Harz
   (material) *n*
~ **uranium** abgereichertes
   Uran *n*
depletion Abreicherung *f*,
   Erschöpfung *f*, Verarmung *f*
   long term ~ of radioactivity
   Langzeita. der Radioaktivität
de-poisoning Entgiftung *f*
deposit *v* absetzen,
   ablagern
deposition Ablagerung *f*,
   Absetzen *n*, Ansatz *m*,
   Ansetzen *n*
~ **of radioactive dust** A. von

radioaktivem Staub
~ **on ground surfaces** A. auf Bodenoberflächen
~ **plane** Ablagerungsebene *f*
~ **velocity** Absetz-geschwindigkeit *f (von Teilchenaktivität in Luft)*
~ **welding of the cladding** Auftragschweißen *n* der Plattierung, Schweiß-plattieren *n*

depression Unterdruck *m*

depressurization 1. *allg.* Drucklosmachen *n;* 2. Druckerniedrigung *f,* Druckentlastung *f*
~ **of the primary coolant system** Druckloswerden *n oder* Druckerniedrigung *f* des Hauptkühl(mittel)-systems
rapid ~ schneller Druckverlust *m*
slow ~ **of the reactor** langsame Reaktordruck-erniedrigung *f*
~ **accident SYN. blowdown accident** Unfall *m* mit System-druckerniedrigung
~ **phase** Druckentlastungs-phase *f*

depressurize *v (a circuit, reactor, etc.)* drucklos machen

depressurized drucklos

depth of insertion *(control rod)* Einfahrtiefe *f*
~ **dose** Tiefendosis *f*

descent Einfahren *n (Sicherheitsstab)*

desiccant Entfeuchtungs-, Trockenmittel *n*

design for the worst-case site Auslegung *f* für den schlechtestmöglichen Standort
~ **accidental load** auslegungsgemäße unfallbedingte Belastung *f*
~ **bases dependent upon the site environs** standortbedingte Auslegungsgrundlagen *fpl*
~ **basis accident** Auslegungsunfall *m*
~ **basis earthquake, DBE** Auslegungserdbeben *n*
~ **basis flood(ing)** Auslegungs-hochwasser *n*
~ **basis loss-of-coolant accident** Auslegungs-Kühlmittel-verlustunfall *m*
~ **criteria** Auslegungskriterien *npl*
~ **earthquake values** Auslegungs-Erdbebenwerte *mpl*
~ **flow** *(pump)* Auslegungs-förderstrom *m (Pumpe)*
~ **flow rate** Auslegungs-durchsatz *m*
~ **irradiation** Auslegungs-bestrahlung *f*
~ **life(time)** Auslegungs-lebensdauer *f*
surpass *v* **the** ~ **l.** die A. übertreffen
~ **missile** Auslegungsbruchstück *n,* Auslegungssplitter *m,* Auslegungs-Schleuder-gegenstand *m*
~ **operating surface temperature** Auslegungs-Oberflächen-temperatur *f* im Betrieb

~ **overpower factor** Auslegungs-Überleistungsfaktor *m*

~ **parameter** Auslegungsparameter *m* **satisfy** *v* ~ **p-s** die A. einhalten, den ~n genügen

~ **power range** Auslegungsleistungsbereich *m*

~ **pressure** Auslegungsdruck *m* **external** ~ **p.** äußerer A.

~ **reactivity life** Auslegungs-Reaktivitätslebensdauer *f*

~ **target** Auslegungs-Splitterziel *n*, -Schleudergegenstandziel

~ **temperature** Auslegungstemperatur *f*

~ **transition temperature, DTT** Rißhaltetemperatur *f*, DTT-Temperatur

designed for no loss of function during the hypothetical . . . mph tornado für Sicherheit gegen Funktionsausfall beim hypothetischen Wirbelsturm von . . . mph ausgelegt

~ **in accordance with Section III of the ASME Boiler and Pressure Vessel Code** gemäß Sektion III des ASME Boiler & Pressure Vessel Code ausgelegt

~ **to Class I seismic design criteria** gemäß *oder* nach Erdbebenauslegungskriterien der Klasse I ausgelegt

~ **to withstand a hypothetical tornado** für Standhalten beim hypothetischen Wirbelsturm ausgelegt

desorbed water desorbiertes Wasser *n*

desorption (of water) Desorption *f* (von Wasser)

despatch (from the site) *(of spent fuel)* Abtransport *m* vom (Kraftwerks)Gelände

destructive fire Schadenfeuer *n*

detachable from its drive *(control rod)* vom Antrieb lösbar

detailed startup test detaillierter Anfahrversuch *m*

detection system Überwachungsanlage *f*, -system *n*

~ **in the ventilation exhaust ducts** Ü. in den Abluftkanälen

detector 1. *Regeltechnik:* Meßfühler *m*, Abgriff *m*; 2. (Strahlungs)Detektor *m*

detent Anschlag *m* (mech.)

detonations of explosive gas clouds *(external impact on a nuclear power station)* Detonationen *fpl* explosiver Gaswolken

de-tritiating *(of D_2O)* Tritiumentzug *m* (aus D_2O)

deuterize *GB:* **-ise** *v* deuterieren

deuterized deuteriert

~ **resin** deuteriertes Harz *n*

deuterizing Deuterieren *n*, Deuterierung *f*

~ **column** Deuterierkolonne *f*

~ **column pump** Deuterierkolonnenpumpe *f*

~ **equipment** Deuterieranlage *f*, -einrichtung *f*

deuterium, H2, D Deuterium *n*, schwerer Wasserstoff *m*

~ **concentration** Deuterium-
konzentration f

~ **/oxygen catalytic
recombination unit**
katalytische Deuterium/
Sauerstoff-Rekombinations-
anlage f

~ **production rate** Deuterium-
erzeugungsrate f

deuteron Deuteron n

deutero-orthoboric acid
Deuteroorthoborsäure f

diagrid *(GB)* Gitterrost m,
Kerntragrost

diaphragm compressor
Membrankompressor m

~ **filtration unit**
Membranfiltergerät n

~ **type chemical feed pump**
Membran-Chemikalien-
dosierpumpe f

~ **type pressure measuring
system** Membran-
Druckmeßsystem n

dicarbide Dikarbid n

die-pressed graphite *(HTR)*
gesenkgepreßter Graphit m

diesel emergency set Diesel-
Notstromaggregat n

**difference in pressure between
containment vessel interior
and surroundings**
Druckunterschied m zwischen
dem Inneren der
Sicherheitshülle und der
Umgebung

~ **number** Neutronenüberschuß
m im Atomkern

differential cross section
differentieller
Wirkungsquerschnitt m,
Differentialquerschnitt

~ **expansion** Differenzdehnung
f, Relativdehnung f

~ **pressure instrumentation**
Differenzdruckmessung f,
-instrumentierung f

~ **pressure line**
Wirkdruckleitung f

~ **pressure transmitter**
Differenzdruckgeber m

~ **radial expansion** radiale
Relativdehnung f

~ **shrinkage** Differential-,
Relativschrumpfung f

~ **transformer action**
Differentialtransforma-
torwirkung f

~ **transformer output**
Differentialtransformator-
ausgang m

differentiation measurement
Differenzmessung f

diffuse v **(into, through s.th)**
(ein-, durch)diffundieren

diffuse radiation
Streustrahlung f

diffuser Diffusor m, Leitapparat
m *(Pumpe, Gebläse)*

diffusion Diffusion f,
Diffundieren n
eddy ~ D. überlagert von
Turbulenzvorgängen
thermal ~ Thermod.

~ **of fission product gases (to the
gap)** Diffundieren von
Spaltproduktgasen (zum
Spalt)

~ **of fission products into the
primary coolant** D. von
Spaltprodukten in das
Primärkühlmittel

~ **barrier** Diffusionsbarriere f, Diffusionsgrenze f

~ **calculation** Diffusionsrechnung f

~ **coefficient** Diffusionskoeffizient m

~ **coefficient for neutron density** D. für Neutronenzahldichte

~ **coefficient for neutron flux density** Diffusionskoeffizient für Neutronenflußdichte

~ **group** Diffusionsgruppe f

~ **length** Diffusionslänge f

~ **parameter** Ausbreitungsparameter m

~ **plant** SYN. **gaseous diffusion plant** (Gas)Diffusionsanlage f (Isotopentrennanlage)

~ **steam trap** Diffusionsdampffalle f

diffusional behavior Diffusionsverhalten n

diffusivity Diffusionsvermögen n

diffusor duct Diffundierkanal m

digital step counter (control rod position indication) digitaler Schrittzähler m, Digitalschrittzähler

dilution (of airborne activities) Verdünnung f

downwind ~ V. in der Windrichtung

~ **of a ground-level plume** V. einer Fahne in Bodenhöhe

...-fold average ~ ...fache durchschnittliche V.

~ **tank** Verdünnungsbehälter m

~ **tank drain pump** Waschwasserpumpe f

~ **tank pH detector** Verdünnungsbehälter-pH-Fühler m (oder -Abgriff m)

~ **water** Verdünnungswasser n

~ **water flow** Verdünnungswassermenge f

dimensional change Dimensions-, Formänderung f

irradiation-induced ~ durch Bestrahlung herbeigeführte D.

~ **stability of graphite under irradiation** Formbeständigkeit f von Graphit unter Bestrahlung

dimensionless ratios dimensionslose Kennzahlen fpl

dimple stiffness (PWR fuel assembly) Noppensteife f, -steifheit f

dimpled 1. ge-, zerknittert, Knitter-; 2. genoppt, mit Noppen versehen

~ **(aluminum** or **stainless steel) foil** SYN. GB **crumpled foil** (Alu-, Edelstahl-) Knitterfolie f

~ **spacer** (PWR fuel assembly) Noppenabstandhalter m

dipping refractometer Eintauchrefraktometer n

dioctyl phtalate smoke Dioctylphtalatrauch m

direct cycle 1. Direktkreislauf m (Reaktor); 2. direkter Prozeß m (Gasturbine)

direct-cycle boiling water reactor Siedewasserreaktor m mit direktem Kreislauf

~ **gas turbine** Gasturbine f im direkten Kreislauf (oder direkten Prozeß)

~ **natural circulation system**
direkter Kreislauf *m* mit
Naturumlauf

~ **plant** Direktkreisanlage *f*

~ **reactor system**
Direktkreislauf-
Reaktorsystem *n*

**direct dispersal (of liquid
wastes) to the environment**
direkte Zerstreuung *f* in die
Umgebung

~ **fission yield** direkte
Spaltausbeute *f*

~ **flooding system** Direktflut-
system *n*

~ **injection cooling system**
Direkteinspeise-Kühlsystem *n*

~ **handling** direkte Behandlung
f oder Handhabung *f*

~ **maintenance**
Wartungsarbeiten *fpl* ohne
Fernsteuereinrichtungen

~ **radiation** Direktstrahlung *f*

**directional regulating control
valve** Umsteuerschieber
*m (ölhydraulischer
Steuerstabantrieb)*

directly connected by a coupling
direkt gekuppelt

dirty sodium dump tank
(LMFBR) Ablaßbehälter
m für verunreinigtes Natrium

disadvantage factor
Absenkungsfaktor *m*

disaster-proof *(building)*
katastrophensicher

discard *(of liquid effluents to the
river)* Ablassen *n*

discarded material
abgeschriebenes Material *n*

discharge *v* 1. entladen;

2. abgeben: a) abblasen;
b) ablassen; c) ausstoßen;
3. *intr.:* ausströmen

~ **heat to s.th.** Wärme an etw.
abführen

~ **(in)to (the) atmosphere** in die
Atmosphäre *oder* ins Freie
abblasen

discharge 1. Entladen *n*,
Entladung *f*; 2. Abgabe *f*:
a) Abblasen *n*; b) Ablassen *n*;
c) Ausstoß *m*, Ausströmen *n*;
3. Ableitung *f*; Abgabe *f*,
Ablaßmenge *f*; 4. *Pumpe:*
Fördermenge *f*, -strom *m*

~ **from both ends of the pipe
break** Ausströmen *n* aus
beiden Enden des
Rohrleitungsbruches

~ **of plutonium** Entladen von
Plutonium

~ **(in)to the atmosphere
(through a chimney)** Abgabe
oder Ablassen in die
Atmosphäre (*oder* ins Freie)
(durch einen Schornstein)

~ **of a channel under load**
Entladen eines BE-Kanals
unter Last

~ **of wastes on a batch basis**
chargenweises Ablassen von
Abfällen

~ **to the environment** Abgabe
oder Ablassen in die
Umgebung

**accidental ~s to the
environment** Störfallabgaben
oder unfallbedingte Abgaben
in die Umgebung

~ **area** (Reaktor)Entladezone *f*

~ **block valve** druckseitiges

Sperrventil *n*

~ **burn-up** Entlade-, Entladungsabbrand *m*

~ **coefficient** Abström-, Durchflußkoeffizient *m*

~ **end** *(BWR press. suppression vent pipe)* Austrittsende *f*, Ausmündung *f*

~ **nozzle** Förderstutzen *m*, förderseitiger Stutzen *(Pumpe)*

~ **pipe** Ausblaseleitung *f;* Ablaßleitung

~ **procedure** (BE-)Entladevorgang *m*

~ **pump** Abgabepumpe *f*

~ **rate** Abgaberate *f;* Abgabegeschwindigkeit *f*

~ **structure** (Kühlwasser-)- Auslauf-, Rückgabebauwerk *n*

~ **system** Abgabesystem *n*

~ **tank** Abgabebehälter *m*

~ **tube** Abzugsrohr *n*

~ **valve** 1. förderseitiges Ventil *n*, förderseitige Armatur *f;* 2. Ablaßarmatur *f*

discomposition Zersetzung *f*, Umlagerung *f*

disconnect assembly *(Westinghouse PWR CRDM)* Zugstange(nbaugruppe) *f*

~ **rod** *(Westinghouse PWR CRDM)* Zugstange *f*

~ **switch** Freischalter *m*, Trennschalter

discriminator Diskriminator *m*

disengage *v* abkuppeln, entriegeln

~ **control rods from the drive mechanisms** Steuerstäbe *mpl*

von den Antrieben a.

disengaged position *(control rod)* entkuppelte Stellung *f*

dished 1. gewölbt, kugelförmig angesenkt *(Brennstofftablette);* 2. gekümpelt *(Behälterboden)*

~ **bottom/top head** *(RPV, containment)* gekümpelter *oder* Kümpelboden/deckel *m*

~ **section** Kümpelteil *m* *(Behälter)*

dishing *(fuel pellet)* tellerförmige Vertiefung *f*

disintegration SYN. decay Abklingen *n*, Zerfall *m* nuclear ~ Kernzerfall *m*

~ **chain** SYN. **family, series, decay chain (or series)** Zerfallsreihe *f*

~ **constant** Abkling-, Zerfallskonstante *f*

~ **energy** Zerfallsenergie *f*, Q-Wert *m*

~ **family** SYN. **chain, series, decay chain, decay series** Zerfallsreihe

~ **rate** Zerfallsrate *f*, -geschwindigkeit *f;* Umwandlungsrate *f*

dismantling (of fuel stringers) into individual elements *(AGR, SGHWR)* Zerlegen *n* von BE-Säulen in Einzelelemente

disperse *v* **gases to the atmosphere** Gase *npl* in die Atmosphäre zerstreuen

dispersed axially over the length of the core axial über die

Länge des Kerns verteilt
dispersion Dispersion *f*,
Ausbreitung *f*, Zerstreuung *f*
~ **fuel** dispergierter
Brennstoff *m*
long-term ~ Langzeit-
ausbreitung *(radioaktiver
Schwebstoffe)*
normal ~ Normalausbreitung
~ **of radioactive material to the
environment** A. von
radioaktivem Material in die
Umgebung
worst sector ~ A. im
schlechtesten Sektor
displacement transducer
Weggeber *m*, Weg-Meßwert-
umformer *m*
displacer Verdrängerkörper *m*
disposal Abgabe *f*, Beseitigung *f*,
Aufbereitung *f*
~ **by discharge with the station
cooling water** B. durch
Ablassen mit dem
Kraftwerkskühlwasser
~ **drum** Abfallfaß *n*
shielded ~ **drum**
abgeschirmtes A.
~ **train** Aufbereitungsstraße *f*
disruption Ab-, Aufreißen *n*
~ **of the chain reaction** Abreißen der Kettenreaktion
~ **of the containment vessel**
Aufreißen der Sicherheitshülle
dissipate *v* abführen, ableiten
(Wärme)
~ **by natural conduction
and convection** durch
natürliche Leitung und
Konvektion a.

dissolved solids gelöste
Feststoffe *mpl*
dissociate *v tr./intr.* **(into)**
dissoziieren, zersetzen; sich
dissoziieren, sich zersetzen
(in)
~ **thermally** thermisch d.
dissociation Dissoziation *f*,
Zersetzung *f*
~ **rate** Zersetzungs-
geschwindigkeit *f*; Umfang *m*
der Zersetzung
distillate Destillat *n*
~ **cooler** Destillatkühler *m*
~ **hold-up tank** Destillatsammel-
behälter *m*
~ **pump** Destillatpumpe *f*
distillation Destillation *f*
~ **column** SYN. ~ **tower**
Destillationskolonne *f*,
Destillierkolonne
~ **method** Destillations-
methode *f*
~ **plant** Destillationsanlage *f*,
(Schwerwasser-)
Anreicherungsanlage
~ **tower** SYN. ~ **column**
Destillierturm *m*,
Destillierkolonne *f*
distortion 1. Störung *f*;
2. Verformung *f*, Verwerfung
f, Deformation *f*,
Verzerrung *f*
distributed scatter flux gestörter
Streufluß *m*
distributing ring Ringver-
teiler *m*, Verteil(er)ring *m*
distribution coefficient
Verteilungskoeffizient *m*
~ **duct** *(ventilation system)*
Verteil(ungs)kanal *m*

~ **factor** Verteilungsfaktor *m*

~ **header** *(shield cooling water)* (Eintritts)Verteilsammler *m*

~ **header downcomer** Sammel- leitungs-Fallrohr *n*

~ **pipework** Verteil(ungs)rohr- leitungen *fpl*

~ **plate** *(PWR boric acid injection tank)* Verteilblech *n*, -platte *f*

~ **plenum** Verteilerboden *m*, Verteilerraum *m*

~ **ratio** Verteilungsverhältnis *n*, Konzentrationsverhältnis

disturbance Störung *f*

~**s in power and in the distribution of fuel temperature** S-n der Leistung und Brennstoff-Temperatur- verteilung

divergence Divergenz *f*

divergent power transient divergente Leistungs- transiente *f*

~ **reaction** divergente Reaktion *f*

divided into two totally different systems *(plant protection system)* in zwei gänzlich unabhängige Systeme (auf)geteilt

divider plate *(PWR steam generator)* Trennblech *n*, Trennwand *f*

DNB = departure from nucleate boiling DNB, kritische Überhitzung *f*

DNB heat flux DNB-Wärme- stromdichte *f*, DNB-Heiz- flächenbelastung *f*

~ **margin SYN. margin to**

departure from nucleate boiling Siedeabstand *m*, Siedegrenzwert *m*,

~ **performance** DNB-Verhalten *n*, Siedegrenzverhalten *n*

DNBR, DNB ratio DNB-Verhältnis *n*, Sicherheit *f* gegen Filmsieden, Siede- abstand *m*, Siedegrenzwert *m*

~ **limit** (*or* **margin**) Siedeabstand *m*, Siedegrenzwert *m*

~ **pretrip** *(CPC output)* Siede- grenzwert-Vorauslösung *f*

dollar *(reactor technology)* Dollar-Einheit *f* (= dem Anteil verzögerter Neutronen entsprechende Reaktivität)

dome penetration Durchbruch *m*, Durchführung *f* in der Kuppel (der Sicherheitshülle)

~ **roof** *(shield building)* Kuppeldach *n*

domestic sewage Fäkal-, Haus-, Sanitärabwässer *npl*

door with special procedures for opening Tür *f*, die nur unter speziellen Bedingungen geöffnet werden kann

~ **check** (*or* **closer**) Türschließer *m*

~ **gasketing** Abdichtung *f* der Tür, Türabdichtung

~ **lock hinge** Türschloßband *n*

~ **operational status** Betriebs- zustand *m* der Tür

~ **DOP test method** DOP-Methode *f*

Doppler bank SYN. D-bank *(of PWR control rods)* Dopplerbank *f*

~ **broadening** Doppler-

verbreiterung f
~ **in U-238 resonances** D. der
U-238-Resonanzen
~ **of resonance lines** D. der
Resonanzlinien
~ **broadening effect** Doppler-
verbreiterungseffekt m,
-wirkung f
~ **coefficient** Doppler-
koeffizient m
negative ~ c. negativer D.
~ **constant**
Dopplerkonstante f
~ **effect** Dopplereffekt m
~ **fuel temperature coefficient**
SYN. Doppler effect
Doppler-Brennstoff-
Temperaturkoeffizient m
~ **repercussion** Dopplerrück-
wirkung f
~ **shift** Dopplerverschiebung f
Doppler-averaged cross section
Doppler-Wirkungs-
querschnitt m
dosage SYN. dose Dosis f
dose Dosis f, Strahlendosis
absorbed ~ Energied.
accumulated ~ akkumu-
lierte D.
air ~ Luftd.
annual ~s to the operators
Jahresdosen pl für das
Betriebspersonal
annual integrated ~ of
whole-body radiation jährlich
aufgenommene Ganzkörper-
Strahlend.
biological ~ biologische D.
cumulative absorbed ~
akkumulierte Energied.
cumulative ~ Gesamtd.

depth ~ Tiefend.
emergency ~ Notstand-
äquivalentd.
equivalent ~ Äquivalentd.
equivalent residual ~, ERD
Äquivalentdosisrest m
exit ~ Austrittsd.
integral absorbed ~ integrale
Energied.
integral volume ~ gesamte
Volum(en)d.
ion ~ Ionend.
lethal ~ tödliche D.
lung ~ Lungend.
maximum permissible ~
höchstzulässige D.
maximum permissible
equivalent ~ höchst-
zugelassene Äquivalentd.
maximum weekly ~ maximale
Wochend.
mean or **median lethal ~**
mittlere letale D., Letald.,
LD_{50}
off-site ~ D. außerhalb des
Kraftwerksgeländes
percentage depth ~
prozentuale Tiefend.
permissible ~ zulässige D.
skin ~ Hautd.
threshold ~ Schwellen-
wertd.
tissue ~ Gewebed.
tolerance ~ Toleranzd.
transit ~ Vorbeigehensd.
volume ~ Volumend.
whole-body ~ Ganzkörperd.
dose build-up factor Dosis-
zuwachsfaktor m
~ **constant** Dosiskonstante f
~ **equivalent, DE**

Dosisäquivalent *n*
~ **limit** Grenzdosis *f*, Dosis-
grenzwert *m*
~**s for members of the public**
Dosisgrenzwerte für die
Öffentlichkeit
~ **rate SYN. dosage rate** Dosisleistung *f*
absorbed ~ aufgenom-
mene D.
tolerance ~ Toleranzd.
~ **rate meter** Dosisleistungs-
meßgerät
dosemeter SYN. dosimeter
Dosimeter *n*, Dosismesser *m*
dosimetry SYN. radiation
dosimetry Dosimetrie *f*,
Dosismessung *f*
dosing tank Dosierbehälter *m*
double (barrier) containment
doppelte *oder* doppelwandige
Sicherheitshülle *f*
~ **grab (*or* gripper)** *(refuelling*
machine) Doppelgreifer *m*
~ **graphite sleeve** *(HTR)*
Doppelgraphitmantel *m*
~ **packed stuffing box with stem**
leakoff connection Doppel-
packungs-Stopfbüchse *f* mit
Spindelabsaugung *(Armatur)*
~ **plug interlock** *(HTR)*
zweifache Stopfen-
verriegelung *f*
~ **pressure suppression system**
(BWR) zweifaches Druck-
abbausystem *n*
~ **seal** Doppel(ab)dichtung *f*
~ **tank** Doppeltank *m*
~ **-ended break in the largest**
reactor coolant pipe beidseitig
offener Bruch *m* der größten

Hauptkühlmittelleitung
~ **rupture of a reactor coolant**
pipe doppelseitig offener
Bruch *m* einer Hauptkühlmittelleitung
~ **pipe rupture** doppelseitig
offener Bruch *m* einer Rohrleitung
~ **rupture of the largest primary**
system pipe doppelseitig
offener Bruch *m* der größten
Primärkreisleitung
~ **reactor coolant pipe break**
doppelseitig offener Bruch *m*
einer Hauptkühlmittelleitung
~ **severance of a main coolant**
pipe (*or* a reactor coolant
loop) doppelseitig offene
Durchtrennung *f* einer Hauptkühlmittelleitung (*oder* eines
Reaktorkühlkreislaufs)
double-gasketed flange
(equipment hatch door)
Flansch *m* mit Doppel(flach)-
dichtung
double-walled cylindrical
graphite sleeve *(HTR)*
doppelwandiger zylindrischer
Graphitmantel *m*
doubling time
Verdoppelungszeit *f*
doubly contained *(piping)* mit
Doppelmantel versehen
dousing system *(GB)*
Sprühanlage *f*, -system *n*
dowel pin and socket
Zentrierstück *n*
downcomer 1. Fallrohr *n (DE)*;
2. Fallraum *m (DWR)*;
3. Wasserrücklauf *m;*
4. Kondensationsrohr

(Druckabbausystem)
~ **bottom plate** *(BWR)*
Ringraumabdeckung f
~ **space (** *or* **annulus)** *(LWR)*
Rückströmraum m
~ **submergence** *(pressure
suppression system)*
Kondensationsrohr-Eintauch-
tiefe f
~ **type cyclone** Fallzyklon m
(Wasserabscheider)
downgrade v **D₂O with H₂O**
D₂O mit H₂O abreichern
(oder verschlechtern)
downgraded heavy water
abgereichertes Schwer-
wasser n
downgrading Abreicherung f
(Schwerwasser)
downscale trip Auslösung f bei
kleinerem Grenzwert
downtime Abschalt-, Ausfall-,
Stillstandzeit f
downward displacement
Abwärtsverlagerung f,
-verschiebung f
~ **flow** Abwärtsströmung f
~ **force** Abwärtskraft f, nach
unten wirkende Kraft f
~ **pass** *(coolant in reactor)*
Abwärts-, Durchströmung f
(nach unten)
drain Ablauf m,
Entwässerung f
~ **and vent system**
Entwässerungs- und
Entlüftungssystem n
~ **barrier** *(fuel storage pool)*
Ablaufsperre f
~ **collecting point** Abwasser-
sammelstelle f

~ **cooling section** *(steam-to-
steam reheater)* Kondensat-
kühlteil m
~ **header** Ablaß-,
Entwässerungssammler m
~ **heat exchanger** Ablaufwärme-
tauscher m
~ **nozzle** Entwässerungs-
stutzen m
~ **pipe** Entleerungsleitung f
~ **pot** Entwässerungstopf m *(für
Helium)*
~ **pump** Ablaß-, Entwässerungspumpe f
~ **tank** 1. Entwässerungsbehälter m; 2. (Moderator)-
Ablaßbehälter m,
-tank m *(Schwerwasser-
reaktor)*
~ **valve** Ablaß-, Entleerungs-
armatur f
drainable entwässerbar
drainage heat exchanger
Entwässerungskühler m,
-wärmetauscher m
~ **point** Entwässerung(sstelle) f
~ **pump** Entwässerungspumpe f
~ **tank** Entwässerungs-
behälter m
drains 1. Nebenkondensat n;
2. Abwässer npl
~ **collecting tank**
Entwässerungssammel-
behälter m
draw off v **water** Wasser
abziehen
draw rod SYN. tie rod
Zugstange f
drier unit Trockner m, Trocken-
gerät n, -einrichtung f
drift Drift f

~ **velocity**
Driftgeschwindigkeit f

drive v **(control rods) in (to the core)** (Steuerstäbe in den Kern) einfahren

drive housing *(CRDM)*
Antriebsgehäuse n

~ **shaft** *(PWR CRDM)*
Antriebsstange f

~ **unit** Antriebsaggregat n, Antriebseinheit f

driven flow *(BWR recirculation system)* Förderwasser n

driver fuel Treiberbrennstoff m

~ **fuel assembly** *(fast reactor)*
Treiberbrennelement n

~ **fuel pin** *(fast reactor)* Treiberbrennstab m

~ **zone** Treiberzone f

drop relay Fallklappenrelais n

dropped control rod cluster accident Unfall m durch Einfall eines Fingersteuerstabes

dropping of a fuel assembly
Absturz m eines BE

drop(ping) path Fallweg m

drum 1. (Abfall) Faß n; 2. Trommel f *(DE)*

~ **with removable head** (*or* lid)
Faß mit abnehmbarem Deckel

~ **downcomer nozzle** Trommel-Fallrohrstutzen m

~ **hoist** *(refueling machine)*
Trommelwinde f

~ **internal fittings** Trommeleinbauten mpl *(DE)*

~ **lid handling device** Deckelmanipuliervorrichtung f

~ **storage area** Faßlager n, Faßlagerplatz m

~ **store** Faßlager n

~ **winch platform** (Abfall)-Faßwindenbühne f

drumming Abfüllen n *(von mittelaktiven Abfällen)* in Fässer

~ **area** Abfüllzone f

~ **control panel** Faßabfüll-Steuertafel f, Faßabfüll-Leitstand m

~ **station** (Faß)Abfüllstation f

~ **station equipment**
Ausrüstung f für die Faßabfüllstation

dry air heater Trockenluft-Heizgerät n

~ **containment** trockener Sicherheitsbehälter m, trockene Sicherheitshülle f

~ **criticality** trockene Kritikalität f *(oder* Kritizität f)

~ **deposition** nichtaktiver Niederschlag m

~ **saturated steam** trockener Sattdampf m, trockengesättigter Dampf

~ **solid wastes** Trockenabfälle mpl

~ **storage area for boric acid in bags** Trockenlagerzone f für Borsäure in Säcken

dryer and separator canal *(BWR)* (Abscheider)Lagerbeckenschleuse f

~ **and separator storage pool**
Absetz-, Abstellbecken n, -lager n für Dampftrockner/-abscheider

~ **basket** Trocknerkorb m, Trocknerpaket n

~ **screen** Trocknersieb n

~ **seal skirt** Dampftrockner-
mantel *m*

drying agent Trocken-,
Trocknungsmittel *n*

~ **air fan** Trockenluftgebläse *n*

~ **cabinet** Trockenschrank *m*

~ **hood** Trocken-, Trocknungs-
haube *f*

~ **plant** Trocknungsanlage *f*

~ **process** Trocknungsverfahren
n, -vorgang *m*

~ **roller** Trockenwalze *f*

~ **tube** Trocknungsrohr *n*

~ **vessel** Trockenbehälter *m*

dry-layer type roll filter
Trockenschicht-Band-
filter *n, m*

dry-lubricated bearing trocken-
geschmiertes Lager *n*

**dryout of the fuel cladding
surface** Abtrocknen *n* der
BE-Hüllenoberfläche

~ **margin, DOM** Abtrocknungs-
sicherheit *f (Schwerwasserreaktor)*

dry-run protection *(PWR
pressurizer heater)*
Trockenlaufschutz *m*

drywell *(BWR)* Druckkammer *f*,
innere Druckschale *f*,
Reaktoranlagenraum *m*

~ **cooling coil** Druckkammer-
Kühlschlange *f*

~ **emergency cooling system**
Druckkammer-Notkühl-
system *n*

~ **hatch cover** Druckkammer-
deckel *m*

~ **purge** Druckkammer-
Spülung *f*

~ **sparger ring** Druckkammer-
Sprühkranz *m*

~ **spray cooling pump** Druck-
kammer-Notkühlpumpe *f*

~ **spray cooling system** Druck-
kammer-Sprüh- *oder*
-Notkühlsystem *n*

~ **spray system** Druckkammer-
Sprühsystem *n*

~ **sump** Druckkammersumpf *m*

~ **wall anchor assembly** Druck-
kammer-Wandverankerungs-
konstruktion *f*

dual-cycle arrangement
Zweikreisschaltung *f*

~ **boiling water reactor**
Zweikreis-Siedewasser-
reaktor *m*

~ **forced-circulation boiling
water reactor** Zweikreis-
Siedewasserreaktor *m* mit
Zwangsumlauf

~ **load-following characteristic**
Zweikreis-Lastfolge-
eigenschaft

~ **plant** Zweikreisanlage *f*

~ **reactor** Zweikreisreaktor *m*

~ **scheme** Zweikreissystem *n*

~ **system** Zweikreissystem *n*

dual-pressure reheat steam cycle
Zweidruck-Dampfkreisprozeß
m mit Zwischenüberhitzung

**dual-purpose nuclear power
station** Doppel- *oder*
Zweizweck-Kernkraftwerk *n*

~ **reactor** Doppel-,
Zweizweckreaktor *m*

dual redundant logic system
(PPS) zweifach redundantes
Logiksystem *n*
(Anlagenschutzsystem)

~ **steam cycle** Zweidruck-Dampfkreisprozeß *m*

~ **temperature process** Zweitemperaturprozeß *m*

duct Kanal *m (Lüftungsanlage, gasgek. Reaktor)*

~ **valve** Kanal-, Leitungsarmatur *f*

~ **earthquake restraints** Gaskanal-Erdbebensicherungen *fpl*

ductile failure (or fracture) Verformungsbruch *m*

~ **iron** Gußeisen *n* mit Kugelgraphit

ductility Duktilität *f*, Zähigkeit *f (metall. Werkstoff)*

dummy Attrappe *f*

~ **(fuel) assembly** Attrappen-(brenn)element *n*

dump *(of D_2O reactor moderator)* Schnellablaß *m*

dump *v* 1. ablassen; 2. abblasen

~ **steam to the outside atmosphere** Dampf ins Freie abblasen

dump condenser Überschußkondensator *m*

full-power ~c. Ü. für volle Leistung

~ **pipe** Ablaßrohr *n*, -leitung *f*

~ **port** Schnellablaßöffnung *f*

~ **steam** Abblase-, Überproduktionsdampf *m*

~ **system** 1. (Schnell)-Ablaßsystem *n;* 2. (Dampf-)-Überproduktionsanlage *f*

~ **tank** Ablaßbehälter *m*, -tank *m*

~ **valve** SYN. **fast drain valve** Schnellablaßventil *n*

duplex-coated (fuel) particle *(HTR)* Duplexpartikel *f*

duplicate *v* doppelt vorsehen *(oder* ausführen *oder* einbauen), zweifach installieren

duplicated zweifach installiert

duration of the fuel cycle Dauer *f* des Brennstoffzyklus

dust collection spool Staubabscheidespule *f*, -rolle *f*

~ **filter** Staubfilter *n*, *m*

~ **outlet valve** Staubaustrittsarmatur *f*

~ **removal filter** Staubabscheidefilter *n*, *m*

~ **shroud** Staubmantel *m*

duty life betriebliche Lebensdauer *f*, Lebensdauer im Betrieb

dwell *(fuel in reactor)* Verbleib *m*, Verweilen *n*, Einsatz *m*

~ **time** SYN. **residence time** Aufenthaltsdauer *f*, Einsatz-, Verbleib-, Verweil-, Standzeit *f (BE im Reaktor)*

dye penetrant test (or examination) *(NDE)* Farbeindringprüfung *f*

dynamic adsorption coefficient dynamischer Adsorptionskoeffizient *m*

~ **crush strength** *(fuel assembly)* dynamische Druckfestigkeit *f*

~ **pressure** Staudruck *m*

~ **reactor behavior** dynamisches Verhalten *n* eines Reaktors

~ **response** *(control engineering)* dynamisches Verhalten *n*

~ **sealing point** dynamische Dichtstelle *f*

~ **stability** *(pump rotor)*
dynamische Stabilität f

~ **stability assurance**
Absicherung f der
dynamischen Stabilität

~ **strength** Schwingungs-
steifigkeit f

~ **viscosity** dynamische
Zähigkeit f (*oder* Viskosität)

dysprosium, Dy Dysprosium n,
Dy

E

earthquake Erdbeben n
maximum hypothetical ~
maximales hypothetisches
E.
maximum potential ~
Sicherheitse.
operating basis ~, **OBE**
Betriebse.
safe shutdown ~, **SSE**
Sicherheitse.

~ **acceleration** Erdbeben-
beschleunigung f

~ **activity** Erdbebenaktivität f

~ **design criteria** Kriterien npl
für erdbebensichere
Auslegung

~ **forces** Erdbebenkräfte fpl
resist v ~ **f.** E. aushalten, E.
standhalten

~ **hazard** Erdbeben-
gefährdung f
withstand v **any conceivable**

~ **h.** jeder denkbaren E.
standhalten

~ **intensity SYN. seismic
intensity** Erdbebenstärke f

~ **load(ing)** Erdbebenbelastung f

~ **motion** Erdbebenbewegung f

**earthquake-resistant SYN.
aseismic** erdbebensicher,
erdbebenfest

easy to operate
betriebsfreundlich,
bedienungsfreundlich

ECC = emergency core cooling
Kernnotkühlung f

**ECCS = emergency core
cooling system** Kernnotkühlsystem n

ECCS adequacy
Angemessenheit f oder
Ausreichen n des
Kernnotkühlsystems

~ **pump room** Kernnotkühl-
system-Pumpenraum m

~ **refill phase** Kernnotkühl-
system-Auffüllphase f

ecological chain ökologische
Kette f

economizer section *(PWR SG)*
Vorwärmerteil m,
Vorwärmzone f

eddy current flow meter
Wirbelstromdurchfluß-
messer m

~ **current probe** Wirbelstrom-
prüfkopf m

~ **diffusion** Diffusion f,
überlagert von Turbulenz

~ **shedding** Wirbelablösung f

edge crack Randriß m

**effect of gap width and gas
composition on gap**

conductance Wirkung *f* der
Spaltbreite und Gas-
zusammensetzung auf den
Spaltleitwert
effect *v* **power flattening**
Leistungsabflachung *f*
bewirken
~ **transfer of fuel between
the reactor operations floor
and the refueling building**
Brennstoff *f* zwischen der
Reaktorbedienungsbühne und
dem Brennstoffgebäude
schleusen
effective active fuel length
wirksame Länge *f* des aktiven
Brennstoffs
~ **energy** Nutzleistung *f*
~ **flow area for heat transfer**
effektive Durchfluß- oder
Strömungsfläche *f* für
Wärmeübergang
~ **flow rate for heat transfer**
effektiver Durchsatz *m* für
Wärmeübergang
~ **half-life** effektive
Halbwertzeit *f*
~ **kilogram** effektives
Kilogramm *n*
~ **mass** effektive Masse *f*
~ **multiplication factor** effektiver
Vermehrungsfaktor *m*
~ **neutron lifetime** effektive
Neutronenlebensdauer *f*
~ **power** Wirkleistung *f*
~ **thermal cross section**
effektiver thermischer
Wirkungsquerschnitt *m*
~ **time constant** effektive
Zeitkonstante *f*
efficacy of a control element

Wirksamkeit *f* eines
Steuerstabes
efficiency Wirkungsgrad *m*
effluent Abgabe *f*, Ausströmung
f, Austrittsmenge *f*, Auswurf
m, Abgas, Abwasser *n*
~ **control design objective**
Auslegungsziel *n* der
Abgasbeherrschung
~ **control system** Abfall- oder
Auswurfkontrollsystem *n*
~ **lines** Abflußleitungen *fpl*
~ **monitor** Abflußüberwachung *f*
~ **plume rise** Steighöhe *f* der
Abgaswolke
elastic scattering elastische
Streuung *f*
~ **cross section** elastischer Streuquerschnitt *m*
electric charge of proton
elektrische Ladung *f* eines
Protons
~ **fork lift truck** Flurförderer *m*,
elektrisch angetriebener
Gabelstapler *m*
~ **gas heater** Elektrogas-
erhitzer *m*
~ **heater** *(PWR pressurizer)*
elektrisches Heizelement *n*
~ **immersion heater** elektrisches
Tauchheizelement *n*
~ **motor final drive** E-Motor-
Getriebe *n*
electrical conductor cartridge
Stromleiterpatrone *f*,
E-Leitungspatrone
*(Kabeldurchführung durch
SB-Wanne)*
~ **foreman** Meister *m* für
Elektrotechnik,
Elektrikmeister *m*

(KKW-Stammpersonal)

~ **heat tracing** elektrische Begleitheizung *f (für Rohrleitung)*

~ **output** elektrische Leistung *f*

~ **penetration** elektrische Durchdringung *f*, Durchführung *f* für eine E-Leitung, Starkstromkabeldurchführung

~ **assembly cartridge** Kabeldurchführungspatrone *f*

~ **power producing industry** Elektrizitätserzeugung *f*, Stromerzeugung(swirtschaft) *f*, Stromversorgungssystem *n*

~ **service equipment** elektrische Eigenbedarfsanlagen *fpl*

~ **shock process** Elektroschockverfahren *n*

~ **sleeve SYN.** ~ **penetration** Kabeldurchführung *f*

electrically and physically separated elektrisch und räumlich getrennt

~ **driven condensate pump** Kondensatpumpe *f* mit E-Antrieb

~ **powered direct drive centrifugal pump** Kreiselpumpe *f* mit elektrischem Direktantrieb

electrodeposit galvanischer Überzug *m*

electro deposition elektrolytische Abscheidung *f*

electrodialysis Elektrodialyse *f*

~ **unit** Elektrodialysegerät *n*

electro-hydraulic actuator elektrohydraulischer Stellantrieb *m (für Armaturen)*

~ **control system** *(turbine)* elektrohydraulisches Turbinenregelsystem *n*

electromagnetic clutch Magnetkupplung *f*

~ **jack-type drive mechanism** elektromagnetischer Klinkenschritttheber *m (Steuerstabantrieb)*

~ **pump** elektromagnetische Pumpe *f*

~ **radiation** elektromagnetische Strahlen *mpl*

~ **separation process** elektromagnetische Isotopenisolierung *f*

~ **sodium circulation pump** elektromagnetische Pumpe *f* zur Natriumumwälzung

electro-mechanical actuating device elektromechanische Antriebsvorrichtung *f (Steuerstabantrieb)*

electron Elektron *n*

~ **cloud** Elektronenhülle *f*

electronic amplifier equipment Verstärkerelektronik *f*

~ **indicating equipment** Anzeigeelektronik *f*

~ **rays** Elektronenstrahlen *mpl*

electrolysis plant Elektrolyseanlage *f*

electroplating galvanische Plattierung *f*

electrophotometer Elektrophotometer *n*

electro-pneumatic convertor elektropneumatischer Umformer *m*

element 1. Element *n;*

2. Brennelement *n*, BE
~ **tail end** BE-Hinterende *n*
elementary charge elektrische Elementarladung *f*
~ **current diagram** Stromlaufschema *n*
~ **particle** Elementarteilchen *n*
elevator carriage BE-Schleusenwagen *m*
~ **machine room** Aufzugsmaschinenraum *m*
ellipsoidal flachgewölbt, ellipsoidal, ellipsenförmig, korbbogenförmig gewölbt
elliptical (or hemiellipsoidal) head Korbbogenboden *m*
elution Elution *f*, Eluierung *f*
elutriation 1. Schaumspülverfahren *n*, Auswaschung *f*; 2. Eluierung *f* von Ionenaustauschern
embedded gland tube eingebettetes, gasdichtes Rohr
~ **in the base slab** in der *oder* die Grund- *oder* Fundamentplatte eingegossen (*oder* einbetoniert)
embrittlement Versprödung *f*
embrittling effect Versprödungswirkung *f*
emergency airlock Notschleuse *f*
~ **condensation** Notkondensation *f*
~ **condenser** Notkondensator *m*
~ **condenser drain** Entwässerung *f* des Notkondensators
~ **condenser trip valve** Notkondensator-Auslöse-*oder* -Schnellschlußventil *n*
~ **condition system** Notsystem *n*, Notbetriebssystem *n*

~ **cooling** Notkühlung *f*
~ **cooling circuit** *(GB)* Notkühlkreis(lauf) *m*
~ **cooling and residual heat removal system** Not- und Nachkühlsystem *n*
~ **cooling jacket** Notkühlmantel *m*
~ **cooling loop** Notkühlschleife *f*, -kreis *m*
~ **cooling pipe** Notkühlleitung *f*
~ **cooling system** Notkühlsystem *n*
~ **cooling water spray** Notkühlwassereinspritzung *f*, -sprühung *f*
~ **cooling water** Notkühlwasser *n*
~ **core cooling, ECC** Kernnotkühlung *f*
~ **core cooling and residual heat removal system** Kernnot- und Nachkühlsystem *n*
~ **core cooling portion** *(of PWR safety injection system)* Kernnotkühlteil *m*
~ **core cooling system, ECCS** Kernnotkühlsystem *n*
~ **core cooling system benchboard** Steh(steuer)pult *n* für Kernnotkühlsystem
~ **core cooling system pump** Kernnotkühlpumpe *f*
~ **diesel building** Notstromdieselgebäude *n*
~ **diesel generator** Dieselnotstromgenerator *m*, Notstromdieselgenerator *m*
~ **diesel generator set** Notstromdieselaggregat *n*, -satz *m*
~ **dose** Notstandsäquivalent-

dosis *f*

~ **equipment bus** Sammelschiene *f* für Notanlagen,
Notstandsammelschiene *f*

~ **exit** Notausgang *m*

~ **exposure** außergewöhnliche
Bestrahlung *f*

~ **feed pipe** Notspeiserohr *n*

~ **feed water control valve** Not-
speisewasser-Regelventil *n*

~ **feed water heater** Notspeise-
wasservorwärmer *m*

~ **feed water pump** Notspeise-
wasserpumpe *f*

~ **feed water supply system** Not-
speisewasserversorgung *f*

~ **feed water system** Notspeise-
wassersystem *n*

~ **flooding** Notflutung *f*

~ **gaseous radwaste storage tank**
Notspeicher *m* für radioaktive
Abgase

~ **gas treatment system** Not-
Gasaufbereitungssystem *n*

~ **generator bus** Notstrom-
generator-Sammelschiene *f*,
Notstromschiene *f*

~ **heat removal** Notkühlung *f*

~ **lighting** Notbeleuchtung *f*

~ **load** Not(stands)verbraucher
m (el.)

~ **personnel air lock**
Notschleuse *f*

~ *or* **isolating condenser** *(BWR)*
Notkondensator *m*

~ *or* **isolating condenser system**
(BWR) Notkondensations-
system *n*

~ *or* **isolation RCIC condenser
vent** *(BWR)* Notkondensator-
entlüftung *f*

~ *or* **post-incident (cooling) heat
exchanger** Notkühlwärme-
tauscher *m*

~ **personnel access** Personen-
Notschleuse *f*

~ **power** Notstrom *m*

~ **power supply**
Notstromversorgung *f*

~ **power system**
Notstromanlage *f*

~ **residual heat removal** Notnachkühlung *f*

~ **residual heat removal
operation** Notnachkühl-
betrieb *m*

~ **shutdown** Notabschaltung *f*

~ **shutdown cooling (system)**
Notnachkühlung *f*

~ **shutdown cooling pump** Not-
abfahrkühlpumpe *f*

~ **shutdown rod** Notabschalt-
stab *m*

~ **shutdown rod drive** Not-
abschaltstabantrieb *m*

~ **shutdown system** Notabschaltsystem *n*
electrically driven ~**s.** N. mit
E-Antrieb

~ **shutoff rod** *(SGHWR)* Not-
abschaltstab *m*

~ **(sodium) level** (Natrium)
Notspiegel *m*

~ **snubbing device** Not-Stoß-
dämpfungsvorrichtung *f*

~ **spray** *(containment building)*
Noteinsprühung *f (SB)*

~ **spray cooling** *(SGHWR)*
Einsprüh-Notkühlung *f*

~ **steam dump** Notabblasen *n*
von Dampf

~ **steam dump system** Dampf-

Notabblasesystem *n*
~ **support for MCA** GAU-Abstützung *f*
~ **system** Notstandssystem *n*
emission rate Emissionsrate *f (einer gegebenen Strahlungsquelle)*, Quellstärke *f*
emissivity Emissionsvermögen *n*
emplacement of a reactor pressure vessel in its containment Aufstellen *n* eines RDB in seiner Sicherheitshülle
employed person occupationally exposed strahlenexponierter Beschäftigter *m*
empty drum store Vorratslager *n* für leere (Abfall-)Fässer
encapsulate *v* einkapseln, einschließen
~ **gases generated during the fission process** während des Spaltvorgangs erzeugte Gase einschließen
encapsulated source geschlossene (Strahlen)-Quelle *f*
encapsulation Einkapseln *n*, Einschluß *m*
encase *v* **a reactor pressure vessel in concrete** einen RDB mit Beton ummanteln
enclosure Umschließung *f*, -sgehäuse *n*, Einschluß *m*
encompass *v* umfassen
end cap 1. Endstopfen *m (Magnox-BE);* 2. Boden *m (Spannbeton-RDB)*
~ **cap deformation** Endstopfenverformung *f*
~ **closure** Endverschluß *m*

~ **closure head** Verschlußkopf *m*
~ **fitting** *(PWR fuel assembly, control assembly)* Endstück *n*
~ **float** *(between AGR fuel element grids)* Spiel *n*, Spielraum *m*
~ **plate** 1. Lagerschild *(Motor)*, 2. Gitterplatte *f*, Endplatte *(BE)*
~ **plug** *(fuel rod)* Endstopfen *m*, Endkappe *f*
~ **plug weld** Endstopfenschweißnaht *f*
~ **product** Endprodukt *n (einer Zerfallsreihe);* Schlußglied *n*, stabiler Kern *m*
~~**-of-life core conditions** Kernbedingungen *fpl* am Ende der Lebensdauer
~~**-of-travel** Ende *n* des Hubes, Umkehrpunkt *m*, Totpunkt *m*
endoscope Endoskop *n*
endothermic endotherm
endurance limit Ermüdungsfestigkeit *f*, Dauerfestigkeit *(Werkstoff)*
endurance ratio Ermüdungsverhältnis *n*
endurance run Dauerbetrieb *m*
endurance test(ing) Dauerprüfung *f*, Dauerversuch *m*
energetic self-shielding factor Faktor *m* für energetische Selbstabschirmung
energize *v* **an alarm** einen Wächter ansteuern
energy Energie *f*
kinetic ~ kinetische E.

nuclear ~ Kernenergie
stored ~ Speicherenergie
~ **absorption** Energie-
absorption *f*
~ **band** Energieband *n*
~ **build-up factor** Energie-
zuwachsfaktor *m*
~ **burst** Energieausbruch *m*
~ **density** Energiedichte *f*
~ **dependence** Energie-
abhängigkeit *f*
~ **discharge** Energiefreisetzung *f*
~ **distribution** Energie-
verteilung *f*
~ **equivalence** Energie-
äquivalenz *f*
~ **fluence** Energiefluenz *f*
~ **flux density** Energieflußdichte
f, -stromdichte *f*, Energiefluß
m, Energiedichte *f*
~ **imparted to matter** an einen
Stoff abgegebene Energie *f*
~ **level** Energieniveau *n*,
-pegel *m*
~ **loss** Energieverlust *m*
~ **lost by radiation** Strahlungs-
verlust *m*
~ **output** Energieleistung *f*
~ **release** Energiefreisetzung *f*
~ **removal capability** Energie-
abfuhrfähigkeit *f*,
-vermögen *n*
~ **sink** Energiesenke *f*
~ **spectrum** Energiespektrum *n*
~ **storage capability** Energie-
speicherfähigkeit *f*
~ **transfer** Energieübertragung *f*
~ **transfer coefficient** Energie-
übertragungskoeffizient *m*,
(Energie)Umwandlungs-
koeffizient, wahrer

Absorptionskoeffizient,
Energieumsatz *m*
engage *v* **threads** in Gewinde
eingreifen
engaging dog Mitnehmerklaue *f*
~ **safeguard SYN. engineered
safety feature, ESF** technische
Schutzeinrichtung *f*,
Sicherheitseinrichtung *f*,
Sicherheitsvorrichtung *f*
~ **safeguards system** technisches
Sicherheitssystem *n*
~ **safety feature, ESF SYN.
engineered safeguard**
technische Schutz- *oder*
Sicherheitseinrichtung *f*,
sicherheitstechnische
Einrichtung *f*
~ **safety features actuation
system, ESFAS** *(CE PWR)*
Sicherheitseinrichtungs-
Betätigungssystem *n*
~ **safety feature for radioactive
material control** sicherheitstechnische Einrichtung *f* für die
Kontrolle radioaktiver Stoffe
~ **safety loads** Notfallverbraucher *mpl*
~ **safety system** technisches
Sicherheitssystem *n*
~ **structures** Ingenieurbauten
mpl
engine generator Generator-
aggregat *n*
enhanced display vergrößerte
Anzeige *f*
~ **integrated control system**
vergrößertes integriertes
Leitsystem *n*
enrich *v* anreichern
enriched angereichert

highly ~ hoch a.

slightly ~ leicht a.

~ **fuel** angereicherter Brenn- *oder* Spaltstoff *m*

~ **material** angereichertes Material *n*

~ **nuclear fuel** angereicherter Nuklearbrennstoff *m*

~ **uranium** angereichertes Uran *n*

~ **-uranium "booster" rod** Quellstab *m* mit angereichertem Uran

~ **-uranium (fueled) reactor** angereicherter Reaktor *m*

~ **-uranium fueled station** mit angereichertem Uran beschicktes Kraftwerk *n*

enricher Anreicherer *m*, Anreicherungsfirma *f*

enriching plant SYN. **enrichment plant** Anreicherungsanlage *f*

enrichment Anreicherung *f*, Spaturananreicherung *f*

axial zone ~ Axialzonena.

multi- *or* **zoned** ~ Zonena.

~ **capacity** Anreicherungskapazität *f*

~ **factor** Anreicherungsfaktor *m*

~ **level** Anreicherungsgrad *m*

~ **plant** SYN. **enriching plant** Anreicherungsanlage *f*

~ **process** Anreicherungsprozeß *m*, -verfahren *n*

~ **region** (*or* **zone**) Anreicherungszone *f*

inner ~ **r.** innere A.

outer ~ **r.** äußere A.

enthalpy Enthalpie *f*

inlet ~ Eintrittse.

local ~ örtliche E.

~ **rise** Enthalpieerhöhung *f*, Aufwärmspanne *f*,

weighted average ~ gewichtete mittlere E.

~ **along a channel** E. längs eines Kanals

~ **of the coolant** Kühlmittel-Aufwärmspanne

entrained liquid mit- *oder* übergerissene Flüssigkeit *f*

~ **water droplets** mitgerissene Wassertröpfchen

entrainment Mitführung *f*, Mit-, Überreißen *n*, Mitschleppen *n*

~ **of air** Lufteinschluß *m*

entrance flow distribution Eintrittsströmungsverteilung *f*

enveloped within shroudings von Dichthemden *npl* umschlossen

environmental acceptability Umweltfreundlichkeit *f*

~ **atmosphere** Umgebungsatmosphäre *f*

~ **consequences** Folgen *fpl* für die Umwelt

~ **control** Umweltschutz *m*

~ **disturbance** Störung *f* durch die (*oder* aus der) Umwelt

~ **effect** (*or* **impact**) Einwirkung *f* auf die Umgebung; Umweltbelastung *f*

~ **exposure** Umgebungsbelastung *f*, Umweltbelastung

~ **hazard** Umgebungsgefährdung *f*, Umweltgefährdung

~ **impact** Umweltbelastung *f*

~ **impact appraisal** Abschätzung *f oder* Bewertung *f* der Umweltbelastung

~ **impact report** Bericht *m* über die Umweltbelastung

~ **influence** Einfluß *m* der Umwelt

~ **load** Umweltbelastung *f* **withstand** *v* **imposed ~ loads safely** auferlegte U. sicher aushalten

~ **monitoring** Umgebungs- überwachung *f*

~ **pollution** 1. Umwelt- verseuchung *f*; 2. Umwelt- verschmutzung *f*

~ **protection** Umgebungsschutz *m*, Umweltschutz *m*

~ **radiology monitoring** Strahlungsüberwachung *f* in der Umgebung

~ **receptor** Umwelt-Aufpunkt *m*

~ **release** Abgabe *f oder* Ablassen *n oder* Freisetzung *f* in die Umgebung

~ **water** Wasser *n* aus der Umgebung

environmentally acceptable umweltfreundlich

environs and plant site monitoring program Umgebungs- und Kraftwerks- gelände-Überwachungs- programm *n*

~ **outside the containment** Umgebung *f* außerhalb der Sicherheitshülle

~ **monitoring program** Umgebungsüberwachungs- programm *n*

epicadmium neutrons Epicadmiumneutronen *npl*

epicyclic primary reduction gear box Primärgetriebe *n*, Primär-

Planeten-Untersetzungs- getriebe *n*

epithermal epithermisch

~ **energy range** epithermischer Energiebereich *m*

~ **neutrons** epithermische Neutronen *npl*

~ **reactor** epithermischer Reaktor *m*

epoxy barrier Epoxidbarriere *f*, Epoxyharzschild *m*

~ **painted** mit Epoxidfarben- anstrich

~ **potting material** Epoxid- vergußmaterial *n*

~ **resin lined** mit Epoxidharz beschichtet (*oder* ausgekleidet)

equalizer valve (*between 2 BWR jet pump banks*) Ausgleichs- armatur *f*

equalizing tank Ausgleich behälter *m*

equation Gleichung *f*

critical ~ kritische G.

~ **of state** Zustandsg.

equator course (*containment sphere*) Äquatorschuß *m*

equilibrate *v* **the gas and liquid phases** die Gas- und Flüssigkeitsphase ins Gleichgewicht bringen

equilibrium Gleichgewicht *n*

charged-particle ~ Sekundär- teilcheng.

radioactive ~ radioaktives G.

secular ~ dauerndes G.

transient ~ Übergangsg.

~ **burn-up** Gleichgewichtsabbrand *m*

~ **concentration** Gleichgewichts-konzentration *f*

~ **constant** Gleichgewichts-konstante *f*

~ **cycle** Gleichgewichtszyklus *m*

~ **cycle** *(economics)* angenommener Brennstoff-zyklus *m* mit fester Zusammensetzung der Speise- und Abfallstoffe, Gleich-gewichtszyklus *m*

~ **fuel cycle** Gleichgewichts-Brennstoffzyklus *m*

~ **loading** Gleichgewichts-ladung *f*

~ **operation** Gleichgewichts-betrieb *m*

~ **poison** Gleichgewichts-(neutronen)gift *n*

~ **poison conditions** Gleich-gewichts-Vergiftungs-bedingungen *fpl*

~ **poisoning** Gleichgewichts-vergiftung *f*

~ **refueling interval** Gleich-gewichts-Nachladeintervall *n*

~ **time** Gleichgewichtszeit *f*

~ **water** normaler Wasser-gehalt *m*

~ **xenon poisoning** Xenongleich-gewichtsvergiftung *f*

equipment access door Material-schleuse *f*

~ **access hatchway** Material-schleuse *f*

~ **(access) airlock** SYN. ~ **hatch,** ~ **transfer airlock** Material-schleuse *f*

~ **and piping drains** Entwässerungen *fpl* für Geräte und Verrohrung

~ **attendant** Anlagen-bedienungsmann *m*

~ **cavity** Anlagengrube *f*

~ **cell** Anlagenzelle *f*

~ **cell liner (LMFBR)** Anlagen-zellenauskleidung *f*

~ **compartment** Anlagenraum *m*

~ **decontamination** Anlageteil-dekontaminierung *f*

~ **decontamination tank** Anlage-teil-Dekontaminierbehälter *m*

~ **difficulty** Anlage-schwierigkeit *f*

~ **door** Materialtür *f*

~ **drain sump** Anlagen-entwässerungssumpf *m*

~ **hatch** Montageöffnung *f*, Materialtüre *f*, Material-schleuse *f*

~ **hatch flange** Material-schleusenflansch *m*

~ **hatch insert** Material-schleuseneinsatz *m*

~ **interlock check** Kontrolle *f* der Anlagenverriegelung

~ **lay-down** Abstellen *n oder* Absetzen *n* von Anlageteilen

~ **lock** Materialschleuse *f*

~ **opening** Materialtransport-öffnung *f*

~ **operator** Anlagenwärter *m*

~ **rating power** Anschlußwert *m*

~ **readiness** Bereitschaft *f* der Einrichtungen

~ **room** Anlagenraum *m (in Sekundärsicherheitshülle)*

~ **transfer airlock** SYN. **hatch(way)** Materialschleuse *f*

~ **transfer lock** Material-schleuse *f*

equitable distribution of flow
gleichmäßige Verteilung *f* der
Strömung
equivalent full power day,
EFPD äquivalenter
Vollasttag *m*
~ **roentgen** Röntgenäquivalent *n*
~ **-sized**
von gleichwertiger Größe
ERDA = Energy Research and
Development Administration
(US) U. S. Energieforschungs-
und -entwicklungsbehörde *f*
erection bridge Montagebrücke *f*
~ **frame** Montagegerüst *n*
~ **hatch cover** *(BWR)* Montage-
deckel *m*
~ **opening** Montagetor *n*,
Montageöffnung *f*
~ **scaffolding** Montagegerüst *n*
~ **well** Montageschacht *m*
Ericson cycle Ericson-Prozeß *m*
escape of contamination to the
environment Entweichen *n*
von Kontamination in die
Umgebung
~ **of radioactive fission products**
Austritt *m*, Entweichen *n*
radioaktiver Spaltprodukte
~ **(air) lock** Notschleuse *f*
~ **lighting** Fluchtweg-
beleuchtung *f*
~ **path for steam** Austritts-,
Entweichweg *m* für Dampf
~ **rate** Ausströmungs-
geschwindigkeit *f,* Entweich-
geschwindigkeit *f*
ESF = engineered safety
feature technische
Sicherheitseinrichtung *f,*
sicherheitstechnische

Einrichtung *f*
ESFAS = engineered safety
features actuation system
(CE PWR) Sicherheits-
einrichtungs-Betätigungs-
system *n*
ESF loads Notfallverbraucher
mpl
essential equipment wichtige
Anlagen *fpl*
~ **services** wichtige
Versorgungsanlagen *fpl*
~ **services cooling loop heat**
exchanger Zwischenkühler *m*
für wichtige Versorgungs-
anlagen
~ **services cooling loop pump**
Zwischenkühlpumpe *f* für
wichtige Versorgungsanlagen
~ **services cooling loop surge**
tank Ausgleichsbehälter *m* im
Zwischenkühlkreis für
wichtige Versorgungsanlagen
~ **supplies bus(bar)** gesicherte
Schiene *f*
establish *v* **an operating curve**
eine Betriebskurve aufstellen
~ **a vortex** einen Wirbel
aufbauen
~ **final preload** die endgültige
Vorspannung herstellen
established rod pattern
festgelegte Stabanordnung *f*
Eta factor Eta-Faktor *m*
etch test Makroschliff *m,*
Beizscheiben-Probe *f*
eutectic eutektisch
~ **composition** Eutektikum *n*
evacuability Evakuierbarkeit *f,*
Räumbarkeit *f (Warte,*
KKW-Umgebung)

evacuate *v* **a cladding tube** ein Hüllrohr evakuieren
~ **all non-essential personnel from the reactor containment** alles nicht wichtige Personal aus der Reaktor-Sicherheitshülle evakuieren
evacuation header Entleerungssammler *m*
~ **plan** Räumungsplan *m* (für KKW-Umgebung)
evaluation of azimuthal power tilt Abschätzung *f* der azimutalen Schieflast
~ **through tests** Bewertung *f* durch Versuche
evaporation Verdampfung *f,* Eindampfen *n*
~ **residue** Eindampfrückstand *m*
evaporative centrifuge *(isotope separation)* Verdampferzentrifuge *f,* Zentrifugenverdampfer *m*
~ **loss** *(cooling tower)* Verdunstungsverlust *m*
evaporator Verdampfer *m*
U-tube ~ U-Rohr-V.
vertical shell and U-tube ~ stehender U-Rohr-V.
~ **blowdown pump** Verdampferkonzentratpumpe *f*
~ **blowdown receiver tank** Verdampferkonzentrat-Sammelbehälter *m*
~ **body** Verdampferkörper *m*
~ **bottoms** Verdampferkonzentrat *n*
~ **bottoms storage tank** Konzentratbehälter *m*
~ **column** Verdampferkolonne *f*
~ **concentrate** Verdampferkonzentrat *n*
~ **concentrate pipe** Verdampferkonzentratleitung *f*
~ **concentrate processing** Konzentrataufbereitung *f*
~ **concentrate processing plant** Konzentrataufbereitungsanlage *f*
~ **concentrate processing train** Konzentrataufbereitungsstrang *m*
~ **concentrate storage tank** Konzentratlagerbehälter
~ **concentrate tank** Verdampferkonzentratbehälter
~ **concentrate transfer pump** Verdampferkonzentrat-Förderpumpe *f*
~ **condensate** Verdampferkondensat *n*
~ **condensate demineralizer** Verdampferkondensat-Ionentauscher *m*
~ **condensate pump** Verdampferkondensatpumpe
~ **condenser** Verdampferkondensator *m*
~ **element** Verdampferkörper *m*
~ **feed and neutralizing tank** Verdampferspeise- und Neutralisationsbehälter *m*
~ **feed demineralizer** Verdampferspeiseionentauscher *m*
~ **feed filter** Verdampferspeisefilter *n, m*
~ **feed pump** Verdampferzuspeisepumpe *f*
~ **feed water tank** Verdampferspeisewasserbehälter *m*

~ **outlet pipe** Verdampfer-
austrittsleitung *f*
~ **outlet temperature**
Verdampferaustritts-
temperatur *f*
~ **overhead condenser**
Verdampferkopfkondensator
~ **plant** Verdampferanlage *f*
~ **plant concentrating system**
Eindampfanlage *f*
~ **section** Verdampferteil *m*
~ **sludge** Verdampferkonzentrat
~ **train** Verdampferstrang *m*,
-straße *f*
**event (in the) of complete loss
of normal electrical power** bei
vollständigem Ausfall der
normalen Stromversorgung
~ **recall function** *(plant
monitoring system)* Ereignis-
Rückruffunktion *f*
~ **tree** Ereignisbaum *m*
**evidence of QA program
implementation** Nachweis *m*
der Durchführung des
Qualitätssicherungsprogramms
exceed *v* **pre-established limits**
vorgegebene Grenzwerte
überschreiten
~ **the specified dose criteria** die
festgelegten Dosiskriterien
(*oder* Dosisgrenzwerte)
überschreiten
excess reactivity
Überschußreaktivität *f*
~ **reactivity insertion**
Überschußreaktivitätszufuhr *f*
~ **resonance integral**
Überschußresonanzintegral *n*
~ **water storage tank**
Überschußwasser-

Lagerbehälter *m*
~ **water subsystem** Überschuß-
wasser-Untersystem *n*
~ **flow check valve** Überlauf-
Rückschlagklappe *f*
excessive control rod removal
übermäßiges Ausfahren *n*
(oder Ziehen *n)* eines
Steuerstabes (*oder* von
Steuerstäben)
**excess-letdown heat
exchanger**
Überschuß-Ablaßmengen-
kühler *m*
excess-multiplication factor
Überschußfaktor *m*,
Überschußvermehrung *f*
**exchange of rods between high
and low duty cycle locations**
Austausch *m* von Stäben
zwischen Stellen hoher und
niedriger Wechsel-
Beanspruchung
excitation amplitude Anregungs-
amplitude *f*, Erregungs-
amplitude *f*
~ **state** Anregungszustand *m*
excited state angeregter Zustand
exciter 1. Erregermaschine *f*
(Generator); 2. Erreger *m*
exclusion area Zone *f*
beschränkten Zutritts,
Sperrbereich *m (DIN)*
~ **distance** *(ANS)* Sperrabstand
m, Sperrentfernung *f*
ex-core flux power Neutronen-
flußleistung *f* außerhalb des
Kerns
~ **monitoring system**
Überwachungssystem *n*
außerhalb des Kerns

~ **nuclear instrument**
Neutronenflußmeßgerät *n*
außerhalb des Kerns
excursion *(ANS, ISO)*
Reaktorexkursion *f,*
Leistungsexkursion *f (DIN)*
power ~ Leistungse. *(DIN)*
reactor ~ Reaktore. *(DIN)*
~ **in reactor pressure** kurzzeitige
Schwankung *f* des
Reaktordrucks
exercise *v* **control devices**
Steuer- und Regel-
vorrichtungen betätigen
exergetic efficiency
exergetischer Wirkungsgrad *m*
exert *v* **a column type loading on**
s.th. eine säulenartige Belastung auf etw. aufbringen
~ **a downward force on s.th.**
eine abwärtsgerichtete Kraft
auf etwas aufbringen
exhaust (air) filter
Abluftfilter *m, n*
~ **air plume** Abluftfahne *f,*
-säule *f*
~ **air shaft** Abluftschacht *m*
~ **air system** Abluftsystem *n*
~ **header** Auslaß-, Austritts-,
Ablaufsammler *m*
~ **hood** Gasabzug *m,*
Dunstabzug(haube) *m(f)*
~ **silencer** Austrittschalldämpfer
m; Dieselsatz: Abgas-
Auspuffschalldämpfer
~ **stack** Abgas- *oder*
Abluftschornstein *m*
~ **valve** Auslaßventil *n*
~ **water riser isolation valve**
Auslaßwasser-Steigrohr-
Absperrventil *n*

exhauster fan Ablüfter *m,*
Abluftventilator *m,*
Absaugeventilator *m*
exit directly to the outside
Ausgang *m oder* Ausstieg *m*
direkt nach außen
~ **air from the atmosphere**
cooler Austrittsluft *f* aus dem
Atmosphärenkühler
~ **dose** Austrittsdosis *f*
~ **nozzle** Austrittsstutzen *m*
exothermic exotherm
~ **chemical reaction**
exotherme chemische
Reaktion *f*
expansion bellows
Ausdehnungsstück *n,*
Ausdehnbalg *m,*
Dehnungsbalg *m,*
Balgkompensator *m*
~ **bend** Dehnungsbogen
~ **delay/head tank** *(SGHWR)*
Entspannungs/Verzögerungs-
behälter *m*
~ **joint** Dehnungsmuffe *f,*
-meßfuge *f; US:* Dehnungs-
kompensator *m*
~ **tank** Ausdehnungsbehälter
~ **vessel** *(SGHWR gas control*
system) Entspannungs-
behälter *m,* -gefäß *n*
expected discharge rate
Erwartungswerte *mpl* des
Ausflusses, der Abgaben
~ **operational purposes**
voraussichtliche
Betriebszwecke *mpl*
expenditure *(material)*
Aufwand *m*
experimental loop
Versuchskreislauf *m*

~ **power reactor** Versuchs-
leistungsreaktor *m*

~ **rig** Versuchsstrecke *f*

~ **test results**
Versuchsergebnisse *npl*

**explanding = explosively
expanding, explansion (=
explosive expansion)** *(tubes in
heat exchanger tubesheet)*
Anlegen *n* von Rohren mittels
Explosionsdruck,
Explosiveinwalzen *n*

explosion blast
Explosionsdruck-, -stoß-,
-verdichtungswelle *f*

~ **-bonded clad** sprengplattiert

~ **bonding process** Spreng-
plattierverfahren *n*

~ **hazard** Explosionsgefahr *f*

explosive charge Explosiv-,
Sprengladung *f*

~ **cladding** Sprengplattierung *f*

~ **tube admission valve**
Explosiv-
Beaufschlagungsarmatur *f*

~ **tube plugging** Explosions-
einschweißen *n* von Stopfen,
Explosionsstopfen *n* von
(WT-)Rohren

~ **valve** Explosivarmatur *f*

exponential assembly
exponentielle Anordnung *f*

~ **decay** exponentieller
Zerfall *m*

~ **experiment** Exponential-
experiment *n*

~ **flux rise** exponentieller
Flußanstieg *m*

~ **pile** unterkritisches
Brennstoffelement *n* für
Exponentialprüfzwecke

expose *v* **fuel assemblies**
Brennelemente freilegen

exposure 1. Bestrahlung *f*,
Strahlenbelastung *f (DIN)*,
Exposition *f*; 2. Gleich-
gewichtsionendosis *f (DIN)*

maximum off-site ~ maximale
Strahlenbelastung außerhalb
des KW-Geländes

on-site ~ Strahlenbelastung
auf dem KW-Gelände

total environmental ~
Gesamt-Strahlenbelastung
durch die Umgebung

withstand *v* **long** ~**s** lange
Strahlenbelastungen aushalten
(Geräte)

~ **cycle** Bestrahlungszyklus *m*

~ **history** frühere Bestrahlung *f*
(eines BE)

~ **(dose) rate** Standardionen-
dosisleistung *f*

~ **rate** *(ANS)*
1. Gleichgewichtsionendosis-
leistung *f*; 2. Bestrahlungsstärke *f*; 3. *biol.* Exposure-
leistung *f*, Expositionsleistung *f*

~ **to radiation** Bestrahlung *f*,
Standardionendosis *f*

extended spindle *(valve)*
verlängerte (Ventil)Spindel *f*,
Spindel *f* mit Verlängerung

external coolant pressure
Kühlmittelaußendruck *m*

~ **disturbance** äußere
oder von außen kommende
Störung *f*

~ **fission product trap** externe
Spaltproduktfalle *f*

~ **forced circulation** externer
Zwangsumlauf *m*

~ **impacts on nuclear power plants** äußere Einwirkungen *fpl* auf Kernkraftwerke

~ **manifold** äußere Verteilerleitung *f*

~ **moisture separator** äußerer *oder* externer Wasserabscheider *m*

~ **paint** Außenanstrich *m*

~ **piping loop** externe Rohrleitungsschleife *f*

~ **power** SYN. **outside power** Fremdstrom *m*

~ **power source** SYN. **outside power source** Fremdstromquelle *f*

~ **recirculation loop** *(BWR)* externe Umwälzschleife *f*

~ **services** äußere Versorgungseinrichtungen *f pl*

~ **structural capability** äußere konstruktive Leistungsfähigkeit *f*

~ **to the containment** außerhalb der Sicherheitshülle

~ **water recirculation** externer Wasserumlauf *m*

~ **wire-wound prestressing technique** *(PCRV)* Vorspannverfahren *n* mit äußerer Drahtumwicklung

~ **wrap-around heat exchanger coil** außen herumgewickelte Wärmetauscher-Rohrschlange *f*

extra cooling capability zusätzliche Kühlleistung *f*

~ **time needed for identifying and replacing failed fuel assemblies** zum Erkennen und Ersetzen schadhafter Elemente benötigte Zeit *f*

extract *v* **power from the reactor** Reaktorleistung *f* aus dem Reaktor abführen

extract ventilation unit *(GB)* Abluftgerät *n*, Ablüftergerät *n*, -aggregat *n*

extraction cycle Extraktionsprozeß *m*, -zyklus *m*

~ **line** Anzapfleitung *f*

~ **lock** Entnahmeschleuse *f*

~ **of activity by ion exchange resins** Entzug *m* von Aktivität durch Ionenaustauschharze

~ **tube** Entnahmerohr *n*

extrapolated boundary extrapolierte Grenze *f*

extrapolation length Extrapolationslänge *f*, -strecke *f (DIN)*

extremely improbable sequence of failures *(safety analysis)* außerordentlich unwahrscheinliche Aufeinanderfolge *f* von Ausfällen

~ **unlikely coincidence of events** *(safety analysis)* außerordentlich unwahrscheinliches Zusammentreffen *n* von Ereignissen

extruded (anisotropic) graphite stranggepreßter (anisotroper) Graphit *m*

ex-vessel (fuel-handling) machine *(LMFBR)* externe Wechselmaschine *f*

~ **storage capacity** druckgefäßexterne Lagerkapazität *f*

~ **transfer machine housing** *(LMFBR)* Gehäuse *n* der druckgefäßexternen BE-Wechselmaschine

F

face shield Gesichtsmaske *f*
facility arrangement Gebäudeanordnung *f*
~ **records audit** *(IAEA safeguards system)* Anlagen-Buchführungskontrolle *f* *(Spaltstoffflußkontrolle)*
facing Verblendung *f*, Verkleidung *f*
factor of safety Sicherheitsbeiwert *m*, Sicherheitsfaktor *m*
factory fabrication Vorfertigung *f* im Werk
~ **quality control test** Werks-Qualitätskontrollprüfung *f*, Qualitätskontrollprüfung im Werk
fail *v* **catastrophically** mit katastrophalen Auswirkungen versagen *(oder* zu Bruch gehen)
~ **closed** schließen bei Ausfall der Energieversorgung
fail safe fehlsicher, ausfallsicher
~ **safe feature, ~-safeness** Folgeschadensicherheit *f*
failed circuit ausgefallener *oder* gestörter Kreislauf *m*

~ **element** schadhaftes Brenn-element *n*
~ **fuel detection system** *(PFR)* Brennelement-Schadens-erfassung(sanlage) *f*, BE-Schadensnachweissystem *n*
~ **fuel element** schadhaftes Brennelement *n*
~ **fuel element location** Ortung *f* eines schadhaften BE
~ **fuel element locator, FFEL** *(Peach Bottom HTGR)* BE-Schadenserfassungs-gerät *n*
failure Ausfall *m*
sudden and unheralded ~ plötzlicher und unangekündigter A.
~ **location** Ausfall- *oder* Schadensortung *f*
~ **mode** Art *f* des Ausfalls
~ **probability** Versagens-wahrscheinlichkeit *f*
~ **propagation** Schadens-propagation *f*
~ **of motive power to the louver operator** A. der Antriebsenergie für den Jalousieantrieb
~ **of the turbine bypass system to relieve the excess pressure** Nichtabführung *f* des Überdrucks durch die Turbinenumleitstation
~ **of vital plant components** Ausfall *m* betriebswichtiger Anlagenteile
~ **to safety principle** Ruhestrom-prinzip *n*
fall *(for drains)* Gefällestrecke *f* *(zur Entwässerung)*

fan room Gebläse- *oder* Ventilatorraum *m*

~ **rotating assembly** Gebläselaufzeug *n*

fast-acting force-closure seal kraftschlüssiger Schnellverschluß *m*

~ **-acting spring actuator** Federspeicherantrieb *m*

~ **-acting trip valve** schnellwirkendes Abschaltventil *f*

fast assembly schnelle Anordnung *f*

~ **breeder (reactor)** schneller Brutreaktor *m*, Brüter *m*
sodium-cooled ~b. natriumgekühlter s. B.
steam-cooled ~b. dampfgekühlter s. B.

~ **breeder reactor technology** Schnellbrütertechnik *f*

~ **breeder station** Schnellbrüterkernkraftwerk *n*

~ **closure of turbine control valves** schnelles Schließen *n* der Turbinensteuerventile

~ **control rod insertion (into the reactor core)** Steuerstabeinwurf *m*, Einschießen *n* der Steuerstäbe

~ **drain(ing)** *(of D_2O)* *(SGHWR)* Schnellablaß *m* *(von D_2O)*

~ **drain line** Schnellablaßleitung *f*

~ **drain system** Schnellablaßsystem *n*

~ **drain valve** Schnellablaßventil *n*

~ **fission** Schnellspaltung *f*

~ **-fission factor** Schnellspaltfaktor *m* (DIN), Multiplikationsfaktor für schnelle Neutronen

~ **-fission ratio** Schnellspaltverhältnis *n*

~ **flux irradiation** Bestrahlung *f* mit schnellem Fluß

~ **insertion piston** *(BWR CRDM)* Schnellfahrkolben *m*

~ **neutron embrittlement** Versprödung *f* durch schnelle Neutronen

~ **neutron fluence** schnelle Neutronenfluenz *f*

~ **neutron range** Bereich *m* der schnellen Neutronen

~ **(neutron) reactor** schneller (Neutronen-)Reaktor *m*

~ **neutron slowdown** Abbremsung *f* schneller Neutronen

~ **neutron spectrum** schnelles Neutronenspektrum *n*

~ **-operating** schnellwirkend

~ **-response, modulating-type valve** schnell ansprechendes, aussteuerbares Ventil *n*

~ **power breeder** Leistungsbrüter *m*

~ **reactor** *(US AEC, UKAEA)* Schnellreaktor *m*, schneller Reaktor *m*

~ **reactor station** Kraftwerk *n* mit schnellem Reaktor

fastened at the top of a spider *(PWR CRDM)* oben an einer Spinne befestigt

fatigue (Werkstoff)Ermüdung *f*

~ **crack** Ermüdungsriß *m*

~ **crack growth** Ermüdungsrißwachstum *n*

~ **failure** Dauerbruch *m*,
Ermüdungsbruch *m*

~ **fracture** Dauerbruch *m*,
Ermüdungsbruch *m*

~ **limit** Dauerfestigkeit *f*

~ **l. under conversely reversed
stress** Wechselfestigkeit *f*,

~ **strength** Dauerfestigkeit *f*

~ **test** Ermüdungsversuch *m*,
Dauerprüfung *f*

fault Störfall *m*

~ **entailing major fission product
release** S. mit erheblicher
Spaltproduktfreisetzung

~ *(in cladding material)* Fehler
m, Defekt *m*, Schaden *m* *(im
Hüllwerkstoff)*
reasonably probable ~ ziemlich
wahrscheinlicher S.

~ **conditions of operation** Stör-
fallbetriebsbedingungen *fpl*

~ **-current circuit breaker**
Fehlerstromschutzschalter *m*

~ **-liable, fault-prone**
störungsanfällig

~ **-tree** *(safety analysis)*
Fehlerbaum *m*

faulty fuel pin schadhafter
Brennstab *m*

**FEA = Federal Energy
Administration** *(US)*
amerikanische
Bundesenergiebehörde

feed 1. Brennstoff *m*,
Spaltstoff *m*;
2. wäßrige Primärlösung *f*

~ **and bleed** Zuspeisung *f* und
Entnahme *f*

~ **and bleed heat exchanger**
Zuspeise- und Entnahme-
wärmetauscher *m*

~ **and bleed heat exchanger
bypass line** Speise- und
Entnahme-Wärmetauscher-
Umführung(sleitung) *f*

~ **and return manifold** Vor- und
Rücklaufverteil(er)leitung *f*

~ **element** Brennstoffelement *n*

~ **enrichment** Brennstoff-
anreicherung *f*

~ **heater SYN. feedwater heater**
(US) Speisewasser-
Vorwärmer *m*

~ **line** Zuspeiseleitung *f*

~ **liquid distributor** Feed-,
Speisekapillare *f*

~ **materials** Brenn-, Spaltstoffe
mpl

~ **pipe (to moderator cooler)**
(SGHWR) Speiseleitung *f*
(zum Moderatorkühler)

~ **system** Einspeisesystem *n*

~ **train** Speisestrang *m*

~ **train system** Speisestrang-
system *n*

feedback 1. (Brennstoff)-
Rückführung *f*;
2. Gegenkopplung *f*

~ **valve** *(transducer)*
Meßwertgeber *m*

feed-breed concept Feed-breed-
Konzept *n*

~ **cycle** Feed-breed-Zyklus *m*

feeder Einspeisung *f* *(el.)*

~ **breaker** Leistungsschalter *m*
der Einspeisungen

~ **header** Speisesammler *m*,
Speisesammelleitung *f*

~ **lock** Zugabeschleuse *f*,
Einspeiseschleuse *f*

~ **pipe** Zuführer *m*,
Zuführrohr *n*

feeding station Zugabestation
feedwater header Speisewasser-
  sammler *m*, -sammelleitung *f*
~ **heater bay** Wärmetrakt *m*
~ **inlet** Speisewassereintritt *m*
~ **inlet header** Speisewasser-
  Eintrittssammler *m*
~ **inlet nozzle** Speisewasser-
  Eintrittsstutzen *m*
~ **isolation valve** Speisewasser-
  Absperrarmatur *f*
~ **line break** Bruch *m* der
  Speisewasserleitung
~ **loss** Ausfall *m* des
  Speisewassers
~ **manifold** Speisewasser-
  verteiler *m*
~ **penetration** Speisewasser-
  (leitungs)durchführung *f*
~ **penetration isolation valve**
  Speisewasserdurchdringungs-
  ventil *n*
~ **pipe** Speisewasserleitung *f*
~ **pump** Speisewasserpumpe *f*
~ **quality** Speisewasserqualität *f*
~ **ring** Speisewasserringrohr *n*
~ **sparger** Speisewasser-
  sprühdüse *f*
~ **sparger ring** Speisewasser-
  (Sprüh)ringleitung *f*
~ **stop valve** Speisewasser-
  Absperrventil *n*
~ **system** Speisewassersystem *n*
~ **valve** Speiseventil
fencepost family Anwohner-
  familie *f*
Fermi age Fermi-Alter *n (DIN)*
~ **age equation** Fermi-Alter-
  Gleichung *f (DIN)*
~ **age theory** Fermi-Alter-
  Theorie *f*

fertile brütbar *(DIN)*
~ **isotope** brütbares Isotop *n*
~ **material** brütbares Material *n*,
  Brutstoff *m (DIN)*
fertile-to-fissile ratio adjustment
  Einstellung des Brut/Spalt-
  materialverhältnisses
**FES = final environmental
  statement** *(US)* endgültiger
  Umwelt(schutz)bericht *m*
fetching and carrying operations
  Heranhol- und Überführ-
  vorgänge *mpl*
  (BE-Wechselmaschine)
fiber carton Faserstoffkarton *m*
field bolting-up operation Bau-
  stellen-Verschraubvorgang *m*
~ **cabling** Baustellen-
  verkabelung *f*
~ **weld** Baustellenschweißnaht *f*
**fifa = fissions per initial
  fissionable atoms in %** Fifa
  = Spaltungen pro
  ursprünglich vorhandene
  spaltbare Atome in %
fill header *(HTGR)* Füllsammler
  m (für Spülhelium)
~ **pump** Füllpumpe *f*
filled to above flange level bis
  über Flanschhöhe gefüllt
fill-up rate of drain sumps
  Auffüllgeschwindigkeit *f* der
  Entwässerungssümpfe
film badge *(UKAEA, USAEC)*
  Filmdosimeter *n*, Filmplakette *f*
~ **badge control** Filmdosimeter-
  kontrolle *f*
~ **boiling** Filmsieden *n*,
  Filmverdampfung *f*
~ **boiling type of heat transfer**

Filmsieden-Wärmeüber-
gang *m*
~ **boiling region** Filmsiedezone *f*
~ **coefficient SYN. coefficient of
heat transfer** Filmkoeffizient
m, Wärmeübergangszahl *f*
average ~ c. mittlerer F.
~ **temperature difference**
Filmtemperaturdifferenz *f*
filter Filter *n*, *m*
additional ~ Vor-, Zusatzf.
primary ~ Primärf.
roughing ~ Grobf.
~ **aid** Filterhilfsmittel *n*
~ **aid layer** Filterhilfsmittel-
schicht *f*
~ **cake** Filterkuchen *m*
~ **cake layer** Filterkuchen-
schicht *f*
~ **cell** Filterzelle *f*
~ **changing station** Filter-
wechselstation *f*
~ **clogging** Filterverstopfung *f*
~ **concentrate processing** Filter-
konzentrataufbereitung *f*
~ **demineralizer** Filter-
Entsalzungsanlage *f*
~ **failure** Filterdurchbruch *m*,
Filterriß *m*
~ **feed pump**
Filterzuspeisepumpe *f*
~ **glass** Filterglas *n*
~ **holder** Filterhalterung *f*
~ **housing** Filtergehäuse *n*
~ **mask** Filtermaske *f*,
Atemfilter *m*
~ **media** Filtermedien *npl*
~ **medium** Filtermedium *n*
~ **paper** Filter-, Filtrierpapier *n*
~ **precoat pump** Filter-
anschwemmpumpe *f*

~ **re-coating operation** Filter-
Neuanschwemmvorgang *m*
~ **residue** Filterablagerung *f*,
Filterrückstand *m*
~ **resin backwashing** Filterharz-
Rückspülen *n*
~ **saturation** Filtersättigung *f*
~ **train** Serienschaltung *f* von
Filtern, nacheinander-
geschaltete Filter *mpl*,
Filterstrang *m*
~ **vessel** Filterbehälter *m*,
-gefäß *n*
filtered liquors gefilterte
Abwässer *npl*
filtering effect Filterwirkung *f*
~ **material** Filtermaterial *n*
~ **system** Filtersystem *n*
filtratable isotope filtrierbares
Isotop *n*
~ **nuclide** filtrierbares Nuklid *n*
filtration Filterung *f*, Filtration *f*,
Filtrierung *f*
~ **building** Filterhaus *n*
~ **capability** Filterleistung *f*
~ **tank** Filtrierbehälter *m*
filtrate Filtrat *n*
**fima, FIMA (= fissions per
initial heavy metal atoms)**
Fima (= Spaltungen bezogen
auf den Schwermetallgehalt)
fin distortion Verziehen *n* der
(BE-)Kühlrippen
final actuating device *(PPS)*
Stellglied *n*
~ **burn-up** Endabbrand *m*
~ **concentration**
Endkonzentration *f*,
Endkonzentrierung *f*
~ **concentration system**
Endkonzentrieranlage *f*

~ **drive bevel box** Sekundärgetriebe *n*, Antriebstirnradgetriebe *n*

~ **environmental statement** *(US)* endgültiger Umwelt(schutz)bericht *m*

~ **evaporation point** Verdampfungsendpunkt *m*

~ **finishing superheater** Endüberhitzer *m*

~ **polishing** Fein-Vollentsalzung *f*

~ **readiness check** Schluß-Betriebsbereitschaftsprüfung *f*

~ **rinse** Endspülung *f*

~ **seal** Enddichtung *f*

~ **safety analysis report, FSAR** Endgültiger Sicherheitsbericht *m*

fine air filter Feinluftfilter *m, n*

~ **control member** Feinsteuerelement *n*

~ **control rod** Feinsteuerstab *m*

fine-grained steel Feinkornstahl *m*

fine-grain melting practice Feinkorn-Schmelzpraxis *f*

fingerprinting *(GB)* **SYN.** *(US)* **preservice inspection, baseline inspection** Nullaufnahme *f* *(vor Wiederholungsprüfung)*

finished in manufacturer's standard color in der Normfarbe des Herstellers gehalten

~ **with light grey paint** in hellgrauer Farbe gestrichen

finned spacer gerippter Abstandhalter *m*

~ **tube** Rippenrohr *n*

finning (Kühl)Rippen *fpl*, Berippung *f*

fire *v* **the explosive valves** die sprengstoffbetätigten Armaturen zünden

fire *v* **the LSD system** *(SGHWR)* das Flüssigabschaltsystem auslösen

fire control Brandbekämpfung *f*

~ **escape** Brandfluchtweg *m*

~ **extinguishment** Brandlöschen *n*, Ersticken *n* des Brandes

~ **(-fighting) pump** Feuerlöschpumpe *f*

~ **fighting ring (main)** Feuerlöschring *m*

~ **protection system** Feuerschutzsystem *n*

~ **warning system** Feuermeldesystem *n*

~ **water line** (Feuer)-Löschwasserleitung *f*

first charge Erstbeschickung *f*

~ **collision dose** Dosis *f* des ersten Stoßes

~ **core SYN. initial core** Erstkern *m*

~ **core loading** Erstkernbeladung *f*

~ **core uranium inventory** Uraneinsatz *m* im Erstkern

~ **criticality** erste Kritikalität *f*

~ **fuel charge** Brennstoff-Erstladung *f*

~ **fuel loading** Erstbeladung *f* mit Brennstoff

~ **plant start-up** Inbetriebnahme *f* des Reaktors

~ **point of the curve** erster Punkt der Kurve *f*

~ **reactor core** Erstkern *m*

fissile (thermisch) spaltbar

~ **inventory** Bestand *m* an Spaltmaterial

~ **i. in the core** spaltbarer Kerninhalt *m*

~ **isotope** spaltbares Isotop *n*

~ **material** *(USAEC)* spaltbares Material *n*, spaltbarer Stoff *m*, Spaltstoff *m (DIN)*

~ **material flow** Spaltstofffluß *m*

~ **material flow rate** Spaltstoffdurchsatz *m*

~ **material measurement** Spaltstoffmessung *f*

~ **materials safeguard system** Spaltstoffflußkontrolle *f*

fission (Kern)Spaltung *f*

fast ~ Schnellspaltung *f*

spontaneous ~ spontane S.

ternary ~ Dreierspaltung

~ **capture** Spalteinfang *m*

~ **chamber** Spaltkammer *f*

~ **chamber type detector** Spaltkammerdetektor *m*

~ **counter** Spaltungszähler *m*

~ **cross section** Spaltquerschnitt *m*

effective ~ **cross section** effektiver S.

~ **cross section resonance** Spaltquerschnittsresonanz *f*

~ **energy** Spaltenergie *f*

~ **fragments** Spaltbruchstücke *npl*

~ **gamma radiation** Spaltgammastrahlung *f*

~ **gas** Spaltgas *n (DIN)*

~ **gas bubble** Spaltgasblase *f*

~ **gas formation** Spaltgasbildung *f*

~ **gas plenum** *(in fuel rod)* Spaltgasraum *m*

~ **gas plenum pressure** Spaltgasraumdruck *m*

~ **gas pressure** Spaltgasdruck *m*

~ **gas release** Spaltgasabgabe *f*, -freisetzung *f*

~ **neutrons** Spaltneutronen *npl*

delayed ~ **n.** verzögerte S.

prompt ~ **n.** prompte S.

~ **neutron source** Spaltneutronenquelle *f*

~ **neutron yield** Spaltneutronenausbeute *f*

~ **nucleus** Spaltkern *m*

~ **poison** Spaltgift *n*, Reaktorgift

~ **probability** Spaltwahrscheinlichkeit *f*

~ **process** Spaltprozeß *m*, Spalt(ungs)vorgang *m*

~ **product** Spaltprodukt *n*

disseminate *v* ~ **products** S-e verbreiten *oder* verstreuen

~ **product absorption** Spaltproduktabsorption *f*

~ **product absorption filter** Spaltproduktabsorptionsfilter

~ **product accumulation** Spaltproduktansammlung *f*

~ **product activity** Spaltproduktaktivität *f*

~ **product analysis** Spaltproduktanalyse *f*

~ **product barrier** *(ANS)* Spaltproduktbarriere *f*

~ **product boundary** Spaltproduktbegrenzung *f*

~ **product build-up** Spaltproduktaufbau *m*, -ansammlung *f*

~ **product build-up reactivity changes** Reaktivitätsänderungen *fpl* infolge von Spaltproduktaufbau

~ **product carbide** *(HTGR)* Spaltproduktkarbid *n*

~ **product carry-over**
Mitführung *f* von
Spaltprodukten

~ **product catalysis**
Spaltproduktkatalyse *f*

~ **product chain** Spaltprodukt-
kette *f*

~ **product concentration**
Spaltprodukt-
konzentration *f*

iodine ~ p. c. Jod-S.

~ **product contamination**
Spaltproduktkontamination *f*

~ **product control** 1. Spalt-
produktbekämpfung *f*;
2. Spaltproduktkontrolle *f*

~ **product decay heating**
Erwärmung *f* durch
Spaltproduktzerfall

~ **product dispersion**
Spaltproduktausstreuung *f*

~ **product emission**
Spaltproduktabgabe *f*,
-ausstoß *m*

~ **product gap inventory**
Spaltproduktmenge *f* im Spalt
(*zwischen Hülle und
Brennstofftabletten*)

~ **product gas** Spaltproduktgas *n*

~ **product inventory in the core**
Inventar *n* an Spaltprodukten
im Kern

~ **product gas activity**
Spalt(produkt)gasaktivität *f*

~ **product gas release**
Spaltproduktgas-Freisetzung *f*

~ **product gas stripper**
Spaltproduktentgaser *m*

~ **product impurities**
Spaltprodukt-
verunreinigungen *fpl*

~ **product inventory**
Spaltproduktinhalt *m*,
-menge *f*

airborne ~ product inventory
in der Luft schwebende(r) S.

core ~ product inventory im
Kern enthaltene(r) S.

halogen ~ product inventory
Halogen-S.

**individual ~ product
inventory** Einzel-S.

~ **product inventory reduction**
Absenkung *f oder*
Reduzierung *f* des
Spaltproduktbestandes (*oder*
der Spaltproduktmenge)

~ **product isotope** Spaltprodukt-
isotop *n*

~ **product leakage (through
s.th.)** Spaltproduktverlust *m*,
Spaltproduktleckage *f* (durch
etw.)

~ **product nuclide** Spaltprodukt-
nuklid *n*

~ **product plate-out**
Spaltproduktabscheidung *f*

~ **product poison**
Spaltproduktgift *n*

~ **product poison build-up**
Ansammlung *f* von
Spaltproduktgiften

~ **product poisoning**
Spaltproduktvergiftung *f*

~ **product purge line**
Spaltproduktspülleitung *f*

~ **product radioactivity level**
Spaltproduktaktivitäts-
pegel *m*

~ **product release**
Spaltproduktfreisetzung *f*

~ **product release rate**

Spaltproduktfreisetzungsrate f

~ **product removal** Abfuhr f
oder Entfernung f von
Spaltprodukten

~ **product removal plant (or
system)** Spaltprodukt-
abscheide- oder -entfernungs-
anlage f (oder -system n)

~ **product retaining**
spaltproduktrückhaltend

~ **product retention**
Spaltproduktrückhaltung f

~ **product retention capacity**
Spaltproduktrückhalte-
vermögen n

~ **product retention property**
Spaltproduktrückhalte-
eigenschaft f

~ **product spectrum**
Spaltproduktspektrum n

~ **product transport**
Spaltprodukttransport m

~ **product trap** (HTGR)
Spaltproduktfalle f
external ~ **product trap**
äußere S.
internal ~ **product trap** innere
S. (im BE)

~ **product trapping line**
Spaltprodukteinfangleitung f

~ **product trapping system**
Spaltprodukteinfangsystem
external ~ **product trapping
system** äußeres S.

~ **product yield** Ausbeute f an
Spaltprodukten

~ **reaction** Spaltungsreaktion f

~ **reactor** Spaltungsreaktor m

~ **recoil damage** Zerstörung f
durch Spaltprodukte

~ **spectrum** Spaltspektrum n

~ **spike** Spaltungsstörzone f

~ **width** Spaltungsbreite f

~ **yield** thermische
Spaltausbeute f

fissionable spaltbar

~ **material** (USAEC) Spaltstoff
m, spaltbarer Stoff

~ **plutonium** spaltbares
Plutonium n

fission-gas-laden waste gas
spaltgashaltiges Abfallgas n,
Abgas n

fission-gas-pressure-relieved rod
spaltgasdruckentlasteter
Steuerstab m

fission-initiating neutrons
spaltungsauslösende
Neutronen npl

fit v s.th. **up in place** etw. am
Einbauort montieren

fitting Formstück n (Rohr)

fit-up Einstecken n

**fixed axial flow type steam
separator** fest eingebauter
Axial-Dampf/Wasser-
Abscheider m

~ **filter unit** Festfiltergerät n

~ **in-core assembly** feste
kerninnere Baugruppe f

~ **in-core detector** fest
eingebauter kerninnerer
Detektor m

~ **in-core detector assembly** im
Kern fest eingebauter
Neutronendetektorsatz m

~ **in-core ion chamber** feste
kerninnere Ionisations-
kammer f

~ **in-vessel storage position**
(LMFBR) feste druckgefäß-
interne Lagerposition f

~ **orifice** fester Drosselkörper *m*

~ **plug ring** Festdeckelring *m*

~ **position G-M tube detector**
G(eiger)-M(üller)-Zählrohr *n*
in fest eingebauter Stellung

~ **reactor head insulation** fest
angebaute Deckelisolierung *f*

~ **self-powered type detector**
fest eingebauter Detektor *m*
mit Eigenenergieversorgung

~ **thermal insulation canning
connection ring** *(PWR)*
Anschlußring *m* der
Isolierungsumfassung

~ **vessel head insulation canning**
Mantel *m* für feste Deckelisolierung

flame attachment
Flammzusatz *m*

~ **quenching plate** *(recombiner)*
Flammensperre *f,* Flammen-
sperrblech *n*

~ **spray galvanizing** Flamm-
spritzverzinkung

~ **trap** Flammensperre *f*

flammable limit
Entzündlichkeitsgrenze *f*

flange bolt Verschlußschraube *f*

~ **leak-off stud** Stiftschraube *f*
für RDB-Deckelflansch-
Zwischenabsaugung

~ **leak-off system** Zwischenabsaugung *f* für
RDB-Flanschdichtung

~ **ring** Flanschring *m*

**(flanged) inverted-dome (boiler)
closure** nach innen gewölbter
Deckel *m*

flap(per) Klappe *f (Armaturteil)*

flash *v* **(into steam)** ausdampfen,
durch Entspannung *f*

verdampfen

flash steam Entspannungs-
dampf *m*

~ **tank** Entspanner *m,*
Entspannungsbehälter *m*

flashing of all main coolant
Ausdampfen *n* des gesamten
Hauptkühlmittels

~ **flow** *(ANS)* Ausdampf-
strömung *f,* Entspannungs-
verdampfungsströmung *f*

~ **two-phase flow** ausdampfende
Zweiphasenströmung *f*

flask *(GB)* SYN. **shipping cask**
BE-Transportbehälter *m*

~ **decontamination bay**
BE-Transportbehälter-
Dekont(aminier)station *f*

~ **lid** (BE-Transport)-
Behälterdeckel *m*

~ **loading bay** BE-Transport-
behälter-Ladestation *f*

~ **manipulation** Manipulieren *n*
von BE-Transportbehältern

~ **transfer and tipping trolley**
(SGHWR) BE-Transport-
behälter-Schleus- und
Schwenkwagen *m*

~ **vertical lifting beam**
(SGHWR) BE-Transport-
behälter-Vertikalhebe-
traverse *f*

flattened section *(of a non-
pressurized LWR fuel rod)*
kollabierter Teil *m*

flattening SYN. **flux** (Fluß)-
Glätten *n*

~ **-absorber** Abflachungs-
absorber *m*

flat-to-flat dimensions Schlüssel-
abmessungen *fpl,*

Schlüsselweite f
flexibility of fuel cycle
Flexibilität f des Brennstoffkreislaufs
flexible maneuvering of the
power level flexibles
Manövrieren n mit dem
Leistungspegel
~ **tube pump** Schlauchpumpe f
flexibly supported beweglich
oder elastisch gelagert
flexural strength Biegefestigkeit f
flexure (Durch)Biegung f,
Biegbarkeit f
flocculation system Flockungs-
anlage f
float switch chamber
Schwimmerschalterkammer f
floating head schwimmende
Rohrplatte f, Schwimmkopf m
(Wärmetauscher)
~ **head plenum** Schwimmkopf-
sammler m
~ **(platform-mounted) nuclear**
power plant schwimmendes
Kernkraftwerk n
flooded working space *(above*
the reactor during refueling)
gefluteter Arbeitsraum m
flooding of the reactor core after
a LOCA Fluten n des
Reaktorkerns nach einem
Kühlmittelverlustunfall
~ **to two-thirds of the core**
height Fluten n bis zwei
Drittel Kernhöhe
floodlamp Flutlicht-
strahler m
floor drain Bodenablauf m,
Bodenentwässerung f

~ **drains neutralizer subsystem**
Fußbodenabwässer-
Neutralisierungs-
Untersystem n
~ **section** Bodenteil n
~ **sump** Gebäudesumpf m
flow Strömung f, Durchfluß m,
Durchsatz m
gross ~ in the main coolant
loops Bruttodurchsatz m
durch die Hauptkühlkreis-
(läuf)e
channel *v a* ~ eine Strömung
kanalisieren
intermixing ~ sich
vermischende Strömung f
~ **and exit temperature for each**
fuel channel *(LMFBR)*
Strömungs- und Austritts-
temperatur *oder* Vor- und
Rücklauftemperatur f für
jeden BE-Kanal
~ **annulus** Strömungsspalt m
~ **apron** Strömungsschürze f
~ **area** Strömungsfläche f
effective ~ a. for heat transfer
effektive S. für den
Wärmeübergang
~ **area geometry** Strömungs-
flächengeometrie f
~ **area requirement** *(PWR fuel*
assembly end fittings)
erforderliche Strömungs-
fläche f
~ **baffle** Strömungsleitblech n,
Strömungsleitfläche f
~ **balancing** (Durchfluß)-
Mengenausgleich m
~ **channel** Strömungskanal m
~ **characteristic** Strömungs-
kennlinie f

~ **coefficient** Durchsatz-
koeffizient *m*

~ **configuration** Strömungs-
führung *f*

~ **control** Durchfluß-, Mengen-,
Umlaufregelung *f*
individual channel ~ c.
Einzelkanal-
Durchflußregelung

~ **control adjustment** Verstellen
n der Durchflußregelung

~ **control capability** Durchfluß-
regelfähigkeit *f*

~ **control feature** *(BWR)*
Umlaufregelung(seinrichtung)
f (SWR)

~ **control range** Umlauf-
regelbereich *m*

~ **control system** Durchfluß-
regelsystem *n*

~ **control valve** Durchfluß-
regelventil *n*

~ **counter** Gasdurchflußzähler *m*

~ **cross section** Strömungs-
querschnitt *m*, Durchfluß-
querschnitt

~ **deflector** Strömungsumleit-
oder -umlenkblech *n*

~ **distribution orifice** Strömungs-
verteilungsblende *f*, -drossel *f*

~ **field** Strömungsfeld *n*

~ **guide baffle** Strömungsleiste *f*,
-leitblech *n*

~ **guide tube** Strömungs-
leitrohr *n*

~ **hole** Durchflußöffnung *f*

~ **indicating alarm** Durchfluß-
oder Strömungswächter *m* mit
Anzeige

~ **indication light** Durchfluß-
anzeigelampe *f*

~ **instability** Strömungs-
instabilität *f*

~ **lift force** Aufschwimmkraft *f*
der (Kühlmittel)Strömung

~ **limiter** Durchflußbegrenzer *m*

~ **limiting venturi**
Drosselstrecke *f*, Durchsatz-
begrenzer *m*

~ **measurement, flowmeter**
Durchflußmessung *f*

~ **maldistribution** falsche
Strömungsverteilung *f*,
Fehlverteilung *f* der Strömung

~ **mixing** Strömungsmischung *f*

~ **mixing device** Durch-
mischungseinrichtung *f*

~ **nozzle** Strombegrenzungs-
düse *f*

~ **path** Strömungsweg *m*

~ **rate** Durchsatz *m*
effective ~ r. for heat transfer
effektiver D. für den
Wärmeübergang

~ **rate control** Durchfluß-
mengensteuerung *f*

~ **rate increase** Durchsatz-
erhöhung *f*

~ **rate meter** Durchflußzähler *m*

~ **(rate) perturbation** Durchsatz-
störung *f*

~ **(rate) reduction** Durchsatz-
absenkung *f*

~ **redistribution** Strömungsneu-
oder -umverteilung *f*

~ **resistance** Strömungs-
widerstand *m*

~ **restricting nozzle** Strom-
begrenzungsdüse *f*

~ **restriction** Strömungs-
drosselung *f*

~ **restrictor** Drosselkörper *m*, Durchsatzdrossel *f*

~ **reversal** Strömungsumkehrung *f*

~ **sensor** Durchfluß- *oder* Strömungsmeßfühler *m*

~ **signal** *(LMFBR sodium pump)* Fördermengenimpuls *m*

~ **skirt** *(CE PWR)* Siebtonne *f*

~ **stability** Strömungsstabilität *f*

~ **stability margin** Strömungsstabilitätsabstand *m*

~ **testing** strömungstechnische Erprobung *f*

flow-directing shroud Strömungsmantel *m*

flow-induced vibrations strömungsinduzierte Vibrationen *fpl*

flow-through centrifuge Durchflußzentrifuge *f*

flow-through tube sampler Durchlaufrohr-Probenahmegerät *n*

fluence Fluenz *f*

energy ~ Energief. *(DIN)*

particle ~ Teilchenf. *(DIN)*

fluid circulation Flüssigkeitsumlauf *m*

~ **conditioner device** Arbeitsmittel-Aufbereitungseinrichtung *f*

~ **contact surface** benetzte Oberfläche *f*, Kontaktfläche *f* mit dem Arbeitsmittel

~ **dynamic force** *(ANS)* strömungsdynamische Kraft *f*

~ **dynamics computation** strömungsdynamische (Be)Rechnung *f*

~ **leakage monitoring float switch** Schwimmerschalter *m* für Hydraulikflüssigkeits-Leckageüberwachung *f*

~ **poison control** Steuerung *f* durch flüssige Neutronengifte

~ **porting** (Druck)Flüssigkeitsanschlüsse *mpl*

~ **pressure header** Hydraulikflüssigkeitsdrucksammler *m*

~ **pressure supply system** Hydraulikflüssigkeits-Druckversorgungssystem *n*

~ **return header** Hydraulikflüssigkeits-Rücklaufsammler *m*

~ **return system** Hydraulikflüssigkeits-Rücklaufsystem *n*

~ **space** Hydraulikflüssigkeitsraum *m*

~ **temperature** Medientemperatur *f*

fluidising pump Durchmischpumpe *f*, Umwälzpumpe *f*

fluidized bed Wirbelbett *n*, -schicht *f*, Fließbett *n*

~ **-bed reactor** Reaktor *m* mit quasi-flüssigem Spaltstoff

~ **-bed furnace** Wirbelschichtofen *m*

~ **-bed heating and drying process** Wirbelschicht-Heizund Trockenverfahren *n*

~ **-bed process** Wirbelschichtverfahren *n*

~ **-bed system** Fließbettsystem *n*

flush *v* **and chemically clean** *v* **reactor coolant circuits** *(SGHWR)* Reaktorkühlmittelkreisläufe (vor der Inbetriebnahme) durchspülen und chemisch reinigen (*oder* beizen)

~ **demineralized water through a pump** Deionat durch eine Pumpe spülen, eine Pumpe mit Deionat durchspülen

flushable (durch- *oder* rück)spülbar, schwemmbar

flushing D$_2$O Spül-D$_2$O *n*

~ **excess regenerant from the resins** Abspülen *n* der Harze zur Entfernung von Regeneriermittelüberschüssen

~ **for gross dilution** Spülen *n* zum Zweck der Grobverdünnung

~ **water pump** Spülwasserpumpe *f*

flux SYN. neutron flux Fluß *m* (Neutronenfluß)

energy ~ Energief.

particle ~ Teilchenf.

~ **converter** Flußwandler *m*, Flußkonverter *m*

~ **density** Flußdichte *f*

conventional ~ d. konventionelle F.

~ **density distribution** Flußdichteverteilung *f*

~ **distortion** Flußverzerrung *f*

~ **distribution** Flußverteilung *f*

axial ~ d. axiale F.

spatial ~ d. räumliche F.

~ **excursion** Flußexkursion *f*

high ~ e. hohe F.

~ **flattening** Flußabflachung *f*, Flußglätten *n*

radial ~ f. radiales F.

~ **/flow limiter** Neutronenfluß-/Durchsatzbegrenzung *f*

~ **gradient** Flußgradient *m*

~ **measuring room** Neutronenflußmeßraum *m*

~ **monitor assembly** Neutronenfluß-Überwachungssystem *n*

~ **monitoring system** Neutronenfluß-Überwachungssystem *n*

~ **multiplication rate** Flußvervielfachungsgeschwindigkeit *f*

~ **oscillations** Flußschwingungen

~ **peak** Flußspitze *f*

~ **peaking** Bildung *f* von Flußspitzen

local ~ p. örtliche B. v. F.

~ **perturbation** Flußstörung *f*

~ **profile** Flußprofil *n*

~ **reading** Flußablesung *f*

~ **region** Flußzone *f*

~ **return path** (Magnet)-Flußrückleitungsweg *m*

~ **shaping** Flußformen *n*

~ **thimble assembly** Neutronenflußmeßrohr *n*

~ **thimble insertion and removal tool** Werkzeug *n* zur Handhabung der Neutronenflußrohre

~ **thimble system** Neutronenflußmeßrohrsystem *n*

~ **tilt** Schieflast *f*

~ **time** Flußzeit *f*, Zeitintegral *n* des Flusses

~ **to flow ratio** Neutronenfluß-/Durchsatz-Verhältnis *n*

flywheel on a motor generator set Schwungrad *n* an einem Umformersatz

~ **disintegration** (*PWR coolant pump*) Schwungradzerknall *m*

fog cooling Nebelkühlung *f*

~ **nozzle** (Wasser)Nebeldüse *f*

foil Folie *f*
~ **detector** Foliendetektor *m*
~ **insulation** *(stainless steel)* Folienisolierung *f*
~ **type safety valve** Foliensicherheitsventil *n*
follower core Folgekern *m*
~ **rod** Folgestab *m*
follow-up control Nachlaufregelung *f*
food chain Nahrungskette *f*
forced air cooling Zwangsbelüftung *f*, Anblasekühlung *f*
forebay Vorbecken *n*
force *v* **recirculate** zwangsumwälzen *n*
forced argon circulation Argonzwangsumwälzung *f*
~ **circulation** Zwangsumlauf *m*
~ **-circulation cooling** Zwangskühlung *f*
~ **c. flow path** Strömungsweg *m*
~ **c. heat removal loop** Zwangskühlkreislauf *m*
~ **c. pressurized-water reactor** Druckwasserreaktor *n* mit Zwangsumlauf
~ **c. reactor** Zwangsumlaufreaktor *m*
~ **c. system** Zwangsumlaufsystem *n*
~ **c. through the core** Zwangsumwälzung *f* durch den Kern
~ **convection boiling** Sieden *n* bei erzwungener Konvektion
~ **convective cooling** Kühlung *f* bei erzwungener Konvektion
~ **coolant circulation** Kühlmittelzwangsumlauf *m*
~ **reactor coolant circulation** Reaktorkühlmittelzwangs-

umlauf *m*
~ **recirculation flow** Zwangsumlaufströmung *f*
force-fit bolted connection Paßschrauben-Verbindung *f*
form *v* **a well defined boundary between the control room equipment and field cabling** eine gut definierte Grenze zwischen der Wartenausrüstung und der Baustellenverkabelung bilden
form factor Formfaktor *m*
radial ~ f. radialer F.
~ **stability** Formhaltigkeit *f*
formation of circumferential ridges Bambuseffekt *m*
form-fitting formschlüssig
forward scattering Vorwärtsstreuung *f*
fossil-fired superheater fossilgefeuerter Überhitzer *m*
fouling *(reactor technology)* Verkrustung *f*
foundation mat Plattenfundament *n*, Fundamentplatte *f*
~ **slab** Sohlplatte *f (Gebäude)*, Fundamentplatte
reinforced-concrete ~ s. Stahlbeton-S.
four-factor formula Vierfaktorenformel *f*
four-spline guide Vierkeilführung *f*
fractional abundance relative Häufigkeit *f*
~ **distillation (D_2O upgrading)** fraktionierte Destillation *f*
~ **fuel clad defect** Hülsenbruchschaden *m*

~ **yield** Ausbeute *f* je Stufe
**fractionating column,
    fractionating tower** *(D₂O
    upgrading)*
    Fraktionierkolonne *f*, Rekti-
    fizersäule *f*, -kolonne *f*
fractionation
    Fraktionierung *f*
fracture *v (fuel assembly)* zu
    Bruch gehen
fracture analysis diagram Bruch-
    analysendiagramm *n*
~ **elongation** Bruchlängung *f*
~ **mechanics** Bruchmechanik *f*
    linear elastic ~ m.
    linearelastische B.
~ **mechanics technology** Technik
    f der Bruchmechanik
~ **of the fuel cladding** Bruch der
    BE-Hülle
~ **safe** bruchsicher
~ **safety analysis** Bruchsicher-
    heitsanalyse *f*
~ **strain** Bruchdehnung *f*
~ **toughness** Bruchzähigkeit *f*
fragmentation damage Splitter-
    schaden *m*
frame Rahmen *m*, Gestell *n*
**framework of vertical and
    horizontal beams**
    Stahlfachwerk *n*
free fall velocity freie
    Fallgeschwindigkeit *f*
~ **from false trips** frei von
    Fehlauslösungen
~ **of radioactivity** frei von
    Radioaktivität
~ **water** nichtgebundenes
    Wasser *n*
free-blowing of a vent pipe Frei-
    blasen *n* eines Kondensations-

rohres
freedom of siting Freiheit *f* der
    Standortwahl, freie Standort-
    wahl *f*
free-floating grappler head
    (refuelling machine) frei
    pendelnder Greifkopf *m*
**free-standing steel containment
    vessel** freistehende Stahl-
    Sicherheitshülle *f*
~ **-standing steel cylinder**
    (containment building) frei-
    stehender Stahlzylinder *m*
freeze seal
    Gefrierdichtung *f*
~ **seal cooling fin** Gefrier-
    dichtungs-Kühlrippe *f*
~ **seal heater** Gefrierdichtungs-
    Heizelement *n*
~ **section** Gefrierstrecke *f*
freeze-drying process Gefrier-
    trocknungsprozeß *m*,
    -verfahren *n*
freeze-out Ausfrieren *n*
freezer drier *(SGHWR gas
    control system)* Gefrier-
    trockner *m*
freezing plant Gefrieranlage *f*
fresh element storage drum
    Lagerbehälter *m* für neue BE
Freon Frigen *n*
Freon-11 brine circulating pump
    Freon-11-Soleumwälzpumpe *f*
Freon chiller unit Frigenkälte-
    aggregat *n*
~ **cooler** Freon- *oder*
    Frigenkühler *m*
~ **refrigerant loop** Freon- *oder*
    Frigenkältemittelkreis *m*
~ **refrigeration and brine system**
    Freon-Kälte- und

Solesystem *n*

~ **system high stage compressor**
Freonkälteanlagen-HD-
Kompressor *m*

frequency control Frequenzregelung *f*

~ **fluctuation** Frequenz-
schwankung *f*

~ **support** Frequenzstützung *f*

~ **-controlled thyristor motor**
frequenzgeregelter Strom-
richtermotor *m*

frequently occupied area häufig
besetzte Zone *f*

fresh air rate Frischluftrate *f*

fretting Reiben *n*

~ **corrosion** Fressen *n*,
Fraßkorrosion *f*, Reib(ungs)-
korrosion *f*, Reib(ungs)oxyda-
tion *f*, Passungsverschleiß *m*,
-rost *m*, Reibrost *m*

~ **corrosion defect** Reib-
korrosionsfehler *m*

~ **corrosion effect** Reib-
korrosionseffekt *m*

~ **failure** Reibkorrosions-
ausfall *m*

~ **wear** Reib(ungs)-
verschleiß *m*

friction coefficient
Reibungskoeffizient *m*

~ **factor** Reibungsfaktor *m*

frictional binding *(control rod)*
Reibschluß *m*, Festfressen *n*

~ **load** Rei(bungs)belastung *f*

~ **losses** Reibungsverluste *mpl*

~ **pressure drop** Reibungsdruck-
verlust *m*

frothing of hydraulic fluid
Schäumen *n* der Hydraulikflüssigkeit

Froude number Froude-Zahl *f*

fuel (nuklearer) Brennstoff *m*,
Spaltstoff *m*

ceramic ~ keramischer B.
(DIN)

ceramic uranium dioxide ~ **in
stainless steel cans** *(AGR)*
keramischer Urandioxid-B. in
Hüllen aus rostfreiem Stahl

coated-particle ~ *(HTR)*
B. aus beschichteten Teilchen

depleted ~ **SYN. spent** ~
abgebrannter *oder*
verbrauchter B.

derated ~ in der Leistung
herabgesetzter B.

dispersed carbide ~ disperser
Karbidb.

dispersion ~ dispergierter
B.

first core load ~ B. der ersten
Kernladung

highly enriched ~ hoch
angereicherter B.

initial ~ Erstb.

mixed oxide ~ Mischoxidb.

nonpressurized ~ B. ohne
Vorinnendruck

plutonium bearing ~ plutoniumhaltiger B.

**plutonium bearing mixed
carbide and mixed oxide** ~
plutoniumhaltiger gemischter
Karbid- und Oxidb.

plutonium-enriched ~
mit Plutonium angereicherter
Brennstoff

plutonium-uranium oxide ~
Plutonium-Uranoxid-B.

prepressurized ~ *(LWR)* B.
mit Vorinnendruck

reload ~ Nachladeb.
replacement ~ Ersatzb.
spare ~ Reserveb.
spent ~ SYN. **depleted** ~
abgebrannter *oder*
verbrauchter B.
vibro-compacted ~
einvibrierter B.
invert *v* ~ **axially** B. axial
umsetzen
load *v* **one quarter of the core**
with... ~ ein Viertel des
Kerns mit... B. laden
remove *v* **leaking** ~ undichte
BE ausbauen (*oder*
entfernen)
~ **access tube through contain-**
ment building BE-Schleuse
f durch Sicherheitshülle
~ **addition** Brennstoffzufuhr *f*
~ **alignment plate** Brenn-
element-Zentrierplatte *f*
~ **and containment pools cooling**
and cleanup system BE- und
Kondensationsbecken-Kühl-
und Reinigungssystem *n*
~ **and containment pools cooling**
and filtering system BE- und
Kondensationsbecken-Kühl-
und Filterungssystem *n*
~ **assembly** Brennelement *n*,
BE; *DIN:* Brennelement-
bündel *n*
canless ~ **a.** *(PWR)*
kastenloses B.
limiting ~ **a.** begrenzendes
Brennelement
mixed plutonium-uranium
oxide ~ **a.** Plutonium-Uran-
Mischoxid-B.
reload ~ **a.** Nachladeb.

stainless steel clad ~ **a.**
B. mit Hüllen aus
nichtrostendem Stahl
twisted-tape ~ **a.** Wendelb.
vortex-type ~ **a.** Wendelb.
zircaloy-clad ~ **a.** B. mit
Zircaloyhüllen
insert *v* ~ **a-ies in the core** B-e
in den Kern einsetzen
interchange *v* **the** ~ **a-ies of**
two lattice positions die B-e
von zwei Gitterpositionen
austauschen
~ **assembly dimension** Brenn-
elementabmessung *f*
~ **assembly channel** *(BWR)*
Brennelementkasten *m*
~ **assembly composite structure**
Brennelementverband *m*
~ **assembly drop** Brennelement-
absturz *m*
~ **assembly fall**
(Brenn)Elementabsturz
~ **assembly grid** BE-(Abstandhalter)Gitter *n*
~ **assembly gripping tool**
Greifwerkzeug *n*
~ **assembly group** BE-Gruppe *f*
~ **assembly guide tube** Brenn-
elementleitrohr *n*
~ **assembly heat release** Wärme-
freisetzung *f* in den Brennelementen
~ **assembly insertion** Einsetzen
n der Brennelemente
~ **assembly irradiation** Brenn-
elementbestrahlung *f*
~ **assembly levitation safeguard**
Brennelementaufschwimm-
sperre *f*, -sicherung *f*
~ **assembly lift forces**

BE-Aufschwimm- *oder*
Auftriebskräfte *fpl*
~ **assembly location**
Brennelementposition *f*
~ **assembly manipulator** Brenn-
elementmanipulator *m*
~ **assembly removal** Ausbau *m*
eines Brennelementes
~ **assembly replacement** Ersatz *m* eines Brennelementes
~ **assembly reception** Brenn-
elementannahme *f*, -über-
nahme *f*
~ **assembly sampler** Brenn-
elementprobennehmer *m*,
BE-Probeentnahmegerät *n*
~ **assembly sipping test
equipment** Brennelement-
prüfeinrichtung *f*
~ **assembly spacer grid**
BE-Abstandshaltergitter *n*
~ **assembly structure SYN.
skeletal frame(work),
skeleton** BE-Skelett *n*
~ **assembly support grid**
BE-Abstandshaltergitter *n*
~ **assembly surface temperature**
Brennelementoberflächen-
temperatur *f*
~ **assembly top nozzle**
(Westinghouse PWR) Brenn-
elementkopfstück *n*, oberes
Endstück *n* des BE
~ **assembly transfer station**
Brennelementübergabe-
station *f*
~ **assembly upper end fitting**
oberes BE-Endstück *n*,
BE-Kopfstück *n*
~ **assembly vibration** Brenn-
elementschwingungen *fpl*

~ **basket** *(spent fuel shipping
cask)* Innenbehälter *m*
~ **batch** Brennstoffcharge *f*
~ **bearing portion** brennstoff-
haltiger Teil *m (Brennstab)*
~ **bearing region** brennstoff-
haltige Zone *f*
~ **breakdown cell** Brennstoff-
säulen-Demontageraum *m*
~ **building** Brennelementgebäude *n*
~ **building cask handling crane**
BE-Transportbehälterkran *m*
im BE-Gebäude
~ **building crane** Brennstoff-
gebäudekran
~ **building servicing floor**
BE-Gebäude-Bedienungs-
flur *m*
~ **building storage pool**
Lagerbecken *n* im Brennstoffgebäude
~ **bundle** Brennstoffbündel *n*,
Brennstabbündel *n*
~ **bundle adjustment plate** *(CE
PWR)* Gitterplatte *f*
~ **bundle array** BE-Bündel-
anordnung *f*
~ **bundle bail** *(BWR)*
BE-Bündel-Handgriff *m*
~ **bundle lower tie plate** *(BWR)*,
untere BE-Bündel-
Gitterplatte *(GE-SWR)*
~ **burn-up** Brennstoffabbrand *m*
~ **can(ning) SYN. fuel
clad(ding)** Brennstoffhülle *f*
failed ~ c. schadhafte *oder*
defekte B.
~ **canning material** Brennstoff-
hüllenwerkstoff *m*
~ **can surface temperature**

Brennstoffhüllen-Ober-
flächentemperatur *f*
~ **can temperature** Brennstoff-
hüllentemperatur *f*
~ **can (wall) thickness**
BE-Hüll(enwand)stärke *f*
~ **carriage** BE-Schleuswagen *m*
~ **cask** Brennstofftransport-
behälter *m*
~ **cask decontamination and
loading facilities** BE-Trans-
portbehälter-
Dekont(aminier)-
und Ladeeinrichtungen *fpl*
~ **cell** Brennelementzelle *f*
~ **central** (*or* **centre**)
temperature Brennstoff-
zentraltemperatur *f*,
Brennstoffmittentemperatur *f*
~ **change** (*or* **changing**) **SYN.
refuel(l)ing** Brennstoffwechsel
m, Brennelementwechsel *m*,
BE-Wechsel *m*
on-load ~ **c.** B. unter Last
(*oder* während des Betriebes)
~ **changing operation**
BE-Wechselvorgang *m*
~ **changing sequence**
BE-Wechsel-Reihenfolge *f*,
BE-Wechselprogramm *n*
~ **channel** 1. Brennelementkanal
m, Brennstoffkanal *m*,
Kühlkanal *m*; 2. *SWR:* Brennelementkasten *m*
~ **channel bore** Brennstoffkanal-
bohrung *f*
~ **channel coolant** Kühlmittel *n*
im Brennstoffkanal
~ **channel exit temperature
measurement** BE-Kanal-
Austrittswärmemessung *f*

~ **channel steam void coefficient**
BE-Kanal-Dampfblasen-
koeffizient *m*
~ **channel stripping machine**
(*BWR*) (Kasten)-
Abstreifmaschine *f* (*SWR*)
~ **charge** Brennstoffeinsatz *m*,
-ladung *f*
initial ~ **c.** Erst-B.
total ~ **c.** Gesamt-B.
~ **charging operation**
BE-Ladevorgang *m*
~ **chute** BE-Schurre *f*
~ **cladding damage**
BE-Hüllenschaden *m*
~ **cladding fragmentation**
Aufsplittern *n* der BE-Hüllen
~ **cladding mechanical
interaction** mechanische
Wechselwirkung *f* zwischen
Brennstoff und Hülle
~ **cladding strain limit**
BE-Hüllen-Belastungsgrenze
f, -Dehngrenze *f*
~ **cladding surface heat flux**
BE-Hüllen-Heizflächen-
belastung *f*
~ **clad(ding) stress** Brennstoff-
hüllenbeanspruchung *f*
~ **clad(ding) tube** Hüllrohr *n*,
Brennstabhüllrohr
~ **cladding wastage allowance**
Zuschlag *m* für
BE-Hüllenabzehrung
~ **clad interaction**
Wechselwirkung *f* zwischen
Brennstoff und Hülle,
Brennstoff-Hüllrohr-Wechsel-
wirkung *f*
~ **cluster** Brennstoffbündel *n*
~ **coating** Brennstoff-

beschichtung f
~ **column** Brennstoffsäule f
~ **compact** *(HTGR)*
Brennstoffpreßling m
~ **compact matrix** Matrix f aus
beschichtetem Brennstoff
~ **configuration** Brennstoffanordnung f
~ **control** Steuerung f durch
Brennstoff
~ **cooling installation** Abkling-,
Abkühlbecken n
~ **cycle** Brennstoffzyklus m,
Brennstoffkreislauf m *(DIN)*
once-through ~ **c.** offener B.
(DIN)
**thorium-uranium thermal
reactor** ~ **c.** thermischer
Thorium-Uran-Reaktor-B.
~ **cycle costs** Brennstoffkreis-
laufkosten *pl*
~ **cycle efficiency** Brennstoff-
kreislauf-Wirkungsgrad m
~ **cycle equilibrium** Brennstoff-
kreislauf-Gleichgewicht n
~ **cycle materials security**
Sicherheit f der Brennstoff-
kreislaufmaterialien
~ **cycle period** Brennstoffkreis-
laufzeit f
~ **damage** Brennelementschaden m
~ **damage due to local overheating of the fuel cladding**
Brennelementschaden m
infolge örtlicher Überhitzung
der Brennstabhüllen
~ **damage limit** Brennstoff-
schadensgrenze f
~ **defect** Brennelementschaden m

~ **densification** Brennstoff-
verdichtung f
~ **density** Brennstoffdichte f
~ **density coefficient** Brennstoff-
dichtekoeffizient m
~ **design limits** *(ANS)*
Brennstoff-Auslegungs-
grenzen *fpl*, BE-Auslegungs-
grenzwerte *mpl*
~ **deterioration** Brennstoff-
verschlechterung f
~ **discharge chute** BE-Schräg-
schleuse f
~ **discharging operation**
Brennstoffentladevorgang m
~ **distribution device** *(LMFBR)*
Brennstoffverteileinrichtung f
~ **Doppler coefficient** Doppler-
koeffizient m des Brennstoffs
~ **Doppler effect** Dopplereffekt
m des Brennstoffs
~ **Doppler reactivity** Doppler-
reaktivität f des Brennstoffs
~ **Doppler reactivity coefficient**
Dopplerreaktivitäts-
koeffizient m
~ **element** *(SGHWR and
gas-cooled reactors)* Brenn-
(stoff)element n
all-ceramic ~ **e.**
ganzkeramisches B.
**combination boiling/
superheat** ~ kombiniertes
Siede/Überhitzer-B.
graphite clad ~ **element**
graphitumhülltes B., B. in
Graphithülle
hexagonal ~ **e.** *(HTGR,
GCFBR)* hexagonales *oder*
sechseckiges B.
injection-molded ~ **e.**

(HTGR) mittels Spritzguß hergestelltes B., spritzgegossenes B.

irradiated ~ e. bestrahltes B.

plutonium bearing ceramic ~ e. plutoniumhaltiges keramisches B.

rod-type ~ e. Stab-B.

solid semi-homogeneous type ~ e. festes halbhomogenes Brennelement

steam cooled breeder type ~ e. B. für dampfgekühlte Brüter

carry *v* a **~ e. to full burn-up** ein B. zum vollen Abbrand bringen

withdraw *v* a **~ e. into the charge machine** ein B. in die BE-Wechselmaschine ziehen

fuel element abrasion fines Brennelementabrieb *m*

~ element basket loading room *(SGHWR)* BE-Korb-Laderaum *m*

~ element bowing BE-Verbiegung *f*, Verziehen *n* der BE

~ element building Brennelementgebäude *n*, Brennelement-Gruft-gebäude *n*

~ element canning machine Brennelement-Verpackungs-maschine *f*

~ element carrier BE-Fußstück *n*

~ element channel Brenn-elementkanal *m*

~ element charge tube Brennelementförderrohr *n*

~ element cladding perforation Brennelement-Hüllenperforation *f*

~ element cooling system *(in refueling machine)* BE-Kühlsystem *n (in der BE-Wechselmaschine)*

~ (element) cluster Element-bündel *n*

~ element crud Ablagerung *f* an Brennelementen

~ element drying facility Brennelement-trocknungsanlage *f*

~ element grab Brennelement-greifer *m*

~ element grappler head *(HTGR)* BE-Greif(er)kopf *m (BE-Umsetzmaschine)*

~ element grid *(SGHWR)* Brennelementgitter *n*

~ element handling device Brennelementtransport-vorrichtung *f*

~ element identification number Brennelement-Kennummer *f*

~ element insertion Einfahren *n* oder Einsetzen *n* der Brennelemente

~ element loop Brennelement-kreislauf *m*

~ element pond *(SGHWR)* BE-Becken *n*

~ element purge condensibles trap *(HTGR)* Kondensfalle *f* für BE-Spülstrom, BE-Spülstrom-Kondensfalle *f*

~ element purge helium cooler Brennelement-Spülhelium-kühler *m*

~ element purge stream BE-Spülstrom *m*

~ **element rupture**
BE-Hüllenbruch *m*

~ **element scrap** Brennelement-
bruch *m*

~ **element singulizing** *(pebble
bed reactor)* Vereinzelung *f*
der Brennelemente
(Kugelhaufenreaktor)

~ **element standoff pin**
BE-Abstandsbolzen *m*

~ **element storage equipment**
BE-Lagereinrichtung(en) *f(pl)*

~ **element storage pool**
BE-Lagerbecken *n*

~ **element stringer** *(AGR,
SGHWR)* BE-Säule *f* mit
Kanalverschluß

~ **element transfer flask**
BE-Transportbüchse *f*

~ **element transfer mechanism**
BE-Schleusmechanismus *m*

~ **element transfer tunnel**
BE-Schleustunnel *m*

~ **element transfer well**
BE-Schleusschacht *m*

~ **element unloading bay**
(SGHWR) BE-Abladeplatz
m, BE-Entladetrakt *m*

~ **element withdrawal**
Brennelemententnahme *f*

~ **enrichment** Brennstoff-
anreicherung *f*

~ **exchange** Brennstoff-
auswechselung *f*

~ **exposure** Brennstoff-
belastung *f*, -bestrahlung *f*

~ **exposure level**
BE-Belastungsgrad *m*

~ **fabricating plant**
Brennelementfabrik *f*

~ **fabrication** Brennelement-

fertigung *f,* -herstellung *f*

~ **fabrication cost(s)** Brennstoff-
fabrikationskosten *pl*

~ **fabricator** Brennelementhersteller *m*, BE-Fertigungs-
firma *f*

~ **failure** Brennelementausfall
m, -versagen *n*, -schaden *m*

~ **failure detection**
Brennelement-Schadens-
erfassung *f*

~ **failure detector system** BE-
Schadenserfassungssystem *n*,
Hülsenüberwachungssystem *n*

~ **failure dynamics**
BE-Schadendynamik *f*

~ **failure monitoring system**
System *n* zur Brennelement-
schadenserfassung

~ **feed tube** Kugelzuführrohr *n*,
Brennstoffzufuhrrohr *n*

~ **geometry** Brennstoff-
geometrie *f*

~ **grab** *(refueling machine)*
Brennstoffgreifer *m*,
BE-Greifer

~ **grapple** *(refueling machine)*
Brennelementgreifer *m*

~ **growth** SYN. fuel swelling
Schwellen *n* des Brennstoffs

~ **handling** Handhabung *f* der
Brennelemente
on-load ~ h. H. unter Last
(oder während des Betriebes)

~ **handling and storage facility**
BE-Handhabungs- und
Lagereinrichtung *f*

~ **handling area**
BE-Handhabungszone *f*

~ **handling area clean-up**
BE-Handhabungsbereichs-

reinigung f
~ **handling area viewing window**
Beobachtungsfenster n für
BE-Handhabungsbereich
~ **handling block**
Brennstoffblock m
~ **handling bridge**
Manipulierbrücke f,
BE-Bedienungsbühne f
~ **handling building**
BE-Beckenhaus m
~ **handling building crane**
Beckenhauskran m
~ **handling capacity**
BE-Aufnahmevermögen n
~ **handling device**
BE-Handhabungs- *oder*
-Transportvorrichtung f
~ **handling equipment**
BE-Fördereinrichtungen fpl
~ **handling lighting equipment**
BE-Transport-Beleuchtungs-
anlage f
~ **handling machine**
BE-Wechselmaschine f
~ **handling machine base**
BE-Wechselmaschinenfuß m
~ **handling operation**
Brennstoffhandhabungs-
vorgang m, -arbeitsvorgang m
~ **handling platform**
BE-Transportbühne f
~ **handling port** BE-Schleuse f
~ **handling procedure**
BE-Handhabungsvorgang m
~ **handling purge system**
(HTGR) BE-Wechsel-
maschinen-Spülsystem n
~ **handling purge system exhaust
filter** BE-Wechselmaschinen-
abgasfilter m

~ **handling purge system
vacuum pump** Vakuumpumpe
f für BE-Wechselmaschinen-
spülsystem
~ **handling route**
BE-Transportweg m
~ **handling section** *(of fuel
storage pond) (SGHWR)*
BE-Wechselteil m
~ **handling viewing equipment**
(PWR) Brennelementtrans-
port-Beobachtungsanlage f
~ **identification viewing
equipment** *(SGHWR
refueling machine)*
BE-Erkennungs-
einrichtung(en) f(pl)
~ **insert** Brennstoffeinsatz m
~ **inspection fixture**
BE-Besichtigungsvorrichtung
f, BE-Prüfvorrichtung f
~ **inventory** Brennstoffinventar
n, Brennstoffausstattung f
~ **irradiation level** spezifischer
Abbrand m
~ **isotopic composition**
Isotopenzusammensetzung f
des Brennstoffs
~ **kernel** *(HTGR fuel)*
Brennstoffkern m
~ **lattice** Brennstoffgitter n
~ **lattice configuration**
Brennstoffgitteraufbau m
~ **leakage rate** Brennelement-
Leckrate f
~ **leaker** leckendes
Brennelement n
~ **length** Brennstofflänge f
~ **lifetime** Brennstoff-
lebensdauer f
~ **lift** *(GB)* Brennelement-

aufzug *m*

~ **loading (of the reactor)**
1. Brennstoffbeladung *f* des
Reaktors; 2. BE-Ladung *f*
first ~ l. erste BE-Ladung,
Erstladung

~ **loading facilities** BE-Lade-
einrichtungen *f pl*

~ **loading schedule** Brennstoffbeschickungsplan *m*

~ **loading scheme** *(GB)*
Brennstoffbeschickungsplan *m*

~ **management** Brennstoff-
einsatzplanung *f*, Brennstoff-
bewirtschaftung *f*,
Brennstoffverwaltung *f*
in-core ~ m. BE-Umsetz- und
-Einsatzplanung *f*

~ **management schedule** *(or* GB
scheme)
Brennstoffeinsatzplan *m*

~ **management scheme**
enrichment Anreicherung *f* im
Rahmen des
Brennstoffeinsatzplanes

~ **material** Brennstoffmaterial *n*

~ **matrix** Brennstoffmatrix *f*

~ **meltdown SYN.** ~ **melting**
Brennstoffschmelzen *n*

~ **migration** Migration *f* des
Brennstoffs, Abwanderung *f*

~ **mishandling** falsche
BE-Handhabung *f*

~ **moderator ratio** Brennstoff:
Moderator-Verhältnis *n*

~ **module** *(BWR)* Einheitszelle *f*

~ **operating temperature**
Brennstoffbetriebs-
temperatur *f*

~ **park** *(for nuclear fuel cycle
facilities)* Brennstoffpark *m*,

Kernbrennstoff-Ver- und
-Aufarbeitungsanlagen-
komplex *m*

~ **particle** Brennstoffpartikel *f*,
Brennstoffteilchen *n*
triplex coated ~ p. *(HTR)*
Triplex-B.

~ **particle coating** Brennstoff-
teilchenbeschichtung *f*

~ **pellet** Brennstofftablette *f*

~ **pellet diameter** Brennstoff-
tablettendurchmesser *m*

~ **pellet swelling** Brennstoff-
tablettenschwellen *n*

~ **pellet temperature**
Brennstofftabletten-
temperatur *f*

~ **performance** Brennstoff-
verhalten *n*

~ **pin** Brenn(stoff)stab *m*

~ **pin bundle** Brennstabbündel *n*

~ **pin can** Brennstabhülle *f*

~ **pin defect** Brennstab-
schaden *m*

~ **pin failure** Brennstabausfall
m, -versager *m*

~ **pin gas plenum** Brennstab-
Gassammelraum *m*

~ **pin integrity** Unversehrtheit *f*
des Brennstabes

~ **pin spacer** Brennstab-
Abstandshalter *m*

~ **pin support grid** *(AGR)*
Brennstab-Endstützgitter *n*

~ **pit SYN. fuel (storage) pool**
Elementbecken *n*, BE-Becken
n, BE-Lagerbecken

~ **pit demineralizer** Becken-
kreislauf-Ionentauscher *m*

~ **pit filter** Becken(wasser)-
filter *m, n*

~ **pit heat exchanger**
Becken(wasser)kühler *m*

~ **pit inside edge guard rail**
Randgeländer *n* des
Elementbeckens

~ **pit water** Beckenwasser *n*

~ **plug unit with associated
stringer** *(GB) (AGR,
SGHWR)* Stopfen *m* mit
Brennstoffsäule

~ **poisoning** Brennstoff-
vergiftung *f*

~ **pond** *(GB)* SYN. fuel
(storage) pool, (spent) fuel pit
BE-Becken *n*

~ **pond clean-up filter** Brenn-
stoffbeckenwasserfilter *m, n*

~ **pool** *(US)* SYN. (spent) ~
pit, ~ **pond** *(GB)* BE-Becken

~ **pool backwash receiver**
BE-Rückspülwasserbecken*n*

~ **pool cooling** Brennstofflager-
beckenkühlung *f*

~ **pool cooling heat exchanger**
BE-Becken(wasser)kühler *m*

~ **pool filter** BE-Becken-
Wasserfilter *m, n*

~ **pool filter-demineralizer**
Beckenwasserfilter *m* und
Vollentsalzer *m*

~ **pool heat exchanger**
BE-Beckenwasserkühler *m*

~ **pool slot gate assembly**
Brennstofflagerbecken-
Schleuse *f*

~ **pool storage rack**
BE-Beckengestell *n*

~ **pool water** Beckenwasser *n*

~ **port** Brennstofföffnung *f*

~ **preparation** Brennstoff-
vorbereitung *f*

~ **preparation machine**
(LMFBR) BE-Kastenaufsetz-
und -abstreifmaschine

~ **preparation machine carriage**
(LMFBR) BE-Kastenaufsetz-
und Abstreifmaschinen-
Fahrgestell *n*

~ **preparation machine jib crane**
(LMFBR) BE-Kastenaufsetz-
und Abstreifmaschinen-
Drehkran *m*

~ **preparation room** BE-Kasten-
aufsetz- und Abstreifraum *m*

~ **production plant**
Brennelementfabrik *f*

~ **ratchetting** Rasseln *n* der
Brennelemente

~ **rating** spezifische
Wärmeleistung *f*
average ~ **r.** durchschnittliche
oder mittlere s. W.

~ **rating distribution** Brennstoff-
Leistungsverteilung *f*

~ **receipt and storage station**
(fuel reprocessing plant)
Brennstoff-Eingangs- und
Lagerstation *f*

~ **recharge cycle** Brennstoff-
Nachladezyklus *m*

~ **removal** BE-Entladen *n*

~ **replacement** Brennstoffersatz *m*
continuous ~ **r.** fortlaufender
oder kontinuierlicher B.

~ **reprocessing** Brennstoffaufarbeitung *f,* Spaltstoff-
Wiederaufarbeitung *f*

~ **reprocessing plant**
Wiederaufarbeitungsanlage *f*

~ **(re)shuffling** Brennstoff-
umladen *n,* -umsetzen *n*

~ **rod** Spaltstoffstab *m*, Brennstab *m*

~ **rod array** Anordnung *f* der Brennstoffstäbe, Brennstabanordnung *f*

~ **rod behavio(u)r** Brennstabverhalten *n*

~ **rod clad(ding)** *(US)* Brennstabhülle *f*

~ **rod cluster** Brennelementstabbündel *n*

~ **rod drag** Brennstab-(strömungs)widerstand *m*

~ **rod end plug** Brennstab-Endstopfen *m*

~ **(rod) flattening** Kollabierschaden *m*, Abflachen *n* des Brennstabes *(DWR)*

~ **rod growth** Brennstabwachsen *n*, -wachstum *n*

~ **rod intermediate spacer** Abstandshalterung *f* für Brennstäbe

~ **rod overall length** Brennstab-Gesamtlänge *f*

~ **rod pressurization** *(LWR)* Brennstab-Vorinnendruck *m*

~ **rod spacer** Brennstab-Abstandshalter *m*

~ **rod surface** Brennstaboberfläche *f*

~ **rod temperature** Brennstabtemperatur *f*

~ **rod vibrational amplitude** Brennstab-Schwingungsamplitude *f*

~ **rupture detection (or location) system** *(BWR)* Hüllen-(bruch)überwachungsanlage *f* *(SWR)*

~ **sampler** BE-Probenentnahmevorrichtung *f*

~ **service building** *(LMFBR, GCFBR)* Brennelementgebäude *n*, Beckenhaus *n*

~ **service hot cell** *(LMFBR)* heiße BE-Zelle *f*

~ **service manipulator** *(LMFBR)* BE-Manipulator *m*

~ **service rotor drive** *(LMFBR)* BE-Drehlagerantrieb *m*

~ **servicing equipment** Brennstoffhandhabungsgeräte *npl*

~ **shift** BE-Umsetzen *n*, BE-Umsetzung *f*

~ **shipping cask** Brennelementtransportbehälter *m*

~ **shipping cask railroad car** BE-Transportbehälter-Eisenbahnwagen *m*

~ **shuffling** Brennelementumsetzung *f*

~ **shuffling device** BE-Umsetzvorrichtung *f*

~ **shuffling tube** BE-Umsetzrohr *n*

~ **site** *(in reactor core)* BE-Position *f (im Reaktorkern)*

~ **skip** Transportbehältereinsatz *m*

~ **slug** Brennstoffblock *m*

~ **sphere** Brennstoffkugel

~ **spray system** Brennstoff-(be)sprühsystem *n*

~ **storage building** Beckenhaus *n*, BE-Lagergebäude *n*

~ **storage pit bridge** (BE-) Manipulierbrücke *f*, BE-Bedienungsbühne *f*

~ **storage pit crane** Becken-(haus)kran *m*

~ **storage pond** *(SGHWR)*
BE-(Lager)Becken *n*

~ **storage pool** BE-(Lager)-
Becken *n*

~ **storage pool bridge**
Brennelementbedienungs-
bühne *f*, Manipulierbrücke *f*

~ **storage pool cooling and
clean-up system** (Lager)-
Beckenkühl- und -reinigungs-
system *n*

~ **storage pool cooling system**
(Lager)Beckenkühlsystem *n*

~ **storage pool filter** (Lager)-
Beckenfilter *m, n*

~ **storage pool filter holding
pump** Druckhaltepumpe *f* für
(Lager)Beckenfilter

~ **storage pool heat exchanger**
(Lager)Beckenkühler *m*,
Beckenwasserkühler *m*

~ **storage pool lining**
Brennstoff(lager)-
beckenauskleidung *f*

~ **storage pool pump** (Lager)-
Beckenpumpe *f*

~ **storage pool recirculation
pump** Brennstoff(lager)-
beckenreinigungspumpe

~ **storage rack** Brennelement-
gestell *n*

~ **storage tank port** *(LMFBR)*
Öffnung *f* zum BE-Lager-
behälter

~ **storage vault** Brennstoff-
Lagerraum *m*, Lagergruft *f*
new ~ **s. v.** L. für neue BE

~ **store** Brennelementlager *n*

~ **stringer** *(AGR, SGHWR)*
Brennelementsäule *f* mit
Verschluß

~ **stringer rack** *(SGHWR,
LMFBR)* BE-Säulen-
Lagergestell *n*

~ **subassembly decay store**
Brennelementabklinglager *n*

~ **subassembly flow alarm**
(LMFBR) Brennelement-
strömungswächter *m*

~ **subassembly top fitting**
(LMFBR) Brennelement-
kopf *m*

~ **subassembly transfer flask**
(LMFBR) Transportbüchse *f*,
-behälter *m* für
Brennelemente

~ **superheat assembly cluster**
Überhitzerelementbündel *n*

~ **supplier** BE-Lieferant *m*,
BE-Lieferfirma *f*

~ **support grid** Kernstützplatte *f*

~ **support piece** Brennelement-
Tragstück *n*

~ **surface** Brennstoffoberfläche *f*

~ **surface heat flux density**
Wärmeflußdichte *f* an der
Brennstoffoberfläche

~ **swelling SYN. fuel growth**
Schwellen *n* des Brennstoffs

~ **temperature** Brennstofftemperatur *f*
average ~ **t.** mittlere B.
center ~ **t.** Mittelpunkts-B.,
Temperatur im Mittelpunkt
des Brennstoffs
**maximum center-line
operating** ~ **t.** maximale
Brennstoffmitteltemperatur
im Betrieb

~ **temperature coefficient**
Brennstofftemperatur-
koeffizient *m*

negative ~ t. c. negativer B.

~ **thermal design calculation**
thermische Brennelement-
Auslegungsrechnung *f*

~ **throughput** Brennstoff-
durchsatz *m (durch
Kühlkanäle)*

~ **tilting** Brennelement-
schwenken *n (zum Aus- oder
Einschleusen)*

~ **tilt machine** *(PWR)*
BE-Schwenkmaschine *f*

~ **time constant** Brennstoff-
zeitkonstante *f*

~ **-to-fertile material ratio**
Brennstoff/Brutstoff-
Verhältnis *n*

~ **transfer between reactor
and fuel handling
stations**
Förderung *f* des Brennstoffs
zwischen Reaktor
und Brennelement-
transportstation

~ **transfer canal** Brennstoff-
schleuskanal *m*

~ **transfer carriage**
Brennelementtransportwagen
m, BE-Schleuswagen *m*

~ **transfer chute** Schräg-
schleuse *f*

~ **transfer coffin** (interner)
BE-Transportbehälter *m*

~ **transfer equipment**
BE-Transportanlage(n) *f(pl)*

~ **transfer gate** *(PWR)*
Beckenschütz *n*

~ **transfer machine** *(LMFBR)*
Brennelementhandhabungs-
maschine *f*, -umsetzmaschine *f*

~ **transfer penetration**

BE-Schleusendurchführung *f*

~ **transfer penetration tube**
BE-Schleusrohr *n*

~ **transfer port** *(LMFBR)*
Brennelementtransport-
öffnung *f*

~ **transfer system** Transfer-
einrichtung *f*,
BE-Transportsystem *n*

~ **transfer system tipping device**
(PWR) BE-Transportsystem-
Schwenkvorrichtung *f*

~ **transfer tube** *(PWR)*
Brennstoffschleuse(n)rohr *n*

~ **transfer tube drying space**
Schleusentrocknungsraum *m*

~ **transfer tube drying space
isolating valve** Trocknungs-
raumschieber *m*

~ **transfer tube outer sleeve**
Außenmuffe *f* der
BE-Schleuse

~ **transfer tube penetration**
Durchbruch *m oder*
Durchführung *f* für die
BE-Schleuse

~ **transfer tube valve control**
BE-Schleusen-Armatur-
steuerung *f*

~ **transfer tunnel** BE-Schleuse *f*

~ **transport flask** *(SGHWR)*
BE-Transportbehälter

~ **transport flask lid parking
position** Deckelabstellplatz *m*
für BE-Transportbehälter

~ **transport flask loading
position** Ladeplatz *m* für
BE-Transportbehälter

~ **transport tube** BE-Schleuse *f*

~ **unloading** BE-Entladen *n*

~ **upender** *(PWR)* BE-Aufstell-

vorrichtung f
~ **use charge** Brennstoff-
leihgebühr f
~ **utilization** Brennstoff-,
Spaltstoffausnutzung f
~ **value of fissile plutonium**
Brennstoffwert m des
spaltbaren Plutoniums
fuel-free shell brennstofffreie
Schale f
**fueling machine, fuelling
machine** (GB) SYN.
refuelling machine
BE-Wechselmaschine f
~ **vehicle** BE-Wechsel-
fahrzeug n
fuelled bundle corner rod
Brennstoff-Außenstab m
~ **zone** (LMFBR core)
Brennstoffzone f, mit
Brennstoff beschickte (oder
besetzte) Zone f
inner ~ z. innere B.
outer ~ z. äußere B.
fuelling (GB) SYN. **refueling**
BE-Wechsel m, Brennstoff-
beschickung f
off-load ~ B. bei abgeschaltetem (oder stillgesetztem)
Reaktor
on-load ~ B. unter Last oder
während des Betriebes
~ **cycle** Beladezyklus m
~ **machine** (GB) SYN. **refueling
machine** BE-Wechsel-
maschine f
~ **machine blow-down** Abblasen
n der BE-Wechselmaschine
~ **machine bridge** BE-Wechsel-
maschinenbrücke f
~ **machine magazine** (GB)

BE-Wechselmaschinen-
magazin n
~ **machine nose unit** Wechsel-
maschinen-Mündungseinheit f
~ **machine operations**
BE-Wechselvorgänge mpl
~ **machine pressure vessel**
BE-Wechselmaschinen-
-Druckflasche f
**fuel rod-to-fuel assembly
channel clearance** (BWR)
Spiel n zwischen Brennstab
und Brennelementkasten
fuel rod-to-rod clearance Spiel n
zwischen den einzelnen
Brennstäben
fuel-sodium reaction Brennstoff-
Natrium-Reaktion f
full 17×17 assembly core
(Westinghouse PWR) voller
Kern m aus 17×17
Elementen
~ **capacity positive displacement
pump** Vollast-Verdränger-
pumpe f
~ **capacity standby pump**
Volleistungs-Reservepumpe f
~ **core length vanadium
averaging detector** (CE PWR)
mittelwertbildender
Vanadiumdetektor m über die
volle Kernlänge
~ **flow and rated power** voller
Durchsatz m und
Nennleistung f
~ **flow condensate treatment
system** Kondensat-
Aufbereitungssystem n für die
volle Menge
~ **flow feedwater demineralizer**
Speisewasser-Vollentsalzungs-

anlage *f* für den vollen Strom
~ **flow return line**
Rücklaufleitung *f* für die volle
Menge
~ **internal water recirculation**
voll interner Wasserumlauf
~ **lifetime irradiation dose**
Bestrahlungsdosis *f* für die
volle Lebenszeit
~ **load condition** Vollast-
zustand *m*
~ **load recharging** Nachladen *n*
unter Vollast
~ **load reject** Vollastabwurf *m*
~ **load rejection without reactor
scram** Vollastabwurf *m* ohne
Reaktorschnellabschaltung
~ **load test** Vollastprüfung *f*
~ **load trial operation** Vollast-
Probebetrieb *m*
~ **power day (of operation)**
Vollasttag *m*
~ **power dose** Vollastdosis *f*
~ **power operating conditions**
Vollast-Betriebsbedingungen
fpl
~ **power Xe and Sm** (*USAEC*)
Vollast-Xe und Sm *n*
~ **power year** Vollastjahr *n*
~ **pressure containment**
Volldruckcontainment *n*,
Volldrucksicherheitshülle *f*
~ **pressure design steel structure**
für vollen Druck ausgelegte
Stahlkonstruktion *f*
(*Sicherheitshülle*)
~ **Pu core** Pu-Voll-Core *n*,
Voll-Pu-Kern *m*
~ **reactor power** Reaktor-
vollast *f*
~ **travel limit** (*control rod*)

Vollhubgrenze *f*
full-down position voll
eingefahrene Stellung *f*
(*Steuerstab*)
full-length absorber rod
vollängiger Absorberstab *m*
full-out position (*control rod*)
voll ausgefahrene Stellung *f*
full-strength control assembly
Steuerelement *n* voller Stärke
full-stroke movement
Vollhubbewegung *f*, volle
Hubbewegung *f* (*Steuerstab*)
full-up position (*control rod*)
voll ausgefahrene Stellung *f*
fully austenitic structure voll
austenitisches Gefüge *n*
~ **gasketed autoclave door** voll
mit Flachdichtungen
versehene Autoklaventür *f*
(*Schleuse*)
~ **inserted (control rod) position**
voll eingefahrene
(Steuerstab-)Stellung *f*
~ **integrated concept** integrierte
Bauweise *f*
~ **withdrawn** (*control rod*)
voll ausgefahren *oder*
ausgezogen
fume cupboard Absaugeschrank
m, Abzugsschrank *m*
~ **hood SYN. hood**
(Laboratoriums-, Rauch)-
Abzug *m*
function generator
Funktionsgeber *m*
functional unit
Funktionseinheit *f*
functioning capability
Funktionsfähigkeit *f*
furfuryl alcohol

Furfurylalkohol *m*
fusible link Schmelzsicherung *f*,
-draht *m*, -einsatz *m*
fusion Kernfusion *f*,
(Kern)Verschmelzung *f*
~ **reactor** (Kern)Fusions-
reaktor *m*

G

gadolinium Gadolinium *n*
(Neutronenabsorber)
~ **burnable poison** abbrennbares
Gadolinium-Reaktorgift *n*
~ **oxide** Gadoliniumoxid *n*
gadolinium-bearing rod
gadoliniumhaltiger Stab *m*
gag *(gas-cooled reactor)*
Kühlgasdrossel *f*
~ **for channel flow adjustment**
verstellbare K.
~ **cooling** *(LMFBR)*
Stopfenkühlung *f*
~ **motor** *(AGR)* Kühlgas-
drossel-Verstellmotor *m*
gagging pattern Stopfenmuster *n*
galling (Fest)fressen *n*
~ **between mating parts** F.
zwischen Paßteilen
gamma activity Gamma-
aktivität *f*
~ **activity monitor** Gamma-
aktivitätsüberwachungsgerät *n*
~ **background** Gamma-
hintergrund *m*
~ **compensated, boron coated**

**d.c. chamber for the high log
range** gammakompensierte
borbelegte Gleichstrom-
kammer *f* für den hohen
logarithmischen Bereich
~ **detector** Gammadetektor *m*
~ **dose rate** Gammadosis-
leistung *f*
~ **emitter** Gammastrahler *m*
~ **energy** Gammaenergie *f*
~ **energy discrimination**
Unterscheidung *f* für Gammaaktivität
~ **flux** Gammafluß *m*
~ **heating** Gammaheizung *f*,
-Aufheizung *f*
~ **radiation** Gamma-
strahlung *f*
capture ~ **r.** Einfang-G.
prompt ~ **r.** prompte G.
~ **radiation emitter** Gammastrahler *m*
~ **radiation level** Gamma-
strahlenpegel *m*
~ **radiation scanning SYN.
gamma scanning** Gamma-
strahlenabtastung *f*,
Gammaabsuche *f*
~ **radioactivity** Gamma-
Radioaktivität *f*
~ **ray** Gammastrahl *m*
~ **ray absorption**
Gammastrahlenabsorption *f*
~ **ray constant** Gammastrahlen-
konstante *f*
specific ~ **r. c.** spezifische G.
~ **scan(ning) SYN. gamma
radiation scanning** Gammaabsuche *f*
~ **shield(ing)** Abschirmung *f*
gegen Gammastrahlen

~ **spectrum** Gammaspektrum *n*

gang *v* **circulators together** *(gas cooled reactor)* (Gasumwälz)-Gebläse *npl* zusammenschalten

gap activity Spaltaktivität *f (im Brennstab)*

~ **conductance** *(fuel rod)* Spaltleitwert *m*

~ **heat transfer** Spaltwärme-übergang *m*

~ **heat transfer coefficient** Spaltwärmeübergangszahl *m*

~ **purge and sampling system** Spaltspül- und Gasproben-entnahmesystem *n*

~ **purge system** Spaltspül-system *n*

~ **suitable for air extraction** absaugbarer Spalt *m*

gas analyzer Gasanalysegerät *n*

~ **backup seal** Gas-Zusatzdichtung *f*

~ **balance system** Gasausgleichs-system *n*

~ **bearing auxiliary blower** gasgelagerter Hilfsventilator *m*

~ **bearing circulator** gasge-lagertes Umwälzgebläse *n*

~ **blanket** *(in a tank)* Schutzgaspolster *n*

establish *v a* ~ **b. in a tank** ein S. in einem Behälter aufbauen

~ **blanket system** Schutzgassystem *n*

~ **blower** Gasgebläse *n*

~ **bottle** Gasflasche *f*

~ **bottle pressurization** Druck-haltung *f* durch Gasflaschen

~ **bubble detection** Gasblasen-nachweis *m*

~ **centrifuge** Gaszentrifuge *f*

~ **centrifuge process** Gaszentrifugenverfahren *n* *(Isotopentrennung)*

~ **chromatograph** Gas-chromatograph *m*

~ **chromatography** Gas-chromatographie *f*

~ **circulator** Gas-Umwälz-gebläse *n*

~ **circulator diffusor** Gasgebläsediffusor *m*

~ **circulator drive motor** Gasgebläse-Antriebsmotor *m*

~ **circulator impeller** Gasgebläseläufer *m*

~ **circulator penetration** Gasgebläse-Durchführung *f*

~ **circulator turbine drive** Gasgebläse-Antriebsturbine *f*

~ **cleaning device** Gasreinigungseinrichtung *f*

~ **cloud explosion** Gaswolken-explosion *f*

~ **collection tank** Gassammel-behälter *m*

~ **compressor** Gaskompressor *m*

~ **control system** *(SGHWR)* Gasregelsystem *n*

~ **cooled reactor** gasgekühlter Reaktor *m*

~ **cooler** Gaskühler *m*

~ **decay tank** Gasabkling-behälter *m*

~ **decay tank release header** Gasabklingbehälter-Abblase-sammler *m*

~ **dehumidification** Gas-entfeuchtung *f*

~ **delay line** Gasverzögerungs-

strecke *f*
~ **detector** Gasspürgerät *n*
~ **dryer** Gastrockner *m*
~ **ducting** Gaskanäle *mpl*
~ **dynamic lubrication**
gasdynamische Schmierung *f*
~ **entrainment** Gasmitnahme *f*,
Gaseinschluß *m*
~ **evacuation of the main**
condenser Gasevakuierung *f*
des Hauptkondensators
~ **filter** Gasfilter *m, n*
~ **flow area** Gasströmungs-
fläche *f*
~ **flow counter** Gasdurchflußzähler *m*
~ **graphite reactor** Gas-
Graphitreaktor *m*
~ **gap** Gasspalt *m*
~ **injection** Begasung *f*
~ **injection line** Gaseinspeise-
leitung *f*, Begasungsleitung *f*
~ **injection line isolation valve**
Begasungsleitungs-
Absperrventil *n*
~ **leakage path** Gasleckage-
weg *m*
~ **lock** Gasschleuse *f*
~ **manifold** Gasverteilleitung *f*,
Gasverteiler *m*
~ **monitor** Gasmonitor *m*,
Gasüberwachungsgerät *n*
~ **(or helium) purification plant**
Gasreinigungsanlage *f*
~ **outlet header** Gasaustritts-
sammler *m*
~ **outlet temperature**
Gasaustrittstemperatur *f*
bulk ~ o. t. Massen-G.
~ **penetration port**
Gasdurchtrittsöffnung *f*

~ **permeability**
Gaspermeabilität *f*
~ **plenum** *(in CEA finger)*
Gasplenum *n*
~ **processing** Gasverarbeitung *f*
~ **pump** Gaspumpe *f*
~ **purification loop**
Gasreinigungskreislauf *m*
~ **purification system reflux**
Rücklauf *m* der
Gasreinigungsanlage
~ **purity** Gasreinheit *f*
~ **refrigerating machine**
Gaskältemaschine *f*
~ **relief valve** Gasentlastungs-
ventil *n*
~ **sampling system** Gasproben-
entnahmesystem *n*
~ **scrubbing** Gaswäsche *f*,
-waschung *f*, -reinigung *f*,
-berieselung *f*
~ **seal** Gasdichtung *f*
~ **separation circuit**
Gastrennungskreislauf *m*
~ **shuttle pipe** Gaspendel-
leitung *f*
~ **storage cylinder** Gasflasche *f*
~ **storage tank** Gaslager-
behälter *m*
~ **store** Gaslager *n*
~ **stripper** Entgaser *m*
(Abfallaufbereitung)
~ **stripper column** Entgaser-
kolonne *f*
~ **stripper condenser** Rücklauf-
kondensator *m*
~ **stripper condenser shell side**
temperature controller
mantelseitiger Entgaser-
kondensator-Temperatur-
regler *m*

~ **stripper extraction pump**
Entgaserabziehpumpe *f*

~ **stripper feed pump** Entgaser-
zuspeisepumpe *f*

~ **stripper gas cooler** Gaskühler
m für Entgaser

~ **stripper heating element**
Entgaserheizkörper *m*

~ **stripper preheater**
Rekuperativvorwärmer *m*

~ **stripper reflux condenser**
Entgaserrücklauf-
kondensator *m*

~ **stripping** Entgasung *f*

~ **suction nozzle** Gasansaug-
stutzen *m*

~ **supply derived from bottles**
aus Flaschen bezogene
Gasversorgung *f*

~ **sweep** Gas(be)spülung *f*

~ **system** Gassystem *n*

~ **tagging** *(fuel failure location)*
Gasmarkierung *f*

~ **turbine reactor** Gasturbinen-
reaktor *m*

~ **ultracentrifuge** Gas-Ultra-
zentrifuge *f*

~ **ultracentrifuge process**
Gasultrazentrifugenverfahren
n (Anreicherung)

~ **walls** *(HTR)* Gaswände *fpl*

gas-cooled fast breeder reactor
gasgekühlter, schneller
Brutreaktor *m*

~ **fast reactor** gasgekühlter,
schneller Reaktor *m*

~ **graphite-moderated reactor**
gasgekühlter graphit-
moderierter Reaktor *m*

~ **reactor technology** Technik *f*
der gasgekühlten Reaktoren

~ **solid-moderated**
high-temperature reactor
gasgekühlter feststoff-
moderierter Hochtemperaturreaktor *m*

~ **thermal reactor** gasgekühlter
thermischer Reaktor *m*

~ **twin reactor station** Kraftwerk
n mit zwei gasgekühlten
Reaktoren

gaseous activity gasförmige
Aktivität *f*

~ **diffusion** Gasdiffusion *f*

~ **diffusion plant** Gasdiffusions-
anlage *f (Isotopentrennung)*

~ **diffusion process**
Gasdiffusionsverfahren *n*

~ **effluents** Abgase *npl,*
gasförmige Abgabe *f*

~ **effluent purge** Ausblasen *n*
von Abgas(en)

~ **fission product** gasförmiges
Spaltprodukt *n*

~ **fission product generation**
Bildung *f* von gasförmigen
Spaltprodukten

~ **fission product release rate**
Freisetzungsrate *f* für
gasförmige Spaltprodukte

~ **impurities**
Gasverunreinigungen *fpl*

~ **phase** Gasphase *f*

~ **radioactive release**
Freisetzung *f oder* Abgabe *f*
(von) gasförmiger
Radioaktivität

~ **radioactivity** gasförmige
Radioaktivität *f*

~ **radwaste system** System *n* für
radioaktive Abgase,
Abgassystem *n*

~ **waste** Abgas *n*
~ **waste arising** Abgasanfall *m*
~ **waste disposal system**
  Abgasaufbereitungsanlage *f*
~ **waste holdup system** Abgas-
  Verzögerungssystem *n*
~ **waste processing**
  Abgasaufbereitung *f*
~ **waste release path** Weg *m* für
  die Abgasfreisetzung
~ **waste storage tank** Abgas-
  lagerbehälter *m*
~ **equalizing line** Gasausgleichs-
  leitung *f*
gasket removal tool Abzieh-
  werkzeug *n* für Dichtungen
gas-lubricated bearing Gaslager
  n, gasgeschmiertes Lager *n*
gastight coating gasdichter
  Hüllmantel *m*, gasdichte
  Beschichtung *f*
~ **double insulation
  incorporating continuous gap
  leakage monitoring** gasdichter
  Doppelabschluß *m* mit
  ständiger Lecküberwachung
  des Zwischenraums
~ **penetration** gasdichte
  Durchführung *m*, gasdichter
  Durchbruch *m*
~ **withdrawal tube** gasdichtes
  Durchzugsrohr *n*
gastightness test Gasdichtheits-
  prüfung *f*
**gate isolating the fuel transfer
  area** die BE-Übergabezone
  absperrendes Ventil *m (n)*
~ **valve** Schieber(ventil) *m (n)*
motor-operated ~ **v.** S. mit
  Motorantrieb, Motors.
~ **with fast-acting spring**

actuator S. mit Federspeicherantrieb
**GCFBR = gas-cooled fast
  breeder reactor** GSB,
  gasgekühlter schneller
  Brutreaktor *m*
G.C.R. = gas-cooled reactor
  gasgekühlter Reaktor *m*
gear coupling Bogenzahn-
  kupplung *f*
geared brake motor Getriebe-
  bremsmotor *m*
**Geiger-Müller counter (tube),
  Geiger-Müller tube SYN. GM
  counter** Geiger-Müller
  (= GM)-Zähler *m (oder
  -Zählrohr n)*
gel adsorber Gel-Adsorber *m*
general services building
  Kraftwerks-Hilfsanlagen-
  gebäude *n*
~ **environmental siting guide
  (for nuclear power plants)**
  (USNRC) allgemeine
  Richtlinie *f* für die
  Standortwahl (von KKW)
  nach Umwelt(schutz)gesichts-
  punkten
generation end Generatorseite *f*
~ **output** *(per reactor)*
  (USAEC) erzeugte Leistung
  f, Stromerzeugungsleistung *f*
  (pro Reaktor)
~ **time** Generationsdauer *f*,
  -zeit *f (DIN)*
**generic environmental impact
  statement** *(demanded by the
  US EPA)* generelle Erklärung
  f über die Umweltbelastung
~ **PSAR** allgemeiner vorläufiger
  Sicherheitsbericht *m*

generic review artspezifische
Überprüfung f

~ **safety report** genereller
Sicherheitsbericht m

genetic dose genetische Dosis f

geographical separation
räumliche Trennung f

geometric attenuation
geometrische Schwächung f

~ **buckling** *(USAEC)*
geometrische Flußwölbung f
(DIN)

~ **discontinuity** geometrische
Unstetigkeit f

geometrically safe geometrisch
sicher

geometry *(USAEC, ANS)*
Geometrie f *(DIN)*

~ **factor** Geometriefaktor m

gimbal type suspension
kardanische Aufhängung f

gland leak-off system
Stopfbuchsenabsaugung f

~ **seal system** Sperrdampf-
system n

~ **steam system** Sperrdampf-
system n

glanded pump Pumpe f mit
Stopfbuchse f

~ **type circulating pump**
(SGHWR) Stopfbuchs-
Umwälzpumpe f

globe valve Kugelarmatur f

glove box *(USAEC, UKAEA)*
Handschuh(arbeits)kasten m,
Schutzkasten m mit
eingebauten Handschuhen

"go, no go" interlocking
(nuclear process computer)
bei einem bestimmten
Grenzwert ansprechende

Verriegelung f

goods access door *(SGHWR)*
Materialschleuse f

good strength properties
(material) gute Festigkeits-
eigenschaften fpl

governor Drehzahlregler m
(Turbine)

~ **oil pumps** Drehzahlregler-
Ölpumpen fpl *(Turbine)*

grab (head) Greifer m

~ **actuator** *(SGHWR)*
Greiferantrieb m

~ **guide tube** *(SGHWR
refueling machine)* Greifer-
führungsrohr n

~ **hoist** Greiferhubwerk n

~ **jaw actuator shaft** *(SGHWR
refueling machine)* Greifer-
backenantriebswelle f

~ **linkage** Greifergestänge n

~ **mechanism at the end of
a vertical telescoping mast**
Teleskopgreifer m

~ **operating mechanism**
(SGHWR refueling machine)
Greiferbetätigungs-
mechanismus m

~ **position indication** Greifer-
stellungsanzeige f

~ **sample (of sodium and cover
gas)** *(LMFBR)* Greifprobe f
(von Natrium und Schutzgas)

~ **wrench** Greifschlüssel m

grabbing Greifen n

~ **groove** Greifnut f

grade of filtration
Filtrierungsgrad m

graduate chemist graduierter
Chemiker m *(KKW-Personal)*

grain boundary Korngrenze f

~ **boundary crack**
Korngrenzenriß *m*
~ **boundary diffusion**
Korngrenzendiffusion *f*
~ **growth** Kornwachstum *n*
~ **structure** Gefüge *n*
granular coating granulare
Beschichtung *f*
granulated basalt
Basaltgranulat *n*
graphite *(USAEC)* Graphit *m*
impermeable ~
undurchlässiger G.
isotropic ~ isotroper G.
low-permeability ~
weitgehend undurchlässiger
Graphit
pile grade A ~
Reaktorqualität A-G.
~ **abrasion** Graphitabtragung *f*
~ **block** Graphitblock *m*
~ **brick** *(UK)* Graphitblock *m*
~ **column** Graphitsäule *f*
~ **corrosion** Graphitkorrosion *f*
~ **corrosion inhibitor** Anti-
korrosionsmittel *n* für Graphit
~ **dust** Graphitstaub *m*
~ **fill** Graphiteinsatz *m*,
-füllung *f*
~ **guide tube** Graphitleitrohr *n*,
-führungsrohr
~ **inner sleeve** *(AGR)* innere
Graphitbuchse *f*
~ **matrix** Graphitmatrix *f*
~ **moderated helium-cooled
high-temperature reactor**
graphitmoderierter, heliumgekühlter Hochtemperatur-
reaktor *m*
~ **moderator** Graphit-
moderator *m*

~ **moderator matrix** Graphit-
moderatormatrix *f*
~ **oxidation** Graphitoxidation *f*
~ **permeability** Graphit-
permeabilität *f*,
-durchlässigkeit *f*
~ **reflector** Graphitreflektor *m*
~ **sampling equipment** Grahit-
Probenentnahmeanlage *f*
~ **shield(ing)** Graphit-
abschirmung *f*
~ **shrinkage** Graphit-
schrumpfen *n*
~ **sleeve** Graphithülse *f*
~ **sleeve disposal void**
Graphitlager *n* für den
Brennstoffabfall
~ **specimen** Graphitprobe *f*
~ **structure** Graphitstapel,
Graphitkonstruktion *f*
~ **sublimation point**
Sublimationspunkt *m* von
Graphit
~ **weight loss** Graphitgewichts-
verlust *m*
**graphite-coated uranium
particle,** graphitbeschichtete
Uranpartikel *f*
graphite-gas reactor
Graphit-Gasreaktor *m*
graphite-moderated reactor
graphitmoderierter Reaktor *m*
graphitization Graphitisieren *n*
grapple *v* **a fuel bundle** ein
BE-Bündel greifen
(BE-Wechselmaschine)
grapple(r) Greifer *m*, Greifvorrichtung *f* *(BE-Wechselmaschine)*
cable-operated ~ durch Kabel
betätigter G.

~ **hoist** Greiferhubwerk *n*,
Greiferwinde *f*

grappler-actuating tape Greifer-
betätigungsband *n*

grappler jaw Greiferbacke *f*

~ **position indicator** Greifer-
stellungsanzeiger *m*

grappling device Greifvorrichtung *f*

~ **knob** Greifknopf *m*

Grashof number Grashof-Zahl *f*

gravity Schwerkraft *f*

~ **drop system** S.-Einfallsystem
n (Steuerstäbe)

~ **filling** Füllung *f* durch
Schwerkraft

gray grau

"gray" absorber rod »grauer«
Absorberstab *m*

"gray" rod »grauer«
(Steuer)Stab

gray cast iron shield
Graugußschild *m*

~ **cast iron shield(ing)** Grauguß-
abschirmung *f*

green salt Urantetrafluorid *n*

grenz rays Grenzstrahlen

grid assembly *(Westinghouse
PWR fuel assembly)*
(Abstandhalter)Gitter *n*

~ **cell** Gitterzelle *f*

~ **material** Gitterwerkstoff *m*

~ **plate structure** Gitterplatten-
konstruktion *f*

~ **spacer** Gitter *n*, gitterförmiger
Abstandhalter *m*

~ **spring stiffness** *(PWR fuel
assembly)* federnde
Gittersteife *f*

~ **static stiffness** statische
Gittersteife *f*

~ **strength requirement**
Gitterfestigkeitsanforderung *f*

~ **support plate** *(HTGR)*
Gittertragplatte *f*

grinding to size (auf Maß)
Zuschleifen *n*

gripper (device) Greifer *m*,
Greifvorrichtung *f*

~ **mechanism** Greifer-
mechanismus *m*

~ **operating cylinder** Greifer-
Betätigungszylinder *m*

~ **tool** Greiferwerkzeug *n*
long-handled ~ G. mit langem
Stiel

~ **tube** Greiferrohr *n*

gross capacity factor Brutto-
Ausnützung *f*

~ **control** Grobsteuerung *f*

~ **gamma activity** Brutto-
Gammaaktivität *f*

~ **output**
Bruttoleistung *f*

~ **plant efficiency** Brutto-
wirkungsgrad *m* der Anlage

**ground deposition rate of fission
products** Bodenabsetz-
geschwindigkeit *f* von Spaltprodukten

~ **level plume concentration**
Abluftfahnenkonzentration *f*
in Bodenhöhe

~ **motion spectrum** Boden-
bewegungsspektrum *n*

~ **radiation level** Boden-
strahlungspegel *m*

~ **state** *(USAEC)*
Grundzustand *m*

~ **water level control pit**
Meßschacht *m* zur Kontrolle
des Grundwasserspiegels

group constant Gruppen-
konstante f
~ **diffusion method** Gruppen-
diffusionsmethode f
~ **of control elements** Gruppe f
von Steuerelementen
~ **removal cross section**
Gruppenverlustquerschnitt m
~ **transfer scattering cross
section** Gruppenübergangs-
querschnitt m
grout 1. unterstopfen,
2. Vergußmaterial n
grouting socket Verpreßstutzen
m, Einspritzstutzen m
"GS" process *(for heavy water
production)* »GS«-Verfahren
**GT-HTGR = gas turbine
high-temperature gas cooled
reactor** Gasturbinen-Hoch-
temperaturreaktor m
guaranteed core cooling system
(SGHWR) Kernnotkühl-
system n
~ **electrical system** Notstand-
anlage f, gesicherter
Eigenbedarf m
~ **feedwater pump** Noteinspeise-
pumpe f
~ **feedwater system** *(SGHWR)*
Notspeisesystem n
guard pipe Schutzrohr n
~ **rail** Schutzgeländer n
~ **vessel (around major primary
component)** *(LMFBR)*
Doppeltank m (um
Haupt-Primärkomponente)
~ **vessel system** *(LMFBR)*
Doppeltanksystem n,
Leckauffangsystem n
guide cap Führungskappe f

~ **plug** Führungsstopfen m
~ **rail** Führungsschiene f
~ **rod** Führungsstab m, -stange f
~ **spring** Distanzblattfeder f
~ **stud** *(Westinghouse PWR)*
(Deckel)Führungsstange f
~ **thimble** *(Westinghouse PWR)*
Führungsstab m *(für
Absorberfinger im BE)*
~ **tube** Führungsrohr n
~ **tube breech connection**
Führungsrohr-Verschluß-
verbindung f
~ **tube cover handling tool**
(Westinghouse PWR)
Leitrohr-Schutzdeckel-Hand-
habungswerkzeug n
~ **tube support plate**
(Westinghouse PWR)
Führungsrohr-Tragplatte f
**guillotine break of the primary
pipe** Primärleitungsrohrbruch
m mit glatter Durchtrennung,
Primärleitungs-Rundriß m

H

H_2 impurity
H_2-Verunreinigung f
H_2O adsorber H_2O-Adsorber m
~ **drain cooler**
H_2O-Entwässerungskühler m
~ **drainage pump**
H_2O-Entwässerungspumpe f
~ **drainage tank** H_2O-Ent-
wässerungsbehälter m
~ **level** H_2O-Pegel m

H₂O₂ analyser
H₂O₂-Analysator *m*

habitability *(of a control room)*
Besetzbarkeit *f (einer Warte
bei Störfällen)*

habitable area *(in a nuclear
plant)* Aufenthaltszone *f*

hafnium *(control rod absorber)*
Hafnium *n*

hairline crack Haarriß *m*

Halden effect Haldeneffekt *m*

half-life *(USAEC)*
Halbwertzeit *f*
biological ~ biologische H.
effective ~ effective H.
(DIN)
radioactive ~ radioaktive H.

**half-thickness SYN. half-value
thickness** *(USAEC)*
Halbwertschicht *f*,
Halbwertdicke *f*

~ layer *(UKAEA)* Halbwertschicht *f*, Halbwertdicke *f*

half-value layer Halbwertschicht
f, Halbwertdicke *f (DIN)*

**~ thickness SYN. half-thickness,
half-value layer**
Halbwertdicke *f*,
Halbwertschicht *f (DIN)*

**~ width of the resonance level
SYN. level width**
Halbwertbreite *f* der
Resonanzlinie, Niveaubreite *f*
(DIN)

halide leak detector test
Halogen-Dichtheitsprüfung *f*

halide *v* **leak test** mit Halogenen
auf Dichtheit prüfen

hall probe Hallsonde *f*

halogen Halogen *n*, Frigen *n*

~ counter Halogenzähler *m*

~ leak detector Halogen-
Leckprüfgerät *n*

~ release Halogenabgabe *f*,
-freisetzung *f*

~ removal system Halogen-
abscheidesystem *n*

~ sample Halogenprobe *f*

~ tracer gas test Halogen-
Dichtheitsprüfung *f*

hand and foot counter
(USAEC) Hand-Fuß-
Zähler *m*

~ and foot monitor
Hand-Fuß-Monitor *m*

~, foot, and clothing monitor
Hand-, Fuß- und Kleider-
Monitor *m*

~ insertion Einsetzen *n* von
Hand

~ switch Handschalter *m*

~ truck *(waste disposal
drumming station)*
Handkarren *m*

handle *(BWR fuel assembly)*
Griff *m*, Transportbügel *m*

handle *v* handhaben, meistern

handle *v* **plant start-up duty**
die Anlagen-Anfahr-
beanspruchung bewältigen

handling air lock Handhabungs-
schleuse *f*

~ control center Handhabungs-
leitstand *m*

~ device Handhabungs-,
Transporteinrichtung *f*,
Hebezeug *n*

~ dolly Transportlore *f*, -wagen
m, -rollwagen *m*

~ equipment Transporteinrichtung *f*

~ flask *(for irradiated fuel)*

(HTGR) (kraftwerksinterner) Transportbehälter *m*
~ **hall** Handhabungshalle *f*
~ **operation** Handhabungsvorgang *m*
~ **machine** Handhabungsmaschine *f*
~ **socket** *(LMFBR fuel assembly)* Transportgriff *m*, Steckverbindung für Betätigung *f*
~ **station** Handhabungsstation *f*
~ **system** Handhabungssystem *n*, betriebsinternes Transportsystem *n*
~ **time** Handhabungszeit *f*
~ **tool** Greifwerkzeug *n*
~ **trolley** Transportlore *f*, -wagen *m*
hand-operated auxiliary bridge Hilfsbrücke *f*, handbedient
hanger (Rohrleitungs-) Hänger *m*
hard chrome plating Hartchromauflage *f*
~ **radiation** harte Strahlung *f*
hardened protection baulicher Hochwasserschutz *m*
hardfacing SYN. deposition welding Auftragsschweißen *n*, Schweißplattierung *f*
~ **ground and polished to a mirror finish** spiegelglatt geschliffene und polierte S.
hardwired festverdrahtet *(Schaltung)*
hatch barrel Schleusenzylinder *m*
~ **penetration** (Luft-) Schleusendurchbruch *m*, -durchführung *f*

hazard Gefährdung *f*
  airborne dust ~ G. durch (radioaktiven) Flugstaub
  environmental ~ Umweltg.
  whole body ~ Ganzkörperg.
~ **s of ionizing radiations** G.durch ionisierende Strahlen
~ **to members of the public** G. für Teile der Allgemeinheit
~ **to personnel** G. des Personals
~ **to the power station environment** G. der Kraftwerksumgebung
  pose *v* **an undue** ~ eine unzulässige G. darstellen
  present *v* **a** ~ **to people living in the neighbourhood** eine G für in der Nachbarschaft Wohnende darstellen
~ **rating** *(of plant items)* Gefährdungsgrad *m*
HCDA = hypothetical core disruptive accident hypothetischer Störfall *m* mit Auseinanderreißen des Kerns
He (helium) leak test He (Helium)-Leckageprobe *f*
HeBR plant HeBR-Anlage *f*
head end Kopfteil *m*, Deckel *m*, obere Seite *f*
~ **fitting weldment** Deckelschweißkonstruktion *f*
~ **holding pedestals** Behälterabsetzböcke, Deckelabsetzböcke *mpl*
~ **insulation** (RDB-)Deckelisolierung *f*
~ **loop** Kopfkreislauf *m*, Deckel
~ **nut** Deckelschraubenmutter *f*
~ **piece** Kopfstück *n*
~ **spray** Deckelsprühanlage *f*

~ **spray line** Deckelsprüh-
leitung f
~ **tank** Ansaug-, Zulaufbehälter m
~ **vent** Deckelentlüftung f
header Sammler m
~ **space insulation** Sammelraum-
isolierung f
~ **space shield(ing)** Sammel-
raumabschirmung f
health hazard Gesundheits-
gefährdung f
~ **physics** *(UKAEA, USAEC)*
Personen-Strahlenschutz m
(DIN)
~ **physics equipment** Strahlen-
schutzausrüstung f
~ **physics laboratory** Strahlen-
schutzlabor n
~ **physics monitoring system**
Strahlenschutz-
Überwachungssystem n,
-anlage f
~ **physics station** Strahlenschutz-
station f, Strahlenschutz-
Kontrollpunkt m *(am Eingang
zur Kontrollzone)*
~ **physicist** Strahlenschutzphysiker m
**He and O₂ analyzer vacuum
pump** He- und O_2-Analysen-
gerät-Vakuumpumpe f
~ **and O₂ analyzer vacuum tank**
Vakuumbehälter m für He-
und O_2-Analysengerät
heat Wärme f
~ **of fusion** (latente)
Schmelzw., Schmelz-
enthalpie f
~ **of reaction** Reaktionsw.
decay ~ (Nach)Zerfallsw.

radiative ~ Strahlungsw.
stored ~ gespeicherte W.,
Speicherw.
carry *v* **decay** ~ **from the
reactor** Nachzerfallsw. aus
dem Reaktor abführen
extract *v* ~ W. abführen
give off *v* **(decay)**~ (Nach-
zerfalls-)W. abgeben (*oder*
entbinden *oder* freisetzen)
pick up *v* ~ **(from the reactor
coolant)** ~ W. aufnehmen (aus
dem Hauptkühlmittel)
produce *v* ~ *(of a reactor)* W.
erzeugen
reject *v* ~ W. abführen (*oder*
abgeben)
remove *v* **decay** ~ **from the
core** Nachzerfallsw. aus dem
Kern abführen
remove *v* ~ **from the primary
coolant in steam generators**
W. aus dem Primärkühlmittel
in Dampferzeugern abführen
heat balance technique Wärme-
bilanzverfahren n
~ **barrier** Wärmesperre f
~ **capacity** Wärmekapazität f,
-aufnahmevermögen n,
-aufnahmefähigkeit f,
Wärme f
~ **conduction** Wärmeleitung f
~ **conductivity** SYN. **thermal
conductivity** Wärmeleit-
fähigkeit f *(DIN)*
~ **dissipation to environment**
(USAEC) Wärmeabfuhr f
(oder -abführung f) an die
Umgebung
~ **duty** Wärmebelastung f
~ **exchange** Wärmeaustausch m

~ **exchange equipment** Wärme(aus)tausch(er)-anlage(n) *f(pl)*

~ **exchanger** Wärme(aus)-tauscher *m*
once-through ~ Zwangsdurchlauf-W.
single shell pass multiple tube pass ~ W. mit einem Durchgang auf der Mantelseite und mehreren auf der Rohrseite

~ **flow** Wärmestrom *m*, -fluß *m*

~ **flux** Wärmefluß *m*, Wärmestromdichte *f*
burnout ~ **f.** Wärmestrom-dichte beim Durchbrennen *(DIN)*
critical ~ **f., CHF, SYN. DNB** ~ **f.** kritische W. *(DIN)*
departure-from-nucleate-boiling ~**, DNB** ~ **SYN. critical** ~ kritische W. *(DIN)*
maximum allowable ~ maximal zulässige W.
maximum ~ maximale W.

~ **flux correlation** Wärmestrom-dichtekorrelation *f*

~ **flux density** Wärmestrom-dichte *f (DIN)*

~ **flux distribution** Wärmestrom-dichteverteilung *f*

~ **flux engineering subfactor** technischer Wärmestrom-dichte-Unterfaktor *m*

~ **generation** Wärmeerzeugung *f*

~ **load** Wärmebelastung *f*
receive *v* **the** ~ **from s. th.** die W. von etw. aufnehmen

~ **output SYN. thermal output** Wärmeleistung *f*

design ~ Auslegungs-W.
total ~ Gesamtw.

~ **output density** Wärme-leistungsdichte *f*

~ **production reactor** Wärme-erzeugungsreaktor *m*

~ **quantity** Wärmemenge *f*

~ **rate** spezifischer Wärme-verbrauch *m*

~ **rate test** Wärmeverbrauchs-versuch *m*

~ **removal** Wärmeabfuhr *f*
~ **from the reactor** W. aus dem Reaktor

~ **removal agent** Wärmeabfuhrmittel *n*

~ **removal capability** Wärme-abfuhrfähigkeit *f*, -vermögen *n*

~ **removal capacity** Wärme-abfuhrleistung *f*

~ **removal equipment** Wärme-abfuhreinrichtung *f*

~ **removal fluid** Wärmeabfuhr-medium *n*

~ **removal load** Wärmeabfuhr-belastung *f*
accommodate *v* **the** ~**s** die W-en *pl* aufnehmen

~ **removal loop** Wärmeabfuhr-kreislauf *m*, Kühlkreislauf *m*
forced-circulation ~ Zwangsumlauf-W.

~ **removal rate** Wärmeabfuhr-rate *f*, Wärmeabfuhrleistung *f*

~ **shield** Wärmeschild *m*, Wärmeabschirmung *f*

~ **sink** Wärmesenke *f*
structural ~ bauliche *oder* konstruktive W.

~ **source** Wärmequelle *f*

~ **tracing** (Rohrleitungs)-
Begleitheizung f

~ **tracing zone**
Begleitheizungszone f

~ **transfer** Wärmeübergang m,
-übertragung f,
-austausch m
enhance v **the ~ t.** den W
vergrößern (*oder*
verbessern)
forced convection ~ W. bei
erzwungener Konvektion
radiative ~ W. durch
Strahlung
transient ~ instationäre W.

~ **transfer area** Wärmeübergangsfläche f

~ **transfer behavior of the fuel
pellet** Wärmeübergangs-
verhalten n der Brennstofftablette

~ **transfer burnout** (*fuel
assembly*) Durchbrennen n

~ **transfer characteristic** Wärme-
übergangseigenschaft f

~ **transfer coefficient SYN.
coefficient of heat transfer**
Wärmeübergangszahl f (*DIN*)

~ **transfer duty** Wärmeleistung f,
Wärmeübertragungsleistung

~ **transfer performance** Wärme-
übergangsleistung f

~ **transfer property** Wärme-
übergangseigenschaft f

~ **transfer rate** Wärme-
übergangsleistung f
~ **per steam generator**
übertragene Wärmeleistung
pro DE

~ **transfer system** Wärmeübertragungssystem n

~ **transfer test** Wärme-
übergangsversuch m

~ **transmission (through s. th.)**
Wärmedurchgang m (durch
etw.)

~ **transmission coefficient SYN.
over(-)all heat transfer
coefficient** Wärme-
durchgangszahl f

~ **transport** Wärmetransport m,
Wärmeübertragung f, Wärme-
verfrachtung f

~ **transport cell** (*LMFBR*)
Wärmetransportzelle f

~ **transport medium** Wärme-
transportmedium n, Wärme-
transportmittel n

~ **trap** Wärmefalle f, -sperre f

~ **treatment** Wärmebehandlung f

heated feedwater vorgewärmtes
Speisewasser n

heater (*PWR pressurizer*)
Heizelement n
direct immersion ~
Direkteintauch-H.
electric ~ elektrisches H.
electric immersion ~
elektrisches Eintauch-H.

~ **capacity** Heizleistung f
installed ~ c. installierte H.

~ **group** Heizelementgruppe f
cut out v **~s** H-n abschalten
remove v **~ from service** H-n
aus dem Betrieb nehmen
(*oder* außer Betrieb setzen)

~ **pump** Heizerpumpe f,
Vorwärmerpumpe f

~ **rod** (*PWR pressurizer*)
Heizstab m

heating Aufheizung f,
Aufwärmung f

delayed-neutron ~ A. durch verzögerte Neutronen
uneven ~ **of fuel cans** ungleiche *oder* ungleichmäßige A. der Brennstabhüllen
heating cable Heizkabel *n*
~ **circuit** 1. Heizkreislauf *m*; 2. *el.* Heizschaltung *f*
~ **duct** Heizkanal *m*
~ **jacket** Mantelheizschale *f*, Heizmantel *m*
~ **register** Heizregister *n*
~ **room** Heizungsraum *m*
~ **surface bank** Heizflächenpaket *n*
~ **surface tube** Heizflächenrohr *n*
~ **system** Heizstrecke *f*, Heizsystem *n*
~ **tube bundle** Heizrohrbündel *n*
~, **ventilating, and air conditioning, HVAC** Heizung *f*, Lüftung *f* und Klimatisierung *f*
heat-insulating plate Wärmedämmblech *n*
heat-treatment control Wärmebehandlungskontrolle *f*
heat up *v* aufheizen
heat-up Aufheizung *f*
~ **and cooldown cycle** Aufwärm- und Abkühlzyklus *m*, wechselweises Aufwärmen *n* und Abkühlen *n*
~ **phase** Aufheiz- *oder* Aufwärmphase *f*
~ **rate** Aufwärmungs-, Aufheizgeschwindigkeit *f*
heavy concrete Schwerbeton *m*

~ **water, D₂O** (*USAEC*) Schwerwasser *n*, D_2O
degraded ~ **w.** abgereichertes S.
~ **water dissociated by radiolysis** radiolytisch zersetztes (*oder* dissoziiertes) S.
~ **water blanket gas system** Schwerwasser-Schutzgassystem *n*
~ **water cooler** Schwerwasserkühler *m*
~ **water inventory** (*SGHWR*) Schwerwasserausstattung *f*
~ **water moderated reactor** schwerwassermoderierter Reaktor *m*
~ **water organic cooled reactor** organisch gekühlter, schwerwassermoderierter Reaktor *m*
~ **water pressure tube reactor** Schwerwasser-Druckröhrenreaktor *m*
~ **water pressure vessel reactor** Schwerwasser-Druckkesselreaktor *m*
~ **water process facilities** Schwerwasser-Betriebsanlagen *fpl*, -einrichtungen *fpl*
~ **water reactor** Schwerwasserreaktor *m*
~ **water reactor power station** Schwerwasserreaktor-Kernkraftwerk *n*, KKW *n* mit Schwerwasserreaktor
~ **water upkeep** Schwerwasser-Instand-, -Unterhaltung *f*
~ **water vapour** (*SGHWR*) Schwerwasserbrüden *fpl*

helical electric power feeder
wendelförmige
Stromzuführung f

~ **fin** wendelförmige Rippe f

helical-coil type heat exchanger
gewendelter
Wärmeaustauscher m

helically coiled plain tubes
schraubenförmig gewickelte
Glattrohre npl, Wendel-
Glattrohre

helically-wrapped (with a wire)
(LMFBR fuel pin)
schraubenförmig (mit einem
Draht) umwickelt

helical-tube type steam
generator *(HTGR)* gewendelter Dampferzeuger m

helium, He Helium n, He

buffer ~ Pufferh.

carrier ~ Trägerh.

pressurized ~ *(SGHWR)*
Druckh.

valve actuation ~ Armaturen-
stellantriebsh.

helium backfill *(prepressurized*
PWR fuel rod) Helium-
füllung f

~ **balance line** He-Ausgleichs-
leitung f

~ **blanket** *(SGHWR)* Helium-
Schutzgaspolster n

~ **blanket pressure** Helium-
Schutzgaspolsterdruck m

~ **blanket space** *(SGHWR)*
Heliumschutzgasraum m

~ **bleed line** Heliumabzapf-,
-entnahmeleitung f

~ **bottle** *(US)* Heliumflasche f

~ **circuit** *(SGHWR)* Helium-
kreislauf m

~ **circulator** *(HTGR)* Helium-
umwälzgebläse f

~ **circulator turbine**
Heliumgebläseturbine f,
Gasumwälzgebläse-Antriebs-
turbine f

~ **compressor** *(HTGR,*
SGHWR) Heliumkompressor
m, Heliumverdichter m

~ **compressor auxiliary seal oil**
pump Heliumkompressor-
Dichtöl-Hilfspumpe f

~ **compressor lube oil pump** *(US*
HTGR) Heliumkompressor-
Schmierölpumpe f

~ **compressor lube oil reservoir**
Heliumkompressor-
Schmierölbehälter m

~ **compressor lubricating oil**
cooler Heliumkompressor-
Schmierölkühler m

~ **compressor seal oil cooler**
Heliumkompressor-
Dichtölkühler m

~ **compressor seal oil head tank**
Heliumkompressor-Dichtöl-
Zulaufbehälter m

~ **compressor seal oil pump**
Heliumkompressor-
Dichtölpumpe f

~ **compressor seal oil reservoir**
Heliumkompressor-
Dichtölbehälter m

~ **contaminant** Helium-
verunreinigung f

~ **control valve** Helium-
regelventil n

~ **coolant** Helium-
Kühlmittel n

primary ~ **c.** He-Primär-
kühlmittel

~ **coolant flow rate** Helium-Kühlmitteldurchsatz *m*

~ **coolant gas temperature** Helium-Kühlgastemperatur *f*

~ **coolant pressure differential** Helium-Kühlgas-Druckdifferenz *f*

~ **cooler** Heliumkühler *m*

~ **dehydrator unit** Helium-trockner *m*

~ **dehydrator unit molecular sieve** Heliumtrockner-Molekularsieb *n*

~ **dehydrator unit molecular sieve regenerating gas condenser** He-Trockner-Molekularsieb-Regeneriergas-kondensator *m*

~ **dehydrator unit regenerative heater** He-Trockner-Regenerativvorwärmer *m*

~ **dryer** Heliumtrockner *m*

~ **dump tank** Helium-Ablaßbehälter *m*

~ **dump valve** Helium-Ablaßventil *n*, -Schnellablaßventil *n*

~ **filling operation** Helium-füllvorgang *m*

~ **flow rate** *(HTGR, SGHWR)* Heliumdurchsatz *m*

~ **gas blanket** Heliumgas-polster *n*

~ **handling and storage system** Helium-Förder- und -Speichersystem *n*

~ **handling system** Helium-fördersystem *n*, Helium-transportsystem *n*

~ **handling system pumpdown oil absorber** Helium-fördersystem-Abpump-ölabscheider *m*

~ **isolation valve** Helium-absperrarmatur *f*

~ **leak detection** Helium-Leckprüfung *f*

~ **leak test** Dichtheitsprüfung *f* mit Helium, He-Leck-prüfung *f*

~ **leak-tight** heliumleckdicht

~ **make-up bottle** *(US HTGR)* Zusatzheliumflasche *f*, Helium-Zusatzflasche

~ **outlet nozzle** Helium-austrittsstutzen *m*

~ **permeability** Helium-durchlässigkeit *f*

~ **plant room** *(SGHWR)* Heliumanlagenraum *m*

~ **pressure buildup** Helium-druckaufbau *m*

~ **pressure differential** Helium-druckdifferenz *f*

~ **pressure excursion** Helium-druckexkursion *f*

~ **pressurized housing** unter Heliumdruck stehendes Gehäuse *n* *(Steuerantrieb)*

~ **purge flow** Helium-spülstrom *m*

~ **purge system** *(SGHWR)* Heliumaus-, -durchblase-, -spülsystem *n*

~ **purification dryer** Helium-reinigungstrockner *m*

~ **purification system** Helium-reinigungsanlage *f*

~ **purification system cavity** Helium-Reinigungs-anlagengrube *f*

~ **regulator** *(SGHWR)*
Heliumregler *m*

~ **"sniffer" test** Helium-
Schnüfflertest *m*

~ **storage and supply unit**
Helium-Speicher- und
-Versorgungsaggregat *n*

~ **supply system** Helium-
versorgungssystem *n*

~ **sweep gas** Heliumspülgas *n*,
Heliumregeneriergas *n*

~ **system** Heliumsystem *n*

~ **tank** Heliumbehälter *m*
low pressure ~ **t.** Nieder-
druck-, ND-Heliumtank

~ **transfer compressor** Helium-
förderkompressor *m*

~ **turbo-generator set** Helium-
turbosatz *m*

~ **unit** *(SGHWR)*
Heliumanlage *f*

helium-cooled breeder reactor
heliumgekühlter
Brutreaktor *m*

helium-cooled fast breeder
heliumgekühlter
Schnellbrüter *m*

helium-cooled reactor
heliumgekühlter Reaktor *m*

helix Wendel *f*

hemi-ellipsoidal halb elliptisch
(gewölbt), flach gewölbt,
Korbbogen- *(Behälterboden)*,
Klöpperboden-

hemispherical
halbkugelförmig, Halbkugel-
(Behälterboden)

~ **dome** halbkugelförmige
Kuppel *f (Sicherheitshülle)*,
Halbkugeldom *m*, Kalotten-
deckel *m*

~ **head** Halbkugeldeckel *m*,
Kalottendeckel *m*

**HEPA = high efficiency
particulate air** *(filter)*
Feinstluft *f*

hermetic seal hermetischer
Abschluß *m*

**heterogeneous fuel
configuration** heterogene
Brennstoffanordnung *f*

~ **molten-salt reactor**
Salzschmelz(en)reaktor *m*
(DIN)

~ **reactor** *(USAEC)* heterogener
Reaktor *m (DIN)*

hex = uranium hexafluoride
(UKAEA) Uran-
hexafluorid *n*

hex head bolt
Sechskantschraube *f*

hexagonal brick Sechskantstein
m (HTR-Graphit)

~ **column** *(HTGR)*
Sechskantsäule *f*

~ **duct tube** *(LMFBR fuel
assembly)* Hüllkasten *m*

~ **lattice** *(LMFBR)* hexagonales
Gitter *n*

~ **nut and locking tab**
Sechskantmutter *f* und
Arretierung *f*

~ **prism** *(HTGR)* hexagonales
Prisma *n*

high containment pressure trip
Schnellschluß *n* wegen zu
hohen Drucks im Sicherheitsbehälter

~ **differential temperature
across the primary
containment ventilation
system** hohe Temperatur-

differenz *f* über die Primär-
sicherheitshüllen-Belüftungs-
anlage
~ **enrichment initial core loading**
(SGHWR) hochangereicherte
Erstkernladung *f*
~ **flow rate differential between**
inlet and outlet hohe
Durchsatzdifferenz *f* zwischen
Ein- und Austritt
~ **flux operation** Betrieb *m* bei
hohem Neutronenfluß
~ **flux reactor** Hochflußreaktor
m (DIN)
~ **flux trip circuit** Schnell-
schlußschaltung *f* für zu
hohen Fluß
~ **grade heat** hochwertige
Wärme *f*
~ **head safety injection system**
(PWR) Hochdruck-
Sicherheitseinspeisesystem *n*
~ **inventory of fission products**
hoher Spaltprodukt-
bestand *m*
~ **level in scram discharge**
volume hoher Wasserstand *m*
beim Schnellschluß
~ **level solid waste** hochaktiver
fester Abfall *m*
~ **level trip** Auslösung *f* für
maximalen Grenzwert
~ **level waste store** Lager *n* für
hochaktiven Abfall
~ **linear power pressure trip**
Schnellschluß *m* wegen zu
hohem Längenleistungspegel
~ **local power density trip**
Schnellschluß *m* wegen zu
hoher örtlicher
Leistungsdichte

~ **logarithmic power level trip**
Schnellschluß *m* wegen zu
hohem logarithmischem
Leistungspegel
~ **moisture trip** Auslösung *f*
oder Schnellschluß *m* bei (zu)
hoher Feuchtigkeit
~ **neutron flux** hoher
Neutronenfluß *m*
~ **pressure in the reactor**
containment hoher Druck *m*
in der Reaktor-Sicherheitshülle
~ **pressurizer pressure trip**
Schnellschluß *m* wegen
zu hohem Druckhalter-
druck
~ **probability of operation when**
needed hohe
Wahrscheinlichkeit *f* des
Betriebs im Bedarfsfall
~ **purity collection tank**
(SGHWR) Sammel-
behälter *m* für schwach
aktive Abwässer
~ **radioactivity** Hochaktivität *f*
~ **reactor pressure** zu hoher
Reaktordruck *m*
~ **reliability relay** Relais *n* von
hoher Betriebssicherheit
~ **steam generator water level**
trip Schnellschluß *m* wegen zu
hohem Dampferzeuger-
wasserstand
~ **strain rate behavio(u)r**
(materials) Verhalten *n* mit
hoher Dehnungsgeschwindig-
keit
~ **velocity nozzles**
Hochgeschwindigkeits-
düsen *fpl*

high-active waste *(SGHWR)*
  hochaktiver Abfall *m*
high-activity waste(s) hochaktive
  Spaltproduktlösungen *fpl*,
  abfallstoffe *mpl*
high-burn-up fuel rod
  Brennstab *m* mit hoher
  Abbrandleistung
high-capacity breeder
  Hochleistungsbrüter *m*
high-efficiency aerosol filter
  Hochleistungs-Schwebstoff-
  filter *m*
~ filter
  Hochleistungsfilter *m*
~ particle filter Teilchen-
  Feinstfilter *m*
~ particulate air filter
  Luftfilter *m* mit hohem
  Wirkungsgrad
high-energy neutrons
  hochenergetische
  Neutronen *npl*
higher chain products künstliche
  Transurane *npl*,
  die beim Reaktorbetrieb
  entstehen; schwere
  Isotope *npl*
highest-enriched fuel assembly
  höchstangereichertes
  Brennelement *n*
highly radioactive hochgradig
  radioaktiv
high-nickel iron-base alloy
  hochnickelhaltige Eisenbasis-
  legierung *f*
high-performance jet pump
  (BWR) Hochleistungsstrahl-
  pumpe *f*
high-pressure compressor
  Hochdruckverdichter *m*

~ coolant injection *(BWR)*
  (HD-) Noteinspeisung *f*
~ coolant injection pump
  HD-Noteinspeisepumpe *f*
**~ coolant injection pump
  turbine** HD-Noteinspeise-
  pumpenturbine *f*
**~ coolant injection system
  (BWR) SYN. HPCI system**
  Hochdruck-Noteinspeise-
  system *n*
turbine driven ~ c. i. s. H. mit
  Turbinenantrieb
~ coolant injection turbine
  HD-Noteinspeiseturbine *f*
~ cooler (*or* **heat exchanger**)
  HD-Kühler *m*
~ core spray system HD-Kern-
  sprühanlage *f*
~ evaporator HD-
  Verdampfer *m*
~ hydraulic supply line
  HD-Hydraulikspeiseleitung *f*
~ outlet header HD-Austritts-
  sammler *m*
~ penetration Hochdruckdurch-
  führung *f*
~ safety injection pump
  HD-Sicherheitseinspeise-
  pumpe *f*
~ seal Hochdruckdichtung *f*
~ shaft seal Hochdruck-Wellen-
  abdichtung *f*
~ steam superheater
  HD-Dampfüberhitzer *m*
**high-resolution Ge(Li)
  spectrometer system**
  Ge(Li)-Spektrometersystem
  n hoher Auflösung
high-speed centrifuge
  Ultrazentrifuge *f*

~ **condensate demineralizer system** Hochgeschwindigkeits-Kondensatentsalzungsanlage f

~ **insertion of the control rods** Schnelleinfahren n der Steuerstäbe

~ **operational recorder** Störungs-Schnellschreiber m

high-temperature ambient of the reactor Hochtemperatur-umgebung f des Reaktors

~ **charcoal filter-adsorber** *(HTGR)* Hochtemperatur-Aktivkohlefilter-Adsorber m

~ **embrittlement** Hochtemperaturversprödung f

~ **gas-cooled reactor with helium turbine SYN. GT-HTGR** gasgekühlter Hochtemperaturreaktor m mit Heliumturbine

~ **nuclear power station** Hoch-temperatur-Kernkraftwerk n

~ **pebble-bed reactor** Kugelhaufen-Hoch-temperaturreaktor m

~ **reactor, HTR** Hochtemperaturreaktor m, HTR *(DIN)*

~ **reactor for iron-ore smelting** Hochtemperaturreaktor m zur Eisenerzverhüttung

~ **resistant** hochtemperatur-beständig

~ **(-resistant) steel** hochwarmfester Stahl m

~ **strength** *(steel)* Warmfestigkeit f *(Stahl)*

high-vacuum evaporator process Hochvakuum-Verdampfer-verfahren n

~ **melting** Hochvakuum-schmelzen n

high-value width of the resonance level Halbwerts-breite f der Resonanzlinie

high-voltage unit Hochspannungsgerät n

hinged pressure relief panel Berstklappe f, Explosionswand f

hoist chair Transportsitz m, Hebesitz m

~ **drive mechanism** Hubspindel-aggregat n, Hebezug m

hold v **an outage to reasonable length** einen Stillstand auf eine angemessene Dauer beschränken

~ **a valve closed** eine Armatur (Ventil) geschlossen halten

~ **in cruciform array** *(BWR control rod)* in einer kreuzförmigen Anordnung halten

~ **the core subcritical** den Kern unterkritisch halten

~ **the envelope of the (fuel) assembly constant** die Umhüllende des Brennelements konstant halten

~ **the reactor power level constant** den Reaktor-leistungspegel konstant halten

~ **the voltage drop to 5 % for the first second after loss of power** während der ersten Sekunde nach dem Strom-ausfall den Spannungsabfall auf 5 % halten

hold pump 1. Mindestmengen-
pumpe *f;* 2. (Anschwemm-
filter-)Haltepumpe *f*

hold-down spring *(PWR)*
Niederhaltefeder *f*

hold up *v* **isotopes in a carbon
bed** *(SGHWR)* Isotope *npl* in
einem Aktivkohlebett
zurückhalten

hold(-)up 1. Zwischen-
speicherung *f;* 2. Verzögerung *f*

~ **of fission products** V. von
Spaltprodukten

hold-up pipe Abklingstrecke *f*

~ **system** Verzögerungsanlage *f,*
-strecke *f*

~ **tank** Abkling-, Verweil-,
Sammelbehälter *m*

~ **building** Sammelbehälter-
gebäude *n*

~ **time** Verzögerungszeit *f*
30-minute ~ V. von 30
Minuten, 30-Minuten-V.

hollow cylinder
Hohlzylinder *m*

~ **fuel pellet** hohle Brennstofftablette *f*

~ **pushrod** Hohlkolben *m*

~ **shaft** Hohlwelle *f*

hollowness ratio *(fuel)*
Hohlheitsverhältnis *n*

home *v* **on to** *(refuelling
machine)* anfahren, anpeilen

homogeneous reactor
homogener Reaktor *m (DIN)*

hood SYN. **fume hood**
(USAEC) (Rauch)Abzug *m,*
Laboratoriumsabzug *m*

hoop stress *(vessel)*
Ringspannung *f*

hopper Fülltrichter *m*

horizontal acceleration
Horizontalbeschleunigung *f*

~ **earthquake load** horizontale
Erdbebenlast *f*

~ **ground acceleration**
horizontale Boden-
beschleunigung *f*

~ **support column** Horizontal-
Tragstütze *f*

~ **transfer track** waagrechte
Verschubbahn *f*

~ **transfer tube** horizontales
BE-Schleusrohr *n*

~ **vent** horizontale
Kondensationsöffnung *f*

hose piece Endstück *n* der
Bremselemente

hot *(USAEC)* 1. »heiß«
= hochradioaktiv, hochgradig
radioaktiv; 2. betriebswarm

~ **atom chemistry**
Chemie *f* hochradioaktiver
Stoffe

~ **box dome** Gasführungsdom *m*

~ **cell** heiße Zelle *f*

~ **cell environmental control
equipment** *(US Demo
LMFBR)* Heißzellen-
Umgebungsüberwachungs-
anlagen *fpl*

~ **channel** heißer Kanal *m;*
Kühlkanal

~ **channel effect** Kanal-
überhitzung *f*

~ **channel factor** Heißkanal-
faktor *m,* Kühlkanalfaktor *m,*
wärmetechnischer Sicherheitsfaktor *m*

transient nuclear ~ **c. f.**
instationärer H.

~ **critical reactor** heiß-kritischer Reaktor *m*

~ **exit gas** *(HTR)* heißes Austrittsgas *n (HTR)*

~ **full-power flow** *(PWR core)* heißer Volleistungsdurchsatz *m*

~ **gas blower** Heißgasgebläse *n*

~ **gas channel** Heißgaskanal *m*

~ **gas header** Heißgassammler *m*

~ **gas line** *(HTGR)* Heißgasleitung *f*

~ **gas measuring point** Heißgasmeßstelle *f*

~ **gas penetration** Heißgasdurchführung *f*

~ **gas plenum** Heißgasraum *m*, Heißgas-Sammelraum *m*

~ **gas supply duct** Heißgaszuführungskanal *m*

~ **gas temperature** Heißgastemperatur *f*

~ **gas temperature control** Heißgastemperaturregler *m*

~ **header** warmer Sammler *m*

~ **helium plenum chamber** *(HTGR)* Heißhelium-Sammelkammer *f*

~ **laboratory** *(USAEC)* heißes Labor *n*

~ **laundry** Reinigungsanlage *f* für kontaminierte Kleider, heiße Wäscherei *f*

~ **leg** *(PWR coolant loop)* heißer Strang *m*

~ **machine shop** »heiße« mechanische Werkstatt *f*, mechanische Werkstatt *f* im Kontrollbereich

~ **machine shop crane** Kran *m* in der »heißen« mech. Werkstatt

~ **pressing** Warmpressen *n*

~ **shutdown** Abfahren *n* aus heißem Zustand
be *v* **at** ~ **s.** sich im heißen Abschaltzustand befinden
maintain *v* **the plant at** ~ **s.** die Anlage im heißen A. halten

~ **shutdown condition** heißer Nachkühlzustand *m*

~ **spot** Heißstelle *f*, Spitzenlastpunkt *m*

~ **spot factor** Wärmestrom-Dichtefaktor *m (DIN)*
~ **for a fuel assembly** W. für ein Brennelement
~ **for a reactor core** W. für die Spaltzone eines Reaktors

~ **standby (condition)** (*or* state) heißer Bereitschaftszustand *m*
bring *v* **the secondary system to the** ~ **s.** die Sekundäranlage in den h. B. versetzen
shut *v* **the plant down to the** ~ **s.** die Anlage auf den h. B. ab- *oder* herunterfahren

~ **startup check list** Prüfliste *f* für Warmstart

~ **startup procedure** Warmstartvorgang *m*

~ **subcritical condition** heißer unterkritischer Zustand *m*

~ **testing** Heißprüfung *f*

~ **test loop installation** *(for reactor pumps)* Heiß-Versuchskreislaufanlage *f*

~ **trap** Heißfalle *f*

~ **water fissure test** Heißwasserrißtest *m*

~ **water-heated superheater**

warmwasserbeheizter
Überhitzer *m*

~ **wire** Heizdraht *m*

~ **workshop** radioaktive *(oder*
»heiße«*)* Werkstatt

**HTGR = high-temperatur
gas-cooled reactor** gas-
gekühlter Hochtemperatur-
reaktor *m*

**HTR = high temperature
(gas-cooled) reactor**
(UKAEA) (gasgekühlter)
Hochtemperaturreaktor *m*,
HTR *(DIN)*

HTR with gas turbine HTR mit
Gasturbine

HTR adsorber rod
HTR-Adsorberstab *m*

human damage Körperschaden
m (durch Strahlung)

hydrating coal gasification
hydrierende Kohlevergasung *f*

hydraulic accumulator
Hydraulikspeicher *m*

~ **accumulator charging pump**
Hydraulikspeicher-
Füllpumpe *f*

~ **balance system** *(US LMFBR)*
hydraulisches
Ausgleichssystem *n*

~ **baler** hydraulische
(Festabfall)Presse *f*

~ **circuit** Hydraulikkreislauf *m*

~ **control unit** hydraulische
Steuereinheit *f*

~ **control rod drive system**
hydraulisches Steuerstab-
antriebsystem *n*

~ **core design** strömungs-
technischer Kernaufbau *m*,
hydraulische Kernauslegung *f*

~ **flow test** hydraulische
Strömungsprüfung *f*

~ **flange stud tensioner**
hydraulische Schrauben-
vorrichtung *f*

~ **fluid** Hydraulikflüssigkeit *f*

~ **fluid power unit** (Hydraulik)-
Flüssigkeitspumpenaggregat *n*

~ **fluid pump** Drucköllpumpe *f*

~ **fluid storage tank** Hydraulik-
flüssigkeit-Lagerbehälter *m*

~ **hammer SYN. water hammer**
Wasserschlag *m*

~ **heat transfer computational
model** Rechenmodell *n* für
Strömungsmechanik und
Wärmeübergang

~ **hold-down system** *(US
LMFBR)* hydraulisches
Niederhaltungssystem *n*

~ **instability** hydraulische
Instabilität *f*

~ **lift** *(PWR fuel assembly)*
Aufschwimmen *n*

~ **motor** Hydraulikmotor *m*,
Hydromotor *m*,
Druckölmotor *m*

axial piston type ~ m.
Axialkolben-H.

reversible ~ m. umsteuer-
barer H.

~ **motor power unit**
Hydromotor-Antriebs-
aggregat *n*

~ **motor slippage** Hydromotor-
schlupf *m*

~ **operating pressure**
hydraulischer Betriebs-
druck *m*

~ **power unit** Hydraulik-
Antriebsaggregat *n*

~ **press-baling machine**
hydraulische Ballenpresse f
~ **pressure test SYN.** *US*
hydro(static) test Wasserdruckprobe f, Abdrücken n
~ **pressure test pump**
Abdrückpumpe f
~ **pumping unit** Hydraulik-
pumpensatz m
~ **shock SYN. water hammer**
Wasserschlag m
~ **storage tank** Hydraulik-
speicher(behälter) m
~ **stud tensioner** hydraulischer
Schraubenspanner m,
hydraulische Schraubenspannvorrichtung f
~ **stud tensioner shield ring**
Abschirmung f an der
hydraulischen Schrauben-
spannvorrichtung
~ **supply system** Hydraulik-
Versorgungssystem n
~ **test** hydraulische
Abpreßprobe f
~ **vibration** Schwingungen *fpl*
durch Wasserströmung
hydraulically actuated locking
piston type drive mechanism
Antriebsmechanismus m mit
hydraulisch betätigtem
Sperrkolben
~ **driven control rod** hydraulisch
angetriebener Steuerstab m
~ **operated isolating valve**
Hydraulikabsperrschieber m
hydraulics Hydraulik f
hydrazine addition
Hydrazinzugabe f
hydride buildup Hydrid-
aufbau m

~ **separation** Hydrid-
ausscheidung f
hydriding Aufhydrierung f,
Wasserstoffabsorption f
(Hüllenwerkstoff)
~ **behavio(u)r** Wasserstoff-
absorptionsverhalten n
hydrodynamic mechanical seal
hydrodynamische Gleitringdichtung f
~ **nuclear noise** hydrodynami-
sches nukleares Rauschen n
hydrogen, H Wasserstoff n, H
to inject ~ into the main
coolant W. in das Hauptkühlmittel einspeisen, dem Kühlmittel W. zugeben
~ **absorption** Wasserstoff-
aufnahme f
~ **and oxygen analyzer**
Wasserstoff- und Sauerstoff-
Analysengerät n
~ **battery** Wasserstoffbatterie f
~ **blanket** *(in PWR surge tank)*
Wasserstoffpolster n
~ **bottle** *(US)* Wasserstoff-
flasche f
~ **control** Wasserstoffkontrolle f
~ **detection** Wasserstoff-
nachweis m
~ **detector** Wasserstoff-
Nachweiseinrichtung f,
Wasserstoffspürgerät n
~ **embrittlement** Wasserstoff-
versprödung f
~ **line isolation valve**
Wasserstoffleitungs-Absperr-
armatur f
~ **manifold** Wasserstoff-
verteiler m
~ **meter** Wasserstoff-Meßgerät n

~ **overpressure** *(SGHWR shield cooling system)* Wasserstoff-Überdruck *m*

~ **/oxygen catalytic recombiner** *(SGHWR)* katalytische Wasserstoff/Sauerstoff-Rekombinationsanlage *f*

~ **/oxygen recombination** Rekombination *f* von Wasserstoff und Sauerstoff

~ **permeation** Wasserstoffdurchdringung *f*

~ **purification** Wasserstoffreinigung *f*

~ **recombiner** *(USAEC)* Wasserstoff-Rekombinationsanlage *f*

hydrogenous wasserstoffhaltig

hydrolysis Hydrolyse *f*

hygrometer Hygrometer *n*

hydrostatic sodium bearing *(US LMFBR)* hydrostatisches Natriumlager *n*

~ **non-contact bearing** *(BWR)* hydrostatisches Radiallager *n*, berührungsloses Wasserlager *n*

~ **pressure testing** Abdrücken *n* mit Flüssigkeiten, Wasserdruckprobe *f*

~ **test pressure** (Wasser)Prüfdruck *m*

hydrotest *v* SYN. **test** *v* **hydraulically** *or* **hydrostatically** abdrücken, einer Wasserdruckprobe unterziehen

hydroxyl-form anion resin Anionen-Austauscherharz *n* der Hydroxylform

hypochlorite storage tank Hypochlorit-Lagerbehälter *m*

hypothetical accident hypothetischer Unfall *m*

I

ice condenser containment system *(Westinghouse)* Eiskondensator-Sicherheitshüllensystem *n*

~ **condenser module** *(Westinghouse)* Eissilo *m*

~ **condenser reactor containment** Eiskondensator-Reaktorsicherheitshülle *f*

~ **condenser support floor** Eiskondensator-Tragdecke *f*

~ **condenser system** Eiskondensationssystem *n*

iced containment Eiscontainer *m*

ICI (= in-core instrument) assembly Kerninstrumentierungs-Baugruppe *f*

identification mark *(on BWR fuel bundle lower tie plate)* Kennzeichen *n*, Kennzeichnung *f*

identified leakage erkannte Leckage *f*

identify *v* **the major points of similarity and difference** die Hauptähnlichkeiten und -unterschiede herausfinden

IDS (= interim decay storage) facility *(LMFBR)* Zwischenabklinglager *n*

IDS support structure *(US

LMFBR) Zwischenabkling-
lager-Tragkonstruktion *f*

IEM (= interim examination/
maintenance) cell *(LMFBR)*
Zwischenprüf- und
-wartungszelle *f*

IHX = intermediate heat
exchanger *(LMFBR)*
Zwischenwärmetauscher *m*

IHX guard vessel *(US Demo*
LMFBR) Zwischenwärme-
tauscher-Doppeltank *m*

imbalance of the rotor assembly
(coolant pump) Unwucht *f*
des Läuferstrangs

imbedded sleeve *(piping*
penetration) eingegossene
Muffe *f*

immediate off-site environment
unmittelbare Umgebung *f* des
Kraftwerksgeländes *(oder*
-standortes)

immersion cooler Tauch-
kühler *m*

~ **density** Eintauchdichte *f*

~ **plate** Tauchplatte *f*

impact bending strength
Schlagbiegezähigkeit *f*

~ **cross section** Stoßquer-
schnitt *m*

~ **energy** Stoßenergie *f*
absorb *v* the ~ **e.** die S.
aufnehmen

~ **load** Stoßbelastung *f*

~ **plate** Prall-, Stoßplatte *f*

~ **resistance** Schlagfestigkeit *f*

~ **specimen** Schlagprobe *f*

~ **test** Kerbschlagversuch *m*

impeller and coupling puller
assembly *(Westinghouse*
reactor coolant pump tool)

Laufzeug- und Kupplungs-
Ausziehgerät *n*

~ **nut socket wrench**
Steckschlüssel *m* für
Laufradmutter

~ **removal device** Läufer-
Ausbauvorrichtung *f*

impingement Aufprall *m*,
Beaufschlagung *f*

~ **baffle** Prallblech *n*

impinging flashing jet
aufprallender *oder* -treffender
ausdampfender Strahl *m*

implementation of loading
criteria Erfüllung *f* der
Belastungskriterien

importance function
Einflußfunktion *f*

improper cooling of the fuel
elements nicht ordnungsgemäße Kühlung *f* der BE

improved nuclear material
veredeltes Kernmaterial *n*

impurities *pl* Verunreinigungen *fpl*
chemical ~ chemische V.

impurity Verunreinigung *f*

~ **concentration**
Verunreinigungs-
konzentration *f*

~ **level** Verunreinigungs-
pegel *m*
maintain *v* the ~ **l. in the**
primary loop to less than ...
ppm den V. im
Primärkreislauf auf unter ...
ppm halten

inaccessible unbegehbar

~ **area** nicht begehbarer
Bereich *m*

~ **reactor building** nicht

begehbares Reaktor-
gebäude *n*

inactive (= cold) laboratory
inaktives Labor *n*

inadvertent maloperation
Fehlbedienung *f* durch
Unachtsamkeit

inception of transition boiling
Beginn *m oder* Einsetzen *n*
des Übergangssiedens

in-channel moderator coefficient
Moderatorkoeffizient *m* im
Kanal

~ **water** Wasser *n* im Kanal
(*oder* im BE-Kasten)

incident Störfall *m*, Unfall *m*,
Zwischenfall *m*

~ **shock wave** aufprallende *oder*
-treffende Stoßwelle *f*

incineration Verbrennung *f (von
Abfällen)*

incipient accident sich
anbahnender Unfall *m*

inclined (fuel) transfer tube
schräges *oder* geneigtes (BE-)
Schleusrohr *n*

inclusions Einschlüsse *mpl*

incoherent scattering
inkohärente Streuung *f*

incompressible flow
inkompressible Strömung *f*

~ **fluid** inkompressibles Fluid *n*
(*oder* Medium *n*)

incondensible nicht
kondensierbar

~ **gases** nicht kondensierbare
Gase *npl*

Inconel reflector *(LMFBR fuel
pin)* Inconelreflektor *m*

~ **spring clip grid assembly**
(Westinghouse PWR fuel

assembly) federndes *oder*
gefedertes Inconel-Abstand-
haltergitter *n*

Inconel-X expansion spring
Drehfeder *f* aus Inconel-X

inconsequential target *(ANS)*
Ziel *n* ohne Folgeschäden,
unschädliches Ziel *n (für
Splitter)*

**in-containment heat transport
system** *(US LMFBR)*
sicherheitshülleninternes
Wärmetransportsystem *n*

in-core detector kerninnerer
Detektor *m*

~ **detector assemblies**
Kerninnenüberwachungs-
einheiten *fpl*, In-Core-
Überwachungseinheiten *fpl*

~ **experiment** Versuch *m* im
Kern

~ **flux instrumentation thimble**
Gehäuserohr *n* für Kernfluß-
messungsgeräte

~ **flux monitor** kerninneres
Neutronenfluß-Über-
wachungsgerät *n*

~ **flux monitor replacement**
Austausch *n* des kerninneren
Neutronenfluß-
Überwachungsgerätes

~ **fuel life** Lebensdauer *f* des
Brennstoffs im Kern

~ **fuel management** BE-Einsatz-
planung *f*, kerninnere
Brennstoffbeschickung *f*

~ **instrument assembly** *(CE
PWR)* SYN. ICI assembly
Kerninstrument-Baugruppe *f*

~ **instrumentation** Kern(innen)-
instrumentierung *f*

~ **instrumentation detector**
Kerninneninstrumentierungs-
detektor *m*

~ **instrumentation lead**
Kern(innen)meßleitung,
In-Core-Meßleitung *f*

~ **instrumentation nozzle**
Kern(innen)-
instrumentierungsstutzen *m*

~ **instrumentation servicing
equipment** (*Westinghouse
PWR*) Wartungseinrichtungen
fpl für Kerninstrumentierung

~ **instrumentation system**
Kerninstrumentierungs-
system *n*

~ **instrument(ation) thimble**
(*Westinghouse PWR*)
kerninneres Instrumen-
tierungsrohr *n*

~ **instrument guide tube** (*CE
PWR*) Kerninstrumen-
tierungs-Führungsrohr *n*

~ **instrument indication** Kern-
instrumentierungsanzeige *f*

~ **instrument position**
Meßposition *f* im Kern

~ **ion chamber** kerninnere
Ionisationskammer *f*

~ **mechanical instrumentation**
mechanische Kerninstru-
mentierung *f*

~ **monitoring system** Kerninnen-
Überwachungssystem *n*

~ **neutron detector** Neutronendetektor *m* im Kern

~ **neutron flux measurement**
Kerninnenmessung *f* des
Neutronenflusses

~ **neutron flux sensor**
Neutronenfluß-Meßfühler *m*

im Kern

~ **sampling** kerninnere Probe
entnahme *f* (*oder*
Abtastung *f*)

~ **sensor** kerninnerer Detektor,
Kerninnendetektor *m*

incorporate *v* **radioactive sludges
and ashes into asphaltic
material** radioaktive
Schlämme und Aschen
einbituminieren

incorporation 1. Inkorpora-
tion *f*; 2. Einschließen *n*
(*von radioaktiven Abfällen
zwecks Bindung*)

~ **(of radwaste concentrates) in
asphalt** Einbituminieren *n*
(*von radioaktiven
Abfallkonzentraten*)

~ **of foreign matter** Einlage-
rung *f* von Fremdstoffen
(*im Körper*)

~ **with concrete in steel drums**
Einbetonieren *n* in Stahlfässer

increase *v* **the reactor power** die
Reaktorleistung erhöhen
(*oder* steigern)

increase in boiling rate
Erhöhung *f* der Siederate

~ **in power rating** Erhöhung *f*
der Nennleistung

~ **in unit capacity** Erhöhung *f*
der Einheitsleistung

~ **of primary system
temperature** Erhöhung *f* der
Primärsystemtemperatur

increased steam formation
erhöhte Dampfbildung *f*

incremental dose
Inkrementaldosis *f*

~ **step** Zuwachsschritt *m*

incrustation Krustenbildung f

independent and duplicate shut-down systems unabhängige und doppelt vorgesehene Abschaltsysteme n

~ **fission yield** unabhängige Spaltausbeute f

~ **testing of leaktightness** unabhängige Dichtheitsprüfung f

independently cooled unabhängig gekühlt

index v **a refuelling machine accurately at the refuelling stations** (US LMFBR) mit einer BE-Wechselmaschine genau die BE-Wechselstationen anfahren

index tube Stellwelle f

indexing mechanism Schaltmechanismus m

indicating light Anzeigelampe f

indirect cycle indirekter Zyklus m (oder Kreislauf m)

indirect-cycle boiling water reactor Siedewasserreaktor m mit indirektem Kreislauf

indirectly ionizing particles indirekt ionisierende Teilchen npl

individual channel flow control Einzelkanal-Durchfluß- oder -Mengenregelung f

~ **dosimetry** Personendosimetrie f

~ **heat transport cell** (US LMFBR) Einzel-Wärmetransportzelle f

~ **inlet pipe** (D₂O reactor coolant channel) Einzeleintrittsrohr n

in-drum mixer (Abfall-) Faßrührwerk n

induce v **an azimuth type transient** einen instationären Zustand azimutaler Art herbeiführen

~ **a protective film** (on reactor system surfaces) eine Schutzschicht f oder einen Schutzfilm herbeiführen

induced radioactivity induzierte Radioaktivität f

~ **vibrations** induzierte Schwingungen fpl

inductive leak detector unit Induktiv-Lecknachweisgerät n

inelastic scattering unelastische Streuung f

~ **scattering cross section** unelastischer Streuungsquerschnitt m

inert atmosphere Inertatmosphäre f

~ **fission gas** Spaltedelgas n

~ **gas SYN. noble gas** Edelgas n

inerted (LMFBR) inertisiert

inert-gas blanketing Inertisierung f

~ **blanketing system** Inertisierungssystem n

~ **cooler** Schutzgaskühler m

~ **generator** Schutzgaserzeuger m

~ **supply and blanketing system** Inert- oder Schutzgas-Versorgungs- und Schutzsystem n

inertial force Trägheitskraft f

~ **mass** träge Masse f

inerting Inertisierung f

~ **system** Inertisierungssystem *n*
infiltrated air Falschluft *f*
infiltration *(air)* Einbruch *m*
infinite multiplication factor
   unendlicher Vermehrungsfaktor *m* (DIN) *(oder*
   Multiplikationsfaktor)
inflatable bag-type seal
   aufblasbare schlauchförmige
   Dichtung *f*
inflow control valve *(SGHWR)*
   Einström-Regelventil *n*
influent fluid zuströmende
   Flüssigkeit *f*
ingestion Ingestion *f*, Nahrungs-
   aufnahme *f*
ingress Einbruch *m*
~ **of air (in)to s. th.** Lufte. in
   etw.
~ **of dirt** Einschleppung *f oder*
   Eindringen *n* von Schmutz
~ **of foreign particles** Eindringen
   n von Fremdkörpern
~ **of light water** Leichtwassere.
~ **of water into the core**
   Wassere. in den Kern
   minimise *v* the ~ **of dirt,**
   foreign bodies and moisture
   das Eindringen von Schmutz,
   Fremdkörpern und
   Feuchtigkeit auf ein
   Mindestmaß beschränken
inhalation dose Inhalations-
   dosis *f*
inherent negative moderator
   feedback inhärente negative
   Moderatorrückkopplung *f*
~ **safety** inhärente Sicherheit *f,*
   Eigensicherheit *f*
~ **safety features** inhärente
   Sicherheitseigenschaften *fpl*

~ **self-flattening of the radial**
   power distribution inhärente
   Selbstabflachung *f* der
   radialen Leistungsverteilung
~ **self-limiting power**
   characteristics inhärente
   Leistungs-Selbstbegrenzungs-
   eigenschaften *fpl*
~ **spatial xenon stability**
   inhärente räumliche Xenonstabilität *f*
~ **stability** Eigenstabilität *f*
inherently safe inhärent sicher,
   eigensicher
~ **stable** inhärent stabil,
   eigenstabil
inhibitor poison Inhibitor(en)-
   gift *n*
inhour equation Inhour-
   Gleichung *f (DIN)*
initial activation of the system
   erstes Ansteuern *n* des
   Systems
~ **charge** SYN. **first load(ing)** *(of*
   reactor fuel) Erstladung *f*
~ **control effectiveness** Anfangs-
   Steuerungswirksamkeit *f*
~ **core load** Kern-Erstladung *f*
~ **conversion ratio, ICR** An-
   fangskonversionsverhältnis *n*
~ **creep** primäres Kriechen *n*
~ **criticality** Anfangs-,
   Erstkritikalität *f*
~ **enrichment** Anfangs-
   anreicherung *f*
~ **excess reactivity** Anfangs-
   Überschußreaktivität *f*
~ **(or first) core** Anfangskern *m,*
   Erstkern *m*
~ **fuel charge (or load)**
   Spaltstofffüllung *f,*

Brennstoff-Erstausstattung *f*,
-Erstladung *f*

~ **nuclear heatup** erstes
nukleares Aufheizen *n*

~ **pre-operational pressure and
leak rate testing** Druck- und
Leckratenprüfungen *fpl* vor
dem ersten Betrieb

~ **pressure regulator** Vordruck-
regler *m*

~ **rating** Erstausbauleistung *f*
(KKW)

~ **reactivity**
Anfangsreaktivität *f*

~ **reactor load** Reaktor-
Erstladung *f*

~ **reactor start-up** Inbetriebnahme *f* des Reaktors

~ **residual heat removal phase**
erste Nachkühlphase *f*

~ **rise to full power** erstes
Hochfahren *n* auf volle
Leistung

~ **start(-)up** *(US)* **SYN.
commissioning** Inbetriebnahme *f*

~ **start-up costs** Anlaufkosten *pl*

initiate *v* **an audible alarm**
einen akustischen Alarm
auslösen

~ **a scram signal** ein Schnell-
abschaltsignal auslösen

~ **protective action(s)**
Schutzaktionen einleiten

**initiating condition of a reactor
accident** auslösende
Bedingung *f* für einen
Reaktorstörfall

~ **event** auslösendes Ereignis *n*

initiation of emergency action
Einleitung *f* von Notstands-

maßnahmen

~ **of operation** Auslösung *f* des
Betriebes

inject *v* einblasen, einspeisen,
einsprühen

~ **nitrogen into the helium gas
blanket** Stickstoff *m* in das
Heliumschutzgaspolster
einblasen

~ **treated effluent batches into
the condenser cooling water**
Chargen *fpl* von
aufbereitetem Abwasser in
das Kondensatorkühlwasser
einspeisen

~ **water onto the top of the core**
Wasser *n* von oben auf den
Kern sprühen

injection header Einspeise-
sammler *m*

~ **subsystem** *(of PWR SIS)*
Einspeise-Untersystem *n*

~ **valve** Einspeise- *oder*
Einspritzventil *n*

~ **water cooling system**
Sperrwasser-Kühlsystem *n*

inleakage *(air)* Einbruch *m*

**inlet air to the atmosphere
cooler** Eintrittsluft *f* in den
Atmosphärenkühler

~ **chamber** *(PWR SG)* Eintritts-
kammer *f*

~ **channel** Eintrittskanal *m*

~ **coolant** Eintrittskühlmittel *n*

~ **coolant flow** Eintritts-
kühlmittelstrom *m*,
-strömung *f*

~ **diffuser** Eintrittsverteiler *m*

~ **distribution manifold**
Eintrittsverteiler(leitung) *m(f)*

~ **enthalpy** Eintrittsenthalpie *f*

~ **flow maldistribution** schlechte Verteilung f der Eintritts-strömung f

~ **guide vane adjustment** Vordrallschaufelverstellung f

~ **header** Eintrittsammler m

~ **leg** Einlaß m, Einlaßstrang m, Eintrittsstrang m

~ **location** Lage f der Eintritts-öffnung f

~ **mixer** Eintrittsmischrohr n, -mischstrecke f

~ **mixer assembly** Baugruppe f, Eintrittsmischstrecke f

~ **pipe** Eintrittsrohr n

~ **plenum** Eintritts(sammel)-raum m

~ **plenum region** Eintritts-Sammelraumzone f

~ **riser SYN. riser pipe** Eintritts-steigrohr n

~ **scram valve** Eintritts-SS-Ventil n

~ **subcooling effect** Eintritts-Unterkühlwirkung f

~ **temperature** Einlaß-temperatur f

~ **valve** Eintritts-, Einlaßventil n

~ **vanes** Einlaß-Schaufeln fpl

in-line instruments in die Leitung eingebaute Meßgeräte npl

inner bellows seal innerer Dichtbalg m

~ **concrete structure** (in containment building) Beton-Inneneinbau m

~ **containment** innere Sicherheitshülle f

~ **cover** innerer Deckel m

~ **core shroud** (BWR, CE PWR) Kernmantel m

~ **face** (PCPV steel liner) Innenfläche f

~ **metal container** innerer Metallbehälter m

~ **passage** Innenraum m (konzentrisches Rohr)

~ **ring coolant leakage** (RPV seal) Innenring-Kühlmittel-leckage f

~ **sleeve** Innenhülle f

~ **tube** Innenrohr n

innovative feature Neuerung f

inoperative 1. betriebsunfähig; 2. nicht in Betrieb, außer Betrieb

render v s. th. ~ etw. betriebs-unfähig machen oder außer Betrieb setzen

in-pile im Reaktor, reaktorintern

~ **creep of guide thimbles** Kriechen n von Führungsrohren im Reaktor

~ **irradiation facilities** Bestrahlungseinrichtungen fpl im Reaktor

~ **loop** Reaktor-Versuchs-kreislauf m

in-place efficiencies in eingebautem Zustand erforderliche Wirkungsgrade mpl

in-process inventory Prozeß-inventar n

input air Zuluft f, zugeführte Luft f

~ **contact** Eingabekontakt m

~ **variable** Eingabevariable f, Eingabegröße f

in-reactor testing Prüfung f im
  Reaktor
insert v einsetzen
~ **a key into a key switch** einen
  Schlüssel in einen Schlüsselschalter stecken
~ **a new fuel element** *(into a fuel
  channel)* ein neues BE
  einsetzen
~ **or withdraw channels from the
  fuel storage racks** BE-Kästen
  in die BE-Lagergestelle
  einsetzen *oder* aus ihnen
  herausziehen
~ **reactivity** Reaktivität zuführen
  (*oder* einbringen)
~ **riser isolation valve** Einsatz-
  Steigrohr-Absperrventil n
"insert" signal Einfahrsignal n
insert valve Einfahrventil n
insertable evaporator
  Einsteckverdampfer m
insertion 1. Einbringen n,
  Einsetzen n *(BE in Reaktor)*
  2. Einfahren n *(Steuerelement)*
~ **of production assemblies into
  an operating PWR** Einsetzen
  n von BE aus der laufenden
  Fertigung in einen laufenden
  DWR
~ **of all rods banked**
  geschlossenes Einfahren aller
  Steuerstäbe
  fast total ~ volles Schnelleinfahren
  rapid ~ Einschießen n (von
  Steuerelementen)
~ **time** Einfahrzeit f
in-service inspection, ISI
  Wiederholungsprüfung f

~ **inspection equipment** Wieder-
  holungsprüfungseinrichtung f
~ **irradiation** Bestrahlung f im
  Betrieb
inside surface *(RPV)*
  Innenfläche f
insolubilization with bitumen
  Einbituminieren n *(von
  Abfällen)*
insoluble getter unlösliches
  Getter n
inspect v **fuel bundles
  dimensionally and visually**
  BE-Bündel auf Maßhaltigkeit
  und visuell prüfen
~ **visually for dirt** visuell auf
  Schmutz prüfen
inspecting authority
  1. Abnahmebehörde f;
  2. Gutachter m
inspection Inspektion f,
  Besichtigung f, Abnahme f,
  Kontrolle f
~ **authority** Gutachter m
  independent ~ **authority**
  unabhängiger Gutachter
~ **car** Prüfwagen m
~ **cell** Beobachtungszelle f
~ **during manufacture** Bau-,
  Fertigungsprüfung f
~ **manipulator** Inspektions-
  manipulator m
~ **of hemispherical head**
  Kugelbodenprüfung f
~ **outage** Revisions-,
  Inspektionsstillstand m
~ **trolley** Inspektionswagen m
~ **well** Inspektionsschacht m
instability Instabilität f
installation of a core Einbau m
  eines (Reaktor)Kerns

installation tool
Einbauwerkzeug *n*
installed heater capacity
installierte Heizleistung *f*
instantaneous and complete severance of the largest main coolant pipe augenblickliche und vollständige Durchtrennung *f* der größten Hauptkühlmittelleitung
~ **double-ended guillotine break** augenblicklicher völliger Bruch *m* mit Öffnung des doppelten Rohrquerschnitts
instrument air distribution system Steuerluft-Verteilungsnetz *n*
~ **air system** Steuerluftsystem *n*
~ **and relay time lags** durch Meßgeräte und Relais bedingte zeitliche Verzögerungen *fpl*
~ **bezel** Meßgerät-Deckring *m*
~ **channel** Meß(geräte)kanal *m*
~ **distribution bus panel** Meßgeräteverteilungs-Schienentafel *f*
~ **earth(ing)** Meßerde *f*
~ **foreman** Meister *m* für Meßgeräte *(KKW-Personal)*
~ **mast** Meßgerätemast *m*
~ **nitrogen** Steuerstickstoff *m*
~ **nitrogen aftercooler** Steuerstickstoff-Nachkühler *m*
~ **nitrogen compressor, ~ N$_2$ compressor** Steuerstickstoffkompressor *m*
~ **nitrogen dryer (and filter)** Steuerstickstofftrockner *m*
~ **nitrogen supply** Steuerstickstoffversorgung *f*

~ **nitrogen tank** Steuerstickstoffbehälter *m*
~ **rack** Meßgerätegestell. *n*
~ **room** Meßgeräteraum *m*
~ **(work)shop** Meßgerätewerkstatt *f*
~ **string** Meßgerätestrang *m*
~ **transformer** Meßumformer *m*
~ **tree** *(US LMFBR)* Meßbaum *m*
~ **well** (Meßgerät-)Tauchhülse *f*
~ **workshop SYN. instrument shop** Meßgerätewerkstatt *f*
instrumentation
Instrumentierung *f*
ex-core ~ I. außerhalb des Kerns
in-core ~ Kerninnen-instrumentierung
~ **and control equipment rack** Gestell *n* für Meß- und Regelgeräte
~ **column** Meßkolonne *f*
~ **insert** Instrumentierungseinsatz *m*
~ **lance** Meßlanze *f*
~ **line connection** Instrumentierungsleitungsanschluß *m*, Meßleitungsanschluß
~ **nozzle** Instrumentenstutzen *m*
~ **plate** Instrumentierungsplatte *f*
~ **port on reactor vessel closure head** Einführtrichter *m* am RDB-Deckel für Meßeinrichtungen
~ **sleeve** *(containment structure)* Instrumentierungsdurchführung *f*
~ **thimble** *(Westinghouse PWR fuel assembly)* Instrumen-

tierungsrohr *n*
instrumented fuel assembly
instrumentiertes BE *n*
~ **in near-proximity to s. th.**
nahezu direkt mit etw.
instrumentiert
insulating foil Isolierfolie *f*
~ **lining** Isolierauskleidung *f*
insulation Isolierung *f*
clamp-on ~ anklemmbare I.
stainless steel foil ~ I. aus
rostfreier Stahlfolie
~ **canning** Isolationshülle *f*
~ **pellet** Isolationstablette *f*,
-schuh *m (im Brennstab)*
insulator pellet *(US LMFBR)*
Isoliertablette *f*
intact circuit *(GB)* intakter
Kreislauf *m*
integral boiling-water nuclear
superheat(ing) reactor
integrierter Siedeüberhitzer-
reaktor *m*
~ **dose** Integraldosis *f*
~ **fuel pit** integriertes Brennelementbecken *n*
~ **leak rate test** integrale Leckratenprüfung
~ **lug** angebaute
Tragpratze *f*
~ **pad** *(Westinghouse PWR fuel*
assembly top nozzle) fest
eingegossene Konsole *f*
~ **superheat boiling** Siede-
wasserüberhitzung *f*
~ **support bracket** *(RPV)*
eingebaute Stützkonsole *f*
~ **system behavio(u)r** Verhalten
n des Gesamtsystems
integrally attached conical skirt
(CE PWR SG) als fester

Bestandteil angebrachte
konische (Stand)Zarge *f*
~ **finned cladding** *(LMFBR)*
festberippte (Brennstab)-
Hülle *f*
~ **welded to the vessel shell**
(RPV lower head) vollständig
mit dem Behältermantel
verschweißt
integrated approach to the
design of s. th. integrierte
Auffassung *f* der
Konstruktion von etw.,
integrierter Ansatz *m* bei der
Konstruktion von etw.
~ **type of primary system**
construction integrierte
Bauweise *f* des Primärteils
integrating circuit
Integrierschaltung *f*
~ **dosemeter** integrierender
Dosismesser *m*
~ **ionization chamber**
integrierende Ionisationskammer *f*
integration of NSS and BOP
systems into a plant control
system Integrierung *f oder*
Zusammenfassung *f* der
nuklearen Dampferzeugungs-
und anderer Kraftwerks-
systeme in einem Anlagen-
Leitsystem
integrity in operation Betriebs-
festigkeit *f*, -zuverlässigkeit *f*
~ **lifetime** *(fuel assembly)*
unversehrte Lebensdauer *f*
(BE)
interact *v* **hydraulically**
hydraulisch aufeinander
einwirken

interaction Wechselwirkung *f*

intercalibration Zwischen-
eichung *f*

interchange of fuel elements
Austausch *m* von BE

interconnecting pipe
Verbindungsrohrleitung *f*

~ **piping** Verbindungsrohr-
leitungen *fpl*

~ **tunnel** *(to reactor building)*
Verbindungstunnel *m*

**interface between the primary
and secondary fluids** Grenz-
oder Berührungsfläche *f*
zwischen Primär- und
Sekundärmedium

**intergranular stress corrosion
cracking, IGSCC**
interkristalline Spannungsrißkorrosion *f*

**interim acceptance criteria for
emergency core cooling
systems** interimsmäßige *oder*
vorläufige Abnahmekriterien
für Kernnotkühlsysteme

~ **decay storage cell** *(US
LMFBR)* Zwischenabkling-
lagerzelle *f*

interior equipment *(containment
structure)* Inneneinbauten
mpl, Innenausrüstung *f (SB)*

~ **foursome (rods) within each
bundle** innere Vierergruppe *f*
(von Stäben) innerhalb jedes
BE-Bündels

~ **position** *(in reactor core)*
Innenposition *f*

~ **of enclosures painted with the
exterior color** mit der
Außenfarbe gestrichene
Innenseiten *f* von

Umschließungen

interlaced in egg crate fashion
*(PWR fuel assembly spacer
grid)* wie Kammleisten
ineinandergesteckt

interlattice position *(SGHWR
core)* Gitter-Zwischen-
position *f*

intermediate coolant circuit
Zwischenkühlsystem *n*

~ **cooler** Zwischenkühler *m*

~ **cooling fluid SYN.** ~ **cooling
medium** Zwischenkühl-
medium *n*, -mittel *n*

~ **cooling loop** Zwischenkühl-
kreis(lauf) *m*

~ **cooling loop pump** Zwischen-
kühlkreispumpe *f*

~ **cooling medium SYN.**
~ **cooling fluid** Zwischenkühl-
medium *n*, -mittel *n*

~ **cooling water pump**
Zwischenkühlwasserpumpe *f*

~ **drain line** *(SGHWR double
valve isolation)* Zwischen-
entwässerungsleitung *f*

~ **facility** *(SGHWR)* Zwischen-
anlage *f*

~ **guide section** mittleres
Führungsteil *n*

~ **heat exchanger, IHX** *(FBR)*
Zwischenwärmetauscher *m*

~ **heat exchanger support plate**
Rohrstützblech *n* des
Zwischenwärmetauschers

~ **heat exchanger tie rod**
Zugstange *f* des Zwischenwärmetauschers

~ **leakoff connection** *(valve)*
Anschluß *m* für Zwischenabsaugung *(Armaturen-*

dichtung)

~ **neutrons** *(USAEC)* mittelschnelle Neutronen *npl*
(DIN)

~ **pod** Zwischengehäuse *n*

~ **pressure compressor**
Mitteldruckverdichter *m*

~ **range** *(neutron flux
measurement)* Mittel-,
Übergangs-, Zwischen-
bereich *m*

~ **range channel** Mittelbereichs-
kanal *m*

~ **range monitor**
Übergangs-, Mittelbereich-
Monitor *m*

~ **range monitoring nuclear
instrumentation system**
kerntechnisches Instrumentie-
rungssystem *n* für Mittel-,
Zwischen- *oder* Übergangs-
bereich-Überwachung

~ **range neutron monitor**
Zwischenbereichs-Neutronen-
überwachungsgerät *n*

~ **range neutron monitoring
channel** Zwischenbereichs-
Neutronenüberwachungs-
kanal *m*

~ **(spectrum) reactor** mittel-
schneller Reaktor *m*

~ **sludge tank** *(SGHWR)*
Schlamm-Zwischenbehälter *m*

~ **sodium cold leg piping** *(US
Demo LMFBR)* kalter Strang
m der Zwischenkühlkreis-
Natriumleitung *f*

~ **storage crane**
Zwischenlagerkran *m*

~ **storage period** Zwischen-
lagerzeit *f*

~ **storage rack** Zwischenlager-
gestell *n*

intermittent inspection
gelegentliche Kontrolle *f*

~ **operation control** Aussetz-
regelung *f*

internal absorption coefficient
Selbstabsorptions-
koeffizient *m*

~ **axial-flow pump type
recirculation system** *(BWR)*
Umwälzsystem *n* mit interner
Axialpumpe

~ **circulation path** *(BWR)*
innerer Umlauf- *oder*
Umwälzweg *m*

~ **concrete structures** Beton-
Inneneinbauten *mpl*

~ **diagrid structure** *(SGHWR)*
innere (Kern)Traggitter-
konstruktion *f*

~ **energy** innere
Energie *f (DIN)*

~ **fission gas pressure** *(fuel rod)*
Spaltgasinnendruck *m*

~ **fission product trap** *(HTGR
fuel element)* Brennelement-
Spülsystem *n*

~ **flow limiting device**
(Westinghouse PWR SG)
innere Durchfluß-
Begrenzungsvorrichtung *f*

~ **fuel-element fission-product
trap** brennelementinterne
Spaltproduktfalle *f*

~ **gas pressure** interner
Gasdruck *m*, Gasinnen-
druck *m*

~ **gas pressure buildup** Aufbau
m von Gasinnendruck
limit *v* the ~ **g. p. b.** den

A. v. G. begrenzen
~ **helium pressure** Helium-
Innendruck *m*
~ **inspection** Innenprüfung *f*
~ **missiles** innere Splitter *mpl,*
innen herumfliegende
Bruchstücke *npl*
~ **negative pressure** innerer
Unterdruck *m*
~ **piston seal** Innenkolben-
dichtung *f*
~ **pressure rating** Innendruck-
bemessung *f*
~ **pressurization** *(of LWR fuel
rods)* Vorinnendruck *m*
~ **purification system**
brennelementinternes
Reinigungssystem *n*
~ **(reactor) vessel ledge** Absatz
m im Reaktordruckbehälter
~ **recirculation** interner
Umlauf *m*
~ **recirculation pump** *(BWR)*
interne Umwälzpumpe *f*
~ **safety of nuclear power
stations** innere Sicherheit *f*
von Kernkraftwerken
~ **sparger pipe** *(PWR
pressurizer relief tank)*
inneres Einspritzrohr *n*
~ **steam separator** *(BWR)*
interner Dampf-Wasser-
abscheider *m*
~ **steam water separation**
interne Dampf-Wasser-
Separation *f,* -Abscheidung *f*
~ **stress** Eigenspannung *f*
~ **support column** *(PWR vessel)*
Innenstütze *f*
~ **support lug** interne Tragpratze *f*

~ **vessel surface** *(RPV)*
Behälter-Innenfläche *f*
~ **water jet pump** *(BWR)*
interne Wasserstrahlpumpe *f*
**internally clad hemispherical
head** innenplattierter
Halbkugelboden *m*
(DWR-DE)
~ **pressurized** *(LWR fuel)* mit
Vorinnendruck
internals Einbauten *mpl*
~ **alignment pin** Führungsbolzen
m für Einbauten
**International Commission on
Radiological Protection,
ICRP** Internationale
Strahlenschutzkommision *f*
interspace leak detection
Zwischenraum-Leckspür-
vorrichtung *f*
interspersed throughout the core
über den gesamten Kern
verstreut, überall im Kern
zwischengestreut
interstitial 1. Zwischengitter-,
Lückenatom *n;* 2. Zwischen-
gitterfehlstelle *f,* 3. Zwischen-
(raum)position *f (eines
Steuerstabrohres)*
interval between inspections
Inspektionsintervall *n*
~ **between refuelings**
Zwischenraum *m* zwischen
BE-Wechseln, Reisezeit *f*
intervenor Einwender *m*
*(KKW-Genehmigungs-
verfahren)*
intra-control-room connections
warteninterne Verbin-
dungen *fpl*
intrascope SYN. endoscope

Endoskop *n (für Rohr-Innen-besichtigung)*

invariant imbedding
Invarianteneinsatzmethode *f (Rechenmethode zur Ermittlung von Reflektions-koeffizienten)*

inventory Inventar *n;* Gesamt-menge *f,* -zahl *f;* Inhalt *m*

~ **of boric acid solution** I. an Borsäurelösung

~ **of fission products** Spaltproduktinventar

~ **change** Bestandsänderung *f*

inverted thimble umgekehrtes Schutzrohr *n*

in-vessel axial-flow pump *(BWR)* druckgefäßinterne Axialpumpe *f*

~ **decay storage** *(US LMFBR)* druckgefäßinterne Abkling-lagerung *f*

~ **(fuel handling) machine IVHM** *(US LMFBR)* interne Wechselmaschine *f*

investigation of personal medical and occupational history Ermittlung *f* der persönlichen medizinischen und beruflichen Vorgeschichte

invulnerable to fire feuersicher

inward fuel transfer device Brennelement-Einschleus-vorrichtung

~ **leakage SYN. inleakage** Leckage *f* nach innen, Einleckage *f,* Einbruch *m*

~ **swinging door** *(airlock)* nach innen schwenkende Tür *f*

~ **transfer** Einschleusen *n*

~ **transfer procedure**

Einschleusvorgang *m*

~ **transfer room** Einschleus-raum *m*

iodide Jodid *n*

iodine, J *(UKAEA)* Jod *n,* J

elemental ~ elementares J.

organic ~ organisches J.

~ **absorption unit** Jod-absorber *m*

~ **air handling system** Förder-system *n* für jodhaltige Luft

~ **and bromine neutron precursors** Jod- und Brom-Mutterkerne *mpl* verzögerter Neutronen

~ **filter** Jodfilter *m*

~ **precursors** Jod-Mutterkerne *mpl*

~ **release** Abgabe *f oder* Freisetzung *f* von Jod

~ **removal effectiveness** Wirk-samkeit *f* der Jodabschei-dung *(oder* -beseitigung)

~ **removal filter assembly** Jodabscheidefilterbatterie *f*

ion *(UKAEA)* Ion *n*

~ **bond** Ionenbindung *f*

~ **catcher electrode** Ionenfängerelektrode *f*

~ **chamber room** Bedienungs-raum *m* für Ionisations-kammern *f*

~ **contamination** ionale Verunreinigung *f*

~ **demineralizer** Ionenaustauscher *m*

~ **density** Ionendichte *f*

~ **dose** Ionendosis *f (DIN)*

~ **dose rate** Ionendosisleistung *f (DIN)*

~ **exchange** Ionenaustausch *m*

~ **exchange resin** Ionenaustauscherharz *n*
~ **exchange resin fines** Ionen-
tauscherrückstand *m*,
-abrieb *m*
~ **exchanger**
Ionentauscher *m*
base removal ~ I. zur Basen-
entfernung
cation removal ~ I. zur
Kationenentfernung
~ **exchanger dedeuterization
process** Ionentauscher-
Dedeuterierprozeß *m*
~ **number density**
Ionenzahldichte *f (DIN)*
~ **pair** Ionenpaar *n*
~ **sputtering pump**
Ionenzerstäuberpumpe *f*
ionic content ionaler Gehalt *m*
~ **impurity** ionale
Verunreinigung *f*, ionogene
Verunreinigung *f*
~ **isotope** ionales Isotop *n*
ionization Ionisation *f*,
Ionisierung *f*
~ **chamber** Ionisationskammer *f*
air wall ~ luftumhüllte I.
extrapolation ~
Extrapolationsi.
free air ~ Freilufti.
integrating ~ I. mit Ladungs-
messung
tissue equivalent ~ gewebeäquivalente I.
~ **counter** Ionisationszähler *m*
~ **cross section** Ionisierungs-
querschnitt *m*
~ **energy** Ionisationsenergie *f*
ionizing energy Ionisierungs-

energie *f*
~ **irradiation** ionisierende
Bestrahlung *f*
~ **radiation** ionisierende
Strahlung *f*
ionogenous impurities ionogene
Verunreinigungen *fpl*
I/P converter elektropneumatischer Umformer *m*
**IRM = intermediate range
monitoring** Überwachung *f* im
Zwischen- (*oder* Mittel-
bereich)
iron limonite concrete Eisen-
Limonit-(Abschirm)-Beton *m*
~ **shot concrete** Beton *m* mit
Eisengranulatzusatz
irradiated fuel assembly
bestrahltes Brennelement
~ **fuel flask** *(UK)* Transportbehälter *m* für bestrahlte BE
~ **fuel handling block** *(UK)*
Trakt *m* für die Behandlung
von bestrahltem Brennstoff
~ **fuel shipping cask** Transportbehälter *m* für bestrahlten
Brennstoff
~ **fuel shipping cask cart** *(US
Demo LMFB)* Schleuswagen
m für BE-Transportbehälter
~ **fuel storage facility** Lager *n*
für bestrahlte BE
~ **fuel transport cask**
Transportbehälter für
bestrahlten Brennstoff
~ **Zircaloy cladding** bestrahlte
Zircaloy-Umhüllung *f*
irradiation 1. Abbrand *m*;
2. Bestrahlung *f*
discharge ~ Entladea.
ionizing ~ ionisierende B.

target (fuel)~ Ziel (Brennstoff)abbrand *m*

~ **behavior** Bestrahlungs-verhalten *n*

~ **channel** Bestrahlungskanal *m*

~ **creep** (Werkstoff)Kriechen *n* unter Bestrahlung

~ **dosage** Bestrahlungs-dosierung *f*

~ **effect** Bestrahlungswirkung *f*

~ **embrittlement** Bestrahlungs-versprödung *f*

~ **exposure** Strahlen- *oder* Strahlungsbelastung *f*

~ **intensity** Bestrahlungsstärke *f*

~ **level** Bestrahlungs-pegel *m*

~ **rig** Bestrahlungseinrichtung *f*

~ **sample** Bestrahlungsprobe *f*

~ **sample handling tool** *(Westinghouse PWR)* Werkzeug *n* für Bestrahlungs-proben

~ **sample holder** *(in RPV)* Bestrahlungsprobenhalter *m*

~ **stability** Bestrahlungs-beständigkeit *f*

~ **strength** Bestrahlungs-festigkeit *f (Werkstoff)*

~ **studies** Bestrahlungs-untersuchungen *fpl*

~ **test** Bestrahlungstest *m*

~ **time** Bestrahlungszeit *f*

~ **trial** Bestrahlungserprobung *f*

~ **unit** Bestrahlungseinheit *f*

irradiation-induced creep bestrahlungsinduziertes Kriechen *f*

~ **swelling** Bestrahlungs-schwellen *f*

irreversible selbsthemmend,

irreversibel

~ **process** irreversibler *oder* nicht umkehrbarer Prozeß *m*

ISI = in(-)service inspection Wiederholungsprüfung *f*

isobar Isobare *f*

nuclear ~s Kerni.

isodiapheres Isodiaphere *fpl*

isodose Isodose *f*, Isodosen-kurve *f*

isokinetic probe isokinetische Sonde *f*

~ **probe method** *(feedwater and condensate sampling)* isokinetisches Sondier-verfahren *n*

isolatable absperrbar, abschließbar, abtrennbar

isolate *v* **with bulkheads** abschotten

isolating bladder Absperrblase *f*

~ **butterfly valve** Absperrklappe(nventil) *f(n)*

~ **damper** Absperrklappe *f*

~ **valve** Isolationsventil *n*, Absperrarmatur *f*

isolation amplifier Trenn-verstärker *m*

~ **condenser** *(BWR)* Leerlauf-kondensator *m (AEG-SWR)*

~ **containment** Isolations-abschluß *m*

~ **cooling system** *(BWR)* Kern-isolationskühlsystem *n*, Nachspeisesystem *(KWU-SWR)*

~ **high-pressure coolant injection system** Hochdruck-Noteinspeisesystem *n*

~ **shutdown** Absperrabschaltung *f*, -stillstand *m*

~ **valve** Absperrschieber *m*, Absperrarmatur *f*

~ **valve external to the primary containment barrier** Absperrarmatur *f* außerhalb der Primärsicherheits-hüllensperre

~ **valve seal water system** *(Westinghouse PWR containment structure)* Absperrarmatur-Sperrwasser-system *n*, Gebäudeabschluß-armatur-Sperrwassersystem *n*

isomer *(USAEC)* Isomer *n*
nuclear ~s Kernisomere *npl* *(DIN)*

isometric state isomerer Zustand *(DIN)*

iso-phase bus space Raum *m* für phasengekapselte Sammel-schienen

isotones Isotone *npl* *(DIN)*

isotope *(UKAEA, USAEC)* Isotop *n*
non-gaseous ~ nicht-gasförmiges I.

~ **exhaust cabinet** Isotopen-abzugschrank *m*

~ **laboratory** Isotopenlabor *n* *(DIN)*

~ **separation** *(USAEC)* Isotopentrennung *f*

~ **separation plant** Isotopen-trennanlage *f*

isotopic abundance *(ANS)* Isotopenhäufigkeit *f* *(DIN)*

~ **composition** Isotopen-zusammensetzung *f*

~ **coating** Isotopbeschichtung *f*

~ **enrichment** *(USAEC)* Isotopenanreicherung *f*

~ **half life** *(USAEC)* Isotopen-halbwertzeit *f*

~ **power generator** Isotopen-Kraftgenerator *m*

~ **purity** Isotopenreinheit *f*

~ **tracer** Isotopenindikator *m*

~ **line** Isotope

isotopically coated particle isotopbeschichtetes Partikel *n*

item control area Anlageteil-*oder* Positionskontrollzone *f* *(SFK)*

iterated fission expectation asymptotische Spalterwartung *f (DIN)*

Izod test Izod-Kerbschlag-probe *f*

J

jack leg Überlaufrohr *n*

jacket heater Mantelheizung *f*

~ **heating system** Mantelheizung

~ **side** Mantelseite *f, adj* -seitig

jacketed insulation 1. blech-ummantelte *oder* -verkleidete Isolierung *f;* 2. Isolations-mantel *m*

jacking and lifting device *(PWR coolant pump servicing equipment)* Anhebe- und Hubvorrichtung *f*

~ **system** Hubgerüst *n*, Hebe-zeug *n*

jammed eingeklemmt, verkantet

jamming Klemmen *n*, Stecken-bleiben *n*

~ **of a control rod** Stecken-bleiben eines Steuerstabes

~ **of fuel elements** Stecken-

bleiben von BE
jaws Backen *fpl (BE-Greifer)*
jet action forces Strahlwirk-
kräfte *fpl*
~ **nozzle amplifier** Strahlrohr-
verstärker *m (Hydraulik)*
~ **nozzle process** *(uranium
enrichment)* Trenndüsen-
verfahren *n*
~ **pump** *(BWR)* Strahlpumpe *f*
~ **pumps distributed
circumferentially around the
core** im Umkreis um den
Kern verteilte Strahlpumpen
fpl
internal ~ **p.** interne S.
internally mounted ~ **p.** innen
montierte S.
~ **pump assembly** Strahl-
pumpengruppe *f*
~ **pump diffusor** Strahlpumpen-
diffusor *m*
~ **pump discharge diffusor**
Strahlpumpen-Ausström-
diffusor *m*
~ **pump flow** Strahlpumpen-
strom *m*
~ **pump flow passage**
Strahlpumpen-
Strömungsstrecke *f*
~ **pump nozzle** Strahlpumpen-
düse *f*
~ **pump recirculation system**
Strahlpumpen-Triebwasser-
kreislauf *m*
~ **pump throat** Strahlpumpen-
Fangdüse *f*
~ **reaction thrust** Strahlrück-
stoßschub *m*
~ **recirculation pump** *(BWR)*
Strahl-Umwälzpumpe *f*

jib crane and grab Dreharm *m*
mit Brennelementgreifer,
Ausleger-, Schwenkkran *m*
mit BE-Greifer
jogging rasch aufeinander-
folgendes Ein- und
Ausschalten *n* (von
E-Motoren), »Anstoßen« *n,*
»Tippen« *n*
Joule cycle Joule-Prozeß *m*
junction battery Nuklearbatterie *f*
juncture *(of containment
cylinder to dome)* Naht *f,*
Verbindungsstelle *(zwischen
Sicherheitshüllen-Zylinder
und Kuppel)*

K

K-A decay Zerfall *m* von
Kalium zu Argon
K capture Betainteraktion *f (bei
der ein Nukleus ein Elektron
von der K-Schale einfängt
und ein Neutrino abgibt)*
keep *v* **(a reactor) subcritical**
unterkritisch halten (Reaktor)
~ **a slightly negative pressure**
auf leichtem Unterdruck
halten
~ **a space** *or* **system at
a pressure negative to
atmosphere** *(or at
sub-atmospheric pressure)*
einen Raum *bzw.* ein System
unter Unterdruck halten
**K_eff = effective multiplication
constant of the core** effektive

Multiplikationskonstante *f* des
Kerns
~ **rate** Kermarate *f*
key measurement point
Schlüsselmeßpunkt *m*
keyboard Tastatur *f*
keyed and locked to its shaft
*(reactor coolant pump
impeller)* an seiner Welle
festgekeilt und verriegelt
keylocked switch
Schlüsselschalter *m*
keyway Führungsleiste *f*
~ **/feather system** Nut-Paßfeder-
System *n*
kilowatt rating per foot of fuel
BE-Längenleistung *f* pro Fuß
Brennstoff
kinetic behavio(u)r *(reactor)*
kinetisches Verhalten *n*
~ **energy** *(USAEC)* kinetische
Energie *f*
~ **theory of gases** kinetische
Gastheorie *f*
knockout vessel Auffanggefäß *n*
krypton, Kr Krypton *n*, Kr
~ **tube system** *(SGHWR)* **SYN.
gas control system** Krypton-
rohrsystem *n*
Kr-85 hold-up tank
Kr-85-Zwischenspeicher-
behälter *m*
~ **removal trap SYN. Kr-85 trap**
Kr-85-Abscheidefalle *f*
~ **shipping container** Kr-85-
Transportbehälter *m*
~ **trap SYN. Kr-85 removal trap**
Kr-85-(Abscheide)Falle *f*
Kw/ft margin Längenleistungs-
abstand *m*, Grenzwert *m* der
linearen Stableistung

L

labeled markiert
**laboratory air conditioning
system** Labor-Klimaanlage *f*
~ **analysis equipment** Labor-
Analysengeräte *npl*
~ **consumables** Labor-Betriebs-
mittel *npl*
~ **drains** Laborabwasser *n*
~ **drains pump** Laborabwasser-
pumpe *f*
~ **drains tank** Laborabwasser-
tank *m*
~ **monitor** Labormonitor *m*
~ **ventilation effluent pre-filter**
Labor-Fortluft-Vorfilter *n, m*
~ **wastes** Laborabfälle *mpl*
labyrinth seal injection flow
Labyrinthdichtungs-Einspritz-
menge *f*
~ **type shaft seal** Labyrinth-
wellendichtung *f*
ladder with platform Leiter *f* mit
Podest
lagging box Isolierungskasten *m*,
kastenförmige Isolierung *f*
laminar boundary layer laminare
Grenzschicht *f*
~ **coating** laminare Beschichtung *f*
~ **film condensation** laminare
Filmkondensation *f*
~ **flow** laminare Strömung *f*
land-based reactor Reaktor *m*
an Land
lane Strang *m* *(Meßgeräte)*
lantern type spacer
Bauchabstandhalter *m*
lanthanum, La Lanthan *n*, La
~ **intensity distribution**

Lanthanintensitätsverteilung f

**large loosely coupled nuclear
cores** große lose gekoppelte
Reaktorkerne *mpl*

~ **margins for meeting safety
criteria** große Spannen *fpl* für
die Einhaltung der
Sicherheitskriterien

~ **negative moderator density
coefficient of reactivity** großer
negativer Moderatordichte-
koeffizient *m* der Reaktivität

~ **scale test** wirklichkeits-
getreuer Versuch,
Großversuch *m*

~ **source** Großstrahler *m*

~ **transient test** Prüfung *f* für
große instationäre *oder*
Übergangszustände

large-area counter Großflächen-
zählrohr *m*

~ **counter tube** Großflächen-
zählrohr *n*

~ **flow counter** Großflächen-
durchflußzähler *m*

large-break accident Störfall *m*
mit großem Bruch

large-capacity nuclear plant
Kernkraftwerk *n* hoher
Leistung

lasting period Dauerzeit *f*,
Anstehzeit *f*

latch assembly Klinkeneinheit *f*

~ **finger** Sperrfinger *m*

~ **gage** *(CRDM servicing tool)*
Klinkenlehre *f* (für Stellstab-
antriebe)

~ **housing** Klinkengehäuse *n*

~ **mechanism** Sperrklinke *f*

latching cylinder
Verriegelungszylinder *m*

~ **function** Verriegelungs-
funktion *f*

~ **groove** Einrastnut *f (Steuerantrieb)*

~ **mechanism** Einklink-
mechanismus *m*

~ **position** Verriegelungs-
position *f*

latent period Latenzzeit *f*

lateral damping seitliche
Dämpfung *f*

~ **deformation coefficient**
Querkontraktionszahl *f*

~ **displacement** seitliche
Verschiebung *f*

~ **guidance** seitliche Führung *f*,
Seitenführung *f*

~ **load deflection analysis**
Analyse *f* der Seitendurch-
biegung unter Belastung *(BE)*

~ **motion** seitliche *oder* Seiten-
bewegung *f (BE)*

~ **power peaking factors**
seitliche Heißstellenfaktoren
mpl

~ **seismic loading** seitliche
Erdbebenbelastung *f*,
seismische Seitenbelastung

~ **restraint** seitliche
Einspannung *f*

~ **spacing (between fuel rods)**
Seitenabstände *mpl* (zwischen
Brennstäben)

~ **stiffness** seitliche Steife *f (oder*
Steifheit *f) (BE)*

~ **support** Seitenabstützung *f*

lattice Gitter *n*, BE-Gitter-
anordnung *f*

active ~ aktives Gitter

square ~ quadratisches G.

~ **array** Gitteranordnung *f*

~ **configuration** Gitteranordnung f

~ **constant** Gitterkonstante f

~ **distortion** Gitterfehlstelle f, Gitterfehler m

~ **geometry** Gittergeometrie f

~ **grid truss** Gitterfachwerkträger m

~ **pitch** Gitterteilung f

~ **pitch spacing** Gitterabstand m

~ **of fuel assemblies** Brennelementgitter n

~ **position** Gitterplatz m

~ **square pitch** quadratische Gitterteilung f

~ **spacing** Gitterabstand m

~ **tube** Gitterrohr n

laundry Wäscherei f

~ **and change room effluents** Wäscherei- und Duschraumabwässer npl

~ **and hot shower drains** Wasch- und Duschabwässer npl

~ **and hot shower drain filter** Wasch- und Duschabwasserfilter m, Waschwasserfilter m

~ **and hot shower drains filtration pump** Wasch- und Duschabwasserfiltrierpumpe f, Waschwasserfiltrierpumpe f

~ **and hot shower drains filtration tank** Wasch- und Duschabwasserfiltrierbehälter m, Waschwasserfiltrierbehälter m

~ **and hot shower drains tank** Wasch- und Duschabwasserbehälter m, Wäschereiabwasserbehälter m

~ **and hot shower effluents** Wasch- und Duschabwässer npl

~ **and hot shower effluents train** Wasch- und Duschabwässerstrang m, Waschwasserstrang m

~ **and hot shower tank** Wasch- und Duschabwässerbehälter m, Waschwasserbehälter m

~ **and hot shower tank pump** Waschwasserbehälterpumpe f

~ **drains** Wäschereiabwässer npl

~ **holdup and monitoring tank** Wäschereiabwasser-Zwischen- und Kontrollbehälter m

~ **issuance room** Wäscheausgabe f

~ **waste holdup tank** Wäschereiabwässer-Zwischenbehälter m

~ **waste monitoring tank** Waschabfallprüfbehälter m

~ **waste tank (active)** Behälter m für radioaktive Wäschereiabwässer

~ **waste tank (non-active)** Behälter m für nichtradioaktive Wäschereiabwässer

lay-down and maintenance area Ablage- bzw. Absetz- und Wartungszone f

~ **area** Absetz-, Abstellplatz m, -raum m, -zone f

~ **location** Abstellplatz m

~ **pod** Absetzbehälter m

~ **position** Absetzposition f

~ **position for fuel shipping cask** Abstellplatz m für Transportbehälter

~ **space** Abstellplatz m, -raum m

~ **space requirements** Anforderungen *fpl* an Absetzraum, Absetzraumbedarf *m*

layout of equipment movements Auslegen *n* von Gerätebewegungen

L-bank *(control rods)* L-Bank *f*

LD 50-time mittlere Letaldosis *f*

LD (lethal dose) tödliche Dosis *f*

leaching Auslaugen *n*, Laugung *f*

lead brick Bleiziegel *m*

~ **castle** Bleiburg *f*, Bleischloß *n*, Meßkammer *f*

~ **equivalent** Bleiäquivalent *n*, Bleigewicht *n*

~ **factor** Voreilfaktor *m* Vorgabefaktor *m*

~ **health physicist** leitender Strahlenschutzphysiker *m*

~ **reactor manufacturer** (feder)-führender Reaktorhersteller *m*, (feder)führende Reaktorbaufirma *f* *(in einem Konsortium)*

~ **shield** Bleiabschirmung *f*, Bleischild *m*

~ **time** Vorgabezeit *f*: Anlauf-, Vorlaufzeit *f*

~ **window** Bleifenster *n*

leading edge ansteigende Flanke *f* *(Impulse)*

leak *v* **into** hineinlecken in ...

leak-check *v* auf Lecks kontrollieren

leak-test *v* auf Lecks *oder* undichte Stellen prüfen

leak collection system Leckagesammelsystem *n*

~ **cross section** Leckquerschnitt *m*

~ **current** Kriechstrom *m*

~ **detection system** Lecknachweissystem *n*, Leckspürsystem *n*

~ **detector** Lecksucher *m*, Lecksuchgerät *n*

halogen ~ d. Halogen-L.

~ **free** leckfrei

~ **indicator** Leckanzeigegerät *n*

~ **oil tank** Leckölbehälter *m*

~ **prone** leckanfällig

~ **-proof membrane SYN. leaktight membrane** Dichthaut *f*

~ **rate SYN. leakage rate** Leckrate *f*

maximum credible ~ rate größte anzunehmende L.

total permissible ~ rate zulässige Gesamtl.

~ **rate determination (test)** Leckratenprüfung *f*

~ **rate monitoring** Leckratenüberwachung *f*

~ **rate test(ing)** Leckratenprüfung *f*

~ **susceptibility** Leckanfälligkeit *f*

~ **test** Lecktest *m*, Dichtheitsprüfung *f*

helium ~ test Helium-L.

~ **test gas** Leckdichtheits-Prüfgas *n*

~ **tight, leaktight** dicht, leckdicht

~ **tight barrier** leckdichte Sperre *f*

~ **tight membrane SYN. leak-proof membrane** leckdichte Membran(e) *f*, Dichthaut *f*

~ **tightness** Dichtheit *f*, Leckdichtheit *f*

provide v ~ **tightness** L. geben (*oder* gewähren *oder* schaffen)

leakage Leckage f; Durchlaß-, Sickerstrahlung f; Neutronenausfluß m, -verlust m

~ **from the containment to the environment** L. aus der Sicherheitshülle in die Umgebung
in-~ L. nach innen
out-~ L. nach außen

~ **barrier** Leckagesperre f

~ **detection system** Leckagenachweissystem n

~ **detection test** Dichtheitsprüfung f

~ **extraction** Leckabzug m

~ **flow path** Leckageströmungsweg m

~ **gas** Leckgas n

~ **gas flow** Leckgasmenge f

~ **gas return line** Leckgasrückführleitung f

~ **in excess of background leakage** über Hintergrundleckage hinausgehende Leckage f

~ **interception vessel** Leckauffangbehälter m

~ **make up** Zusatz m für Leckage, Leckageausgleich(menge) m (f)

~ **measuring instrumentation** Leckagemessung f

~ **monitoring** Leckageüberwachung f

~ **monitoring system** Leckageüberwachungssystem n

~ **path** Leckageweg m

~ **preventing system** Leckageverhütungssystem n

~ **probability** Sickerwahrscheinlichkeit f, Leckagewahrscheinlichkeit

~ **radiation** Sickerstrahlung f

~ **rate** Leckrate f
maximum allowable ~ r. maximal zulässige L.

~ **rate test** Leckratenprüfung f

~ **rate testing** Leckratenprüfung f
integrated ~ t. Gesamtl.

~ **sodium tank** Lecknatriumbehälter m

~ **spectrum** Ausflußspektrum n

~ **through valve stems and pump seals** Leckwasser n von Ventilspindelführungen und Pumpendichtungen

~ **water heat exchanger** Leckwasserkühler m

leaking fuel assembly (or **element)** undichtes *oder* leckendes Brennelement n

~ **fuel pin** lecker *oder* undichter Brennstab m

leakoff pipe Leckageleitung f

~ **system** Leckagesaugsystem n

leg Strang m (*der Hauptkühlmittelleitung zwischen Reaktor und DE*)
cold ~ kalter S.
hot ~ heißer S.

length of travel (*control rod*) Hublänge f

~ **of stroke** Hublänge f (*Steuerstab*)

LET = linear energy transfer lineare Energieübertragung f

letdown coolant Ablaßkühlmittel n

~ **flow** Ablaßmenge f
~ **flow path** Ablaßströmungs-
weg m
~ **heat exchanger** Niederdruck-
kühler m, Nichtregenerativ-
wärmetauscher m
~ **line** Ablaßleitung f
~ **line isolation valve**
Ablaßleitungs-
Absperrarmatur f
~ **orifice** Ablaßblende f,
-drossel f
~ **stream** Ablaßstrom m
~ **tank** Ablaßbehälter m
~ **valve** Ablaßventil n,
-armatur f
low-pressure ~ v.
Niederdruck-A.
standby ~ v. Reserve-A.
lethal dose Letaldosis f
(Strahlung)
lethargy Lethargie f
level 1 (2, 3) action Handlung f
der Stufe 1 (2, 3)
~ **control pump** Füllstand-
Regelpumpe f
~ **control system** Füllstand-
regelung f, -regelsystem n
~ **holding** Spiegelhaltung f
~ **holding pipe** Spiegelhalte-
leitung f
~ **holding system** Spiegelhalte-
system n
~ **holding tank** Spiegelhalte-
behälter m
~ **indicating alarm** anzeigender
Füllstandwächter m
~ **instrumentation nozzle**
Höhenstandmeßstutzen m
~ **of depletion of reactor vessel
water** Grad n der

Erschöpfung des Reaktor-
druckbehälterwassers
~ **rise** Pegelanstieg m,
Pegelerhöhung f
~ **transmitter** Höhenstand-
geber m
~ **width** Breite f des Energie-
niveaus; Halbwertsbreite f der
Resonanzlinie
levitation Aufschwimmen n,
Levitation f, Auftrieb m
~ **of graphite spheres** Abheben
n der Graphitkugeln
~ **force** Aufschwimmkraft f *(BE,
Kern)*
licensability Genehmigungs-
fähigkeit f
license application Antrag m auf
Genehmigung
~ **application power level**
Leistungspegel m im
Genehmigungsantrag
**licensed core average power
limit** genehmigter Grenzwert
m für die mittlere
Kernleistung
~ **material** genehmigtes (Spalt)-
Material n
licensing authority
Genehmigungsbehörde f
~ **feature** Genehmigungs-
eigenschaft f, -merkmal n
~ **package** Bewilligungs-
unterlagen fpl
~ **procedure under the Atomic
Energy Act** atomrechtliches
Genehmigungsverfahren n
~ **process** Genehmigungsverfahren n
life, lifetime Lebensdauer f
mean ~ mittlere L.

mechanical ~ mechanische L.
LLFM = low level flux monitor
　Überwachungsgerät *n* für
　niedrige Flußpegel
lift off *v* abheben
~ **armature** *(PWR CRDM)*
　Hubanker *m*
~ **capacity** Hubleistung *f*
~ **coil** *(PWR CRDM)*
　Hubspule *f*
~ **magnet pole** *(PWR CRDM)*
　Hubmagnetpol *m*
lifting Anheben *n*
~ **of safety valves** Ansprechen *n*
　der Sicherheitsventile
~ **bail** *(BWR fuel assembly)*
　Griff *m*, Transportbügel *m*
　des BE
~ **beam** Hubquerbalken *m*,
　Hebetraverse *f*
~ **bollard** Hebe-,
　Transportpoller *m*
~ **column** Hubsäule *f*
~ **force** Hubkraft *f*
~ **frame structure** Hebegeschirr-
　konstruktion *f*
~ **gantry** Hubgerüst *n*
~ **knob** Greif-, Hubknopf *m*
　(BE)
~ **lug** Tragöse *f*,
　Transportöse
~ **platform** Hebebühne *f*
~ **rig** Hebe-, Hubvorrichtung *f*
　(für Kerngerüst)
~ **trunnion for erection** Poller *m*
　für Montage
~ **yoke** Hebetraverse *f*
ligament Steg *m*
light bulb and torus design
　(BWR containment)
　birnenförmige (Sicherheits-

hüllen-)Auslegung *f* mit
ringförmigem
Kondensationsraum
~ **bulb shaped steel vessel**
　(BWR) birnenförmiger
　Stahlbehälter *m*
~ **load range** *(GB)* Schwachlast-
　bereich *m*
~ **reflectiveness**
　Lichtrückstrahlung *f*,
　Lichtrückstrahlvermögen *n*
~ **water** Leichtwasser *n*
~ **water coolant** Leichtwasser-
　Kühlmittel *n*
~ **water cooled** leichtwasser-
　gekühlt
~ **water cooled reactor**
　leichtwassergekühlter
　Reaktor *m*
~ **water moderated reactor**
　leichtwassermoderierter
　Reaktor *m*
~ **water moderated and low**
　enrichment reactor
　leichtwassermoderierter
　Reaktor *m* mit niedriger
　Anreicherung
~ **water nuclear installation**
　Leichtwasser-Kernkraftanlage
　f, -Kernenergieanlage *f*
~ **water reactor** Leichtwasser-
　reaktor *m*
lignite gasification Braunkohlen-
　vergasung *f*
likelihood of failure Ausfall-
　wahrscheinlichkeit *f (von*
　Anlageteilen)
limit test *v* in bezug auf
　Grenzwerte prüfen
~ **stop** Endanschlag *m*
~ **switch** Endschalter *m*

limit-value signal
Grenzwertsignal *n*
limited in-reactor exposure life
begrenzte Lebensdauer *f*
unter Bestrahlung im Reaktor
~ **work authorization** *(US)*,
LWA Genehmigung *f* nur für
Baustellenvorbereitung
**limited-leakage pump SYN.
controlled-** *or* **zero-leakage
pump, shaft-seal pump** Pumpe
f mit Wellenabdichtung
limiting condition
Grenzbedingung *f*
~ **c. for plant operation** G. für
den Betrieb der Anlage
~ **power densities** begrenzende
Leistungsdichten *fpl*
~ **PPC** *(US)* begrenzender
Anlagenbetriebszustand *m*
~ **safety consequences** Schaden-
folgenbeschränkung *f*
~ **thermal conditions**
begrenzende thermische
Bedingungen *fpl*
limonite Limonit *m*
line break accident Unfall *m* mit
Leitungsbruch
~ **voltage** Netzspannung *f*
linear amplifier
Linearverstärker *m*
~ **channel** Linearkanal *m*
~ **DC instrument lane** Linear-
gleichstrommeßstrang *m*
~ **elastic fracture mechanics**
linearelastische Bruch-
mechanik *f*
~ **energy transfer, LET** lineare
Energieübertragung *f*
~ **expansion coefficient** linearer
Ausdehnungskoeffizient *m*

~ **extrapolation length** lineare
Extrapolationslänge *f*
~ **heat generation rate** *(fuel
assembly)* lineare
Wärmeleistung *f (BE)*
~ **heat rate** Stablängen-
belastung *f*
~ **heat rating** Längenleistung *f*,
lineare Stableistung
~ **power rating** Stableistung *f*,
Stablängenleistung
~ **rod power** lineare
Stableistung *f*
~ **stopping power** lineares
Bremsvermögen *n*
~ **thermal output** lineare
Wärmeleistung *f*, Stablängen-
Wärmeleistung *f*
liner Liner *m*, Membrane *f*,
(SB-)Innenhülle *f*, -schale *f*
welded steel ~ Schweißstahl-I.
~ **cooling system**
Linerkühlsystem *n*
~ **plate thickness** Stärke *f* der
SB-Innenschale
~ **tube** Futterrohr *n*
linkage grab Gestängegreifer *m*
~ **guide tube** Gestängeführungs-
rohr *n*
~ **head** Gestängekopf *m*
~ **tube** Gestängerohr *n*
lip of the (drywell) head Lippe *f*
des Druckkammerdeckels
(SWR)
liquid activity flüssige Aktivität *f*
~ **air tank** Flüssiglufttank *m*
~ **chemical solution** Flüssig-
chemikalienlösung *f*
~ **control chemical** Vergiftungs-
chemikalie *f*, Flüssigkeits-
steuerungschemikalie *f*

~ **distributor** *(D₂O distillation column)* Kapillare *f*

~ **effluent** Abwasser *n*, Flüssigabfall *m*

~ **effluent treatment plant** Abwasseraufbereitungsanlage *f*

~ **effluent treatment process** Abwasseraufbereitungsverfahren *n*

~ **fuel heterogeneous reactor** Heterogenreaktor *m* mit flüssigem Brennstoff

~ **/gas interface** Grenzfläche *f* zwischen Flüssigkeit und Gas

~ **injection** Flüssigkeitseinspeisung *f*

~ **inventory** Flüssigkeitsbestand *m*, -inhalt *m*

~ **level control** Flüssigkeitsspiegelregelung *f*

~ **level indicator** Flüssigkeitspegelanzeige *f*

~ **level instrumentation** Flüssigkeits-Füllstandinstrumentierung *f*

~ **level probe** Niveaumeßsonde *f*

~ **nitrogen cooled trap system** Flüssigstickstoff-Kühlfallensystem *n*

~ **nitrogen supply tank** Flüssigstickstoff-Versorgungsbehälter *m*

~ **metal** Flüssigmetall *n*

~ **penetrant inspection** Flüssigkeits-Eindringprüfung *f* *(zerstörungsfreie Werkstoffprüfung)*

~ **phase** flüssige Phase *f*

~ **poison** flüssiges (Neutronen)-Gift *n*

~ **poison control** Regelung *f* mit flüssigen Giften

~ **poison injection pump** Vergiftungslösungspumpe *f*

~ **poison system** Vergiftungssystem *n*

~ **poison tank** Vergiftungslösungsbehälter *m*

~ **processing system** Abwasseraufbereitungsanlage *f*

~ **radioactive waste** radioaktive Abwässer *npl*

~ **radioactive waste processing system** Aufbereitungsanlage *f* für radioaktive Abwässer, Abwasseraufbereitungsanlage *f*

~ **radwaste system** Aufbereitungsanlage *f* für flüssige radioaktive Abfälle, Abwassersystem *n*

~ **redistributor** *(D₂O distillation column)* Kapillare *f*

~ **rheostat controller** Flüssigkeitswiderstandsregler *m (Kühlmittelpumpen-Drehzahl)*

~ **shutdown (LSD) system** *(SGHWR)* Flüssigkeitsabschaltsystem *n*

~ **shutdown system cooler** Flüssigkeits-Abschaltsystem-Kühler *m*

~ **sodium pump** Flüssignatriumpumpe *f*

~ **waste** Abwasser *n*, Flüssigabfall *m*
discharge *v* ~s **to the local sewers** A. in das örtliche Kanalnetz ablassen

~ **waste activity discharge**

Abwasseraktivitätsabgabe *f*

~ **waste and concentrate processing system** Abwasser- und Konzentrataufbereitung *f*

~ **waste area sump** Abwassersumpf *m*

~ **waste area sump pump** Sumpfpumpe *f* für radioaktive Abwässer

~ **waste arising** Abwasseranfall *m*

~ **waste concentrator** Abwasser-Konzentriereinrichtung *f*

~ **waste concentration plant** Eindickungsanlage *f* für Flüssigabfall

~ **waste controlled discharge pump** kontrollierte Ablaßpumpe *f* für Flüssigabfälle (*oder* Abwässer)

~ **waste cooler** Abwasserkühler *m*

~ **waste demineralizer** Abwasserentsalzungsanlage *f*, Flüssigabfallentsalzungsanlage *f*

~ **waste disposal system** Abwasseraufbereitungssystem *n*

~ **waste disposal system flow diagram** Schaltbild *n* der Abwasseraufbereitung(sanlage) *f*

~ **waste disposal treatment system** Abwasseraufbereitungssystem *n*

~ **waste effluents** Abwässer *npl*

~ **waste evaporator** Abwasserverdampfer *m*

~ **waste filter** Abwasserfilter *m*

~ **waste hold-up system** Abwassersammelanlage *f*

~ **waste hold-up tank** Abwassersammelbehälter *m*

~ **waste monitor tank** Abwasserprüfbehälter *m*

~ **waste monitoring and storage tank** Abwasserprüf- und -speicherbehälter *m*

~ **waste neutralizer tank** Abwasserneutralisationsbehälter *m*

~ **waste pump** Abwasserpumpe *f*

~ **waste receiver tank** Abwasser-, Flüssigabfallauffangbehälter *m*

~ **waste residues** Abwasserrückstände *mpl*

~ **waste routing** Abwasserführung *f*, -leitung *f*

~ **waste storage (system)** Abwasserlagerung *f*

~ **waste storage tank** Abwasserlagerbehälter *m*

~ **waste store** Lager *n* für flüssige Abfälle

~ **waste system** Abwassersystem *n*

~ **waste treatment system** Abwasseraufbereitungsanlage *f*

liquid-liquid extraction Flüssig-Flüssig-Extraktion *f*

liquid-metal breeder Flüssigmetallbrüter *m*

~ **-metal-coolant circuit** Flüssigmetall-Kühl(mittel)kreislauf *m*

~ **-metal-cooled fast breeder** flüssigmetallgekühlter schneller Brutreaktor *m*

~ **-metal-cooling** Flüssigmetall-
kühlung *f*

~ **-metal-pump** Flüssigmetall-
pumpe *f*

~ **-metal-reactor** Flüssig-
metallreaktor *m*

~ **-metal-valve** Flüssigmetall-
armatur *f*

**liquid-nitrogen-cooled
low-temperature absorber**
flüssigstickstoffgekühlter Tief-
temperaturabsorber *m*

~ **-nitrogen-cooled trap
system** Flüssigstickstoff-Kühlfallensystem *n*

~ **-nitrogen-cooling system**
Flüssigstickstoff-Kühl-
system *n*

~ **-nitrogen-refrigeration system**
Flüssigstickstoff-Kälteanlage *f*

~ **-nitrogen-supply tank**
Flüssigstickstoff-Ver-
sorgungsbehälter *m*

~ **-nitrogen-trap** Flüssigstick-
stoff-Falle *f*

liquor flow Laugendurchsatz *m*
Laugenmenge *f*

lithium, Li Lithium *n*, Li

~ **borate solution** *(liquid poison)*
Lithiumboratlösung *f*

~ **concentration** Lithium-
konzentration *f*

~ **hydroxide** Lithiumhydroxid *n*

lithium-hydroxide-inhibited
lithiumhydroxidinhibiert

lithium-7 form cation resin
Kationen-Austauscherharz *n*
der Lithium-7-Form

live-steam(-heated) reheater
FD-beheizter Zwischenüberhitzer *m*

LLFM = low level flux monitor
Überwachungsgerät *n* für
niedrigen Flußpegel, Niedrig-
flußpegel-Überwachungs-
gerät *n*

**LMFBR = liquid-metal cooled
fast breeder reactor** flüssigmetallgekühlter schneller
Brutreaktor *m*

**LMFBR plant response to
transient perturbations**
Ansprechen *n* einer flüssig-
metallgekühlten Schnell-
brüteranlage auf instationäre
Störungen

load *v* **a charge into a reactor**
eine (Brennelement)Ladung
in einen Reaktor einbringen

~ **the core in prescribed steps**
den Kern in vorgeschriebenen
Schritten beladen

load 1. Ladung *f (Reaktorkern)*;
2. Last *f*, Belastung *f*

incident pressure ~
Zwischenfall-Druck-
belastung

minimum ~ Kleinst-,
Mindestlast

operational ~ betriebliche
oder Betriebsbelastung

**potential ~s of severe natural
phenomena** mögliche
Belastungen durch schwere
Naturkatastrophen

transverse ~
Querbelastung

accept *v* **the ~s due to seismic
movement** die Belastungen
infolge von Erdbeben-
bewegung(en) aufnehmen

bring *v* **the plant to minimum**

~ die Anlage auf Mindestlast (hoch)fahren
establish *v* **minimum ~** Mindestlast herstellen
go *v* **on ~** in Betrieb gehen, Last übernehmen
transmit *v* **~s (to s.th.)** Lasten (auf etw.) übertragen, Lasten (in etw.) einleiten
transmit *v* **~ through s.th.** Last über etw. abtragen
load bearing lasttragend
~ **capacity** Belastbarkeit *f*
~ **carrying parts** *(ASME Code)* (last)tragende Teile *npl*
~ **cell** Druckmeßdose *f*
~ **change** Laständerung *f*
  ramp ~ c. rampen- förmige L.
  step ~ c. Lastsprung *m*
~ **change rate** SYN. **rate of load change** Laständerungs- geschwindigkeit *f*
~ **changing by flow control** Laständerung *f* durch Umwälz- *oder* Umlauf- regelung
~ **changing capability** Laständerungsfähigkeit *f*
~ **changing capability by flow control** Laständerungs- fähigkeit *f* durch Umwälz- regelung
~ **charge** Lastenenergie *f*
~ **cycle operation** Lastzyklus- betrieb *m*
~ **cycling behavior** Lastwechsel- verhalten *n*
~ **deflection characteristics** *(fuel assembly)* Durch- biegungseigenschaften *fpl*

unter Last
~ **factor** Arbeitsausnutzung *f*, Lastfaktor *m*
~ **follower** Lastfolger *m*
~ **following** Lastfolge *f*
  automatic ~ f. automati- sche L.
~ **increase** Lastanstieg *m*, -erhöhung *f*, -steigerung *f*
  ramp ~ i. rampenförmi- ge(r) L.
  step ~ i. Lastsprung *m*
~ **limiter** Lastbegrenzer *m*, Lastbegrenzungsvorrichtung *f*
~ **pad** Lastkonsole *f*
~ **reduction** Lastreduzierung *f*
  ramp ~ r. rampenförmige L.
  step ~ r. sprungförmige L.
~ **r. to auxiliary load** Last- abwurf *m* auf Eigenbedarf
~ **sensing indication** Lastabgriffsanzeige *f*
~ **shed** abgeworfene Last *f*
~ **shedding and sequencing** Lastabwurf *m* und gestaffeltes Zuschalten *n*
~ **/speed error signal** Last/Drehzahl-Störgrößen- signal *n*
~ **swing** Lastschwankung *f*
loaded concrete Schwerbeton *m*
load-following ability Lastfolge- fähigkeit *f*, Lastfolge- verhalten *n*
~ **-f. behavior** Lastfolge- verhalten *n*
~ **-f. capability** Lastfolge- fähigkeit *f*
~ **-f. characteristic** *(of a reactor)* Lastfolgeeigenschaft *f*, Lastfolgeverhalten *n*

~ **-f. operation** Lastfolge-
betrieb *m*

~ **-f. performance** Lastfolgeverhalten *n*

~ **-f. plant** Lastfolgeanlage *f*

~ **-f. swings** Lastfolge-
schwankungen *fpl*

loading 1. Belastung *f;* 2. Laden
n, Beladen *n (Reaktor)*

~ **of systems and components**
Belastung von Systemen und
Komponenten
dynamic ~ dynamische
Belastung *f*
on power batch ~
chargenweises Laden *n* unter
Last

loading accident Beladungs-
unfall *m*

~ **arrangement**
Beladungsanordnung *f*
(der Kernzonen)

~ **chamber** Ladekammer *f*

~ **chamber pivoting**
Ladekammerdrehen,
-schwenken *n*

~ **method** Lademethode *f*

~ **position** *(in fuel storage pond)*
(SGHWR) Ladeposition *f*

~ **procedure** (BE-)Lade-
vorgang *m*

~ **rate** Ladegeschwindigkeit *f*

~ **schedule**
(BE-)Umsetzplan *m*
inward ~ **s.** U. für Umsetzen
nach innen

~ **technique** (BE-)Lade-
verfahren *n*

~ **temperature** Beladungs-
temperatur *f*

load-supporting capability

Belastbarkeit *f*, Lasttrag-
fähigkeit *f*

LOCA = loss-of-coolant
accident Kühlmittelverlustunfall *m*, Störfall *m* mit Kühlmittelverlust

local active drain örtliche
Aktiventwässerung *f*

~ **convection film coefficient**
örtlicher Konvektions-
Filmkoeffizient *m*

~ **coolant channel blockage**
lokale Kühlkanalblockade *f*

~ **core damage due to operator**
error örtlicher Kernschaden *m*
infolge Fehlbedienung

~ **corrosion** Lochfraß *m*

~ **deformation of fuel cladding**
örtliche Verformung *f* der
Brennstabhülle(n)

~ **dose** Ortsdosis *f*

~ **dose rate**
Ortsdosisrate *f*

~ **dose rate measurement**
Ortsdosisleistungsmessung *f*

~ **dryout of the fuel can surface**
örtliches Abtrocknen *n* der
Brennstabhüllen-Oberfläche

~ **factor** Lokalfaktor *m*

~ **flux increase** lokale Fluß-
erhöhung *f*

~ **hardening** *(of components)*
örtliche Ertüchtigung *f*

~ **hydriding** lokale
Aufhydrierung *f*

~ **hydriding of Zircaloy clad**
tubes lokale Hydrierung *f* von
Zircaloyhüllrohren

~ **indication and annunciation**
örtliche Anzeige *f* und
Meldung *f*

~ **keylock hand switch** örtlicher Hand-Schlüsselschalter *m*

~ **monitoring of core conditions** örtliche Überwachung *f* der Kernbedingungen

~ **overheating of the fuel cladding** örtliche Überhitzung *f* der BE-Hülle(n)

~ **peaking factor** lokaler Heißstellenfaktor *m*

~ **power distribution** örtliche Leistungsverteilung *f*

~ **power oscillations** lokale Leistungsschwingungen *fpl*

~ **power peak** lokale Leistungsspitze *f*

~ **power peaking** lokale *oder* örtliche Heißstellenbildung *f*

~ **power peaking factor** lokaler *oder* örtlicher Heißstellenfaktor *m*

~ **power range monitor, LPRM** lokales Leistungsbereichsüberwachungsgerät *n*

~ **power range monitoring, LPRM** lokale Leistungsbereichsüberwachung *f*

~ **power range monitor sensitivity** Empfindlichkeit *f* des örtlichen Leistungsbereich-Überwachungsgerätes

~ **range monitor** Überwachungsgerät *f* für Ortsbereich

~ **reactivity adjustment** örtliche Reaktivitätsverstellung *f*

~ **rod power** örtliche Stableistung *f*

~ **sampling cabinet** Probenentnahmeschrank *m* vor Ort

~ **steam quality** örtliche Dampfqualität *f*

~ **sub-change facility** örtliche Neben-Umkleideeinrichtung *f*

~ **vapor blanketing** örtliche Dampfkissenbildung *f*

~ **void distribution** lokale Dampfblasenverteilung *f*

~ **yield of the material** lokales Fließen *n* des Werkstoffes

localized control örtliche Steuerung *f*, Steuerung vor Ort

~ **corrosion** Lochfraß *m*

locate *v* **leaking fuel assemblies** undichte *oder* leckende Brennelemente orten

~ **the equipment physically 90° apart** die Anlagen räumlich 90° voneinander anordnen

located radially on a common plane radial auf einer gemeinsamen Ebene liegend

locating collar Spurscheibe *f*, Halterung *m*

location for fuel shipping cask Abstellplatz *m* für Versandbehälter

lock *v* **closed** geschlossen verriegeln

~ **on to an end fitting** *(refuelling machine)* sich an einem BE-Endstück festriegeln

~ **out** ausriegeln

~ **actuator** *(CRDM)* Riegelantrieb *m*

~ **control circuit** *(CRDM)* Riegelsteuerschaltung *f*

~ **nut spanner wrench** *(RC pump tool)* Schlüssel *m* für Sicherungsmutter

~ **plug** Verriegelungszylinder *m*

~ **plug return spring** Rückstell-

feder *f* für Verriegelungszylinder

~ **segment assembly tool** *(PWR RC pump)* Sperrsegment-
Montagewerkzeug *n*

locking button *(PWR CRDM)*
selbsthemmender Spreiz-
knopf *m*

~ **groove** Einrastnut(e) *f*

~ **lug** Einrast-, Verriegelungs-
zapfen *m*

~ **piston drive** Sperrkolben-
antrieb *m*

~ **piston drive concept** *(BWR)*
Sperrkolben-Antriebs-
konzept *n*

~ **piston type control rod drive
mechanism** *(BWR)*
Sperrkolben-Steuer-
stabantrieb *m*

lock-out relay indirektes
Auslöse-Relais *n*

LOF = loss of flow Strömungs-
ausfall *m*

LOF accident Kühlmitteldurchsatz-Störfall *m*
(schneller Brüter)

logarithmic amplifier
logarithmischer Verstärker *m*

log(arithmic) channel
logarithmischer Kanal *m*

~ **count rate meter**
logarithmischer Mittel-
wertmesser *m*

logarithmic DC instrument lane
logarithmischer Gleichstrommeßstrang *m*

~ **energy decrement**
logarithmisches Energie-
dekrement *n*

instrumentation lane
logarithmischer Meßstrang *m*

logic channel „A" relay system
Relaissystem *n* des
Verknüpfungskanals A

~ **function** Verknüpfungs-
funktion *f*

~ **module** Logikteil *m*,
Logikstufe *f*

~ **relay** (logisches)
Verknüpfungsrelais *n*

~ **symbols** Logik-Symbole *npl*

logistics penetration
Versorgungsdurchführung *f*

log mean temperature difference
(SG) mittlere logarithmische
Temperaturdifferenz *f*

~ **N recorder** logarithmischer
Leistungsschreiber *m*

long half-life activation product
Aktivierungsprodukt *n* mit
langer Halbwertzeit

~ **half-life fission product**
Spaltprodukt *n* mit langer
Halbwertzeit

~ **-lived radioactivity** langlebige
Radioaktivität *f*

~ **-range loading schedule**
Langzeit-Ladeplan *m*

~ **-response benchboard**
Stehpult *n* für langsam
ansprechende Geräte

~ **-stroke piston** Langhub-
kolben *m*

~ **term** langzeit- (adj.)

~ **-term deformation process**
Langzeitverformungs-
vorgang *m*

~ **-term dynamics** Langzeit-
dynamik *f*

~ **-term erosion** Langzeit-
erosion *f*

~ **-term health effects** gesundheitliche Spätschäden *mpl*

~ **-term heat removal under reactor shutdown conditions** langfristige *oder* Langzeit-Wärmeabfuhr *f* unter Reaktorstillstandsbedingungen

~ **-term reactor power control** Langzeitsteuerung *f* der Reaktorleistung

~ **-term test** Langzeitversuch *m*

~ **travel direction** (Lademaschinen-) Verfahrrichtung *f*

~ **travel fine alignment photo-electric cell unit** *(SGHW refuelling machine)* Feinanfahr-Photozelle *f*

longitudinal break Längsbruch *m*

~ **compartment** Längsraum *m*, Längsschott *n*

~ **seam** Stehnaht *f*

~ **shear wall** Längsscherwand *f*

~ **tendon** Längsspannglied *n*

longitudinally welded clad(ding) tube längsnahtgeschweißtes Brennstoffhüllenrohr *n*

loop activation Kreislaufaktivierung *f*

~ **bypass line** Kreislauf-Umführungsleitung *f*

~ **bypass vent** Kreislauf-Umführungs-Entlüftung *f*

~ **cell** Kreislaufzelle *f*

~ **compartment** Kreislaufraum *m (in der Sicherheitshülle)*

~ **design** Kreislaufkonstruktion *f*, -auslegung *f*

~ **drain line** Kreislauf-entwässerungsleitung *f*

~ **fill header** Kreislauffüllsammler *m*

~ **fill line** Kreislauffüllleitung *f*

~ **isolation on flow stoppage** Absperren *n oder* Abschluß *m* des Kreislaufs bei Stocken des Durchsatzes

~ **monitoring system** Kreislaufüberwachungsanlage *f*

~ **preparation equipment** *(LMFBR)* Kreislauf-Vorbereitungsanlage *f*

~ **purging** Kreislaufspülung *f*

~ **seal** Kreislaufdichtung *f*

~ **system** Loop-System *n*, Kreislaufsystem *n (Brüter)*

~ **water relief valve** Kreislaufwasser-Entlastungsarmatur *f*

loose parts monitoring system Körperschall-Überwachungssystem *n*, -anlage *f*

LOPI = loss of piping integrity Verlust *m* der Rohrleitungsdichtheit

loss of auxiliary power Eigenbedarfsausfall *m*

~ **of coolant** Kühlmittelverlust *m*

~ **of control effectiveness** Verlust *m* an Steuerwirksamkeit

~ **of ductility** Duktilitätsverlust *m (Werkstoff)*

~ **of electrical supplies to a component** Ausfall *m* der Stromversorgung eines Anlageteils

~ **of external a-c power** Ausfall *m* des Fremdwechselstromes

~ **of feed** Ausfall *m* der Nach- *oder* Zuspeisung

~ **of feedwater** Speisewasser-ausfall *m*

~ **of feedwater flow** Ausfall *m* des Speisewasserstroms

~ **of flow, LOF** Kühlmittel-durchsatzausfall *m,* Kühl-mitteldurchsatzstörung *f*

~ **of flow accident, SYN. LOF accident** Kühlmitteldurchsatz-Störfall *m*

~ **of flow transient** instationärer Zustand *n* durch Ausfall der Kühlmittelströmung (*oder* durch Ausfall des Kühlmittel-durchsatzes)

~ **of forced circulation** Ausfall *m* des Zwangsumlaufs

~ **of function** Funktionsausfall *m*

~ **of generator load** Ausfall *m* der Generatorlast

~ **of load** Ausfall *m* der Last **complete ~ o. l. from full power** vollständiger Lastausfall *m* von voller Leistung

~ **of load trip** Schnellschluß *m* wegen Lastausfall

~ **of output** Leistungsausfall *m*

~ **of piping integrity, LOPI** *(LMFBR)* Verlust *m* der Rohrleitungsdichtheit, Undichtwerden *n* der Rohr-leitungen

~ **of plant auxiliary power** Ausfall *m* des Kraftwerks-Eigenbedarfs(stroms)

~ **of power** Stromausfall *m*

~ **of p. to the pilot valves** Ausfall *m* des Stroms zu den Steuerventilen

~ **of p. to the two protection system motor generators** Ausfall *m* des Stroms zu den zwei Reaktorschutz-Umformersätzen

~ **of primary flow** Ausfall *m* der Primär(kühlmittel)strömung

~ **of pump power** Ausfall *m* der Pumpen-Antriebsenergie

~ **of reactor coolant inventory** Verlust *m* der Reaktorkühl-mittelmenge

~ **of secondary coolant** Ausfall *m* des Sekundärkühlmittels

~ **of suction(-side) flow** Abreißen *n* der saugseitigen Strömung

~ **of the normal feedwater system** Ausfall *m* des normalen Speisewasser-systems

~ **of the regular power** Ausfall *m* des regulären Stroms

~ **of turbine load** Lastausfall *m* der Turbine

loss-of-coolant accident, LOCA Unfall *m* mit Kühlmittel-verlust, Kühlmittelverlust-Störfall *m*

~ **(gas) accident** Kühlgasverlust-Unfall *m,* Kühlgasverlust-Störfall *m*

~ **experiment, LOCE** Kühlmittelverlust-experiment *n*

~ **flow condition** Kühlmittel-verlust-Strömungszustand *m*

lost sodium reactivity Natrium-verlustreaktivität *f*

louver damper Jalousieklappe *f*

louver *(GB)* Jalousie *f*
low active waste schwachaktiver
Abfall *m*
~ **alloy steel** niedriglegierter
Stahl *m*
~ **cooling water flow signal**
Signal *n* für niedrigen Kühlwasserdurchsatz
~ **DNBR trip** Schnellschluß *m*
wegen zu niedrigem
Siedegrenzabstand
~ **enriched-uranium cycle**
Brennstoffzyklus *m* mit
schwach angereichertem Uran
~ **level flux monitor, LLFM**
(LMFBR) Niedrigfluß-
Überwachungsgerät *n*
~ **level liquid effluent treatment
process** Aufbereitungs-
verfahren *n* für schwach-
aktives Abwasser
~ **level nuclear instrumentation
channel** nuklearer *oder*
kerntechnischer Niedrigpegel-
Meßkanal *m*
~ **population zone, LPZ** Zone *f*
geringer Bevölkerungsdichte,
dünn besiedelte Zone *f*
~ **population zone distance**
Abstand *m oder* Entfernung *f*
von einer Zone mit geringer
Bevölkerung
~ **pressure containment**
Reaktordruckschale *f*,
Niedrigdruck-Sicherheits-
hülle *f*
~ **pressure coolant injection,
LPCI** *(BWR)* Niedrigdruck-
Kühlmitteleinspeisung *f*
~ **pressure coolant injection
function** *(BWR RHR system)*

Niederdruck-Kühlmittel-
einspeisefunktion *f*
~ **pressure coolant injection
loop** *(BWR)* ND-Kühlmittel-
einspeisekreislauf *m*
~ **pressure coolant injection
mode** *(BWR RHR system)*
Niederdruck-Kühlmittel-
einspeise-Fahrweise *f*
~ **pressure coolant injection
system, LPCIS** *(BWR)*
Niederdruckeinspeisesystem *n*
~ **pressure core cooler**
(SGHWR) ND-Kernkühler *m*
~ **pressure core cooling system**
ND-Kernkühlsystem
~ **pressure core spray system,
LPCS** *(BWR)* Niederdruck-
Kernsprühsystem *n*
~ **pressure core spray system
pump** *(BWR)* Niederdruck-
Kernsprühsystem-Pumpe *f*
~ **pressure core spray system
pump motor cooler** *(BWR)*
ND-Kernsprühsystem-
Pumpenmotorkühler *m*
~ **pressure core spray system
pump seal cooler** *(BWR)*
ND-Kernsprühsystem-
Pumpensperrkühler *m*
~ **pressure emergency cooling
system** Niederdruck-Notkühl-
system *n*
~ **pressure header** Niederdruck-
sammelleitung *f*
~ **pressure plenum** Niederdruck-
sammlerraum *m*
~ **pressure safety injection**
Niederdruck-Sicherheits-
einspeisung *f*
~ **pressure scram**

Unterdruckscram *n*

~ **pressure seal** Niederdruck-dichtung *f*

~ **pressure seal leakage** ND-Dichtungsleckage *f*

~ **pressure vapor seal** Nieder-druck-Brüdendichtung *f*

~ **pressurizer pressure signal** Signal *n* für niedrigen Druck-halterdruck

~ **pressurizer pressure trip** Schnellschluß *m* wegen zu niedrigem Druckhalterdruck

~ **radioactivity level in the primary system** niedriger Radioaktivitätspegel *m* im Primärsystem

~ **secondary radiation** niedrig-energetische Sekundär-strahlung

~ **steam generator pressure trip** *(PWR)* Schnellschluß *m* durch zu niedrigen Dampferzeuger-druck

~ **steam generator water level trip** *(PWR)* Schnellschluß *m* wegen zu niedrigem Dampferzeugerwasserstand

~ **temperature adsorber** Tieftemperaturadsorber *m*

~ **water level in the reactor vessel** niedriger Wasserstand *m* im Reaktorbehälter

~ **worth scatter control rod pattern** Steuerstabverteilung *f* mit niedriger Reaktivitäts-wertstreuung

low-activity liquid waste concentrate niederaktives Abwasserkonzentrat *n*

low-energy gamma-ray monitor Überwachungsgerät *n* für niederenergetische Gamma-strahlen

~ **neutrons** niedrigenergetische Neutronen *npl*

lower *v* **the reactor power** die Reaktorleistung absenken

lower core plenum *(BWR)* unterer Kernsammelraum *m* *(SWR-DB)*

~ **core support plate** *(BWR)* untere Kernstützplatte *f*

~ **core support pad** Konsole *f* für Kernbehälterschemel

~ **head** *(RPV)* (RDB-)Boden *m*

~ **internals assembly** *(RPV)* Baugruppe *f* untere Innen-einbauten *(RDB)* (*oder* unteres Kerngerüst)

~ **internals storage stand** Abstellvorrichtung *f* für unteres Kerngerüst

~ **jib crane** unterer Drehkran *m*

~ **limit of inflammability** untere Entzündlichkeitsgrenze *f*

~ **main shield(ing)** untere Hauptabschirmung *f*

~ **melting point eutectic** Eutektikum *n* mit niedrigem Schmelzpunkt

~ **plenum** unterer Sammel-raum *m*

~ **radial bearing** unteres Führungslager *n*

~ **rod position limit** *(CRDM)* untere Stabendstellung *f*

~ **shell** *(PWR SG)* Wasserraum *m* *(DE)*

~ **socket receptacle** *(BWR fuel handling platform)* unterer Köcher *m*

~ **support ring** unterer
Stützring *m*

~ **tie plate** *(BWR fuel bundle)*
untere Gitterplatte *f*

~ **tie plate casting** Gußstück *m*
der unteren Gitterplatte

low-flow bypass Niedrigmengen-
Umführung *f*

~ **bypass system**
Niedrigmengen-Umleit-
system *n*

low-flux reactor Reaktor *m* mit
niedriger Betriebstemperatur

low-head safety injection system
(PWR) Niederdruck-
Sicherheitseinspeisesystem *n*

low-inertia pump motor träg-
heitsarmer Pumpenmotor *m*

low-level sodium tank Natrium-
tiefbehälter *m*

~ **solid waste** feste, schwachaktive Abfälle *mpl,* schwachaktive Festabfälle

low-permeability graphite
niedrigpermeabler Graphit *m*

low-power operating license
Betriebsgenehmigung *f* für
niedrige Leistung,
Teilbetriebsgenehmigung

~ **operation** Betrieb *m* mit
niedriger Leistung,
Schwachlastbetrieb *m*

low-pressure compressor
Niederdruckverdichter *m*

low-salt-content liquid waste
salzarme Abwässer *npl*

low-temperature delay bed
Niederdrucktemperatur-
verzögerungsbett *n*

~ **filter** Tieftemperaturfilter *m, n*

~ **gas-to-gas exchanger**

Tieftemperatur-Gas/Gas-
Wärmetauscher *m*

~ **system** Tieftemperaturanlage *f*

**LPCI = low pressure coolant
injection** ND-Kühlmittel-
einspeisung *f*

**LPCS = low pressure core
spray** ND-Kernsprühen
n oder -sprühung *f*

**LPRM = local power range
monitoring** örtliche Leistungsbereichsüberwachung *f*

LPRM amplifier gains
Verstärkungen *fpl* der
Überwachungsgeräte im
örtlichen Leistungsbereich

LP steam delivery ND-Dampf-
förderung *f,* -zuleitung *f*

LPZ = low population zone
Zone *f* niedriger
Bevölkerungsdichte

LSD = liquid shut(-)down *(GB)*
Flüssig(keits)abschaltung *f*

LSD system Flüssig(keits)-
abschaltsystem *n*

LSD tube Flüssig(keits)abschalt-
rohr *n*

lube oil pump Schmierölpumpe *f*

~ **oil supply system** Schmieröl-
versorgung *f*

lubricating oil pump Schmierölpumpe *f*

~ **oil supply system** Schmieröl-
versorgung *f*

lubrication gap Schmierspalt *m*

lug Tragöse *f*

luster finish hochglanzpoliert

**LWA = limited work
authorization** Genehmigung *f*
nur für Baustellen-
vorbereitung

M

machine alignment to the reactor channels *(SGHWR)* Ausrichten *n* der (BE-Wechsel-)Maschine auf die Reaktorkanäle

~ **grab** *(SGHWR refuelling machine)* Maschinengreifer *m*

~ **operating platform** *(SGHWR refuelling machine)* Maschinenbedienungsbühne *f*

macroscopic makroskopisch

~ **cross section** makroskopischer (Wirkungs)Querschnitt *m*

magnaflux test Magnetriß-prüfung *f* mit Trockenpulver

magnesium alloy *(gas-cooled reactor fuel canning)* Magnesiumlegierung *f*

magnesium-alloy-canned natural uranium fuel Natururan-Brennstoff *m* mit Hüllen aus Magnesiumlegierung

magnetic agitator Magnetrührer *m*, -rührwerk *n*

~ **amplifier** Magnetverstärker *m*

~ **armature** Magnetanker *m*

~ **flux** magnetischer Fluß *m*, Kraftfluß *m*

~ **jack** *(PWR CRDM)* magnetischer Schrittheber *m*, Magnetschrittheber *m*

~ **jack control element assembly (CEA) drive** *(CE PWR)* Klinkenschrittheber-Steuer-(element)antrieb *m*

~ **jack holding coil** Magnet-schrittheber-Haltespule *f*

~ **particle fluorescent test** Magnetpulver-Fluoreszenz-prüfung *f*

magnetically operated reed switch magnetisch betätigter Zungenschalter *m*

magnetite Magnetit *m*

magnetite-limonite concrete Magnetit-Limonit-Beton *m*

magnetohydrodynamic energy conversion magnetohydro-dynamische Energie-wandlung *f*

magnetohydrodynamics Magnetohydrodynamik *f*

magnox Magnox *n* *(Magnesium-legierung für Brennstab-hüllen)*

~ **reactor** Magnox-Reaktor *m*

~ **reactor station** Kraftwerk *n* mit Magnox-Reaktor, Magnox-Kernkraftwerk *n*

magnox-type nuclear power station *(UK)* Kernkraftwerk mit Magnox-BE-Hüllen, Magnox-Kernkraftwerk *n*

magslip *(UK)* SYN. **synchro** *(US)* Drehmelder *m*

main access hatch Haupt-zugangsschleuse *f* *(Sicherheitshülle)*

~ **bridge girder member** *(SGHWR refuelling machine)* Hauptbrückenträgerelement *n*

~ **circuit breaker trip path** Hauptleistungsschalter-Auslöseweg *m*

~ **circulation pipe** Hauptumwälzleitung *f*

~ **circulator** *(UK magnox*

reactor) Haupt(umwälz)-
gebläse *n*
~ **condensate return** Haupt-
kondensat-Rücklauf *m*
~ **control room** Hauptwarte *f*
~ **control room panel board (for
NSSS)** Hauptwartentafel *f*
(für NDES)
~ **coolant SYN. reactor coolant**
Hauptkühlmittel *n*, HKM
~ **coolant nozzle** Hauptkühl-
mittelstutzen *m*
~ **coolant pump** Haupt-
kühlmittelpumpe *f*
~ **coolant purification system**
Hauptkühlmittel-
Reinigung(sanlage) *f*
~ **coolant system** Hauptkühlmittelsystem *n*
~ **cooling flow** Hauptkühl-
strom *m*
~ **CO₂ circuit** *(AGR)*
CO_2-Hauptkreislauf *m*
~ **drive piston** Hauptantriebs-
kolben *m*
~ **feedwater pipe** Hauptspeise-
wasserleitung *f*
~ **feed(water) pump**
Hauptspeisewasserpumpe *f*
~ **feedwater system**
Hauptspeisewassersystem *n*
~ **fill line** Hauptauffülleitung *f*
~ **flange bolt** *(or* **stud) socket**
(PWR RC pump) Gehäuse-
flansch-Schraubenhülse *f*
~ **flow** Hauptströmung *f*
~ **heat sink** Hauptwärmesenke *f*
~ **isolating valve** Hauptabsperr-
armatur *f*
~ **lattice dimensions** Gitter-
Hauptabmessungen *fpl*

~ **material store** Hauptmaterial-
lager *n*
~ **reactor coolant circulator**
(SGHWR) Haupt-Reaktor-
kühlmittelpumpe *f*
~ **reactor coolant sodium pump**
(LMFBR) Reaktor-
Hauptkühlnatriumpumpe *f*
~ **scram contactor** Haupt-
Schnellschlußschütz *n*
~ **scram valve** Haupt-Schnell-
schlußventil *n*
~ **shield(ing)** Haupt-
abschirmung *f*
~ **shut-down chain** Haupt-
abschaltkette *f*
~ **stack radiation monitoring
system** Strahlungsüber-
wachungssystem *n* des
Hauptkamins
~ **steam drain** Frischdampf-
entwässerung *f*
~ **steam dump system**
Frischdampfabblaseanlage *f*,
-system *n*
~ **steam feed pipe** Frischdampf-
speiseleitung *f*, -zuleitung *f*
~ **steam isolation system**
Frischdampf-Absperr-
system *n*
~ **steam isolation valve** Frisch-
dampf-Absperrarmatur *f*
~ **steam isolation valve leakage
control system** *(BWR)*
Frischdampf-Absperrarmatur-
Leckagekontrollsystem *n*
~ **steam line** Frischdampfleitung *f*
~ **steam line flow restrictions**
Durchflußbegrenzer *m* der
Frischdampfleitung

~ **steam line isolation valve closure** Schließen *n* des Frischdampfleitungs-Absperrventils

~ **steam maximum pressure control loop** FD-Maximaldruckregelung *f*, -regelkreis *m*

~ **steam minimum pressure limiter** FD-Minimaldruckbegrenzer *m*

~ **steam maximum pressure limiter** FD-Maximaldruckbegrenzer *m*

~ **steam outlet** Frischdampfaustritt *m*

~ **steam outlet nozzle** Frischdampfaustrittsstutzen *m*

~ **steam penetration** Frischdampf(leitungs)durchführung *f (durch Sicherheitshülle)*

~ **steam penetration isolation valve** Frischdampfdurchdringungsventil *n*, Absperrventil *n* der Frischdampfdurchdringung

~ **steam pipe** Frischdampfleitung *f*

~ **steam pipes from steam generators to turbines** F-en von den Dampferzeugern zu den Turbinen

~ **steam relief valve** Frischdampf-Abblasearmatur *f*, FD-Entlastungsventil *n*

~ **steam system** Frischdampfsystem *n*

~ **steam temperature control** FD-Temperaturregelung *f*

~ **stop valve** Hauptabschließventil *n*

~ **vessel void** Reaktorkammer *f*

maintain *v* **a constant reload fuel enrichment** eine konstante Anreicherung des Nachladebrennstoffs aufrechterhalten

~ **a leaktight seal** einen leckdichten Abschluß aufrechterhalten

~ **a negative pressure (in s. th.)** einen Unterdruck (in etw.) aufrechterhalten, (etwas) unter Unterdruck halten

~ **a reactor on-line** einen Reaktor in Betrieb halten

~ **high reactor water quality** eine hohe Reaktorwasserqualität *f* aufrechterhalten

~ **plant chemistry within license limits** die Anlagenchemie *f* innerhalb der Genehmigungsgrenzen halten

~ **positive core reactivity control** eine positive Kernreaktivitätskontrolle *f* aufrechterhalten

~ **rods in a „banked" configuration** *(FFTF)* Steuerstäbe *mpl* in einer Bankanordnung (er)halten

~ **safe control** eine sichere Steuerung und Regelung aufrechterhalten

~ **safe standby conditions of the isolated primary system** das abgesperrte Primärsystem in sicherem Reservezustand halten

~ **segregation between the different classes of wastes** eine

Trennung zwischen den
verschiedenen Klassen von
Abfällen aufrechterhalten

~ **the necessary reactor water
inventory** die notwendige
Reaktorwassermenge halten

~ **s. th. (e.g. a system) at
a negative (or at
subatmospheric) pressure** etw.
(*z. B. ein System*) unter
Unterdruck halten

~ **the general containment
volume at a slight negative
pressure differential with
respect to atmospheric
pressure** das allgemeine
Sicherheitshüllenvolumen
unter leichtem Unterdruck
gegenüber dem
Atmosphärendruck halten

~ **the pre-heat temperature of
new fuel assemblies** die
Vorheiztemperatur neuer
Brennelemente aufrecht-
erhalten

~ **the reactor at pressure** den
Reaktor auf (Betriebs)Druck
halten

~ **the reactor subcritical** den
Reaktor unterkritisch halten

~ **the same radial power shape
throughout an operating cycle**
dieselbe radiale Leistungsform über einen ganzen
Betriebszyklus aufrecht-
erhalten

~ **vessel pressure within
desirable limits** den
Behälterdruck in erwünschten
Grenzen halten

maintainability Wartungs-
freundlichkeit *f*

maintenance 1. Wartung *f;*
2. Aufrechterhaltung *f*

~ **in parallel with the refueling
operation** Wartung *f* parallel
zum BE-Wechselvorgang

~ **of a secure environment for
plant personnel during normal
operation** Aufrechterhaltung *f*
einer sicheren Umgebung für
Kraftwerkspersonal während
des Normalbetriebs

~ **of negative pressure**
Unterdruckhaltung *f*

~ **of structural integrity**
Aufrechterhaltung *f* der
baulichen Unversehrtheit

direct ~ direkte Wartung

minor ~ kleinere Wartungsarbeiten *fpl*

on-load routine ~
routinemäßige Wartung
während des Betriebes

remote ~ Fernwartung

~ **crane** Wartungskran *m*

~ **platform** Wartungsbühne *f*

~ **shaft** Wartungsschacht *m*

~ **shielding** Wartungs-
abschirmung *f*

~ **shutdown** Abschaltung *f* oder
Stillsetzung *f* zur Wartung

~ **supervisor** Leiter *m* der
Instandhaltung

~ **transfer car** Wartungsschleus-
wagen *m*

maintenance-free wartungsfrei

major process malfunction große
Betriebsstörung *f*, großer
Betriebsstörfall *m*

~ **overhaul outage** Stillsetzung *f*
zwecks Hauptüberholung

~ **system pre-op test**
vorbetriebliche Prüfung *f*
eines Hauptsystems

make *v* **a reactor critical** kritisch
machen *(Reaktor)*

~ **penetrations watertight**
Durchführungen wasserdicht
machen

make-up feed Nachspeisung *f*

make-up flow Zusatz-,
Zuspeisemenge *f*, -strom *m*

~ **pump** Zusatzwasserpumpe *f*

~ **selector switch** Zuspeise-
Wählschalter *m*

~ **stream concentration** Zusatz-
wassermengenkonzentration *f*

~ **water** Zusatzwasser *n*

~ **water control** Zusatzwasserregelung *f*

~ **water pre-heater** Zusatz-
wasservorwärmer *m*

~ **water supply control system**
Zulaufregelanlage *f* für
Zusatzwasser

~ **water tank** Zusatzwasser-
behälter *m*

~ **water treatment system**
Aufbereitungssystem *n* für das
Zusatzwasser

maldistribution Fehlverteilung *f*,
falsche Verteilung *f*

~ **of coolant flow** F. der Kühlmittelströmung

~ **of temperatures** F. der
Temperaturen, falsche
Temperaturverteilung

man-caused events zivilisations-
bedingte Ereignisse *npl*

maneuverability of power level
Leistungspegel-Manövrier-
barkeit *f*

maneuvering Manövrieren *n*

~ **allowance at the**
end of core life Manövrier-
zuschlag *m* am Ende der
Kern-Lebensdauer

manipulated variable Stellgröße
f (Regelung)

manipulating crane Manipulier-
kran *m*

~ **grab** Manipuliergreifer *m*

~ **hoist** Manipulatorzug *f*

manipulation of selected
patterns of rods Manipulieren
n ausgewählter
Stabanordnungen

manipulator Manipulator *m*
(DIN)

~ **bridge** Manipulatorbrücke *f*

~ **crane** (BE-)Manipulierkran *m*

~ **crane operating deck**
Manipulierkran-Bedienungs-
bühne *f*

~ **mast** *(ISI equipment)*
Manipulatormast *m*

~ **trolley** Manipulatorkatze *f*

manned full time *(working*
areas) dauernd besetzt

~ **position** (mit Personal)
besetzte Stelle *f (oder*
Arbeitsplatz *m)*

manual/control interlock logic
(unit) Hand-Regel-
Verriegelungslogik *f*

~ **or automatic adjustment of**
reactor recirculation flow
Hand- oder automatische
Einstellung *f* der Reaktor-
Umwälzmenge *f*

~ **neutron detector positioning**
device handbetätigte
Neutronendetektor-

Stellvorrichtung *f*
~ **power actuation** Betätigung *f* durch Hilfsenergie von Hand
~ **remote handling tool** Handfernbedienungs- element *n*
~ **rod control** Steuerstab- steuerung *f* von Hand
on ~ r.c. durch *oder* mit S. v. H.
~ **scram** Schnellabschaltung *f* von Hand
manually initiate *v* **the operation of a system from the reactor control room** den Betrieb eines Systems von der Reaktorwarte aus von Hand auslösen
manufacturing deviation Abweichung *f* bei der Fertigung
~ **tolerance** Fertigungstoleranz *f*
margin between the operating limit and the damage limit Spanne *f* zwischen der Betriebsgrenze und der Schadensgrenze
~ **to departure from nucleate boiling SYN. DNB margin** Siedeabstand *m*, Siedegrenz- wert *m*
marker *(for fuel channel position indication)* Markierung *f (an Beckenwand oder Lade- maschinenbrücke)*
mass Masse *f*
critical ~ kritische M.
~ **of atom** Masse *f* eines Atoms
~ **of nucleus** Kernmasse *f*
~ **absorption coefficient** Massenabsorptions- koeffizient *m*
~ **attenuation coefficient** Massenschwächungs- koeffizient *m*
~ **balance** Massenbilanz *f*
~ **coefficient of reactivity** Massenkoeffizient *m* der Reaktivität
~ **defect** Massendefekt *m*
~ **density** Massendichte *f*
~ **energy absorption coefficient** Massenenergie-Absorptions- koeffizient *m*
~ **energy-transfer coefficient** Massenenergie- Umwandlungskoeffizient *m*
~ **flow** Massenstrom *m*, Gewichtsdurchsatz *m*
~ **flow density** Massenstrom- dichte *f*
~ **flow distribution** Massen- stromverteilung *f*
~ **flow rate** Massendurchsatz *m*, Mengenflußdichte *f*
~ **number** Massenzahl *f*
~ **spectrograph** Massen- spektrograph *m*
~ **spectrometer** Massenspektro- meter *n*
~ **spectrometer leak test** Massenspektrometer- Dichtheitsprüfung *f*
~ **spectrum** Massenspektrum *n*
~ **stopping power** Massenbrems- vermögen *n*
~ **transfer** Stoffaustausch *m*, Massenumwandlung *f*
~ **transfer coefficient** Stoffaustauschzahl *f*
~ **velocity** Mengenflußdichte *f*

mast lifting structure
Mast-Hubgerüst *n*
(BE-Wechselmaschine)

~ **rotation drive** Mast-
Drehantrieb *m (BE-Wechselmaschine)*

master controller Führungs-
regler *m*, Hauptsteuer-
system *n*

~ **display control panel**
Leit-Anzeigesteuertafel *f*

master-slave manipulator
Servo-Manipulator *m*,
Fernmanipulator *m*

matching unit zeichnungs-
gleicher (KW-)Block *m*

mate *v* **(vertical boards,
benchboards, and floor
sections) to the appropriate
termination cabinets**
(senkrechte Tafeln und
Bodenteile) mit den
passenden Abschluß-
schränken verbinden

material
Material *n*
depleted ~ abgereichertes
M.
fissile ~ spaltbares M.
radioactive ~ radioaktives M.

~ **unaccounted for, MUF** nicht
erfaßtes M.

~ **access lock** Material(zufuhr)-
schleuse *f*

~ **accountancy** Materialbuch-
haltung *f*

~ **balance accountancy (or
accounting)** Material-
bilanzierung *f*, Mengenbilanz *f*
(Spaltstoffflußkontrolle)

~ **balance area, MBA** Material-

bilanzzone *f (Spaltstoffflußkontrolle)*

~ **balance report, MBR**
Materialbilanzbericht *m*
(Spaltstoffflußkontrolle)

~ **buckling** materielle
Fluß(dichte)wölbung *f (DIN)*

~ **buckling factor** materieller
Flußdichtewölbungsfaktor *m*

~ **couple** Materialpaarung *f*

~ **economy** Material-
ausnutzung *f*

~ **identification** Material-
identifikation *f*,
-kennzeichnung *f*

~ **properties** Werkstoffeigen-
schaften *fpl*

~ **selection** Werkstoff(aus)wahl *f*

~ **verification** Material- *oder*
Werkstoffüberprüfung *f*,
Verwechslungsprüfung

materials technology Werkstoff-
technik *f*

mating connection passender
Anschluß *m*

matrix graphite Matrix-
Graphit *m*

matrix-hardening matrixhärtend

maximize *v* **margins to operating
limits** die (Sicherheits)-
Abstände von Betriebsgrenz-
werten maximieren

~ **structural integrity** die
konstruktive Geschlossenheit
maximieren

~ **the basic neutron economy of
a reactor** die Grund-
Neutronenökonomie eines
Reaktors maximieren

maximum accident pressure
maximaler Unfalldruck *m*

~ **accumulated dose** maximale akkumulierte Energiedosis *f*

~ **allowable leak rate** *(containment)* maximal zulässige Leckrate *f*

~ **combined load** maximale kombinierte Belastung *f*

~ **conceivable accident, MCA** größter anzunehmender Unfall *m,* GaU, GAU, Auslegungsstörfall *m*

~ **control rod withdrawal rate** maximale Steuerstab-Ausfahrgeschwindigkeit *f*

~ **core flux zone** Zone *f* des maximalen Flusses im Kern

~ **core heat flux** maximaler Wärmefluß *m* im Kern

~ **credible accident** größter anzunehmender Schadensfall *m*

~ **design earthquake SYN. safe shutdown earthquake, SSE** maximales Auslegungs-erdbeben *n,* Sicherheits-erdbeben *n*

~ **fuel cladding temperature** maximale BE-Hüllen-temperatur *f*

~ **fuel rod average heat flux** maximale mittlere Brennstab-Heizflächenbelastung *f*

~ **fuel temperature** maximale Brennstofftemperatur *f*

~ **heatup rate** maximale Aufheizgeschwindigkeit *f*

~ **hypothetical accident conditions** hypothetische maximale Störfallbedingungen *fpl*

~ **leak rate per day** maximale Leckrate *f* pro Tag *(Sicherheitshülle)*

~ **linear heat (generation) rate** maximale Stablängen-Wärme-leistung *f*

~ **linear power density** maximale lineare Leistungsdichte *f*

~ **linear rating** maximale (Stab-)Längenleistung *f*

~ **LOCA temperature** maximale Kühlmittelverluststörfall-Temperatur *f*

~ **loss-of-coolant accident** größter anzunehmender Unfall mit plötzlichem völligem Kühlmittelverlust

~ **off-site dosage** Maximaldosis *f* außerhalb des Kraftwerks-geländes

~ **overpower** maximale Überleistung *f*

~ **permissible body burden** höchstzulässige Körperbelastung *f*

~ **permissible concentration, MPC** höchstzulässige Konzentration *f,* maximal zulässige Konzentration *f,* MZK

~ **p.c. of radioactive isotopes in drinking water and in air inhaled** MZK radioaktiver Stoffe im Trinkwasser und in der Atemluft

~ **permissible concentration value** höchstzulässiger Konzentrationswert *m*

~ **permissible dose (*or* exposure), MPD** höchstzulässige Dosis *f,*

Toleranzdosis *f*

~ **permissible dose equivalent, MPDE** höchstzulässiges Dosisäquivalent *n*

~ **permissible dose rate** höchstzulässige Dosisleistung *f*

~ **permissible linear rating** höchstzulässige Stabbelastung *f*

~ **permissible operating pressure** höchstzulässiger Betriebsdruck *m*

~ **permissible radiation dose** höchstzulässige Strahlendosis *f*

~ **permissible whole body dose** höchstzulässige Ganzkörperdosis *f*

~ **potential earthquake** Sicherheitserdbeben *n*

~ **power output** *(of a fuel channel)* maximale Leistungsabgabe *f*

~ **rate of speed** maximale Geschwindigkeit *f*

~ **relative cluster capacity** maximale relative Bündelleistung *f*

~ **response delay time** maximale Ansprechverzögerungszeit *f*

~ **uncompartmented length** *(fuel rod)* maximale ungeteilte Länge *f (Brennstab)*

~ **UO₂ temperature** maximale UO_2-Temperatur *f*

maximum-to-average fuel bundle peaking Maximal:Mittel-Heißstellenfaktor *m* des BE-Bündels

MBA = material balance area Materialbilanzzone *f (SFK)*

MCA = maximum conceivable accident GaU, GAU = größter anzunehmender Unfall *m*

MCA internal pressure Schadensfallinnendruck *m* beim GaU

MCC = motor control center Motorsteuerzentrum *n*, Motor-Unterverteilung *f*

MCHFR = minimum critical heat flux ratio SYN. **DNB ratio, DNBR** minimaler Sicherheitsfaktor *m* gegen kritische Heizflächenbelastung, Durchbrennsicherheit *f*

MCHFR equal to unity SYN. **onset of the transition from nucleate to film boiling** minimaler Sicherheitsfaktor gegen kritische Heizflächenbelastung gleich Eins

mean filling factor mittlerer Füllfaktor *m*

~ **free path** mittlere freie Weglänge *f (DIN)*

~ **heat flux** mittlerer Wärmefluß *m*, mittlere Heizflächenbelastung *f*

~ **life** mittlere Lebensdauer *f (DIN)*

~ **linear power density** mittlere lineare Stableistungsdichte *f*

~ **linear range** mittlere lineare Reichweite *f (DIN)*

~ **liquid temperature** mittlere Flüssigkeitstemperatur *f*

~ **mass range** mittlere Massenreichweite *f*

~ **range** mittlere

Reichweite f

~ **temperature difference, MTD**
mittlerer Temperatur-
unterschied m

measured variable Meßgröße f

measurement or **measuring
accuracy** Meßgenauigkeit f

~ **channel** Meßkanal m

~ **amplifier** Meßverstärker m

~ **and weighing room** Meß- und
Wägeraum m

~ **channel system** Meßkanal-
system n

~ **electronics** Meßelektronik f

~ **probe insertion and removal
tool** Wechseleinrichtung f für
Meßsonden

~ **reactor** Meßreaktor m

mechanical decladding
mechanische Enthüllung f
oder Enthülsung f

~ **failure of the nuclear boiler
system** mechanischer Ausfall
m des nuklearen Dampf-
erzeugungssystems

~ **foreman** Meister m für
Maschinenbau
(KKW-Personal)

~ **register** mechanisches
Zählwerk n

~ **restraint** mechanische
Halterung f

~ **seal** Gleitringdichtung f

~ **seal section** Gleitring-
dichtungspartie f

~ **vacuum pump** mechanische
Vakuumpumpe f

mechanism head adapter (PWR
CRDM) (Steuerstab-)-
Antriebszentrierglocke f

median lethal dose, MLD 50

mittlere tödliche Dosis f

~ **lethal time, MLT** mittlere
tödliche Zeit f, mittlere
Absterbezeit f

medical control ärztliche
Kontrolle f

~ **exposure** medizinische
Strahlenbelastung f

medium-activity (adj.)
mittelaktiv

medium-lived (adj.) mittellebig

meet v as a minimum the
requirements of the ASME
Boiler and Pressure Vessel
Code, Sect. III mindestens
den Anforderungen des
ASME Boiler and Pressure
Vessel Code, Section III,
entsprechen

~ **shut-down criteria** Abschalt-
kriterien genügen

~ **the requirements of
operability and safety
throughout the design lifetime**
über die gesamte Auslegungs-
lebensdauer den
Anforderungen an Betriebsfähigkeit und Sicherheit
entsprechen

megawatt days per ton, MWd/t
Megawatt-Tage pro Tonne,
MWd/t

melt release Schmelzenfrei-
setzung f (von Spaltgas),
Freisetzung f aus der
Schmelze

meltdown Abschmelzen n (des
Reaktorkerns)
full ~ völliges A.
partial ~ teilweises A.

melting of the fuel cladding

Schmelzen *n* der Brennstoffhülle
members of the public Personen
fpl der Allgemeinheit
membrane plate Membranplatte
f, Membranblech *n*
merry-go-round type bunker
Karuselltresor *m*
mesh cell Gitter(maschen)zelle *f*
metal can Metallumhüllung *f*
~ **grid** *(LWR fuel assembly
spacer)* Metallgitter *n*
~ **temperature rate of rise**
Metall-Temperaturanstiegs-
geschwindigkeit *f*
metal-water reaction Metall-
Wasser-Reaktion *f*
~ **reaction energy** Energie *f* aus
der Metall-Wasser-Reaktion
metallic bond metallische
Bindung *f*
metal-clad fuel element metall-
umhülltes Brennelement *n*
meteorological tower
Wettermast *m*, Wetterturm *m*
metering pump Meßpumpe *f*,
Dosierpumpe *f*
methane Methan *n*
~ **flow-rate counter** Methan-
durchflußzähler *m*
~ **level** Methanpegel *m*
~ **store** Methanlager *n*
**method of mitigating accident
consequences** Methode *f* der
Abmilderung von
Unfallfolgen
methyl iodide Methyljodid *n*
M-G set = motor generator set
Umformersatz *m*, Motor-
generatorsatz *m*
microearthquake Kleinst(erd)-

beben *n*
micro-ionic resin
Mikroionikharz *n*
**microscope with photography
attachment** Mikroskop *n* mit
Fotoeinrichtung
microscopic mikroskopisch
~ **cross section** mikroskopischer
(Wirkungs)Querschnitt *m*
~ **cut** Mikro-Schliff *m*
middle shift mittlere *oder*
Mittelschicht *f*
(KKW-Personal)
migration Wanderung *f*
~ **of fission products**
Spaltproduktw.
~ **of the hydrides to cold
cladding zones** W. der
Hydride zu kalten
Hüllenzonen
~ **length** Wanderlänge *f*,
Migrationsstrecke *f*
millivolt-to-current converter
Spannungs-/Strom-
Umformer *m*
mimic board Blindschalttafel *f*
(Leitstand)
mineable uranium
abbauwürdiges Uran *n*
**mineral-insulated
plastic-sheathed cable**
mineralisoliertes Kabel *n* mit
Kunststoffmantel
~ **power cable** mineralisolierte
Starkstromleitung *f*,
mineralisoliertes
Leistungskabel *n*
miniature fission chamber
Miniaturspaltkammer *f*
miniaturized hardware Geräte
npl in Kompaktwartentechnik

~ **ionization chamber** Miniatur-
ionisationskammer f

miniflow line Mindestmengenleitung f *(Pumpe)*

minimize v **the overall risk to
the public** das Gesamtrisiko
für die Allgemeinheit auf ein
Mindestmaß herabsetzen

minimum base metal thickness
minimale Grundwandstärke f,
Basismetallstärke f

~ **chance of cladding failure**
größte Bruchsicherheit f des
Hüllmaterials

~ **CHF ratio, MCHFR**
Durchbrennsicherheit f,
minimaler Sicherheitsfaktor m
gegen kritische Heizflächenbelastung

~ **coolant flow** Mindest-
kühlmittelstrom m

~ **critical heat flux ratio,
MCHFR** minimale kritische
Heizflächenbelastung

~ **departure from nucleate
boiling SYN. minimum
DNBR** Siedeabstand m,
Siedegrenzwert m

~ **depth underwater
manipulation** Unterwasser-
manipulation f in minimaler
Tiefe

~ **DNBR limiter** Siedeabstands-
begrenzung f

~ **exclusion distance** Mindest-
Sperr(zonen)abstand m

~ **flow bypass line** *(pump)*
Mindestmengenleitung f

~ **fracture toughness
requirement** Bruchzähigkeits-
Mindestanforderung f

~ **level** Mindestspiegel m

~ **load** Mindestlast f

~ **low population distance**
Mindestabstand m (*oder*
-entfernung f) bei geringer
Bevölkerungsdichte

~ **ratio between critical heat flux
and fuel operating heat flux**
Sicherheit f gegen kritische
Heizflächenbelastung

~ **ratio between DNB heat flux
and local heat flux**
Siedeabstand m,
Siedegrenzwert m

~ **water depth between the top
of the damaged fuel rod and
the fuel pool surface**
Mindestwassertiefe f zwischen
OK beschädigtes BE und
BE-Beckenoberfläche

~ **yield point at elevated
temperature** Mindestwarm-
streckgrenze f

**"mini-release" system for liquid
wastes** »Geringstabgabe«-
System n für Abwässer

minor modification kleine
Änderung f

**misalignment between reactor
and refueling buildings**
Nichtfluchten n von Reaktor-
und Brennstoffgebäuden

miscellaneous waste evaporator
Verdampfer m für Abwässer
verschiedener Art

missile Splitter m, herum-
fliegender *oder* -geschleu-
derter Gegenstand m

~ **barrier** Splitterschutz m,
-sperre f

basic ~ Grunds.

~ **barrier structure** Splitter-
schutzkonstruktion f
~ **penetration into reinforced
concrete** Eindringen n von
Splittern in Stahlbeton
~ **proof** splitterfest,
splittersicher
~ **protection** Trümmer-,
Splitterschutz(sicherung)
m(f)
internal ~ **p.** Innens.
~ **protection criteria**
Trümmer-, Splitterschutz-
kriterien npl
~ **shield(ing)** Trümmer-,
Splitterschutz m
cylindrical ~ **s.**
Trümmerschutzzylinder m
~ **shielding concrete** Trümmer-,
Splitterschutzbeton m
~ **shield structure** Splitterschutz-
konstruktion f
~ **velocity**
Splittergeschwindigkeit f
missile-protected area Splitter-
schutzzone f, splitter-
geschützte Zone f
**missile-resisting SYN.
missileproof** splitterfest,
splittersicher
mist eliminator Nebel-
abscheider m
mitigate v **accident
consequences** Unfallfolgen fpl
abmildern
~ **the consequences of
postulated emergency
situations** die Folgen
postulierter Notsituationen
abmildern
mitigation of accident

consequences Milderung f der
Störfallfolgen
mixed crystal Mischkristall m
~ **flow impeller** (pump)
Halbaxialrad n
~ **fuel shuffling method**
gemischtes BE-Umsetz-
verfahren n
~ **plutonium-uranium oxide**
Uran-Plutonium-Mischoxid n
~ **PU-UO₂ oxide**
Pu-UO₂-Mischoxid n
~ **U/Th oxide kernel** Uran-
Thorium-Mischoxidkern m
~ **uranium-plutonium carbide**
Uran-Plutonium-
Mischkarbid n
mixed-bed demineralizer
Mischbett-Vollentsalzungs-
anlage f
~ **filter** Mischbettfilter n, m
~ **filter train** Mischbettfilter-
strang m
mixer station Rührwerkstation f
mixer-settler Misch- und
Klärgerät n
mixing coefficient
Mischungsbeiwert m,
Mischverhältnis n
~ **grid** (PWR fuel assembly)
Mischgitter n
~ **plenum (above the core)**
Mischraum m
~ **section** (water jet pump)
Mischstrecke f, Mischrohr n
~ **tab** (CE PWR fuel assembly)
Vermischungsfahne f
~ **unit** Mischanlage f
~ **vane** (Westinghouse PWR
fuel assembly) Mischflügel m,
Vermischungsfahne f

~ **vane-grid concept** Misch-
fahnengitter-Konzept n

MLD = mean lethal dose
mittlere Letaldosis f, mittlere
tödliche Dosis f

**mobile van used for surveys of
radiation** Meßwagen m,
»Meßmobil« n

mode of failure Ausfall-,
Versagensweise f

~ **of fuel fragmentation** Art f
der BE-Zersplitterung

~ **of plant operation** Anlagen-
fahrweise f

moderate v (Neutronen)
moderieren, abbremsen

moderating ratio Moderationsverhältnis n, Bremsverhältnis

moderation SYN. slowing-down
Moderierung f, Moderation f,
Neutronenbremsung f

~ **effect** Moderationseffekt m

~ **ratio** Moderationsverhältnis n

moderator Moderator m,
Bremsmittel n

~ **after-filter** (SGHWR)
Moderator-Nachfilter m, n

~ **atom density** Moderator-
Atomdichte f

~ **block** Moderatorblock m

~ **boron content** (SGHWR)
Moderator-Borgehalt m

~ **brick** Moderatorgraphit-
block m

~ **circulating pump** (heavy water
moderated reactor)
Moderator-Umwälzpumpe f

~ **coefficient** Moderatorkoeffizient m

~ **control** Moderatortrimmung f,
Moderatorsteuerung f

~ **coolant gas stream**
Moderatorkühlgasstrom m

~ **cooler** Moderatorkühler m

~ **cooling pump** Moderator-
kühlpumpe f

~ **cooling system** Moderator-
kühlsystem n

~ **cover gas system** Moderator-
Schutzgassystem n

~ **density coefficient** Moderator-
dichtekoeffizient m

~ **density reactivity coefficient**
Moderatordichte-
Reaktivitätskoeffizient m

~ **d.r.c. due to steam voids**
M. infolge von Dampfblasen

~ **d.r.c. due to temperature**
M. infolge der Temperatur

~ **displacement tube** (SGHWR)
Moderator-Verdrängungs-
rohr n

~ **drain shutdown system**
(SGHWR) Moderator-
(Schnell)Ablaß-, Abschalt-
system n

~ **drain system** (SGHWR)
Moderator-Ablaßsystem n

~ **drain valve** Moderator-
Ablaßventil n

~ **dump drain SYN. fast drain**
Moderator-Schnellablaß m

~ **dump system** Moderator-
Schnellablaßsystem n

~ **dump tank** Moderator-
ablaßtank m

~ **D_2O inventory** Moderator-
D_2O-Inhalt m

~ **D_2O piping system**
Moderator-D_2O-
Rohrleitungssystem n

~ **fast drain SYN.** ~

dump(ing) Moderator-Schnellablaß *m*

~ **fast drain system SYN.**
~ **dump system** Moderator-Schnellablaßsystem *n*

~ **fuel ratio** Moderator-Brennstoff-Verhältnis *n*

~ **heat** Moderatorwärme *f*

~ **height** *(SGHWR)* Moderatorhöhe *f*

~ **inlet** Moderatorzuführung *f*

~ **ion exchange bed** *(SGHWR)* Moderator-Ionenaustauscherbett *n*

~ **leak detection and level control system** Moderator-Leckspür- und Spiegelregelsystem *n*

~ **level control** Moderatorspiegelregelung *f*

~ **level control pump** Moderatorspiegel-Regelpumpe *f*

~ **level control system** Moderatorspiegel-Regelsystem *n*

~ **level trimming** Moderatorspiegeltrimmung *f*

~ **loop** Moderatorkreislauf *m*

~ **material** Moderatormaterial *n*

~ **plant control room** *(SGHWR)* Moderatoranlagen-Leitstand *m*

~ **plant effluent** Moderatoranlagen-Abwasser *n*

~ **poisoning** Moderatorvergiftung *f*

~ **pre(-)filter** *(SGHWR)* Moderator-Vorfilter *m, n*

~ **pressure coefficient** Moderator-Druckkoeffizient *m*

~ **pump** Moderatorpumpe *f*

~ **purge gas** Moderator-Spülgas *n*

~ **purge gas system** Moderator-Spülgassystem *m*

~ **purification plant** *(SGHWR)* Moderator-Reinigungsanlage *f*

~ **purification plant cooler** Kühler *m* der Moderator-Reinigungsanlage

~ **purification system** Moderator-Reinigungskreislauf *m*, -anlage *f*

~ **recombiner (system)** *(SGHWR)* Moderator-Rekombinationsanlage *f*

~ **storage and dump tank** Moderator-Speicher- und Ablaßbehälter *m*

~ **system** Moderatorkreislauf *m*, -system *n*

~ **system purification equipment** Moderatorkreislauf-Reinigungsanlagen *fpl*

~ **tank** Moderatorbehälter *m*

~ **temperature coefficient** Moderatortemperaturkoeffizient *m*

~ **t.c. of reactivity** M. der Reaktivität

positive ~ **t.c.** positiver M.

~ **temperature lowering** Moderatortemperaturabsenkung *f*

~ **void coefficient** Moderator-Dampfblasenkoeffizient *m*

~ **void content** Moderator-Dampfblasengehalt *m*

~ **void fraction** Moderator-Blasenanteil *m*

~ **water** Moderatorwasser *n*
moderator-to-Doppler coefficient ratio Moderator/Doppler-koeffizient-Verhältnis *n*
moderator-to-fuel ratio SYN. moderator-fuel ratio Moderator/Brennstoff-Verhältnis *n*
moderator-to-fuel volume ratio Moderator/Brennstoff-Volumenverhältnis *n*
modular digital processing system bausteinartiges Digital-(Daten)-Verarbeitungssystem *n*
~ **section** Bausteinteil *m*
module collar Modulkragen *m*
modulus of elasticity (*or* **rigidity**) Elastizitätsmodul *m*
~ **of rupture** Bruchmodul *m*
moisture concentration Feuchtigkeitskonzentration *f*
~ **detector** Feuchtemesser *m*, Feuchtedetektor *m*
~ **detector vacuum tank** Vakuumbehälter *m* für Feuchtedetektor
~ **entrainment** Überreißen *n* von Wasser, Wassermitriß *m*, Wassereinschlüsse *mpl*
~ **filter** Feuchtigkeitsfilter *m, n*
~ **inleakage** Feuchtigkeits-eintritt *m*
~ **measuring instrument** Feuchtigkeitsmeßgerät *n*
~ **separator** Wasserabscheider *m*
chevron type ~ **s.** Grobabscheider *m*
external ~ **s.** äußerer W.
~ **separator and heater drain**

tank Abscheider- und Zwischenüberhitzer-Kondensatbehälter *m*
~ **separator drains** Dampf/Wasser-Abscheider-kondensat(e) *n(pl)*
~ **separator drain pump** Nebenkondensatpumpe *f*, Abscheiderkondensatpumpe *f*
~ **separator drain tank** Wasser-sammelbehälter *m*, Abscheiderkondensat-behälter *m*
~ **separator reheater SYN. combination moisture separator-reheater unit** kombinierter Wasser-abscheider/Zwischen-überhitzer *m (DWR)*
molar velocity molare Geschwindigkeit *f*
molecular sieve Mol(ekular)-sieb *n*
~ **sieve adsorber** Molekularsieb-Adsorber *m*
molecular-sieve bed Molekular-siebbett *n*
molecular weight Molekular-gewicht *n*
molten salt (*reactor fuel*) Salzschmelze *f*
~ **salt breeder reactor, MSBR** Salzschmelz-Brutreaktor *m*
~ **salt reactor SYN. fused-salt reactor** Salzschmelzreaktor *m*
molybdenum disulphide Molybdändisulfid *n*
molybdenum-reinforced nickel-base alloy molybdän-verfestigte Nickelbasis-legierung *f*

moment carrying capacity
(Moment(en)aufnahme-
fähigkeit f *(Rohrleitung)*
momentary disturbance in the
supply line momentane
Störung f auf der Versorgungs-
leitung
~ **system transient** momentaner
instationärer Netzzustand m
~ **trip** Momentanauslösung f
momentum Impuls m,
Bewegungsgröße f
~ **transfer** Impulsübertragung f
monazite Monazit m, Monazitsand m
~ **beach sand** (thoriumhaltiger)
Monazitsand m
monitor v überwachen
~ **build-up of reactivity** den
Aufbau *oder* die Ansammlung
von Radioaktivität ü.
~ **circuit continuity** die
Schaltungskontinuität ü.
~ **sodium continually for soluble**
fission products *(LMFBR)*
Natrium fortlaufend auf
lösliche Spaltprodukte ü.
monitor Monitor m,
Überwachungsgerät n,
Warngerät n
~ **fan** Monitorgebläse n
~ **ionization chamber** Über-
wachungsionisationskammer f
~ **tank** Kontrollbehälter m
~ **tank drain pump** Kontroll-
behälter-Umwälzpumpe f
~ **tank pump** Kontrollbehälter-
pumpe f
~ **unit** Überwachungsgerät n
monitored area Überwachungsbereich m

monitoring Überwachung f
area ~ Bereichsü., Gebietsü.,
Zonenü.
personnel ~ Personenü.
~ **and hold-up tank** Prüf- und
Speicherbehälter m
~ **equipment** Überwachungsgeräte npl
fixed ~ **e.** feste Ü.
portable ~ **e.**
(orts)bewegliche Ü.
~ **leak-off tube** Zwischen-
absaugungsröhrchen n
(RDB-Dichtung)
~ **pump** Kontrollpumpe f
~ **specimen** Überwachungs-
probe f
~ **system** Überwachungssystem n
area ~ **s.** Gebiets-, Zonen-Ü.
~ **tank** Prüfbehälter m,
Kontrollbehälter
~ **tap** Überwachungsbohrung f
(LWR-RDB-Deckeldichtung)
~ **tap for closure gasket**
Absaugung f für Dichtring
(LWR-RDB-Deckeldichtung)
monocarbide Monokarbid n
monorail auxiliary hoist
Einschienenhilfswinde f,
Unterflansch-Hilfshubwerk n
more restrictive orifice mehr
begrenzende Drosselblende f
most limiting operating
conditions am stärksten
begrenzende Betriebs-
bedingungen fpl
~ **limiting power distribution** am
stärksten begrenzende
Leistungsverteilung f
motion of control rods Ver-

fahren *n* von Steuerstäben
~ **rate** Verfahrgeschwindigkeit *f*
(*Steuerelemente*)
motive gas Schiebegas *n*
~ **power** Antriebsenergie *f*
~ **power unit** Antriebsaggregat *n*
~ **steam condenser** Treibdampf-
kondensator *m*
~ **steam generator** Treibdampf-
umformer *m*
~ **to driven water flow ratio**
(*BWR*) Treib-/Förderwasser-
verhältnis *n*
~ **water** (*BWR jet pump*)
Treibwasser *n*
~ **water flow** (*BWR jet pump*)
Treibwasserstrom *m*
motor casing Motorgehäuse *n*
~ **centering screw** (*PWR RC
pump servicing tool*) Motor-
Zentrierschraube *f*
~ **cooling circuit** Motor-
Kühlkreislauf *m*
~ **lifting sling** (*PWR RC pump
servicing equipment*)
Motorschlupp(e) *n(f)*
~ **overtravel** Nachlauf *m*
(*BE-Wechselmaschine*)
~ **shaft centering device** (*PWR
RC pump servicing tool*)
Motorwellen-Zentrier-
einrichtung *f*
~ **starting torque** E-Motor-
Anlaufdrehmoment *n*
~ **support stand** (*PWR RC
pump*) Motorsockel *m*,
Motorlaterne *f*
motor-driven pump Pumpe *f* mit
Motorantrieb
**motor-generator set with
a flywheel** Umformersatz *m*

mit Schwungrad
motorized trolley Katze *f* mit
E-Motorantrieb
~ **zoom lens** (*ISI equipment*)
Variooptik *f* mit
E-Motorantrieb
motor-operated gate valve
motorbetätigter Schieber *m*
motor-operated lift E-motor-
betätigter Aufzug *m*
motorized gag (*AGR*) Drossel *f*
mit Antrieb
~ **regenerant valve** Motor-
regenerierventil *n*
~ **valve** Motorarmatur *f*
mounting adapter (*PWR RCC
assembly*) Folgestab *m*,
Haltestab *m*
~ **base** Montagesockel *m*
movable B_4C poison control
bewegliche B_4C-Giftsteuerung
f, bewegliches B_4C- oder
Borkarbid-Steuerelement *n*
~ **control rod system** bewegliches Steuerstab-
system *n*
~ **detector** beweglicher Detektor
m, Fahrdetektor, verfahrbarer
Detektor *m*, Fahrkammer *f*
~ **detector calibration tube**
Fahrkammer-Eichrohr *n*
~ **detector system** (*PWR in-core
instrumentation*) Fahr-
detektorsystem *n*,
Fahrkammersystem *n*
~ **element** bewegliches Teil *n*
~ **gripper coil** (*PWR CRDM*)
Greiferspule *f*
~ **gripper latch** (*PWR CRDM*)
Hubklinke *f*
~ **gripper latch carrier**

Hubklinkenträger *m*

~ **out-of-pile detector assembly storage position** Abstellplatz *m* für verfahrbare Außeninstrumentierung

~ **self-powered type detector** verfahrbarer Detektor *m* mit Eigenenergieversorgung

~ **support** bewegliches Auflager *n*

move *v* **downward under its own weight** unter dem eigenen Gewicht sich nach unten bewegen

~ **in** *(control rod)* einfahren

~ **out** *(control rod)* ausfahren

~ **toward the closed position** sich in Schließrichtung bewegen

~ **upward without restriction** ohne Beschränkung nach oben fahren

movement cycle Fahrzyklus *m*, Bewegungszyklus

~ **of reactor control rods** Bewegung *f* der Reaktorsteuerstäbe

moving operation Verfahrvorgang *m*

~ **piston** beweglicher *oder* sich bewegender Kolben *m*

MTU = metric ton of uranium MTU = metrische Tonne *f* Uran

muffle furnace Muffelofen *m*

multibarrier pressure suppression type containment Mehrsperren-Sicherheitshülle *f* mit Druckabbau

multicavity vessel *(PCRV)* Behälter *m* mit mehreren

Hohlräumen

multi-channel boiling/superheat assembly Mehrkanal-Siedeüberhitzerelement *n*

~ **monitoring system** Mehrkanal-Überwachungsanlage *f*

~ **pulse height analyzer** Mehrkanal-Impulshöhenanalysator *m*

~ **recorder** Mehrkanalschreiber *m*

multicoat paint system mehrlagiges Anstrichsystem *n*

multi-conductor cable Mehrleiterkabel *n*

multigroup model Mehrgruppenmodell *n*

~ **theory** Gruppentransporttheorie *f*

multilayer particle Mehrschichtteilchen *n*

~ **vessel** Mehrlagenbehälter *m*

multi-layered thermal insulation system mehrlagiges Wärmeisolationssystem *n*

multiple ball latch *(CRDM)* Mehrkugelriegel *m*

~ **barriers (against escape of reactivity from nuclear plants)** mehrfache *oder* Mehrfachsperren *fpl* (gegen Entweichen von Reaktivität aus Kernenergieanlagen)

~ **coating** Mehrfachbeschichtung *f*

~ **containment** zusammengesetzter Behälter *m*, Mehrfachbehälter *m*

~ **dry tube assembly** Satz *m* aus

mehreren Trockenrohren
~ **instrumentation lance storage location** Abhängeplatz *f* für Mehrfingerlanzen
~ **lance** Mehrfingerlanze *f*
~ **scattering** Vielfachstreuung *f*
~ **steam generator tube rupte** mehrfacher Dampferzeuger-Rohrreißer *m*
~ **ultrasonic transducer combination** Ultraschall-Vielkopf-Prüfeinheit *f*, »Tatzelwurm« *m*
multiple-effect evaporator Mehrfachverdampfer *m*
multiplication Multiplikation *f*, Vermehrung *f*, Vervielfachung *f*
effective ~ effektive M.
infinite ~ unendliche M.
~ **factor** Multiplikationsfaktor *m*, Vermehrungsfaktor *m*
effective ~ **f.** effektiver M.
multiplying multiplizierend
~ **medium** multiplizierendes Medium *n*
multipoint recorder Mehrpunkt-schreiber *m*
multi-purpose nuclear power station Mehrzweck-Kern-kraftwerk *n*
~ **reactor** Mehrzweckreaktor *m*
~ **research reactor** Mehrzweck-forschungsreaktor *m*, MZFR
multi-region core Mehrzonenkern *m*
~ **loading** Ringzonen-beladung *f*
~ **reactor** Mehrzonen-reaktor *m*
multi-shielding function

Mehrfach-Abschirmfunktion *f*
multi-stage centrifugal pump mehrstufige Kreiselpumpe *f*
multi-unit nuclear power station Mehrblock-Kernkraftwerk *n*
multivibrator circuit Multivibratorschaltung *f*
multi-zone configuration Mehrzonenkonfiguration *f*
~ **c. reactor** Mehrzonen-reaktor *m*
MWd, MWD = megawatt-days Megawatt-Tage *mpl (Energie)*
MWd/MTU, MWD/TeU = megawatt-days (thermal) per metric ton of uranium MWD/tU
MWt = megawatts, thermal thermische Megawatt *npl*

N

N_2 **blanket** N_2-Dichthemd *n*
~ **buffer tank** N_2-Puffer-behälter *m*
~ **charging system** N_2-Aufladesystem *n*
~ **connection nozzle** N_2-Anschlußstutzen *m*
~ **cushion** N_2-Polster *n*
~ **hold-up tank** N_2-Zwischen-speicher *m*
~ **standby tank** N_2-Reserve-behälter *m*
^{16}N **activity** ^{16}N-Aktivität *f*
~ **activity monitor** Überwachungsgerät *n* für

^{16}N-Aktivität

Na contamination of water Natrium-Verunreinigung *f* des Wassers

~ **freezing** Na-Gefrieren *n*

Na-H_2O reaction (sodium-water reaction) Na-H_2O-Reaktion *f* (Natrium-Wasser-Reaktion)

NaJ well-type scintillation NaJ-Bohrlochszintillation *f*

NaK (alloy) *(liquid-metal coolant)* NaK-Legierung *f*

narrow beam streustrahlenfreies Bündel *n*

natural abundance natürlicher Überfluß *m*, natürliche Häufigkeit *f*

~ **background radiation** natürliche Grundstrahlung *f*

~ **circulation** Naturumlauf *m*, natürliche Zirkulation *f* **operate** *v* **with** ~ **c.** mit N. arbeiten *oder* fahren *(Anlage)*

~ **convection** Naturkonvektion *f*

~ **graphite** Naturgraphit *m*

~ **radiation** natürliche Strahlung *f*

~ **radiation environment** natürliche Strahlungsumgebung *f*

~ **radiation level** natürlicher Strahlenpegel *m*

~ **radioactive nuclide** natürlich radioaktives Nuklid *n*

~ **radioactivity** natürliche Radioaktivität *f*

~ **radionuclide** natürlich radioaktives Nuklid *n*

~ **separation limit** Naturabscheidungsgrenze *f*

~ **steam separation** natürliche Dampfabscheidung *f*

~ **UO_2 insulator pellet** *(LMFBR fuel pin)* Natur-UO_2-Isoliertablette *f*

~ **uranium** Natururan *n*

~ **uranium fuel** Natururanbrennstoff *m*

natural-circulation (boiling water) reactor Naturumlauf(Siedewasser)-Reaktor *m*

~ **capability** Naturumlaufvermögen *n*

~ **capacity** Naturumwälzleistung *f*

~ **cooling** Kühlung *f* im Naturumlauf, Naturumlaufkühlung

~ **mode** Naturumlauf-Betriebs *oder* Fahrweise *f*

~ **operation** Naturumlaufbetrieb *m*

~ **reactor** Naturumlaufreaktor *m*

natural-draft *(US)* **air cooler** Naturzugluftkühler *m*

naturally occurring event natürlich eintretendes Ereignis *n*

natural-uranium fuel(led) gas-graphite reactor Natururan-Gas-Graphitreaktor *m*

~ **(fuelled) heavy-water reactor** Natururan-Schwerwasserreaktor *m*

~ **(fuelled) pressurized-water reactor** Natururan-Druckwasserreaktor *m*

~ **fuel(led) reactor** Natururanreaktor *m*

NCPSD = normalized cross-power spectral density

normalisierte Querleistungs-
Spektraldichte f

**NDE = non-destructive
examination** zerstörungsfreie
(Werkstoff)Prüfung f

NDT = non-destructive testing
zerstörungsfreie (Werkstoff)-
Prüfung f

near-town site stadtnaher Platz
m, Ort m, Standort m

NEC = nuclear energy center
Kernenergiezentrum n

negative moderator coefficient
negativer Moderator-
koeffizient m

~ **overall power coefficient of
reactivity** negativer Gesamt-
Reaktivitätskoeffizient m

~ **power coefficient of reactivity**
negativer Leistungskoeffizient
m der Reaktivität

~ **pressure** Unterdruck m

~ **pressure containment**
1. Unterdruckhaltung f;
2. Unterdruck-Sicherheits-
hülle f

~ **prompt power coefficient of
reactivity** negativer prompter
Reaktivitätskoeffizient m

~ **temperature coefficient**
negativer Temperatur-
koeffizient m

~ **void coefficient** negativer
Dampfblasenkoeffizient m

~ **void reactivity coefficient**
negativer Dampfblasen-
reaktivitätskoeffizient m

Nekal leak test Nekal-
Leckprüfung f

neptunium-239 concentration
Neptunium-239-

Konzentration f

**net consumption of fissile
isotopes** Nettoverbrauch m an
spaltbaren Isotopen

~ **heat rate** spezifischer
Nettowärmeverbrauch m

~ **plant heat rate** spezifischer
Netto-Wärmeverbrauch m des
Werkes

~ **positive suction head, NPSH,
npsh** (*pump*) effektiver
statischer Saugdruck m,
Gesamthaltedruckhöhe f

~ **power station efficiency**
Nettowirkungsgrad m des
Kraftwerks

~ **reactivity worth** Netto-
Reaktivitätswert m

neutralization chemical
Neutralisierchemikalie f,
Neutralisiermittel n

~ **pit** Neutralisationsgrube f,
-becken n

~ **pond** Neutralisations-
becken n

~ **tank** Neutralisationsbehälter m

~ **tank drain pump**
Neutralisationsbehälter-
Entleerungspumpe f

neutralizing agent Neutrali-
sationsmittel n

neutron absorber Neutronenabsorber m

~ **absorber fluid** flüssiger
Neutronenabsorber m

~ **absorber portion** (*control rod*)
SYN. ~ **absorber section**
(Neutronen)Absorberteil m

~ **absorber rod** Neutronen-
absorberstab m

~ **absorber section** *(control rod)* **SYN.** ~ **absorber portion** Absorberteil *m*

~ **absorber solution** Neutronen-absorberlösung *f*

~ **absorption** Neutronen-absorption *f*

~ **absorption cross section** Neutronenabsorptions-querschnitt *m*
thermal ~ **a.c.s.** thermischer N.

~ **absorption loss** Neutronen-absorptionsverlust *m*

~ **absorption portion SYN.** ~ **absorber portion,** ~ **absorber section** Absorberteil *m* *(Steuerstab)*

~ **absorptivity** Neutronen-absorptionsvermögen *n*

~ **activation** Neutronen-aktivierung *f,* Aktivierung *f* durch Neutronen

~ **activation analysis** Neutronen-aktivierungsanalyse *f*

~ **albedo** Neutronenalbedo *f*

~ **attenuation** Neutronen-schwächung *f*

~ **balance** Neutronenbilanz *f*

~ **balance equation** Neutronen-bilanzgleichung *f*

~ **binding energy** Neutronen-bindungsenergie *f*

~ **capture** Neutroneneinfang *m*

~ **capture cross section** Einfangquerschnitt *m* für Neutronen

~ **chamber shield drive** Neutronenkammer-Schild-antrieb *m*

~ **chopper** Neutronen-zerhacker *m*

~ **collision** Neutronenstoß *m*

~ **constant** Neutronen-konstante *f*

~ **convertor** Neutronen-konverter *m,* -wandler *m*

~ **counting channel** Neutronen-zählkanal *m*

~ **count rate** Neutronen-zählrate *f*

~ **current density** Neutronen-stromdichte *f*

~ **cycle** Neutronenzyklus *m*

~ **density** Neutronendichte *f*

~ **detection** Neutronen-nachweis *m*

~ **detector** Neutronendetektor *m,* Neutronennachweisgerät *n*

~ **detector system** Neutronen-detektorsystem *n*

~ **diffraction** Neutronen-beugung *f*

~ **diffusion** Neutronendiffusion *f*

~ **diffusion equation** Neutronen-diffusionsgleichung *f*

~ **diffusion theory** Neutronen-diffusionstheorie *f*
multigroup ~ **d.t.** Mehrgruppen-N.

~ **dose rate** Neutronendosis-leistung *f*

~ **economy** Neutronen-ökonomie *f*

~ **embrittlement** Neutronen-versprödung *f*

~ **embrittling temperature** Neutronen-Versprödungs-temperatur *f*

~ **emission** Neutronenemission *f*

~ **emission rate** Neutronen-strahlungsrate *f*

~ **emission strength** Neutronen-strahlungsstärke f

~ **emitter** Neutronenstrahler m, Mutterkern m

~ **energy** Neutronenenergie f

~ **energy group** Neutronen-energiegruppe f

~ **escape** Entweichen n von Neutronen, Neutronenausfluß m, Leck n

~ **excess** Neutronenüberschuß m

~ **exposure** Neutronenbelastung f, -bestrahlung f, -exposition f

~ **fluence** Neutronenfluenz f

~ **fluence gradient** Neutronen-fluenzgradient m

~ **flux** Neutronenfluß m

~ **f. incident upon s. th.** auf etw. auftreffender N.
average thermal ~ f. in fuel mittlerer thermischer N. im Brennstoff
epithermal ~ f. epithermischer N.
permissible time-integrated fast ~ f. zulässiger zeit-integrierter schneller N.

~ **flux density** Neutronenfluß-dichte f

~ **flux density measurement** Neutronenflußdichte-messung f

~ **flux distribution** Neutronen-flußverteilung f
energy dependent ~ f.d. energieabhängige N.

~ **flux distribution measurement** Neutronenflußverteilungs-messung f

~ **flux instrumentation** Neutronenfluß-instrumentierung f

~ **flux level scram sensor** Neutronenflußpegel-Schnell-abschaltfühler m

~ **flux limiter** Neutronenfluß-begrenzung f

~ **flux measurement** Neutronen-flußmessung f

~ **flux measuring channel** Neutronenflußmeßkanal m

~ **flux measuring detector** Neutronenflußmeßsonde f

~ **flux monitoring** Neutronen-flußüberwachung f

~ **flux monitoring system** Neutronenfluß-Über-wachungssystem n

~ **flux peak** Neutronenfluß-spitze f

~ **hardening** Neutronenhärtung f

~ **inventory** Neutronenbestand m, Gesamtzahl f der Neutronen

~ **irradiation** Neutronen-bestrahlung f

~ **irradiation-induced embrittlement** Versprödung f unter Neutronenbestrahlung

~ **kinetics** Neutronenkinetik f

~ **leakage** Neutronenleckage f

~ **level monitoring** Neutronen-(fluß)pegelüberwachung f

~ **lifetime** Neutronenlebens-dauer f

~ **loss** Neutronenverlust m

~ **loss rate** Neutronenverlust-rate f

~ **moderation** Neutronen-moderation f, -moderierung f, -bremsung f

~ **monitor system** Neutronen-

Überwachungssystem *n*
~ **monitoring channel** Neutronenüberwachungs-kanal *m*
~ **monitoring controls** Neutronenüberwachungs-Steuerorgane *f*
~ **multiplication** Neutronen-multiplikation *f,* -vermehrung *f*
~ **multiplication factor** Neutronenmultiplikations-faktor *m*
~ **noise** Neutronenrauschen *n*
~ **nonleakage probability** Neutronenverbleib-wahrscheinlichkeit *f*
~ **number** Neutronenzahl *f*
~ **number density** Neutronen-zahldichte *f*
~ **poison** Neutronengift *n*
soluble ~ **p.** lösliches N.
~ **-proton ratio** Neutronen-Protonen-Verhältnis *n*
~ **radiation** Neutronen-strahlung *f*
~ **release** Neutronen-freisetzung *f*
~ **release rate** Neutronenfrei-setzungsrate *f*
~ **removal cross section** Neutronenentfernungs-querschnitt *m*
effective ~ **r.c.s.** effektiver N.
~ **scatter plug** *(AGR fuel channel)* Neutronenschnecke *f*
~ **shield(ing)** Neutronen-abschirmung *f,* Neutronen-schild *m*
~ **shield cooling** Neutronen-schildkühlung *f*

~ **shield cooling system** Neutronenschild-Kühlsystem *n*
~ **shield plug** Abschirm-stopfen *m*
~ **shield tank** *(SGHWR)* Neutronen-Abschirmtank *m*
~ **slowing down** Neutronen-bremsung *f*
~ **source** Neutronenquelle *f*
primary ~ **s.** Primär-N.
secondary ~ **s.** Sekundär-N.
start-up ~ **s.** Anfahr-N.
~ **source assembly** Neutronen-quellen-Baugruppe *f*
~ **source strength** Neutronen-quellstärke *f*
~ **spectroscopy** Neutronen-spektroskopie *f*
~ **spectrum** Neutronen-spektrum *n*
thermal ~ **s.** thermisches N.
~ **spectrum measurement** Neutronenspektrummessung *f*
~ **streaming** Neutronenleckage *f,* Neutronentransport *m* durch Spalte
~ **streaming gap** Neutronen-leckagespalt *m*
~ **temperature** Neutronen-temperatur *f*
~ **thermalization** Neutronen-thermalisierung *f*
~ **transport** Neutronen-transport *m*
~ **transport equation** Neutronentransport-gleichung *f*
~ **wavelength** Neutronenwellen-länge *f*
~ **yield** Neutronenausbeute *f,*

Neutronenenergiebigkeit *f*

~ **y. per absorption** N. je Absorption

~ **y. per fission** N. je Spaltung

neutron-absorbing control rod neutronenabsorbierender Steuerstab *m*

~ **fluid** neutronenabsorbierendes (Strömungs)Medium *n*

~ **liquid** neutronenabsorbierende Flüssigkeit *f*

~ **material** neutronenabsorbierendes Material *n*

neutronic behavio(u)r Neutronenverhalten *n*

neutron-induced embrittlement Neutronenversprödung *f*

neutron-sensitive chamber neutronenempfindliche Kammer *f,* auf Neutronen ansprechende Kammer *f*

~ **differential thermocouple** neutronenempfindliches Differenzthermoelement *n*

neutron-to-gamma current ratio Neutronen/Gamma-Stromverhältnis *n*

neutrons Neutronen *npl*

cold ~ kalte N.

delayed ~ verzögerte N.

epicadmium ~ Epikadmium-N.

epithermal ~ epithermische N.

fast ~ schnelle N.

intermediate ~ mittelschnelle N.

prompt ~ prompte N.

resonance ~ Resonanz-N.

slow ~ langsame N.

subcadmium ~

Subkadmium-N.

thermal ~ thermische N.

virgin ~ jungfräuliche N.

new and irradiated fuel store Lager *n* für neue und bestrahlte BE

~ **fuel assembly handling fixture** Einrichtung *f* zur Handhabung neuer BE

~ **fuel assembly transfer station** Übergabestation *f* für neue Brennelemente

~ **fuel crane** Kran *m* für neue BE

~ **fuel elements store** Lager *n* für neue BE

~ **fuel elevator** Brennelement-Aufzug *m*, Aufzug *m* für neue BE

~ **fuel facility** Lager *n* für neue Brennelemente

~ **fuel facility preparation room** Vorbereitungsraum *m* für neue BE

~ **fuel handling building** Gebäude *n* für neue BE

~ **fuel handling crane** Transportkran *m* für neue BE

~ **fuel insertion** Einbringen *n* *oder* Einsetzen neuer BE

~ **fuel inspection stand** Prüfstand *m* für neue BE

~ **fuel rack** Gestell *n*, Gerüst *n* für neue BE

~ **fuel storage** Lager *n* für neue BE

~ **fuel storage area** Lagerzone *f* für neue BE

~ **fuel storage rack** Lagergestell *n* für neue BE

~ **fuel storage room** Lagerraum

m für neue BE

~ **fuel storage vault** Lagerraum *m* für neue BE

~ **fuel transfer valve** Schleusenarmatur *f* für neue BE

~ **subassembly transfer position** Übergabeposition *f* für neue BE

nil ductility transition temperature, NDT(T), ndt Sprödbruch-Übergangstemperatur *f*, NDT-Temperatur *f*

nile Nile *n (Meßeinheit für Reaktivität)*

nine tenth period Neunzehntelperiode *f*

niobium, Nb Niob(ium) *n*, Nb

~ **stabilization** Niobstabilisierung *f*

niobium-stabilized mit Niob stabilisiert *(Stahl)*

nitric acid Salpetersäure *f*

~ **oxide** Stickoxid *n*

nitrided steel nitrierter Stahl *m*

nitrogen blanket SYN.

~ **cushion**, ~ **gas blanket** Stickstoffpolster *n*

~ **bottle** SYN. ~ **cylinder** Stickstoffflasche *f*

~ **bottle battery** Stickstoffbatterie *f*, Stickstoffflaschenbatterie *f*

~ **cushion** SYN. ~ **(gas)blanket** Stickstoffpolster *n*

~ **cylinder** SYN. ~ **bottle** Stickstoffflasche *f*

~ **flow temperature** Stickstoffvorlauftemperatur *f*

~ **gas blanket** SYN. ~ **blanket**, ~ **cushion** Stickstoffpolster *n*

~ **heating** Stickstoffheizung *f*

~ **heating system** Stickstoffheizsystem *n*

~ **manifold** Stickstoffverteiler *m*, -verteilleitung *f*

~ **purge line** Stickstoffspülleitung *f*

~ **recondenser** Stickstoffrückverflüssiger *m*

~ **recycle cooler** Stickstoffrückkühler *m*

~ **return temperature** Stickstoff-Rücklauftemperatur *f*

~ **storage cylinder** Stickstoff-Lagerflasche *f*

~ **supply** Stickstoffversorgung

~ **supply system** Stickstoff-Versorgungsstation *f*

~ **trap** Stickstofffalle *f*

no-break supply unterbrechungslose (Strom)Versorgung *f*

no-fire current zündungsloser Strom *m*

"no-hands" acoustic emission monitor Schallemissions-Überwachungsgerät *n* ohne menschliches Eingreifen

no-load loss Leerlaufverlust *m*

no-load temperature Leerlauftemperatur *f*, Nullasttemperatur *f*

no-load operation control Leerlaufregelung *f*

no loss of operability kein Betriebsverlust *m*, keine Einbuße *f* an Betriebsfähigkeit *(oder* -bereitschaft *f)*

no loss of safety function kein Sicherheitsfunktionsverlust *m*, kein Ausfall *m* der Sicherheitsfunktion

noble fission gas Spaltedelgas *n*

~ **gas SYN. inert gas, rate gas** Edelgas *n*

~ **gas activity** Edelgasaktivität *f*

~ **gas adsorption to activated charcoal** Edelgasadsorption *f* an Aktivkohle

~ **gas fission product** edelgasförmiges Spaltprodukt *n*

~ **gas isotope** Edelgasisotop *n*

node Knoten *m (Rechneranalyse)*

noise barrier Rauschsperre *f*

~ **power** Rauschleistung *f*

~ **source** Rauschquelle *f*

nominal cladding thickness Nenn-Hüllwandstärke *f*

~ **fuel pellet stack** Nenn-Brennstofftablettensäule *f*

~ **rating** Nennleistung *f*

~ **wall thickness** Nennwandstärke *f*

~ **withdrawal and insertion speed** Nenn-Aus- und Einfahrgeschwindigkeit *f*

non-active drain hold-up tank Inaktivsammeltank *m*

non-ageing, non-aging alterungsbeständig

non-aqueous reprocessing nichtwäßrige Aufarbeitung *f,* Nachaufbereitung *f*

non-attenuated power oscillations ungedämpfte Leistungsschwingungen *fpl*

non-condensable fission gases nichtkondensierbare Spaltgase *npl*

non-condensibles nichtkondensierbare Stoffe *mpl*

non-condensing jet nichtkondensierender Strahl *m*

non-critical array nichtkritische Anordnung *f*

non-destructive examination, NDE zerstörungsfreie (Werkstoff)Prüfung *f*

~ **(materials) test(ing), NDT** zerstörungsfreie (Werkstoff)Prüfung *f*

~ **testing requirements** Anforderungen *fpl* für die zerstörungsfreie Prüfung

non-elastic cross section Querschnitt *m* für nichtelastische Stöße

~ **(interaction) cross section** Querschnitt *m* für nichtelastische Wechselwirkung

non-essential control and display system betriebsunwichtiges Steuer- und Anzeigesystem *n*

~ **equipment** nichtbetriebswichtige Anlagen *fpl*

~ **plant auxiliaries** nichtbetriebswichtige Kraftwerkhilfsbetriebe *mpl*

non-gaseous fission product nichtgasförmiges Spaltprodukt *m*

non-integrated concept nichtintegrierte Bauweise *f*

non-interchangeability safeguard Vertauschsicherung *f*

non-leaching properties Auslaug(ungs)festigkeitseigenschaften *fpl*

nonleakage probability Verbleibwahrscheinlichkeit *f*

nonlinearity Nichtlinearität *f*

non-lubricated piston

compressor ölfreier *oder*
Trockenkolbenkompressor *m*
non-noble gas nuclide nicht
edelgasförmiges Nuklid *n*
non-nuclear part nichtnuklearer
oder konventioneller
(Kraftwerks)Teil *m*
non-optimum operation nicht-
optimaler Betrieb *m*
non-pressure parts *(ASME
Boiler and Press. Vessel
Code)* nichtdruckführende
Teile *mpl*
non-Pu recycle fuel assembly
Brennelement *n* ohne
rückgeführtes Plutonium
non-radioactive sodium loop
nichtradioaktiver Natrium-
kreis(lauf) *m*
**non-regenerative cleanup heat
exchanger** Reinigungs-
Nichtregenerativ-Wärme-
tauscher *m*
~ **heat exchanger SYN. letdown
heat exchanger** Nicht-
regenerativ-Wärmetauscher
m, Ablaßkühler *m*
non-routine maintenance nicht-
routinemäßige Wartung *f*
non-seismic area erdbebenfreies
Gebiet *n*
non-stressed bar reinforcement
schlaffe Bewehrung *f*
non-toxicity Ungiftigkeit *f*
non-uniform burn-up
ungleichförmiger Abbrand *m*
~ **flux effect** Auswirkung *f* nicht
einheitlichen (Neutronen)-
Flusses
~ **spatial power coefficient** nicht
einheitlicher räumlicher

Leistungskoeffizient *m*
non-volatile fission product
nichtflüchtiges Spaltprodukt *n*
normal cold startup procedure
normaler Kaltanfahr-
vorgang *m*
~ **distribution** Normal-
verteilung *f*
~ **makeup** normale
Nachfüllung *f*, normale
Zusatzwassereinspeisung *f*
~ **operating pressure range**
normaler Betriebsdruck-
bereich *m*
~ **operating state** Normal-
betriebszustand *m*, normaler
Betriebszustand
~ **plant operation follow** Folgen
n oder Nachfahren *n* des
normalen Kraftwerksbetriebes
~ **power generation operation**
normaler Stromerzeugungs-
betrieb *m*
~ **power operation** normaler
Leistungsbetrieb *m*
~ **PPC** normaler Anlagenbetriebszustand *m*
~ **reactor operation** Reaktor-
normalbetrieb *m*
~ **startup operation** normaler
Anfahrbetrieb *m*
~ **status position of valve**
normale Ventilstellung *m*
~ **uranium** normales Uran *n*,
Natururan
~ **ventilation system flow path**
normaler Strömungsweg *m*
der Lüftungsanlage
~ **waste (conventional)**
nichtaktiver Abfall *m*
normalized cross-power spectral

density, NCPSD normalisierte
Querleistungs-Spektral-
dichte f
~ **power spectral density, NPSD**
normalisierte Leistungs-
Spektraldichte f
**normally distributed
observations** Beobachtungen
fpl, deren Histogramm einer
Normalkurve gleicht
~ **closed, NC** normalerweise
geschlossen
~ **de-energized system** Arbeits-
stromkreis m
~ **open, NO** normalerweise
offen
nose Nase f
~ **piece** Nasenstück m
notch Kerb m, Kerbe f
~ **impact strength** Kerbschlag-
zähigkeit f *(Werkstoff)*
~ **override switch**
Kerb-Überfahrschalter m
nozzle 1. Stutzen m
(Druckbehälter); 2. Düse f
~ **area** *(RPV)* Stutzenraum m
~ **assembly** Düsenbaugruppe f
~ **attachment** *(RPV)* Stutzen-
ansatz m
~ **enrichment process** Trenn-
düsen-Anreicherungs-
verfahren n
~ **inspection** Stutzenprüfung f
~ **penetration** *(RPV)* Stutzen-
durchbruch m, -durchfüh-
rung f
~ **process** dynamisches
Isotopentrennverfahren n
~ **section** *(RPV)* Stutzenteil m
~ **throat** Düsenverengung f
NRC = Nuclear Regulatory

Commission *(US)*
amerikanische kerntechnische
Genehmigungsbehörde f *(in
Nachfolge der USAEC)*
NSS shutoff system Absperr-
system n für die nukleare
Dampferzeugung
**NSSS = nuclear steam supply
system** NDES = nukleares
Dampferzeugungssystem n
NSSS equipment Ausrüstung f
oder Anlagen *fpl* des NDES
NSSS vendor Lieferer m *oder*
Lieferfirma f des NDES
**NTU = number of transfer
units** Rückflußverhältnis n
nuclear nuklear, kerntechnisch,
Kern-
~ **absorption**
Kerneinfang m
~ **activity** Kernaktivität f
~ **art** Kerntechnik f
~ **atom** nukleares Atom n
~ **attraction** internukleare
Anziehung f
~ **battery** Atombatterie f
~ **binding energy** Kernbindungs-
energie f
~ **boiler** *(GE)* nuklearer
Dampferzeuger m
~ **boiler assembly** *(GE)*
nukleare Dampferzeugungs-
anlage f
~ **boiler shutdown cooling**
(BWR) Abfahrkühlung f der
nuklearen Dampferzeugungs-
anlage
~ **boiler system pipe** *(BWR)*
Rohrleitung f des nuklearen
Dampferzeugungssystems
~ **capacity** (installierte)

Kernkraftwerksleistung *f*
~ **cascade** Kernkaskade *f*
~ **chain reaction** Kernketten-
reaktion *f*
~ **charge** Kernladung *f*
~ **chemistry** Kernchemie *f*
~ **chilled-water system** nukleare
Kaltwasseranlage *f*
~ **clean conditions area** nukleare
Sauberkeitszone *f*
~ **collision** Kernstoß *m*
~ **components plant** Nuklear-
komponentenfabrik *f*, Werk *n*
für Kernkraftwerks-
Anlagenteile
~ **constant** Kernkonstante *f*
~ **control** nukleare Steuerung *f*
~ **criticality safety** nukleare
Kritikalitätssicherheit *f*
~ **cross section** nuklearer
Querschnitt *m*
~ **cycle** nuklearer (Dampf)-
Kreisprozeß *m*
~ **delay** Anlaufzeit *f* des Steuerstabes
~ **disintegration**
Kernumwandlung *f*,
Kernzerfall *m*
~ **disintegration energy**
Kernzerfallsenergie *f*
~ **energy** Kernenergie *f*
~ **energy center, NEC**
Kernenergiezentrum *n*,
kerntechnischer Anlagen-
komplex *m*
~ **energy cost** Kosten *pl* der
Kernenergie
~ **engineering** Kerntechnik *f*
~ **equation**
Kernreaktionsformel *f*,
Kernreaktionsgleichung *f*

~ **evaporation**
Kernverdampfung *f*
~ **excursion** nukleare
Exkursion *f*
~ **facility** kerntechnische Anlage
f, Kernkraftwerk *n* *(im
weiteren Sinne)*
~ **facility licensing process**
Kernkraftanlagen-
Genehmigungsverfahren *n*
speed up *v* the ~ **f.l.p.** das K.
beschleunigen
~ **field** Kernfeld *n*
~ **fission** Kernspaltung *f*
~ **fluid** Kernbindungsfluid *n*
~ **fuel** Kernbrennstoff *m*
~ **fuel carbide** Kernbrennstoff-
karbid *n*
~ **fuel pellet** Kernbrennstoff-
tablette *f*
~ **fusion** Kernfusion *f*, Kernverschmelzung *f*
~ **fusion reaction** Kernfusions-
reaktion *f*
~ **grade** nukleare Reinheit *f*
~ **graphite** für Kernreaktionen
geeigneter Graphit *m*
~ **hazard** Kernreaktionsgefahr *f*,
nukleare Gefährdung *f*
~ **heat** Kernreaktionswärme *f*
~ **heating,** ~ **heat-up** nukleares
Aufheizen *n*, nukleare
Aufheizung *f* *oder*
Erwärmung *f*
~ **instrumentation**
kerntechnische
Instrumentierung *f*
~ **instrumentation readout**
Ablesung *f* *bzw.* Anzeige *f* der
kerntechnischen
Instrumentierung

~ **instrumentation and control course** Kurs *m* in KKW-Leittechnik *(KKW-Personalausbildung)*

~ **instrumentation system** kerntechnische Instrumentierung *f oder* Meßanlage *f*, Nuklearinstrumentierung *f*

~ **instrumentation wide range channel** Weitbereichskanal *m* der kerntechnischen Instrumentierung

~ **island** »nukleare Insel« *f* = Reaktoranlage *f* mit Hilfs- und Sicherheitssystemen

~ **island closed cooling water system** nuklearer Zwischenkühlkreislauf *m*

~ **isomerism** Kernisomerie *f*

~ **limitations** Beschränkungen *fpl* kernphysikalischer Art

~ **magnetic alignment** magnetische Kernausrichtung *f*

~ **magnetic moment** magnetisches Kernmoment *n*, magnetisches Moment des Atomkerns

~ **mass** Kernmasse *f*

~ **material** Kernmaterial *n*

~ **material safeguards (system)** Kernmaterialüberwachung *f* *(SFK)*

~ **matter** Kernmaterie *f*

~ **medicine** Kernmedizin *f*, Nuklearmedizin *f*

~ **packing** Kernteilchenanordnung *f*

~ **park** Nuklearpark *m*

(Konzentration von mehreren KKW an einem Standort)

~ **particle** Kernteilchen *n*

~ **physics** Kernphysik *f*

~ **plant** Kernenergieanlage *f*, *meist:* Kernkraftwerk *n*
single-unit ~ plant Einblock-Kernkraftwerk *n*

~ **plant security** Kernkraftwerkssicherheit *f*, Sicherheit *f* von Kernenergieanlagen, KKW-Objektschutz *m*

~ **plant staffing** Personalbesetzung *f* eines Kernkraftwerks

~ **plant unit** Kernkraftwerksblock *m*

~ **poison** Reaktorgift *n*. Neutronengift

~ **portion** nuklearer Teil *m* *(eines KKW)*

~ **power** nutzbare Kernenergie *f*

~ **power application** Anwendung *f* der Kernenergie

~ **powered steelworks** mit Kernenergie betriebenes Stahlwerk *m*

~ **power plant, NPP** Kernkraftwerk *n*
commercial-scale ~ p.p. KKW im kommerziellen Maßstab
operable ~ p.p. betriebsfähiges K.

~ **power plant control room operator** Kernkraftwerks-Wartenbedienungsmann *m*, KKW-Schaltwärter *m*

~ **power plant performance test** KKW-Leistungsprüfung *f*

~ **power station** Kernkraftwerk n

~ **process heat** nukleare
Prozeßwärme f

~ **purity** 1. Kernreinheit f;
2. nukleare Reinheit f
(*Reaktorgraphit*)

~ **radiation** radioaktive
Strahlung f, nukleare *oder*
Nuklearstrahlung f,
Kernstrahlung f

~ **radius** Kernradius m

~ **reaction** Kernreaktion f

~ **reactor** Kernreaktor m

~ **reactor liner** (*PCRV*)
Kernreaktor(behälter)-
Dichthaut f

~ **reactor primary circulating
pump** Kernreaktor-Primär-
(kreis)umwälzpumpe f

~ **reheater** nuklearer Zwischenüberhitzer m

~ **research and development
facility** kerntechnische
Forschungs- und
Entwicklungsanlage f

~ **safety systems**
Kernsicherheitssysteme npl,
kerntechnische Sicherheits-
systeme

~ **service building** Reaktorbetriebsgebäude n

~ **site licence** Kernkraftwerks-
Standortgenehmigung f

~ **species SYN. nuclide** Nuklid n

~ **steam superheat(ing)** nukleare
Dampfüberhitzung f

~ **spin** Kernspin m, Winkel-
moment n des Nukleus

~ **steam supply system, NSSS**
nukleare Dampferzeugungs-
anlage f, nukleares Dampferzeugungssystem n, NDES

~ **station for district heating and
power** Heizkernkraftwerk n

~ **steam generator U-tube
design** (*PWR*) U-Rohr-
Konstruktion f für KKW-
Dampferzeuger

~ **(steam) superheat** nukleare
Überhitzung f

~ **superheat reactor**
Kernüberhitzerreaktor m,
Heißdampfreaktor m

~ **transportation safety** Nuklear-
transportsicherheit f,
Sicherheit f für Transporte
von Nuklearmaterial

~ **waste repository** (zentrale)
Deponie f für kerntechnischen
Abfall, Atommülldeponie f

nucleate boiling Bläschensieden n

~ **boiling mode of heat transfer**
Wärmeübergang f durch
Blasensieden

~ **boiling process** Bläschen-
siedeprozeß m, -vorgang m

~ **boiling temperature**
Bläschen- *oder* Blasensiede-
temperatur f

nucleation Keimbildung f

nucleon Nukleon n (Proton *oder*
Neutron)

~ **number** Nukleonenzahl f (=
Massenzahl)

nucleonics angewandte Kern-
wissenschaft f *oder*
Kernphysik f, Kerntechnik f

nucleus 1. Atomkern m;
2. Zellkern m; 3. Keim m
(*Metallurgie*)

nuclide Nuklid *n*
  fissile ~ spaltbares N.
~ **mass** Nuklidmasse *f*
n-unit, N-unit n-Einheit *f*
  (Dosiseinheit)
Nusselt no. Nußelt-Zahl *f*

O

**OBE = operating basis
  earthquake** Betriebserdbeben *n*
observation port
  Beobachtungsluke *f*,
  Beobachtungsöffnung *f*
obtain *v* **the desired cooling
  capability** die erwünschte
  Kühlleistung erzielen
occupancy Aufenthalt(szeit)
  m(f); Besetzung *f (z. B. von
  Leitständen)*
  continuous ~ ständige
  Besetzung
occupational exposure
  berufliche Exposition *f oder*
  Strahlenbelastung *f*
occupationally exposed person
  beruflich strahlenexponierte
  Person *f*
occupied area besetzter *oder*
  begehbarer Raum *m*,
  Betriebsraum *m*
occupy *v* **locations in the central
  region of the core** *(control
  assembly)* Stellungen *fpl* in
  der Mittelzone des Kerns
  einnehmen *(Steuerelement)*

octant Oktant *m*
off-gas Abgas *n*
~ **activated charcoal column**
  Abgas-Aktivkohlekolonne *f*
~ **buffer tank** Abgaspuffer-
  behälter *m*
~ **circuit** Abgaskreislauf *m*
~ **cleaning system** Abgas-
  reinigungsanlage *f*
~ **compressor** Abgas-
  kompressor *m*
~ **condenser** Abgas-
  kondensator *m*
~ **control station** Abgas-
  regelstation *f*
~ **cooler** Abgaskühler *m*
~ **D_2O recovery system** Abgas-
  D_2O-Rückgewinnungs-
  system *n*
~ **effluent** Abgasaustritt *m*,
  austretendes Abgas *n*
~ **fan** Abgasventilator *m*
~ **hold-up system** Abgas-
  verzögerungsanlage *f*
~ **pipe** Abgasleitung *f*
~ **piping system** Abgasleitungs-
  system *n*, -netz *n*
~ **recombiner** Abgas-
  rekombinator *m*
~ **storage tank** Abgaslager-
  behälter *m*
~ **system** Abgassystem *n*
~ **system dryer** Abgas-
  trockner *m*
~ **system holdup tank**
  Abgassystem-Sammel- *oder*
  Verzögerungsbehälter *m*
~ **system water seal**
  Abgassystem-Wasser-
  dichtung *f*
~ **treatment** Abgasbehandlung *f*,

Abgasreinigung f
~ **vapor trap** Abgasdampffalle f
~ **vent pipe sample rack** Abgas-
fortleitungs-Probengestell n
off-load refuelled cycle Kreislauf
m mit Nachladen bei
abgeschaltetem Reaktor
off-normal transient abnormer
oder anomaler instationärer
Zustand m, anomale
Transiente f
off-plant environs Umgebung f
außerhalb der Anlage
~ **permissible limit** zulässiger
Grenzwert m außerhalb des
Kraftwerksgeländes
~ **shipment** Abtransport m aus
dem Kraftwerk
offset Absatz m,
Abstufung f
offshore nuclear power plant
Offshore-Kernkraftwerk n,
Kernkraftwerk n vor der
Küste
~ **siting** Standortwahl f vor der
Küste
off-site disposal *(of wastes)*
Beseitigung f *(von Abfällen)*
außerhalb des Kraftwerks-
geländes
~ **dose** Dosis f außerhalb des
Kraftwerksgeländes
~ **dose rate criteria** Dosis-
leistungskriterien npl für
außerhalb des KW-Geländes
~ **power** Fremdeinspeisung f,
Fremdstrom m
~ **power source**
Fremdstromquelle f
~ **release of toxic vapours**
Freisetzung f giftiger (*oder*

toxischer) Dämpfe außerhalb
des Kraftwerksgeländes
~ **shipment** Abtransport m vom
Werksgelände
~ **shipment for reprocessing**
Abtransport m zur
Aufbereitung
~ **shipment of solid wastes**
Abtransport m von
Festabfällen aus dem
Kraftwerk
~ **shipping** Abtransport m vom
Kraftwerksgelände
~ **tolerance** Toleranz f
außerhalb des Kraftwerks-
geländes
~ **ultimate storage** externe
Endlagerung f
~ **whole body dose** Ganzkörperdosis f außerhalb des
Kraftwerksgeländes
off-standard condition abnormer
oder anomaler Zustand m
oil bearing circulator
ölgelagertes Gebläse n
~ **cooler** Ölkühler m
~ **degasifier** Ölentgaser m
~ **drain line** Ölablaßleitung f
~ **filter** Ölfilter m, n
~ **flow line** Ölvorlaufleitung f
~ **flow manifold** Ölvorlauf-
Verteilerleitung f
~ **leakage float switch**
Ölleckage-Schwimmer-
schalter m
~ **removal filter** Ölabscheide-
filter m, n
~ **removal unit** Ölabscheider-
aggregat n
~ **return line** Ölrücklaufleitung f
~ **supply system** Ölversorgung f

~ **switch** Ölschalter *m*

~ **tank** Ölbehälter *m*

~ **trap** Ölabscheider *m,* Ölfalle *f*

~ **vapor diffusion pump**
Öldampfdiffusionspumpe *f*

oil-fired superheater
ölgefeuerter Überhitzer *m*

oil-hydraulic motor Ölmotor *m*

~ **tensioner** ölhydraulische
Spannvorrichtung *f*

oilless bearing Selbst-
schmierlager *m*

oil-pneumatic rotary drive
ölpneumatischer
Drehantrieb *m*

OL = operating license *(US)*
Betriebsgenehmigung *f*

on and off the site innerhalb und
außerhalb des Kraftwerks-
geländes

once through then out, OTTO
(THTR) Einwegbeschickung *f*

once-through charge einmalige
Ladung *f*

~ **cooling** Durchlaufkühlung *f*

~ **single reheater boiler** Zwang-
durchlaufkessel *m* mit einem
Zwischenüberhitzer (*oder*
einmaliger Zwischen-
überhitzung)

on-demand log Protokoll *n* auf
Anforderung

~ **program** Programm *n* auf
Anforderung, Anforderungs-
programm

on-line chromatograph Direkt-
chromatograph *m*

~ **core monitoring** Kern-
überwachung *f* während des
Betriebes

~ **detection of flows and defects**

Feststellung *f* von
(Werkstoff)Fehlern und
Schäden während des
Betriebes

~ **fixed detector** Dauerbetrieb-
detektor *m*

~ **maintenance** Wartung
während des Betriebes

~ **monitor** Direktüberwachungs-
gerät *n*

~ **monitoring of the reactor**
Betriebsüberwachung *f* des
Reaktors

~ **refuelling** Beladung *f* während
des Betriebes, BE-Wechsel *m*
während des Betriebes

on-load access Zugang *m* unter
Last (*oder* im Betrieb)

~ **charge and discharge machine**
(AGR) Unter-Last-Lade-
maschine *f*

~ **charge operations**
BE-Wechselvorgänge *mpl*
während des Betriebes

~ **fuel changing capability**
Fähigkeit *f* zum BE-Wechsel
unter Last

~ **refuelling** BE-Wechsel *m*
unter Last

on-power refuelling
BE-Wechsel *m* während des
Betriebes

on-scale reading Skalen-
ablesung *f*

onset of a fault Beginn *m* einer
Störung

~ **of hazardous conditions**
Einsetzen *n* gefährlicher
Bedingungen (*oder* Zustände)

~ **of the transition from nucleate
to film boiling SYN. MCHFR**

equal to unity Beginn *m* oder Einsetzen *n* des Übergangs vom Bläschen- zum Film-sieden

on-shift operator Schicht-wärter *m*

on-site facility Einrichtung *f* auf dem Kraftwerksgelände

~ **permanent solid waste storage vault** Festabfallgruft *f* für Dauerlagerung auf dem KW-Gelände

~ **standby a-c power source** Not-Wechselstromquelle *f* auf dem KW-Gelände

~ **waste facilities** Abfallanlagen *fpl* auf dem KW-Gelände

on-stream performance betriebliche *oder* betriebsmäßige Leistung *f*, Leistung *f* im Betrieb

one-group model Eingruppen-modell *n*

~ **theory** Eingruppentheorie *f*

one-line schematic diagram Prinzipschema *n*

one-out-of-two-twice logic Zweifach-1-von-2-Verknüpfung *f*

one-region reactor Einzonenreaktor *m*

one-wall vessel Vollwand-behälter *m*

one-year operating cycle Einjahres-Betriebszyklus *m*

OP = operating permit SYN. operating license, OL *(US)* Betriebsgenehmigung *f*

open *v* **by spring action** durch Federwirkung öffnen

open cycle offener Kreislauf *m*

~ **lattice core** offener Kern *m*

opening inventory Anfangs-inventar *n*

open-market plutonium (*or* **Pu**) **recycle** Plutoniumrückführung *f* auf dem offenen Markt

operability Betriebsfähigkeit *f*, -bereitschaft *f*, -tüchtigkeit *f*

test *v* **s.th. for** ~ etw. auf B. prüfen

operable betriebsbereit, betriebstüchtig

~ **nuclear power plant** b-es Kernkraftwerk *n*

~ **safety channel** b-er Sicherheitskanal *m*

in ~ **condition** in b-em Zustand

operate *v* **according to specifications** gemäß den Spezifikationen arbeiten *(Anlageteil)*

~ **a system off the stand-by diesel generator** ein System vom Diesel-Notstrom-generator betreiben

~ **at rated power** bei Nennleistung arbeiten

~ **by d-c power from the station batteries** mit Gleichstrom aus den Kraftwerksbatterien arbeiten

~ **continuously for long periods without attention** über lange Zeiträume kontinuierlich und unbeaufsichtigt arbeiten (*oder* in Betrieb sein *oder* laufen)

~ **falsely** falsch arbeiten

~ **independently of auxiliary a-c power, plant service air, or external cooling water systems**

unabhängig von Eigen-
bedarfs-Wechselstrom,
Betriebsdruckluft, oder
Fremdkühlwasseranlagen
arbeiten *oder* laufen
~ **independently of normal
auxiliary a-c power**
unabhängig vom normalen
Eigenbedarfs-Wechselstrom
laufen
operating availability *(EEI)*
Zeitverfügbarkeit *f*
~ **basis earthquake, OBE**
Betriebserdbeben *n*
~ **characteristics** *(reactor)*
Betriebseigenschaften *fpl*
~ **coil stack** *(PWR CRDM)*
Arbeitsspulengruppe *f*
~ **compartment** *(in containment
structure)* Betriebsraum *m*
~ **crew** Betriebsmannschaft *f*
~ **curve** Betriebskurve *f*
~ **deck** Bedienungsbühne *f*,
Bedienungsflur *m*
~ **efficiency** Betriebs-
Wirkungsgrad *m*
~ **environment** betriebliche
Umgebung *f*
~ **fluid** Betriebsmedium *n*
~ **fluid loop** Arbeitsmittel-
kreislauf *m*
~ **force margin** Betriebskraft-
spanne *f*
~ **license, OL** *(US)* Betriebsgenehmigung *f*
~ **lifetime** betriebliche *oder*
Nutzlebensdauer *f*
~ **mode** Betriebsweise *f*
~ **platform** Bedienungsbühne *f*,
Betriebsbühne *f*
~ **point** Betriebspunkt *m*

~ **principle**
Arbeitsprinzip *n*
~ **procedure** Betriebsvorgang *m*
~ **range** Betriebsbereich *m*
~ **reliability** Betriebssicherheit *f*
~ **shift** Betriebsschicht *f*
~ **staff training** Ausbildung *f* des
Betriebspersonals
~ **status (of the core)** Betriebszustand *m* (des Kerns)
~ **temperature** Betriebstemperatur *f*
~ **transients** Betriebstransienten
fpl
"operating" type shielding
»betriebsmäßige«
Abschirmung *f*
operating unit Betriebsaggregat
n, Betriebseinheit *f*
~ **walkway** Bedienungssteg *m*
**operation at reduced
recirculation flow** Betrieb *m*
bei verringertem Umwälz-
strom
~ **factor** Zeitausnutzung *f*
~ **mode switch** Betriebsarten-
schalter *m*
~ **on load** Lastbetrieb *m*,
Leistungsbetrieb *m*
~ **shielding** Betriebs-
abschirmung *f*
~ **under accident conditions**
Störfallbetrieb *m*
~ **s building** Betriebsgebäude *n*
~ **s supervisor** Betriebsleiter *m*
operational area *(containment
building)* Betriebsraum *m*,
-zone *f*
~ **capability** Betriebsfähigkeit *f*
~ **check** Betriebskontrolle *f*
~ **emission to the environment**

betriebsmäßiger Ausstoß *m* in
die Umgebung
~ **maneuvering band**
betriebliche Manövrierband-
breite *f*
~ **mode** Betriebsart *f*, -weise *f*
~ **shutdown** betriebsmäßige
Stillsetzung *f*, betriebliches
Abfahren *n*
operative wirksam, im Eingriff
**operator actions with long time
margins** langfristige
Bedienungsmaßnahmen *fpl*
~ **actions with short time
margins** kurzfristige
Bedienungsmaßnahmen *fpl*
~ **coil** *(PWR CRDM)* Arbeitsspule *f*
~ **error** Bedienungsfehler *m*
~ **station** Bedienungsstand *m*,
Fahrstand *m*
~ **basket** Führerstand *m*,
Führerkorb *m*
~ **bridge** Bedienungsbrücke *f*,
Fahrbrücke *f*
~ **cab** Führerstand *m*,
Führerkorb *m*
~ **console** Leitpult *n*, Hauptleit-
stand *m* *(in der Warte)*
~ **control benchboard** *(control
room)* Stehpult *n* des
Operateurs
~ **control console** Bedienungs-
steuerpult *n*, Leitpult *n*
(Warte)
~ **interface system** Bedienungs-
Nahtstellensystem *n*
~ **platform** Hauptbedienungs-
bühne *f*
optical alignment check *(RPV)*
optische Fluchtungskontrolle

f, Sichtkontrolle *f* auf
Fluchten
~ **indexing system** *(refuelling
machine)* optisches Anfahr-
system *n*
optimum burn-up optimaler
Abbrand *m*
~ **steam quality** optimale
Dampfqualität *f*
optional operator actions
alternative Bedienungsmaßnahmen *fpl*
**orange oxide SYN. uranium
trioxide** Urantrioxid *n*
orbital electron Hüllen-
elektron *n*
organ dose *(radiation)*
Organdosis *f*
organic-cooled reactor organisch
gekühlter Reaktor
organization planning Organi-
sationsplanung *f*
organizational chart
Organisationsplan *m*
orifice plate
Drosselblende *f*
orifice zone Drossel- *oder*
Strömungsbegrenzungszone *f*
orificed fuel support mit
Blenden versehenes
BE-Auflager *n*
orificing Regelung *f* mit
Blenden, Drosseln *n*
O-ring O-Ring *m*
~ **gasket** O-Ring-Flach-
dichtung *f*
~ **handling fixture** Transport-
vorrichtung *f* für O-Ringe
~ **replacement** Austausch *m*
oder Ersatz *m* der O-Ringe
~ **seal** O-Ring-Dichtung *f*

~ **storage rack** Ablagegestell *n*
für O-Ringe

orthogonal lattice (grid)
orthogonales Gitter *n*

oscillation periodische
Schwankung *f*, Schwingung

oscillator Oszillator *m*

  pile ~ SYN. **reactor**~
Reaktoroszillator

oscillatory power surge
Schwankung *f* der Leistung

out-condensing Auskonden-
sieren *n*

out-in (BE-Umsetzen *n)* von
außen nach innen

out-of-channel water Wasser *n*
außerhalb des BE-Kastens

**out-of-core instrumentation
system** Instrumentierungs-
system *n* außerhalb des Kerns

~ **neutron flux measurement**
Kernaußenmessung *f* des
Neutronenflusses

~ **nuclear instrumentation**
nukleare Instrumentierung *f*
außerhalb des Kerns

out-of-pile inventory Bestand *m*
außerhalb des Reaktors, nicht
im Reaktor eingesetzter
(Brennstoff-)Bestand

~ **portion** außerhalb des
Reaktors befindlicher
(Kreislauf)Teil *m*

~ **storage facility** Lagereinrichtung *f* außerhalb des
Reaktors

~ **test** Versuch *m* außerhalb des
Reaktors

out-of-roundness Unrundheit *f*

outage Außerbetriebszeit *f*,
Ausfall *m*, Stillstand *m*

outboard position Außenlage *f*
(Steuerelement)

~ **side** Außenseite *f*

outer bellows seal äußerer
Dichtbalg *m*

~ **concrete shell** äußere
Betonhülle *f*

~ **containment** äußere Sicherheitshülle *f*

~ **cover ring** äußerer
Deckelring *m*

~ **graphite sleeve** *(AGR fuel)*
Graphit-Außenhülle *f*

~ **head fitting** äußere Flansch-
armatur *f*

~ **motor cooler** Motoraußen-
kühler *m*

~ **sheath tube** Außenrohr *n*

~ **shell** Dichthülle *f*

~ **shell compensator** Dicht-
hüllenkompensator *m*

~ **sleeve** Außenhülle

~ **steel shell** Außenblechhülle *f*

~ **surface inspection**
Außenprüfung *f*

~ **toroidal suppression chamber**
(BWR) äußere Ring-Konden-
sationskammer *f*

~ **tube** Außenrohr *n*

outermost isolation valve
äußerstes Isolationsventil *n*,
äußerste Abschlußarmatur *f*

outflow control valve Ausström-
regelventil *n*

~ **rate** Ausströmrate *f*

outgas *v (fuel pellets)* ausgasen

outleakage Außenleckage *f*,
Leckage nach außen *f*

~ **rate** Außenleckagerate *f*

outlet channel *(PWR SG)*
Austrittskanal *m*

~ **jumper** Abführer *m,*
Abführrohr *n (D₂O-Reaktor)*

~ **leg** Auslaßstrang *m*

~ **nozzle** *(RPV)* Austrittsstutzen *m*

~ **plenum** Austritts(sammel)-
raum *m*

~ **riser pipe** *(SGHWR)*
Austrittssteigrohr *n*

~ **scram valve** Austrittsschnell-
schlußarmatur *f*

~ **temperature** Austrittstemperatur *n*

output log Leistungsprotokoll *n*

~ **typewriter** Ausgabeschreib-
maschine *f*

outside atmosphere Außen-
atmosphäre *f*

outside-in loading scheme
Außen-Innen-Ladeplan *f*
(oder Umsetzplan)

outward ground level leakage
Außenleckage *f* in Bodenhöhe

~ **leaktightness** Dichtigkeit *f*
nach außen

~ **radial shift** *(fuel assemblies)*
radiales (BE-)Umsetzen *n*
nach außen

~ **transfer bridge**
Ausschleusbrücke *f*

~ **transfer compartment**
Ausschleusraum *m*

~ **transfer position** Ausschleus-
position *f*

~ **transfer procedure**
Ausschleusvorgang *m*

oval bearing bush ovale
Lagerbüchse *f*

overall active height aktive
Gesamthöhe *f*

~ **coefficient of heat transfer**
SYN. **heat transmission
coefficient,** ~ **heat transfer
coefficient** Wärmedurch-
gangszahl *f*

~ **coolant flow rate** gesamter
Kühlwasserdurchsatz *m*

~ **design peaking factor**
gesamter Heißstellen- *oder*
Temperaturüberhöhungs-
faktor *m*

~ **efficiency** Gesamtwirkungs-
grad *m*

~ **form factor** Gesamtform-
faktor *m*

~ **heat transfer coefficient** SYN.
~ **coefficient of heat
transfer, heat transmission
coefficient** Wärmedurch-
gangszahl *f*

~ **load swing capability** Gesamt-
Lastsprungfähigkeit *f*

~ **loss coefficient**
(fluid flow) Gesamtverlust-
koeffizient *m*

~ **operation and control of the
plant** Gesamtbetrieb *m* und
-steuerung *f* der Anlage

~ **performance**
Gesamtleistung *f*

~ **plot plan**
Gesamtlageplan *m*

~ **reactor building height**
Gesamthöhe *f* des Reaktor-
gebäudes

~ **station control system**
Kraftwerks-Gesamt-
regelung(sanlage) *f*

overcoating Beschichtung *f,*
Overcoating *n*

overflow line Überlauf-, Über-
strömleitung *f*

~ **pipe** Überlaufrohr n, -leitung f

~ **tank** Überlaufbehälter m

~ **weir** Überlaufwehr n

overhead crane way
Laufkranbahn f

~ **manipulator** *(Demo-LMFBR)*
oberer Manipulator m

~ **product** *(D₂O distillation)*
Kopf-, Destillationsprodukt n

~ **rail** Deckenschiene f

~ **storage tank** *(D₂O distillation
column)* Hochspeicher-
(behälter) m

overheating of the fuel cladding
Überhitzung f der BE-Hüllen

overland transportation *(of
nuclear components)* (Über)-
Landtransport m

**overlap with the intermediate
range monitors**
Überschneiden n mit den
Zwischenbereich-Über-
wachungsgeräten

overload coupling Überlast-
kupplung f

~ **scram** Überlast-Schnell-
abschaltung f

overmoderated
übermoderiert

overpower transients Über-
leistungstransienten fpl

~ **trip channel** *(reactor
protection system)*
Überleistungs-Schnell-
abschaltkanal m

~ **trip level** Überleistungs-
Schnellschlußpegel m

overpressure
Überdruck m

~ **protection** Schutz m gegen
Überdruck

~ **signal** Überdrucksignal n

overpressured unter Überdruck
stehend

overpressurization Überdruckaufbau m

overpressurized unter
Überdruck stehend

override v übersteuern, -fahren,
-wiegen, ausregeln

~ **a "worst credible" power
excursion** eine angenommene
schlimmste Leistungs-
exkursion ausregeln

~ **high excess reactivity** hohe
Überschußreaktivität
ausregeln

~ **the xenon effect** den Xenoneffekt überfahren

~ **of xenon oscillations**
Ausregelung f von Xenon-
Schwingungen

~ **capacity** Ausregelleistung f

over-running clutch Überhol-,
Freilaufkupplung f

overshoot 1. Überschlag m;
2. *Regelung:* Überlauf m *(US)*

overspeed test Schleuderprobe f,
Überdrehzahlprüfung f

~ **trip** Abschaltung f infolge
Drehzahlüberschreitung
(Dampfturbine)

overstress v **the cladding at the
points of contact** *(PWR fuel
assembly)* die Hüllen an den
Berührungsstellen (*oder*
Kontaktstellen) übermäßig
beanspruchen

overtensioning Überspannen n,
Überspannung f *(von
Schrauben)*

over-tolerance areas Über-

toleranzzonen *fpl*
over-travel Überlauf *m (Steuerstab)*
oxidation bed Oxydationsbett *n*
~ **behaviour** Oxydations-
verhalten *n*
~ **resistance** Oxydations-
festigkeit *f*
**oxidative chemical
decomposition of graphite**
oxydative chemische
Zersetzung *f* des Graphits
oxide breeder Oxid-Brüter *m*
~ **film** Oxidfilm *m*, -schicht *f*
tenacious ~ **film** zähe
Oxidschicht, zäher Oxidfilm
~ **fuel element** Oxid-Brenn-
element *n*
oxidic particle oxidisches
Partikel *n*
oxidizer Oxydator *m*
~ **feed preheater** Oxydator-
Speisevorwärmer *m*
~ **regeneration gas compressor**
Oxydator-Regeneriergas-
kompressor *m*
~ **unit** Oxydatoraggregat *n*
~ **unit steam generator purge
water condenser** Oxydator-
Dampferzeuger-Spülwasser-
kondensator *m*
oxidizing agent
Oxydiermittel *n*
~ **medium** oxydierendes
Medium *n*
oxygen burning system
Sauerstoff-Verbrennungs-
system *n*
~ **detection** Sauerstoff-
nachweis *m*
~ **ingress**, ~ **inleakage** Sauer-

stoffeinbruch *m*
~ **meter** Sauerstoffmesser *m*
~ **meter, electro-chemical**
elektrochemischer Sauerstoffmesser *m*
~ **scavenging of the reactor
coolant system with hydrazine
(PWR)** Sauerstoff-
Freispülung *f* des Hauptkühl-
kreislaufs mit Hydrazin
~ **scavenging with hydrazine**
Sauerstoffentfernung *f oder*
-freispülung *f* mit Hydrazin
oxyhydrogen gas monitoring
Knallgasüberwachung *f*

P

packaging system *(for SGHWR
fuel elements)*
(BE-)Verpackungssystem *n*
~ **with concrete** *(of
spent ion-exchange resin)*
Einbetonieren *n*
packing 1. Stopfbüchsenpackung
f, Füllstoff *m*; 2. Füllung *f*,
Packung *f (Destillationskolonne)*
~ **leak-off**
Packungsabsaugung *f*
~ **retainer**
Dichtungshalter *m*
~ **seal** Stopfbüchsendichtung *f*
~ **support plate** *(D₂O distillation
column)* Packungstragplatte *f*
pad *(Westinghouse PWR fuel
assembly top nozzle)*

Unterlegplatte f

PAHR = post accident heat removal Wärmeabfuhr f nach einem Störfall

pair production Paarbildung f, Paarerzeugung f

~ **production coefficient** Paarbildungskoeffizient m

palladium, Pd Palladium n, Pd

~ **catalyst** Palladium-katalysator m

Pall ring Pallring m (Füllring für Destillationskolonnen)

panel light Schalttafellampe f

panel-to-panel wiring Tafel-Zwischenverdrahtung f

particulate filter Partikelfilter, Schwebstoffilter m, n

parallel flow Parallelstrom m, -strömung f

~ **slide valve** Parallelplatten-schieber m, Parallelschieber-ventil n

parameters of state SYN. state ~ (or **variables**) Zustandsgrößen fpl, -parameter mpl, -variable fpl, -veränderliche fpl

passage Durchlauf m, Durchgang m

parasitic capture (of neutrons) parasitärer Einfang m, unerwünschter Neutronen-verlust m im Reaktor

~ **material** (in reactor core) parasitäres Material n

~ **neutron absorption** parasitäre Neutronenabsorption f

parent SYN. parent substance Muttersubstanz f

~ **element** Ausgangselement n

~ **substance** Muttersubstanz f

parking hole Abstellöffnung f (für BE)

~ **position** Abstellposition f (für BE-Behälter)

PARR = post-accident radioactivity removal Nachunfall-Radioaktivitäts-abfuhr f

partial condensation Teil-kondensation f

~ **decay constant** partielle Zerfallskonstante f

~ **exposure of the body** Teilbestrahlung f des Körpers, Teilexposition f des Körpers

~ **feedwater flow capacity** Speisewasser-Teilfluß- oder -mengenleistung f

~ **internal water recirculation** partieller interner Wasser-umlauf m

~ **power operation** Teillast-betrieb m

~ **stroke** Teilhub m (Ventil)

~ **stroke testing** Teilhub-prüfung f (von FD-Absperr-armaturen)

particle Teilchen n, Partikel n

~ **s of UO$_2$ or UO and Th$_2$ coated with two or more layers of carbon compounds** mit zwei oder mehr Lagen aus Kohlenstoffverbindungen beschichtete UO$_2$- oder UO/Th$_2$-T.

directly ionizing ~s direkt ionisierende Partikel npl

indirectly ionizing ~s indirekt ionisierende Partikel npl

~ **absorption** Teilchen-

absorption *n*
~ **activity**
Teilchenaktivität *f*
~ **coating** *(HTGR fuel)*
Teilchenbeschichtung *f*
~ **current**
Teilchenstrom *m*
~ **current density** Teilchen-
stromdichte *f*
~ **density** Teilchendichte *f*
~ **fluence** Teilchenfluenz *f*
~ **fluence rate, ~ flux density**
Teilchenflußdichte *f*
~ **kernel** Teilchen-, Partikel-
kern *m*
~ **number density** Teilchenzahl-
dichte *f*
~ **size** Teilchengröße *f*
particulate activity Teilchenaktivität *f*
~ **air filter** Partikelluftfilter,
Schwebstoff-Luftfilter *m, n*
~ **and gas monitor** Schwebstoff-
und Gas-Überwachungs-
gerät *n*
~ **collision efficiency** Teilchen-
kollisionswirkungsgrad *m*
~ **filter** Schwebstoffilter *m, n*
~ **filtration unit** Schwebstoff-
filtereinheit *f*, -satz *m*
~ **fission products** Spaltprodukt-
teilchen *n*, Spaltprodukt *n* in
Teilchenform
~ **impurities** Partikel-
verunreinigungen *fpl*
~ **matter** Teilchen *npl*
~ **sample** Teilchenprobe *f*
~ **sampler** Teilchen-Proben-
(ent)nahmegerät *n*
particulates *pl* (Schwebstoff)-
Teilchen *npl*

partition *(PWR SG)* Trennwand
f, Zwischenwand *f*
~ **ratio** *(dose rates)* Aufteilungs-
verhältnis *n*
~ **stage** Seigerungsstufe *f*,
Trennstufe *f (DIN)*
(Brennstoffaufarbeitung)
~ **wall** Trennwand *f*
part-length absorber (rod)
teillanger Absorber(stab) *m*
~ **CEA** *(CE PWR)* teillanges
Steuerelement *n*
~ **control rod** teillanger
Steuerstab *m*
part-load operation Teillast-
betrieb *m*
partly integrated concept
teilintegrierte Bauweise *f*
~ **integrated forced circulation**
teilintegrierter Zwangs-
umlauf *m*
part-through crack, PTC
teilweise durchgehender
Riß *m*
pass *v* **a sample of gas**
through a chamber eine
Gasprobe *f* durch eine
Kammer *f* führen
~ **...percent of the loop flow**
through a filter ...Prozent des
Kreislaufstroms durch ein
Filter führen
pass (of coolant through the
reactor core) Durchgang *m*
oder -lauf *m* (von Kühlmittel
durch den Reaktorkern)
passage of cables through the
containment wall
Durchführung *f* von Kabeln
durch die Sicherheitshüllen-
wand

~ **through an ion exchanger**
(liquid wastes) Durchgang *m*
durch einen Ionenaustauscher

**passageway for the reactor
coolant** Durchgang(sweg) *m*
für das Hauptkühlmittel

passivate *v* **(a reactor coolant
circuit)** (einen Reaktorkühlkreis) passivieren

passive component passive
Komponente *f*

~ **component failure** Ausfall *m*
oder Versagen *n* einer
passiven Komponente

~ **failure** passiver Ausfall *m*

~ **safeguards** passive
Sicherheitseinrichtungen *fpl*

path group selector unit
*(Westinghouse PWR) (for
movable in-core detectors)*
Weggruppenwähler *m*, Weg-
gruppen-Wählaggregat *n*

~ **length** Weglänge *f*

~ **of cooling flow past the spent
fuel** Weg *m* für den Kühl-
strom am abgereicherten
Brennstoff vorbei

pattern of scatter loading Streuladeschema *n*

pawl Zahnklaue *f*

**PCI = pellet-cladding
interaction** Brennstoff-
tablette-Hülle-Wechsel-
wirkung *f*, Wechselwirkung *f*
zwischen Brennstofftabletten
und Hülle

**PCIV = prestressed cast iron
pressure vessel** vorgespannter
Grauguß-Druckbehälter *m*

PCL = power conversion loop
(GT-HTGR) Energie-

umwandlungskreislauf *m*

**PCM = power-cooling
mismatch** Leistungs-
Kühlungs-Fehlanpassung *f*

**PCRV = prestressed concrete
reactor vessel** Spannbeton-
Reaktordruckbehälter *m*

PCS = primary coolant system
Primärkühl(mittel)system *n*

**PDA = preliminary design
approval** *(US)* Konzept-
vorbescheid *m*

peaceful nuclear activity
friedliche nukleare Tätigkeit *f*

peak SYN. core hot spot
Heißstelle *f* im Kern

flatten *v* ~**s** Heißstellen
abflachen

~ **cladding temperature** Spitzen-
Hülsentemperatur *f*

~ **enthalpy on rod drop** Spitzen-
enthalpie *f* bei Stabeinfall

~ **flattening** Leistungsspitzen-
Abflachung *f*

~ **flux** Spitzenneutronenfluß *m*

~ **heat flux** Spitzen-Heizflächen-
belastung *f*

~ **heat generation rate** Spitzen-
wärmeerzeugung *f*

~ **kw/ft trip** Schnellschluß *m*
durch lineare Spitzenleistung *f*

~ **initial linear heat rate**
anfängliche Spitzen-
Stablängenleistung *f*

~ **linear rating** Stabspitzen-
leistung *f*

~ **local coolant temperature**
örtliche Spitzen-Kühlmittel-
temperatur *f*

~ **power** Spitzenleistung *f*

~ **power fuel assembly** Spitzen-

leistungs-Brennelement n
~ **spot** SYN. **peak, core hot spot**
Heißstelle f (im Kern)
~ **target burn-up** Spitzen-Ziel-
abbrand m
~ **transient loading** instationäre
Spitzenbelastung f
~ **vessel wall temperature**
Gefäßwand-Spitzen-
temperatur f
peaking factor Heißstellenfaktor m
peak-to-average power ratio
Verhältnis n der Spitzen- zur
Durchschnittsleistung
pebble bed Kugelschüttung f,
Kugelhaufen m
pebble-bed core Kugelhaufen-
core n, -kern m
~ **gas cooling** Kugelhaufen-Gas-
kühlung f
~ **high-temperature reactor**
Kugelhaufen-Hoch-
temperaturreaktor m
~ **mechanics** Kugelhaufen-
mechanik f
~ **reactor** Kugelhaufenreaktor m
~ **rheological behaviour**
Kugelhaufenfließverhalten n
~ **sagging** Zusammensacken n
des Kugelhaufens m
~ **surface** Kugelhaufenober-
fläche f
Péclet number Pécletzahl f
pedestal 1. Reaktordruckgefäß-
Sockel m; 2. Ständer
(Maschine) m, (Pumpen)-
Motorlaterne f
pellet Tablette f, (Kern)-
Brennstofftablette f
fuel ~ Brennstofft.

pressed and sintered UO$_2$ ~
gepreßte und gesinterte
UO$_2$-Tablette
manufacture v **fuel into** ~s
Brennstoff zu T-en
verarbeiten
~ **diameter** Tablettendurchmesser m
~ **dishing** Eindellung f, mulden-
förmige Vertiefung f, Stirn-
flächenmulde f der
Brennstofftablette
~ **interface** Tabletten-
berührungsfläche f
~ **stack** Tablettensäule f,
Tablettenstapel m *(im
Brennstab)*
pellet-clad gap Zwischenraum m
zwischen Tablette und Hülle
pellet-cladding interaction, PCI
Tabletten-Hüllen-Wechsel-
wirkung f
pellet-density change Änderung
f der Tablettendichte
**pelletized low enrichment
uranium dioxide fuel** niedrig
angereicherter Urandioxid-
brennstoff m in Tablettenform
pelletizing Tablettenherstellung
f, Verarbeitung f zu Tabletten
~ **facility** Tablettieranlage f
pen chamber Füllhalterdosi-
meter n
pencil dosimeter Bleistiftdosi-
meter n
penetrability Durchdringbar-
keit f
penetrate v durchdringen
penetrating fluorescent oil test
Fluoreszenztest m
~ **power** Durchschlagskraft f

~ **probability** Durchdringungs-
wahrscheinlichkeit f

penetration Durchdringung f,
Durchführung f *(von
Leitungen durch eine
Behälterwand)*

 capped ~ mit Verschlußkappe
versehene D.

 **continuously pressurized
double c.** ~ ständig unter
Druck gehaltene
doppelte D.

 electrical ~ E-Leitungsd.,
Kabeld.

 fuel-transfer ~
BE-Schleusend.

 pipe(line) *or* **piping** ~
Rohrleitungsd.

 shell ~ D. durch die Hülle
be *v* **pierced by** ~**s** von
Durchbrüchen durchzogen
werden

~ **air supply line** Zuluftleitung f
zur Durchführung

~ **assembly** Durchführungsbau-
gruppe f

~ **cartridge** Durchführungs-
patrone f

~ **chamber** Durchführungs-
kammer f

~ **conductor** Durchführungs-
leiter m

~ **expansion bellows** Durch-
führungs-Balgkompensator m

~ **isolation valve** Durch-
dringungsventil n, Durch-
führungs-Absperrarmatur f,
Gebäudeabsperrarmatur f

~ **liner** Durchführungs-
panzerung f

~ **liner tube** Durchführungs-

panzerrohr n

~ **module** Durchführungs-
modul n

~ **pressurization system** Durch-
führungs-Überdruckhaltung f,
Durchführungs-Überdruck-
haltesystem n

~ **reinforcing ring** Durch-
führungs-Verstärkungsring m

~ **seal** Durchführungsdichtung f

~ **sleeve** Durchführungsmuffe f,
-hülse f

~ **through the shell** Durchdringung f durch die Hülle

~ **tunnel** Durchführungs-
tunnel m

~ **unit** SYN. penetration Durchführung f

~ **valve** Durchführungsarmatur f

penetration-to-liner weld joint
Schweißnaht f zwischen
Durchführung und Innenhülle

penetrator SYN. penetration
Durchführung f, Durch-
dringung f

percent enrichment prozentuale
Anreicherung f

percentage depth dose
prozentuale Tiefendosis f,
relative Tiefendosis *(DIN)*

perforated end plate *(CE PWR
fuel assembly)* Endlochplatte f

~ **orifice plate** Lochblende f

~ **plate** 1. Lochblende f;
2. Lochplatte f *(Westing-
house-DWR-BE-Fußstück)*

~ **shroud** *(CE PWR)*
Lochmantel m

perforation of the cladding
Perforierung f der Umhüllung

~ **mode** *(structural damage by*

an aircraft strike)
Durchschlagen *n*, Durch-
löchern *n (des SB)*
perform *v* **a logic check** eine
Verknüpfungskontrolle *f*
durchführen
performance capability
Leistungsfähigkeit *f*
~ **of vessel materials after
irradiation** Verhalten *n* von
Druckbehälterwerkstoffen
nach Bestrahlung
**performance-related
characteristics** leistungs-
bezogene Eigenschaften *fpl*
perimeter security system
Außengelände-Sicherheits-
system *n*
~ **strip** *(CE PWR fuel assembly)*
Außenstreifen *m*
period 1. Periode *f;*
2. Halbwertzeit *f;*
3. Reaktorperiode *f*
~ **of reactor operation** Reaktor-
Reisezeit *f*
~ **s of refuelling or shifting of
the fuel elements**
BE-Wechsel- *oder* -Umsetz-
zeiten *fpl*
~ **amplifier** Perioden-
verstärker *m*
~ **meter** Reaktorzeit-
konstanten-Meßinstrument *n*,
Periodenmeter *n*, Perioden-
meßgerät *n*
~ **of exposure** Bestrahlungs-
dauer *f*
~ **range SYN. time constant
range** Periodenbereich *m*,
Zeitkonstantenbereich *m*
(DIN)

**periodic arising (of active liquid
wastes)** periodischer Anfall *m*
(von Aktivabwässern)
~ **boron concentration sampling**
regelmäßige Borkonzentra-
tions-Probenahme *f*
~ **environmental monitoring**
Umgebungsüberwachung *f* in
regelmäßigen Abständen
~ **log** periodisches Protokoll *n*,
Journal *n*
~ **shutdowns** periodische
Abschaltungen *fpl*
peripheral charging core Rand-
schüttkegel *m*
~ **fuel bundle** außenliegendes
BE-Bündel *n*
~ **jamb seal gasket** *(airlock)*
umlaufende Leibungs-Flach-
dichtung *f*
~ **location** Randstellung *f*
~ **refuelling location** Rand-
beschickungsstelle *f*
~ **region of the core** Randzone *f*
des Kerns
~ **seal retaining ring** äußerer
oder umlaufender Dichtungs-
halterung *m*
~ **shelf of the shroud support**
Randleiste *f* der Kernmantel-
auflagerung
periscope
Periskop *n*
permanent deformation
bleibende Verformung *f*
~ **disposal (of nuclear wastes)**
Dauerbeseitigung *f* (von
nuklearen Abfallstoffen)
~ **storage** *(of nuclear wastes)*
Dauerlagerung *f*
permanent-magnet-actuated

brake dauermagnetbetätigte Bremse f

permanent-magnet flowmeter *(for LMFBR sodium)* dauermagnetischer Durchflußmesser m

permanent storage site for radioactive wastes Dauerlagerplatz m für radioaktive Abfälle

permanently accessible dauernd betretbar, unbeschränkt betretbar *oder* zugänglich

~ **attached** *(RPV closure head)* fest angebracht

~ **occupied areas** Aufenthaltsräume *mpl,* dauernd belegte Räume *mpl*

permissible zulässig

~ **body burden** zulässige Menge f von radioaktivem Material im Körper

~ **dose** zulässige Dosis f

~ **pressure differential across a valve** zulässiger Druckabfall m über eine Armatur

permit *v* **easy decontamination** leichte Dekontaminierung f ermöglichen

peroxide compound Peroxidverbindung f

personal neutron dosimeter Personen-Neutronendosimeter n

~ **radiation monitoring** Messung f der Personendosis f

personnel access control Personenzugangskontrolle f

~ **access hatch** Personenschleuse f

~ **air lock** Personenschleuse f

~ **checkpoint** Personenkontrollstelle f

~ **decontamination** Personendekontaminierung f

~ **decontamination room** Personendekontaminierraum m

~ **guard rail** *(around fuel pool edge)* (Beckenrand-)-Personenschutzgeländer n

~ **hatch** Personenschleuse f

~ **hatch door** Personenschleusentür f

~ **lock entrance to containment** Personenschleuse f zum Containment

~ **monitor** 1. Personen-Überwachungsgerät n; 2. Individualdosimeter n

~ **monitoring** Personenüberwachung f

~ **suit-up and wash-up areas** Personal-Ankleide- und Waschzone f

perturbation to a temperature Störung f einer Temperatur

~ **theory** Störungstheorie f, Reaktorstörungsrechnung f

PGCC = power generation control complex *(GE)* Energieerzeugungs-Leitkomplex m

pH control chemical Chemikalie f zur pH-Wert-Regelung

~ **meter** pH-Meßgerät n

~ **meter with single-rod measuring chains** pH-Meßgerät n mit Einstabmeßketten

~ **value control** pH-Wert-Steuerung f

phantom Phantom *n (meist für biologische Bestrahlungs-experimente)*

phase angle Phasenabstand, -winkel *m*

~ **change** Phasenänderung *f*

~ **on depressurization** P. beim Drucklosmachen

~ **separation** Phasentrennung *f*

phenolic resin binder Phenol-harzbinder *m*

phenomenological cooling method phänomenologische Kühlmethode *f*

phosphate glass dosimeter Phosphat-Glasdosimeter *n*

phosphor bronze bush *(for underwater transmission shaft)* Phosphorbronze-buchse *f*

photoelectric absorption coefficient photoelektrischer Absorptionskoeffizient *m (DIN)*

~ **effect** photoelektrischer Effekt *m*

photofission *(UKAEA)* Photospaltung *f*

photographic dosimeter SYN. **film badge, film dosimeter** Film-Dosismesser *m*, Film-dosimeter *n*, Filmplakette *f*

photomultiplier scintillation crystal combination Photo-vervielfacher-Kristall-Kombination *f*

~ **tube** Photovervielfacherrohr *n*

photon Photon *n*

~ **propulsion** Photonantrieb *m*

photoneutrons Photoneutronen *npl*

photonuclear reaction photonukleare Reaktion *f*

photoproton Photoproton *n*

physical inventory realer Bestand, Istbestand *m*

~ **protection** Objektschutz *m*

pick up *v* a new fuel element *(SGHWR refuelling machine)* ein neues Brennelement aufnehmen

~ **load rapidly** Last *f* schnell aufnehmen

pickup cell Aufnahmezelle *f*, Geber *m*

PIE = post-irradiation examination Nach-bestrahlungsuntersuchung *f*

pierce *v* durchdringen

pigtail *(heavy water reactor)* Zuführer *m*, Zuführrohr *n*

pile (Atom)Meiler *m*, Kern-reaktor *m*

~ **oscillator** Reaktoroszillator *m*

pilot system Vorsteuersystem *n*

~ **valve** Vorsteuerventil *n*

pilot-operated scram control valve Schnellschluß-Regel-ventil *n* mit Hilfsantrieb

pinhole *(in fuel cladding)* nadelfeines Loch *n*

~ **leak** *(in steam generator tube)* nadelfeines Leck *n*

pinned verstiftet

pipe break Rohrleitungsbruch *m*

~ **break occurrence** Auftreten *n* oder Eintritt *m* eines Rohrbruchs

~ **chase** SYN. **pipe gallery** Rohrboden *m*

~ **connection** Rohrleitungs-anschluß *m*

~ **gallery SYN. pipe chase**
Rohrboden *m*
~ **material** Leitungsmaterial *n*
~ **nozzle** Rohrstutzen *m*
~ **penetration** Rohrleitungs-
durchdringung *f*
~ **routing area** Rohrleitungs-
trassierungszone *f*
~ **rupture accident load**
Rohrbruch-Störfallbelastung *f*
~ **tracing system** (Rohr-
leitungs-)Begleitheizung *f*
~ **tunnel exit** Rohrleitungs-
tunnelausgang *m*
~ **whip(ping)** Rohrausschlag *m*,
Schlagen *n* der Rohrleitungen
~ **whip protection** Schutz *m*
gegen Schlagen *n* der Rohr-
leitungen *fpl*, Rohrausschlag-
sicherung *f*
~ **whip restraint** Rohrschlag-
halterung *f*, Rohranschlag-
sicherung *f*
pipeway Rohrleitungskanal *m*
pipework distribution system
(for liquid wastes)
Rohrleitungs-Verteilungs-
system *n*
piping analysis Rohrleitungs-
analyse *f*
~ **and cable penetrations** Rohr-
und Kabeldurchführungen *fpl*
~ **and electrical process
penetrations** Durchdrin-
gungen *fpl* für Betriebsrohr-
leitungen *fpl* und -kabel *fpl*
~ **and instrumentation diagram**
Leitungs- und Instrumentie-
rungs-Diagramm *n*
~ **array** Rohrleitungs-
anordnung *f*

~ **chamber** Rohrkammer *f*
~ **chase SYN. pipe chase, pipe
gallery** Rohrboden *m*
~ **duct** Rohrkanal *m*
~ **forces on the reactor
containment** auf die
Sicherheitshülle wirkende
Rohrleitungskräfte *fpl*
~ **friction coefficient** Rohr-
reibungszahl *f*
~ **heat tracing SYN. piping trace
heating** Rohrleitungs-Begleit-
heizung *f*
~ **penetration** Rohrdurchführung *f*
~ **penetration reinforcing ring**
Rohrleitungsdurchführungs-
Verstärkungsring *m*
~ **penetration sleeve** Rohr-
leitungs-Durchführungshülse *f*
~ **reactions** Rohrleitungs-
reaktionen *fpl*
~ **rupture** Rohrleitungsbruch *m*
~ **run** *(ANS)* Verrohrung *f,*
Verbindungsrohrleitung *f*
~ **sleeve SYN. piping
penetration** Rohrleitungs-
durchführung *f*
~ **stress and movement analysis**
Rohrleitungsbeanspruchungs-
und -bewegungsanalyse *f*
~ **trace heating** Rohrleitungs-
Begleitheizung *f*
piston-type accumulator
Kolbenspeicher *m*
pitch location Abstandslage *f*
(BE)
~ **plate** Abstandsblech *n*
(zw. BE-Kanälen)
~ **spacing** Gitterabstand *m (BE)*

pitchblende Pechblende f

pitching of fuel channels Teilung f der BE-Kanäle

pitch-to-diameter ratio Verhältnis n Steigung/Durchmesser

pivoting mechanism Schwenkmechanismus m

place v **a control rod in automatic control** einen Steuerstab m auf Automatik schalten

~ **drum lids** Faßdeckel mpl aufsetzen

~ **external forces on a fuel rod** äußere Kräfte fpl auf einen Brennstab aufbringen

~ **major pieces of equipment** Hauptanlageteile npl einbringen

~ **the control finger in compression** den Steuerelementfinger m in Pressung versetzen

placement Anordnung f, Einbau m, Plazierung f, Unterbringung f (von Anlageteilen)

~ **of major items of equipment** Einbringen n von Hauptanlageteilen

placing of fuel channels (BWR) Aufsetzen n von BE-Kästen

plain tube bank Glattrohrbündel n

Planck's constant Plancksche Konstante f

plane crash (external impact) Fluzeugabsturz m (EVA)

planned emergency exposure gewollte außergewöhnliche Bestrahlung f

~ **outage for inspection** planmäßige Revisionsstillsetzung f

planning and implementing emergency measures within site boundaries Planung f und Durchführung f von Notstandsmaßnahmen auf dem Kraftwerksgelände

plant Anlage f, Einheit f, Kraftwerksblock m

~ **access** Zugang m zur Anlage

~ **air supply** 1. Luftversorgung f der Anlage; 2. Werksdruckluftversorgung f, -zufuhr f

~ **argon supply system** (LMFBR) Kraftwerks-Argonversorgungssystem n

~ **auxiliary electrical system** elektrische Eigenbedarfsanlage f des Werks

~ **auxiliary system** Anlagenhilfssystem n

~ **capacity factor** (USAEC) Arbeitsausnutzung f

~ **compartment** Anlagenraum m

~ **component in need of maintenance** wartungsbedürftiger Anlageteil m

~ **compressed air system** Kraftwerks-Druckluftnetz n

~ **computer** Anlagenrechner m, Kraftwerksrechner m

~ **cooldown** Abkühlen n der Anlage

~ **design capacity** Auslegungsleistung f der Anlage

~ **design lifetime** Auslegungslebensdauer f der Anlage

~ **drainage cooler** Anlagenentwässerungskühler m

~ **drainage heat exchanger** Anlagenentwässerungs-Wärmetauscher *m*

~ **drainage system** Anlagenentwässerung *f*

~ **effluent** Anlagenauswurf *m*, Abgase *npl* und Abwässer *npl* aus der Anlage

~ **effluent ductwork** Kraftwerks-Abgas- und Abluftkanäle *mpl*

~ **electrical distribution board** *(ANS)* elektrische Kraftwerks-Eigenbedarfsverteilung *f*

~ **exclusion boundary** Grenze *f* der Anlagensperrzone

~ **factor SYN. plant capacity factor** Arbeitsausnutzung *f*

~ **heat rate** spezifischer Wärmeverbrauch *m* der A.

~ **load cycling characteristics** Wechsellasteigenschaften *fpl* der A.

~ **loading** Belasten *n* der A.

~ **mimic board** Anlagen-Blindschaltbild *n*

~ **monitoring system** Anlagenüberwachungssystem *n*

~ **operating cycle time** Anlagen-Betriebszykluszeit *f*

~ **operating mode** *(USAEC)* Anlagen-, Kraftwerksbetriebsweise *f*, -art *f*

~ **operational performance analysis** Analyse *f* des Anlagen-Betriebsverhaltens

~ **performance computer** Anlagen-, Kraftwerksleistungsrechner *m*

~ **power raising** Steigerung *f* der Kraftwerksleistung *f*

~ **process condition** Anlagenbetriebsbedingung *f*, -zustand *m*

~ **property line** Kraftwerkgrundstückgrenze *f*

~ **protection (or protective) system, PPS** *(LMFBR, CE PWR)* Anlagenschutzsystem *n*, Kraftwerksschutzsystem *n*

~ **radiation monitoring** Anlagestrahlenüberwachung *f*

~ **run-up to the power range** Hochfahren *n* der A. in den Leistungsbereich *m*

~ **safety analysis** Anlagensicherheitsanalyse *f*

~ **service building** *(CRPR)* Nebenanlagengebäude *n*

~ **service water pump** Kraftwerks-Nebenkühlwasserpumpe *f*

~ **shutdown** Anlagenabschaltung *f*

~ **stack gases** Anlagen-Schornstein- *oder* -Abgase *npl*

~ **supply air filter** Anlagen-Zuluftfilter *m*, *n*

~ **taken over by its utility owner** von ihrem EVU-Bauherrn übernommene A.

~ **thermal efficiency** thermischer Anlagenwirkungsgrad *m*, thermischer Wirkungsgrad *m* der A.

~ **turnover** Übergabe *f* der Anlage

~ **utilization period** Nutzungszeitraum *m* der A.

~ **vent** Anlagenentlüftung *f*

~ **vent duct** Anlagenentlüftungskanal *m*, Anlagen-Fortluftkanal *m*

~ **vent gas detector** Anlagen-
Fortgasdetektor *m*
~ **vent system** Anlagen- *oder*
Kraftwerks-Fortluftsystem *n*
~ **years of operating experience**
Anlagenjahre-Betriebs-
erfahrung *f*
plastic buckling plastisches
Beulen *n*
~ **deformation SYN.** ~
**strain, permanent
deformation** (*or* **set**) biegsame
Verformung *f*, plastische
Deformation *f*, bleibende
Formänderung *f oder*
Verformung *f*
~ **strain SYN.** ~ *or* **permanent
deformation, permanent set**
bleibende Formänderung *f*,
bleibende Verformung *f*
plastic-lined *(liquid waste tank)*
mit Kunststoff ausgekleidet
plastic-sheathed kunststoff-
ummantelt
plate column
Bodenkolonne *f*
plate-out Abscheiden *n*,
Abscheidung *f (radioaktiver
Feststoffe)*
~ **activity adsorber** Feststoff-
aktivitätsadsorber *m*
~ **trap** *(HTGR)* Abscheidefalle *f*
(für radioaktive Feststoffe)
plate type cooler Platten-
kühler *m*
platform control system
Bühnensteuersystem *n*
~ **rail** Fahrschiene *f*
platinum wire detector Platin-
draht-Meßfühler *m*
PLBR = prototype large

breeder reactor Prototyp-
Großbrüter(reaktor) *m*
plenum (space) Sammelraum *m*
tower ~ unterer S.
upper ~ oberer S.
~ **spring** *(fuel rod)* Sammel-
raumfeder *f*
~ **volume** *(LWR fuel rod)*
Spaltgas-Sammelraum-
volumen *n*
plot plan *(US)* SYN. *(UK)* **site
plan** Lageplan, Parzellenplan,
Situationsplan *m*
plug *v* dichtpropfen
plug 1. Abschirmstopfen *m*
(BE-Kanal); 2. Endstopfen *m*
(Brennstab); 3. Stecker
m (el.)
~ **ejection from a standpipe**
(SGHWR) Ausstoß *m* des
Stopfens aus einem Standrohr
~ **servicing** Stopfenwartung *f*
~ **stringer** *(SGHWR)* Kanal-
stopfen-Baugruppe *f*
plug-connected cable mit
Stecker angeschlossenes
Kabel *n*
**plugged and seal-welded to
encapsulate the fuel** *(LWR
fuel rod)* mit Stopfen
verschlossen und dicht-
geschweißt, um den
Brennstoff einzukapseln
plugging device 1. Stopf-,
Blockier-, Sperrvorrichtung *f;*
2. Drosselkörper *m (in leerem
DWR-Steuerstabführungs-
rohr)*
~ **meter** Pluggingmeter *n*
~ **temperature indicator**

Plugging-Temperatur-
anzeiger *m*

plural scattering Mehrfach-
streuung *f*

plutonium, Pu Plutonium *n*, Pu

~ **burner** Plutoniumbrenner *m*

~ **carbide** Plutoniumkarbid *n*

~ **credit** Plutoniumwert *m*

~ **cycle** Plutoniumzyklus *m*

~ **enrichment** Plutonium-
anreicherung *f*

~ **fabrication facility** Plutonium-
verarbeitungsanlage *f*

~ **inventory** Plutonium-
inventar *n*

~ **loading** Plutonium(be)-
ladung *f*

~ **producer** (*reactor system*)
Plutoniumerzeuger *m*

~ **production rate** Plutonium-
produktionsrate *f*

~ **reactor** Plutoniumreaktor *m*

~ **recycle** Rückführung *f* des
Plutoniums

~ **recycle capability**
Pu-Rückführfähigkeit *f*

~ **recycle concept**
Plutonium-Rückführ(ungs)-
konzept *n*

~ **recycle reactor** Plutonium-
rückführungsreaktor *m*

plutonium-containing fuel rod
plutoniumhaltiger Brenn-
stab *m*

**plutonium-enriched natural
uranium** mit Plutonium
angereichertes Natururan *n*

plutonium-fuelled reactor mit
Pu beschickter Reaktor *m*,
Plutoniumreaktor *m*

plutonium-producing reactor

plutoniumerzeugender
Reaktor *m*

**PMF = probable maximum
flood** wahrscheinliches
höchstes Hochwasser *n*

**PMP = probable maximum
precipitation** wahrscheinlicher
maximaler Niederschlag *m*

pneumatic actuator
pneumatischer Stellantrieb *m*

~ **brake** pneumatische Bremse *f*

~ **dual-piston linear drive**
pneumatischer Doppelkolben-
linearantrieb *m*

~ **elevator** Höhenförderer *m*

~ **pressure test** (*containment*)
Luft(druck)prüfung *f*,
Abdrücken *n* mit Luft

~ **transfer tube** (*for samples*)
Rohrpost *f*

**pneumatically-operated torus
seal** (*HTGR fuel canning
machine*) pneumatisch
betätigte Ringdichtung *f*

pocket Nest *n*, Tasche *f*

~ **dose meter** Taschendosis-
meßgerät *n*, Taschendosi-
meter *n*

point of contact Berührungs-
stelle *f*

~ **of discontinuity** Unstetigkeits-
stelle *f*

~ **source** Punktquelle *f*

poison SYN. nuclear poison,
reactor poison 1. Gift *n*,
Neutronengift *n*, Reaktorgift;
2. Filterschadstoff *m*

burnable ~ abbrennbares G.,
verbrennbares G.

fixed ~ feststehendes G.

homogeneous ~ homogenes G.

lumped boron burnable ~ G. in Form von Borklümpchen

removable ~ entfernbares G.

soluble ~ lösliches G.

~ **curtain** *(SWR)* Vergiftungsblech *n*

~ **element** *(HTGR)* Absorberelement *n*

~ **element fracture** Bruch *m* des Absorberelements

~ **filling pump** *(SGHWR)* Vergiftungslösungs-Füllpumpe *f*

~ **injection system** Vergiftungsanlage *f*

~ **insertion technique** (Neutronen)Gifteinbringverfahren *n*

~ **material** Vergiftungsmaterial *n*

~ **perturbation** Störung *f* durch Neutronen- *bzw.* Reaktorgift

~ **pin** *(LMFBR)* Vergiftungsstab *m*

~ **pin clad thickness** Vergiftungsstab-Hüllenstärke *f*

~ **pin outside diameter** Vergiftungsstab-Außendurchmesser *m*

~ **pin spacer** Vergiftungsstab-Abstandhalter *m*

~ **residue** Giftrest *m*

~ **section** aktiver Bereich *m*, Absorberteil *m* *(Steuerstab)*

~ **sheet** Vergiftungsblech *n*

~ **sheet burnup** Vergiftungsblechabbrand *m*

~ **sparger** *(BWR)* Sprühring *m*, -kranz *m*

~ **storage vessel** *(SGHWR)*

Vergiftungslösungsbehälter *m*

~ **tank** Vergiftungslösungsbehälter *m*

~ **tank isolation valve** Vergiftungslösungsbehälter-Absperrarmatur *f*

~ **tube** Vergiftungsröhrchen *n*

poisoning Vergiftung *f*

Poisson's ratio Poissonsche Zahl *f*

polar bridge crane Rundlaufbrückenkran *m*

~ **crane** Rundlaufkran *m*

~ **c. in reactor building SYN. reactor building crane** R. im Reaktorgebäude

~ **crane support wall** Rundlaufkran-Stützmauer *f*

~ **gantry crane** Rundlauf-Portalkran *m*

polar-type reactor containment crane Reaktor-Sicherheitshüllen-Rundlaufkran *m*

pollution of the environment (radioaktive) Verseuchung *f* der Umgebung

polonium-beryllium neutron source Polonium-Beryllium-Neutronenquellstab *m*

polycristalline UO$_2$ polykristallines UO$_2$ *n*

pond *(UK)* BE-Becken *n*, BE-Kühlbecken, BE-Lagerbecken

~ **bridge crane** Manipulier-(brücken)kran *m*

~ **clean-up** Becken(wasser)reinigung *f*

~ **clean-up flow** Beckenreinigungsmenge *f*

~ **clean-up plant** Beckenwasser-

Reinigungsanlage *f*

~ **closure unit** BE-Becken-
verschluß *m*

~ **draining system** Becken-
entwässerungssystem *n*

~ **filter backwash** Becken-
(wasser)filter-Rückspül-
wasser *n*

~ **lining** Becken-
auskleidung *f*

~ **support wall** Beckenstütz-
oder -tragmauer *f*

~ **temperature** Becken(wasser)-
temperatur *f*

~ **water** Beckenwasser *n*

pool BE-(Lager-)Becken *n*

~ **boiling** Behältersieden *n*

~ **concept** Beckenkonfiguration *f*

~ **coolant system** Beckenkühl-
mittelsystem *n*

~ **crane** Beckenkran *m*

~ **floor** Beckenboden *m*

~ **pressure suppression**
Druckabbau *m* in *oder* mittels
Kondensationsbecken

~ **water** Beckenwasser *n*

pooled maintenance zentrale
Wartung *f*

population center Wohn-
zentrum *n*

~ **center distance** Abstand *m*
oder Entfernung *f* vom
(nächstgelegenen) Wohn-
zentrum

~ **density within a ... radius**
Bevölkerungsdichte *f*
innerhalb eines Umkreises
von ...

~ **dose from nuclear power
usage** Bevölkerungsdosis *f* aus
der Verwendung der

Kernenergie

pore migration Poren-
wanderung *f*

porous diffusion Poren-
diffusion *f*

portable dose rate meter
tragbares Dosisleistungsmeß-
gerät *n*

~ **neutron/gamma monitor**
ortsbewegliches *oder*
tragbares Neutronen/Gamma-
Überwachungsgerät *n*

~ **resin fill tank** ortsbeweglicher
(Ionenaustauscher-)Harzfüll-
behälter *m*

~ **sampling equipment**
ortsbewegliche Probenahme-
vorrichtung *f*

~ **underwater vacuum system**
ortsbewegliches Unterwasser-
Vakuumabsaugesystem *n*

~ **whole-body counter** fahrbarer
(tragbarer) Ganzkörper-
zähler *m*

portal radiation monitor Portal-
Strahlenmonitor *m*

position *v* **control rods vertically
in the core** Steuerstäbe *mpl*
vertikal im Kern verstellen

~ **the control rod absorbers** die
Steuerstababsorber *mpl* v.

~ **the control rods at
intermediate increments over
the entire core length** die
Steuerstäbe *mpl* in Zwischen-
schritten über die gesamte
Kernlänge verstellen

position indication Positions-
anzeige *f*

~ **indicator** Stabstand(s)anzeiger
m, Stabstellungsanzeiger *m*

~ **indicator coil** *(PWR CRDM)* Stellungsanzeigespule f

~ **indicator coil stack** Stellungsanzeigespulenpaket n

~ **indicator system** Stellungsanzeigesystem n

~ **clear of any other equipment** von anderen Einrichtungen freie (*oder* freigehaltene) Position f

~ **vacated by a discharged element** durch ein entladenes BE freigewordene Position f

~ **within the limits of travel** Stellung f innerhalb der Verfahrgrenzen

~ **readout and control panel** Stellungsablese- und Steuertafel f

~ **transmitter** Stellungsgeber m

positioning function Verstellfunktion f

positions occupied by personnel von Personal besetzte *oder* bemannte Stellen fpl (*oder* Positionen)

positive airflow positive Luftströmung f

~ **core reactivity control** positive Kernreaktivitätssteuerung f

~ **energy balance** positive Energiebilanz f

~ **gas pressure, leak-off type shaft seal** *(moderator pump)* Wellendichtung f mit Gas unter Überdruck und Absaugung

~ **temperature coefficient** positiver Temperaturkoeffizient m

post-accident containment cooling and air cleaning equipment Nachunfall-Sicherheitshüllen-Kühl- und Luftreinigungsanlagen fpl

~ **core flooding capability** Kernflutfähigkeit f nach einem Unfall

~ **filter** Nachunfallfilter m, n

~ **grouping of employees** Neugruppierung f der Mitarbeiter nach einem Störfall

~ **heat removal, PAHR** Nachunfall-Wärmeabfuhr f

~ **peak pressure** Spitzendruck m nach dem Störfall

~ **radioactivity removal, PARR** Nachunfall-Radioaktivitätsabfuhr f

~ **spray** Nachunfall-Einsprühvorrichtung f

post-blowdown pressure transient instationärer Druck(verlauf) m nach Abblasen

post-critical test nachkritische Prüfung f

post-incident cooling system Notsprühsystem n

post-irradiation annealing Nachbestrahlungsglühen n, -glühung f

~ **cooling** Nachbestrahlungskühlung f

~ **examination, PIE** Nachbestrahlungsuntersuchung f

~ **examination facility** Nachbestrahlungs-Untersuchungseinrichtung f

~ **mechanical property test**

Nachbestrahlungsprüfung *f* der mechanischen Eigenschaften

~ **monitoring** Überwachung *f* nach der Bestrahlung

post-LOCA refill Nachfüllen *n* nach einem Kühlmittelverlust-unfall *m*

post-loss-of-coolant containment cooling Nachunfall-Sicherheitshüllenkühlung *f*

post-power energy Nachleistungsenergie *f*

post-shutdown period Zeit *f* nach dem Abfahren (*oder* Abschalten)

post-test inspection Nachversuchsbesichtigung *f*

post-trip heat removal system (SGHWR) Nachschnell-schluß-Wärmeabfuhr- *oder* -Kühlsystem *n*

postulated failure of the largest primary system pipe postulierter Ausfall *m* der größten Primärsystemleitung

~ **LOCA** postulierter Kühlmittelverluststörfall *m*

~ **missile** postuliertes Geschoß *n*

potable and sanitary water system Trink- und Brauch-wasserversorgung *f*

potassium, K (*coolant*) Kalium *n*

~ **borate** Kaliumborat *n*

~ **chromate** Kaliumchromat *n*

~ **detector** Kalimeßgerät *n*

~ **deuteroxide, KDO** Kalium-deuteroxid *n*

potential leakage source potentielle Quelle *f* für Leckage

~ **loads of severe natural**

phenomena mögliche Belastungen *fpl* durch Natur-katastrophen

~ **missile** potentielles Geschoß *n*

~ **path for leakage** möglicher Leckageweg *m*

~ **scattering** Potentialstreuung *f*

potentially active möglicherweise aktiv

powdered resin Pulverharz *n*

~ **resin precoat filter** Pulver-harz-Anschwemmfilter *m, n*

~ **resin system (of treatment)** (*UK*) Pulverharz(-Wasser-aufbereitungs)-Anlage *f*

powder-metallurgical granulation process pulver-metallurgisches Granulier-verfahren *n*

Powdex filter Powdexfilter *m, n*

power adjustment Leistungs-verstellung *f*

~ **and control cable penetration** Durchdringung für Leistungs- und Steuerkabel *npl*

~ **ascension phase** (*US*) **SYN. power raising phase** (*UK*) Leistungsanstiegsphase *f*, Leistungshochfahrphase *f*

~ **ascension portion of power testing** Leistungshochfahrteil *m* der Leistungsprüfungen

~ **bank** (*control rods*) Leistungsbank *f*

~ **breeder (reactor)** Leistungs-brüter(reaktor) *m*

~ **cable** (Kraft-)Stromkabel *n*

~ **calibration** Leistungseichung *f*

~ **calibration accuracy** Genauig-keit der Leistungseichung *f*

~ **capability** (*reactor*) Leistungs-

fähigkeit *f*
~ **change** Leistungsänderung *f*
~ **coefficient** Leistungskoeffizient *m*
~ **coefficient of reactivity**
Leistungskoeffizient *m* der
Reaktivität
~ **control** Leistungsregelung *f*
spatial ~ c. räumliche L.
~ **control step change** Leistungs-
regelsprung *m*
~ **conversion efficiency** Energie-
umwandlungs-Wirkungs-
grad *m*
~ **conversion loop, PCL**
(GT-HTGR) Energie-
umwandlungskreislauf *m*
~ **conversion system** Leistungs-
umformsystem *n*
~ **/coolant mismatch** Fehlanpassung *f* von Leistung und
Kühlmittel
~ **/cooling mismatch, PCM**
Fehlanpassung *f* von Leistung
und Kühlung
~ **cycling conditions** Leistungs-
wechselbedingungen *fpl*,
Leistungszyklierbedingungen
~ **cycling operation** Wechsellast-
betrieb *m*
~ **cycling program(me)**
Wechsellastprogramm *n*
~ **density** Leistungsdichte *f*
linear ~ d. lineare L.
~ **density distribution** Leistungs-
dichteverteilung *f*
~ **density distribution form**
factor Verteilungsfaktor *m*
der Leistungsdichte
~ **dip** Leistungseinbruch *m*
~ **dissipation** Verlustleistung *f*,

Leistungsverlust *m*
~ **distribution** Leistungsverteilung *f*
flatten *v* the ~ d. die L.
abflachen *(oder* glätten)
~ **distribution control system**
Leistungsverteilungsregelung *f*
~ **distribution factor** Leistungs-
verteilungsfaktor *m*
~ **distribution shaping**
Einstellen *n* der Leistungsverteilung
~ **distribution transient**
instationärer Leistungs-
verteilungszustand *m*
~ **driven travelling bridge**
(refueling machine)
verfahrbare Brücke *f* mit
Antrieb
~ **escalation SYN. power raising**
Leistungseskalation *f*,
Hochfahren *n* (des Reaktors)
auf volle Leistung
~ **excursion SYN. reactor**
excursion Leistungsexkursion
f, Reaktorexkursion *f (DIN)*
~ **flattening** Abflachung *f* der
Leistungsverteilung
localized ~ f. örtliche
Abflachung der L.
~ **flow plateau** Leistungsfluß-
plateau *n*
~ **/frequency control** Frequenz-
und Leistungsregelung *f*
~ **frequency controller**
Leistungsfrequenzregler *m*
~ **frequency control loop**
Leistungsfrequenzregel-
kreis *m*
~ **generation control complex**
(in control room) Strom-

erzeugungs-Leitkomplex *m*
~ **increase** Leistungserhöhung *f*
~ **level** Leistungspegel *m*
~ **level control** Leistungspegel-
regelung *f*
~ **maneuver** Leistungs-
manöver *n*
~ **maneuverability** Leistungsmanövrierfähigkeit *f*
~ **maneuvering** Leistungs-
manövrieren *n*
~ **maneuvering capability**
Leistungsmanövrierfähigkeit *f*
~ **margin SYN. power limit**
Grenzleistung *f*
~ **operation** Leistungsbetrieb *m*
normal ~ operation
normaler L.
~ **operation test program**
Leistungsbetriebs-
Prüfprogramm *n*
~ **oscillation** Leistungs-
schwingung(en) *f(pl)*
~ **output** Abgabeleistung *f,*
Leistungsabgabe *f*
average ~ output
durchschnittliche A.
total ~ o. Gesamta.
~ **overshoot** Leistungsüber-
schlag *m*
~ **peak** Leistungsspitze *f*
~ **peaking** Leistungsüber-
höhung *f*
~ **peaking factor** Leistungsüber-
höhungsfaktor *m,* Leistungs-
formfaktor *m*
~ **plant economics** Kraftwerks-
wirtschaftlichkeit *f*
~ **plant engineer** Kraftwerks-
ingenieur *m*

~ **plant reactor** Kraftwerks-
reaktor *m*
~ **plant waste heat rejection
system using dry-cooling
towers** Kraftwerks-Abwärme-
abfuhrsystem *n* unter
Verwendung von Trocken-
kühltürmen
~ **profile** Leistungsprofil *n*
~ **programming system for
control rods** *(CE PWR)*
Steuerstab-Leistungs-
programmiersystem *n*
~ **range** Leistungsbereich *m*
~ **range channel** Leistungs-
bereichskanal *m*
~ **range detection assembly**
Detektorbaugruppe *f* für den
Leistungsbereich *m*
~ **range in-core flux monitor**
kerninneres Leistungs-
bereichs-Neutronenfluß-
Überwachungsgerät *n*
~ **range monitor, PRM**
Leistungsbereichsmonitor *m*
~ **range neutron monitor**
Leistungsbereichs-Neutronen-
fluß-Überwachungsgerät *n*
~ **range operation** Betrieb *m* im
Leistungsbereich
~ **range testing** Prüfungen *fpl* im
Leistungsbereich
~ **rating** 1. Nennleistung *f*
(Reaktor) 2. Leistungs-
bemessung *f*
~ **reactor** Leistungsreaktor *m*
~ **reactor site** Leistungsreaktor-
standort *m*
~ **redistribution** Leistungsum-
oder -neuverteilung *f*
~ **reduction** Leistungs-

reduktion *f*
~ **regulation by adjusting the heavy water level** (SGHWR) Leistungsregelung *f* durch Änderung des Schwerwasserspiegels
~ **release** Leistungsfreisetzung *f*, -entbindung *f*
~ **setback** Leistungsherabsetzung *f*
~ **shape** Leistungsform *f*
~ **shape control** Leistungsformsteuerung *f*
~ **shaping** Leistungsverteilungsverstellung *f*
~ **station commissioning** Kraftwerksinbetriebnahme *f*
~ **station control** Kraftwerksregelung *f*
~ **station environment** Kraftwerksumgebung *f*
~ **/steam supply** Strom-/Dampflieferung *f*, -versorgung *f*
~ **stretch** Erhöhung *f* der Nennleistung *f*
~ **supply cable** Energieversorgungskabel *n*
~ **supply panel** Stromversorgungstafel *f*
~ **surge** Leistungsstoß *m*
~ **test** Leistungsprüfung *f*
~ **transient** instationäre Leistung *f*
~ **unit** Leistungseinheit *f*
~ **yield** Leistungsausbeute *f*
~ **-to-flow ratio** Leistung/Durchsatz-Verhältnis *n*
~ **-to-signal response capability** Ansprechvermögen *n* der Leistung auf Signale
~ **-to-size ratio** Leistung-zu-

Größe-Verhältnis *n*
PPC = plant process condition *(ANS)* Anlagenbetriebszustand *m*
PPC history *(ANS)* Hergang *m* des Anlagenbetriebszustandes
Prandtl number Prandtlzahl *f*
preamplifier Vorverstärker *m*
preamplified detector output vorverstärkter Meßfühlerausgang *m*
precast concrete slab Fertigbeton- *oder* Betonsteinriegel *m*
precipitation (Aus)Fällung *f*, Präzipitation *f*
~ **heat treatment** künstliche Alterung *f* durch Erwärmung
~ **process** Fällprozeß *m*
~ **tank** Ausfällbehälter *m*
~ **unit** Niederschlagssammler *m*
precipitation-hardening ausscheidungshärtend
precipitator chamber Niederschlagskammer *f*
precise and rapid computation of reactor core status in terms of DNBR and linear heat rate genaue und schnelle Berechnung *f* des Reaktorkernzustands in bezug auf Siedegrenzwert und lineare Wärmeleistung
precision express scales Präzisionsschnellwaage *f*
~ **scales** Präzisionswaage *f*
pre-cleaning operation Vorreinigungsbetrieb *m*
preclude *v* **damage to both channels from a single cause** Schaden *m* an beiden Kanälen

aus einer einzigen Ursache
ausschließen
~ **the spread of contamination**
die Verbreitung *f* von
Kontamination ausschließen
precoat (Filter)Anschwemm-
schicht *f*
~ **and dosing tank** Anschwemm-
und Dosierbehälter *m*
~ **candle type filter**
Anschwemm-Kerzenfilter *m*
~ **charging** Einbringen *n oder*
-füllen *n* der Anschwemmschicht
~ **filter** Anschwemmfilter *m, n*
~ **holding flow** Anschwemm-
druckhaltestrom *m*
~ **mixing tank** Anschwemm-
schicht-Ansetzbehälter *m*
~ **preparation facility**
Anschwemmschicht-Ansetz-
station *f*
~ **pump** Anschwemmpumpe *f*
~ **recirculating facility**
Anschwemmschicht-Umwälz-
anlage *f*
~ **replacement** Ersatz *m oder*
Austausch *m* der
Anschwemmschicht
~ **tank** Anschwemmbehälter *m*
precoating equipment
Anschwemmeinrichtung *f*
precompression force
Vorpreßkraft *f*
preconstruction licensing review
Genehmigungsüberprüfung *f*
vor der Errichtung
precooler Vorkühler *m*
pre-critical systems test
vorkritische Systemprüfung *f*
~ **test** vorkritische Prüfung *f*

precriticality vorkritischer
Zustand *m*
precursor Mutternuklid *n*,
Vorgänger, Vorläufer *m*,
Mutterkern *m (bei verzög.*
Neutronen)
~ **fission product** Vorläufer-
spaltprodukt *n*
predictive analysis Voraussage-
Analyse *f*
predryer Vortrockner *m*
pre-empt *v* **all other (signals)**
alle anderen (Signale *npl)*
vorbelegen
preferential orientation
Vorzugsorientierung *f*
preferred A-C system
gesichertes Wechselstrom-
system *n*
~ **power sources** bevorzugte
oder gesicherte Stromquellen
fpl
prefilter Vorfilter *m, n*
~ **bed** Vorfilterbett *n*
preformed precipitate
vorgebildeter Niederschlag *m*
preheater Vorwärmer *m*
~ **section** *(Westinghouse PWR*
SG) Vorwärmkammer *f*
preheating cell Vorheizzelle *f*
~ **of new subassemblies**
Vorheizung *f* neuer Elemente
preirradiation handling of the
fuel bundle Umgang *m* mit
dem BE-Bündel vor der
Bestrahlung *f*
preliminary design approval,
PDA Entwurfs-
Vorgenehmigung *f*, Konzept-
vorbescheid *m*
~ **safety analysis report, PSAR**

vorläufiger Sicherheits-
bericht *m*

~ **test** Vorabprüfung *f*

preload of fuel assemblies
Vorbelastung *f* durch Brennelemente

preloaded spring storage unit
Federspeicher *m* unter
Vorspannung

preoperational program
Programm *n* für vor-
betriebliche Prüfung

~ **test** vorbetriebliche Prüfung *f*

~ **test procedure**
vorbetriebliches Prüf-
verfahren *n*

~ **test program specification**
Spezifikation *f* für das
vorbetriebliche Prüfprogramm

~ **testing** vorbetriebliche
Prüfung *f*

prepressurization (*LWR fuel
rod*) Vorinnendruck *m*

prepressurize *v* (**a fuel rod**) mit
Vorinnendruck versehen
(*LWR-Brennstab*)

pre-regulator Grobregler *m*

prerequisite event auslösendes
Ereignis *n*

pressed and sintered pellet
gepreßte und gesinterte
(Brennstoff-)Tablette *f*

~ **block-shaped pellet** gepreßte,
blockförmige Tablette *f*

~ **graphite powder** Graphitpreß-
pulver *n*

pressure balancing
Druckausgleich *m*

~ **bearing capacity** Druck-
beständigkeit *f*

~ **boundary** Druckgrenze *f*,

Druckbegrenzung *f*,
Druckeinschluß *m*, Druckumschließung *f*, druck-
führende Umschließung *f*

~ **build-up** Druckaufbau *m*
internal ~ build-up Innend.

~ **build-up evaporator**
Druckaufbauverdampfer *m*

~ **closure** obere Glocke *f*

~ **coefficient of reactivity**
Druckkoeffizient *m* der
Reaktivität

~ **compensating unit** Druck-
kompensationsgerät *n*

~ **containing part** Druckteil *n*,
druckführendes Teil *n*

~ **containment** (*Standard*)·
Druckschale *f*

~ **containment vessel** Druck-
sicherheitsbehälter *m*

~ **decay** Druckabbau *m*

~ **drop** Druckabfall *m*

~ **across the core** D. über
den Kern

~ **across the steam generator**
D. über den Dampferzeuger

~ **drop characteristic** (*filter*)
Druckabfallkennlinie *f*

~ **drop force** Kraft *f* des
Druckabfalls

~ **drop indicator** Druckabfall-
Anzeigegerät *n*

~ **enclosure** Druckumschließung
f, Druckgehäuse *n*

~ **envelope** Druckhülle *f*

~ **equality** Druckgleichheit *f*

~ **equalization** Druckausgleich *m*

~ **equalizing valve** (*airlock door*)
Druckausgleichsventil *n*

~ **expansion tank** (*hot water*

heating) Druckausgleichsbehälter *m*
~ **filtration** Druckfilterung *f*
~ **gradient** Druckgradient *m*
~ **housing** *(PWR CRDM)*
Druckkörper *m*
~ **housing flange** *(PWR CRDM)*
Klinkendruckrohrflansch *m*
~ **housing assembly tool**
Werkzeug *n* für Montage der
Druckkörper
~ **instrumentation** Druckmeß-
geräte *npl*
~ **instrumentation lead** Druck-
meßleitung *f*
~ **letdown valve** Druckablaß-
ventil *n*
~ **limiting capacity** Fähigkeit *f*
zur Druckbegrenzung *f*
~ **lock** Druckschleuse *f*
~ **pocket** Drucktasche *f*
~ **reduction effect** Druck-
reduzierungseffekt *m*
~ **release panel** Druck-
entlastungstafel *f*
~ **relief containment** Sicherheitshülle *f* mit Druck-
entlastung
~ **relief damper** Überström-
klappe *f*
~ **relief diaphragm** Druck-
entlastungsscheibe *f*
~ **relief duct** Abblasekanal *m*,
Druckentlastungskanal *m*
~ **relief opening** Überström-
öffnung *f*
~ **relief panel** Überströmtafel *f*
~ **relief system**
Druckentlastungssystem *n*
~ **regulating valve** Druckregel-
ventil *n*

~ **regulator** Druckregler *m*
~ **retaining boundary** *(ASME)*
druckhaltende
Umschließung *f*
~ **retaining capacity** Druck-
(rück)haltefähigkeit *f*
~ **retaining component** druckführendes Teil *n*
~ **retaining containment**
druckhaltende
Sicherheitshülle *f*
~ **rise** Druckanstieg *m*
~ **sensor** Drucksensor *m*,
Druck(meß)fühler *m*
~ **setting of the initial pressure
regulator** Druckeinstellwert *m*
des Vordruckreglers
~ **shell** Druckhülle *f*,
Druckschale *f*
~ **suppression** Druckunter-
drückung *f*, Druckabbau *m*
augmented ~ s. ver-
stärkte(r) D.
pool ~ s. D. mit
Kondensationsbecken
spray ~ s. D. durch
Einspritzung
~ **suppression chamber**
Druckabbaukammer *f*,
Kondensationskammer *f*
~ **suppression containment**
Sicherheitshülle *f* mit Druck-
unterdrückung (*oder* Druckabbausystem)
~ **suppression lute** *(SGHWR)*
SYN. vent pipe Kondensationsrohr *n*
~ **suppression pond** *(SGHWR)*
**SYN. pressure suppression
pool** Kondensationsbecken *n*
~ **suppression pool**

Kondensationswasserbecken, Druckabbaubecken *n*

~ **suppression pool water filter** Kondensationsbeckenwasserfilter *m, n*

~ **suppression pool water heat exchanger** Kondensationsbeckenwasserkühler *m*

~ **suppression system SYN. PS system** Druckunterdrückungssystem *n*, Druckabbausystem *n*

~ **suppression tank SYN.**
  ~ **suppression chamber** Kondensationskammer *f*

~ **surge** Druckstoß *m*

~ **switch** Druckwächter *m*, Druckschalter *m*

pressure-test *v* **pneumatically** mit Luft druckprüfen, eine Luftprüfung machen

~ **transient** instationärer Druckzustand *m*

~ **tube** Druckrohr *n*

~ **tube closure** Druckrohrverschluß *m*

~ **tube design** (*heavy-water reactor*) Druckröhrenkonstruktion *f*

~ **tube extension** Druckrohrschaft *m*

~ **tube internal diameter** Druckrohr-Innendurchmesser *m*

~ **tube reactor** Druckröhrenreaktor *m*

~ **tube rupture** Druckrohrbruch *m*

~ **tube system** Druckröhrensystem *n*

cold ~ **tube system** kaltes D.

~ **tube thickness** Druckrohr-Wandstärke *f*

~ **venting** Druckabblasen *n*

~ **vent system** Druckentlüftungssystem *n*

~ **vessel** 1. Druckkessel *m*, Druckbehälter *m*, Druckgefäß *n*; 2. Druckkörper *m* (*Steuerantrieb*)

~ **vessel base material** Druckgefäßgrundwerkstoff *m*

~ **vessel blow-down** Gefäßdruckabbau *m*

~ **vessel cap** Druckbehälterdecke *f*, Druckbehälterdeckel *m*

~ **vessel closure** Druckbehälterverschluß *m*

~ **vessel closure head spray system** Druckgefäßdeckel-Sprühsystem *n*

~ **vessel earthquake restraint** Druckbehälter-Erdbebensicherung *f*

~ **vessel inlet** Druckbehältereintritt *m*

~ **vessel lagging** Druckbehälterisolierung *f*

~ **vessel liner coolant cooler** (*PCRV*) DB-Dichthaut-Kühlmittelkühler *m*

~ **vessel liner coolant pump** (*PCRV*) DB-Dichthaut-Kühlmittelpumpe *f*

~ **vessel outlet** Druckbehälteraustritt *m*

~ **vessel quality carbon steel** Kohlenstoffstahl *m* in Druckgefäßqualität

~ **vessel site fabrication** Druckgefäßfertigung *f* auf

der Baustelle
~ **vessel skirt** Druckgefäß-Sockelring *m*, Druckgefäß-Standzarge *f*
~ **vessel support skirt** Druckgefäß-Standzarge *f*
~ **vessel support system** Druckbehälter-Abstütz- *oder* -Tragsystem *n*
~ **vessel wall** Druckgefäßwandung *f*
~ **weld** druckhaltende *oder* -tragende Schweißnaht *f*
pressure-containing member *(PWR SG)* Druckteil, druckführendes Teil *n*
pressure-induced stresses druckinduzierte Spannungen *fpl*
pressure-resisting druckfest
pressure-resisting primary containment druckfeste Primär-Sicherheitshülle *f*
pressurization 1. Druckhaltung *f*; 2. Beaufschlagung *f* mit Druck
   maximum ~ expected in the event of an incident maximale bei einem Störfall erwartete Druckbeaufschlagung *f*
~ **system** Druckhaltesystem *n*
pressurize *v a* **(containment) vessel to 1.15 times design pressure** einen (Sicherheits)-Behälter mit dem 1,15fachen Auslegungsdruck abdrücken
pressurized air lock principle Prinzip *n* der unter Druck stehenden Luftschleuse *f*
~ **bearing water line** Lagerdruckwasserleitung *f*
~ **bearing water pump** Lager-

druckwasserpumpe *f*
~ **bearing water supply line** Lagerdruckwasser-Versorgungsleitung *f*
~ **bearing water tank** Lagerdruckwasserbehälter *m*
~ **bearing water train** Lagerdruckwasserstrang *m*
~ **chamber** *(containment penetration seal)* Druckkammer *f*
~ **D_2O liquid injection seal** *(heavy-water reactor recirculation pump)* Druck-D_2O-Einspeisedichtung *f*
~ **fluid** Druckflüssigkeit *f*
~ **gas** Druckgas *n*
~ **gas reservoir** Druckgasbehälter *m*
~ **glass cable penetration** Druckglas-Kabeldurchführung *f*
~ **heavy-water moderated and cooled natural uranium reactor** schwerwassermoderierter und -gekühlter Natururan-Druckwasserreaktor *m*
~ **H_2O reactor** H_2O-Druckwasserreaktor *m*
~ **helium** Heliumdruckgas *n*
~ **nitrogen** Druckstickstoff *m*
~ **secondary containment** unter Druck stehende Sekundär-Sicherheitshülle *f*
pressurized-tube reactor Druckröhrenreaktor *m*
pressurized-water nuclear power plant Druckwasser-Kernkraftwerk *n*, Kernkraftwerk *n* mit Druckwasserreaktor
pressurized-water reactor, PWR

Druckwasserreaktor *m*, DWR

pressurizer *(PWR)* Druckhalter
m, DH

  electrically heated ~ elektrisch
beheizter D.

~ **auxiliary spray line**
Druckhalter-Hilfseinsprüh-
leitung *f*

~ **compartment**
Druckhalterraum *m*

~ **deadweight test stand**
Druckhalter-Eigengewicht-
Prüfstand *m*

~ **discharge line** Druckhalter-
abblaseleitung *f*

~ **enclosure** Druckhalter-
einschluß *m*, -umschließung *f*

~ **heaters** Druckhalter-
heizung *f*, Druckhalter-
Heizstäbe *mpl*

  shut off *v* the ~ h. die D. ab-
oder ausschalten

  turn on *v* the ~ h. die D.
anstellen *oder* einschalten

~ **heater group** DH-Heizstab-
gruppe *f*

~ **heater variable power
controller** Druckhalter-
Heizleistungsregler *m*

~ **heatup rate** Druckhalter-
Aufwärm- *oder* Aufheiz-
geschwindigkeit *f*

~ **level control** Druckhalter-
wasserstandsregelung *f*

~ **pressure** Druckhalterdruck *m*

~ **quench tank** Druckhalter-
Abblasebehälter *m* (*oder*
-tank *m*)

~ **relief line** Druckhalter-
Abblaseleitung *f*

~ **relief tank SYN.** ~

quench tank Druckhalter-
Abblasebehälter *m*, -tank *m*

~ **relief valve** Druckhalter-
Abblaseventil *n*

~ **safety valve** Druckhalter-
Sicherheitsventil *n*

~ **servicing equipment**
Druckhalter-Wartungsgeräte
npl Druckhaltermantel *m*

~ **shell** Druckhaltermantel *m*

~ **spray** 1. Druckhalter-
einsprühung *f;* 2. Druckhalter-
Einsprühvorrichtung *f*

~ **spray line** Druckhalter-
Einsprühleitung *f*

~ **spray valve** Druckhalter-
Sprühventil *n*

~ **steam bubble** Druckhalter-
Dampfpolster *m*

~ **steam phase sample**
DH-Dampfphasenprobe *f*

~ **surge line** Druckhalter-
ausgleichsleitung *f*

~ **surge nozzle** Volumen-
ausgleichsstutzen *m*

~ **system** Druckhaltesystem *n*

~ **vent** Druckhalterentlüftung *f*

~ **vent line** Druckhalter-
Entlüftungsleitung *f*

~ **vent valve** Druckhalter-
Entlüftungsventil *n*

~ **water level** Druckhalter-
wasserstand *m*

~ **water level control loop**
Druckhalter-Wasserstands-
regelung *f*

pressurizing gas Druckhaltegas *n*

**pre-startup nuclear
instrumentation check**
Kontrolle *f* der
kerntechnischen

Instrumentierung vor dem
Anfahren
prestress in the radial direction
Vorspannung *f* in radialer
Richtung
**prestressed cast iron pressure
vessel, PCIV** vorgespannter
Grauguß-Druckbehälter *m*
**prestressed-concrete
containment structure**
Spannbeton-Sicherheitshülle *f*
~ **cylinder** Spannbeton-
zylinder *m*
~ **pressure vessel** Spannbeton-
druckgefäß *n*, Spannbeton-
druckbehälter *m*
~ **pressure vessel cooling loop**
Spannbetondruckbehälter-
kühlkreislauf *m*
~ **pressure vessel liner tube**
Spannbetonbehälter-
panzerrohr *n*
~ **reactor pressure vessel**
Spannbeton-Reaktor-
druckbehälter *m*,
Spannbeton-RDB *m*
~ **vessel** Spannbetonbehälter *m*
~ **vessel cooling system**
Spannbetonbehälterkühlung *f*
~ **vessel top slab** Spannbeton-
behälterdeckel *m*
**prestressed glass-sealed
penetration** Druckglas-
durchführung *f*
prestressing Vorspannung *f*
~ **cable** Spannkabel *n*
~ **cable anchorage** Spannkabel-
verankerung *f*
~ **system** Spannsystem *n*
~ **tendon** Spannglied *n*
pre-swirl *(pump)* Vordrall *m*

prevailing wind direction
vorherrschende Wind-
richtung *f*
prevent *v* **unscheduled rod
withdrawal** das ungeplante
Ausfahren *n* von Steuerstäben
verhindern
previously channeled new fuel
(BWR) früher mit Kästen
versehener neuer
Brennstoff *m*
primary *(prefix)* Primär-,
Haupt-
~ **argon system** *(LMFBR)*
Primärargonsystem *n*
~ **auxiliary building SYN.
reactor auxiliary building**
Primär- *oder* Reaktorhilfsanlagengebäude *n*
~ **auxiliary building sump pump**
Hilfsanlagengebäude-
Sumpfpumpe *f*
~ **auxiliary building to annulus
transfer (air) lock** Übergangs-
schleuse Hilfsanlagen-
gebäude/Ringraum *n/m*
~ **circuit** *(UK)* **SYN.** ~ **loop**
Primärkreislauf *m*
~ **circuit circulation system**
Primärkreis(lauf)-
Umwälzsystem *n*
~ **circuit clean-up plant**
(SGHWR) Primärkreis-
Reinigungsanlage *f*
~ **circuit piping** Primärkreislauf-
Rohrleitungen *fpl*
~ **circuit rupture** Bruch *m* des
Primärkreislaufs
~ **circulation pump** Primär-
umwälzpumpe *f*
~ **circulator**

Primärgebläse n
~ **condensate** Primär-
kondensat n
~ **containment (system)** Primär-
sicherheitshülle f
~ **containment boundary**
Umschließung f der Primär-
sicherheitshülle f
~ **containment cooling system**
Primärsicherheitshüllen-
Kühlsystem n
~ **containment drain sump**
(SGHWR) Primärsicherheits-
hüllen-Entwässerungs-
sumpf m
~ **containment pressure** Druck
m in der Primärsicherheits-
hülle
~ **containment pressure
suppression pool** Primär-
sicherheitshüllen-
Kondensationsbecken n
~ **containment purge duct**
Primärsicherheitshüllen-
Ausblasekanal m
~ **containment purge flow**
Primärsicherheitshüllen-
Spülstrom m
~ **containment sump water
return** Sumpfwasserrücklauf
m aus der Primär-
sicherheitshülle
~ **coolant SYN. reactor coolant**
Primärkühlmittel n
~ **coolant circuit** *(UK)* Primär-
kühlkreislauf m
~ **coolant leakage rate** Primär-
kühlmittel-Leckrate f
~ **coolant loop** Primär-
kühlkreislauf m
~ **coolant pressure transmitter**

(CE PWR) Primärkühlmittel-
Druckgeber m
~ **coolant pump SYN. reactor
coolant pump** Primär- *oder*
Hauptkühlmittelpumpe f
~ **coolant water** Primär-
kühlwasser n
~ **data** Primärdaten, Hauptdaten
npl
~ **distillation piping system**
(heavy-water reactor) Primär-
destillations-Rohrleitungs-
netz n
~ **fission yield** Primärspaltungs-
ausbeute f
~ **flow rate** Primärdurchfluß-
menge f
~ **fluid SYN. ~ medium**
Primärfluid n, Primärmedium
n, Primärarbeitsmittel n
~ **gas** Primärgas n
~ **gas filling** Primärgasfüllung f
~ **gas flow** Primärgasströmung f
~ **grade borated water**
Borwasser n in Primärkreis-
qualität
~ **guard vessel system** primäres
Doppeltanksystem n
~ **heat exchanger** Primärwärme-
tauscher m
~ **heat transfer loop** Primär-
Wärmeübertragungs-
kreislauf m
~ **heat transfer system** *(CRFR)*
Primär-Wärmeübertragungs-
system n
~ **heat transport system** Primär-
Wärmetransportsystem n
~ **ionization** Primärionisation f
~ **isotope** Primärisotop n
~ **liquid waste** Primär-

abwässer *npl*
~ **load change signal** Primärlast-
änderungssignal *n*
~ **loop** Primärkreis *m*, -lauf *m*
~ **loop rupture** Bruch *m* des
Primärkreislaufs, Bruch im
Primärkreislauf
~ **make-up system** Haupt-
zusatzwasseranlage *f*
~ **membrane stress** Primär-
membranspannung *f*
~ **missile** *(ANS)* primäres
Geschoß *n*, Primärbruchstück
n, Primärsplitter *m*
~ **personnel access air lock**
(CRFR) Primär-
Personenschleuse *f*
~ **pipe rupture** Hauptrohr-
leitungsbruch *m*
~ **piping failure** Ausfall *m oder*
Bruch *m* einer Primärleitung
~ **plant** Primärteil *m*,
Primäranlage *f*
~ **plant drain line** Primäran-
lagen-Entwässerungsleitung *f*
~ **plant water head tank**
Primäranlagen-Wasserzulauf-
behälter *m*
~ **plant water storage tank**
Primäranlagen-Wasser-
vorratsbehälter *m*
~ **plant water transfer pump**
Primäranlagen-Wasser-
förderpumpe *f*
~ **-plus-secondary stress**
intensity Primär-plus-
Sekundär-Spannungs-
intensität *f*
~ **pump** Hauptpumpe *f*,
Primärpumpe *f*
~ **pump guard vessel**

Primärpumpen-Doppeltank *m*
~ **purification circuit** *(CANDU)*
Primärreinigungskreislauf *m*
~ **radiation** Primärbestrahlung *f*
~ **reactor coolant pump** Haupt-
umwälzpumpe *f*,
Hauptkühlmittelpumpe *f*
~ **return pipe** Primärrücklauf-
leitung *f*
~ **seal unit** Primärabdichtungs-
einheit *f*
~ **sensor** Primär(meß)geber *m*,
Primärmeßfühler *m*
~ **separation** *(PWR SG)* Primär-
oder Grobabscheidung *f*
~ **shield cooling** Primärschild-
kühlung *f*
~ **shield cooling system** Primär-
schildkühlsystem *n*
~ **shielding** Primärschild *m*
~ **shutdown system**
Hauptabschaltsystem *n*
~ **sodium** Primärnatrium *n*
~ **sodium ancillary system**
(LMFBR) Primärnatrium-
Nebenanlage *f*
~ **sodium-carrying pipe**
(LMFBR) primärnatrium-
führende Rohrleitung *f*
~ **sodium cold leg pipe**
(LMFBR) Primärnatrium-
Kaltstrangleitung *f*
~ **sodium cold trap**
Primärnatrium-Kältefalle *f*
~ **sodium hot leg piping**
Primärnatrium-Heißstrang-
leitung *f*, heißer Strang *m* der
Primärnatriumleitung
~ **sodium loop** *(LMFBR)*
Natriumprimärkreis *m*
~ **sodium make-up pump**

(CRFR) Primär-
Zusatznatriumpumpe *f*
~ **sodium overflow vessel**
(LMFBR) Primärnatrium-
Überlaufbehälter *m*
~ **sodium pump** *(LMFBR)*
Primärnatriumpumpe *f*
~ **sodium purification**
equipment *(LMFBR)*
Primärnatrium-Reinigungs-
anlagen *fpl*
~ **sodium storage vessel**
(CRFR) Primärnatriumlager-
behälter *m*
~ **source rod** Primärquellen-
stab *m*
~ **steam** Primärdampf,
Hauptdampf *m*
~ **steam bypass system**
Primärdampfumleitstation *f*
~ **steam circuit**
Primärdampfkreislauf *m*
~ **steam flow** Primärdampf-
durchsatz *m*
~ **steam isolation valve**
Primärdampfschieber *m*
~ **steam line SYN.** ~
steam pipe Primärdampf-
leitung *f*
~ **stress** Hauptbeanspruchung *f*
~ **supply air system** Primär-
zuluftanlage *f*
~ **system** Primärsystem *n*,
Primäranlage *f*, Primärkreis *m*
~ **system blowdown**
Primärkreisabschlämmung *f*
~ **system component**
Primärkreiskomponente *f*
~ **system coolant outlet**
temperature Primärkreislauf-
Kühlmittelaustritts-

temperatur *f*
~ **system depressurization**
Druckerniedrigung *f* im
Primärsystem
~ **system initial fill** Erstfüllung *f*
des Primärsystems
~ **system make-up storage tank**
Primärkreislauf-Zusatz-
wasserbehälter *m*
~ **system rupture** Bruch *m* im
Primärsystem
~ **system steam safety valve**
Primärdampfsicherheits-
ventil *n*
~ **system-to-core power ratio**
Verhältnis *n* Primärsystem-
leistung/Kernleistung
~ **systems containing radioactive**
products radioaktive Stoffe
enthaltende Primärsysteme
npl
~ **test** Primärprüfung *f*
~ **vessel** Primärbehälter *m*
~ **water** Primärwasser *n*
~ **water pump** Primärwasser-
pumpe *f*
~ **water purification plant**
Primärwasserreinigungs-
anlage *f*
~ **water specification**
Primärwasserspezifikation *f*
~ **water storage tank** (Primär)-
Kühlmittelspeicher *m*
primary-to-secondary heat
transfer Wärmeübergang *m*
von der Primär- zur
Sekundärseite
primary-to-secondary leak
(PWR SG) Primär/
Sekundärleck *n*
primary-to-secondary system

leak *(PWR)* Leck *n* vom Primär- ins Sekundärsystem

primer 1. Zünder *m;* 2. Grundierfarbe *f*

principal design characteristics Hauptauslegungscharakteristiken *npl,* -merkmale *npl*

~ **design criteria** Hauptauslegungskriterien *npl*

~ **nuclear facility** Hauptkernanlage *f*

~ **plant item** *(UK)* Hauptanlageteil *m*

principle of integral boilers *(PCRV)* Prinzip *n* der (in den Spannbeton-RDB) integrierten Kessel

print *v* **the positions of control rods out upon demand** die Stellungen *fpl* von Steuerstäben *mpl* auf Anforderung ausdrucken

prismatic reactor building prismatisches Reaktorgebäude *n*

~ **fuel element** prismatisches Brennelement *n*

PRM = power range monitor Leistungsbereichsmonitor *m*

probable maximum precipitation, PMP wahrscheinlicher maximaler Niederschlag *m*

probabilistic risk assessment probabilistische Risikoabschätzung *f (oder* -bewertung *f)*

probability of occurrence *(accident)* Eintrittswahrscheinlichkeit *f*

~ **analysis** Wahrscheinlichkeitsanalyse *f*

probe manipulator *(ISI)* Prüfkopfmanipulator *m*

procedural controls Verfahrenssteuerung *f*

~ **error** Bedienungsfehler *m,* Verfahrensfehler *m*

~ **pattern** Vorgangsverlauf *m*

~ **test** Verfahrensprüfung *f*

process *v* **and recycle waste streams** Abfallströme *mpl* verarbeiten und rückführen

~ **the water volume of the reactor system approximately every 4.5 hours** das Wasservolumen *n* des Reaktorsystems etwa alle 4,5 Stunden verarbeiten

process drain Betriebsentwässerung *f*

~ **facilities** Betriebsanlagen *fpl*

~ **fluid** Arbeits-, Betriebsmittel *n,* -medium *n*

~ **gas chromatograph** Betriebsgaschromatograph *m*

~ **heat** Prozeßwärme *f*

~ **heat application** *(HTGR)* Prozeßwärmeanwendung *f*

~ **heat reactor** *(USAEC)* Prozeßwärmereaktor *m*

~ **instrumentation** Betriebsinstrumentierung *f,* Betriebsmeßgeräte *npl*

~ **instruments** Betriebsmeßgeräte *npl*

~ **liquid radiation monitors** Strahlenmonitoren *mpl* der Prozeßflüssigkeiten

~ **monitor** Betriebs-

überwachungsgerät n
~ **offgases** Betriebsabgase npl
~ **radiation monitoring** Prozeß-strahlenüberwachung f
~ **radiation monitoring system** Betriebs-Strahlen-überwachungssystem n
~ **sampling system** Betriebs-Probenentnahmesystem n
~ **steam** Betriebsdampf m, Prozeßdampf m
~ **steam sampling** Betriebsdampf-Probenahme f
~ **steam system** Betriebsdampf-system n
~ **stream** Betriebsstrom m
~ **system** Betriebssystem n
~ **system piping failure** Rohrbruch m im Betriebssystem
~ **tube assembly** Druckrohr-Baugruppe f
~ **tube elevator** Hubvorrichtung f
~ **tube rupture** Druckrohrbruch m
~ **variable** Betriebsgröße f
~ **waste treatment plant** Betriebsabfall-Aufbereitungs-anlage f
production assembly (PWR fuel) (Brenn)element n aus der laufenden Produktion
~ **prototype testing** Produktionsprototyp-Erprobung, Vorserieprüfung f
~ **reactor** (USAEC) Reaktor m für Plutoniumerzeugung
program calculated limits mit Programm berechnete Grenzwerte mpl

~ **control** Programmsteuerung f
~ **control system** Programm-steuerungssystem n
programmable machine controller (LFMFB CLEM) programmierbarer Maschinenregler m
prompt capture gamma radiation prompte Einfang-gammastrahlungen fpl
~ **critical** prompt-kritisch
~ **criticality** (USAEC) prompte Kritikalität oder Kritizität f
~ **fission gamma radiation** prompte Spalt-Gamma-strahlung f
~ **gamma radiation** prompte Gammastrahlung f
~ **neutron fraction** prompte Neutronenfraktion f
~ **neutrons** prompte Neutronen npl
~ **radiation** prompte Strahlung f
~ **shutdown** or **scram** sofortige Abschaltung f
~ **temperature coefficient** prompter Temperatur-koeffizient m
prone to leakage leckanfällig (Rohrleitung, Armatur)
proof-test v vessels by **hydrostatic or pneumatic means** Druckgefäße mit Wasser- oder Luftdruck erproben
propagation of an accident Ausbreitung f oder Ausweitung f eines Störfalls
propane storage tank Propan-speicherbehälter m
propensity of sodium to react

with air Reaktionsfreudigkeit f des Natriums mit Luft

proper operability ordnungsgemäße Betriebsbereitschaft f

property change Eigenschaftsänderung f

proportional controller Proportionalregler m

~ **counter** Proportionalzähler m

~ **counter tube** Proportionalzählrohr n

~ **region** Proportionalbereich m

proportioner Dosierer m

proportioning pump Dosierpumpe f

~ **tank** Dosierbehälter m

~ **wheel** Dosierrad n

proprietary nitriding system urheberrechtlich geschütztes Nitriersystem n

propylene Propylen n

protactinium, Pa Protaktinium, Pa n

~ **adsorption** Protaktiniumadsorption f

~ **poisoning** Protaktiniumvergiftung f

protect v **the public health and safety** die öffentliche Gesundheit f und Sicherheit f schützen

protecting tube Schutzrohr n

protection of the public health and safety Schutz m der öffentlichen Gesundheit und Sicherheit f

~ **channel** Schutzkanal m

~ **survey** Strahlenschutzüberwachung f

protective action Schutzmaßnahme f, Schutzhandlung f

initiate v ~s S-n einleiten oder auslösen

~ **action guide, PAG** (USAEC) Leitwert m für Schutzmaßnahmen

~ **apron** Bleischürze f

~ **clothing** (USAEC) Arbeitsanzug m, Schutzkleidung f

~ **coating** Schutzbeschichtung f, Schutzschicht f, Schutzüberzug m

~ **cover** 1. Berührungsschutz m, Schutzüberzug m; 2. Schutzdeckel m

~ **gloves** Schutzhandschuhe mpl

~ **plastic coating** KunststoffSchutzüberzug m, -beschichtung f

~ **relay** Schutzrelais n

~ **shroud** Schutzhemd n, Schutzhülle f

~ **suit** Schutzanzug m

~ **survey** (USAEC) Schutzbewertung f

~ **system** (USAEC) Schutzsystem n

~ **wire mesh for insulation** Isolierungs-Schutzdrahtgeflecht n

proton Proton n

~ **charge number** Kernladungszahl f

~ **number** Protonenzahl f

proton-recoil spectrometer Protonen-RückstoßSpektrometer n

prototype proving work Prototyp-Erprobungs-

arbeiten *fpl*
~ **reactor** Prototypreaktor *m*
protraction dose Dosis-
protrahierung *f*
protractor gage *(PWR coolant*
pump servicing equipment)
Winkelmesser *m*, Winkelmeß-
vorrichtung *f*
protruding hervorstehend
provide *v* **a continual record of**
the radioactivity of gases
present in a system eine
fortlaufende Aufschreibung *f*
der in einem System *n*
vorhandenen Gas-Radio-
aktivität liefern
~ **a heat sink for selected**
nuclear system equipment
eine Wärmesenke *f* für
ausgewählte Anlagenteile des
nuklearen Systems bilden
~ **a high assurance of opening**
eine hohe Gewißheit *f* des
Öffnens bieten
~ **assurance of primary system**
integrity Sicherheit *f* für die
Unversehrtheit des
Primärsystems bieten *(oder*
gewähren)
~ **leaktightness** dicht machen
~ **protection against damage**
from missile-like fragments
Schutz *m* gegen Schaden
durch wurfgeschoßähnliche
Splitter bieten *(oder*
gewähren)
~ **restraint during seismic events**
während Erdbebenereignissen
npl Rückhalt *m* gewähren
~ **sufficient stored energy to**
maintain the voltage within

5 % for 1 sec. following loss of
power genügend Speicherenergie *f* liefern, um die
Spannung für eine Sekunde
nach Stromausfall innerhalb
von 5 % zu halten
~ **supplementary control**
zusätzliche Steuerung *f* liefern
~ **ventilation cooling**
Belüftungskühlung *f* liefern
proving run Probelauf *m*,
Probebetrieb *m*, Erprobungs-
betrieb *m*
~ **trial** Erprobungsversuch *m*
provisional release for
construction provisorische
Baufreigabe *f*
~ **requirements for the survey of**
pressure components for
nuclear installations
provisorische Anforderungen
fpl für die Prüfung von
Druckteilen für Kernkraft-
anlagen
proximity-instrumented induktiv
instrumentiert
PSAR = preliminary safety
analysis report vorläufiger
Sicherheitsbericht *m*
PS (= pressure suppression)
system Druckabbausystem *n*
PTC = part-through crack
teilweise durchgehender
Riß *m*
public hazard Gefährdung *f* der
Allgemeinheit
pull-out force Zugkraft *f*
pulse *(USAEC)* (strahlungs-
induzierter elektrischer)
Impuls *m*
~ **amplifier** *(USAEC)* Impuls-

verstärker *m*

~ **amplitude** Impulsamplitude *f*, Impulshöhe *f*

~ **channel** Impulskanal *m*

~ **height** *(USAEC)* Impulshöhe *f*

~ **height analyzer** *(USAEC)* Impulshöhenanalysator *m*, Impulshöhen-Analysengerät *n*

~ **height discriminator** Impulshöhendiskriminator *m*

~ **input** Impulseingabe *f*

~ **ionization chamber** Impuls-Ionisationskammer *f*

~ **rate meter** Impulsfrequenzmeter *n*

~ **shape discriminator** Impulsformdiskriminator *m*

~ **transfer** Impulsübertragung *f*

pumice concrete *(thermal insulation)* Bimsbeton *m*

pump down *v* **(a loop) to atmospheric pressure** (einen Kreislauf) auf Atmosphärendruck auspumpen

pump access hatch Pumpen-Zugangsluke *f*

~ **back system** Rückpumpsystem *n*

~ **bowl flange** Pumpen-Leitschaufelgehäuseflansch *m*

~ **casing** Pumpengehäuse *n*

~ **control** Pumpensteuerung *f*

~ **discharge** Pumpenfördermenge *f*

~ **discharge pipe** Pumpenförderleitung *f*

~ **discharge shutoff valves** Absperrventil *n*

~ **end thrust** Schub *m* am Pumpenende

~ **failure** Pumpenausfall *m*

~ **handling frame** *(PWR coolant pump)* Pumpenhandhabungsgestell *n*

~ **head** geodätische Höhendifferenz *f*

~ **impeller** Pumpenlaufrad *n*

~ **internals storage stand** Abstellbock *m* für Pumpeneinbauten

~ **low level cut-out** Pumpenabschaltung *f* bei niedrigem Füllstand

~ **manifold line** Pumpen-Verteilerleitung *f*

~ **motor starting time** Pumpenmotor-Anlaufzeit *f*

~ **nozzle** Pumpenstutzen *m*

~ **protection filter** Pumpenschutzfilter *m, n*

~ **protection strainer** Pumpenschutzsieb *n*

~ **seal cavities** Dichtungshohlräume *mpl*

~ **seal failure** Ausfall *m oder* Versagen *n* der Pumpendichtung

~ **shaft seal assembly** Pumpenwellendichtungsbaugruppe *f*

~ **steam generator primary loop** *(PWR)* Primärkreislauf *m* zwischen Pumpe und DE

~ **suction** Pumpensaugleitung *f*

pumping capacity Pumpleistung *f*, Pumpenförderleistung *f*, Pumpenförderung *f*

~ **power** Pumpleistung *f*

~ **system with impellers positioned internally in the reactor vessel just below the core** *(BWR)* Pumpsystem *n*

mit innen im Reaktorgefäß
knapp unterhalb des Kerns
gelegenen Laufrädern
puncturing of all barriers
(containment) Durchlöchern
n oder Durchschlagen *n* aller
Sperren
Purex process Purexprozeß *m*,
-verfahren *n*
purge *v* 1. spülen; 2. durchblasen
~ **and clear the CO₂** *(SGHWR)*
das CO_2 spülen und ausblasen
~ **the main coolant system with
pure water** das Hauptkühl-
(mittel)system mit reinem
Wasser durchspülen
~ **the containment with fresh air**
die Sicherheitshülle mit
Frischluft durchblasen
purge air Spülluft *f*
~ **air fan** Spülluftventilator *m*
~ **air filter** Spülluftfilter *m, n*
~ **air system** *(PWR
containment)* Spülluftsystem *n*
~ **discharge fan** *(PWR
containment purge system)*
Spül-Abluftventilator *m*
~ **duct** Spülluftkanal *m*
~ **flow** Spülstrom *m*
~ **gas** Spülgas *n*
~ **gas flow** Spülgasstrom *m*
~ **gas heater** Spülgas-
vorwärmer *m*
~ **gas line** Spülgasleitung *f*
~ **gas pressure**
Spülgasdruck *m*
~ **gas supply** Spülgas-
versorgung *f*
~ **gas system** Spülgassystem *n*
~ **line** 1. Aus- *oder* Durchblase-
leitung *f*; 2. Spülleitung *f*

~ **loop** Spülkreislauf *m*
~ **manifold system** *(HTGR)*
Spülverteilersystem *n*
~ **stream** Spülstrom *m*
~ **supply fan** *(PWR containment
purge system)* Spülzuluft-
ventilator *m*
~ **system** 1. Spülsystem *n*;
2. Ausblasesystem *n*
purged gap *(between
containment shell and shield
building)* Ringraumabsaugung
f, Ringraum *m* mit Absaugung
purging 1. Spülen *n*;
2. Durchblasen *n*
~ **of the containment** D. der
Sicherheitshülle (mit
Frischluft)
~ **operation** Spülbetrieb *m*
~ **system** SYN. purge system
1. Spülsystem *n*; 2. Ausblasesystem *n*
purification and letdown system
Reinigungs- und Ablaß-
system *n*
~ **bypass outlet** Reinigungs-
bypaßaustritt *m*
~ **demineralizer** Reinigungs-
ionenaustauscher *m*,
Reinigungsvollentsalzer *m*
~ **equipment** SYN. coolant
purification equipment (Kühlmittel)Reinigungsanlage *f*,
-einrichtung *f*
~ **flow** Reinigungsstrom *m*
~ **flow rate** Reinigungs-
durchsatz *m*
~ **loop** Reinigungskreislauf *m*
~ **rate** Reinigungsrate *f*
~ **system** Reinigungssystem *n*
~ **system cooler** Reinigungs-

systemkühler *m*
~ **train** Reinigungsstrang *m*
purified gas buffer tank
Reingaspufferbehälter *m*
~ **gas compressor** Reingas-
kompressor *m*
~ **gas (helium) system** Reingas-
anlage *f*
~ **gas store** Reingaslager *n*
~ **gas supply** Reingas-
versorgung *f*
~ **helium aftercooler**
Reinheliumnachkühler *m*
~ **helium compressor with
integral intercooler**
Reinheliumkompressor *m* mit
Zwischenkühler
~ **helium dust filter** Reinhelium-
Staubfilter *m, n*
~ **helium gas** Heliumreingas *n*
~ **helium handling and storage
system** Reinhelium-
Transport-und-Speicher-
system *n*
~ **helium product cooler**
Reinheliumkühler *m*
~ **helium storage tank**
Reinheliumbehälter *m*
~ **helium sweep gas** Reinhelium-
Filterregenerierspülgas *n*
~ **helium tank** Reinheliumbehälter *m*
purity Reinheit *f*
radioactive ~ radioaktive R.
radiochemical ~
radiochemische R.
~ **level** Reinheitsstand,
Reinheitsgrad *m*
push rod *(HTGR control rod
assembly)* Stoßstange *f*
~ **rod guide sleeve** Stoßstangen-

Führungshülse *f*
push-button array Anordnung *f*
von Druckknöpfen
pushing force
Schubkraft *f*
PVC gutter system
PVC-Ablaufrinnensystem *n*
**PWR = pressurized water
reactor** Druckwasserreaktor
m, DWR
PWR fuel assembly
DWR-Brennelement *n*
PWR maker DWR-Hersteller
m, DWR-Herstellerfirma *f*
PWR nuclear station Kernkraftwerk *n* mit DWR,
DWR-Kernkraftwerk *n*
PWR steam generator
DWR-Dampferzeuger *m*
PWR two-unit station
Zweiblock-Druckwasser-
reaktor-Kernkraftwerk *n*,
Zweiblock-Kernkraftwerk *n*
mit Druckwasserreaktoren
(*oder* DWR)
pyrex glass tube Pyrexglas-
röhrchen *n*
**pyrocarbon, PyC, pyrolytic
carbon** Pyrokohlenstoff *m*,
PyC
~ **coating** Pyrokohlenstoff-
beschichtung *f*
~ **deposition on guide tubes**
Pyrokohlenstoffabscheidung *f*
auf Leitrohren
pyrocarbon-coated particle
pyrokohlenstoffbeschichtetes
Teilchen *n*
pyrochemical processing
pyrochemische
(BE-)Aufarbeitung *f*

pyrolysis Pyrolyse f
pyrolytic coating pyrolitische
   Beschichtung f
~ **graphite** pyrolitischer
   Graphit m
pyrolytically coated pyrolytisch
   beschichtet
pyrometallurgical processing
   pyrometallurgische (BE-)Auf-
   arbeitung f
pyrometallurgy Pyro-
   metallurgie f
pyrosulfate Pyrosulfat n
P & ID = piping and
   instrumentation diagram
   Rohrleitungs- und
   Meßgeräte-Schaltbild n

Q

qualitative safeguards methods
   qualitative Überwachungs-
   methoden fpl
quality assurance
   implementation Durchführung
   f oder Realisierung der
   Qualitätssicherung f
~ **control records** Qualitäts-
   kontrollprotokolle npl
~ **factor, q** Bewertungsfaktor m
   (Radiologie und Kernphysik)
quantitative probability analysis
   quantitative Wahrscheinlichkeitsanalyse f
quasi-homogeneous distribution
   of fuel in graphite quasi-
   homogene Verteilung f des
   Brennstoffs im Graphit

quasi-static core quasi-statischer
   Kern m
quenching (GM tube)
   Löschung f
~ **circuit** (GM tube) Lösch-
   schaltung f
~ **gas** (GM tube) Löschgas n
quick-acting coupling Schnell-
   schlußkupplung f
quick-closing damper Schnell-
   schlußklappe f
~ **damper control** Schnellschluß-
   klappensteuerung f
~ **isolating damper** schnell-
   schließende Absperrklappe f
~ **isolating valve** schnell-
   schließendes Absperrventil n
~ **valve** Schnellschlußventil n
quick-disconnect Schnellunter-
   brecher(vorrichtung) m (f)
~ **coupling** Schnellschluß-
   kupplung f
quick-opening gasketed door
   (airlock) schnell öffnende
   abgedichtete Tür f
quick-release stud (RPV)
   schnell lösbare
   (RDB-)Deckelschraube f
quick restarting after a scram
   schnelles Wiederanfahren n
   nach einer Schnellabschaltung

R

R 12 expansion tank (HTGR)
   R-12-Entspannungs-
   behälter m
~ **refrigeration system** (HTGR)

R-12-Kältesystem *n*

~ **storage receiver** *(HTGR)*
R-12-Speicherbehälter *m*

rabbit 1. Einstufenrückführung
f; 2. Rohrpostkapsel *f*
(Reaktortechnik) (DIN)

rack 1. Zahnstange *f;*
2. Tablar *n*, Konsole *f;*
3. Gestell *n*

~ **and pinion final drive**
(SGHWR refuelling machine)
Zahnstangen-End(an)trieb *m*

**RACW system = reactor
auxiliaries cooling water
system** *(SGHWR)* Reaktor-
Hilfskreislauf-Kühlwasser-
system *n*

rad = radiation absorbed dose
Rad *n (physikalische Einheit
der Strahlendosis) (DIN)*

radial carbon reflector *(THTR)*
Kohlesteinreflektor *m*

~ **core barrel support** *(PWR)*
radiale Kernbehälter-
abstützung *f*

~ **fuel volumetric growth**
radiales Brennstoffvolumen-
wachstum *n (oder* Brennstoff-
schwellen *n)*

~ **instability** radiale Instabilität *f*

~ **journal bearing**
Radialtraglager *n*

~ **peaking factor** radialer Heißstellenfaktor *m*

~ **power distribution** radiale
Leistungsverteilung *f*

~ **shuffling** *(of fuel assemblies)*
radiales Umsetzen *n*

~ **support pad** Konsole *f* für
radiale Kernbehälter-
abstützung

~ **support system** Radialtrag-
system *n*, radiales (Ab)stütz-
system *n*

**radial-azimuthal flux
distribution** radial-azimutale
(Neutronen)Flußverteilung *f*

radial-flow compressor Radial-
verdichter *m*

~ **fan** Radialventilator *m*

~ **impeller** Radialrad *n*

radiant flux density Strahlungs-
flußdichte *f*

radiation Strahlung *f*
background ~ natürliche
Umgebungsstrahlung

~ **emanating from the reactor
core** aus dem Reaktorkern
kommende S.
attenuate *v* **escaping** ~
entweichende S. abschwächen
oder dämpfen

~ **accident** Strahlungsunfall *m*

~ **activity** Strahlungsaktivität *f*

~ **adsorption** Strahlungs-
adsorption *f*

~ **analysis** Strahlenanalyse *f*

~ **area** Strahlungszone *f*

~ **attenuation** Strahlungs-
schwächung *f*

~ **background** natürliche
Umgebungsstrahlung *f*,
Strahlungsuntergrund *m*

~ **barrier** Strahlensperre *f*,
Strahlungssperre *f*

~ **capture** Strahlungseinfang *m*

~ **chemistry** SYN. **radiochemistry** Strahlenchemie *f*,
Radiochemie *f*

~ **controllable by man** vom
Menschen beherrschbare
Strahlung *f*

~ **control supervisor SYN.
health physics supervisor**
Strahlenschutzleiter *m*

~ **counter SYN. survey meter**
Strahlenzähler *m*

~ **damage** Strahlenschädigung *f*,
-schaden *m*

  ~ **to the material** S. des
Werkstoffes

  ~ **to the vessel wall material**
S. am Behälterwandwerkstoff

~ **danger zone** strahlen-
gefährdete Zone *f*

~ **detection instrument** Strah-
lungsnachweis-, Strahlungs-
überwachungsgerät *n*

~ **detector** Strahlendetektor *m*

~ **dose** Strahlendosis *f*

  ~ **to major population groups**
S. für große Bevölkerungs-
gruppen

  **calculated ~ d.s at the edge of
a site** berechnete S-n am
Rande eines Standorts (*oder*
an der Geländegrenze)

~ **dose monitoring** Strahlen-
dosisüberwachung *f*

~ **dose rate to the nearest
neighbor** Strahlungsdosis-
leistung *f* für den nächsten
Nachbarn

~ **dosimetry** Strahlungsdosi-
metrie *f*

~ **embrittlement** (*RPV steel*)
Bestrahlungsversprödung *f*,
Strahlenversprödung *f*

~ **energy** Strahlungsenergie *f*

~ **energy flux** Strahlungsenergie-
fluß *m*

~ **energy loss** Strahlungsenergie-
verlust *m*, Verlust *m* an
Strahlungsenergie

~ **exposure** Strahlungsbelastung
f, Strahlenbelastung *f*

  ~ **of the environment** S. der
Umgebung

  personnel ~ e. S. des Personals

~ **exposure recording system**
Strahlenbelastungs-Registrier-
system *n*, -anlage *f*

~ **exposure standard** Strahlen-
belastungsnorm *f*

~ **field** Strahlenfeld *n*

~ **hazard** Strahlengefährdung *f*

~ **heat load** Strahlungswärme-
belastung *f*

~ **heating** Strahlenaufheizung *f*

~ **hygiene** Strahlenhygiene *f*

~ **injury** Strahlenschaden *m*

~ **intensity** Strahlenintensität *f*,
Strahlungsstärke *f*

~ **ionization** Strahlungs-
ionisation *f*

~ **level** Strahlungspegel *m*

  time-mean ~ l. über die Zeit
gemittelter S.

~ **limit** Strahlungsgrenzwert *m*

~ **measuring instrument**
Strahlenmeßgerät *n*

~ **measuring room** Strahlenmeß-
raum *m*

~ **monitor** Strahlungsüber-
wachungsgerät *n*

~ **monitoring** (*USAEC*)
Strahlungsüberwachung *f*

  environs ~ m., process ~ m.
Umgebungss., Betriebss.

~ **monitoring system** Strahlungs-
überwachungssystem *n*

  area ~ m.s. Zonen-S.

  operational ~ m.s.
betriebliches S.

~ **monitoring system cabinet** Strahlenüberwachungs-schrank *m*

~ **monitor-recorder** schreibendes Strahlungsüber-wachungsgerät *n*

~ **physics** Strahlenphysik *f*

~ **protection** Strahlenschutz *m*

~ **protection of materials** S. des Materials

Radiation Protection Commission *(FRG)* Strahlenschutz-kommission *f*, SSK *(BRD)*

radiation protection engineer Strahlenschutzingenieur *m*

~ **protection group** Strahlen-schutzgruppe *f*

~ **protection guide** Strahlen-schutz-Leitfaden *m*

~ **protection man** Strahlen-schutzmann *m*, Strahlen-schutztechniker *m*

~ **protection program** Strahlen-schutzprogramm *n*

~ **protection regulation** Strahlenschutzverordnung *f*

~ **protection technician** Strahlenschutztechniker *m*

~ **protection window** Strahlen-schutzfenster *n*

~ **quantity** Strahlenquantität *f*

~ **resistance** Strahlenbeständig-keit *f*

~ **risk** Strahlungsrisiko *n*, Strahlungsgefährdung *f*

~ **safeguards** Strahlungs-sicherungen *fpl*

~ **safety measures** Strahlen-sicherheitsmaßnahmen *fpl*

~ **shield(ing)** Strahlungsschild *m*, Abschirmung *f* gegen Strahlung

optically transparent ~ optisch durchsichtige S.

~ **source** Strahlungsquelle *f*

~ **stability** Strahlungsstabilität *f*

~ **standards** *(USAEC)* Strahlungsnormen *fpl*

~ **stresses** Strahlungs-beanspruchungen *fpl*

~ **survey** Strahlungsüber-wachung *f*

~ **transport** Strahlungs-transport *m*

~ **warning symbol** Strahlungs-warnzeichen *n*

~ **window** Strahlungsfenster *n*

radiation-controlled area strahlungsüberwachte Zone *f*

radiation-induced changes in a reactor vessel strahlungs-induzierte Änderungen *fpl* in einem RDB

~ **creep** strahleninduziertes Kriechen *f*

~ **creep effect** strahlungs-induzierter Kriecheffekt *m*

~ **degradation of shelf level toughness** strahlungs-induzierte Verschlechterung der Lagenzähigkeit

~ **diffusion effect** strahlungs-induzierter Diffusionseffekt *m*

~ **dimensional change** strahlen-induzierte Dimensions-änderung *f*

~ **oxidation of the graphite** strahlungsinduzierte Oxydation *f* des Graphits

radiation-proof strahlungssicher

radiation-resistant strahlungs-beständig

~ **low-wear material couple**
strahlungsbeständige
verschleißarme Werkstoff-
paarung *f*

radiation-shielding concrete
Strahlenabschirmbeton *m*,
Strahlenschutzbeton *m*

~ **sheet** Strahlungsblech *n*

radiation-tolerant strahlen-
beständig, strahlenfest

radiative capture *(USAEC)*
Strahlungseinfang *m*

~ **inelastic scattering cross
section** Querschnitt *m*
für unelastische Streuung mit
Strahlungsemission

radioactivation SYN. activation
Aktivierung *f*

~ **analysis** Strahlenaktivierungs-
analyse *f*

radioactive aerosol radioaktives
Aerosol *n*

~ **airborne contaminant** radioaktiver Schwebstoff *m*

~ **carbon** Radiokohlenstoff *m*

~ **chain SYN. radioactive series**
Zerfallskette *f*, -reihe *f*

~ **concentration** radioaktive
Konzentration *f*

~ **contamination SYN. radio
contamination** radioaktive
Verseuchung *f (oder*
Kontamination *f)*

~ **content** radioaktiver Gehalt *m*

~ **corrosion product carryover**
Verschleppung *f* von
radioaktiven Korrosions-
produkten

~ **corrosion products** radioaktive
Korrosionsprodukte *npl*

~ **daughter products** radioaktive
Tochterprodukte *npl*

~ **decay SYN. ~ disintegration**
radioaktiver Zerfall *m*, radioaktive Umwandlung *f (DIN)*

~ **decay chain** radioaktive
Zerfallskette *f*

~ **decay constant** radioaktive
Zerfallskonstante *f*

~ **decay law** radioaktives
Zerfallsgesetz *n*

~ **decay series SYN. ~
chain, ~ series**
radioaktive Zerfallsreihe *f*

~ **deposit** radioaktiver Niederschlag *m*

~ **dirty water** radioaktives
Schmutzwasser *n*

~ **disintegration** *(USAEC)* **SYN.
~ decay** radioaktiver
Zerfall *m*

~ **effluent** radioaktives Abfall-
produkt *n (flüssig oder
gasförmig)*

~ **equilibrium** radioaktives
Gleichgewicht *n*

~ **evaporation concentrates**
radioaktive Verdampfungs-
konzentrate *npl*

~ **family SYN. ~ series**
Zerfallsreihe *f*

~ **fission gas** radioaktives
Spaltgas *n*

~ **fission product** radioaktives
Spaltprodukt *n*

~ **fluid** radioaktives Fluid *n*,
radioaktives Medium *n*

~ **gas** radioaktives Gas *n*

~ **gas decay and disposal control
board** Steuertafel *f* für
Abklingen und Beseitigung
von radioaktivem Gas

~ **gas mixture** radioaktives
Gasgemisch *n*

~ **gas monitor** Überwachungsgerät *n oder* Monitor *m* für
radioaktives Gas

~ **gas release** radioaktive
Gasabgabe *f (oder*
-freisetzung *f)*

~ **gaseous isotope** radioaktives
gasförmiges Isotop *n*

~ **gases arising in a light water
reactor plant** in einer Leicht-
wasserreaktoranlage
anfallende radioaktive
Gase *npl*

~ **half-life** radioaktive
Halbwertzeit *f*

~ **heat SYN. radiogenic heat**
radiogene Wärme *f*

~ **iodine** radioaktives Jod *n*

~ **isotope SYN. radioisotope**
radioaktives Isotop *n*

~ **krypton isotope** radioaktives
Kryptonisotop *n*

~ **leakage to the surrounding
atmosphere** radioaktive
Leckage *f* in die umgebende
Atmosphäre

~ **line** radioaktive Leitung *f*

~ **liquid release** Aktivabwasser-
abgabe *f*

~ **liquid waste disposal
processing** Behandlung *f*
radioaktiver Abwässer

~ **liquid waste flush tank** Aktiv-
abwasser-Spülbehälter *m*

~ **maintenance experience**
Erfahrung(en) *f(pl)* mit radioaktiver Wartung

~ **material** radioaktiver Stoff *m*

~ **material barrier** Barriere *f*

gegen den Austritt radio-
aktiver Stoffe

~ **material content** Gehalt *m* an
radioaktivem Material

~ **materials handling facility**
Handhabungseinrichtung *f* für
radioaktive Stoffe

~ **nuclide** radioaktives Nuklid *n*

~ **off-gas system** Aufbereitung *f*
gasförmiger radioaktiver
Abfälle

~ **particle release to atmosphere**
Abgabe *f* radioaktiver
Teilchen in die Atmosphäre

~ **particulate daughters of noble
gases** radioaktive Teilchen-
Folgeprodukte *npl* von
Edelgasen

~ **period** 1. Halbwertzeit *f;*
2. mittlere Lebensdauer *f*

~ **process wastes** radioaktive
Betriebsabfälle *mpl*

~ **purity** radioaktive Reinheit *f*

~ **release** Aktivitätsausstoß *m,*
Radioaktivitätsfreisetzung *f,*
-abgabe *f*

~ **series SYN.** ~ **decay series,**
~ **family** Zerfallsreihe *f*

~ **solid** radioaktives Fest-
material *n*

~ **solid waste** radioaktiver Festabfall *m*

~ **solution** radioaktive Lösung *f*

~ **source** (radioaktive)
Strahlungsquelle *f*

~ **standard** radioaktives
Eichmaß *n*

~ **tracer** radioaktiver
Indikator *m*

~ **vapor** radioaktive Dämpfe
mpl

~ **vapor release** Abgabe *f* von
 radioaktiven Dämpfen
~ **ventilation system** Fortluft-
 system *n* für radioaktive
 Räume
~ **waste** SYN. radwaste
 radioaktiver Abfall *m*,
 radioaktive Abfälle *mpl*
 gaseous ~ **w.** gasförmiger
 r. A.
 liquid ~ **w.** flüssiger r. A.
 solid ~ **w.** fester r. A.
~ **building** SYN. radwaste
 building *(ANS)* Gruftgebäude
 n, Abfallaufbereitungs-
 gebäude *n*
~ **waste building sump**
 Aufbereitungsgebäude-
 sumpf *m*
~ **waste container** Behälter *m*
 für radioaktive Abfälle
~ **waste controlled discharge
 pump** Pumpe *f* für
 kontrolliertes Abblasen von
 radioaktivem Abfall
~ **waste (disposal) solidification
 system** Verfestigungsanlage *f*
 für die Beseitigung radioaktiver Abfälle
~ **waste (disposal) system**
 Aufbereitungsanlage *f* für
 radioaktiven Abfall
~ **waste evaporator**
 Verdampfungsanlage *f*
~ **waste handling facility**
 Behandlungsanlage *f* für
 radioaktiven Abfall
~ **waste holdup** Verzögerung *f*
 von radioaktivem Abfall
~ **waste management**
 Entsorgung *f* von radioaktiven

 Abfällen
~ **waste store** Abfallager *n*
~ **waste technology** Technologie
 f für radioaktive Abfälle
~ **waste treatment and storage
 system** Aufbereitung *f* und
 Lagerung *f* radioaktiver
 Abfälle
~ **waste treatment building** *(GE
 BWR)* SYN. radwaste
 building Aufbereitungsgebäude *n* für radioaktive
 Abfälle
~ **xenon isotope** radioaktives
 Xenonisotop *n*
radioactivity Radioaktivität *f*
~ **in the air** R. in der Luft
 induced ~ induzierte R.
 natural ~ natürliche R.
~ **build-up** Ansammlung *f* oder
 Aufbau *m* von Radioaktivität
~ **concentration guide** *(USAEC)*
 Leitwert *m* für die Radio-
 aktivitätskonzentration
~ **content** Radioaktivitäts-
 gehalt *m*
~ **discharge** Ausstoß *m* von
 Radioaktivität in die
 Umgebung
~ **handling system** Radioaktivität führendes System *n*
~ **level** Radioaktivitätspegel *m*
 low ~ **l. in the primary
 system** niedriger R. im
 Primärsystem
~ **measuring point** Radio-
 aktivitätsmeßstelle *f*
~ **release** 1. Abgabe *f oder*
 Freisetzung *f* von Radioaktivität; 2. Radioaktivitäts-

abgabe(menge) f, -ableitung f
~ **transport** Radioaktivitäts-
transport m
**radiocarbon SYN. radioactive
carbon** radioaktiver Kohlen-
stoff m
radiochemical laboratory
radiochemisches Labor n
radiochemistry Radiochemie f,
Strahlenchemie
~ **laboratory SYN.
radiochemical laboratory**
radio- bzw. strahlen-
chemisches Labor n
**radiocontamination SYN.
radioactive contamination**
radioaktive Kontamination f
(oder Verseuchung f)
radioelement Radioelement n
radiogas treatment equipment
Aufbereitungsanlage f für
radioaktives Gas
radiogenic radiogen, radioaktiven Ursprungs
radiograph Radiogramm n
radiographic inspection Durch-
strahlungsprüfung f
radiography Radiographie f
radioiodine gas removal
Adsorption f von
radioaktivem Jodgas
radioisotope Radioisotop n,
radioaktives Isotop n
**radiological emergency-response
planning** Strahlenschutz-
Notstandsplanung f
~ **engineering course** Kurs m für
Strahlenschutztechnik
~ **monitoring SYN. radiation
monitoring** Strahlenüber-
wachung f

~ **protection SYN. radiation
protection, health physics**
Strahlenschutz m
~ **regulations** radiologische
Vorschriften fpl, Strahlen-
schutzvorschriften fpl
~ **safety** Sicherheit f gegen
Strahlung, Strahlensicherheit f
~ **survey** Strahlen(schutz)über-
wachung f
radiolysis Strahlenzersetzung f,
Radiolyse f
~ **of methane** Methan-
aufspaltung f
~ **of the coolant under
irradiation** S. des Kühlmittels
bei Bestrahlung
~ **of water** S. des Wassers,
Wasser-S.
~ **gas SYN. radiolytic gas**
Radiolysegas n
radiolytic breakdown
radiolytische Aufspaltung f,
Aufspaltung f durch
Radiolyse
~ **decomposition of CO$_2$**
radiolytische Zersetzung f des
CO$_2$
~ **decomposition of the reactor
water** radiolytische
Zersetzung f des Reaktor-
wassers
~ **dissociation rate** radiolytische
Zersetzungsrate f
~ **gas** Radiolysegas n
~ **oxidation rate** radiolytische
Oxidationsgeschwindigkeit f
radiometric analysis
radiometrische Analyse f
radionuclide Radionuklid n
~ **contamination** Kontamination

f durch Radionuklide

radioresistance Widerstandsfähigkeit *f* gegen Strahlung, Strahlenbeständigkeit *f*

radiosensitivity Strahlenempfindlichkeit *f*

radiotoxicity Radiotoxizität *f*

radwaste SYN. radioactive waste(s) radioaktiver Abfall *m*, radioaktive Abfälle *mpl*, Aktivabfall *m*

~ **filter aid tank** Aktivabfall-Filterhilfsmittelbehälter *m*

raise *v* **a control rod to the fully withdrawn position** einen Steuerstab *m* in die voll ausgefahrene Stellung *f* ziehen

~ **the pressure set-point** den Drucksollwert *m* erhöhen

~ **the thermal margin** den Wärmeabstand *m* erhöhen

raise-to-power precommissioning phase Inbetriebsetzungsphase *f* mit allmählichem Hochfahren auf volle Leistung

RAM = radioactive material radioaktives Material *n*, radioaktiver Stoff *m*

ramp change rampenförmige (Last- *oder* Leistungs)-Änderung *f*

~ **insertion of reactivity** rampenförmiges Reaktivitätseinschießen *n*, rampenförmige Reaktivitätserhöhung *f (DIN)*

~ **load change** rampenförmige Laständerung *f*

~ **load increase** rampenförmige Leistungssteigerung *f*, rampenförmiges Hochfahren

n der Leistung

~ **power change** rampenförmige Leistungsänderung *f*

random coincidence Zufallkoinzidenz *f*

range Reichweite *f*, (Zähl-, Meß-)Bereich *m*

operating ~ Betriebsbereich *m*

~ **counter** Reichweitezähler *m*

~ **of instability to xenon** Instabilitätsbereich *m* gegenüber Xenon

~ **period** Reichweiteperiode *f*

~ **power** Reichweiteleistung *f*

~ **source** Reichweitequelle *f*

~ **scattering** Reichweitenstreuung *f*

~ **time constant** Zeitkonstante *f* der Reichweite

range-energy relation Reichweite/Energie-Beziehung *f*

rapid automatic shutdown schnelles automatisches Abfahren *n*

~ **clean-up flow rate** *(PWR CVCS)* Schnellreinigungsdurchsatz *m*

~ **control rod insertion** Schnelleinfahren *n* des Steuerstabes

~ **emergency insertion of the control rod** Noteinschießen *n* des Steuerstabes

~ **reactor transient** schneller instationärer Reaktorzustand *m*

~ **response** schnelles Reagieren *n*

~ **shutdown** Schnellabschaltung *f*

~ **uncovering of the core in case**

of a break of a main steam
line schnelle Freilegung *f* des
Kerns bei einem Frischdampf-
leitungsbruch
**RAPS = radioactive argon
processing system** *(LMFBR)*
Aufarbeitungsanlage *f* für
radioaktives Argon
Raschig ring Raschigring *m*
*(Füllkörper für Destillations-
kolonne)*
Raschig-ring-filled raschigring-
gefüllt
ratchetting *(AGR)* Rasseln *n*
(von BE)
**rate of accumulation of
irradiation damage in graphite**
Schnelligkeit *f* der Strahlungs-
schäden-Anhäufung im
Graphit
~ **of change of coolant flow**
Kühlmitteldurchsatz-
Änderungsgeschwindigkeit *f*
~ **of cooldown** Abkühl-
geschwindigkeit *f*
~ **of flow increase** Durchsatz-
steigerungsgeschwindigkeit *f*
~ **of load change** Last-
änderungsgeschwindigkeit *f*
~ **of loss of coolant inventory**
(HTGR) Kühlmittel-
Ausströmgeschwindigkeit *f*
~ **of motion** Fahr-
geschwindigkeit *f*
~ **of power change** Leistungs-
änderungsgeschwindigkeit *f*
~ **of power increase** Leistungs-
erhöhungsgeschwindigkeit *f*
~ **of pressure change** Druck-
änderungsgeschwindigkeit *f*
~ **of pressure reduction** Druck-

absenkungsgeschwindigkeit *f*
~ **of pressure rise** Druckanstieg-
geschwindigkeit *f*
~ **of rise of reactor pressure**
Reaktor-Druckanstieg-
geschwindigkeit *f*
~ **of run-down** *(gas circulator)*
Auslaufgeschwindigkeit *f*
~ **of strain** Dehngeschwindig-
keit *f*
~ **of temperature change**
Temperaturänderungs-
geschwindigkeit *f*
~ **of travel** *(control rod)*
(Ver)Fahrgeschwindigkeit *f*
(Steuerstab)
~ **of UO$_2$ swelling due to
irradiation** UO$_2$-Schwellrate *f*
infolge von Bestrahlung
~ **of Zircaloy oxidation in steam**
Geschwindigkeit *f* der
Zircaloyoxydation im Dampf
rated core spray flow Nenn-
Kernsprühmenge *f*
~ **flow (through the core)**
Nenndurchsatz *m oder* Nenn-
strom *m* (durch den Kern)
~ **fuel power** Nennbrennstoff-
leistung *f*
~ **output,** ~ **power** *(reactor)*
Nennleistung *f*
~ **power density** Nennleistungs-
dichte *f*
~ **power operation** Nenn-
leistungsbetrieb *m*
~ **to meet the highest service
pressure and service
temperature in piping** für den
höchsten Betriebsdruck *m*
und die höchste Betriebs-
temperatur *f* in den Rohr-

leitungen *fpl* bemessen
ratemeter Durch-
flußmesser *m*
ratio of coolant to fuel volume
Verhältnis *n* Kühlmittel/
Brennstoffvolumen
~ **of moderator-to-Doppler
coefficient** Verhältnis *n*
Moderator/Doppler-
koeffizient
~ **of peak spots to average
power output** Verhältnis *n*
Heißstellen/Durchschnitts-
leistungsabgabe
~ **of peak-to-mean fuel ratings**
Verhältnis *n* der Spitzen- zu
den mittleren Brennstoff-
leistungen
~ **of reactor power to
recirculation flow** Verhältnis *n*
Reaktorleistung/Umwälz-
menge
~ **of water to fuel** Verhältnis *n*
Wasser/Brennstoff
~ **control** Verhältnisregelung *f*
rattle *v* flattern
raw effluent feed *(to liquid
radwaste system)* Einspeisung
f von Rohabwässern
~ **water coolant pump** *(BWR)*
Rohwasser-Kühlmittel-
pumpe *f*
rays Strahlen *mpl*
**RCC = rod cluster control
(element)** Fingersteuer-
element *n*
~ **assembly = rod cluster
control assembly** *(PWR)*,
RCCA Fingersteuerstab-
bündel *n*
~ **change fixture** Fingersteuer-

stab-Auswechselvorrichtung *f*
~ **drive shaft** Steuerstabantriebsstange *f*
~ **element** Fingersteuer-
element *n*
~ **element insertion limit** Finger-
steuerelement, -Einfahr-
begrenzung *f*
~ **group position indication**
Fingersteuerelement-Gruppen
(*oder* -Bank) -Stellungs-
anzeige *f*
~ **guide thimble** Steuerelement-
Führungsrohr *n* *(im BE)*
~ **impact** Stoß *m* der Fingersteuerelemente
**RCFC = reactor containment
fan cooler system** *(PWR)*
Reaktor-Sicherheitshüllen-
Gebläsekühlersystem *n*
·**RCIC turbine** NSS-Turbine
= Nachspeisesystemturbine *f*,
Notkondensationsturbine *f*
RCP = reactor coolant pump
Hauptkühlmittelpumpe *f*,
HKP
RCP seal water inlet filter
Hauptkühlmittelpumpen-
Sperrwasser-Eintrittsfilter *m*
RCS = reactor coolant system
(PWR) Hauptkühlmittel-
system *n*
reach *v* **full licensed power
. . . months after start of
construction** die volle
Genehmigungsleistung *f*
. . . Monate nach Baubeginn
erreichen
~ **rated power from the hot
standby condition** die Nenn-
leistung *f* aus dem heißen

Bereitschaftszustand
erreichen
reaction Reaktion *f*
~ **between the graphite and the
gas coolant** R. zwischen dem
Graphit und dem Kühlgas
induced nuclear ~ induzierte
nukleare R.
spontaneous nuclear ~
spontane nukleare R.
~ **energy** Reaktionsenergie *f*
~ **heat** Reaktionswärme *f*
~ **rate** Reaktionsrate *f,*
Reaktionsgeschwindigkeit *f*
~ **vessel** Reaktionsbehälter *m*
reaction-limiting mechanism
reaktionsbegrenzender
Mechanismus *m*
reactivation Reaktivierung *f*
reactivity Reaktivität *f*
negative ~ negative R.
~ **accident due to water
inleakage** Reaktivitätsunfall
m, -störfall *m* durch Wassereinbruch
~ **addition** Reaktivitätszufuhr *f*
~ **addition rate** Reaktivitäts-
zufuhrgeschwindigkeit *f*
~ **alteration** Reaktivitätsänderung *f*
~ **anomaly** Reaktivitäts-
anomalie *f*
~ **balance** Reaktivitätsbilanz *f*
~ **behavior** Reaktivitäts-
verhalten *n*
~ **binding** Reaktivitätsbindung *f*
~ **change** Reaktivitätsänderung *f*
manage *v* ~s R-en beherrschen
~ **coefficient** Reaktivitätskoeffizient *m*

~ **of the coolant temperature**
R. der Kühlmittel-
temperatur
~ **of the fuel temperature**
R. der Brennstofftemperatur
~ **compensation** Reaktivitäts-
kompensation *f*
~ **contribution** Reaktivitäts-
beitrag *m*
~ **control** Reaktivitätsregelung *f*
long term ~ Langzeit-R.
short term ~ Kurzzeit-R.,
kurzfristige R.
~ **control function** Reaktivitäts-
steuerfunktion *f*
~ **control provisions** Reaktivi-
täts-Regeleinrichtungen *fpl*
~ **control system** Reaktivitäts-
steuersystem *n*
~ **decrease** Reaktivitätsrückgang
m, -senkung *f,* -abnahme *f*
~ **equivalent** Reaktivitätsäquivalent *n*
~ **excursion** Reaktivitäts-
ausbruch *m*
~ **fault** *(UK)* Reaktivitätsstörung *f*
~ **feedback** Reaktivitätsrück-
führung *f,* Reaktivitätsrück-
koppelung *f*
~ **fluctuation** Reaktivitäts-
schwankung *f*
~ **gain** Reaktivitätsgewinn *m*
~ **incident** Reaktivitätszwischen-
fall *m,* kleiner Reaktivitäts-
störfall *m*
~ **increase** Reaktivitäts-
steigerung *f,* -zunahme *f*
~ **initiated accident, RIA** durch
Reaktivität ausgelöster

Störfall *m*

~ **input ramp** Einleitungs-Reaktivitätsrampe *f*

~ **insertion** Reaktivitätszufuhr *f*
accidental ~ **i.** ungewollte R.

~ **insertion rate** Reaktivitäts-Zufuhrgeschwindigkeit *f*

~ **lifetime** Reaktivitätslebensdauer *f*

~ **loss** Reaktivitätsverlust *m*

~ **margin** Reaktivitätssicherheitsspanne *f*

~ **meter** Reaktivitätsmeßgerät *n*

~ **oscillation** Reaktivitätsoszillation *f*

~ **oscillator** Reaktivitätsoszillator *m*

~ **perturbation** Reaktivitätsstörung *f*

~ **power coefficient** Leistungskoeffizient *m* der Reaktivität

~ **ramp** Reaktivitätsrampe *f*

~ **rate** Reaktivitätsrate *f*, Reaktivitätsgeschwindigkeit *f*

~ **regulation** Reaktivitätsregelung *f*

~ **release** Reaktivitätsfreigabe *f*, -freisetzung *f*

~ **shutdown** Reaktivitätsabschaltung *f*

~ **shutdown capability** Reaktivitätsabschaltvermögen *n*, -fähigkeit *f*

~ **surge** Reaktivitätsstoß *m*

~ **temperature** Reaktivitätstemperatur *f*

~ **temperature coefficient** Temperaturkoeffizient der Reaktivität

~ **variation** Reaktivitätsänderung *f*, -schwankung *f*

~ **worth** *(of a control rod)* Reaktivitätswert *m*

reactor (Kern)Reaktor *m*

~ **ancillary equipment,**
~ **ancillary systems** Reaktornebenanlagen *fpl*

~ **auxiliaries** Reaktorhilfsanlagen *fpl*

~ **auxiliaries cooling water system** SYN. **RACW system** *(SGHWR)* Reaktor-Hilfsanlagen-Kühlsystem *n*, nukleares Zwischenkühlsystem *n*

~ **auxiliary building** Reaktorhilfsanlagengebäude *n*

~ **auxiliary building sump** Hilfsanlagengebäudesumpf *m*

~ **auxiliary building ventilation system** Hilfsanlagengebäude-Lüftungsanlage *f*

~ **auxiliary cooling water cooler** *(SGHWR)* nuklearer Zwischenkühler *m*

~ **auxiliary equipment building** Reaktornebengebäude *n*

~ **auxiliary system** Reaktorhilfssystem *n*

~ **availability** Reaktorverfügbarkeit *f*

~ **block** *(UK) (civil eng.)* Reaktorblock *m*

~ **building** Reaktorgebäude *n*

~ **building** *or* **containment spray piping** *(PWR)* Reaktorgebäude-Sprühleitungen *fpl*

~ **building crane** Reaktorgebäudekran *m*

~ **building drain tank** Reaktorgebäudeentwässerungstank *m*

~ **building emergency auxiliaries** Reaktorgebäude-Nothilfsbetriebe *mpl*

~ **building equipment components** Reaktorgebäudeausrüstungsteile *npl*

~ **building exhaust air system** Abluftanlage *f* für Reaktorgebäude

~ **building exhaust plenum monitor** Überwachungsgerät *n* für Reaktorgebäude-Abluftsammelraum

~ **building foundation** Reaktorgebäudefundament *n,* Reaktorgebäudegründung *f*

~ **building fuel tilt machine** *(PWR)* Reaktorgebäude-BE-Schwenkmaschine *f*

~ **building operating area** Betriebsraum *m* im Reaktorgebäude

~ **building polar crane** Reaktorgebäude-Rundlaufkran *m*

~ **building spray system** Gebäudesprühanlage *f*

~ **building supply air system** Zuluftanlage *f* für Reaktorgebäude

~ **building track** Reaktorgebäudegleis *n*

~ **building vent radiation monitor** Strahlenüberwachungsgerät *n* für Reaktorgebäudeentlüftung

~ **burner** Brennreaktor *m*

~ **cavity** Reaktorgrube *f*

~ **cavity manipulator crane** *(Westinghouse PWR)* Reaktorgruben-Manipulier-

kran *m*

~ **cavity roof** Reaktorgrubendeckel *m*

~ **cavity seal ring** *(PWR)* **SYN.** ~ **vessel to refueling cavity seal** Dichtmembrane *f* für RDB-Gebäudeanschluß

~ **cavity seal ring storage area** *(PWR)* Abstellplatz *m* für RDB-Gebäudeanschluß-Dichtmembrane

~ **cavity streaming** Leckstrahlung *f oder* Strahlungsleckage *f* aus der Reaktorgrube

~ **cavity vent gas** Reaktorgruben-Fortgas *n*

~ **cavity wall** Reaktorgrubenwand *f*

~ **charge face** *(UK)* Reaktorladebühne *f*

~ **circulating loop** Reaktorumwälzkreislauf *m,* Reaktorkühlkreislauf *m*

~ **circulating pump** Reaktorumwälzpumpe *f,* Hauptkühlmittelpumpe *f*

~ **clean-up demineralizer loop** Reaktorwasser-Reinigungsanlage *f*

~ **clean-up filter-demineralizer backwash** Rückspülwasser *n* vom Reaktorwasserreinigungsfilter und von der Vollentsalzungsanlage

~ **clean-up system** *(BWR)* Reaktorwasser-Reinigungsanlage *f*

~ **closure O-Ring seal** *(PWR)* O-Ring-Dichtung *f* für Reaktorverschluß

~ **compartment** *(in containment*

structure) Reaktorraum *m*

~ **component** Reaktor-
komponente *f*

~ **component canister** *(HTGR)*
Reaktorkomponenten-
kanister *m*

~ **concept** Reaktorkonzept *n*

~ **container liner** *(PWR)*
Innenschale *f* der Reaktor-
sicherheitshülle

~ **containment** Reaktorsicher-
heitsdruckschale *f*, Reaktor-
sicherheitseinschließung *f*,
Reaktorsicherheitshülle *f*

~ **containment building**
Reaktorsicherheitshülle *f*

~ **containment building polar
crane** Reaktorsicherheits-
hüllen-Rundlaufkran *m*

~ **containment building polar
gantry crane** *(FFTF)* Reaktor-
sicherheitshüllen-Rundlauf-
portalkran *m*

~ **containment building
refueling hatch** Reaktor-
sicherheitshüllen-BE-
Wechselschleuse *f*

~ **containment concrete
shielding** Betonabschirmung *f*
der Reaktor-Sicherheitshülle

~ **containment equipment
cooling water heat exchanger**
Reaktorgebäude-Kühlwasser-
wärmetauscher *m*

~ **containment equipment
hatch** *(Westinghouse PWR)*
Reaktorsicherheits-
hüllen-Material-
schleuse *f*, Materialschleuse *f*
in der Reaktorsicher-
heitshülle

~ **containment fan cooler**
(Westinghouse PWR)
Reaktorsicherheits-
hüllen-Ventilatorkühler *m*

~ **containment hemispherical
dome** Kuppel *f* der Reaktor-
sicherheitshülle

~ **containment shell** Reaktor-
sicherheitshülle *f*

~ **containment heat removal**
Wärmeabfuhr *f* aus der
Reaktorsicherheitshülle

~ **containment structure**
Reaktorsicherheitshülle *f*

~ **containment ventilation
system** Reaktorsicherheits-
hüllen-Lüftung *f*

~ **containment vessel** Reaktor-
sicherheitshülle *f*

~ **control and protection system**
Reaktorsteuer- und -schutz-
system *n*

~ **converter** Reaktor-
konverter *m*

~ **coolant** SYN. **primary coolant**
Reaktorkühlmittel *n*, Haupt-,
Primärkühlmittel *n*

~ **coolant activity** Reaktorkühl-
mittelaktivität *f*

~ **coolant and pressurizer system**
Reaktorkühl- und -druck-
haltesystem *n*

~ **coolant average temperature**
mittlere Reaktorkühlmittel-
temperatur *f*

~ **coolant boron concentration**
Hauptkühlmittel-Borkonzen-
tration *f*

~ **coolant circuit** *(SGHWR)*
Reaktorkühlkreislauf *m*

~ **coolant circuit clean-up plant**

Reaktorkühlkreis-Reinigungs-
anlage f

~ **coolant circulating pump**
(PWR, SGHWR) Hauptkühl-
mittel-Umwälzpumpe f

~ **coolant clean-up** Hauptkühl-
mittelreinigung f

~ **coolant clean-up filter holding
pump** Druckhaltepumpe f für
Reaktorwasserfilter

~ **coolant clean-up filter precoat
pump** Anschwemmpumpe f
für Reaktorwasserfilter

~ **coolant clean-up system**
Reaktorkühlmittel-
Reinigungssystem n, Reaktor-
wasser-Reinigungsanlage f
(SWR)

~ **coolant cold leg** Kaltstrang m
des Reaktorkühlmittel-
kreislaufs

~ **coolant cold leg temperature**
(PWR) Hauptkühlmittel-
temperatur f im Kaltstrang

~ **coolant cooldown** Abkühlen n
des Hauptkühlmittels

~ **coolant demineralizer** Haupt-
kühlkreis-Ionentauscher m

~ **coolant drain tank** *(PWR)*
Hauptkühlkreis-Ent-
wässerungsbehälter m

~ **coolant drain tank pump**
(PWR) Hauptkühlkreis-Ent-
wässerungspumpe f

~ **coolant filter** Hauptkühl-
mittelfilter m, n

~ **coolant flow transmitter**
Hauptkühlmittel-Durchsatz-
geber m

~ **coolant gas** Reaktorkühlgas n

~ **coolant gas circulation seal gas**

supply system Sperrgas-
versorgung f für die Kühlgasgebläse des Reaktors

~ **coolant hot leg** heißer Strang
m des Reaktorkühlmittel-
kreislaufs

~ **coolant inlet header** Haupt-
kühlmittel-Eintrittssammler m

~ **coolant inlet nozzle** Haupt-
kühlmittel-Eintrittsstutzen m

~ **coolant inventory** Hauptkühl-
mittelinhalt m, Bestand m an
Hauptkühlmittel

~ **coolant leakage** Reaktorkühl-
mittelleckage f

~ **coolant letdown flow** Haupt-
kühlmittel-Ablaßmenge f

~ **coolant loop** Reaktorkühl-
kreis(lauf) m

~ **coolant makeup** Reaktor-
zusatzkühlmittel n

~ **coolant nozzle** Reaktorkühl-
mittelstutzen m

~ **coolant outlet nozzle** Haupt-
kühlmittel-Austrittsstutzen m

~ **coolant pipe** Hauptkühlmittelleitung f

~ **coolant pipe break SYN.
~ coolant pipe rupture**
Bruch m (in) der Hauptkühlmittelleitung

~ **coolant piping fit-up** Montage
f der Hauptkühlmittel-
leitungen

~ **coolant piping rupture** Bruch
m der Hauptkühlmittelleitung

~ **coolant pressure boundary**
druckführende Umschließung
f des Reaktorkühlmittels

~ **coolant pressure boundary
leakage detection** Leckage-

feststellung *f* in der druck-
führenden Umschließung des
Reaktorkühlmittels

~ **coolant pressure control**
Reaktorkühlmitteldruck-
regelung *f*

~ **coolant pressure variation**
Hauptkühlmittel-Druck-
schwankung *f*

~ **coolant pump** Reaktorkühl-
mittelpumpe *f*, Hauptkühlmittelpumpe *f*

~ **coolant pump flywheel** *(PWR)*
Hauptkühlmittelpumpen-
Schwungrad *n*

~ **coolant pump instrumentation**
Reaktorkühlmittelpumpen-
Instrumentierung *f*

~ **coolant pump seal standpipe**
Abstellblock *m* für Haupt-
kühlmittelpumpendichtungen

~ **coolant pump seal water
supply line** Hauptkühlmittel-
pumpen-Sperrwasser-Zulauf-
leitung *f*

~ **coolant pump shaft seal
leakoff flow** Absaugmenge *f*
der Hauptkühlmittelpumpen-
Wellendichtung

~ **coolant pump vibration
monitoring system** Haupt-
kühlmittelpumpen-
Schwingungsüberwachung *f*

~ **coolant system** Hauptkühlmittelsystem *n*, Reaktorkühlsystem *n*, Reaktorkühlkreis *m*

~ **coolant system boundary
pressure limit** Grenzdruck *m*
der Hauptkühlmittelsystem-
Umschließung

~ **coolant system break** Bruch *m*

im Hauptkühlmittelsystem

~ **coolant system cold leg
isolation valve** Absperrschieber *m* für den kalten
Hauptkühlkreisstrang

~ **coolant system drain tank**
(Westinghouse PWR) Haupt-
kühlkreislauf-Entwässerungs-
tank *m*

~ **coolant system drain tank
pump** Hauptkühlkreislauf-
Entwässerungspumpe *f*

~ **coolant system hydrogen
concentration** Wasserstoff-
konzentration *f* im Hauptkühlmittelsystem

~ **coolant system isolating valve**
Hauptkühlkreislauf-Absperr-
schieber *m*

~ **coolant system movement due
to thermal expansion**
Bewegung *f* des Reaktorkühl-
systems infolge der Wärmedehnungen

~ **coolant system pipe** Haupt-
kühlkreis-Rohrleitung *f*

~ **coolant system rupture** SYN.
~ **coolant system break**
Bruch *m* im Hauptkühlmittelsystem

~ **coolant system sample line**
Hauptkühlmittelsystem-
Probe(nahme)leitung *f*

~ **coolant temperature** Reaktor-
kühlmitteltemperatur *f*

~ **coolant temperature
difference** Hauptkühlmittel-
Temperaturdifferenz *f*

~ **coolant water** Reaktorkühl-
wasser *n*

~ **cooldown** Abkühlen *n* des

Reaktors

~ **cooldown system** Reaktor-
abkühlsystem *n*

~ **cooling water system** Reaktor-
kühlwassersystem *n*

~ **core** Reaktorkern *m*
emerge *v* **from the** ~ aus dem
R. herauskommen *(Kühl-
mittel)*

~ **core average assembly power**
mittlere BE-Leistung *f* im Kern

~ **core baffle**
(Westinghouse PWR)
Reaktorkernumfassung *f*

~ **core barrel** *(Westinghouse
PWR)* Reaktorkern-
behälter *m*

~ **core design** Reaktorkern-
auslegung *f*

~ **core disassembly** Ausbau *m*
oder Demontage *f* des
Reaktorkerns

~ **core flow rate** Durchsatz *m*
durch den Reaktorkern

~ **core gamma field** Gammafeld
n im Reaktorkern

~ **core initial loading** erste
Kernladung *f* des Reaktors

~ **core internals** Reaktorkern-
einbauten *mpl*

~ **core isolation condensate**
Reaktor-Nachspeise-
kondensat *n*

~ **core isolation cooling system**
(BWR) **SYN. RCIC system,
RCICS** Nachspeisesystem *n*

~ **core isolation cooling system
turbine exhaust pressure**
Nachspeiseturbinen-
Abdampfdruck *m*

~ **core meltdown** Zusammen-

schmelzen *n* des Kerns

~ **core power density** Leistungsdichte *f* im Reaktorkern

~ **core power distribution**
Leistungsverteilung *f* im
Reaktorkern

~ **core pressure drop** Druckabfall *m* im Reaktorkern

~ **core reflood flow** Reaktor-
kern-Wiederbedeckungs-
strom *m*

~ **core structure** Reaktorkern-
gerüst *n*

~ **core support structure**
Reaktorkern-Trag-
konstruktion *f*

~ **critical size** kritische Reaktor-
größe *f*

~ **damage** Reaktorschaden *m*

~ **decay heat** Reaktor-
Nachzerfallswärme *f*

~ **decay heat steam** Reaktor-
Nachzerfallswärmedampf *m*

~ **demineralized water day tank**
(SGHWR) Reaktor-Deionat-
Tagesbehälter *m*

~ **design** Reaktorauslegung *f*,
Reaktorkonstruktion *f*

~ **development effort** Reaktor-
entwicklungsarbeit(en) *f(pl)*

~ **discharge** Reaktorentladung *f*

~ **drain tank** *(CE PWR)*
Reaktorablaßbehälter *m*

~ **dynamics** Reaktordynamik *f*

~ **D₂O fill piping** Reaktor-D_2O-
Fülleitung *f*

~ **emergency monitoring
instrumentation** Reaktor-
Notüberwachungs-
instrumentierung *f*

~ **emergency shut-down device**

Reaktor-Notabschalt-
einrichtung f, -vorrichtung f
~ **engineer** Reaktoringenieur m
~ **engineering** Reaktortechnik f
~ **enthalpy rise** Reaktor-
aufwärmspanne f
~ **equation** Reaktorgleichung f
~ **excursion** SYN. **power
excursion** Reaktorexkursion f,
Leistungsexkursion f *(DIN)*
~ **fault conditions** Reaktor-
störfallbedingungen *fpl*
~ **feed pump** Reaktorspeise-
pumpe f
~ **feedwater** Reaktorspeise-
wasser n
~ **feedwater line** Reaktorspeise-
wasserleitung f
~ **feedwater flow** Reaktorspeise-
wasserstrom m
~ **feedwater pump** Reaktor-
speisewasserpumpe f
~ **fission power** Reaktorspalt-
leistung f
~ **flow** Reaktordurchsatz m
~ **fuel** Reaktorbrennstoff m
~ **fuel grid position** Reaktor-
BE-Gitterposition f
~ **gas inlet temperature**
Reaktor-Gaseintritts-
temperatur f
~ **gas outlet temperature**
Reaktor-Gasaustritts-
temperatur f
~ **grade** *(water) (noun)*
Reaktorqualität f (für Wasser)
~ *(adj.)* reaktorrein
~ **guard vessel** *(LMFBR)*
Reaktor-Doppeltank m
~ **hall** Reaktorhalle f
~ **hall crane** Reaktorhallenkran

m, Reaktorgebäudekran m
~ **head** SYN. ~ **pressure
vessel closure head** Reaktor-
Druckbehälterdeckel m
~ **head cavity** SYN. **refueling
cavity** Flutraum m *(über
Reaktor)*
~ **head compartment** Reaktor-
deckelraum m
~ **head laydown** Abstellplatz m
für RDB-Deckel
~ **head stud** Reaktordeckel-
Verschlußschraube f
~ **heat output** SYN. ~
thermal output Reaktorwärmeleistung f
~ **inlet pressure** Reaktor-
eintrittsdruck m
~ **inlet temperature** Reaktor-
eintrittstemperatur f
~ **instrument power** Strom m für
Reaktormeßgeräte
~ **instrumentation rack** *(control
room)* Reaktor-
instrumentierungsgestell n
~ **internal axial flow pump**
interne Reaktorumwälzpumpe
f, interne Axialpumpe
(KWU-SWR)
~ **internal component** Reaktor-
Inneneinbau m, Reaktor-
Innenteil n
~ **internal pump, RIP** *(BWR)*
interne Reaktorpumpe f,
interne Axialpumpe
(KWU-SWR)
~ **internals** pl Reaktoreinbauten
mpl, Reaktorinnenteile npl
~ **internals lifting device**
Hebevorrichtung f für
Reaktoreinbauten

~ **internals storage pool** Abstellbecken *n* für Einbauten

~ **island** *(GE BWR)* nuklearer
(Kernkraftwerks)Teil *m*,
Reaktor *m mit Hilfs- und
Nebenanlagen*

~ **kinetics** Reaktorkinetik *f*

~ **lattice** Reaktorgitter *n*

~ **layout** Reaktoranordnung *f*

~ **liquid level** Reaktor-
füllstand *m*

~ **load acceptance** Reaktorlast-
aufnahme *f*

~ **load following** Reaktorlast-
folge *f*

~ **load following capability**
Reaktorlastfolgevermögen *n*

~ **loading** 1. Reaktorbelastung *f;*
2. Reaktor(be)laden *n*

~ **loading sequence** Reaktor-
Beladefolge *f*

~ **loop** Reaktorkreislauf *m*

~ **main floor** Hauptreaktor-
flur *m*

~ **maker** Reaktorhersteller *m*,
Reaktorbauer *m*, Reaktorbaufirma *f*

~ **makeup control** Reaktor-
zusatzwasserregelung *f*

~ **control center** Reaktor-
einspeise-Leitstand *m*

~ **melt down** Reaktor-
schmelzen *n*

~ **multiplication** Reaktor-
multiplikation *f*

~ **noise** Reaktorrauschen *n*

~ **off-gases** Reaktorabgase *npl*

~ **operating face** Reaktor-
bedienungsbühne *f*

~ **operating temperature**
Reaktorbetriebstemperatur *f*

~ **operation** Reaktorfahrt *f*,
Reaktorbetrieb *m*

~ **operator** 1. Reaktorfahrer *m;*
2. Reaktorbetreiber *m*

~ **outlet pressure** Reaktor-
austrittsdruck *m*

~ **outlet temperature** Reaktor-
austrittstemperatur *f*

~ **outlet valve** Reaktoraustritts-
ventil *n*

~ **overpower** Reaktorüberlast *f*

~ **period** Reaktorperiode *f*

~ **physics** Reaktorphysik *f*

~ **pipe rupture safeguard**
Reaktorrohrbruchsicherung *f*

~ **plant** Reaktoranlage *f*

~ **plant average temperature**
Durchschnittstemperatur *f* der
Reaktoranlage

~ **plant drain and vent system**
System *n* zur Entwässerung,
Entleerung und Entlüftung

~ **plant emergency cooling water
tank** Reaktoranlagen-Not-
kühlwasserbehälter *m*

~ **plug positioning** Reaktordreh-
deckelpositionierung *f*

~ **poison** SYN. **(nuclear) poison**
Reaktorgift *n*, Neutronen-
gift *n*

~ **power** Reaktorleistung *f*

~ **power change** Reaktor-
leistungsänderung *f*

~ **power control system**
Leistungsregeleinrichtung *f*
des Reaktors

~ **power cutback system**
Reaktorleistungs-Rückstell-
system *n*

~ **power excursion** Reaktor-
leistungsexkursion *f*

~ **power level** Reaktorleistungspegel m

~ **power level setback** Reaktorleistungsabsenkung f

~ **power limiter** Reaktorleistungsbegrenzung f, RELEB

~ **power steaming rate** Reaktordampfleistung f

~ **preoperational test** vorbetriebliche Reaktorprüfung f

~ **pressure circuit** (UK) Reaktordruckkreislauf m

~ **pressure drop** Reaktordruckabfall m

~ **pressure vessel, RPV**
1. Behälterunterteil n;
2. Reaktordruckbehälter m, RDB
~ **with internals** Reaktordruckgefäß n mit Einbauten

~ **pressure vessel fabrication** RDB-Fertigung f

~ **pressure vessel steel liner** Reaktordichthaut f

~ **pressure vessel venting system** Entlüftungssystem n für RDB

~ **primary coolant** Primärreaktorkühlmittel n

~ **primary cooling system** Reaktor-Primärkühlsystem n

~ **protection board** Reaktorschutztafel f

~ **protection channel** Reaktorschutzkanal m

~ **protection logic** Reaktorschutz-Verknüpfungsschaltung f

~ **protection panel** Reaktorschutztafel f

~ **protection system** Reaktorschutzsystem n

~ **protection system coincidence feature** Reaktorschutzsystem-Koinzidenz f

~ **protection system M-G set** Reaktorschutzsystem-Umformersatz m

~ **protection system scram trip circuit** Reaktorschutzsystem-Schnellabschaltungs-Auslöseschaltung f

~ **protective action** Reaktorschutzhandlung f, Reaktorschutzmaßnahme f

~ **prototype** Reaktorprototyp m

~ **pump primary loop** (PWR) Primärkreislauf-Reaktorpumpe f

~ **quality water** Reaktorqualitätswasser n

~ **radiation field** Reaktorstrahlungsfeld n

~ **rating** Reaktor(nenn)leistung f

~ **recirculation flow control valve** Reaktorumwälzstrom-Regelarmatur f

~ **recirculation line** Reaktor-Umwälzleitung f

~ **recirculation pump** Reaktorumwälzpumpe f, Reaktortreibwasserpumpe f (SWR)

~ **recirculation pump motor cooler** Motorkühler m für Reaktortreibwasserpumpe

~ **refueling** BE-Wechsel m des Reaktors, Reaktor-BE-Wechsel m

~ **refueling canal** Reaktor-BE-

Wechselkanal *m*
~ **refueling plug** *(LMFBR)*
BE-Wechsel-Reaktordreh-
deckel *m*
~ **relief valve** Reaktor-
entlastungsventil *n*
~ **regulating system** Reaktor-
regelsystem *n*
~ **residual heat generation**
Reaktor-Restwärme-
erzeugung *f*
~ **residual heat removal system**
Reaktorabschaltkühl-
system *n*, Reaktornachkühl-
system *n*
~ **restart** Wiederanfahren *n* des
Reaktors
~ **roof** Reaktordecke *f*
~ **rotating plug** Reaktordreh-
deckel *m*
~ **runaway** Durchgehen *n* des
Reaktors
~ **rundown** Herunterfahren *n*
des Reaktors, Reaktor-
Leistungsabsenkung *f*
~ **safety** Reaktorsicherheit *f*
~ **safety analysis** Reaktorsicher-
heitsanalyse *f*
~ **safety circuit** Reaktorsicher-
heitsschaltung *f*
~ **safety engineering** Reaktor-
sicherheitstechnik *f*
~ **safety fuse** Reaktorschutz-
sicherung *f*
~ **safety system** Reaktorsicher-
heitssystem *n*
~ **scram** SYN. **reactor trip**
Reaktorschnellabschaltung *f*,
-schnellschluß *m*
~ **scram system** Reaktorschnell-
abschaltsystem *n*

~ **section** *(of a nuclear plant)*
Reaktorteil *m*
~ **service building** *(LMFBR)*
Reaktorbetriebsgebäude *n*,
Reaktornebenanlagen-
gebäude *n*
~ **service building bridge crane**
Reaktorbetriebsgebäude-
Brückenkran *m*
~ **service crane** Reaktorgebäudekran *m*
~ **servicing** Reaktorwartung *f*
~ **shielding** Reaktor-
abschirmung *f*
~ **shim(ming)** Trimmung *f* des
Reaktors
~ **shutdown** Reaktor-
abschaltung *f*
~ **shutdown cooling system**
Leerlaufkühlanlage *f*
~ **shutdown period** Reaktor-
abschalt-, -stillstandszeit *f*
~ **shutdown pump** Reaktor-
Abfahrpumpe *f*
~ **shutdown system** Reaktor-
abschaltsystem *n*
~ **simulator** Reaktorsimulator *m*
~ **site soils investigation**
Reaktorstandort-Boden- *oder*
-Baugrunduntersuchung *f*
~ **stability** Reaktorstabilität *f*
~ **standby liquid control system**
Reaktornotabschaltsystem *n*
~ **start up** Anfahren *n* des
Reaktors, Reaktoranfahren *n*,
Reaktorstart *m*
~ **from a cold condition**
A. aus dem kalten Zustand,
Reaktor-Kaltstart *m*
~ **steam quantity** Reaktor-
dampfmenge *f*

~ **stretch (capability)** später erreichbare Reaktorleistung *f*

~ **structure** Reaktorkonstruktion *f*

~ **support pedestal** Reaktorauflager *n*

~ **surveillance** Reaktorüberwachung *f*

~ **surveillance program** Reaktorwerkstoff-Überwachungsprogramm *n*

~ **system** Reaktorsystem *n*

~ **system appurtenances** Reaktorsystemzubehör *n*, zum Reaktorsystem gehörige Anlagen *fpl*

~ **tank** Reaktortank *m*

~ **tank flange** Reaktortankflansch *m*

~ **technology** Reaktortechnik *f*

~ **temperature rise** Reaktortemperaturanstieg *m*

~ **theory** Reaktortheorie *f*

~ **thermal margin** thermischer Sicherheitsabstand *m* des Reaktors

~ **thermal power** Reaktorwärmeleistung *f*

~ **time constant** Reaktorzeitkonstante *f (DIN)*

~ **transient behaviour** Übergangsverhalten *n* des Reaktors

~ **trip** SYN. ~ **scram** Reaktorschnellabschaltung *f*, Reaktorschnellschluß *m*
  automatic ~ **trip** (*or* scram) automatische R.
  redundant ~ **trip** (*or* scram) redundante R.

~ **trip breaker** Reaktorschnellschlußschalter *m*

~ **trip signal** Reaktorschnellschlußsignal *n*

~ **upper internals** obere Reaktoreinbauten *mpl*

~ **upper/lower storage stand** Abstellvorrichtung *f* für Kerneinbauten

~ **vault** SYN. ~ **cavity** *(SGHWR)* Reaktorgrube *f*

~ **vault room** *(NPDR)* Reaktorgrubenraum *m*

~ **vendor** *(US)* Reaktorlieferer *m*, Reaktorlieferfirma *f*

~ **vessel** Reaktor(druck)behälter *m*, -gefäß *n*

~ **vessel bolting flange** Druckgefäßflanschring *m*

~ **vessel cavity** Reaktorgrube *f*

~ **vessel closure seal** Reaktordeckeldichtung *f*

~ **vessel closure stud** Druckgefäßschraube *f*, RDB-Deckelschraube *f*

~ **vessel cooldown rate** Reaktorbehälter-Abkühl(ungs)geschwindigkeit *f*

~ **vessel design** Druckgefäßauslegung *f*

~ **vessel emergency cooling coil** *(HTGR)* Reaktorbehälter-Notkühlschlange *f*

~ **vessel emergency cooling system** *(HTGR)* Reaktorbehälter-Notkühlsystem *n*

~ **vessel externals** *(US)* Reaktorbehälter-Außenteile *npl*

~ **vessel flange** Reaktorbehälter-

flansch *m*
~ **vessel flange seal leak
detection tubing**
RDB-Flansch-Zwischen-
absaugeröhrchen *n*
~ **vessel head** Reaktorbehälter-
boden *m*
~ **vessel head center disc**
(*Westinghouse PWR*)
Deckelkalotte *f*
~ **vessel head closure high
pressure seal leak** Leck *f* in
der RDB-Deckel-HD-
Dichtung
~ **vessel head flange** Reaktordeckelflansch *m*
~ **vessel head lay-down area**
Deckelabstellplatz *m*
~ **vessel head lifting device**
(*Westinghouse PWR*)
Reaktordeckel-Hebetraverse
f, Hebevorrichtung *f*
~ **vessel head removal** Abneh-
men des Reaktordeckels *m*
~ **vessel head storage and
decontamination area**
RDB-Deckelabstell- und
Dekontaminierplatz *m*
~ **vessel head storage ring**
Abstellvorrichtung *f* für
Reaktordruckbehälterdeckel
~ **vessel head storage stand**
(*Westinghouse PWR*)
Abstellvorrichtung *f* für
Druckbehälterdeckel
~ **vessel head vent valve**
Reaktordeckel-Entlüftungs-
armatur *f*
~ **vessel insulation**
RDB-Isolierung *f*
~ **vessel internals**

RDB-Einbauten *mpl*
~ **vessel internals lifting rig**
(*Westinghouse PWR*)
RDB-Einbauten-
Hebegeschirr *n*
~ **vessel penetration**
Durchdringung *f* der Reaktor-
gefäßwand
~ **vessel rupture** Reaktor-
behälterbruch *m*
~ **vessel servicing equipment**
RDB-Wartungseinrichtungen
fpl
~ **vessel support lug** Behälter-
auflagepratze *f*
~ **vessel shell insulation**
RDB-Unterteilisolierung *f*
~ **vessel shipment** Reaktor-
behälterversand *m*
~ **vessel shipping cover**
Transportdeckel *m* für das
Unterteil
~ **vessel shipping frame**
(*Westinghouse PWR*)
Tragrahmen *m* für Reaktor-
behälter-Unterteil
~ **vessel shipping skid**
Tragkufenrahmen *m* für
Druckbehälterunterteil
~ **vessel stud tensioner**
RDB-Schraubenspann-
vorrichtung *f*
~ **vessel supports** Behältertrag-
konstruktion *f*
~ **vessel support shoe** Reaktor-
behälterauflager *n*
~ **vessel surveillance** Reaktor-
behälter-Werkstoff-
überwachung *f*
~ **vessel surveillance capsule**
Reaktorbehälter-Werkstoff-

überwachungskapsel *f*
~ **vessel surveillance specimen holder tube** RDB-Überwachungsproben-Halte(r)rohr *n*
~ **vessel to refueling cavity seal** SYN. ~ **cavity seal ring** Dichtmembran(e) *f* für RDB-Gebäudeanschluß
~ **vessel torus support** Reaktor-ringauflager *n*
~ **vessel water level** Reaktor-wasserstand *m*
~ **vessel water level instrument** RDB-Wasser(füll)stand-Meßgerät *n*
~ **water clean-up filter** Reaktor-wasserreinigungsfilter *m, n*
~ **water clean-up heat exchanger** Reaktorwasserreinigungs-kühler *m*
~ **water inventory** Reaktor-Wasserinhalt *m*
~ **water purity** Reaktorwasser-reinheit *f*
~ **water recirculation system** *(BWR)* teilintegriertes Reak-tor-Zwangsumlaufsystem *n*
~ **water temperature** Reaktor-wassertemperatur *f*
~ **well** *(BWR)* Flutraum *m,* Reaktorbecken *n*
~ **well closure concrete slabs** Betonplatten *fpl* über Flutraum
~ **well cover** Flutraum-abdeckung *f*
~ **well drain pump** Flutraum-absaugpumpe *f*
~ **well flooding** Reaktorflutung *f*
~ **well wall** *(BWR)* Flutraum-

wand *f*
~ **year** Reaktorjahr *n*
~ **zone** Reaktorzone *f*
readiness status Bereitschaft *f,* Bereitschaftszustand *m*
read-out equipment Auslesegerät(e) *n(pl),* optisches Anzeigegerät *n*
~ **for wire calibration** Draht-Eichsystem *n*
ready for insertion einbaufertig
~ **into the reactor** bereit zum Einsetzen in den Reaktor *(BE)*
rearrangement Umladen *n*
reattainment of full power after refueling Wiedererreichen *n* der vollen Leistung nach dem BE-Wechsel
reboil heat exchanger Nachkochwärmetauscher *m*
reboiler Nachkocher *m*
~ **type evaporator** Nachkoch-verdampfer *m*
receipt of a signal Eingang *m* eines Signals, Aussteuerung *f*
receive *v* **the closure studs** *(RPV flange)* die Deckelschrauben *fpl* aufnehmen
receiver tank pump Auffang-behälterpumpe *f*
~ **vessel** *(SGHWR gas control system)* Auffangbehälter *m,* Windkessel *m*
~ **volume** Aufnahmevolumen *n*
receiving point Aufpunkt *m (für radioakt. Teilchen)*
~ **room crane** Eingangsraum-kran *m*

~ **station** Eingangsstation f (für neue BE)

~ **store** Eingangslager n

~ **tank** Auffangbehälter m

~ **trough** Auffangtrog m

~ **water body** (for liquid wastes) (US) Vorfluter m

rechanneling (BWR) Aufsetzen n neuer BE-Kästen

reciprocal diffusion length reziproke Diffusionslänge f (DIN)

recirculated air cooler Umluftkühler m

~ **air cooler battery** Umluftkühlerbatterie f

recirculating containment clean-up Sicherheitshüllen-Umluftreinigung f

recirculating fan Umluftventilator m

~ **loop** Umwälzkreislauf m, -schleife f

recirculation 1. Umlauf m; 2. Rezirkulation f

~ **of the shield water through an external cooling system** Umwälzung f des Abschirmwassers oder Schildkühlwassers durch einen äußeren Kühlkreislauf

~ **blower** Umluftgebläse n

~ **capacity** Umwälz(ungs)-leistung f

~ **control** (BWR) Umlaufregelung f

~ **cooler** Rückkühler m

~ **cooling water** Rückkühlwasser n

~ **downcomer annulus** (BWR) Umwälz-Fallstromring m

~ **flow** Zwangsumwälzungsmenge f, Umwälzmenge f

~ **flow control** (BWR) Umlaufregelung f, Zwangsumwälzregelung f

~ **flow control system** (BWR) Kühlmittelumlauf-Regelsystem n

~ **flow control valve** Zwangsumlauf-Regelventil n

~ **flow rate** Reaktorumwälzungsmenge f

~ **inlet nozzle** Treibwassereintrittsstutzen m

~ **inlet plenum** Treibwasser-Eintrittssammelraum m

~ **line** Zwangsumlaufleitung f (SWR); Rücklaufleitung f

~ **line strainer** (PWR SIS) Sieb n in der Rücklaufleitung

~ **loop** (BWR) Zwangsumlaufschleife, (externe) Umwälzschleife f

~ **loop discharge valve** Umwälzkreislauf-Ablaßventil n

~ **loop piping** Umwälzrohrleitung f

~ **nozzle** Treibwasserstutzen m

~ **pump** 1. Umwälzpumpe, Zwangsumlaufpumpe f (SWR); 2. Rückspeisepumpe f (DWR)

variable speed ~ **p.** drehzahlgeregelte U.

~ **pump motor** Umwälzpumpmotor m

~ **outlet nozzle** Zwangsumlaufaustrittsstutzen m

~ **ratio** Umwälzverhältnis n

~ **subsystem** (PWR SIS) Rückspeise-Untersystem n

~ **system flow valve controller**
Umwälzsystem-Durchfluß-
armaturenregler *m*

~ **valve** Umwälzschieber,
Zwangsumlaufschieber *m*

~ **water** Umwälzwasser *n*

~ **water flow** Umwälzwasser-
menge *f*

~ **water pump** Treibwasser-
pumpe *f*

~ **water side stream
demineralizer system** *(HWR)*
Nebenschluß-Vollentsalzungs-
anlage *f* für Rücklaufwasser

recoating facility *(precoat filter)*
Neu-Anschwemmanlage *f*,
-station *f*

recoil Rückstoß *m*

~ **effect** Rückstoßeffekt *m*

~ **motion** Rückstoß-
bewegung *f*

~ **proton** Rückstoßproton *n*

recombination Rekombination *f*

~ **of D$_2$O** D$_2$O-R.

~ **coefficient** Rekombinations-
koeffizient *m (DIN)*

~ **condenser** Rekombinations-
kondensator *m*

~ **rate** Rekombinationsrate *f*

~ **unit SYN. recombiner unit**
Rekombinationsanlage *f*

recombiner Rekombinator *m*

~ **and off-gas system**
Rekombinations- und Abgassystem *n*

~ **bed volume change** Volumen-
änderung *f* des
Rekombinationsbettes

~ **efficiency** Rekombinations-
wirkungsgrad *m*

~ **effluent** Ausfluß *m* aus der
Rekombinationsanlage

~ **gas discharge**
Rekombinationsanlagen-
Gasabgabe *f*

~ **loop** Rekombinationskreislauf *m*

~ **system** Rekombinationsanlage *f*

~ **train** Rekombinationsstrang *m*

~ **unit** Rekombinationseinheit *f*,
-anlage *f*

recommended limits empfohlene
Grenzwerte *mpl*

recondenser plant Rück-
verflüssigungsanlage *f*

**reconversion of the UF$_6$ to
sinterable UO$_2$**
Rückwandlung *f* des UF$_6$ in
sinterfähiges UO$_2$

**recorded irradiation history of
a control rod** aufgezeichnete
Bestrahlungsgeschichte *f* eines
Steuerstabes

**recovered demineralized water
tank** *(SGHWR)* Behälter *m*
für rückgewonnenes Deionat

recovery 1. Erholung *f*;
2. Rückgewinnung (Wärme) *f*

~ **of heavy water escaping from
the process** R. *f* von aus dem
Betrieb entweichendem
Schwerwasser

~ **of uranium** R. von Uran *(aus
abgebrannten BE)*

~ **TV hoist and grab** Bergungs-
einheit *f* mit Fernsehkamera

recriticality Neukritikalität *f*,
erneutes *oder* Wiederkritisch-
werden *n*

recrystallization
Auskristallisation *f*

rectangular section tube

Rechteckrohr, Rechteck-
profilrohr *n*

rectification 1. Rektifikation *f;*
2. Gleichrichtung *f*

~ **column SYN. rectifying
column** Rektifizierkolonne *f*

~ **process** Rektifiziervorgang *m*

rectifier thyristor Gleichrichter-
thyristor *m*

rectilinear travel geradliniges
Fahren *n*

recuperative heat exchanger
Rekuperativwärmetauscher *m*

~ **heater** Rekuperativ-
vorwärmer *m*

recuperator Rekuperator *m*

recycle holdup tank Rückführ-
Sammel- *oder* -Verweil-
behälter *m*

~ **mixed oxide core** Rückführ-
Mischoxidkern *m*

~ **pump** Rückspülpumpe *f*

recycled fuel aufgearbeitetes
Spaltmaterial *n*

~ **material** rückgeführtes
Material *n*

recycling Rückführung *f*,
Wiedereinsetzung *f*

~ **of plutonium** Plutonium-
Rückführung *f*

redistributor Kapillare *f*,
Nachverteiler *m*

reduce *v* **recirculation flow in
steps** die Umwälzmenge *f*
schrittweise verringern

~ **the error signal to zero** das
Störwertsignal *n* auf Null
verringern

~ **the explosion hazard** die
Explosionsgefahr
(ver)mindern (*oder* verringern)

~ **the reactor power from full
power to zero** die Reaktorleistung *f* von Vollast auf Null
reduzieren

reduced pressure zone (*double
containment*) Zone *f*
minderen Druckes

**reduction in local power peaking
factor due to U-235 depletion**
Verringerung *f* des örtlichen
Heißstellenfaktors infolge von
U-235-Abreicherung

~ **in refueling time** Reduzierung
f der BE-Wechselzeit

~ **of area** Einschnürung *f*

~ **of availability** Verfügbarkeits-
minderung *f*, Bereitschafts-
minderung *f*

redundancy Redundanz *f*

~ **of components and power
sources** R. von Anlageteilen
und Stromquellen

redundant circuit redundante
Schaltung *f*

~ **design** Mehrfachauslegung *f*,
redundante Auslegung *f*

redundantly designed redundant
ausgelegt

re-embrittlement Wieder-
versprödung *f*

re-entrant einspringender
Winkel *m*

~ **flow of gas** Direktkühl-
gasstrom *m*, Gaswieder-
eintritt *m*

re-entry Wiedereintritt *m*

re-establish *v* **normal water
chemistry** die normale
Wasserchemie *f* wiederher-
stellen

reference cycle Referenzzyklus *m*

~ **design** *(of a nuclear power station)* Referenzauslegung *f*, Referenzkonstruktion *f*

~ **incident pressure** *(containment system)* Störfall-Bezugsdruck *m*

~ **stack** Bezugskamin *n*

~ **system** Bezugssystem *n*

~ **vessel method** *(containment leak rate test)* Vergleichsmethode *f*

~ **volume joint** Referenz-volumenfuge *f*

refill *v* the reactor vessel den RDB wieder auffüllen

refill of the vessel Wieder-auffüllen *n* des RDB

refit *(of a reactor)* SYN. **retrofitting, backfitting** Nach-, Umrüsten *n*, -rüstung *f*

reflection coefficient SYN. **albedo** Reflektionskoeffizient *m*, Albedo *f*

reflector Reflektor *m*

~ **blanket** Reflektormantel *m*

~ **block** *(HTGR)* Reflektor-block *m*

~ **bow** (Ver)Biegen *n* des R-s

~ **control** Reflektorsteuerung *f*

~ **element** Reflektorelement *f*

~ **graphite** *(HTGR)* Reflektor-graphit *m*

~ **material** Reflektormaterial *n*

~ **region** Reflektorzone *f*

~ **rod** Reflektorstab *m*

~ **saving** Reflektorersparnis *f* *(DIN)*

~ **seal** Reflektordichtung *f*

~ **support** Reflektorstütze *f*

~ **thickness** Reflektordicke *f*,

-stärke *f*

reflood(ing) Neufluten *n*, Wiederbedeckung *f* *(des Reaktorkerns)*

reflood heat transfer mechanism Neufluten-Wärmeübergangs-mechanismus *m*

reflooding of the core Wieder-fluten *n* des Kerns

reflux Rückfluß *m*, Rücklauf *m*

~ **condenser** Rücklaufkonden-sator *m*

~ **liquid** Rücklaufflüssigkeit *f*

~ **pump** (D_2O-)Rücklauf-pumpe *f*

~ **ratio** Rückflußgrad *m*

refluxing vapo(u)r trap *(LMFBR)* Rückverflüs-sigungs-Brüdenfalle *f*

refractory SYN. **fire resisting** feuerhemmend, feuerfest

~ **poison material** *(HTGR)* feuerfestes Neutronengift-*bzw.* Absorbermaterial *n*

refrigerant Kältemittel *n*

~ **loop** Kältemittelkreislauf *m*

refrigerating system Freon-12 circulating pump Freon-12-Umwälzpumpe *f* der Kälte-anlage

~ **system oil separator** Kälte-anlagen-Ölabscheider *m*

~ **unit** Kälteaggregat *n*

refrigeration chamber Kältekammer *f*

~ **plant** *(or* system*)* Kälte-anlage *f*

refuel *v* Brennelemente *npl* wechseln, nachladen

refuel(l)ing Neubeschickung *f*, Nachladen *n*, Brennelement-

wechsel *m*, BE-Wechsel
dry ~ trockener
BE-Wechsel
wet ~ nasser BE-Wechsel
~ **access platform** *(SGHWR)*
BE-Wechsel-Zugangsbühne *f*
~ **and fuel element storage pond**
(SGHWR) BE-Wechsel- und
Lagerbecken *n*
~ **and shuffling scheme** Belade-
und Umsetzschema *n*
~ **batch size** Größe *f* der
Nachladung
~ **bellows** *(BWR)* Abdichtung *f*
für Brennstoffwechsel,
Brennstoffwechselbalg *m*,
Flutraumabdichtung *f*,
Dichtmembran *f* zwischen
RDB und Reaktorraumboden
~ **boron concentration**
BE-Wechsel-
Borkonzentration *f*
~ **bridge** Brennstoffwechsel-
brücke *f*, Brennelement-
Bedienungsbühne *f*
~ **bridge hoist** Hebevorrichtung
f der Brücke
~ **building** Beckenhaus *n*,
Brennstoffwechselgebäude *n*
~ **canal** *(PWR)* Entladungskanal
m, BE-Wechsel-Kanal *m*,
BE-Schleuskanal *m*
~ **canal fill and drain line**
BE-Schleuskanal-Füll- und
Entleerungsleitung *f*
~ **canal level alarm**
BE-Wechselkanal-
Wasserstand-Warnmeldung *f*
~ **cavity** *(Westinghouse PWR)*
Reaktorbecken *n*
~ **cavity fill line** Reaktorbecken-

füllleitung *f*
~ **cavity fill pump** Reaktor-
beckenfüllpumpe *f*
~ **cavity floor** Reaktorbecken-
boden *m*
~ **cavity lining** Reaktorbecken-
beschichtung *f*
~ **closure** *(HWR)* Beladedeckel *m*, Beladeverschluß *m*
~ **concept** Nachladekonzept *n*
~ **critical path** kritischer Weg *m*
für den BE-Wechsel
~ **cycle** Beladungszyklus *m*
~ **equipment** BE-Wechsel-
einrichtung(en) *f(pl)*
~ **face** BE-Wechselbühne *f*
~ **flask** Wechselflasche *f*
~ **floor** Ladebühne *f*,
Ladeflur *m*
~ **grapple** Nachladegreifer,
BE-Wechselgreifer *m*
~ **hatch** *(BWR, CRFR)*
Beladeöffnung *f*
~ **hatch cover** *(BWR, CRFR)*
Beladedeckel, Deckel *m* der
Beladeöffnung
~ **hatch floor tilting mechanism**
(CRFR) BE-Wechsel-
schleusenflur-Schwenk-
mechanismus *m*
~ **hot cell** *(LMFBR)* heiße
Zelle *f* für BE-Wechsel *m*
~ **hot cell crane** BE-Wechsel-
Heißzellenkran *m*
~ **hot cell roof port** Decken-
öffnung *f* der heißen
BE-Wechselzelle
~ **incident** BE-Wechsel-
Zwischenfall *m*
~ **interlocks** Verriegelungen *fpl*
während des Brennstoff-

wechsels

~ **interval** Zeit *f* zwischen BE-Wechseln, Reaktorreisezeit *f*

~ **machine** Beschickungsmaschine *f*, BE-Wechselmaschine *f*, Lademaschine *f*

~ **machine cooling and purge system** Lademaschinenkühl- und -spülsystem *n*

~ **machine maintenance compartment** Lademaschinenwartungsraum *m*

~ **machine platform** BE-Wechselmaschinenbühne *f*

~ **machine pond bridge** *(PWR)* BE-Manipulierbrücke *f*

~ **machine repair compartment** Lademaschinereparaturraum *m*

~ **method** Brennstoffelementwechselverfahren *n*, -methode *f*

~ **operation** BE-Wechselvorgang *m*, Beschickungsvorgang *m*

~ **outage** Stillstand *m* für BE-Wechsel

~ **period** BE-Wechselzeit *f*

~ **pit** Reaktorbecken *n*

~ **plan** Beschickungs-, Lade-, Nachlade- *m*, Brennelementwechselplan *m*

~ **platform** BE-Wechselbühne *f*

~ **platform travel** Verfahrweg *m* der BE-Wechselmaschine

~ **plug** *(SGHWR)* BE-Wechselstopfen *m*

~ **pond** *(SGHWR)* BE-Wechselbecken *n*

~ **pond closure unit** BE-Wechselbeckenverschluß *m*

~ **pond purification plant** Beckenwasserreinigung-(sanlage) *f*

~ **pool** BE-Wechselbecken *n*, BE-Ladebecken *n*

~ **port** Beladeöffnung, BE-Wechselöffnung *f*

~ **procedure** BE-Wechselvorgang *m*, Beschickungsvorgang *m*

~ **pump** Beckenwasser-(umwälz)pumpe *f*

~ **pump filter** Beckenwasserpumpenfilter *m*, -pumpe *f*

~ **replacement batch** Nachladungsmenge *f*

~ **schedule** BE-Wechselplan *m*

~ **scheme** Beschickungsplan *m*

~ **seal ledge** *(PWR)* Anschlußring *m* für die Dichtmembrane

~ **sequence** BE-Wechselfolge *f*

~ **shutdown** Abschaltung *f* oder Stillsetzung *f* zum BE-Wechsel

~ **slot** Ladeschleuse *f*

~ **slot gate** Ladeschleusentor *n*, BE-Beckenschütz *n*

~ **space** BE-Wechselraum *m*

~ **station** *(LMFBR)* BE-Wechselstation *f*

~ **system** *(BWR)* Beschickungseinrichtung *f*, BE-Wechselsystem *n*

~ **task** BE-Wechselaufgabe *f*

~ **technique** Beladetechnik, BE-Wechselmethode *f*

~ **time** BE-Wechselzeit *f*

~ **tool** BE-Wechselgerät *n*

~ **transfer canal** *(PWR)*
BE-Wechselkanal *m*

~ **tube** BE-Wechselrohr *n*

~ **water** Flutwasser *n*

~ **water line** *(PWR)* Flutwasser-
leitung *f*

~ **water pump** (Reaktorraum)-
Füllpumpe *f*

~ **water purification pump**
(Westinghouse PWR)
Beckenwasserreinigungs-
pumpe *f*

~ **water storage tank** *(PWR)*
Borwasserflutbehälter *m*,
Flutbehälter *m*

~ **water system** Beckenwasser-
system *n*, Flutsystem *n*

~ **water tank** Beckenwasser-
behälter *m*, Flutwasser-
behälter *m*

regenerable candle-type filter
regenerierbarer Kerzen-
filter *m*

regenerant (chemical)
Regeneriermittel *n*

~ **mixing vessel** Regenerier-
mittel-Ansetzbehälter *m*
(oder -Mischbehälter)

~ **pump** Regenerierpumpe *f*

~ **proportioning pump**
Regeneriermitteldosier-
pumpe *f*

~ **solution** Regenerier(mittel)-
lösung *f*

~ **waste treatment system**
Regenerierabwasser-
Aufbereitungssystem *n*

regenerating gas cooler
Regeneriergaskühler *m*

~ **gas heater** Regeneriergas-

erhitzer *m*

regeneration 1. Aufarbeitung *f*,
Reinigung *f*; 2. *(Ionenaustauscher)* Regenerierung *f*

~ **cycle (for boron recovery)**
Regenerierzyklus *m* (für
Borrückgewinnung)

~ **loop** Regenerations-
kreislauf *m*

~ **section** *(HTGR helium
purification system)*
Regenerationsteil *m*,
Regenerierteil *m*, -anlage *f*

~ **wastes** Regenerierabwässer
npl

regenerative cycle Regenerativ-
prozeß *m*

~ **heat exchanger, RHX**
Regenerativ-Wärme(aus)-
tauscher *m*

~ **heat exchanger relief valve**
Regenerativ-Wärmetauscher-
Entlastungsventil *n*

region *(in reactor core)* Zone *f*

~ **boundary** Zonengrenze *f* *(im
Kern)*

register *v* **with s.th.** 1. in etwas
einrasten; 2. mit etwas
zusammenfassen

regular a-c power sources
reguläre Wechselstromquellen
fpl

**regularly scheduled shutdowns
for inspections** regelmäßig
eingeplante Abschaltungen *fpl*
für Revisionen

regulate *v* **the power distribution
within the core** die Leistungsverteilung *f* innerhalb des
Kerns regeln

regulating element Feinsteuer-

element *n*
~ **member** Feinsteuerteil *n*
regulating rod
Feinsteuerstab *m*
regulatory agency (US)
Genehmigungsbehörde *f*
~ **guide** Genehmigungsrichtlinie
f (der USNRC)
~ **process** Genehmigungsverfahren *n*
rehearsal shaft *(for refueling*
machine) Exerzierschaft *m*
reheat drain tank *(PWR)*
Zwischenüberhitzer-
Kondensatbehälter *m*
reheater Zwischenüberhitzer *m*
~ **unit** Zwischenüberhitzer-
einheit *f*
re-inert *v* reinertisieren
re-inerting Reinertisierung *f*
reinforced concrete cell below
the operating floor *(LMFBR)*
Stahlbetonzelle *f* unter der
Bedienungsbühne
~ **concrete missile shielding**
cylinder Stahlbeton-
Trümmerschutzzylinder *m*
~ **concrete pressure containment**
Stahlbeton-Volldruck-Sicher-
heitshülle *f*
~ **concrete shield (building)**
(äußere) Stahlbetonhülle *f*,
Stahlbeton-Sekundär-
abschirmung *f*
reinforcing bar anchoring ring
Bewehrungsstahl-
Verankerungsring *m*
~ **collar** Verstärkungskragen *m*
~ **ring** Verstärkungsring *m*
re-insertion *(of fuel into the*
reactor) Wiedereinsetzen *n*

reject condenser *(CANDU*
reactor) Notkondensator *m*,
Überschußkondensator *m*
~ **steam** Abblasedampf *m*
~ **steam heat load**
Abblasedampf-Wärme-
belastung *f*
rejection of heat to the pond
(SGHWR) Wärmeabfuhr *f*
zum BE-Becken
related electrical systems
zugehörige elektrische
Systeme *npl*
~ **service systems** *(ANS)*
zugehörige Versorgungs-
systeme *npl*
relationship of flow to power
Beziehung *f* der Menge zur
Leistung
relative assembly power
relative BE-Leistung *f*
~ **assembly power peaking**
factor relativer BE-Heiß-
stellenfaktor *m*
~ **atomic mass SYN.** ~ **particle**
mass relative Teilchenmasse *f*
(*oder* Atommasse) *(DIN)*
~ **biological effectiveness, RBE**
relative biologische
Wirksamkeit *f*, RBW
~ **conversion ratio** *(fuel)*
relatives Konversions-
verhältnis *n*
~ **importance** relativer
Einfluß *m*
~ **kinetic energy** relative
kinetische Energie *f*
~ **particle mass SYN.** ~ **atomic**
mass relative Teilchen-,
Atommasse *f*
relaxation effect Relaxations-

effekt _m_
~ **length** Relaxationslänge _f_
~ **process** Relaxations-
    vorgang _m_
~ **time** Relaxationszeit _f_
release _v_ freisetzen, freigeben,
    abgeben
~ **radioactivity to the river**
    Radioaktivität _f_ in den Fluß a.
release/birth rate R/B-Wert _m_,
    Freisetzungsrate _f_
~ **of airborne waste into the**
    atmosphere Abgabe _f oder_
    Ableitung _f_ von
    freischwebenden Abfällen in
    die Atmosphäre
~ **of fission products to the**
    environment _(in the event of_
    an accident) Abgabe _f_ von
    Spaltprodukten an die
    Umgebung
~ **of large amounts of**
    radioactivity Freisetzung _f_
    großer Mengen (von)
    Radioaktivität
~ **of liquid and gaseous**
    radioactive wastes to the
    environment Abgabe _f_
    flüssiger und gasförmiger
    radioaktiver Abfälle an die
    Umgebung
~ **of radioactivity** Freiwerden _n_
    von Radioaktivität
~ **of radioactive materials to the**
    atmosphere Abgabe _f_
    radioaktiver Stoffe an die
    Atmosphäre
~ **of steam to the main**
    condenser Dampfabblasen _n_
    zum Hauptkondensator
~ **pathway** Abgabe-,

Freisetzungspfad _m_
~ **point of the off-gases**
    Abgabestelle _f_ der Abgase
~ **rate** Freisetzungsrate _f_
    ~ **of fission product gas** F.
    von Spaltproduktgas
~ **through fuel element failure**
    Freisetzung _f oder_ Abgabe _f_
    durch BE-Schaden
~ **to the environs**
    (environment) Abgabe _f_ in
    die Umgebung
released energy freigesetzte
    Energie _f_
~ **fission product** freigesetztes
    Spaltprodukt _n_
~ **upon a loss of power to the**
    coils _(PWR control rods)_
    freigegeben bei Ausfall des
    Stroms zu den Spulen
reliability analysis Zuverlässig-
    keitsanalyse _f_
~ **of functioning** Funktions-
    sicherheit _f_
~ **margin** Betriebssicherheits-
    spanne _f_
~ **test** Betriebssicherheits-
    prüfung _f_
relief _(of a volume of gas)_
    Abblasen _n_, Ablassen _n_
~ **duty** _(shift personnel)_
    Ablösung _f_
~ **line connection** _(PWR_
    pressurizer) Abblaseleitungs-
    anschluß _m_
~ **shift supervisor** Ablösungs-
    Schichtleiter _m_
~ **system** Entlastungssystem _n_
~ **valve** Abblaseventil _n_
~ **valve popping pressure**
    Abblase- _oder_ Ansprechdruck

m des Abblaseventils
~ **valve augmented bypass** Umführung *f* unter Verwendung von Abblaseventilen
relieve *v* **to the containment atmosphere** *(valve)* in die Sicherheitshüllenatmosphäre abblasen
relieving capacity *(valve)* Abblase- *oder* Ablaßleistung *f*
reline *v* neuauskleiden
reload *v* nachladen
reload *(of nuclear fuel)* Nachladung *f*
~ **assembly** Nachlade-BE *n*
~ **batch** Nachladelos *n*, Nachlademenge *f*
~ **core** Nachladekern *m*
~ **fuel** Nachladebrennstoff *m*
~ **position** Nachladeposition *f*
~ **region** Nachladezone *f*
reloading Wiederbeladung *f*, Nachladen *n*
~ **operation** Nachladevorgang *m*
~ **procedure** Nachlade-vorgang *m*
~ **scheme** Nachladeplan *m*
relocation *(of fuel assemblies)* SYN. **shuffling** Umsetzen *n* *(von BE im Kern)*
~ **area** *(for post-accident grouping of employees)* Ausweichzone *f*
rem (Röntgen equivalent man) Rem *n* (= rad x RBW)
remain *v* **undisturbed** ungestört bleiben
~ **within safe limits** *(reactivity increase rate)* innerhalb sicherer Grenzen *(oder*

Grenzwerte) bleiben
remedial maintenance Unterhalt *m* nach einem Ausfall, schadenbehebende Wartung *f*
remote actuated valve fernbetätigte Armatur *f*
~ **filter handling equipment** Filter-Fernmanipulieranlage *f*
~ **handling** Fernbedienung *f*, Fernhandhabung *f*
~ **handling device** Fern-bedienungswerkzeug *n*
~ **handling equipment** Fernbedienungsgeräte *npl*
~ **handling tool** Fernbedienungswerkzeug *n*
~ **maintenance** Fernwartung *f*
~ **maintenance equipment** Fernwartungsgerät(e) *n(pl)*
~ **manipulation** Fernbedienung *f*
~ **manual control** manuelle Fernsteuerung *f*
~ **manual control mode** manueller Fernsteuer(ungs)-betrieb *m*
~ **manual switch** Hand-Fernschalter *m*
~ **manual switch block valve** fernschaltbares Absperr-ventil *n*
~ **system** Fernbedienungs-system *n*
removable access plug *(in roof of shielded filter cell)* abnehmbarer Zugangs- *oder* Einstiegsstopfen *m*
~ **concrete block** Betonsetz-stein *m*
~ **concrete hatch cover** abnehm-barer Beton-Lukendeckel *m*
~ **concrete slab** abnehmbarer

Beton-Abdeckriegel *m*

~ **core basket** *(LMFBR)*
ausbaubarer Kernkorb *m*

~ **from the reactor** aus dem
Reaktor *m* ausbaubar

~ **gate** ausbaubares Schutztor *n*

~ **guard chain** abnehmbare
Schutzkette *f*

~ **hatch plug** abnehmbarer
Lukenverschlußstopfen *m*

~ **insulation for reactor vessel
head flange and closure studs**
(Westinghouse PWR)
abnehmbare Isolierung *f* für
Reaktordeckelflansch und
Deckelschrauben

~ **missile shield** *(PWR)*
versetzbarer Splitterschutz *m*

~ **slab** Abdeckriegel *m*

~ **spool piece** ausbaubares
Schieberstück *n*

removal Abführung *f*, Ausbau
m, Entnahme *f*

~ **from service** Außerbetrieb-
nahme *f*

~ **from the reactor** Ausbau aus
dem Reaktor

~ **of residual heat** Restwärmeabfuhr *f*

~ **of the reactor vessel head**
Absetzen *n* des (RDB-)
Deckels

~ **capacity** *(for water impurities)*
Abscheidefähigkeit *f*,
-vermögen *n*

~ **cross section** Removalquer-
schnitt *m*, Ausscheide-
querschnitt *m*

~ **diffusion method**
Removal-Diffusionsmethode *f*

~ **efficiency** *(of charcoal)*

Abscheidegrad *m*

remove *v* **decay and residual
heat** Nachzerfalls- und
Restwärme *f* abführen

~ **impeller, pump shaft and
bearings as a unit** Laufrad,
Pumpenwelle und Lager als
(ein) Ganzes ausbauen

~ **the turbine generator from the
distribution grid** den
Turbosatz *m* vom
Verteilungsnetz schalten

render *v* **the reactor sub-critical**
den Reaktor unterkritisch
machen

repair crew
Reparaturkolonne *f*

repair forecast voraussichtlicher
Reparaturumfang *m*

repeated impact test
Dauerschlagversuch *m*

**replaceable direct-immersion
electric heater** *(CE PWR)*
austauschbares direkt
eintauchendes elektrisches
Heizelement *n*

replenish *v* nachfüllen, erneuern

replica of existing designs Kopie
f bereits vorhandener
Konstruktionen

replicate plant (*or* unit)
Nachbauanlage *f*, -block *m*,
Nachbau *m*

reposition *v* verstellen

reposition *v* **control rods to
normal operating conditions**
Steuerstäbe *mpl* wieder in die
normale Betriebsstellung
bringen (*oder* verstellen)

~ **the turbine control valves** die
Turbinensteuerventile *npl*

verstellen
repositioning 1. Verstellung f,
Verstellen n; 2. Umsetzen n
(BE im Reaktorkern)
~ **rate** Verstellungsgeschwindig-
keit f
~ **schedule** (BE)-Umsetzplan m
reprocessing (of nuclear fuel)
SYN. fuel reprocessing
(Wieder)Aufarbeitung f
aqueous ~ wäßrige A.
~ **of depleted fuel** A. des
abgebrannten Brennstoffs
~ **loss** Aufarbeitungsverlust m
reproduction factor SYN.
multiplication factor Multi-
plikations- oder
Vermehrungsfaktor m
reproductive age
Fortpflanzungsalter n
required operator actions (ANS)
erforderliche Bedienungs-
handlungen fpl
reserve of energy Energie-
reserve f
reset time Nachstellzeit f
resetting of the LSD system
(SGHWR) Rückstellen n oder
Rückstellung f des Flüssig-
abschalt- oder Vergiftungs-
systems
reshuffle v **fuel** BE umsetzen
residence time (fuel in reactor)
SYN. dwell time (UK)
Einsatzzeit f, Verweildauer f
residual activity Restaktivität f
~ **and decay heat steam** (PWR)
Dampf m aus Rest- und
Zerfallswärme
~ **contamination** restliche oder
Restkontamination f

~ **current** Reststrom m
~ **drying** Resttrocknung f
~ **evaporator** Restverdampfer m
~ **fission product activity**
restliche Spaltprodukt-
aktivität f
~ **heat** Rest-, Nachwärme f
~ **heat exchanger** Abschalt-
wärmetauscher m (SWR),
Nachkühler m
~ **heat exchanger cooling water**
return line (Westinghouse
PWR) Nachkühlwasser-
Rücklaufleitung f
~ **heat exchanger cooling water**
supply line (Westinghouse
PWR) Nachkühlwasser-
Vorlaufleitung f
~ **heat generation** Restwärme-
erzeugung f, Nachwärme-
erzeugung f
~ **heat removal SYN. shutdown**
cooling Restwärmeabfuhr f,
Nachkühlung f; SWR:
Leerlaufkühlung f
~ **heat removal and suppression**
pool cooling system Abfahr-
und Druckabbaukammer-
Kühlsystem n
~ **heat removal condenser**
Nachkühlkondensator m
~ **heat removal control valve**
Nachkühlregelventil n
~ **heat removal exchanger**
service water discharge
Nachkühler-Nebenkühl-
wasser-Ablaß m
~ **heat removal facility**
Nachkühleinrichtung f
~ **heat removal feedwater pump**
Nachkühl-Speisewasser-

pumpe *f*
~ **heat removal loop** Nachkühlkreislauf *m*
~ **heat removal loop return line**
Nachkühlkreis-Rücklauf-
leitung *f*
~ **heat removal loop sample line**
Nachkühlkreis-Probenahme-
leitung *f*
~ **heat removal process**
Nachkühlvorgang *m*
~ **heat removal pump** Nachkühlpumpe *f*
~ **heat removal pump cooler**
Nachkühlpumpenkühler *m*
~ **heat removal pump shaft seal**
Nachkühlpumpen-Wellen-
dichtung *f*
~ **heat removal reducing station**
Nachkühlreduzierstation *f*
~ **heat removal service water**
pump *(BWR)* Nachkühl-
Nebenkühlwasserpumpe *f*
~ **heat removal system SYN.**
RHR system, RHRS
Nachkühlsystem *n*
~ **heat removal system pump**
motor cooler Nachkühl-
pumpen-Motorkühler *m*
~ **heat removal system seal**
water Nachkühlsystem-Sperr-
wasser *n*
~ **nucleus** Restkern *m*
residues Rückstände *mpl*
resin add tank Harzzusatz-
behälter *m*, Harzeinfüllbehälter *m*
~ **and filter media sluice waters**
Spülwässer *n* für Harz und
Filtermassen
~ **capsule** Harzkapsel *f*

~ **catcher** Harzfänger *m*
~ **deuterization plant**
Harzdeuterieranlage *f*
~ **exhaustion** Harzerschöpfung *f*
~ **fill** Harzfüllung *f*
~ **fill pump** Harzeinfüllpumpe *f*
~ **fill tank** Harzeinfüllbehälter *m*
~ **flushing pump** Harzspülpumpe *f*
~ **flush line** Harzspülleitung *f*
~ **hold-up tank** Harzsammel-
behälter *m*
~ **proportioning vessel**
Harzdosiergefäß *n*
~ **regeneration facility**
Harzregenerieranlage *f*
~ **removal capacity for boron**
Borabscheidefähigkeit *f* des
Harzes
~ **shipping container** Harz-
transportbehälter *m*
~ **sludge** Harzschlamm *m*
~ **sluice pump** Harzspülpumpe *f*
~ **sluice water** Harzspülwasser *n*
~ **sluicing line** Harzspülleitung *f*
~ **transfer line** *(SGHWR)*
Harzspülleitung *f*
~ **waste burial pit** Abfallharz-
gruft *f*
resin-water slurry Harz/Wasser-
Schlamm *m*
resistance Widerstand *m*
~ **to corrosion** Korrosions-
beständigkeit *f*
~ **to ground** Widerstand gegen
Erde
~ **to thermal stress** Widerstand
m gegen Wärmespannung
~ **coefficient** Widerstands-
beiwert *m*, Widerstands-
koeffizient *m*

~ **heating element** *(LMFBR)*
Heizwiderstand *m*

~ **temperature detector** Wider-
standstemperaturfühler *m*

resistant to leaching *(by water)*
auslaugungsfest *(gegen
Wasser)*

resolution *(referring to
measurements etc.)* Auflösung

resonance Resonanz *f*
  effective ~ effektive R.
  epicadmium ~ epikadmische
  R.
  excess ~ Überschußr.

~ **absorber** Resonanzabsorber *m*

~ **absorbing material** Resonanz-
absorptionsmaterial *n*

~ **absorption of neutrons** Neu-
tronenresonanzabsorption *f*

~ **capture of neutrons**
Neutronenresonanzeinfang *m*

~ **energy** Resonanzenergie *f*

~ **escape probability** Resonanz-
entkommwahrscheinlichkeit *f*,
Bremsnutzung *f*

~ **integral** Resonanzintegral *n*

~ **level** Kernresonanzniveau *n*

~ **neutron capture** Resonanz-
neutroneneinfang *m*

~ **neutrons** Resonanzneutronen
npl

~ **parameter** Resonanz-
parameter *m*

~ **peak** Resonanzspitze *f*

~ **region** Resonanzbereich *m*

~ **scattering** Resonanzstreuung *f*

~ **width** Resonanzbreite *f*

respirator Atemschutzmaske *f*

respiratory protection
Atemschutz *m*

**response of reactor systems and
components to impulsive
loading** Ansprechen *n* von
Reaktorsystemen und
Komponenten auf Impuls-
belastung(en)

~ **characteristic** Ansprech-
eigenschaft *f*

~ **spectrum** Ansprechbereich *m*

rest energy Ruheenergie *f*

~ **mass of an electron**
Ruhemasse *f* eines Elektrons

restart *v* **a reactor after
a prolonged shutdown** einen
Reaktor nach längerem
Stillstand wieder anfahren

restore *v* **reactor power to
approx ... %** die Reaktorleistung *f* wieder auf etwa
... % hochfahren

restoring torque Rückstell-
moment *n*

restrain *v* **the fuel rods laterally
by means of a spring support**
(CE PWR) die Brennstäbe
mpl mittels einer federnden
Abstützung seitlich
einspannen

**restraining force exercised (on
fuel rods by the spacer grid)**
(PWR fuel) Zwangskraft *f*,
Reaktionskraft *f*, Führungs-
kraft *f* (auf Brennstäbe vom
Abstandhaltergitter ausgeübt)

~ **structure** Einspann-
konstruktion *f*

restraint buckle Transport-
sicherung *f*

~ **garter** *(for gas-cooled reactor
internals)* Spanngürtel *m*

~ **location** Einspannstelle *f*

~ **plane** Verspannebene *f*

~ **ring** Verspannring *m*
~ **structure barrel**
    Kernführungszylinder *m*
~ **tank** Umschließungs-
    behälter *m*
~ **zone** Einspannzone *f*
restricted area zugangs-
    beschränkte Zone *f*
restriction of flow passages (by
    freezing and plugging)
    (LMFBR) Einschnürung *f*
    oder Verengung *f* der
    Strömungswege (durch
    Einfrieren oder Zusetzen)
restrictor Drosselstelle *f*,
    Drosselblende *f*
resuscitator Beatmungsgerät *n*
retaining clamp Halteklammer *f*
retarder Bremsvorrichtung *f*
re-tensioning wrench
    Nachspannschlüssel *m*
retention 1. Zurückhaltung *f*,
    Retention *f*, Rückstand m;
    2. Filterwirkungsgrad *m*
~ **basin** 1. Aufbewahrungsgefäß
    n; 2. Rückhaltebecken *n*,
    Verweilbecken *n*
~ **capability** Rückhaltevermögen
    n, -fähigkeit *f*
~ **characteristics** Rückhalte-
    eigenschaften *fpl*
~ **coefficient** Rückhaltegrad *m*
~ **factor** Rückhaltefaktor *m*
~ **screen** *(ion exchanger vessel)*
    Rückhaltesieb *n*, Sieb-
    geflecht *n*
~ **time** Verweil-, Rückhaltezeit *f*
~ **of fission products** Spalt-
    produkt-R.
retentive property Rückhalte-
    eigenschaft *f*, -fähigkeit *f*

retentiveness Rückhaltefähigkeit
    f, -vermögen *n*
reticular structure 1. Gitter-
    struktur *f*; 2. Netzstruktur *f*
retractable trunnion block
    (spent fuel cask)
    rückziehbarer Pollerblock *m*
retrofit *v* SYN. backfit
    nachrüsten, nachträglich
    ausrüsten
retrofitting Nachrüstung *f*
return *v* **the control rods to**
    symmetric positions die
    Steuerstäbe *mpl* in
    symmetrische Stellungen
    zurückfahren
~ **the relay to its deenergized**
    position das Relais *n* in seine
    abgeschaltete Lage zurück-
    führen
return flow Rückstrom *m*,
    Rücklauf *m*
~ **line** *(or pipe)* Rücklauf-
    leitung *f*
~ **path** Rücklaufweg *m*
reusable channel *(BWR)*
    wiederverwendbarer
    Kasten *m*
~ **container** wiederverwendbarer
    Behälter *m*
reventing *(sodium-cooled*
    breeder fuel element) Lüften
    n, Belüftung *f*
reverse fuel handling sequence
    umgekehrte BE-Wechsel-
    reihenfolge *f*
~ **rotation of the pump** Rück-
    wärtsdrehen *n* der Pumpe
review of permit applications
    (by the US NRC)
    Überprüfung *f* von

Genehmigungsanträgen

rewet(ting) Wiederbenetzen *n,* Wiederbenetzung *f*

rewetting process Wiederbenetzungsvorgang *m*

Reynolds number *(fluid mechanics),* **Reynolds parameter, R'group, Re, R** Reynoldszahl, Re-Zahl, Damköhlerzahl *f,* Re-Wert *m,* Re, R

RHR = residual heat removal Nachkühlung *f;* Leerlaufkühlung *(SWR)*

RHR heat exchanger Nach-, Leerlaufkühler *m (SWR)*

~ **pump** Nachkühlpumpe *f,* Leerlaufkühlpumpe *f*

~ **system, RHRS** Nachkühlsystem *n,* Leerlauf-Kühlsystem *n (SWR)*

~ **system heat exchanger** Nachkühler *m,* Leerlaufkühler *(SWR)*

~ **water pump** *(BWR)* Leerlaufkühlpumpe *f*

RIA = reactivity initiated accident reaktivitätsbedingter Störfall *m,* von Reaktivität ausgelöster Störfall *m*

ribbed stainless steel plate geripptes Edelstahlblech *m*

Richardson number Richardsonsche Zahl *f*

rig test Versuchsstandprüfung *f*

right cylinder gerader Zylinder *m*

rigorous licensing reviews on a generic basis strenge Genehmigungsprüfungen *fpl*

auf genereller Grundlage

ring beam *(below containment sphere)* Ringträger *m*

~ **cover** Ringdeckel *m*

~ **forging** Schmiedering *m*

~ **gasket** Ringdichtung *f*

~ **girder** Ringträger *m*

~ **header** Verteilerring *m*

~ **liquid cooler** *(liquid ring pump)* Ringflüssigkeitskühler *m*

~ **liquid strainer** *(liquid ring pump)* Ringflüssigkeitssieb *n*

~ **liquid tank** *(liquid ring pump)* Ringflüssigkeitsbehälter *m*

~ **sparger** *(BWR)* Sprühring *m*

~ **sparger header** *(BWR)* Sprühverteiler *m*

rinse hold-up tank *(SGHWR)* Spülsammelbehälter *m,* Spülverweilbehälter *m*

~ **water supply inlet** Spülwasserzufluß *m*

rise Anstieg *m*

~ **in off-gas activity** A. der Abgasaktivität

~ **to power** *(nuclear power station)* **SYN. power ascension** Hochfahren *n,* Leistungssteigerung *f* bis auf volle Leistung

~ **time** Anstiegszeit *f*

~ **time constant** Anstiegszeitkonstante *f*

riser Steigrohr *n*

~ **to steam drum** S. zur Dampftrommel

~ **header** Steigrohrsammler *m,* Steigrohr-Sammelleitung *f*

~ **pipe** Steigrohr *n,* Steigleitung *f*

~ **pipework** *(SGHWR)*

Steigleitungen *fpl*

~ **type cyclone** Steigtrenn-
schleuder *f*, Steigzyklon-
abscheider *m*

risk analysis Risikoanalyse *f*

~ **assessment** Risikobewertung *f*,
Risikoeinschätzung *f*

**risks to the public and to the
operators** Risiken *npl oder*
Gefahren *fpl* für die
Allgemeinheit und das
Betriebspersonal

river water cooling system
Flußwasser-Kühlsystem *n*

~ **water effluent** ablaufendes
Flußwasser *n*

rod Stab *m*, 1. Brennstab,
2. Steuerstab

~ **array** Stabanordnung *f*

~ **assembly** Stabanordnung *f*

~ **bank position value** Stabbank-
stellungswert *m*

~ **block** Steuerstab-
verriegelung *f*

~ **block monitor** Steuerstab-
Verriegelungsmonitor *m*,
Durchbrennsicherheits(DBS)-
Überwachungsgerät *n*

~ **block system** Durchbrenn-
sicherheitssystem *n*

~ **center pitch** Stabmittenabstand *m*

~ **cluster** Stabbündel *n*

~ **cluster assembly** Stabbündel-
element *n*

~ **cluster assembly bank withdrawal** Ausfahren *n oder*
Ziehen *n* der Steuer-
elementbank

~ **cluster control** *(PWR)*
Fingerstabsteuerung *f (DWR)*

~ **cluster control assembly**
SYN. ~ **cluster control
(RCC) element** Fingersteuer-
element *n*

~ **cluster control changing
fixture** Fingersteuerelement-
Ausbauvorrichtung *f*

~ **cluster control handling and
changing fixture**
Greifwerkzeug *n* für Steuer-
elementbündel

~ **cluster control insertion**
Einfahren *n* der Fingersteuerelemente

~ **cluster control rodlet** *(PWR)*
Steuerelementfinger *m*,
Steuerstabfinger *m*

~ **cluster control rodlet guide
thimble** Steuerelementfinger-
Führungsrohr *n (im BE)*

~ **cluster control scheme**
Fingersteuerelement-
Konzept *n*

~ **cluster motion** Fingersteuer-
elementbewegung *f*,
Verfahren *n* der Fingersteuerelemente

~ **cluster type fuel assembly**
Stabbündel-Brennelement *n*

~ **cluster withdrawal** Ausziehen
n oder Ausfahren *n* der
Fingersteuerelemente

~ **control equipment**
Stabsteuerungs(anlage) *f*

~ **control system** Steuerelement-
steuerung *f*, Stabsteuerung *f*

~ **deviation monitor system**
Stababweichungs-
Überwachungssystem *n*

~ **drive assembly** Steuerstab-
antriebsgruppe *f*

~ **drive housing** *(HTGR)* Stabantriebsgehäuse *n*

~ **drive movement** Stabantriebsbewegung *f*

~ **drive replacement** Ersatz *m* eines Steuerstabantriebs

~ **drive power supply system** *(PWR)* Stabantriebs-Stromversorgung(sanlage) *f*

~ **drive pressure housing** *(PWR)* Klinkendruckrohr *n*

~ **drop accident** »Rod-drop« Unfall *m*, Stabfallunfall *m*

~ **drop time** Stab(ein)fallzeit *f*

~ **end cap** Stabendkappe *f*

~ **ejection** Steuerstabauswurf *m*

~ **ejection accident** Steuerstabauswurfunfall *m*

~ **follower** Stabmitnehmer *m*

~ **geometry** Stabgeometrie *f*

~ **group** Steuerstabbank *f*

~ **guide plate** Stabführungsplatte *f*

~ **guide tube** Stabführungsrohr *n*

~ **guide tube seat** Stabführungsrohrsitz *m*

~ **holding** Stabhaltung *f*

~ **holding plate** Stabhalteplatte *f*

~ **insertion** Stabeinfahren *n*

~ **inventory** Stabeinsatz *m*, Stabbestand *m*

~ **lattice** Stabgitter *n*

~ **lattice pitch** Stabgitterabstand *m*, Stabteilung *f*

~ **limit switch** Stabendschalter *m*

~ **linear power** Stablängenleistung *f*, lineare Stableistung *f*

~ **manipulation** Stabmanipulation *f*, Stabbetätigung *f*

~ **motion** Bewegung *f*, Verfahren *n* des Steuerstabes

~ **mounting adapter** *(PWR CRDM)* Halte-, Folgestab *m*, Stabanschlußteil *n*

~ **movement characteristics** Stabfahreigenschaften *fpl*

~ **of highest reactivity worth** reaktivster Stab *m*

~ **outside diameter** Stabaußendurchmesser *m*

~ **pitch** Stababstand *m*

~ **position control** Stabstellungssteuerung *f*

~ **position detector coil** Stabstellungs-Anzeigespule *f*

~ **position indication** Stabstellungsanzeige *f*

~ **position indication system** Stabstellungsanzeigesystem *n*

~ **position indicator** Stabstellungsanzeiger *m*

~ **control system** Stabsteuereinrichtung *f*

~ **stop** Stabhalt *m*

~ **stop command** Stabhaltbefehl *m*

~ **stroke** Steuerstabhub *m*

~ **surface temperature** Staboberflächentemperatur *f*

~ **travel** Steuerstabhub *m*

~ **travel housing** *(PWR CRDM)* Stabdruckrohr *n*, Stangendruckrohr *n*

~ **type** Stabausführung *f*

~ **velocity** Stabgeschwindigkeit *f*

~ **velocity limiter** *(BWR)* Stabgeschwindigkeitsbegrenzer *m*

~ **withdrawal** Ausziehen *n oder* -fahren *n* der Steuerstäbe

~ **withdrawal interlock**
Stabausfahr-Verriegelung *f*

~ **withdrawal sequence**
Stabausfahrfolge *f*

~ **withdrawal transient**
Steuerstab-Ausfahrtransiente
f, instationärer Zustand *m* bei
Ziehen eines Steuerstabes
(*oder* von Steuerstäben)

~ **worth SYN. control rod worth**
Steuerstab-Wirkwert *m*,
Reaktivitätsäquivalent *n* des
Steuerstabes *(DIN)*

~ **worth calculation** Steuerstab-
Wirkwertberechnung *f*

~ **worth minimizer** Steuerstab-
Fahrrechner *m*

~ **worth monitoring function**
Steuerstabwirkwert-
Überwachungsfunktion *f*

rodded fuel assembly mit
Steuerstäben *mpl* besetztes
BE

rod-shaped fuel element
stabförmiges Brennelement *n*

rod-to-rod centerline spacing (*of
PWR fuel assemblies*)
Stabmittenabstand *m*,
Zentralabstand *m* der
Brennstäbe

rod-to-rod spacing Stababstand *m*

roentgen, R Röntgen *n*, R

~ **equivalent man, rem** rem *n*
= rad × RBW

roentgenography
Röntgenographie *f*

roll bonded clad Walz-
plattierung *f*

~ **bonded composite plate**
walzplattiertes *oder* paket-

gewalztes Blech *n*

Roll-O-Matic filter *(for air)*
Rollmattenfilter *m*

roll type filter unit Filter-
bandgerät *n*

roller conveyor Rollenbahn *f*

~ **drying plant** *(for thickened
liquid waste)* Walzen-
trocknungsanlage *f*

~ **drying process** *(liquid waste
volume reduction)* Walzen-
trocknung *f*

rolled joint Walzverbindung *f*

roof slab Decke *f*, Deckenriegel
m, Deckenplatte *f*

**room air plant monitoring
system** Raumluftanlagen-
Überwachung *f*

rope-off cord Absperr-Seil *n*

Rossi alpha Abklingkonstante *f*

Rossi-alpha method Rossi-
Alpha-Methode *f*

rotary disc valve with freeze seal
(LMFBR) Drehklappenventil
n mit Gefrierdichtung

~ **penetration**
Drehdurchführung *f*

~ **rod head** Drehstabknopf *m*

~ **shield** Drehschild *n*

~ **transfer unit** *(PWR in-core
instrumentation)* drehbares
Übergabeaggregat *n*

rotatable storage basket
(LMFBR) drehbarer
Lagerkorb *m*

rotate *v* a loading chamber into
alignment with the transfer
tube eine Ladekammer *f* bis
zum Fluchten mit dem
Schleusrohr drehen

rotating ball nut *(CRDM)*

Kugelumlaufmutter *f*,
Drehkugelmutter *f*
~ **ball spindle** *(CRDM)* Kugel-
umlaufspindel *f*
~ **cam shaft** *(PWR CRDM)*
umlaufende Nockenwelle *f*
~ **fixture** Drehvorrichtung *f*
~ **head plug** *(CRFR)*
(Reaktordeckel-)Dreh-
deckel *m*
~ **inertia** *(pump)* Umlauf-
trägheit *f*
~ **mechanism** *(refuelling
machine)* Drehmecha-
nismus *m*
~ **plug system** *(LMFBR)*
Drehdeckelsystem *n*
~ **shield (plug)** Drehdeckel *m*,
Drehschild *m*
~ **shift** *(plant operators)*
Rotationsschicht *f*
rotating-drum store
Kassettenlager *n*
rotor Rotor *m*
~ **can** *(canned motor pump)*
Rotorspaltrohr *n*
~ **removal tool** *(PWR coolant
pump)* Läufer-Ausbau-
werkzeug *n*
roughened steel can *(gas-cooled
reactor fuel)* aufgerauhte
Stahlhülle *f (BE)*
~ **surface** aufgerauhte
Oberfläche *f*
roughing Vorfilterung *f*
~ **filter SYN. prefilter** Grob-
Vorfilter *m (Lüftung)*
round control element *(CE
PWR)* rundes Steuer-
element *n*
route *v* piping runs along

structural walls Rohrleitungs-
trassen *fpl* längs der
Tragwände legen
**routine preventive and overhaul
maintenance** routinemäßige
vorbeugende Wartung und
Überholung *f*
~ **test of control rod functioning**
routinemäßige Prüfung *f* des
Funktionierens der
Steuerstäbe
rubber boot seal Gummirohr-
verschluß *m*
rubbing couple reibende
Werkstoffpaarung *f*
rubidium, Rb Rubidium, Rb *n*
run Lauf *m* (= Betriebsweise),
Betrieb *m*
"run" mode Betriebsschalter *m*
auf »Betrieb«
run *v* **a reactor up to full power**
einen Reaktor auf volle
Leistung hochfahren
~ **down freely** frei auslaufen
(Pumpe, Aggregat)
~ **up** hochfahren
runaway Durchgehen *n*
(Reaktor, Turbine)
~ **reaction** unkontrollierte
Reaktion *f*
rundown 1. *Reaktor:* Herunterfahren *n*, Leistungs-
rückstellung *f*; 2. *Pumpe:*
Auslaufen *n*
~ **signal** Leistungsrückstell-
signal *n*
~ **time** *(pump)* Auslaufzeit *f*
running-in period Einlaufzeit *f*
runway level Fahrbahnebene *f*,
-höhe *f*
rupture *v* brechen, ab-,

aufreißen *(Rohrleitung, Kreislauf)*

rupture Bruch *m*, Abreißen *n* *(Rohrleitung)*

~ **cross section** Bruchquerschnitt *m*

~ **disc** *(US: disk)* Berstscheibe *f*

~ **disc nozzle** Stutzen *n* für Berstscheibe

~ **elongation** Bruchlängung *f*, Bruchdehnung *f*

~ **modulus** Bruchmodul *n*

ruptured circuit *(or* **loop)** gebrochener Kreislauf *m*

rupturing *(or* **explosion) diaphragm** Berstfolie *f*

ruthenium, Ru Ruthenium *n*, Ru

R.V. = reactor vessel Reaktor(druck)behälter *m*, RDB

S

safe shutdown sichere Abschaltung *f*

~ **shutdown earthquake, SSE** Sicherheitserdbeben *n*

safeguard *v* **the safety of the plant and of the operating personnel** die Sicherheit der Anlage und des Betriebspersonals gewährleisten *(oder* sicherstellen)

safeguard area Sicherungszone *f*

safeguards 1. Sicherheitsmaßnahmen *fpl*; 2. (technische) Sicherheitseinrichtungen *fpl*; 3. (Kernmaterial) Überwachung *f*

~ **from accidents** Störfallsicherungen *fpl*, Unfallsicherheitseinrichtungen *fpl*

~ **agreement** Kontrollabkommen *n*

~ **clearance** Einholung *f* der Genehmigungen für (technische) Sicherheitseinrichtungen

~ **component** technische Sicherheitskomponente *f*, sicherheitstechnischer Anlagenteil *m*

~ **inspector** Überwachungsinspektor *m*

~ **philosophy** sicherheitstechnische Grundsätze *mpl*

~ **review of site** Standortsicherheitsüberprüfung *f*

safety alarm annunciating system Sicherheits-Gefahrenmeldesystem *n*

~ **analysis report** Sicherheitsbericht *m*

~ **channel** Sicherheitskanal *m*

~ **characteristics** Sicherheitseigenschaften *fpl*

~ **circuit SYN. safeguard circuit** Sicherheitsschaltung *f*

~ **circuitry** Sicherheitsschaltungen *fpl*

~ **component SYN. safety-related component** sicherheitstechnisch wichtiger Anlagenteil *m*

~ **coupling** Sicherheitskupplung *f*

~ **design** Sicherheitsauslegung *f*

~ **distance from the nearest centre of population** Sicherheitsabstand *m* vom nächsten Siedlungszentrum

~ **engineer** Sicherheitsingenieur *m*

~ **feature** technische Sicherheitseinrichtung *f*, sicherheitstechnische Einrichtung *f*

~ **gland** Sicherheitsstopfbüchse *f*

~ **guide** *(issued by USAEC or USNRC)* Sicherheitsrichtlinie *f*

~ **injection** *(PWR)* Sicherheitseinspeisung *f*

~ **injection flow** Sicherheitseinspeisemenge *f*

~ **injection line** Sicherheitseinspeiseleitung *f*

~ **injection operation** Sicherheitseinspeisebetrieb *m*

~ **injection process** Sicherheitseinspeisevorgang *m*

~ **injection pump** Sicherheitseinspeisepumpe *f*
HP ~ HD-S.
low-pressure ~ Niederdruck-S.

~ **injection pump discharge header** Drucksammler *m* der Sicherheitseinspeisepumpe

~ **injection pump suction piping** Saugleitung *f* der Sicherheitseinspeisepumpe

~ **injection refueling water tank** *(CE PWR)* SYN. **refueling water storage tank** Flut(wasser)behälter *m*

~ **injection signal** Sicherheitseinspeisebefehl *m*, -signal *n*, -impuls *m*

~ **injection system** *(PWR)* Sicherheitseinspeisesystem *n*

~ **injection system discharge valve** Sicherheitseinspeisesystem-Druckventil *n*

~ **interlock system** Sicherheitsverriegelungssystem *n*

~ **isolating valve** Sicherheitsabsperrarmatur *f*

~ **logic circuit** Sicherheitslogikschaltung *f*

~ **loop** SYN. ~ **circuit** Sicherheitskreis *m*

~ **margin** Sicherheitsfaktor *m*, -spielraum *m*, -abstand *m*

~ **of the fuel** S. des Brennstoffs

~ **member** Sicherheitselement *n*

~ **monitor** Sicherheitsmonitor *m*

~ **nozzle** Stutzen *m* für Leitung zu Sicherheitsventil

~ **nozzle system** Sicherheits-Sprühsystem *n*

~ **performance** Sicherheitsverhalten *n*

~ **protection** *(for plutonium recycle)* Sicherheitsschutz *m*

~ **resin catcher** SYN. ~ **resin trap** Sicherheitsharzfänger *m*

~ **rod** Sicherheitsstab *m*

~ **room** Sicherheitsraum *m*

~ **seal** Sicherheitsdichtung *f*

~ **shower** Sicherheitsbrause *f*, -dusche *f*

~ **shutdown system** Sicherheitsabschaltsystem *n*

~ **structure** *(ANS)* Sicherheitsbauwerk *n*

~ **system** Sicherheits-,

Sicherungssystem *n*

~ **valve pilot line nozzle**
Stutzen *m* zu Sicherheits-
ventil-Steuerleitung

safety-related SYN. **important
to safety** sicherheitstechnisch
wichtig

~ **component** *(ANS)* sicherheitstechnisch wichtige
Komponente *f*

~ **equipment** sicherheitstechnisch wichtige
Einrichtung(en) *f(pl)*

~ **parameters** sicherheitstechnisch wichtige Kenn-
größen *fpl*, -werte *mpl*, Parameter *mpl*, Kenndaten *npl*

~ **system** *(ANS)* sicherheitstechnisch wichtiges System *n*

safety-relief valve *(BWR)*
Sicherheitsentlastungsventil *n*,
Sicherheitsabblaseventil

salt bed *(for ultimate waste
disposal)* Salzstock *m*

salt dome Salzstock *m*, Salzdom
m, Salzhorst *m*, Salzkuppel *f*

salt-bearing liquid wastes
salzhaltige Abwässer *npl*

salvage equipment Bergungs-
gerät *n*

samarium, Sm Samarium, Sm *n*

~ **build-up** Samariumaufbau *m*

~ **poisoning** Samarium-
vergiftung *f*

~ *or* **Sm valley override**
Überfahren *n* der Samarium-
mulde

sample Probe *f*

~ **bomb** Probenentnahme-
behälter *m*

~ **bomb station** Proben-

entnahmebehälterstation *f*

~ **changer** Probenwechsler *m*

~ **cooler** *(BWR)* Probenkühler *m*

~ **coupon** Probenplättchen *n*

~ **heat exchanger** Probe-
entnahmekühler *m*,
Probenkühler *m*

~ **importance function** Probe-
einflußfunktion *f*

~ **line** Probenleitung *f*

~ **line isolation valve** Proben-
leitungsabsperrventil *n*

~ **monitor** Probenüber-
wachungsgerät *n*, -monitor *m*

~ **point** Probenentnahmestelle *f*

~ **sink** Probensammelbecken *n*

~ **sink isolation valve** Proben-
sammelbecken-Absperr-
ventil *n*

~ **source** Quelle *f oder* Herkunft
f der Probe

~ **station** Probenahmestation *f*

~ **storage** Probenlagerung *f*

~ **system vacuum** Probenahme-
system-Vakuumpumpe *f*

~ **technique** Probenahme-
methode *f*, -technik *f*,
-verfahren *n*

~ **transit time** Proben-
durchlaufzeit *f*

~ **vessel** Probenbehälter *m*

~ **vessel quick-disconnect
coupling** Probenbehälter-
Schnellkupplung *f*

sampling cabinet Probe-
entnahmeschrank *m*

~ **closure** Probenahme-
verschluß *m*

~ **frequency** Probenahme-
häufigkeit *f*, -frequenz *f*

~ **hood** Probenahme-Abzug *m*

~ **line** Probenahmeleitung *f,*
Probeentnahmeleitung

~ **location SYN.** ~ **point**
Probeentnahmestelle *f*

~ **nozzle** Probeentnahme-
stutzen *m*

~ **paper** Probenahmepapier *n*

~ **point SYN.** ~ **location**
Probe(ent)nahmestelle *f*

~ **probe** Probe(ent)nahme-
sonde *f*

~ **procedure** Probe(ent)nahme-
verfahren *n*

~ **room** Probe(nent)nahme-
raum *m*

~ **sequence** Probe(nent)nahme-
(reihen)folge *f*

~ **station** Probe(ent)nahme-
station *f*

~ **system** 1. Probeentnahme-
anlage *f*, Probe(ent)nahme-
system *n*; 2. *bei gasgek.*
Reaktoren: Schnüffelanlage *f*

~ **waste** Probenahmewasser *n*

saponaceous liquid wastes
seifige Abwässer *npl*

satisfactory performance with
respect to stability
befriedigendes Verhalten *n*
hinsichtlich Stabilität

satisfy *v* **flow considerations**
Strömungserwägungen *fpl,*
-überlegungen *fpl* genügen

~ **the performance objectives**
den Leistungszielen genügen

~ **the functional requirements of**
the system objectives den
funktionalen Anforderungen
der Systemziele genügen

~ **the plant's full power load**

requirements den Belastungs-
anforderungen der Anlage bei
voller Leistung genügen

saturated steam operation
Sattdampfbetrieb *m*

~ **steam supply line** Sattdampf-
Zuführungsleitung *f*

saturation Sättigung *f*

~ **activity SYN. saturated**
activity Sättigungsaktivität *f*

~ **current** Sättigungsstrom *m*

~ **concentration** Sättigungs-
konzentration *f*

Sb-Be source Sb-Be-Quelle *f*

scaler, scaling circuit
Untersetzer *m*, Zählgerät *n*

scan *v* **the core by sequential**
selection of control rods den
Kern durch Folgeauswahl von
Steuerstäben abtasten

scatter band Streuband *n*

~ **factor** Streuungsfaktor *m*

~ **loading** Streubeladung *f*

~ **reloading method (*or***
technique) Streuladungs-
methode *f*

~ **scattered radiation**
Streustrahlung *f*

scattering Streuung *f*

~ **angle** Streuwinkel *m*

~ **collision** Streustoß *m*

~ **cross section** Streuquerschnitt *m*

~ **kinetics** Streukinetik *f*

~ **loss** Streuverlust *m*

~ **mass** Streumasse *f*

~ **material** Streumaterial *n*

~ **matrix** Streumatrix *f*

~ **mean free path** Streuweg-
länge *f*

~ **probability**

Streuwahrscheinlichkeit f
~ **process** Streuprozeß m
scatter-loaded scheme
Streuladeschema n
scavenger Radikalfänger m
scavenging Reinigungsfällung f,
Scavenging n
**scavenging-precipitation
ion-exchange process** *(waste
treatment)* Reinigungs-
fällungs-Ausfällungs-Ionen-
austauschverfahren n
**scheduled reactor outage
(period)** geplante Reaktor-
stillstandsperiode f
~ **refuelling (operation)**
planmäßiger BE-Wechsel m
~ **shutdown** planmäßige
Abschaltung f *(oder
Stillsetzung f)*
~ **discharge burn-up**
planmäßiger Entladungs-
abbrand m
scintillation Szintillation f
~ **counter** Szintillationszähler m
~ **counter and holdup tank
assembly** Szintillationszähler-
und Auffangbehälter-
Baugruppe f
scoring Riefenbildung f
scram *v a reactor* einen Reaktor
schnellabschalten *oder* in
Schnellschluß gehen lassen
scram SYN. **fast** *or* **rapid
shutdown, trip, emergency
shutdown** Notabschaltung f,
Schnellabschaltung f,
Schnellschluß m
~ **accumulator (tank)** *(BWR)*
Schnellabschaltspeicher m,
SAS-Speicher m,

Abschalttank m, -behälter m,
Schnellschlußtank m,
Schnellschluß-Speicher-
(behälter) m, Schnellabschalt-
tank m, -behälter m,
SAS-Behälter m
~ **accumulator N 2 cylinder**
(BWR) SAS-N 2-Zylinder m
~ **accumulator isolating valve**
Schnellabschaltbehälter-
Absperrventil n
~ **button** Schnellschlußschalter
m, Notschalter m, Schnell-
abschalttaste f
~ **channel** Schnellabschalt-
kanal m
~ **(control) valve** Schnellschlußventil n
~ **criterion** Schnellabschalt-
kriterium n
~ **delay** Abschaltverzögerung f
~ **discharge riser isolation valve**
*(BWR CRD hydr. control
unit)* SAS-Ablaß-Standrohr-
Absperrventil n
~ **dump tank** Schnellschluß-
Ablaßbehälter m,
SAS-Ablaßbehälter m
~ **dump tank high level trip**
Auslösung f bei hohem
Füllstand im SAS-Ablaß-
behälter
~ **failure probability** Schnell-
abschaltungs-Ausfall-
wahrscheinlichkeit f
~ **fluid** Schnellabschaltmedium n
~ **force** SAS-Kraft f,
Schnellschlußkraft f
~ **function** Schnellschluß-
funktion f, SAS-Funktion f
~ **hydraulic passage** *(BWR*

CRD) hydraulischer
SAS-Durchflußkanal *m*,
hydr. Durchflußkanal bei
Schnellschluß

~ **initiation spring**
Schnellschlußauslösefeder *f*

~ **initiation** Schnellabschalt-
anregung *f*, -auslösung *f*,
-einleitung *f*

~ **limit (value)**
Abschaltgrenzwert *m*

~ **mechanism** Schnellschluß-
mechanismus *m*, Abschalt-
organ(e) *n(pl)*

~ *or* **trip magnet** Schnellschluß-
magnet *m*

~ **performance** *(control rod)*
SAS-Verhalten *n*,
Schnellschlußverhalten *n*

~ **pilot valve** SAS-Steuerventil *n*

~ **pilot valve assembly**
SAS-Steuerventil-
Baugruppe *f*

~ **pilot valve solenoid**
SAS-Steuerventilmagnet *m*

~ **rod** Schnellschluß-Stab *m*,
SAS-Stab *m*

~ **rod transport mechanism**
Abschaltstab-Rückhol-
mechanismus *m*

~ **runback** Schnellschluß-
rückstellung *f*

~ **sensor** SAS-Fühler *m*,
Schnellschlußfühler *m*

~ **signal** Schnellschluß-Signal *n*,
Schnellabschaltbefehl *m*

~ **stroke** SAS-Hub *m*, Schnell-
schlußhub *m*

~ **switch** Notschalter *m*,
Schnellschlußschalter *m*

~ **system** Schnellabschaltanlage

f, Schnellabschaltsystem *n*

~ **time** Notabschalt-,
Schnellabschalt-,
Schnellschlußzeit *f*

~ **valve** SAS-Ventil *n*,
Schnellschlußventil *n*, Schnell-
abschaltventil

~ **valve diaphragm** SAS-Ventil-
Membran(e) *f*

~ **valve pilot air isolation valve**
SAS-Ventil-Steuerluft-
Absperr-Ventil *n*

~ **valve spool** SAS-Ventilkolben
m, Schnellschluß-
Steuerschieber *m*

~ **water accumulator** *(BWR
CRD)* SAS-Wasserspeicher
m, Schnellschlußwasser-
speicher *m*

~ **water valve** Schnellschluß-
wasserventil *n*, SAS-Wasser-
ventil *n*

scrap Produktionsabfälle *mpl*

~ **collecting tank** Schrott-
sammelbehälter *m*

~ **separator** *(pebble bed HTR)*
Bruchabscheider *m*

scraper; scraping edge *(waste
drying equipment)*
Schabemesser *n*

screening Abschirmung *f*

screw actuator mechanism
(CRD) Schrauben-Antriebs-
mechanismus *m*

~ **actuator portion** *(CRD)*
Schraubenantriebsteil *m*

~ **type thickener** *(liquid
radwaste processing)* Eindick-
schnecke *f*

scrubbing Abtreibung *f*

~ **device** (Aus)Waschvorrichtung *f*

seal *v* **against maximum pump operating pressure** *(seal)* gegen den maximalen Pumpenbetriebsdruck abdichten

seal assembly and removal tool Vorrichtung *f* zum Austausch des Dichtungssatzes

~ **between the (reactor) vessel and the surrounding drywell** Flutraumabdichtung *f*, Flutraumkompensator *m*

~ **cavity** *(BWR recirc. pump)* Dichtungshohlraum *m*

~ **face** Dichtfläche *f*

~ **fluid** Sperr-, Dicht(ungs)-medium *n*

~ **gas extraction duct** Sperrgasabsaugung *f*

~ **gas flow** Sperrgasstrom *m*

~ **gas injection** (*or* supply) Sperrgasbeaufschlagung *f*

~ **gas piping connection** *(valve)* Sperrgasleitungsanschluß *m*

~ **gas pressure** Sperrgasdruck *m*

~ **gas supply system** Sperrgasversorgung(sanlage) *f*

~ **gas system** Sperrgassystem *n*

~ **housing** Dichtungsgehäuse *n*

~ **integrity** vollwirksame (Ab)Dichtung *f*

~ **leakage** Dichtungsleckage *f*

~ **leakage test** Abdichtungs-Leckprobe *f*

~ **membrane** Dichtlippe *f*

~ **monitoring system** Dichtungsüberwachung(ssystem) *f(n)*

~ **oil head tank and transfer barrier** Dichtöl-Zulaufbehälter *m* mit

Mitreißsperre

~ **plug** Abdicht-, Abschirmstopfen *m*

~ **plug housing** Abschirmstopfengehäuse *n*

~ **ring support** Dichtungsringauflager *n*

~ **table assembly** *(PWR)* Dichtungstischbaugruppe *f*

~ **unit** Dichtungskombination *f*, -baugruppe *f*

~ **water** Dichtungswasser *n*, Sperrwasser *n*

~ **water booster pump** Sperrwasser-Druckerhöhungs- oder -Zwischenpumpe *f*

~ **water filter** *(PWR)* Sperrwasserfilter *m*

~ **water heat exchanger** Sperrwasserkühler *m*

~ **water injection** *(PWR RCP)* Sperrwassereinspeisung *f*

~ **water injection circuit** *(PWR RCP)* Sperrwasser-Einspeisekreislauf *m*

~ **water injection filter** Sperrwasser-Einspeisefilter *m*

~ **water leakoff pump** Sperrwasserleckagepumpe *f*

~ **water pump** Sperrwasserpumpe *f*

~ **water return filter** Sperrwasser-Rücklauffilter *m*

~ **water storage tank** Sperrwasser(speicher)behälter *m*

~ **water system** *(PWR RCP)* Sperrwassersystem *n*

~ **welding of steam generator tubes using an explosive**

welding process
Dichtschweißen *n* von
Dampferzeugerrohren mit
einem Explosivverfahren
sealed bayonet type cable joint
(containment penetration)
abgedichtete
Kabelverbindung *f* in
Bajonettausführung
~ **glass reed type switch** in Glas
eingeschmolzener
Zungenschalter *m*
~ **radioactive material**
geschlossenes radioaktives
Präparat *n*
~ **source** umschlossener
radioaktiver Stoff *m*,
geschlossenes radioaktives
Präparat *n*
**seal-gas flow feed and shut-off
control system** Zu- und
Ablaufregeleinrichtung *f* des
Sperrgasstroms
seal-gas-supplied seal sperrgas-
beaufschlagte Dichtung *f*
sealing barrier *(HTGR PCRV)*
Dichthaut *f*
~ **bellows** Dichtbalg *m*
~ *or* **seal-off damper**
Dichtklappe *f*
~ **sleeve** Dicht(ungs)manschette
f, -buchse *f*, -hülse *f*
~ **sleeve handling pallet**
Transportpalette *f* für
Abdichthülsen
~ **steel shell** Stahlblechdichthaut
~ **surface area** Dichtflächen-
bereich *m*
~ **surface** Dichtfläche *f*
~ **wall around equipment hatch**
(PWR) Umbauung *f* der

Materialschleuse
seam leakage Schweißnaht-
leckage *f*
seamless fuel clad(ding) tube
nahtloses Brennstab-
Hüllrohr *n*
seat leaktightness
Sitzdichtheit *f*
seat(ing) ring Sitzring *m*
seating area Sitzfläche *f*
~ **of the (reactor) vessel head**
Deckelaufsetzen *n*, Aufsetzen
des (RDB)-Deckels
secondary circuit *(UK)*
Sekundärkreislauf *m*
~ **cold trap loop** *(LMFBR)*
Sekundär-Kältefallen-
Kreislauf *m*
~ **containment** Sekundär-
Sicherheitshülle *f*, Sekundär-
Sicherheitseinschluß *m*
~ **coolant** Sekundärkühlmittel *n*
(DIN)
~ **coolant heat sink** Sekundär-
kühlmittel-Wärmesenke *f*
~ **coolant loop** *(or UK circuit)*
Sekundärkühlkreis *m*
~ **cooling water loop** *(or UK
circuit)* Nebenkühlwasser-
kreislauf *m*
~ **feedwater** Sekundärspeise-
wasser *n*
~ **feedwater inlet** Sekundär-
speisewassereintritt *m*
~ **gas chromatograph** Sekundär-
Gaschromatograph *m*
~ **hold-down** Sekundär-Nieder-
halterung *f*
~ **inlet nozzle** sekundärer
Eintrittsstutzen *m*
~ **missile** *(ANS)* Sekundär-

splitter *m*, Querschläger *m*

~ **outlet nozzle** sekundärer
Austrittsstutzen *m*

~ **plant SYN.** ~ **system**
Sekundäranlage *f*

~ **pump** Sekundärpumpe *f*

~ **radiation**
Sekundärstrahlung *f*

~ **seal** Sekundärdichtung *f*

~ **seal(ing unit)** Sekundär-
abdichtungseinheit *f*

~ **separator** *(PWR SG)*
Sekundär(wasser)abscheider
m, Feinabscheider *m*,
Dampftrockner *m*

~ **shield(ing)** Sekundärabschirmung *f*, -schild *m*

~ **shutdown unit** Zweitabschalt-
einheit *f*

~ **sodium** Sekundär-
natrium *n*

~ **sodium loop** Natrium-
sekundärkreislauf *m*

~ **sodium pump** Sekundär-
natriumpumpe *f*

~ **source rod** Sekundärquell-
stab *m*

~ **steam** Sekundärdampf *m*

~ **steam dump** Abblasen *n* von
Sekundärdampf

~ **steam flow rate** Sekundär-
dampfdurchsatz *m*

~ **steam generator** Sekundär-
dampferzeuger *m*

~ **steam pipe** *or* **line** Sekundär-
dampfleitung *f*

~ **steam-to-steam heat
exchanger** Sekundärdampf-
umformer *m*

~ **stress** Sekundärspannung *f*
(Werkstoff)

~ **system** Sekundärkreislauf *m*

~ **system isolation valve**
Sekundärkreislauf-Absperr-
armatur *f*

~ **test** Sekundärprüfung *f*

~ **water** Sekundärwasser *n*

secular equilibrium dauerndes
radioaktives Gleichgewicht *n*

securely anchored fest verankert

security against fracture
Bruchsicherheit *f*

~ **of nuclear power plants
against internal disturbances**
Sicherheit *f* von Kernkraftwerken gegen innere
Störungen

~ **station** Sicherheitsstation *f*

sedimentation tank Absetzbehälter *m*

seed core Kern *m* mit örtlich
angereichertem Brennstoff

~ **elements** Saat-, Spickelemente
npl (DIN)

~ **material** Saatmaterial *n*

**seepage from the (fuel storage)
pond** Aussickern *n* aus dem
(BE)-Becken

segmented rod *(BWR fuel
bundle)* segmentierter Stab *m*

~ **fuel rod** segmentierter
Brennstoffstab *m*

segregate *v* **reactor coolant
circuits** *(UK)* Reaktorkühl-
kreise *mpl* voneinander
trennen *(oder* getrennt
halten)

segregated divisions *(of ESF
electr. equipment and wiring)*
Abschottungen *fpl*

seiche Seiche *f (periodische
Niveauschwankungen von*

Binnenseen)

seismic acceleration Erdbeben-
beschleunigung *f*

~ **activity** Erdbebentätigkeit *f*

~ **category** Erdbebenkategorie *f*

~ **class I structure**
Baukörper *m oder* Bauwerk *n*
der Erdbebenklasse I

~ **deflection** seismische *oder*
Erdbebenverbiegung *f*

~ **design** erdbebensichere
Auslegung *f*

~ **design requirements**
Anforderungen *fpl* der
erdbebensicheren Auslegung *f*

~ **event** Erdbebenereignis *n*,
seismisches Ereignis

~ **load** Erdbebenbelastung *f*

~ **response** *(of a building)*
seismisches Verhalten *n*,
Ansprechen *n* auf Erdbeben

~ **restraint** Erdbebensicherung *f*

~ **stresses** Erdbebenspannungen
fpl, seismische Spannungen

seismically induced flood durch
Erdbeben verursachtes
Hochwasser *n*

seismograph Seismograph *m*,
Erdbebenanzeiger *m*,
-schreiber *m*

selection circuit Auswahl-
schaltung *f*

selective absorption selektive
Absorption *f*

~ **corrosion** selektive
Korrosion *f*

selector valve Anwahlventil *n*

self-absorption Selbstabsorption
f, Eigenabsorption

~ **factor** Eigenabsorptions-
faktor *m*

self-check Selbstprüfung *f*

**self-checking display system
circuitry** sich selbst
kontrollierende Anzeige-
systemschaltungen *fpl*

~ **behaviour** selbstprüfendes
Verhalten *n*

self-compensating
*(graphite structure in
reactor vessel)* selbst-
kompensierend

self-energizing O-ring *(RPV)*
sich selbst anpressende
Rundschnurdichtung *f*

self-generated plutonium recycle
selbsterzeugte Plutonium-
rückführung *f*, Plutoniumrückführung aus der eigenen
Erzeugung

~ **plutonium recycle fuel loading**
Laden *n*, Ladung *f* von
selbsterzeugtem Plutonium-
Rückführbrennstoff

self-induced xenon oscillation
selbst herbeigeführte *oder*
induzierte Xenon-
schwankung *f*

self-locking worm gear
selbsthemmendes Schnecken-
radgetriebe *n*

**self-maintaining chain reaction
SYN. self-sustaining chain
reaction** sich selbst
unterhaltende Ketten-
reaktion *f*

self-operated valve
(eigen)mediumgesteuerte
Armatur *f*

self-powered fixed detector
fester *oder* fest eingebauter
Detektor *m* mit Eigenenergie-

versorgung

~ **neutron detector** sich selbst
mit Energie versorgender
Neutronendetektor *m*, SYN.
Kollektron

self-propulsion *(refuelling
machine)* Eigenantrieb *m*

**self-quenching (type)
Geiger-Müller tube** selbst-
löschendes GM-Zählrohr *n*

self-regulating selbstregelnd

~ **feature SYN.** ~ **characteristics**
selbststabilisierende
Eigenschaft *f*

self-regulation Selbstregelung *f*,
Steuerung *f* durch Selbstregelung

**self-sealing nitrile rubber angle
section** selbstdichtendes
Nitrilkautschuk-Winkel-
profil *n*

self-shielded burnable poison
selbstabgeschirmtes abbrennbares Gift *n*

self-shielding Selbstabschirmung
f (DIN)

~ **effect** Selbstabschirmeffekt *m*

~ **factor** Selbstabschirmfaktor *m*

self-stabilization Selbst-
stabilisierung *f*

self-sustaining chain reaction
sich selbst erhaltende
Kettenreaktion *f*

**self-welding of structural
materials in liquid sodium**
Selbstverschweißen *n* von
Strukturwerkstoffen in
flüssigem Natrium

**SEM = 1. scanning electron
microscopy** Rasterelektronen-
mikroskopie *f;*

2. sequence-of-events monitor
Ereignisfolge-Überwachungs-
gerät *n*, zeitfolgerichtiges
Überwachungsgerät *n*

semiautomatic winding *(of
neutron detec. into a shielded
disposal cask) (BWR)*
halbautomatisches Wickeln *n*

semiconductor probe Halbleiter-
sonde *f*

~ **detector** Halbleiterdetektor *m*

semi-remote maintenance Halb-
Fernwartung *f*

senior control operator
Oberschaltwärter *m*,
Leitstand-Obermaschinist *m*

~ **(operator) license** Lizenz *f* für
Oberoperateure

sense *v* **rod position** *(BWR
CRD system)* die Stabstellung
f abfühlen (*oder* abgreifen)

~ **the presence of released
xenon and other fission gases**
das Vorhandensein von
freigesetztem Xenon und
anderen Spaltgasen fühlen

sensitive time Ansprech-,
Empfindlichkeitszeit *f*

~ **volume** strahlen-
empfindliches Volumen *n*

sensitivity range (monitor)
Empfindlichkeitsbereich *m*,
empfindlicher Bereich *m*

~ **to control rod movement**
(neutron monitor)
Empfindlichkeit *f* für
Verfahren der Steuerstäbe

sensor SYN. **detector, measuring
probe** Meßfühler *m*,
Abgriff *m*

~ **channel** Meßfühlerkanal *m*,

Geberkanal *m*

~ **set-point** Fühlersollwert *m*, Abgriffsollwert *m*

sensor-mounting beam *(Aeroball flux measuring system)* Meßbalken *m*

separate forced circulation loop *(BWR closed cooling water system)* getrennte Zwangs-umlaufschleife *f*, getrennter Zwangsumlaufkreis *m*

separating column Trennsäule *f*

~ **equipment** *(PWR SG)* (Wasser)Abscheide-vorrichtung(en) *f(pl)*

~ **nozzle** *(isotope separation)* Trenndüse *f*

separation of redundant equipment Trennung *f* von redundanten Anlagen

~ **column** Trennsäule *f*, Trennkolonne *f*

~ **efficiency** Abscheidungsgrad *m*, Abscheidegrad *m*

~ **energy** Bindungsenergie *f*, Trennenergie *f*

~ **factor** Trennfaktor *m*

~ **nozzle** *(isotope separation)* Trenndüse *f*

~ **nozzle process** Trenndüsen-verfahren *n (Anreicherung)*

separative work *(isotope separation)* Trennarbeit *f*

~ **work unit, SWU** Trennarbeitseinheit *f*, TAE

separator Abscheider *m*

~ **array of fixed steam separators** Wasserabscheider-anordnung *f* aus fest eingebauten Dampf-/Wasser-

abscheidern

~ **dome** *(BWR vessel)* Dampfabscheiderdeckel *m*

~ **flask** (*or* **vessel**) Abscheide-flasche *f*

~ **lifting lug** Dampf-/Wasser-abscheider-Hebeöse *f*

~ **tube** Abscheiderrohr *n*

~ **vessel** Trenngefäß *n*, Wasser-Dampfkreis

sequence of events Abfolge *f*, Reihenfolge *f* der Ereignisse

~ **of events function** Ereignis-abfolgefunktion *f*

~ **switching mechanism for control rod movement** Programmschaltwerk *n* für Steuerstabfahren

sequential failures aufeinanderfolgende Ausfälle *mpl (oder* Betriebsstörungen *fpl)*

series SYN. **chain, family, sequence** (Zerfalls)Reihe *f*

service(s) building Neben-anlagengebäude *n*

service hoist Wartungshebezeug *n*, Hubzug *m*

~ **platform** Bedienungs-bühne *f*

~ *or* **station air system** Betriebs-druckluftanlage *f*

~ **walkway** Wartungssteg *m*

~ **water intake** *(closed cooling water system)* Neben-kühlwasseraufnahme *f*

~ **water system** Neben-kühlwassersystem *n*

services corridor Versorgungs-leitungskorridor *m*

~ **duct** Kanal *m* für

Versorgungsleitungen
servicing floor Wartungsflur *m*,
-bühne *f*
servomechanism
Servomechanismus *m*
**set of symmetrically located
(instrument) strings** Satz *m*
von symmetrisch liegenden
Strängen
**~ v the permissible limit on
primary coolant temperature**
der Primärkühlmittel-
temperatur *f* die zulässige
Grenze setzen
**setting of reactor
pressure vessel**
Einbringen *n* des RDB
"settle" signal *(BWR
CRD system)* »Stabhalt«-
Signal *n*
settleable solids *(waste
treatment)* absetzbare
Feststoffe *mpl*
settling column Absetzkolonne *f*
~ tank Absetzbehälter *m*
**several orders of magnitude
below the AEC-established
limits** mehrere
Größenordnungen *fpl* unter
den von der AEC festgelegten
Grenzwerten
**severance of a reactor coolant
pipe** Durchtrennung *f* einer
HKL
~ type break Bruch *m* mit
völliger Durchtrennung *f*
severed reactor coolant loop
durchtrennter Reaktorkühl-
kreis(lauf) *m*
severity of a detected failure
Schwere *f* eines festgestellten

Schadens
sewage evaporator plant
Schmutzwasserverdampfer-
anlage *f*
SFSP = spent fuel storage pool
Brennelementbecken *n*,
BE-Becken *n*
shadow shield Schattenab-
schirmung *f*, Schattenschild *m*
shaft seal steam *(turbine)*
Wellendichtungsdampf *m*,
Wellensperrdampf *m*, Stopf-
buchsdampf *m*
~ seal assembly *(RCP)* Wellen-
dichtungs-Baugruppe *f*
~ seal leakage flow Wellen-
dichtungs-Leckagemenge *f*
~ seal locknut spanner wrench
*(Westinghouse PWR coolant
pump)* Schlüssel *m* für
Wellensicherungsmuttern
**shaft-seal(ed) pump SYN.
controlled** *or* **limited leakage
pump** Pumpe *f* mit Wellen-
(ab)dichtung
shakedown period Einfahrzeit *f*
~ run Einfahren *n*
**shaking machine SYN. vibrating
machine** Schüttelmaschine *f*
shallow depression *(in a fuel
pellet)* **SYN. dishing** flache
Eindellung *f*
**shape v the axial power
distribution** die axiale
Leistungsverteilung *f* ein-,
verstellen
shaped graphite brick Graphit-
formstück *n*
**shaping of the lateral power
distribution** Ein-, Verstellen *n*
der seitlichen Leistungs-

verteilung

sharp-edged pelletized fuel
scharfkantiger Tabletten-
brennstoff *m*

shear cleat *(PCRV liner anchor)*
Schubanker *m*

~ **strain hypothesis** Schub-
spannungshypothese *f*

sheathed chromel-alumel
thermocouple Chromel-
Alumel-Mantelthermo-
element *n*

~ **thermocouple** Mantelthermo-
element *n*

sheathing SYN. canning,
cladding (Brennstoff-)Hülle *f*,
Hülse *f*

shelf level toughness *(material)*
Lagerzähigkeit *f*

shell Mantel *m* (Druckgefäß);
Schale *f* (Bautechnik)

~ **-and-tube type steam**
generator *(PWR,*
HTGR) Röhrendampf-
erzeuger *m*

~ **course SYN.** ~ **section**
Mantelschuß *m*
RDB-Unterteilschuß *m*

~ **discontinuity** Unstetigkeits-
stelle *f* im Mantel

~ **drain nozzle** Entwässerung *f*
Mantelseite

~ **penetration** *(containment)*
Druckschalendurchdringung *f*,
Durchführung *f* durch die
Sicherheitshülle, Wanddurch-
führung

~ **portion** (*or* **section**) Mantelteil
m, -schuß *m*

~ **section SYN.** ~ **course**
Mantelschuß *m*, zylindrischer

(RDB-)Schuß *m*

~ **side design pressure** *(SG)*
mantelseitiger Auslegungsdruck *m*

~ **side design temperature** *(SG)*
mantelseitige Auslegungs-
temperatur *f*

~ **space** Mantelraum *m*

shield Schild *m*, Abschirmung *f*

~ **building** Abschirmgebäude *n*,
äußere Stahlbetonhülle *f (bei*
Doppelsicherheitshülle),
Sekundärabschirmung *f*

~ **calculation** Abschirm-, Schild-
berechnung *f*

~ **coolant** Schild-
kühlmittel *n*

~ **coolant water** Schildkühl-
wasser *n*

~ **cooler SYN.** ~ **cooling**
heat exchanger Schildkühler *m*

~ **cooler piping system**
Schildkühler-Rohrleitungs-
system *n*

~ **cooler pump** Schildkühler-
pumpe *f*

~ **cooling air fan** Abschirmkühl-
luftventilator *m*, -gebläse *n*,
Schildkühlgebläse *n*

~ **cooling heat exchanger SYN.**
~ **cooler** Schildkühler *m*

~ **cooling pump** Schildkühl-
wasserpumpe *f*

~ **cooling system** Schildkühlsystem *n*

~ **cooling water return tank**
Schildkühlwasserrücklauf-
behälter *mpl*

~ **cooling water system** Schild-
kühlwassersystem *n*

~ **door** Abschirmtür f, -tor n

~ **housing** SYN. ~ **building**
äußere Stahlbetonhülle f,
Sekundärabschirmung f

~ **orifice block** *(driver fuel
assembly)* Abschirmdrossel-
block m, Abschirmblenden-
block m

~ **(ing) plug** Abschirmpfropfen
m, Abschirmstopfen m

~ **tank** Schildtank m, Abschirm-
tank m

~ **(ing) wall** Abschirmwand f

shielded area SYN. ~ **zone**
Abschirmzone f,
abgeschirmte Zone f

~ **cell** abgeschirmte Zelle f

~ **container** abgeschirmter
Behälter m

~ **disposal cask for spent BSR
neutron detectors**
abgeschirmter Beseitigungs-
behälter m

~ **gate valve** abgeschirmter
Schieber m

~ **operating face** *(for valves)*
abgeschirmter Bedienungs-
stand m

~ **shipping cask** abgeschirmter
Transportbehälter m

~ **transport flask** *(for spent fuel)*
(SGHWR) abgeschirmter
(BE-)Transportbehälter m

~ **transportation cask** *(for
waste) (US)* abgeschirmter
Transportbehälter m

~ **trolley** *(HTGR)*
abgeschirmter Schleus-
wagen m

shielding Abschirmung f

~ **and sealing plug** Abschirm-
und Dichtstopfen m

~ **and seal gate valve** Abschirm-
und Dichtschieber m

~ **block** Abschirmblock m

~ **cabin** Abschirmkabine

~ **calculation** Abschirmungs-
berechnung f

~ **container** Abschirmbehälter m

~ **equipment** SYN. ~
facilities Abschirm-
einrichtungen fpl

~ **function** Abschirmfunktion f

~ **gate valve** Abschirm-
schieber m

~ **material** Abschirmmaterial n

~ **(roof) slab** Abdeckriegel m

~ **slab anchoring** Abdeckriegel-
verankerung f

~ **sleeve** *(SGHWR)* Abschirm-
büchse f, -manschette f

~ **wall** SYN. **shield wall**
Abschirmwand f

~ **water** Abschirmwasser n

shift changing
Schichtwechsel m

~ **engineer** Schichtingenieur m,
-leiter m

~ **engineer's office** Schichtleiter-
büro n

~ **operations supervisor** Schichtleiter m

~ *v* **(or shuffle) fuel assemblies
(or elements)** BE umsetzen

~ **the power distribution to
skewed axial or radial shapes**
die Leistungsverteilung zu
schrägen axialen oder radialen
Formen verschieben

~ **out of place** *(reflector block)*
sich aus seiner Stellung
verschieben

shift supervisor Schichtleiter *m*
**shifting between reactor and
refueling building**
Verschiebung(en) *f(pl)*
zwischen Reaktor und
Brennstoffgebäude
shim(ming) Trimmen *n*,
Trimmung *f*
shim bank Grobsteuerstab-
gruppe *f*
~ **control** Grob-, Trimm-
regelung *f*, -steuerung *f*
~ **element SYN.** ~ **member**
Trimmelement *n*,
Trimmorgan *n*
~ **range** Trimmhub *m*
~ **rod** Trimmstab *m*
~ **/scram rod** *(LMFBR)* Trimm/
Schnellschlußstab *m*
~ **(ming) valve** Trimmarmatur *f*
~ **velocity** Trimmungs-
geschwindigkeit *f*
ship *v* **spent fuel off-site for
reprocessing** verbrauchten
Brennstoff *m* zur
Aufarbeitung vom Kraft-
werksgelände transportieren
shipment damage *(new fuel)*
Transportschaden *m*,
-schäden *mpl*
shipment (*or* **shipping**) **trunnion**
Transportpoller *m*
shipper/receiver difference
Absender/Empfänger-
Differenz *f (Spaltstoff-
flußkontrolle)*
shipping canister Transportbehälter *m* für neue BE
~ **cask** Transportbehälter *m (für
verbrauchte BE)*
~ **cask grid** Rost *m* für

Transportbehälter
~ **cask port** *(LMFBR)* Öffnung *f*
für BE-Transportbehälter
~ **container** Lieferbehälter *m*
~ **container unloading station**
Entladestation *f* für
Transportbehälter
~ **cover** *(for RPV)* Transportdeckel *m*
~ **crate (for unirradiated fuel
assemblies)** Transportgestell *n*
(für neue BE)
~ **flask transport route** *(UK)*
Transportweg *m* für Versandflasche
~ **flask transfer carriage**
Rollwagen *m* für Versand-
flaschen
~ **rack** Versandgestell *n (für
BE)*
~ **saddle** *(for SG)* Transport-
schemel *m (für DE)*
shock absorber *(RWR)*
Stoßdämpfer *m*
~ **absorber stop** Stoßdämpfer-
anschlag *m*
~ **absorbing medium**
Stoßdämpfungsmittel *n*,
-medium *n*
~ **baffle** Schockblech *n*
~ **frame** *(for shipping cask)*
Stoß(schutz)rahmen *m*
~ **plate** Schockblech *n*
~ **wave** Stoßwelle *f*
shop-fabricated component im
Werk gefertigtes Teil *m*
short construction schedule
kurzer Bauzeitplan *m*
short-lived fission product
kurzlebiges Spaltprodukt *n*
~ **isotope** kurzlebiges

Isotop *n*

~ **noble gas isotope** kurzlebiges Edelgasisotop *n*

~ **noble-gas nuclide** kurzlebiges edelgasförmiges Nuklid *n*

~ **radioactivity** kurzlebige Radioaktivität *f*

~ **radionuclide** kurzlebiges Radionuklid *n*

short term Kurzzeit *f*

short-term decay Kurzzeitzerfall *m*, kurzfristiger Zerfall *m*

~ **dynamics** Kurzzeitdynamik *f*

~ **power variation** kurzfristige Leistungsänderung *f*

~ **reactor power control** Kurzzeit-Reaktorleistungs-regelung *f*

shower Dusche *f*, Brause *f*

clean ~ »saubere« (= nicht kontaminierte) D.

contaminated ~ kontaminierte D.

shrink hole SYN. **shrinkage cavity** (Schwindungs)Lunker *f*, Schwindungshohlraum *m*

shrinkage cavity Schwindungs-lunker *f*, Schwindungshohl-raum *m*

~ **compensating cement** Schwindungsausgleichs-zement *m*

~ **effects** Schwind(ungs)-wirkungen *fpl*

shroud Hemd *n*, Mantel *m*

~ **can** SYN. **channel** (*BWR*) BE-Kasten *m*

~ **head bolt wrench** (*BWR*) Kernmanteldeckel-Schraubenschlüssel *m*

~ **head** (*BWR*) Kernmantel-

deckel *m*

~ **stabilizer** Kernmantel-stabilisator *m*

~ **support** (*BWR vessel*) Kernmantelauflager(ung) *n(f)*

~ **support** Stützkegel *m* für Kernmantel

~ **tube** (*D₂O reactor*) Trennrohr *n*

~ **tube storage pool** Trennrohr-lagerbecken *n*

shrouding Abdeckung *f*

shuffle *v* **fuel aseemblies** BE umsetzen

~ **(... % of the core) from outside-in** (% des Kerns) von außen nach innen umsetzen

shuffling SYN. **shifting, relocation procedure** Umsetzvorgang *m*, Umsetzen *n*

shut *v* **down upon high water level in the reactor vessel** (*BWR RCIC turbine*) bei hohem Wasserstand im RDB abschalten

shutdown Abschalten *n*, Abschaltung *f*, Abstellen *n*, Abfahren *n*, Stillsetzen *n*, Stillsetzung *f*

~ **for refueling** SYN. **refueling shutdown** Abschaltung *f* zum BE-Wechsel

~ **absorber** Abschalt-absorber *m*

~ **action** Abschaltaktion *f*, Abschaltmaßnahme *f*

~ **amplifier** Abschalt-verstärker *m*

~ **assembly** (*CE PWR*) Abschaltelement *n*

~ **boron** Abschaltbor n

~ **capability** Abschaltfähigkeit f, -vermögen n

~ **capacity** Abschaltleistung f

~ **CEA** *(CE PWR)* Abschalt-steuerelement n

~ **circulating pump** *(D₂O reactor)* Abfahrumwälzpumpe f, Nachkühlpumpe f

~ **condensate pump** Abfahrpumpe

~ **condenser** SYN. ~ **cooler (D₂O reactor)** Abfahr-, Nachkühler m

~ **condition** Abschalt-zustand m, abgeschalteter Zustand m

~ **cooler** SYN. **RHR heat exchanger** Abfahrkühler m

~ **cooling** SYN. **residual heat removal, RHR** Abfahr-, Nachkühlung f

~ **cooling function of the RHR system** Abfahr-, Nachkühl-funktion f des Nachkühlkreis-laufes

~ **cooling heat exchanger** SYN. **RHR heat exchanger** Nachkühler m, Nachkühl-wärmetauscher m

~ **cooling system** SYN. **RHR system** Nachkühlkreislauf m, Nachkühlsystem n

~ **electric system** elektrisches Abfahrsystem n

~ **feed pump** Abfahrspeise-pumpe f

~ **group control** *(PWR rod control system)* Abschalt-gruppensteuerung f

~ **heat** Abfahr-, Leerlauf-, Nach-, Restwärme f

~ **heat exchanger** SYN. **RHR heat exchanger** Nachkühler m

~ **heat removal** SYN. **residual heat removal** Nachkühlung f

~ **loop** *(SGHWR)* Schnell-abschaltkreis(lauf) m

~ **margin** Abschaltsicherheit f

~ **margin monitor** Abschalt-sicherheits-Überwachungs-gerät n

~ **mode of operation** Abfahr-Betriebsweise f

~ **operation** Stillsetzen n, Abfahren n, Abfahr-vorgang m

~ **period** Stillstandszeit f, Abschaltzeit f

~ **period inspection** (Wieder-holungs)Prüfung f während der Abschalt- *oder* Stillstandszeit

~ **power** Abschaltleistung f, Abschaltenergie f

~ **procedure** Abschaltvorgang m

~ **rate** Abfahrgeschwindigkeit f

~ **reactivity** Abschaltreaktivität f

~ **reactivity capability** Abschalt-reaktivitätsleistung f *(Abschaltkreislauf)*

~ **reactivity margin** Abschalt-reaktivitätsspanne f

~ **rod** Abschaltstab m

~ **rod group (or bank) runaway** Weglaufen n einer Abschalt-stabgruppe

~ **rod drive (mechanism)** Abschaltstabantrieb m

~ **state** Abschaltzustand m, abgeschalteter Zustand

~ **system** Abschalteinrichtung f,

Abfahrsystem *n*

~ **tank** Abfahr-, Abschalt-
behälter *m*

~ **tube** *(SGHWR)* (Schnell)-
Abschaltrohr *n*

~ **unit** Abschalteinheit *f*

~ **worth** Abschaltwert *m*
(Steuerelement)

shutoff valve *(BWR recirc.
system)* Absperrarmatur *f*

shutter Verschluß *m*

sideplate *(PWR)* Seitenblech *n*

side reflector Seitenreflektor *m*

~ **shield** Seitenschild *m*

~ **stream purification unit** *(D_2O
moderator)* Nebenschluß-
Reinigungsanlage *f*

~ **support** Seitenabstützung

~ **thermal shield** thermischer
Seitenschild *m*

side-to-side fluctuations *(in
BWR core power
distribution)* Schwankungen
fpl von einer Seite zur
anderen

sideways deflection *(HTR core
top)* Seitwärtsverbiegung *f*

~ **movement** Seitwärts-
bewegung *f*

sight glass Schauglas *n*

sigma pile Sigmaanordnung *f*

sign of incipient damage
Zeichen *n* beginnenden
Schadens

signal cable Signalkabel *n*

~ **conditioning** Signal-
aufbereitung *f*, Meßwert-
aufbereitung *f*

~ **conditioning panel** Meßwert-
aufarbeitungstafel *f*, Signal-
formtafel *f*

~ **forming** Signalbildung *f*

~ **forming** (*or* **generating**) **time**
Signalbildungszeit *f*

~ **from the highest reading of
three compensated ion
chambers** Impuls *m* vom
höchsten Meßwert dreier
kompensierter Ionisations-
kammern

~ **instructing s. th. to ...** zu etwas
anweisendes Signal *n*

~ **processing** Signal-
verarbeitung *f*

~ **running time** Signallaufzeit *f*

significantly affect *v* **fuel cycle
economics** die Wirtschaftlichkeit des Brennstoffkreislaufs
signifikant berühren (*oder*
beeinflussen)

silica gel Silica-Gel *n*, Silikagel *n*

~ **gel drier** (*or* **dryer**)
Gel-Trockner *m*

silicon carbide
Siliziumkarbid *n*

silver cladding (*or* **plating**) *(RPV
closure studs)* Silberauflage *f*

**silver-coated charcoal (reagent
material) in granular form**
silberbeschichtete Kohle *f* in
granulierter Form

silver-indium-cadmium alloy
*(PWR control rod absorber
section)* Silber-Indium-
Kadmium-Legierung *f*

single failure *(ANS)* Einzel-
fehler *m*

~ **grab** (**grapple[r]** *or* **gripper**)
Einfachgreifer *m*

~ **movable out-of-pipe detector
element** Einzelglied *n*

~ **scattering** Einfachstreuung *f*

single-barrier containment
einfache Sicherheitshülle f,
-schale f

single-bundle sampler *(BWR)*
Einzelbündel-Probenahme-
gerät n

single-channel access Einzelkanalzugang m

~ **discriminator** Einkanal-
diskriminator m

~ **trip** Einkanal-Auslösung f,
Auslösung auf einem Kanal

**single-cycle boiling water
reactor** Einkreis-Siedewasser-
reaktor m mit teilintegriertem
Zwangsumlauf

~ **boiling water reactor plant**
Einkreis-Siedewasserreaktor-
anlage f

~ **forced-circulation
boiling-water reactor**
Einkreis-Siedewasser-
reaktor m mit Zwangsumlauf-
kühlung

~ **natural-circulation
boiling-water reactor**
Einkreis-Siedewasser-
reaktor m mit Naturumlauf

~ **plant (with direct gas turbine
cycle)** Einkreisanlage (mit
direktem Gasturbinen-
kreislauf)

~ **reactor system** Direktkreis-
Reaktorsystem n

~ **system** Einkreissystem

single-element control
Einkomponentenregelung f

single-phase dose meter
Einphasendosimeter n

~ **flow** Einphasen-
strömung f

single-reactor power station
Ein-Reaktor-Kraftwerk n

single-region core Einzonen-
kern m

**single-reheat type once-through
boiler** Zwang(s)durchlauf-
kessel m mit einfacher
Zwischenüberhitzung

single-size penetration nozzle
Durchführungsstutzen m einer
einzigen Größe

single-stage recycle Einstufenrückführung f, Stufe f mit
Rückführung

**single-stage, single-suction, free
surface centrifugal pump**
(LMFBR) einstufige
einflutige Kreiselpumpe f mit
freier Oberfläche

**single-stage sodium to water
heat exchanger** einstufiger
Na-Wasser-Wärmetauscher m

singulizer *(pebble-bed reactor)*
Vereinzelner m

singulizing *(of pebble type
HTGR fuel)* Vereinzelung f

~ **disc** *(pebble-bed reactor)*
Vereinzelnerscheibe f

sintered fuel gesinterter Brennstoff m, Sinterbrennstoff m

~ **metal filter** Sintermetallfilter n

~ **UO$_2$ pellet** *(LWR fuel)*
UO$_2$-Sintertablette f

sintered-metal ultrafine filter
Sintermetallfeinstfilter n, m

sintering *(UO$_2$ pellet
manufacture)* 1. Sintern n,
Sinterbrennen n;
2. Zusammenbacken n,
-ballung f, -frittung f,
-sinterung f

siphoning drainage of the reactor vessel *(LMFBR)* Leerhebern *n* des Reaktortanks

sipper SYN. fuel sampler BE-Probenahmegerät *n* (für Sipping-Test)

sipping *(of a fuel assembly)* Prüfung *f* nach der Sipping-Test-Methode

~ **of each fuel assembly** Prüfung eines jeden BE mittels Sipping-Test

~ **test** Sipping-Test *m*

site Standort *m;* Kraftwerksgelände *n*

~ **close to load centres** verbrauchsnaher Standort *m*

~ **assessment** Standortbewertung *f*, -beurteilung *f*

~ **boundary distance** Abstand *m* von der Kraftwerksgeländegrenze

~ **boundary exposure** (Strahlen-)Belastung an der Standort- oder KW-Grundstücks- *oder* -Geländegrenze

~ **design envelope** Standort-Auslegungshüllkurve *f*

~ **erection** Baustellenmontage *f*

~ **hydrology** Standort-Hydrologie *f*

~ **of plant component installation** Aufstellungsort *m* von Anlageteilen

~ **preparation** Baustellenerschließung *f*

~ **safety evaluation report, SSER** Standortsicherheitsbewertung *f*

~ **technical direction** technische Leitung *f* auf der Baustelle

site-specific standortspezifisch

siting Standortwahl *f*

~ **near-town ~ SYN. urban ~ S.** in Stadtnähe, stadtnaher Standort *m*

~ **restriction** Beschränkung *f* der Standortwahl

sized to provide the total ECC requirement *(HPCS system)* für die Deckung des gesamten Kern-Notkühlbedarfes bemessen

skeleton *(Westinghouse PWR fuel assembly)* (BE-)Skelett *n*

skewed axial shape *(BWR power distribution)* schräge axiale Form *f*

~ **condition** *(BWR core power distribution)* schräger Zustand *m*

~ **radial shape** *(power distribution)* schräge radiale Form *f*

skimmer *(fuel storage pool)* Abstreifer *m*, Abheber *m*, Abschöpfer *m*

~ **surge tank** *(BWR)* Abstreifer-Ausgleichsbehälter *m*

skin dose SYN. ~ burden Hautdosis *f*, Hautbelastung *f*, Strahlenbelastung *f* der Haut

~ **exposure, exposure of the ~** Strahlenbelastung *f* der Haut

~ **tolerance dose** zulässige Hautdosis *f*

skip *(UK)* BE-Transportbehälter *m*

skirt *(BWR internal steam separator)* Zarge *f*

SLFM = source-level flux

monitor Impulsbereich-Neutronenfluß-Überwachungsgerät *n*

slide rail Gleitschiene *f*

sliding base *(CE PWR SG support)* Gleitsockel *m*

~ **(or variable) limit forming (unit)** Bildung *f* gleitender Grenzwerte

~ **seal fit** *(BWR fuel channel)* Gleitdichtungspassung *f*

~ **sleeve** Gleitbuchse *f*

~ **snout** *(refueling machine)* Schieberüssel *m*

slightly (or weakly) active schwachaktiv

~ **enriched** leicht angereichert

~ **radioactive** schwach radioaktiv

sling Schlupp *n*, Gurt *m*

slotted strap *(Westinghouse PWR fuel assembly spacer)* (geschlitzter) Blechstreifen *m*

slow-down Abbremsung *f*, (Neutronen)Moderierung *f*

slow down length Bremslänge *f*

~ **neutrons** langsame Neutronen *npl*

~ **reactor** SYN. thermal reactor thermischer Reaktor *m*

slowing-down SYN. slow-down, moderation Verlangsamung *f*, Bremsvorgang *m*, Abbremsung *f*, (Neutronen)-Moderierung *f*

~ **area** SYN. moderation area Bremsfläche *f*

~ **density** Bremsdichte *f (DIN)*

~ **equation** Bremsgleichung *f*

~ **length** Bremslänge *f*

~ **(or stopping) power** Brems-vermögen *n* (von Materie gegenüber Alpha-Teilchen)

~ **probability** Bremswahr-scheinlichkeit *f*

~ **time** Bremszeit *f*

sludge arising *(UK)* Schlamm-anfall *m*, angefallener Schlamm *m*

~ **cake** Schlammkuchen *m*

~ **dewatering** Schlamm-entwässerung *f*

~ **filtration** Schlammfilterung *f*

~ **insolubilization plant** Schlamm-Eindichtungs-anlage *f*

~ **retention tank** Schlamm-Absetz-, -Rückhalte-, Verweilbehälter *m*

~ **storage tank** Schlamm-, Konzentratlagerbehälter *m*

~ **tank** Schlammbehälter *m*

slug Brennstoffstock *m*, kurzes, dickes Stab-Brennelement *n*

~ **particle** Grünlingspartikel *f*

~ **of water** Wasserpfropfen *m*, Wasserschwall *m*

slurries of filter aid and spent resin Schlämme *mpl* aus Filterhilfsmittel und verbrauchten (Ionentauscher)Harzen

slurry-fuel reactor Suspensions-reaktor *m* mit Schlammumwälzung

Sm valley Sm-Tal *n*, -Mulde *f*

small break accident (Kühl mittelverlust)Unfall *m* mit kleinem (Rohr)Bruch

~ **line break accident** Transiente *f oder* instationärer Zustand *m* bei Bruch einer kleinen

Leitung
~ **perturbation test** Prüfung *f* für
kleine Störungen
smaller diameter fuel rod
Brennstab *m* geringeren
Durchmessers
smallest rupture kleinster
Bruch *m*
smear (test) Reibeprüfung *f*
"smeared" fuel density
Brennstoffschmierdichte *f*
smoke alarm Rauchmelder *m*
~ **alarm system** Rauchmelde-
system *n*
**sniffing with a continuous air
monitor** Abschnüffeln *n* mit
einem kontinuierlich
arbeitenden Luftüber-
wachungsgerät
~ **check** Schnüffelkontrolle *f*
~ **device** *(HTGR)* Schnüffel-
vorrichtung *f* *(Hülsenüber-
wachung)*
SNM = special nuclear material
besondere nukleare Stoffe
mpl (Spaltstoffflußkontrolle)
snout carriage *(LMFBR
refueling machine, UK)*
Rüsselschlitten *m*
snubber *(PWR SG support)*
Abweiser *m*
~ **(or snubbing) cylinder**
Dämpfzylinder *m*
~ **(or snubbing) piston**
Dämpfkolben *m*, Stoß-
dämpferkolben *m*
soap bubble test *v* abseifen,
einer Seifenblasen(Leck)-
prüfung unterziehen
~ **bubble method (of leak
testing)** Seifenblasen-

methode *f*
soaping Abseifen *n*
(Leckprüfung)
~ **(with Nekal)** Abseifen *n* (mit
Nekal)
sodium, Na Natrium *n*, Na
~ **bonding** Natriumbonding *n*
~ **borate** Natriumborat *n*
~ **borate solution** Natriumborat-
lösung *f*
sodium bulk outlet temperature
(LMFBR) Natrium-Gesamt-
austrittstemperatur *f*
~ **clean-up (*or* purification)
system** Natriumreinigungs-
system
~ **collecting tank** Na-Auffang-
wanne *f* *(SNR 300)*
~ **cooled fast breeder reactor**
natriumgekühlter schneller
Brutreaktor *m*
~ **deposits** Natriumablagerungen
fpl
~ **expansion tank** *(LMFBR)*
Natriumausdehnungs-
behälter *m*
~ **fire** Natriumbrand *m*
~ **flow metering,** ~ **flow rate
measurement** Natriumdurch-
satzmessung *f*
~ **flowmeter** Natriumströmungs-
messer *m*
~ **freeze-up** Einfrieren *n* des
Natriums
~ **graphite reactor** Na-Graphit-
Reaktor *m*
~ **heat transfer system** Natrium-
wärmeübertragungssystem *n*
~ **hydroxide** *(boric acid waste
neutralizer)* Natriumhydroxid
n, NaOH

~ **hydroxide (NaOH) solution tank** NaOH-Behälter *m*

~ **inlet pipe** Natriumeintritts-leitung *f*

~ **inventory above reactor vessel outlet nozzles** Natriumfüll-stand *m* über den Reaktor-behälter-Austrittsstutzen

~ **leak detector** Natriumleck-detektor *m*

~ **leakage flow** Natriumleck-strom *m*

~ **level ga(u)ge** (*or* **probe**) Natriumhöhenstandssonde *f*

~ **level measurement** Natrium-höhenstandsmessung *f*

~ **metaborate** Natrium-metaborat *n*

~ **pentaborate solution** Natrium-pentaboratlösung *f*

~ **pump** Natriumpumpe, Na-Pumpe *f*

~ **purification** Natrium-reinigung *f*

~ **purification system** Natrium-Reinigungssystem *n*

~ **purity detector** Na-Reinheits-meßsonde *f*

~ **removal from stainless steel** Natriumentfernung *f* von rost-freiem Stahl

~ **separation device** Natrium-abscheidevorrichtung *f*

~ **store** Natriumlager *n*

~ **vapour trap** Natriumdampf-falle *f*

~ **wash plant** (*or* **system**) Natriumwaschanlage *f*

~ **washing effluents** Natrium-waschabwässer *npl*

~ **wetted material** natrium-benetztes Material *n*, natrium-benetzter Werkstoff *m*

sodium-carrying plant component natriumführender Anlagenteil *m*

sodium-carrying system natriumführendes System *n*

sodium-cooled breeder reactor natriumgekühlter Brutreaktor *m*

~ **decay store** natriumgekühltes Abklinglager *n*

~ **fast breeder** natriumgekühlter schneller Brüter *m*

~ **fast breeder reactor** natrium-gekühlter schneller Brutreaktor *m*

~ **fast reactor** schneller natrium-gekühlter Reaktor *m*

~ **thermal reactor** natrium-gekühlter thermischer Reaktor *m*

sodium-filled transfer pot (*LMFBR*) natriumgefüllte Büchse *f*

sodium-graphite reactor Natrium-Graphit-Reaktor *m*

sodium-lubricated hydrostatic floating (*or* **non-locating**) **bearing** natriumgeschmiertes hydrostatisches Loslager *n*

sodium-process level Natrium-betriebsspiegel *m*

sodium-spill Natriumauslauf *m*

sodium-to-nitrogen heat exchanger Natriumstickstoff-Wärmetauscher *m*

sodium-water reaction SYN. Na-H$_2$O reaction Natrium-Wasser-Reaktion *f*, Na-H$_2$O-Reaktion

sodium-wetted natriumbenetzt

soft seal Weichdichtung *f*

solenoid Magnetspule *f*

solenoid-operated hydraulic valve magnetbetätigtes Hydraulikventil *n*

~ **scram pilot valve** *(BWR CRD system)* magnetbetätigtes Schnellschluß-Steuerventil *n*

sol-gel process *(of fuel fabrication)* Sol-Gel-Prozeß *m*, Sol-Gel-Verfahren *n*

solid Feststoff *m*

~ **active waste building** Feststofflager(gebäude) *n*

~ **content** Feststoffgehalt *m*

~ **fuel heterogeneous reactor** heterogener Reaktor *m* mit festem Brennstoff

~ **laboratory wastes** feste Laborabfälle *mpl*

~ **particulates** Feststoffteilchen *npl*

~ **portion** Feststoffanteil *m*

~ **radioactive waste disposal (or treatment)** Aufbereitung *f* radioaktiver Feststoffe

~ **radioactive wastes** feste radioaktive Abfallstoffe *mpl* *(oder* Abfälle *mpl)*

~ **radwaste treatment system** Festabfall-Aufbereitungs-system *n*

~ **removal and proportioning device** Feststoffaustrag- und -Dosiervorrichtung *f*

~ **state bistable trip unit** Festkörper-Grenzwertmelder-Schnellschußeinheit *f*

~ **state electrical equipment** transistorisierte Geräte *npl*

~ **waste(s)** Festabfall *m*

~ **waste accumulation** Anfall *m* von Festabfällen

~ **waste bunker** Feststoffbunker *m*, Festabfallbunker *m*

~ **waste burial pit** Festabfall-gruftschacht *m*

~ **waste store; *SGHWR:* active waste building** Feststofflager

~ **waste disposal (system)** Feststoffaufbereitung *f*

~ **waste disposal storage vault** *(on power plant site)* Festabfall-Lagergruft *f*

~ **waste drumming area** Festabfall-Faßabfüllzone *f*

~ **waste storage** Fest(abfall)-stofflagerung *f*

~ **waste store** Lager *n* für feste Abfälle, Feststofflager *n*

solid-waste baler (*or* press) Feststoffpresse *f*

solidification 1. Verfestigung *f*, 2. Erstarrung *f*

~ **of high-level wastes** V. von hochaktiven Abfällen

~ **in cement** Einzementieren *n*

~ **agent** Verfestigungsmittel *n*

solidified high level radioactive wastes verfestigte hochaktive Abfälle *mpl*

solidify *v* **solid wastes by cementing** Festabfälle *mpl* durch Zementieren verfestigen

solubility Löslichkeit *f*, Auflösbarkeit *f*

~ **limit** *(boric acid)* Löslichkeits-grenze *f*

soluble absorber concentration Konzentration *f* des löslichen

Absorbers

~ **impurities** lösliche Verunreinigungen *fpl*

~ **neutron poison** lösliches Neutronengift *n*

solvent extraction process Solventextraktionsprozeß *m*

~ **extraction cycle** Solventextraktionszyklus *m*

~ **wash** Waschen *n oder* Waschung *f* mit Lösungsmittel

sorb *v* sorbieren

sorption process Sorptionsprozeß *m*

source SYN. source of radiation Strahlenquelle *f*

~ **capable of being isolated from other systems** *(makeup water)* von anderen Systemen abtrennbare Quelle *f*

~ **of radiation** SYN. source Strahlenquelle *f*

~ **density** Quelldichte *f*

~ **level** Quellniveau *n*

~ **level flux monitor, SLFM** Impulsbereich-Neutronenfluß-Überwachungsgerät *n*

~ **material** Quellenmaterial *n*, gering spaltstoffhaltiges Material, nicht angereicherter Spalt- *oder* Brutstoff *m*, Ausgangsstoff *m*, Ausgangsmaterial *n*

~ **of exposure** Belastungsquelle *f*

~ **range** Impuls-, Anfahr-, Quellbereich *m (Neutronenflußmessung)*

~ **range channel** Impulsbereichskanal *m*

~ **range counting** Impulsbereichzählen *n*, Zählen im Impuls-,

Anfahr-, Quellbereich

~ **range measuring channel** Impuls(meß)kanal *m*

~ **range neutron detector** Impuls-, Quell-, Anfahrbereich-Neutronendetektor *m*

~ **range nuclear detector** nuklearer Meßfühler *m* im Impulsbereich

~ **rod** Quellstab *m*

~ **rod clad(ding) tube** Quellstabhüllrohr *n*

~ *or* **start(-)up range** Anfahrbereich SYN. Impulsbereich, Quellbereich *m*

~ **start-up range channel** Anfahrkanal *m*

~ **strength** Quellstärke *f*

~ **tool** Werkzeug *m* für Neutronenquellen

space variable xenon cross section räumlich veränderlicher Xenonquerschnitt *m*

spacer assembly *(BWR fuel assembly)* Abstandhalter *m*, Abstandhalter-Baugruppe *f*

~ **basket** Abstandhalterkorb *m*

~ **button** *(BWR fuel channel)* Abstandhaltenoppen *m*, Abstandhalteknopf *m*

~ **capture rod** *(BWR fuel bundle)* AbstandhalterBefestigungsstab *m*

~ **grid** SYN. ~ lattice Abstandhaltergitter *n (BE)*, Stegitter *n*, Distanzhalter *m*

~ **lattice** SYN. ~ grid Abstandhaltergitter *n (BE)*

~ *or* **spacing dimple** Distanznoppen *m*

~ **ring** Distanzring *m*
shipping flask ~ Abstandhalter *m* für Versandflasche
~ **sleeve** Distanzhülse *f*
spacing boss (*of outer shell*)
Eindellung *f*
spallation Spallation *f*
span (*BWR control rod*)
Spannweite *f*
spare fuel bundle (*BWR*)
Reservebrennelement-
bündel *n*
~ **fuel channel** (*BWR*) Reserve-
brennelementkasten *m*
~ **instrument nozzle**
Blindstutzen *m* für
Instrumentierung
~ **position (in core)**
Reserveposition *f*
sparge pipe Ringsprühleitung *f*,
Verteilerkranz *m*, (mit Sprüh-
düsen versehener) Verteilerring *m*, Verteilersystem *n*
sparger ring SYN. spray ring
Sprühring *m*, Sprühkranz *m*
~ **type heater** Einspritzheiz-
vorrichtung *f* (Kondensatbehälter)
sparging Durchblasen *n*,
Einblasen *n*
spark arrestor Funkenfänger *m*
spatial control system
räumliches Steuersystem *n*
~ **dependence** räumliche
Abhängigkeit *f*
~ **distribution of the burnable
poison** (*BWR*) räumliche
Verteilung *f* des
abbrennbaren Giftes
~ **power distribution** räumliche
Leistungsverteilung *f*

~ **power distribution flattening**
Abflachung *f* der räumlichen
Leistungsverteilung
~ **instability** räumliche
Instabilität *f*
~ **shape change** räumliche
Formänderung *f*
~ **stability** räumliche Stabilität *f*
(*Leistungsverteilung*)
~ **xenon damping** räumliche
Xenondämpfung *f*
~ **xenon oscillations** räumliche
Xenonschwingungen *fpl*
~ **xenon stability** räumliche
Xenonstabilität *f*
~ **xenon transient performance**
Verhalten *n* im instationären
räumlichen Xenonzustand
**spatially independent spectral
calculation** räumlich
unabhängige Spektrum-
berechnung *f*
special area Sonderbereich *m*
~ **defective fuel storage
container** (*BWR*) Spezial-
lagerbehälter *m* für
schadhafte Brennelemente
~ **depressed center rail car** (*for
spent fuel shipping casks*)
(*US*) Spezial-Tieflade-Eisen-
bahnwagen *m*
~ **door unlatching tool** (*airlock*)
Türentriegelungs-Spezial-
gerät *n*
~ **fissionable material** besondere
spaltbare Stoffe *mpl*
~ **neutron-sensitive chamber**
neutronenempfindliche
Spezial(Meß)-Kammer *f*
~ **nuclear materials, SNM**
besondere spaltbare

Stoffe *mpl*
specialized training Spezial-,
Sonderausbildung *f*
specific activity spezifische
Aktivität *f* (= *Radioaktivität)*
~ **burn-up** SYN. **irradiation
level** spezifischer Abbrand *m*
~ **coolant activity** spezifische
Aktivität *f* des Kühlmittels
~ **gamma-ray constant** SYN.
k-factor spezifische Gamma-
strahlenkonstante *f*, Dosiskonstante *f* (für Gamma-
strahlung)
~ **ionization** spezifische
Ionisation *f*
~ **nuclear fuel power** (*or* **rating**)
spezifische Spaltstoffleistung *f*
~ **power (kW/kg U)** spezifische
Leistung *f* (kW/kg U)
~ **rod power** spezifische
(Brenn)Stableistung *f*, Stab-
längenbelastung *f*
spectral cross section spektraler
Flußquerschnitt *m*
~ **emission rate** spektrale
Emissionsrate *f*
~ **flux density** spektrale
Flußdichte *f*
~ **hardening** spektrale Härtung *f*
~ **shift control** Spektral(Drift-)-
Steuerung *f*
~ **shift (control) reactor**
Spektraldriftreaktor *m*
~ **source density** spektrale
Quellendichte *f*
spectro-angular cross section
spektraler Winkelquerschnitt
m, raumwinkelbezogener
Wirkungsquerschnitt *m*
spectro-angular flux density

spektrale Winkelflußdichte *f*,
spektrale raumwinkel-
bezogene Flußdichte *f*
spectrophotometer Spektral-
photometer *n*
spectroscopic analysis
spektroskopische Analyse *f*
speed 1. Drehzahl *f;*
2. Geschwindigkeit *f*
~ **of closure** (*valve*) Schließg.
~ **of control rod response**
Ansprechg. der Steuerstäbe
~ **control loop** Drehzahlregel-
kreis *m*
~ **governor limiting the speed to
its maximum operating level**
die Drehzahl auf ihren
maximalen Betriebswert
begrenzender Drehzahl-
regler *m*
~ **measurement** SYN. **speed-
measuring instrumentation**
Drehzahlmessung *f*
speed-load changer setting
Einstellung *f* des
Drehzahl/Laständerungs-
gerätes *n*
~ **governing mechanism**
Drehzahl/Last-Regel-
mechanismus *m*
~ **changer (turbine)** Drehzahl/
Last-Änderungsgerät *n*
~ **error signal** Drehzahl/Last-
Störwertsignal *n*
spent core component gas cooler
(*LMFBR*) Gaskühler *m* für
verbrauchte Kernteile
~ **core component sodium
removal station** (*LMFBR*)
Natrium-Abwaschstation *f* für
verbrauchte Kernteile

~ **demineralizer resin**
verbrauchtes Vollentsalzungs-
anlagenharz *n*

~ **fuel** abgebrannter *oder*
abgereicherter Brennstoff *m*

~ **fuel assembly handling tool**
Werkzeug *n* für die
Handhabung abgebrannter
BE

~ **fuel (pit) bridge**
(Westinghouse PWR)
Manipulierbrücke *f*

~ **fuel building** *(Westinghouse
PWR)* Beckenhaus *n*

~ **fuel building cleanup filter**
Beckenhaus-Reinigungs-
filter *n, m*

~ **fuel building crane** Beckenhauskran *m*

~ **fuel canal** Kanal *m* für
abgebrannte BE

~ **fuel cask** Transportbehälter *m*
für abgebrannte BE

~ **fuel cask crane** *(BE)*
Transportbehälterkran *m*

~ **fuel cask shipping area**
Versandraum *m* für
BE-Transportbehälter

~ **fuel cask traveling hoist**
verfahrbarer Elektrozug *m* für
BE-Transportbehälter

~ **fuel cooling system**
BE-Beckenkühlsystem *n*

~ **fuel elevator** Aufzug *m* für
abgebrannte BE

~ **fuel handling accident** Unfall
m bei der Handhabung
abgebrannter BE

~ **fuel (element) handling cell**
(LMFBR) Handhabungszelle
f für verbrauchte BE

~ **fuel handling equipment
cooling pump** Kühlpumpe *f*
für BE-Fördergeräte

~ **fuel hoist** Hubvorrichtung *f*
für verbrauchten Brennstoff

~ **fuel inspection rack** Prüf-
gestell *n* für abgebrannte BE

~ **fuel loading operation**
Ladearbeitsgang *m* für
abgebrannte BE

~ **fuel manipulator** Gruftlader *m*

~ **fuel pit** *(Westinghouse PWR)*
SYN. fuel storage pool
(BWR), **cooling pond** *(UK,
FGR)* Abklingbecken *n*,
Brennelementbecken *n*, BE-
Becken *n*

~ **fuel pit bridge** *(Westinghouse
PWR)* Manipulierbrücke *f*

~ **fuel pit building** Beckenhaus *n*

~ **fuel pit building crane**
Beckenhauskran *m*

~ **fuel pit cooling and cleaning
(or cleanup or purification)
system** Becken(wasser)-Kühl-
und -reinigungssystem *n*

~ **fuel pit underwater lamp**
BE-Becken-Unterwasser-
scheinwerfer *m*

~ **fuel pit cooling loop**
(Westinghouse PWR)
Beckenkühlkreis(lauf) *m*

~ **fuel pit cooling loop piping**
Beckenkühlkreis-Rohr-
leitungen *fpl*

~ **fuel pit combined
air/underwater lamp**
BE-Becken-Luft/Wasser-
Scheinwerfer *m*

~ **fuel pit cooling water** Becken-
(kühl)wasser *n*

~ **fuel pit demineralizer** Becken-
kühlkreis-Ionen(aus)-
tauscher *m*

~ **fuel pit filter** Abklingbecken-
filter, Beckenfilter, Beckenwasserfilter *m, n*

~ **fuel pit filter aid tank**
BE-Becken-Filterhilfsmittel-
behälter *m*

~ **fuel pit filter backwash**
Beckenfilter-Rückspülung *f,*
-Rückspülwässer *npl*

~ **fuel pit heat exchanger** (BE-)
Beckenkühler *m*

~ **fuel pit lining** BE-Becken-
auskleidung *f*

~ **fuel pit pump** Beckenkühl-
kreis-Umwälzpumpe *f*

~ **fuel pit skimmer**
(*Westinghouse PWR*)
Beckenrandabsaugung *f*

~ **fuel pit skimmer filter**
Beckenrand-Absaugfilter *n*

~ **fuel pit skimmer pump**
Beckenrand-Absaugpumpe *f*

~ **fuel pit sluice gate SYN.**
refuelling slot gate
Beckenschütz *n*

~ **fuel pit sump pump**
BE-Becken-Sumpfpumpe *f*

~ **fuel pit support structure**
Brennelementbecken-Trag-
konstruktion *f*

~ **fuel pit water**
Beckenwasser *n*

~ **fuel pit water demineralizer**
Beckenwasser-Voll-
entsalzungsanlage *f*

~ **fuel pit water filter**
(*Westinghouse PWR*)
Beckenwasserfilter *n, m*

~ **fuel pit water heat exchanger**
Beckenwasserkühler *m*

~ **fuel pit water pump** Becken-
wasserpumpe *f*

~ **fuel pool** BE-(Lager)
Becken *n*

~ **fuel pool bridge crane**
BE-Becken-Brückenkran *m*

~ **fuel pool handling machine**
BE-Becken-Manipulier-
maschine *f*

~ **fuel rack** Gerüst *n*, Gestell *n*
für verbrauchte Brenn-
elemente, Beckengestell *n*

~ **fuel removal** Ausschleusen *n*
von verbrauchten BE

~ **fuel reprocessing facility**
Aufarbeitungsanlage *f* für
verbrauchte BE

~ **fuel shipping cask** Transportbehälter *m* für verbrauchte
Brennelemente

~ **fuel shipping cask crane**
BE-Transportbehälterkran *m*

~ **fuel shipping cask setdown**
grid Abstellrost *m* für
BE-Transportbehälter

~ **fuel shipping facility** Versand-
station *f* für verbrauchte BE

~ **fuel storage** Lagerung *f* von
abgebranntem Brennstoff

~ **fuel storage area** Lagerfläche
f, -raum *m* für abgebrannte
BE (*oder* abgereicherten
Brennstoff)

~ **fuel storage pool SYN. spent**
fuel pit BE-(Lager)Becken *n*

~ **fuel (assembly) storage rack**
SYN. spent fuel rack Lager-
gestell *n* für verbrauchte
Brennelemente, (BE-)-

Beckengestell *n*
~ **fuel transfer pit**
  (Westinghouse PWR)
  BE-Ausschleusbecken *n*
~ **fuel transfer tube** *(PWR)*
  BE-Schleuse *f*, Schleusrohr *n*
  für verbrauchte BE
~ **fuel transportation accident**
  Transportunfall *m* mit
  abgebrannten BE
~ **fuel water SYN. spent fuel pit**
  water Beckenwasser *n*
~ **ion exchanger resin**
  verbrauchtes Ionen-
  austauscherharz *n*, Abfall-
  Ionenaustauscherharz *n*
~ **(ion exchange) resin concrete**
  incorporation plant (Ein)-
  Betonieranlage *f* für Ionen-
  tauscherharze
~ **ion exchange(r) slurry** Ionen-
  austauscherabschlämme *mpl*,
  Ionenaustauscher(harz)-
  abrieb *m*
~ **(ion exchanger) resin tank**
  Ionenaustauscherharz-
  behälter *m*
~ **regenerant** verbrauchtes
  Regeneriermittel *n*
~ **regenerant chemical**
  verbrauchtes Regeneriermittel *n*
~ **regenerant chemical hold-up**
  tank Behälter *m* für
  verbrauchte Regeneriermittel
~ **resin shipping cask** Transportbehälter *m* für verbrauchte
  Ionenaustauscherharze *(oder*
  Austauscherharzabfälle)
~ **resin shipping vessel**
  Harzabfall-Transportbehälter

m, Transportbehälter *m* für
verbrauchte Ionen-
austauscherharze
~ **resin (storage) tank** Behälter
  m für verbrauchte Ionenaustauscherharze, Harzabfall-
  behälter *m*
~ **resin storage tank drain**
  Harzabfallbehälter-Ablauf-
  wasser *n*
~ **resin transfer equipment**
  Harzabfall-Austrag-
  einrichtung *f*
sphere discharge tube
  (pebble-bed HTGR) Kugel-
  abzugsrohr *n*
~ **path curve** Kugelbahnkurve *f*
~ **sequence frequency** Kugel-
  folgefrequenz *f*
spherical cavity kugelförmiger
  Hohlraum *m*
~ **centre** (*or* **center**) **disc** *(RPV*
  head) Kugelkalotte *f*, Kugel-
  kappe *f*
~ **containment (structure** *or*
  vessel) SYN. containment
  sphere kugelförmige
  Sicherheitshülle *f*,
  Kugel-Sicherheitsbehälter *m*
~ **(fuel) element** *(pebble-bed*
  HTGR) kugelförmiges Brennelement *n*, BE-Kugel *f*
~ **pressure vessel** Kugeldruck-
  behälter *m*
~ **steel containment (vessel)**
  stählerner kugelförmiger
  Sicherheitsbehälter *m*, kugelförmiger Stahlsicherheits-
  behälter *m*
~ **steel envelope** kugelförmige
  Stahlhülle *f*

~ **uranium dicarbide kernel**
(HTGR fuel) kugelförmiger
Urandikarbidkern *m*
~ **washer** SYN. **spherically faced
closure washer** *(RPV)* Kugelscheibe *f*
spherical-faced pan *(RPV
closure)* Kugelpfanne *f*
spherically faced closure washer
(RPV) SYN. **spherical washer**
Kugelscheibe *f*
~ **dished (bottom) head**
(pressure vessel) tiefgewölbter
Boden *m*
spheroidization *(of UO_2)*
Einformung *f* (von UO_2),
Zusammenballung *f*
spider assembly *(CE PWR
CEA)* Fingerhalter-Bau-
gruppe *f*
spider (hub) *(PWR RCC
assembly)* (spinnenförmiger)
Fingerhalter *m*
spike Störzone *f*
spiked core SYN. **seed core**
»gespickter« Kern *m*
spiking SYN. **seeding** Spicken *n*
spill Freisetzung *f* von radioaktivem Material durch Unfall
spindle nut *(CRD)* Spindel-
mutter *f*
splice Stoß *m* *(Sicherheitshüllen-
bleche)*
spline bushing *(control rod
drive)* Keilnabe *f*
split bus arrangement *(BWR
RHR pump supply)* geteilte
oder längsgetrennte Sammel-
schienenanordnung *f*
split-flow reactor Reaktor *m* mit
geteiltem Kühlmittelfluß

**SPND = self-powered neutron
detector** Neutronendetektor
m mit eigener Strom-
versorgung
spontaneous decay spontaner
Zerfall *m*
~ **fission** spontane Spaltung *f*,
Spontanspaltung
spot radiography Punktröntgen-
prüfung *f*
spray box SYN. **box-type spray
manifold** Sprühkasten *m*
~ **calciner** *(waste solidification)*
Sprühkalzinierofen *m*, Sprüh-
röstofen
~ **cooling** Sprühkühlung *f*
~ **cooling system** Sprühkühl-
anlage *f*
~ **flow rate** Sprühdurchsatz *m*
~ **header** Einsprühsammler *m*
~ **injection system** Einspritz-
system *n*
~ **line connection** Sprühleitungs-
anschluß *m*
~ **line nozzle** Sprühkopf *m*
~ **nozzle** (*or* **sparger**)
Sprühdüse *f*
~ **pipe** (*or* **line**) Sprühleitung *f*
~ **pump** Sprühpumpe *f*
~ **ring** SYN. *BWR* **sparger ring**
Sprühverteilerring *m*
~ **sparger** *(BWR vessel)* SYN. ~
nozzle Sprühdüse *f*
~ **system** Sprühsystem *n*, Sprühanlage *f*
~ **type liquid inlet header**
Sprüh-Eintrittssammler *m*
~ **type separator** Sprüh-
abscheider *m*
~ **type (pressure) suppression
system** Einsprüh-Druck-

abbausystem *n*
~ **(or injection) water flow**
Einspritzwasserstrom *m*
~ **water protection shroud**
(PWR pressurizer)
Schutzhemd *n* gegen Sprüh-
wasser
~ **water recirculation pump**
Einsprühwasser-Umwälz-
pumpe *f*
sprayed-on Al layer (or coating)
Al-Spritzschicht *f*
spread of contamination
Ausbreitung *f oder*
Verschleppung *f* von
Kontamination
~ **of radioactive material(s)**
Verschleppung *f* von radioaktivem Material
spreading roller *(liquid waste*
drying) Auftragwalze *f*
spring action *(BWR CRD collet*
finger) Federwirkung *f*
~ **clip grid** *(PWR fuel assembly)*
federndes Abstandgitter *n*,
Federabstandhalter *m*
~ **clip grid structure**
Federabstandhalter-
Konstruktion *f*, Brennstab-
federkonstruktion *f*
~ **finger** *(PWR fuel assembly)*
Federfinger *m*
~ **line of the (containment)**
dome Kämpferlinie *f* der
Kuppel
~ **loaded, pneumatic piston**
operated globe valve *(BWR*
main steam line isolation
valve) federgespanntes druck-
luftkolbenbetätigtes Kugel-
ventil *n*

~ **set point pressure** *(BWR*
safety relief valve) Federsoll-
druck *m*
~ **stack** *(Westinghouse PWR*
CRDM) Druckfeder *f*, Feder-
paket *n*
~ **tab** *(CE PWR fuel assembly)*
federnde Fahne *f*
spring-assisted gravity drop
(LMFBR control rod)
Schwerkraft-Einfall *m* unter
Federbeschleunigung
spurious action *(ANS)*
Fehlbetätigung *f*, Fehl-
handlung *f*
~ **actuation** Falschbetätigung *f*,
Fehlbetätigung *f*
~ **indication** Fehlanzeige *f*
~ **scram** Fehl-Schnell-
abschaltung *f*, Fehlschnell-
schluß *m*
~ **shutdown** Fehlabschaltung *f*
square array of fuel rods *(CE*
PWR fuel assembly)
quadratische Anordnung *f*
von Brennstäben
~ **adapter plate** *(Westinghouse*
PWR fuel assembly)
quadratische BE-Kopfloch-
platte *f*
~ **fuel assembly** *(PWR)*
quadratisches Brennelement *n*
~ **lattice** Quadratgitter *n*,
quadratisches Gitter *n*
~ **(or rectangular) wave**
AC voltage Rechteckwechsel-
spannung *f*
squirrel-cage induction motor
Kurzschlußläufermotor *m*
SRM = source range
monitor(ing) Impuls-,

Anfahr-Quellbereichs-
überwachung *f*

stability 1. Stabilität *f (Reaktor)*,
2. Standvermögen *n*, Stand-
festigkeit *f (Druckbehälter)*

~ **characteristics** *(nuclear power
plant)* Stabilitätseigenschaften
fpl

stabilization pocket
Stabilisierungstasche *f*

stabilizing valve *(BWR CRD
hydraulic system)*
Stabilisierungsventil *n*

stable stabil, nicht radioaktiv

~ **fission product poison
accumulation** Ansammlung *f*
stabiler Spaltproduktgifte

~ **fuel cladding temperature**
stabile BE-Hüllen-
temperatur *f*

~ **isotope** stabiles Isotop *n*

~ **reactor period** stabile
Reaktorperiode *f*

stack *v* **(fuel) pellets into
a Zircaloy-2 cladding tube**
Tabletten in ein Hüllrohr aus
Zircaloy-2 stapeln (*oder*
einfüllen)

stack 1. Stapel *m*, Säule *f*;
2. Schlot *m*, Schornstein *m*

~ **of Belleville springs**
Teilerfedersäule *f*

~ **of fuel pellets** Brennstoff-
tablettensäule *f*

~ **fan** Kamin-, Schornstein-
lüfter *m*

~ **monitor** Schornsteinüber-
wachungsgerät *n*, Kamin-
monitor *m*

~ **off-gas level** Schornstein-
abgas-Strahlungspegel *m*

stackless construction
schornsteinlose Bauweise *f*
(KKW)

~ **plant** schornsteinlose Anlage *f*

staff site position, SSP Standort,
Standpunkt *m* des
NRC-Personals

stagnant area stagnierende
Zone *f*, Stagnationszone *f*,
(Strömungs)-Totzone *f*

~ **CO$_2$ gap** *(SGHWR)* mit
stagnierendem CO$_2$ gefüllter
Zwischenraum *m*

**stagnant-coolant type of
insulation** Isolierung *f* durch
stagnierendes Kühlmittel

stagnant gas stagnierendes Gas *n*

~ **sodium layer** stagnierende
Natriumschicht *f*

~ **water** Totwasser *n*

stainless steel ball Kugel *f* aus
rostfreiem Stahl

~ **steel clad mild steel** Flußstahl
m mit Plattierung aus nichtrostendem Stahl

~ **steel foil** Edelstahlfolie *f*

~ **steel foil insulation** Edelstahl-
folienisolierung *f*

~ **steel internal cladding** *(RPV)*
Innenplattierung *f* aus
rostfreiem Stahl

~ **steel-lined** *(storage tank)* mit
rostfreiem Stahl ausgekleidet

~ **steel membrane plate**
(SGHWR) Abdichtblech *n*
aus rostfreiem Stahl

~ **steel mesh internals (polishing
filter vessel)** Einbauten *mpl*
aus Edelstahl-Drahtgeflecht

~ **steel storage tank** *(BWR
standby liquid control system)*

Lager-, Speicherbehälter *m*
aus rostfreiem Stahl

~ **steel weld overlay** *(RPV)*
Schweißplattierung *f* aus
rostfreiem Stahl

~ **steel wool** rostbeständige
Stahlwolle *f*

standard containment (building
or shell or structure or vessel)
Standarddruckschale *f*
Standardsicherheitshülle *f*

~ **design** Standard-
auslegung *f*

~ **double door lock**
Norm-Doppeltürschleuse *f*

~ **double door personnel lock**
Norm-Doppeltür-Personen-
schleuse *f*

~ **D₂O drum** Norm-D₂O-Faß *f*

~ **fuel management** genormter
oder normmäßiger Brenn-
stoffeinsatz *m*, Norm-Brenn-
stoffbeschickung *f*

~ **instrumentation** Standard-
instrumentierung *f*

~ **49 pin assembly** *(BWR)*
Norm-(Brenn)Element *n* mit
49 Stäben, 49-Stab-Norm-
BE *n*

"~ **plant" approach** »Standard-
anlagen«-Lösung *f*

~ **power block** *(ANS)* Norm-
(Kern)Kraftwerksblock *m*

~ **quality control test**
Norm-Qualitätskontroll-
prüfung *f*, normmäßige
Qualitätskontrollprüfung *f*

~ **rod** *(BWR fuel bundle)*
genormter *oder* Normstab *m*

~ **safety analysis report**
Standard-Sicherheitsbericht *m*

~ **solution** *(chem.)* Bezugs-
lösung *f*

~ **steel enclosure** *(el.*
termination cabinet) Norm-
Stahlschrank *m*

~ **technical specification**
technische Standard-
spezifikation *f (für KKW)*

~ **training program** genormtes
Ausbildungsprogramm *n*

standardized nuclear system
equipment genormte
Ausrüstung(en) *f(pl)* der
kerntechnischen Anlage

~ **quality assurance program**
genormtes Qualitäts-
sicherungsprogramm *n*

standby capacity Reserve-
leistung *f*

~ **coolant system** Notstandkühl-
mittelsystem *n*, Reserve(not)-
kühlsystem *n*

~ **diesel-generator set**
Notstromdiesel(Generator)-
Satz *m*, Diesel-Notstromsatz

~ **gas treatment system**
Notabluftanlage *f*, -system *n*,
Reaktorgebäude-Notlüftungs-
system *n*

~ **liquid control solution**
injection *(BWR)* Einspeisen
n, Einspeisung *f* der
Vergiftungslösung

~ **liquid control system** *(BWR)*
(Kern)Vergiftungssystem *n*,
Notabschaltsystem *n*

~ **liquid control tank** *(BWR)*
Vergiftungslösungsbehälter *m*

~ **safeguard** Reservesicherheits-
einrichtung *f*, zusätzliche
Sicherung *f*

standoff pin *(between HTGR fuel elements)* Abstand-(halte)bolzen *m*

standpipe *(BWR steam separator, SGHWR)* Standrohr *n*

~ **closure** Standrohrverschluß *m*

~ **cooling system** Standrohrkühlnetz *n*

~ **connection** Standrohrverbindung *f*

~ **head** Standrohrkopf *m*

~ **plug with grab mechanism** *(AGR)* Hilfsstopfen *m* mit Greifer

~ **plug grab** Stopfengreifer *m*

~ **shield plug** Standrohr-Abschirmpfropfen *m*

~ **storage rack** Lagergestell *n* für Standrohre

Stanton('s) no. (*or* **number**) Stantonsche Kennzahl *f*, Stanton-Zahl, Margonlis-Zahl *f*, Margonlissche Kennzahl *f*, St, Mg

start of fuel loading Beginn *m* des Brennelementladens

~ **of full-power operation** B. des Vollastbetriebes *(KKW)*

start(-)up 1. Anfahren *n;* 2. Inbetriebsetzung *f*

~ **after a cold (hot) shutdown** Hochfahren *n* aus dem kalten (warmen) Zustand

black ~ unabhängiges Anfahren *n* (des KKW)

cold ~ Kaltstart *m*

start-up accident Anfahrunfall *m*

~ **and shutdown cycling** (zyklischer) Wechsel *m* zwischen An- und Abfahren

~ **and standby** *(mode of operation)* Anfahren *n* und Betriebsbereitschaft *f* (heiß)

~ **control valve** Anfahrregelventil *n*

~ **crew** Anfahr-, Inbetriebsetzungsgruppe *f*

~ **engineer** Inbetriebsetzungsingenieur *m*

~ **filter** Anfahrfilter *n, m*

~ **flash tank** Anfahrentspanner *m*

~ **instrumentation** Anfahrinstrumentierung *f*

~ **operation** Anfahren *n,* Anfahrbetrieb *m*

~ **period** 1. Anfahrzeit *f;* 2. Inbetriebsetzungszeit *f*

~ **procedure** Anfahrvorgang *m*

~ **ramp** Anfahrrampe *f*

~ **range monitoring nuclear instrumentation system** kerntechnisches Anfahrbereichs-Meßsystem *n*

~ **rate** Anfahrgeschwindigkeit *f*

~ **indication** Anzeige *f* der Anfahrgeschwindigkeit

~ **source** Anfahr-Neutronenquelle *f*

~ **technical direction** technische Leitung *f* der Inbetriebsetzung

~ **test instruction** Inbetriebsetzungsprüfanweisung *f*

~ **test procedure** Inbetriebsetzungsprüfvorschrift *f*

~ **test program specification** Spezifikation *f* für das Inbetriebsetzungs-Prüfprogramm, Inbetriebsetzungsprüfspezifikation *f*

~ **testing engineer** Inbetrieb-
setzungs-Prüfingenieur f
~ **time** Anfahrzeit f
~ **transient** instationärer
Anfahrzustand m
~ **zero power test** Inbetrieb-
nahme-Nulleistungsprüfung f
state regulatory body (US)
(bundes)staatliche
Genehmigungsbehörde f;
BRD: Landesgenehmigungs-
behörde f
~ **variable SYN. parameter of
state** Zustandsgröße f
static converter statischer
Umformer m (el.)
~ **stiffness** statische Steife f
(oder Steifheit f) (BE)
statically switching kontaktlos
schaltend
station (ANS) Kraftwerk n
~ **active effluent treatment
system** Kraftwerks-Aktiv-
abwasser-Aufbereitungs-
anlage f
~ **helper** Kraftwerkshelfer m
~ **inventory** Kraftwerks-Wasser-
inhalt m, Inhalt m des
Kraftwerkes
~ **laboratory** Kraftwerkslabor n
~ **nuclear engineering course**
Kurs m für Kraftwerks-
kerntechnik, Kurs für
Kerntechnik im KW
~ **service power busbar half**
Eigenbedarfshalbschiene f
~ **staff** Kraftwerksbelegschaft f,
Kraftwerkspersonal n
~ **superintendent** Kraftwerks-
leiter m, Kraftwerks-
direktor m

~ **ventilation air** Kraftwerks-
belüftungsluft f, -zuluft f
stationary cylinder (BWR
CRDM) feststehender oder
stationärer Zylinder m
~ **gripper armature**
(Westinghouse PWR CRDM)
Halteanker m
~ **gripper coil** (Westinghouse
PWR CRDM) Haltespule f
~ **gripper latch** (Westinghouse
PWR CRDM) Halteklinke f
~ **gripper magnet pole**
Haltepol m
~ **neutron detector (or sensor or
monitor)** ortsfester
Neutronendetektor m
~ **piston tube** (CRDM)
feststehendes Kolbenrohr n
~ **reactor** ortsfester Reaktor m
statistical boiling statistisches
Sieden n
~ **factor in Breit-Wigner
formula** statistisches Gewicht
n in der Breit-Wigner-Formel
status indicator Zustands-
anzeiger m
statutory licensing requirements
gesetzliche Anforderungen fpl
für die Genehmigung
stayrod spacer (PWR SG)
Abstandhalter m
steady state stationärer
Zustand m
steady-state condition
stationärer Zustand m
~ **distribution of power** (in
reactor core) Leistungs-
verteilung f im stationären
Zustande
~ **full-power operation**

stationärer Vollastbetrieb *m*

~ **operating condition**
stationärer Betriebzustand *m*

~ **operation** *(reactor)* stationärer
oder stetiger Betrieb *m*

~ **power level** stationärer
Leistungspegel *m*

~ **power operation** stationärer
Leistungsbetrieb *m*

~ **reactor operation** stationärer
Reaktorbetrieb *m*

steam air humidification system
Dampf-Luftbefeuchtungs-
einrichtung *f (Klimatisierung)*

~ **and power conversion system**
Dampfkraftanlage *f*

~ **binding** *(LWR)* Dampf-
bindung *f*, Dampfpolster-
bildung *f* oberhalb des
Reaktorkerns

~ **blanket** Dampfkissen *n*,
Dampfdecke *f*,
Dampfschicht *f*

~ **blowdown valve** Dampf-
abblaseventil *n*

~ **bubble** *(PWR pressurizer)*
Dampfpolster *n*

~ **bypass** *(or* **dump)** **line** *(or*
pipe) Überproduktions-,
Dampfumführungsleitung *f*

~ **bypass control system** Dampf-
umleitregelung *f*, Dampf-
umleitregelsystem *n*

~ **condensing function of the**
RHR system *(BWR)* Dampf-
kondensationsfunktion *f* des
Nachkühlsystems

~ **condensation** Dampfnieder-.
schlag *m*

~ **cooled fast reactor** dampfgekühlter schneller Reaktor

m, oder Schnellbrüter *m*

~ **cushion** *(or* **cover)** Dampfpolster *n*

~ **cycle** Dampf(kreis)prozeß *m*

~ **cycle reactor** Reaktor *m* mit
Dampfkreislauf

~ **denitration** *(fuel fabrication)*
Dampf-Denitrierung *f*
(Umwandlung von UF$_6$ in
UO$_2$)

~ **distillation** Dampf-
destillation *f*

~ **distribution internals**
Einbauten *mpl* für Dampf-
verteilung

~ **dome** *(SG)* Dampfdom *m*

~ **drier** *(or* **dryer) (unit)** Dampf-
trockner(einheit) *m (f)*,
Dampftrockenanlage *f*,
DWR-DE: Feintrockner *m*

~ **drum** Dampftrommel *f*

~ **drum liquid level** Dampf-
trommel-Wasserstand *m*

~ **drum manifold pipe** Dampf-
trommel-Verteilleitung *f*

~ **dryer panel** *(BWR)* Dampf-
trocknerpaket *n*

~ **dryer removal** Ausbau *m* des
Dampftrockners

~ **dryer skirt** *(BWR)* Dampf-
trocknersockel *m*

~ **dump** Dampfabblasen *n*

~ **to the condenser(s)** D. in
den (die) Kondensator(en)
atmospheric ~ **dump** D. ins
Freie *(oder* in die
Atmosphäre)

~ **dump bypass SYN.** ~ **dump**
system Abblaseanlage *f*,
-einrichtung *f*

~ **dump control system** Dampf-

abblaseregelung f, -regel-
system n
~ **dump control valve** Dampf-
abblaseregelarmatur f
~ **dump line** Dampfabblase-
leitung f
~ **dump(ing) system** SYN.
turbine bypass (system)
Überproduktionsanlage f,
(Dampf)Abblaseanlage,
(Turbinen)Umleitstation f
~ **dump valve** Dampfabblase-
ventil n
~ **extraction tube** Dampfentnahmerohr n
~ **fed heat exchanger** dampf-
beheizter Wärmetauscher m
~ **feed** (or **supply**) **pipe** (or **line**)
Dampfzuführungsleitung f,
Dampfspeiseleitung
~ **generating building crane**
(LMFBR) Dampferzeuger-
gebäudekran m, Dampf-
erzeugerhauskran m
~ **generating heavy water
reactor, SGHWR** dampf-
erzeugender Schwerwasser-
reaktor m
~ **generation rate** Dampf-
erzeugungsleistung f
~ **generator, SG** (PWR,
LMFBR, HTGR) Dampf-
erzeuger m, DE
~ **generator auxiliary feed water
system** (Westinghouse PWR)
Dampferzeuger-Hilfsspeise-
wassersystem n
~ **generator blowdown
demineralizer** Dampf-
erzeuger-Abschlämm-
entsalzung(sanlage) f

~ **generator blowdown flash
tank** Kessel-, DE-Laugen-
entspanner m
~ **generator blowdown system**
Dampferzeugerabblase-
anlage f
~ **generator blowdown tank**
DE-Abblasebehälter m
~ **generator building**
DE-Gebäude n, DE-Haus n
~ **generator cavity** SYN. **boiler
PCD** (HTGR) Dampf-
erzeugerkammer f
~ **generator cell** (or:
compartment) (LMFBR)
Dampferzeugerzelle f
~ **generator check valve**
DE-Rückschlagarmatur f
~ **generator compartment**
(PWR) Dampferzeuger-
raum m
~ **generator feed pump** (PWR)
DE-Speisepumpe f
~ **generator feed pump drive
turbine** DE-Speisepumpen-
Antriebsturbine f
~ **generator feedwater and
makeup water treatment
system** DE-Speise- und
Zusatzwasser-Aufbereitungs-
anlage f
~ **generator feedwater booster
pump** DE-Speisewasser-
Vorpumpe f
~ **generator feedwater pump
gland seal pump**
(Westinghouse PWR)
DE-Speisewasserpumpen-
Sperrwasserpumpe f
~ **generator freeblow line**
DE-Abblaseleitung f

~ **generator lead** DE-Leitung *f*, Dampferzeugerleitung *f*

~ **generator liquid sample monitor** DE-Flüssigkeits-proben-Überwachungsgerät *n*

~ **generator pressure relief valve** DE-Druckentlastungsventil *n*

~ **generator-reactor primary loop** Primärkreis *m* DE-Reaktor, kalter Strang des Primärkreislaufs

~ **generator safety valve** DE-Sicherheitsventil *n*

~ **generator servicing equipment** DE-Wartungsgerät(e) *n(pl)*

~ **generator shell** DE-Mantel *m*

~ **generator shroud** DE-Hemd *n*

~ **generator stop valve** DE-Absperrventil *n*

~ **generator superheater (LMFBR)** DE-Überhitzer-(teil) *m*

~ **generator system** DE-System *n*

~ **generator tube failure (or rupture)** Rohrreißer in einem DE, DE-Rohrreißer *m*

~ **generator tube sheet** DE-Rohrboden *m*, -platte *f*

~ **generator unit;** *(UK)* **steam raising unit** DE-Einheit

~ **generator water chemistry** DE-Wasserchemie *f*

~ **generator water level control loop** DE-Wasserstands-regelung *f*, -Regelkreis *m*

~ **generator withdrawal hatch** DE-Ausziehluke *f*

steam-graphite reaction *(HTGR)* Dampf-Graphit-Reaktion *f*

steam-heated evaporator dampf-beheizter Verdampfer *m*

steam heater Dampf-Vorwärmer *m*, Dampfheizschlange *f*

~ **heating coil** Dampfheiz-schlange *f*

~ **humidifier** *(air conditioning)* Dampfbefeuchter *m*

~ **jet air ejector discharge (or off-) gases** Dampfstrahler-Abgase *npl*

~ **leakage rate** Dampfleckage-rate *f*

~ **line activity monitor** Dampf-leitungsaktivitätsmonitor *m*

~ **line break SYN. ~ line rupture** Dampfleitungs-bruch *m*

~ **line channel** Überwachungs-(Gerät)Kanal *m*

~ **line high activity** hohe Aktivität *f* in der Dampf-leitung, hohe Dampfleitungs-aktivität

~ **line isolation valve** Dampf-leitungs-Absperrarmatur *f*

~ **line nozzle** *(RPV)* Dampf-leitungsstutzen *m*

~ **line plug** Dampfleitungs-stopfen *m*

~ **line plug installation** Einbau *m*, Einsetzen *n* des Dampf-leitungsstopfens

~ **main** *(SGHWR)* Haupt-, Frischdampfleitung *f*

~ **methane reforming** Reformieren *n* von Methan mit Dampf, Dampf-reformierung *n* von Methan

~ **outlet (nozzle)** Dampf-austrittsstutzen *m*

~ **output tests** Dampfleistungs-
prüfung f

~ **path components** Anlageteile
mpl des Dampfweges

~ **phase** Dampfphase f

steam-operated auxiliary mit
Dampf betriebener Hilfs-
antrieb m

steam plenum head SYN. ~
outlet plenum Naßdampf-
kammer f, Gemischsammel-
raum m, Kernaustrittsraum m

~ **plume** Dampfzopf m

~ **purification equipment**
Dampfreinigungsanlagen *fpl*,
-einrichtungen *fpl*

~ **purifier SYN.** ~ **dryer, swirl
vane moisture separator**
Feinabscheider m

~ **quality** Dampfqualität f,
Dampfgehalt m

~ **receiver** Dampfvorlage f

~ **release from a loss-of-coolant
accident** Dampffreisetzung f
bei einem Kühlmittelverlustunfall

~ **riser** Dampfsteigleitung f

~ **sample line** Dampfprobe-
nahmeleitung f

~ **sampling point** Dampfprobe-
entnahme(stelle) f

~ **seal regulator** Sperrdampf-
regler m, Stopfbuchsdampf-
regler m

~ **separator SYN. moisture
separator** Wasserabscheider
m, Dampfabscheider m;
SWR: Dampf/Wasser-
abscheider m

~ **separator and dryer**
(SGHWR) Dampfabscheider

m und -trockner *m*

~ **separator removal** Ausbau *m*
des Wasserabscheiders

~ **separator cover** Dampfabscheiderdeckel m

~ **supply system to the (RCIC)
turbine** *(BWR)* Dampf-
versorgung der (Nachspeise)-
Turbine

~ **swirl vane assembly** *(PWR
SG)* Dampf-Radial-Wirbel-
flächenanordnung f

~ **system supplier** Dampf-
anlagen-Lieferer m (oder
-Lieferfirma f)

~ **turbine bypass to the
condenser** Dampfumleit-
station f

~ **venting problem** Dampf-
abblaseproblem n

~ **vent stack** Dampfabblase-
schlot m

~ **void** Dampfblase f

~ **void component of the
moderator density reactivity
coefficient** Dampfblasen-
bestandteil m des Reaktivi-
tätskoeffizienten der
Moderatordichte

~ **void effect** Dampfblaseneffekt
m, -wirkung f

~ **void fraction** Dampfblasen-
volumengehalt m

~ **void reactivity effect** Dampf-
blasen-Reaktivitätseffekt m

~ **with moisture carryover**
Dampf m mit mitgerissenen
Wasserteilchen

steaming capacity of the reactor
(SGHWR) Dampfleistung f
des Reaktors

~ **rate** Dampfleistung f
steam-to-steam heat exchanger
 Dampfumformer m
steam-to-steam reheating
 dampfbeheizte Zwischenüberhitzung f
steam-water mixture Dampf-
 Wasser-Gemisch m
~ **separation** Dampf-Wasser-
 Trennung f, -Separation f
steel containment building
 Stahl-Sicherheitshülle f
~ **central post** *(fuel assembly)*
 stählerner Zentralposten m
~ **clad(ding) tube** *(fuel rod)*
 Stahlhüllrohr n
~ **(containment) shell** Stahl-
 (sicherheits)hülle f
~ **containment vessel** Stahl-
 Sicherheitsbehälter m, -hülle f
~ **containment vessel dome**
 Stahl-Sicherheitshüllen-
 kuppel f
~ **(prestressing) tendon**
 Spannstahl m SYN. Spann-
 glied n
~ **cylindrical vessel pedestal**
 (RV) zylindrischer stählerner
 RDB-Sockel m, zylindrische
 stählerne Standzarge f
~ **foil insulation** Stahlfolien-
 isolierung f
~ **framed airlock** Luftschleuse f
 mit Stahlzarge
~ **liner** Innenstahlverkleidung f,
 innere Stahlhülle f, Stahl-
 Sicherheitshülle f
~ **lined wire winding channel**
 (PCRV) stahlverkleidete
 Horizontalnut f
~ **lining of the (prestressed**

 concrete) pressure vessel
 Reaktordichthaut f
~ **membrane** Stahlmembran f
~ **plate liner** *(BWR Mark III
 cont.)* Stahlblechauskleidung f
~ **plate membrane embedded in
 the foundation** in das
 Fundament eingelegte
 Blechhaut
~ **punchings** *(in shielding
 concrete)* Stahl-Stanzstücke
 npl
~ **reflector** Stahlreflektor m
~ **roof** (or **cover**) **for steam
 generator compartment**
 Stahldecke f für DE-Raum
~ **seal retainer** stählerner
 Dichtungshalter m
~ **sheet liner** Stahlblechauskleidung f, -membran f
~ **shell** Stahl(blech)hülle f
~ **shell** (or **liner**) **leak rate**
 Stahlhüllenleckrate f
~ **shell superstructure**
 Stahlhüllen-Hochbau m
~ **skirt** *(under containment
 sphere)* Stahl(stand)zarge f
~ **torus** *(BWR)* Stahltorus m,
 torusförmige Stahl-
 Kondensationskammer f
~ **vapo(u)r** Stahldampf m, Stahl-
 Dampf
step change in reactivity
 Reaktivitätssprung m
~ **insertion of reactivity**
 stufenweise Erhöhung f der
 Reaktivität
~ **load change** sprungförmige
 Lastveränderung f,
 Lastsprung m
~ **load acceptance** (or **pick-up**)

sprunghafte Lastaufnahme f

~ motion Schrittbewegung f
(Steuerelement)

~ power change sprungförmige
Leistungsänderung f

~ (-wise) repositioning *(control
rod)* stufenweise Verstellung f

stepper motor drive *(LMFBR
refuelling plug)* Schrittmotor-
antrieb m

~ piston *(control rod drive)*
Schrittkolben m

stepping performance *(BWR
control rod)* Schrittleistung f,
-verhalten n

~ piston *(CRD)*
Schrittkolben m

**step-wise increase in (reactor)
power** schrittweise Erhöhung
f *oder* Zunahme f der
Leistung

~ reduction in power
sprungförmige Leistungs-
absenkung f *(oder* Leistungs-
rückstellung *f)*

sticking contact hängender
Kontakt m

stiff dimple *(Westinghouse PWR
fuel assembly skeleton)*
Noppen m

stiffening rib Absteifrippe f,
Versteifungsrippe f

still SYN. **distillation apparatus**
Destillierapparat m

stockman *(station staff) (US)*
SYN. *(UK)* **storekeeper**
Lagerist m

stoichiometric quantity
stöchiometrische Menge f

stop with guide spring *(control
rod)* Anschlag m mit Distanz-

Blattfeder

stoppage of flow Abreißen n,
Unterbrechung f der
Strömung

stopping power Brems-
vermögen n

storage Lagerung f *(von BE)*

~ area *(in upper pool)*
Lagerfläche f *(für BE)*

~ buffer Zwischenspeicher m,
Zwischenlager n

~ capacity Speicherkapazität f,
Lagerkapazität f

~ location *(in spent fuel storage
rack)* Lagerposition f

~ magazine Speichermagazin n

~ mode *(for radioactive wastes)*
Lager(ungs)weise f

~ place in the pool Abstellplatz
m im Becken

~ pond light *(SGHWR)*
BE-Becken-(Unterwasser)-
Scheinwerfer m

~ pool Lagerbecken n

~ position Lagerposition f,
Abstellposition f

~ rack 1. Lagerregal n,
Lagergestell n; 2. Becken-
gestell n; 3. Ablage-,
Lagergestell n *(für
BE-Wechsel)*

~ section *(SGHWR fuel storage
pond)* BE-Lagerteil m

**~ space allotted for the various
equipment** den verschiedenen
Einrichtungen zugeteilter
Lagerraum m

~ tank Speicherbehälter m,
Lagerbehälter m, -tank m

~ vault Lagerbunker m,
Lagergruft f

store v (**sodium pentaborate**) **in solution** in Lösung speichern
storekeeper Lagerverwalter m
stored energy gespeicherte oder Speicherenergie f
~ **heat** SYN. **storage heat** Speicherwärme f
straggling Schwankung f
straight centrifugal separation reine Fliehkraft-Abscheidung f
~ **line linkage** geradliniges Gestänge n
~ **natural circulation operation** reiner Naturumlaufbetrieb m
~ **steam cycle** reiner Dampfkreisprozeß m
~ **tube bundle** Geradrohr-bündel n
straight-tube bundle type heat exchanger Geradrohrbündel-wärmetauscher m
strain fatigue life Dauerhaltbarkeit f unter Verformung
~ (**work**) **hardening** (ANS) Kaltverfestigung f, Gleit-verfestigung f, Druck-, Kalthärtung f, Spannungs-vergütung f
~ **rate** (cladding material) Dehn(ungs)geschwindigkeit f, Verformungsgeschwindigkeit f
strategic point strategischer Punkt m
stratification of pressurizer boron concentration Schichtenbildung f, Strähnung f der Druckhalter-Borkonzentration
stray radiation Störstrahlung f,

Streustrahlung f
streaming Kanaleffekt m, Neutronenleckage f
strengths of the control assemblies appropriate to the function they are to perform der von ihnen zu erfüllenden Funktion angemessene Steuerelementstärken fpl
stress Spannung f, Beanspruchung f
~ **imposed on the fuel sheathing** der Hülle auferlegte Spannung
~ **compensation beam** Zerrbalken m
~ **compensation slab** Zerrplatte f
~ **concentration point** Spannungsanhäufungsstelle f
~ **corrosion** Spannungs-korrosion f
~ **corrosion cracking SCC** Spannungsrißkorrosion f
~ **cycle** Belastungszyklus m
~ **intensity factor** Spannungs-intensitätsfaktor m
~ **level** Spannungspegel m
~ **peak** Spannungsspitze f
~ **relaxation of grid springs** (PWR fuel assembly) Spannungsrelaxation f von Abstandhalter-Gitterfedern
~ **rupture strength** Zeitstand-festigkeit f
stress-to-rupture Dauerstands-kennwert m
stressing cable (PCRV) Spannkabel n
stretch (-out) cycle gestreckter Zyklus m

stretch *or* **stretch-out (capacity or capability or rating)** später erreichbare Leistung

stretch-out operation Stretchout-Betrieb *m*

string of in-core instruments Strang *m* von kerninneren Meßgeräten

strip *v* abreichern

~ **cladding** Bandplattierung *f* (RDB)

strippable film paint Abziehlack *m*

stripped effluent abgeschiedenes Abwasser *n*

stripper SYN. stripping column Abstreifersäule *f*

stripper-evaporator train Entgaser-Verdampfer-Strang *m*

stripping Abstreifen *n*

~ **of the boundary layer** Ablösung der Grenzschicht *f*

~ **factor** Abstreiffaktor *m*

~ **machine** Abstreifmaschine *f* (für BE-Hüllen)

~ **section** Entgaserteil *m*

~ **steam** Entgasungsdampf *m* (Abgasaufbereitung)

strip-wound pressure vessel Wickeldruckbehälter *m*

stroke (control rod) Hub *m*

~ **length** Hublänge *f*

strong back Hubtraverse *f*

strongly active (or **high activity**) **components store** (or **storage compartment**) Lager *n* für stark aktive Teile

strongly ionized anions stark ionisierte Anionen *npl*

strontium, Sr Strontium *n*, Sr

~ **isotope** Strontiumisotop *n*

~ **unit** Strontium-Einheit *f*

Strouhal number Strouhalzahl *f*

structural component Bauteil *n*

~ **design** (BWR fuel bundle) konstruktive Auslegung *f*

~ **element** (IVHM) Bauteil *n*

~ **material** Baumaterial *n*

~ **material rod** Baumaterial-stab *m*

~ **material swelling** Baumaterialschwellen *n*

~ **member** Bauteil *n*

~ **strength** (fuel assembly) konstruktive Festigkeit *f*

stub barrel (PWR SG) Zylinderstumpf *m*

stuck (adj) hängengeblieben, festgefahren

~ **rod** steckengebliebener *oder* festgefahrener Stab *m*

~ **rod condition** Zustand *m* bei festgefahrenem Steuerstab

~ **rod worth** Reaktivitätswert *m* des steckengebliebenen Steuerstabes

stud (Stift)Schraube *f*, Deckelschraube *f* (RDB)

~ **elongation** (RDB-)Deckelschraubenlängung *f*

~ **elongation measuring tool** (Westinghouse PWR) Meßvorrichtung *f* für Stiftschraubenlängung

~ **heater SYN. bolt heater** Bolzen-, Stiftschraubenheizgerät *n*, Deckelschraubenheizstab *m*

~ **hole** Gewindebohrung *f* für Stiftschrauben (RDB)

~ **hole gasket** Flachdichtung *f*

für Stiftschraubenbohrung
~ **hole plug handling fixture**
Werkzeug *n* für
Stiftschraubenbohrungs-
stopfen
~ **pre-tensioning** Schrauben-
vorspannung *f*
~ **tensioner** Schraubenspannvorrichtung *f*
~ **tensioner hoist**
(Westinghouse PWR)
Hubgerät *n* für Schraubenspannvorrichtung
~ **tensioner power unit**
Antriebsaggregat *n* für
Schraubenspannvorrichtung
~ **wrench** Stift-, Deckel-
schraubenschlüssel *m*
stuffing box leakoff *(PWR RCP)*
Stopfbuchs(en)absaugung *f*
~ **box liquid injection seal**
connection Stopfbüchsen-
Sperrwasser-Zuleitungs-
anschluß *m*
subassembly levitation
(LMFBR) Aufschwimmen *n*
des Elements
~ **storage location** *(LMFBR)*
Elementlagerposition *f*
subatmospheric pressure
(holding or **maintenance** or
ventilation) system
Unterdruckhalteanlage *f*,
Unterdruckhaltung *f*
(DWR-Sicherheitshülle)
sub-boiling heat exchanger
DE-Nachkühler *m*
sub(-)channel
Unterkanal *m*
subcooled (or **surface) boiling**
Oberflächensieden *n* in

unterkühltem Wasser *oder*
unterkühlten Flüssigkeiten,
unterkühltes Sieden *n*
~ **liquid** unterkühlte
Flüssigkeit *f*
~ **water** unterkühltes Wasser *n*
subcooler Unterkühler *m*
subcooling Unterkühlung *f*
~ **variation** Unterkühlungs-
schwankung *f*
subcritical unterkritisch
~ **assembly** unterkritische
Anordnung *f*
~ **count rate** unterkritische
Zählrate *f*
~ **mass** unterkritische Masse *f*
~ **reactor** SYN. ~
assembly unterkritischer
Reaktor *m,* unterkritische
Anordnung *f*
•~ **multiplication**
unterkritische Verstärkung *f*
~ **test** unterkritischer Versuch *m*
subcriticality Unterkritizität *f,*
Unterkritikalität *f*
~ **measurement** Unter-
kritikalitätsmessung *f*
subject to irradiation
Bestrahlung ausgesetzt (*oder*
unterliegend)
submerged contact with the bulk
moderator *(SGHWR)*
Eintauchkontakt *m* mit dem
losen Moderator
submergence level *(pressure*
suppression vent pipe)
Eintauchhöhe *f*, Eintauchtiefe
f (Kondensationsrohr)
submersible pump for active
drain tank Tauchpumpe *f* für
Aktivsammeltank

subpile control-rod compartment (*or* **room**) *(BWR)* Steuerstabraum *m* *(unter dem Reaktor)*

subproduct Tochterprodukt *n*

substructure designed to withstand industrial accidents für das Aushalten von industriellen Unfällen ausgelegter Tiefbau *m*

subsurface geology Untertagegeologie *f*

suction cone Ansaugkegel *m*

~ **jet** Saugstrahl *m*

~ **nozzle** Eintrittsstutzen *m*, Saugstutzen *m (Pumpe)*

~ **opening** Ansaugöffnung *f*

~ **system to remove fission products** Absaugeinrichtung *f* für Spaltprodukte

sudden closure of the turbine admission or stop valves plötzliches Schließen *n* der Turbineneinström- oder Schnellschlußventile

~ **severance of the reactor coolant piping** plötzliche Durchtrennung *f* der Hauptkühlmittelleitung

suitability test Eignungsprüfung *f*

sump and drain tank system *(SGHWR)* Sumpf- und Entwässerungsbehältersystem *n*

~ **pump** Sumpfpumpe *f*

~ **pump leak rate detection system** Sumpfpumpen-Leckraten-Spürsystem *n*

~ **tank** Sumpfbehälter *m*, Sumpftank *m*

~ **tank drain** Sumpfbehälterablauf *m*, -wasser *n*

~ **tank pump** Sumpfbehälterpumpe *f*

~ **water train** Sumpfwasserstrang *m*

~ **water hold-up tank** Sumpfwassersammelbehälter *m*

~ **water monitoring and storage tank** Sumpfwasserprüf- und Speicherbehälter *m*

superconducting magnet supraleitender Magnet *m*

supercritical überkritisch

~ **mass** überkritische Masse *f*

~ **system** überkritisches System *n*

superheat(er) assembly cluster Überhitzerelementbündel *n*

superheat fuel element Überhitzer-BE *n*

~ **reactor** Überhitzer-, Heißdampfreaktor *m*

superheat(ed) steam discharge pipe Heißdampfabführungsrohr *f*

superheated steam reactor SYN. (nuclear) superheat reactor Heißdampfreaktor *m*

superheated-steam zone Heißdampfzone *f*

superheater *or* **superheating assembly** Überhitzer-Brennelement *n*

~ **outlet line** (*or* **pipe**) Überhitzeraustrittsleitung *f*

~ **region** Überhitzerzone *f*

superheating Überhitzen *n*, Überhitzung *f*

~ **region tubes** Rohre *npl* der Überhitzungszone

supernatant (sludge) tank
Behälter *m* für oben
schwimmenden Schlamm,
Sammelbehälter *m*

supervisor's monitoring console
Überwachungspult *n* des
Leiters *(Warte)*

supplemental burnable poison
zusätzliches *oder* ergänzendes
abbrennbares Gift *n*

supply *v* **plant auxiliary loads**
Kraftwerks-Eigenbedarfs-
verbraucher versorgen

supply air system
Zuluftanlage *f*

~ **duct to the containment**
Zuluftkanal *m* zur
Sicherheitshülle

~ **fan** Zuluftventilator *m*,
Zulüfter *m*

~ **system** Versorgungssystem *n*,
Vorratssystem *n*

support and lifting trunnion
Tragpoller *m*

~ **brace** Stützgitter *n*,
Absteifung *f*

~ **bracket (*or* pad)** Auflage-,
Trag-, Stützkonsole *f*

~ **column** Stütze *f*

~ **cylinder**
Auflagezylinder *m*

~ **dimple** *(PWR BE)* Stütz-
noppen *fpl*

~ **flange** *(RPV)* Einhänge-
flansch *m*

~ **foot** Stützfuß *m*

~ **girder** Auflageträger *m*

~ **grid** Haltegitter *n*, Trag-,
Stützrost *m*

~ **ledge** *(PWR RPV)* Tragleiste
f (für Kernbehälter)

~ **lug** Tragpratze *f*,
Auflagepratze *f*

~ **pad** Stütz-, Tragkonsole *f*

~ **plate SYN. ~ sheet**
1. Stützblech *n*;
2. Kerntrageplatte *f*

~ **rod** Stützstab *m*

~ **skirt** Standzarge *f*

~ **structure** 1. Stützskelett *n*
(BE); 2. Tragkonstruktion *f*,
Stützkonstruktion *f*

~ **system** Auflager(ung) *n (f)*

~ **tray** *(steam dryer)* Stütz-,
Tragwanne *f*, -trog *m*

~ **trunnion** *(PWR SG)*
Tragpoller *m*

~ **tube** Stützrohr *n*,
Tragrohr *n*

supported in a square array *(fuel
rods)* in einer quadratischen
Anordnung abgestützt

supporting facility
Hilfsanlage *f*

supporting girder Auflageträger *m*

~ **skirt SYN. support skirt**
Standzarge *f*

suppression chamber *(BWR)*
**SYN. pressure suppression
chamber** Kondensations-
kammer *f (SWR-Druck-
abbausystem)*

~ **chamber cooling system**
Kondensationskammer-
Kühlsystem *n*

~ **chamber cooling system heat
exchanger SYN. torus cooling
system heat exchanger** Druck-
abbauringkühler *m*,
Kondensationskammer-
kühler *m*

~ **chamber (**or **pool spray
system** Kondensations-
kammer-Sprühsystem n

~ **pool cooling system**
Druckabbaukammer-
Kühlsystem n,
Kondensationskammer-
Kühlsystem n

~ **pool** Kondensationsbecken n
(Druckabbausystem)

~ **pool cooling function (**of the
RHR system) Kondensations-
becken-Kühlfunktion f

~ **pool water temperature**
Kondensationsbecken-
Wassertemperatur f

surface Fläche f

~ **in contact with the reactor
coolant** mit dem Reaktorkühlmittel in Berührung
stehende (oder kommende)
Fläche f

~ **activity** Oberflächenaktivität f

~ **cleanliness** Oberflächen-
reinheit f

~ **containment** Übertage-
Sicherheitshülle f

~ **contamination** Oberflächen-
kontamination f,
-verseuchung f

~ **contamination limit**
Oberflächenkontaminations-
grenze f, -Grenzwert m

~ **crack test** Oberflächen-
rißprüfung f

~ **dose** Oberflächendosis f

~ **dose rate** Oberflächen-
dosisleistung f

~ **energy (**of nuclei)
Grenzflächen-, Oberflächen-
energie f

~ **migration** Oberflächen-
wanderung f

~ **power density** Heizflächen-
leistungsdichte f

~ **roughening** Oberflächen-
aufrauhung f

~ **roughness** Oberflächen-
rauhigkeit f

~ **tension** Oberflächen-
spannung f

**surface-activated plant
components** oberflächen-
aktivierte Anlagenteile mpl

**surfaces subject to wear or
abrasion** Verschleiß oder
Abrasion unterliegende
Oberflächen fpl

surge line (or **pipe)**
1. (Volumen)Ausgleichs-
leitung f; 2. Abblaseleitung f

~ **line connection (**pressurizer)
Ausgleichsleitungs-
anschluß m

~ **tank** Ausgleichsbehälter m,
Puffertank m, Stoßtank m

~ **tank cooler** Ausgleichs-
behälterkühler m

~ **tank drain pump** Ausgleichs-
behälter-Umwälzpumpe f

surveillance Beobachtung f,
Überwachung f

~ **camera (**ISI equipment)
Überwachungskamera f

~ **of plant equipment for proper
functioning** Überwachung f
von Anlageteilen auf
ordnungsgemäßes
Funktionieren

~ **program(me)** Überwachungsprogramm n

~ **test** Überwachungsprüfung f

survey SYN. **radiation ~**
  Strahlungsüberwachung f,
  -kontrolle f
~ meter tragbares Strahlenüberwachungsgerät n
surveyed area (in the vicinity of
  a controlled area)
  Überwachungsbereich m
survival curve Überlebenskurve f
suspension reactor Suspensionsreaktor m
sway brace Pendelstütze f
sweep v **out steam bubbles from
  the core** Dampfblasen aus
  dem Kern ausschwemmen
sweep gas Spülgas n
sweepout effect (Brennstoff)-
  Ausschwemmeffekt m
swelling Aufquellen n,
  Schwellen n
~ characteristics (cladding)
  Schwelleigenschaften fpl
~ effect Schwelleffekt m
~ expansion Schwelldehnung f
~ rate Schwellrate f
swing bolt Schwenkschraube f,
  Umlegschraube f
swing(ing) door Schwenktür f
**swing doors interlocked against
  each other** gegeneinander
  verriegelte Schwenktüren fpl
swirl vane (PWR SG moisture
  separator) Drallfahne f,
  Drallblech n
~ vane housing Radial-
  Wirbelflächengehäuse n
**switchgear for external A-C
  operation** (HPCS system)
  Schaltanlage f für Betrieb mit
  Fremd-Wechselstrom

~ room Schaltanlagenraum m
switching tube Schaltrohr n
swivel support with ladder
  (boom) Drehgestell n mit
  leiterförmigem Ausleger
swivelling endoscope (or
  intrascope) schwenkbares
  Endoskop n
**SWU, swu = separative work
  unit** (isotope enrichment)
  Trennarbeitseinheit f, TAE
**system for minimizing radiation
  releases** System n für die
  größtmögliche Verringerung
  von Strahlungsabgaben
~ checkout Ausprüfen n des
  Systems (oder der Systeme)
~ cooldown period Kreislauf-
  Abkühlzeit f
~ disturbance Systemstörung f,
  Störung f im System
~ heating Systemaufheizung f
~ liquid volume Kreislauf-
  flüssigkeitsvolumen n
~ malfunction Systemstörung f,
  Systemversagen n
~ noise Systemrauschen n
~ pressure drop Druckabfall m
  im Kreislauf
~ pressurization Druckaufbau m
  im System, Unterdruck-
  setzung f des Systems
**~ volume including pressurizer
  system** Systemvolumen n
  einschließlich Druckhaltesystem
systems analysis Systemanalyse f

tab 382

T

tab *(PWR fuel assembly)* Nase f, Vorsprung m

tack weld Heftanschweißung f

tag gas Markierungsgas n

tagged markiert

tail end *(fuel reprocessing)* Endreinigung f

tails *(USAEC)* SYN. **depleted uranium** abgereichertes Uran n, Uranabfall m

~ **assay** Gehalt m des abgereicherten Urans an U-235

tailings 1. Siebrückstand m; 2. Erzabfall m, Grubenklein n

take *v* **corrective action** Abhilfe f schaffen, Gegenmaßnahmen ergreifen

~ **a plant from initial criticality to full licensed power** eine Anlage f von der ersten Kritikalität zur vollen Genehmigungsleistung hochfahren

~ **a reactor to criticality** einen Reaktor m kritisch machen

tamperproof, tamper-resistant verfälschungssicher, gegen unbefugte Verstellung geschützt

tangential stress Tangentialspannung f

tank room Behälterraum m

~ **type reactor** Tankreaktor m

tantalum, Ta Tantal, Ta n

~ **absorber** Tantalabsorber m

target *(ANS)* 1. Treffplatte f; 2. Ziel n *(für herumfliegende Splitter)*

~ **burn-up** Zielabbrand m

~ **(fuel) irradiation** Ziel-Brennstoffabbrand m, Zielabbrand m

~ **material** Auffängermaterial n

~ **nucleus** Zielkern m

tartaric acid solution Weinsäurelösung f

TB = turbine building Maschinenhaus n

~ **emergency auxiliaries** Maschinenhaus-Notbetriebsanlagen fpl

TBF = traveling belt filter *(for filter backwash sludge)* Bandfilter m, n, Filterband n

T-bank position control loop *(PWR CRDM)* T-Bank-Stellungsregelung f

technical sophistication technische Reife f

~ **supervisor** technischer Leiter m

technological radiation protection technischer Strahlenschutz m

Tee-bolt T-Schraube f

telemetry Fernmessung f, Fernüberwachung f

telescoping fuel grapple *(refuelling machine)* Teleskop-BE-Greifer m

~ **manipulator mast** *(refuelling machine)* Manipulator-Teleskopmast m

~ **mast** *(refuelling machine)* Teleskopmast m

television surveillance equipment *(ISI)* Fernseh-Überwachungsanlage f oder -einrichtung f *(Wiederholungsprüfung)*

tellurium, Te Tellur(ium) *n*, Te

temperature coefficient of reactivity Temperaturkoeffizient *m* der Reaktivität

~ **compensator** *(pH cell)* Temperaturkompensator *m*

~ **conductivity** Temperaturleitvermögen *n*

~ **cycle** Temperaturzyklus *m*

~ **cycling** Temperaturwechsel *m*

~ **cycling stress** Temperaturwechselbeanspruchung *f*

~ **damages** Temperaturschäden *mpl*

~ **data logger** Temperaturdaten-Meldedrucker *m*

~ **dependence** Temperaturabhängigkeit *f*

~ **differential** (*or* **difference**) Temperaturdifferenz *f*, Temperaturunterschied *m*

~ **diffusity** Temperaturleitzahl *f*

~ **discontinuity** Temperatursprung *m*

~ **distribution** Temperaturverteilung *f*

~ **disturbance** Temperaturstörung *f*

~ **drop** Temperaturabfall *m*

~ **embrittlement** Heißversprödung *f*

~ **excursion** Temperaturexkursion *f*

~ **gradient** Temperaturgradient *m*

~ **instrumentation nozzle** Temperaturmeßstutzen *m*

~ **limit** Grenztemperatur *f*

~ **monitoring system** Temperaturüberwachungssystem *n*

~ **of coolant returned to the reactor coolant system** Rückspeisetemperatur *f* in das Reaktorkühlsystem

~ **overshoot** Temperaturüberschlag *m*, Temperaturüberschreitung *f*

~ **peak** Temperaturspitze *f*

~ **profile across the (fuel) pin** Temperaturprofil *n* über den Brennstab

~ **stabilization** Temperaturstabilisierung *f*

~ **strength** Temperaturfestigkeit *f*

~ **transducer** Temperaturwandler *m*

temperature-dependent corrosion temperaturabhängige Korrosion *f*

temperature-indicating compound temperaturempfindliche Masse *f*

temporary absorber temporärer Absorber *m*

~ **construction opening** *(in containment structure)* provisorische Montageöffnung *f*

~ **control curtain** *(BWR)* Vergiftungsblech *n*

~ **poison sheets** Vergiftungsbleche *npl*

~ **reactivity control** zeitweilige Reaktivitätskontrolle *f*

~ **screen** *(in pump suction line)* provisorisches Sieb *n*

~ **storage** *(of wastes)* Zwischenlagerung *f*

tendency to react with

something Neigung *f*, mit
etwas zu reagieren

tendon *(PCRV)* Spannglied *n*,
Spanneisen *n*

~ **anchor(age)** Spanneisen-
verankerung *f*

tensile specimen Zugprobe *f*

~ **strain** Zugdehnung *f*,
Zugverformung *f*

~ **strength** Zugfestigkeit *f*

stress Zugspannung *f*

test(ing) Zugprüfung *f*

~ **member** *(PCRV)* Spannglied *n*

tensioned steel cable *(PCRV)*
gespanntes Stahlkabel *n*

tensioning bolt Zugbolzen *m*

terawatt, TW Terawatt
(1 Million MW) TW

terminal solubility Grenzlöslich-
keit *f*

termination cabinet Abschluß-
schrank *m*

~ **circuit** Abschlußschaltung *f*

~ **link** Abschlußglied *n*

ternary fission ternäre Spaltung *f*
(Aufspaltung *f* in drei Teile)

tertiary creep tertiäres
Kriechen *n*

~ **system** Tertiärsystem *n*

test *v* **hydrostatically** hydraulisch
prüfen, mit Wassser
druckprüfen *oder* abdrücken

test data points Versuchsdaten-
punkte *mpl*

~ **hole** Versuchskanal *m*

~ **jack** Meßanschluß *n*, -dose *f*

~ **lead** Meßleitung *f*, -draht *m*

~ **mode** Prüf(betriebs)zustand *m*

~ **neutron source**
Prüfneutronenquelle *f*

~ **particle** Forschungsteilchen
npl

~ **pressure** Prüfdruck *m*

~ **pressure nozzle** Anschluß-
stutzen *m* für Druckprobe

~ **procedure** Prüfverfahren *n*,
Prüfvorgang *m*

~ **reactor** Testreaktor *m*

~ **report** Prüfbericht *m*, -schein
m, -protokoll *n*

~ **source** Prüfstrahler *m*

~ **tank** Prüfbehälter *m*

testability Prüfbarkeit *f*

testable prüfbar

~ **check valve** prüfbares
Rückschlagventil *n*

testing pushbutton Prüftaster *m*

theoretical H$_2$O release rate
theoretische H$_2$O-Frei-
setzungsrate *f*

thermal analysis thermische
Analyse *f*

~ **barrier** Wärmesperre *f*

stainless steel ~ barrier
W. aus rostfreiem Stahl

~ **barrier cooling coil** *(PWR
coolant pump)* Wärme-
sperren-Kühlschlange *f*

~ **barrier flange** Wärmesperr-
flansch *m*

~ **breeder** thermischer Brüter *m*

~ **capacity** thermische Leistung
f, Wärmeleistung *f*

~ **column** thermische Säule *f*

~ **conductance** Wärmedurchgang *m*, Wärmeleitwert *m*

~ **conduction characteristic**
Wärmeleiteigenschaft *f*

~ **conductivity** thermische Leit-
fähigkeit *f*, Wärmeleitzahl *f*

~ **convection SYN. thermocon-**

vection thermische Konvektion f, Thermokonvektion f, Wärmekonvektion f, Wärmeströmung f

~ **corrosion rate** thermische Korrosionsrate f

~ **cross section** thermischer Wirkungsquerschnitt m

~ **cycle** thermischer Kreisprozeß m, Wärmekreisprozeß m

~ **cycling** 1. Wärmewechsel m; 2. Temperaturwechselprüfung f

~ **cycling properties of fuel elements** thermisches Wechselverhalten n der Brennelemente

~ **cycling strength** Wärmewechselfestigkeit f

~ **decomposition** (of reactor graphite) thermische Zersetzung f

~ **diffusion** thermische Diffusion f

~ **diffusion process** Thermodiffusionsprozeß m

~ **diffusivity SYN. (heat) diffusivity, temperature (thermometric) conductivity, coefficient of thermometric conductivity** Temperaturleitzahl f, -vermögen n

~ **efficiency** thermischer Wirkungsgrad m

~ **energy** thermische Energie f

~ **energy deposition rate** Wärmeenergiezufuhr f

~ **equilibrium** Wärmeausgleich m

~ **excitation** thermische Anregung f

~ **expansion** thermische Ausdehnung, Wärmedehnung f

accommodate v ~ **expansion** Wärmedehnungen aufnehmen

~ **expansion coefficient** Wärmeausdehnungskoeffizient m

~ **expansion forces** Wärmedehnungskräfte fpl

~ **fission** thermische Spaltung f

~ **fission factor** thermischer Spaltungsfaktor m

~ **flux** thermischer Fluß m

~ **flux density** thermische Flußdichte f

~ **follow-up** thermische Nachführung f

~ **healing process** (graphite) thermischer Ausheilprozeß m

~ **inelastic scattering cross section** Wirkungsquerschnitt m für unelastische Streuung thermischer Neutronen

~ **inertia** Wärmeträgheit f

~ **instability** thermische Instabilität f

~ **insulating disc** Wärmedämmscheibe f

~ **insulation** thermische Isolierung f, Wärmeisolierung f, Wärmeisolation f

~ **insulation support brackets** Auflage f für Wärmeisolierung

~ **leakage factor** thermischer Verlustfaktor m

~ **limits** (core) thermische Grenzwerte mpl

~ **liner** (or **lining**) thermische Auskleidung f

~ **mixing** *(in a PWR fuel assembly)* thermische Mischung f, Wärmevermischung f

~ **motion** Wärmebewegung f

~ **movement** Wärmebewegung f

~ **neutron cross section** Querschnitt m für thermische Neutronen

~ **neutrons** SYN. **slow neutrons** thermische Neutronen npl

~ **neutron flux** thermischer Neutronenfluß m

~ **output** SYN. ~ **energy output** thermische (Reaktor)-Leistung f

~ **power** thermische Leistung f

~ **power level** thermischer Leistungspegel m, thermisches Leistungsniveau n

~ **power monitor** Wärmeleistungs-Überwacher m

~ **power output** abgegebene Wärmeleistung f, Wärmeleistungsabgabe f

~ **power rating** thermische Nennleistung f

~ **protection sleeve** Wärmeschutzhülse f

~ **radiation** Wärmestrahlung f

~ **rating** *(reactor)* thermische Leistung f

~ **reactor** SYN. **slow reactor** thermischer Reaktor m

~ **reactor output** thermische Reaktorleistung f

~ **reactor station** Kraftwerk n mit thermischem Reaktor

~ **resistance** Wärmewiderstand m

~ **response** Wärmereaktion f,

Temperaturanstiegsrate f

~ **shield** thermischer Schutz m, thermischer Schild m, Wärmeschild m

~ **shield radial support** Radialstütze f für den thermischen Schild

~ **shield support lug** *(Westinghouse PWR)* Tragpratze f für den thermischen Schild

~ **shielding** thermische Abschirmung f

~ **shock** Thermoschock m

~ **shock stress** Thermoschockspannung f

~ **sink** Wärmesenke f

~ **siphon** Thermosiphon m

~ **siphoning** Thermosiphonwirkung f

~ **sleeve** Wärmefalle f

~ **soak test** Durchwärmprüfung f, -versuch m

~ **spike** thermischer Störungsbereich m

~ **stability** thermische Stabilität f

~ **strain** thermische Formänderung f, thermische Verformung f

~ **stress** Wärmespannung f

~ **stress due to nonuniform temperature distribution** W. infolge ungleichmäßiger Temperaturverteilung

~ **utilization** thermische Nutzung f

~ **utilization factor** thermischer Nutzungsfaktor m, thermische Nutzung f *(DIN)*

~ **yield** Wärmeenergieausbeute f

thermal-hydraulic analysis thermohydraulische Analyse f

thermal-hydraulic test
thermohydraulische Prüfung f
thermalization Thermalisierung f
thermalize v (neutrons)
thermalisieren
thermalized neutrons
thermalisierte Neutronen npl
thermalizing of fast neutrons
Umwandlung f von schnellen
in thermische Neutronen
**thermally released shutdown
absorber** (HTGR) thermisch
freigegebener Abschalt-
absorber m
thermoconvection SYN.
**convection of heat, heat
convection, heat flow, thermal
flow** Thermokonvektion f,
Wärmekonvektion f, Wärme-
strömung f, thermische
Konvektion f
thermocouple Thermoelement
n, Thermopaar n
~ **branch** Thermoelement-
stutzen m
~ **guide tube** Thermoelement-
Führungsrohr n
~ **loading tool** Thermoelement-
Ladewerkzeug n
~ **reference junction** Thermo-
element-Vergleichsstelle f,
Thermoelement-Lötstelle f
thermodiffusion SYN. **thermal
diffusion** Thermodiffusion f
thermodynamic stability thermo-
dynamische Stabilität f
thermodynamics engineer
Wärmeingenieur m
thermoelectric conversion
thermoelektrische
Umwandlung f

~ **nuclear battery** thermoelektrische Nuklearbatterie f
thermohydraulic core design
thermisch-hydraulische Kernauslegung f
thermonuclear reaction
thermonukleare Reaktion f
thermosiphon Thermosiphon m
thermostat Thermostat m
thick source dicke Quelle f
(Quelle f hoher Eigen-
absorption)
thicken v eindicken
thickening vessel Eindickungs-
gefäß n
thick-walled compartment
(reactor auxiliary building)
dickwandiger Raum m
thimble 1. allg.: Fingerhut m,
Buchse f; 2. Steuerstab-
antriebsgehäuse n; 3. DWR:
a: Steuerelementfinger-
Führungsrohr, b: Meßgerät-
Führungsrohr n
~ **for a movable detector**
Führungsrohr n für einen
verfahrbaren Detektor
~ **buckling load** Führungsrohr-
Knickbelastung f, -Knicklast f
~ **dashpot pressure during scram**
(PWR fuel assembly)
Führungsrohr-Stoßdämpfer-
druck m während der Schnellabschaltung
~ **growth** (PWR) Wachsen n
von Führungsrohren
~ **ionization chamber** Kleinst-
ionisierungskammer f
~ **plug** (PWR fuel assembly)
Stopfen m für Steuerelement-
finger-Führungsrohr, Drossel-

körper *m*

~ **rotational stiffness** *(PWR fuel
assembly)* Drehsteife *f oder*
-steifheit *f* des Führungsrohrs

~ **seal line** Detektorführungs-
rohr-Dichtleitung *f*

thin source dünne Quelle *f*

thiosulfate addition tank
Thiosulfat-Zusatzbehälter *m*

~ **solution** Thiosulfatlösung *f*

~ **solution tank** Thiosulfat-
Lösungsbehälter *m*

~ **tank injection** Thiosulfat-
Einsprühen *n*

**third stage noncondensing jet of
the air ejector assembly** nicht-
kondensierende Düse *n* der
dritten Stufe des Dampf-
strahleraggregates

thoria Thorerde *f*, Thorium-
dioxid *n*

thorium, Th Thorium, Th *n*

~ **blanket** *(around an FBR core)*
Thoriummantel *m*

~ **breeder** Thoriumbrüter *m*

~ **converter** Thorium-
konverter *m*

~ **converter reactor** Thorium-
konverterreaktor *m*

~ **cycle** Thoriumzyklus *m*

~ **cycle fuel economy**
Brennstoffökonomie *f* mit
dem Thoriumzyklus, sparsame
Brennstoffverwendung *f* beim
Thoriumzyklus

~ **fission** Thoriumspaltung *f*

~ **fuel** Thoriumbrennstoff *m*

~ **fuelled pebble-bed reactor**
Thoriumkugelhaufen-
reaktor *m*

~ **high-temperature reactor**

Thoriumhochtemperatur-
reaktor *m*

~ **loading** *(HTGR)* Thorium-
ladung *f*

~ **oxide sol** Thoriumoxidsol *n*

~ **reactor** Thoriumreaktor *m*

~ **sequence SYN. ~ series**
Thoriumreihe *f*

thorium/uranium cycle
Thorium-Uran-Zyklus *m*

**thorium/uranium dicarbide
particle** Thorium/Uran-
Dikarbidpartikel *n*

**thorium/uranium mixed-oxide
sol** Thorium-Uran-Misch-
oxidsol *n*

thorium-bearing fuel element
thoriumhaltiges Brennelement

threaded bolt hole *(RPV)*
Schrauben-Gewindebohrung
f, -loch *n*

~ **closure stud hole** *(RPV)*
Gewindeloch *n* für Deckelschraube

~ **end plug** mit Gewinde
versehener Endstopfen *m*

~ **hole** Gewindebohrung *f*

~ **nut** Gewindemutter *f*

~ **spindle** Gewindespindel *f*

three-element control loop
Dreikomponenten-Regel-
schleife *f*, -Regelkreis *m*

~ **feed-water control system**
Dreikomponenten-Speise-
wasserregelsystem *n*

three-point support Dreipunkt-
auflage *f*

three-phase asynchronous motor
Drehstrom-Asynchron-
motor *m*

~ **squirrel-cage induction motor**

Drehstrom-Kurzschlußläufer-
motor *m*

three-region core Dreizonen-
kern *m*

~ **loading cycle** Dreizonen-
Beladezyklus *m*

**three-way normally deenergized
solenoid valve** normalerweise
stromloses Dreiweg-Magnet-
ventil *n*

~ **solenoid type pilot valve**
Vorsteuer-Dreiwegmagnet-
ventil *n*

threshold (Energie)Schwelle *f*

~ **detector** Schwellendetektor *m*

~ **dose** Schwellenwertdosis *f*

~ **energy** Schwellenenergie *f*
(DIN)

~ **temperature** Schwellen-
temperatur *f*

throat *(BWR jet pump)*
Einlaßstück *n*

throttle Drossel *f*

~ **bush** Drosselbuchse *f*

throttling orifice Drosselblende *f*

~ **valve** Drosselschieber *m*

through hole for closure stud
Durchgangsbohrung *f* für
Stiftschraube

~ **tube** *(SGHWR calandria)*
durchgehendes Rohr *n*,
Durchgangsrohr *n*

throw-away cycle *(nuclear fuel)*
Throw-away-Zyklus *m*,
Wegwerfzyklus *m*

thrust bearing Axialdrucklager *n*

~ **bearing oil lift pump** *(PWR
coolant pump)* Anhebeöl-
pumpe *f*

thyristor frequency converter
Thyristorfrequenzwandler *m*

~ **motor** Stromrichtermotor *m*

**thyristor-controlled frequency
regulation** thyristorgesteuerte
Frequenzregelung *f*

thyroid dose *(radiation)* Schild-
drüsendosis *f*

tie bar Zugstange *f*, Zugstab *m*

~ **plate** *(BWR fuel assembly)*
Gitterplatte *f*, Längsband *n*

~ **rod** 1. Verbindungsstab *m*,
Zugstange *f*, Führungsstange
f; 2. tragender Brennstab *m*

~ **rod disposal facility** Raum *m*
für die Zerlegung der
Führungsstange

tier of corrugated vanes
(Westinghouse PWR SG)
Ebene *f* von gewellten Prall-
blechen *(DE-Wasser-
abscheider)*

tight-closing isolation damper
dichtschließende Absperr-
klappe *f*

tilting device Aufstell-
vorrichtung *(für Schleus-BE)*,
Kippvorrichtung *f*

tilting-pad bearing
Kippsegmentlager *n*

time between core reloadings
Zeit *f* zwischen
Neubeladungen (des Kerns)

~ **between refuellings** Zeit *f*
zwischen BE-Wechseln,
Reaktor-Reisezeit *f*

~ **constant** Zeitkonstante *f*

~ **constant range** Zeitkonstantenbereich *m*

~ **delay** *(ANS)* Zeit-
verzögerung *f*

~ **factor** Zeitfaktor *m*

~ **lag** Schleppzeit *f*

~ **margin** *(ANS)* Zeitgrenze *f,*
zeitlicher Spielraum *m,*
Zeitabstand *m,* Zeitspanne *f*

~ **marking pulse** Zeitmarkier-
impuls *m*

~ **relay** Zeitschalter *m*

time-delayed closure zeitlich
verzögertes Schließen *n*

time-independent zeit-
unabhängig

timewise variation zeitliche
Schwankung *f*

time-yield limit *(material)*
Zeitdehngrenze *f*

timing relay Zeitrelais *n*

TIP = traversing in-core probe
verfahrbarer kerninnerer
Detektor *m*

~ **scan** Abtastung *f* durch Kern-
Fahrkammer

~ **system** Eichspaltkammer-
System *n*

tip *v* **the (fuel) flask to the**
horizontal *(or* **vertical)**
position *(SGHWR)* den
(BE-)Behälter in die horizontale *(oder* vertikale) Lage
kippen *(oder* schwenken)

tissue dose *(radiation)*
Gewebedosis *f*

tissue-equivalent ionization
chamber gewebeäquivalente
Ionisationskammer *f*

tissue-equivalent material
gewebeäquivalentes
Material *n*

titanium, Ti Titan, Ti *n*

~ **getter** Titangetter *n*

tolerable radiation exposure
vertretbare Strahlen-
belastung *f*

tolerance dose Toleranzdosis *f*

~ **dose, bone** Toleranzdosis *f* für
Knochen

~ **dose rate** Toleranzdosis-
leistung *f*

toll enrichment *(USAEC)* Lohn-
anreicherung *f*

tongs *(for safe handling)*
Handhabungszange *f (für*
radioaktives Material)

tongue and groove construction
Nut-und-Feder-Ausführung *f*

~ **and groove keying system**
(gas-cooled reactor graphite
bricks and tiles) Nut-und-
Feder-Verkeilsystem *n*

~ **and groove type flanged**
connection *(SGHWR)*
Nut-und-Feder-Flansch-
verbindung *f*

TOP = transient overpower
transiente Überleistung *f*

~ **accident = transient**
overpower accident
Leistungsstörfall *m*

top cap *(AGR)* RDB-Decke *f*

~ **casing and handle** *(BWR)*
Kopfgehäuse *n* und Hand-
griff *m*

~ **center hole** *(PWR closure*
stud) Mittenbohrung *f* an der
Oberseite

~ **core grid plate** oberes
Stützgitter *n,* obere Kern-
gitterplatte *f*

~ **end plug pin** oberer
Endstopfen-Haltestift *m*

~ **fitting** *(PWR fuel assembly)*
Kopfstück *n (BE)*

~ **flange** oberer Flansch *m*

~ **guide assembly** oberes

Führungsgerüst *n*

~ **head** *(of a pressure vessel)* (Druckbehälter)Deckel *m*

~ **head flange leakage** Leckage *f* des Deckelflansches

~ **neutron shield** oberer Neutronenschild *m*

~ **nozzle** *(Westinghouse PWR fuel assembly)* BE-Kopf *m*, Kopfstück *n*

~ **nozzle adapter plate** Kopflochplatte *f*

~ **plate** *(Westinghouse PWR fuel assembly)* Greifrahmen *m*

~ **pressure closure** Abschluß-deckel *m*

~ **reflector** oberer Reflektor *m*

~ **reflector sleeve** Decken-reflektorrohr *n*

~ **refueling penetration** *(PCRV)* oberer Durchbruch *m* für BE-Wechsel

~ **shield** Deckenschild *m*

~ **slab** obere Deckplatte *f*

~ **stepped shielding ring** oberer Labyrinthschild *m*

~ **thermal shield** thermischer Deckenschild *m*

~ **tie plate** obere Gitterplatte *f*

torispherical head kalotten-förmiger Deckel *m*

tornado design classification Wirbelsturm-Auslegungs-klassifikation *f*

~ **protection** Schutz *m* gegen Wirbelsturm

tornado-borne missile von einem Tornado bewegtes Bruchstück *n* *(oder* Wurfgeschoß *n)*

toroidal gas baffle *(gas-cooled reactor)* ringförmiges Gasleitblech *n*

~ **pressure suppression chamber** ringförmige Kondensations-kammer *f*

torque-dependent safety coupling drehmoment-abhängige Sicherheits-kupplung *f*

torsion test Torsions-, Verdrehungsversuch *m*

torsional forces Torsionskräfte *fpl*

~ **restraint** Torsions-einspannung *f*

torus 1. Druckabbauring *m*, Kondensationskammer *f* *(SWR);* 2. (Boden)Zonenring *m (RDB)*

~ **air space** Luftraum *m* des Torus

~ **casing** Ringkörper *m*

~ **ring** *(PWR vessel support)* Kreisring *m*

total activity Totalaktivität *f*, Gesamtaktivität *f*

~ **activity discharge to the atmosphere** Gesamtaktivitäts-ausstoß *m* in die Atmosphäre

~ **atomic stopping power** atomare Totalhalteleistung *f*

~ **containment** Druckschale *f* für das gesamte Kraftwerk

~ **cross section** totaler Wirkungsquerschnitt *m*

~ **cross-sectional flow area** *(within BWR fuel bundle)* Gesamt-Strömungs-querschnitt(sfläche) *m(f)*

~ **deuterium production rate** Deuterium-Gesamt-

erzeugungsrate *f*
~ **dose SYN. overall dose**
Gesamtdosis *f*
~ **evaporator** Total-
verdampfer *m*
~ **flow rate** *(coolant through
reactor) (ANS)* Gesamt-
durchsatz *m*
~ **heat output for safety design**
(USAEC) Sicherheits-
auslegungs-Gesamtwärme-
leistung *f*
~ **insertion time** *(control rods)*
Gesamteinfallzeit *f*
~ **installed nuclear power
generating capacity** gesamte
installierte Kernkraft(werks)-
Stromerzeugungsleistung *f*
~ **leak rate test** Gesamtleckrate-
prüfung *f*
~ **linear stopping power** lineares
Bremsvermögen *n*
~ **loop heat loads** Gesamt-
Kreislauf-Wärme-
belastung(en) *f(pl)*
~ **macroscopic cross section**
totaler makroskopischer
Querschnitt *m*
~ **mass stopping power** totales
Massenbremsvermögen *n*
~ **maximum permissible
individual dose** gesamte
höchstzulässige Personen-
dosis *f*
~ **moderator temperature
coefficient** Gesamt-
Moderatortemperatur-
koeffizient *m*
~ **neutron source density** totale
Neutronenquelldichte *f*
~ **peaking factor** *(USAEC)*

Gesamt-Heißstellenfaktor *m*
~ **plant D₂O inventory**
Gesamt-D_2O-Inhalt *m* der
Anlage *f*
~ **power** Gesamtleistung *f*
~ **reactivity worth** Gesamt-
reaktivitätswert *m*
~ **reactor core power** Reaktor-
kern-Gesamtleistung *f*
~ **reactor core recirculation flow**
Gesamtkern-Durchsatz *m*
~ **rod worth** Gesamt-Steuerstab-
Reaktivitätswert *m*
~ **sodium inventory in primary
system** Gesamtnatriummasse *f*
im Primärsystem
~ **stoppage of the purge flow**
(HTGR) vollständiges
Abreißen *n* des Spülstroms
~ **temperature coefficient** totaler
Temperaturkoeffizient *m*
~ **worth of all control rods in
a pattern** Gesamtreaktivitäts-
wert *m* aller Steuerstäbe in
einer Anordnung
tough fracture zäher Bruch *m*
trace Spur *f*
~ **amount** Spurenmenge *f*
~ **contaminant** Spuren-
verunreinigung *f*
~ **heating** Begleitheizung *f*
tracer Tracer *m*, Indikator *m*,
Indikatoratom *n*, Markierer *m*
~ **gas** Indikatorgas *n*,
Leckspürgas *n*
tracing (Rohrleitungs)Begleit-
heizung *f*
~ **arm** Tastarm, Abtastarm *m*
**trailing end of the (instrument)
thimble** *(PWR)* Schleppende
n des Fingerhutes

train Strang *m*
~ **of charcoal adsorbers** S. von
   Kohleadsorbern
trainee curriculum
   Lehrprogramm *n* für die
   Auszubildenden,
   Ausbildungsprogramm *n*
training schedule Ausbildungs-
   plan *m*
transcrystalline fracture
   transkristalliner Bruch *m*
transducer room Meßumformer-
   raum *m*
transfer *v* 1. ausschleusen;
   2. umladen, umsetzen;
   3. übergeben; 4. umschalten
~ **and tripping trolley** *(SGHWR
   fuel handling building)*
   Schleus- und Schwenk-
   wagen *m*
~ **automatically to the
   containment sump** *(pump
   suction)* automatisch auf den
   Reaktorgebäudesumpf
   umschalten
~ **of fuel** Schleusen *n* von BE
~ **of fuel and equipment
   between pools** Beförderung *f*
   von BE und Anlageteilen
   zwischen den Becken
~ **area** Beladezone *f*
~ **arm** *(SHGWR refuelling
   machine)* Übergabearm *m*
~ **canal** *(PWR)*
   BE-Schleuskanal *m*
~ **canal tilting device** Schleusen-
   schwenkkammer *f*
~ **carriage** SYN. ~ **cask car,**
   ~ **dolly** Transferwagen *m*,
   BE-Schleus- *oder* Transport-
   wagen *m*

~ **compressor** *(HTGR)* Druck-
   erhöhungskompressor *m*
~ **dolly** BE-Transportwagen *m*
~ **function for feedback**
   Übertragungsfunktion *f* für
   die Rückkopplung
~ **function of reactor kinetics**
   Übergangs- *oder*
   Übertragungsfunktion *f* der
   Reaktorkinetik
~ **pool** Lade-, Zwischen-
   becken *n*
~ **pump** Förderpumpe *f*
~ **sequence** Transportfolge *f*
~ **station** Übergabestation *f (für
   BE)*
   ~ **with new fuel assembly
   handling fixture** Ü. mit Greifwerkzeug für neue BE
~ **storage pool** Zwischenlager-
   becken *n*
~ **system** (BE-)Transport-
   system *n*
~ **tank** *(PWR)* Schleus-
   behälter *m*
~ **track** Verschubbahn *f*
~ **trolley** SYN. ~ **carriage,**
   ~ **dolly,** ~ **cask car**
   BE-Schleuswagen *m*
~ **tube** BE-Schleusrohr *n*
transient *adj.* instationär
~ *subst.* flüchtiger Vorgang,
   zeitweiliger Zustand *m*,
   Übergangszustand *m*,
   Transiente *f*
~ **behavio(u)r** SYN. ~ **response**
   Übergangsverhalten *n*
~ **boiling** Übergangssieden *n*
~ **equilibrium** vorübergehendes
   Gleichgewicht *n*
~ **event** instationäres Ereignis *n*

~ **heat** Übergangswärme *f*

~ **heat transfer** Übertragung *f* der Übergangswärme

~ **operating condition** instationärer Betriebszustand *m*

~ **overpower, TOP** transiente Überleistung *f*

~ **overpower accident SYN. TOP accident** Leistungsstörfall *m*

~ **(radionuclide) release** *(from LMFBR fuel)* instationäre (Radionuklid-)Freisetzung *f*

~ **response SYN.** ~ **behavio(u)r** Übergangsverhalten *n*

~ **xenon poisoning** instationäre Xenonvergiftung *f*

transit time Laufzeit *f*

~ **time of a sample** Durchlaufzeit *f* einer Probe

transition adapter ring Übergangsadapterring *m*

~ **boiling** Übergangssieden *n*

~ **from the initial core to the equilibrium core** Übergang *m* vom Erstkern zum Gleichgewichtskern

~ **joint** Übergangsverbindung *f*

~ **ring** *(RPV head)* Übergangsring, Zonenring *m*

translation(al) movement *(of RPV closure head on vessel)* Translationsbewegung *f*

transmission line Übertragungsleitung *f*

transmit *v* **the entire weight through walls to the building foundations** das ganze Gewicht *n* über Wände auf die Gebäudefundamente ableiten *oder* in die Gebäudefundamente einleiten

transmutation SYN. nuclear transformation *(USAEC)* Kernumwandlung *f*

transparency Klarsichtigkeit *f*

transport *v* **to storage on the refuelling floor** zur Lagerung *f* auf der Reaktor-Bedienungsbühne transportieren

transport of heat Wärmetransport *m*

~ **to site** Transport *m* zur Baustelle *(oder* zum Aufstellungsort)

~ **box** *(for SGHWR fuel)* Transportkiste *f* (für neue *BE)*

~ **container** Transportbehälter *m*

~ **cross section** Transportquerschnitt *m*

~ **equation** Transportgleichung *f*

~ **flask** *(SGHWR)* (kraftwerksinterner) BE-Transportbehälter *m*

~ **index** Transportindex *m*

~ **loss** Transportverlust *m*

~ **mean free path** Transportweglänge *f*

~ **pallet for closure nut carrier racks** Transportpalette *f* für Mutterabstellkonsolen

~ **parameter** Transportparameter *m*

~ **theory** Transporttheorie *f*

transporter *(refuelling machine)* Fahrwerk *n*

~ **bridge** *(SGHWR)* BE-Bedienungsbühne *f*, Manipulierbrücke *f*

~ **trolley** *(LMFBR)* Transport-
fahrwerk *n*

**transuranic-contaminated
low-level wastes** transuranisch
kontaminierte niederaktive
Abfälle *mpl*

transuranic *or* **transuranium
element** Transuran *n*,
Transuranelement *n*

transversal rib Transversal-
rippe *f*

transverse defect *(material)*
SYN. ~ **flaw** Querfehler *m*

~ **flow-tube bundle**
querdurchströmtes
Rohrbündel *n*

~ **load** Querbelastung *f*

~ **section** Querschnitt *m*

trapping agent Abscheide-
mittel *n*, Einfangmittel *n*

~ **system emergency cooling
water tank** Notkühlwasser-
behälter *m* für Spaltprodukt-
fallen

~ **system water chiller**
Spaltproduktfallen-Wasser-
kältemaschine *f*

travelling belt filter Bandfilter *m*

~ **belt type precoat filter**
Laufband-Anschwemm-
filter *m*

~ **gantry** *(fuelling machine)*
Fahrwerk *n*

~ **in-core miniature probe**
verfahrbarer Kern-Miniatur-
detektor *m*

traverse *v* **the width of the
platform** die Breite *f* der
Bühne überspannen

**traversing in-core ion chamber
probe** verfahrbare kerninnere
Ionisationskammer *f*

~ **chamber and associated drive
mechanism** Fahrkammer *f*
und zugehöriger Antrieb

treated effluent discharge
Abgabe *oder* Ablassen *n* von
aufbereiteten Abwässern

~ **effluent storage vessel**
Speicher- *oder* Lagerbehälter
m für aufbereitete Abwässer

~ **waste monitoring tank**
Kontrollbehälter *m* für
aufbereiteten Abfall (*oder*
aufbereitete Abwässer)

treatment Aufbereitung *f*,
Behandlung *f*

~ **vessel** Aufbereitungsbehälter
m, -gefäß *n*

trial fitup SYN. **check fitup**,
~ **assembly** Probemontage *f*

triangular lattice configuration
Dreiecksgitterverband *m*

**triax penetration = triaxial
cable containment penetration**
Triaxialkabel-Durchführung *f*
(durch die Sicherheitshülle)

triaxial mineral insulated cable
mineralisoliertes Triaxial-
kabel *n*

tribology *(UKAEA)* Tribologie
f, Reibungslehre *f*

tributyl phosphate *(UKAEA)*
Tributylphosphat *n*

trickle down *v* herablaufen

trigger assembly Auslöserbau-
gruppe *f*

trip *v* **a turbine, a reactor** eine
Turbine *f*, einen Reaktor *m*,
schnellabschalten

trip Schnellauslösung *f*, Schnellabschaltung *f*

~ **to hot, zero power conditions** S. auf den heißen Nullastzustand

~ **cam** Auslösenocken *m*

~ **insertion** *(PWR RCC assembly)* Schnellschluß-Einschießen *n*

~ **level** Abschaltschwelle *f*

~ **margin** Abschalttoleranz *f*

~ **point** Abschaltpunkt *m*

~ **sensor** Abschaltfühler *m*

~ **set point** Schnellschluß-Sollwert *m*

~ **signal output** Schnellschluß-signal-Ausgang *m*

~ **signal source** Anregeglied *n*

~ **signals** Schnellschlußsignale *npl*

~ **valve** *(SGHWR)* Auslöse-, Schnellschlußventil *n*

triplex stainless steel chain Triplexrollenkette *f*

triplex-coated particle *(HTGR fuel)* Triplexpartikel, dreifach beschichtetes Partikel *n*

tripping element Aulöse-element *n*

~ **sensor** Auslösefühler *m*

tritiated tritiumhaltig, tritium-kontaminiert

~ **waste** tritiumkontaminierter Abfall *m*, mit Tritium kontaminierter Abfall *m*

~ **water** Tritiumwasser *n*

triton Triton *n*

tritium Tritium *n*

~ **activity** Tritiumaktivität *f*

~ **concentration** Tritium-konzentration *f*

~ **discharge to the atmosphere** Tritiumausstoß *m* in die Atmosphäre

~ **level** Tritiumpegel *m*

~ **monitor** Tritiummonitor *m*

~ **production** Tritium-erzeugung *f*

~ **release** Tritiumfreisetzung *f*

~ **separation** Tritiumseparation *f*

~ **source** Tritiumquelle *f*

'rolley deck *(refuelling machine)* Katzenbühne *f*

~ **positioning system** Katzen-Anfahrsystem *n*

~ **rails** Katzenfahrschienen *fpl*

trough *(steam dryer)* Trog *m*, Wanne *f*

truck-out station LKW-Schleuse *f*

tube bank outlet plenum Rohrbündel-Austrittssammel-kammer *f*

~ **bundle** Rohrbündel *n*

transverse-flow ~ querdurchströmtes R.

~ **bundle shroud** *(PWR SG)* Rohrbündelmantel *m*

~ **bundle wrapper** Dampferzeugerhemd *n*

~ **coil cylinder** Rohrschlangen-zylinder *m*, zylindrische Rohrschlange *f*

~ **coil type heat exchanger** Schlangenrohrwärme-tauscher *m*

~ **notch** Rohrkerbe *f*

~ **plate** SYN. *(US)* ~ **sheet** *(heat exchanger)* Rohrboden *m*

~ **rupture** Rohrbruch *m* *(in DE)*

~ **side design flow** rohrseitiger Auslegungs-Durchsatz *m*

~ **vibration** Rohrschwingung *f*

~ **wastage** Rohrabzehrung *f*

tube-to-tube-sheet assembly technique Rohr-Rohrboden-Zusammenbauverfahren *n*

tubular pressure vessel rohrförmiger Druckbehälter *m*

tune-up of a control system Abstimmen *n* einer Regelung

~ **of a major control system** Abstimmen *n* der Hauptsteuer- und Regelanlage

tunnel transfer trolley *(SGHWR)* Schleuswagen *m*

turbine Turbine *f*

~ **gland seal system off-gases** *(BWR)* Abgase *npl* aus der Turbinen-Stopfbuchsbedampfung *f*

turbine-driven feedwater pump Turbo-Speisewasserpumpe *f*

turbulence Verwirbelung *f,* Turbulenz *f*

turbulent boundary layer turbulente Grenzschicht *f*

~ **flow** SYN. ~ **stream,** ~ **motion; eddy motion, eddying whirl** turbulente Strömung *f,* Flechtströmung *f,* wirblige *oder* wirbelnde Strömung, turbulente *oder* Turbulenzbewegung *f,* Quirlung *f,* Wirbelung *f*

~ **mixing** Verwirbelung *f,* Turbulenzmischen *n*

turn *v* **on a pressurizer stand-by heater** einen Druckhalter-Reserveheizstab *m* einschalten

turn-around time Abschaltzeit *f* zur Reinigung

turning vane Umleitblech *n*

TV camera Fernsehkamera *f*

twin reactor station Zweireaktorkraftwerk *n*

twisted tape Wendel *m (am BE)*

two-group constant Zweigruppenkonstante *f*

~ **model** Zweigruppenmodell *n*

~ **theory** Zweigruppentheorie *f*

two-loop pressurized water reactor Zweikreis(lauf)-Druckwasserreaktor *m*

two-out-of-four coincidence logic system *(reactor protection)* Zwei-von-vier-Koinzidenz-Verknüpfungssystem *n*

two-out-of-four coincidence type logic Zwei-von-vier-Koinzidenz-Verknüpfung *f*

two-out-of-four system Zwei-von-vier-System *n*

two-out-of-three coincidence type logic Zwei-von-drei-Koinzidenz-Verknüpfung *f*

two-phase cooling Zweiphasenkühlung *f*

~ **dosimeter** Zweiphasendosimeter *n*

~ **mixture** Zweiphasengemisch *n*

~ **of steam and water** Z. von Dampf und Wasser

~ **section** Zweiphasenstrecke *f*

~ **steam-water mixture** Zweiphasen-Dampf/Wasser-Gemisch *n*

two-region reactor Zweizonenreaktor *m*

type test Baumuster-Prüfung *f*

U

U-233 buildup U-233-
Aufbau *m*

U-238 resonance integral
U-238-Resonanzintegral *n*

ultimate burnup
Endabbrand *m*

~ **disposal** Endbeseitigung *f*

~ **fuel burnup** Brennstoff-
endabbrand *m*

~ **heat rejection** Letztwärme-
abfuhr *f*

~ **heat removal** definitive
Wärmeabfuhr *f*, Endwärme-
abfuhr *f*

~ **heat sink** Endkühlung *f*,
Endwärmesenke *f*

~ **moment** *(ANS)* Endmoment
n, Biegemoment *n*
(Werkstoff)

~ **storage drum**
Endlagerfaß *n*

~ **storage facility** Endlager *n*

~ **strain** *(ANS)*
Bruchverformung *f*,
Reißverformung *f (Werkstoff)*

~ **tensile strength, UTS**
Zugfestigkeit *f*

~ **waste disposal** Endlagerung *f*
(Aktivabfall)

ultra-centrifuge SYN.
high-speed centrifuge *(isotope*
separation) Ultrazentrifuge *f*

ultra-high-purity helium
atmosphere Reinsthelium-
atmosphäre *f*

ultra-high-temperature reactor
Ultrahochtemperatur-
reaktor *m*, Höchsttemperatur-
reaktor *m*

ultrasonic and visual inspection
of the vessel Ultraschall- und
Sichtprüfung *f* des Behälters

~ **probe** Ultraschall-Prüfkopf *m*

~ **resin cleaner** Ultraschall-
Harzreiniger *m*

ultra-thermostat
Ultrathermostat *m*

UGS = upper guide structure
oberes (Kern)Führungs-
gerüst *n*

~ **barrel** Behälter *m* des oberen
Führungsgerüstes

~ **barrel section** Behälterteil *m*
des oberen Führungsgerüstes

unacceptable activation of plant
and equipment unzulässige
Aktivierung *f* von Anlagen
und Einrichtungen

unaffected by radiation von
Strahlung(en) unbeeinflußt,
strahlungsunempfindlich

unbolt *v* **the channel from the**
bundle *(BWR)* den
BE-Kasten *m* vom
BE-Bündel abschrauben

~ **the flask lid** *(SGHWR)* den
(BE-Transport)-
Behälterdeckel losschrauben

unbolted drywell head
abgeschraubter Druck-
kammerdeckel *m*

unbroken reactor coolant loop
(PWR) ungebrochener
Reaktorkühlkreis(lauf) *m*
(*oder* Hauptkühlkreis)

uncanned fuel element nacktes
Brenn(stoff)element *n*

uncoated oxide fuel particle
unbeschichtete Oxidbrenn-
stoffpartikel *f*

uncontaminated area nicht
kontaminierte (*oder*
strahlenverseuchte) Zone *f*
uncontrolled area nicht
kontrollierter Bereich *m*
~ **fuel-assembly levitation**
unkontrolliertes
Aufschwimmen *n* des BE
uncoupling (*control rods from
drive mechanisms*)
Abkuppeln *n*
uncrating (*of new fuel*)
Auspacken *n*
**undamped oscillations in power
level or distribution**
ungedämpfte Leistungspegel-
oder -verteilungs-
schwankungen *fpl*
**under full operating conditions
of temperature and pressure**
bei vollen Betriebs-
bedingungen *fpl* in bezug auf
Temperatur und Druck
underclad cracking Unter-
plattierungsrißbildung *f*
underdamped behaviour
untergedämpftes
Verhalten *n*
underground construction
Untertage-, Kavernen-
bauweise *f*
~ **nuclear power station**
unterirdisches Kernkraftwerk
n, Kavernen-Kernkraftwerk *n*
~ **permanent resin storage tank**
unterirdischer Abfallharz-
Dauerlagerbehälter *m*
~ **reactor hall** unterirdische
Reaktorhalle *f*
~ **storage vault** unterirdische
Lagergruft *f*

undermoderated untermoderiert
underwater conveyor (*PWR*)
Unterwasser-Förderband *n*
~ **floodlamp** Unterwasser-
Flutlichtstrahler *m*
~ **fuel handling system**
Unterwasser-BE-Transport-
anlage *f*
~ **lamp** Unterwasserleuchte *f*
~ **lamp with movable boom
fixture** Unterwasser-
scheinwerfer *m* mit Galgen
~ **light** (*UK*) Unterwasser-
scheinwerfer *m*
~ **lighting boom fixture**
Unterwasserscheinwerfer-
galgen *m*
~ **lighting system** Unterwasser-
beleuchtung *f*
~ **lighting unit** (*SGHWR*)
(BE-Becken-)Unterwasser-
scheinwerfer *m*
~ **refuelling operations**
Unterwasser-BE-Wechsel-
vorgänge *mpl*
~ **removal of fuel assemblies
from the reactor** Ziehen *n*
oder Entnahme *f* von BE aus
dem Reaktor unter Wasser
~ **structure** (*refuelling machine*)
Unterwasserkonstruktion *f*
~ **transfer of spent fuel**
Ausschleusen *m* von
abgebrannten BE unter
Wasser
~ **transmission shaft**
Unterwasser-Transmissions-
welle *f*
~ **TV camera** Unterwasser-
fernsehkamera *f*
~ **viewing equipment**

Unterwasser-Beobachtungs-
einrichtung *f*
undertake *v* **routine maintenance**
routinemäßige Wartung *f*
durchführen
undue risk to public health and
safety unverantwortbares
Risiko *n* für Volksgesundheit
und Sicherheit
uni-axial einachsig
uniformly distributed soluble
neutron poison gleichmäßig
verteiltes lösliches
Neutronengift *n*
uninstrumented fuel assembly
nicht instrumentiertes
Brennelement *n*
unintentional reactor shutdown
ungewollte Reaktor-
abschaltung *f*
~ **scram** ungewollter
Schnellschluß *m*
unirradiated unbestrahlt
~ **fuel store** Lager *n* für
unbestrahlte Brennelemente
~ **material** unbestrahltes
Material *n*
~ **spare channels** unbestrahlte
Reserve-BE-Kästen *mpl*
unique identification eindeutige
Identifikation *f*
unistrut hanger *(for piping)*
Einholmhänger *m*
unit SYN. plant *(ANS)* Einheit
f, Reaktoreinheit *f*,
(Reaktor)Anlage *f*,
(Reaktor)Block *m*
~ **interconnecting cable**
Aggregat-Zwischen-
verbindungskabel *n*
~ **mimic board** Block-

Blindschalttafel *f*
~ **pressure**
Flächenpressung *f*
~ **process variable** Block-
betriebsgröße *f*,
Prozeßvariable *f*
unlatch *v (control rods)*
abkuppeln, ausklinken
unlatching process Ausklink-
vorgang *m*
unloading of spent fuel
Ausladen *n* von
abgebranntem Brennstoff
~ **face** *(UK)* Entladebühne *f*
unlocking rod *(PWR CRDM)*
Zugstange *f*
unplanned emission ungeplante
Abgabe *f*
unpressurized drucklos
unrestrained heatup and
cooldown unbehinderte
Aufheizung *f* und
Abkühlung *f*
unrodded refuelling
BE-Wechsel *m* ohne
eingefahrene Steuerstäbe
unsafe reactor operating
conditions unsichere Reaktor-
betriebsbedingungen *fpl*
unscheduled rod withdrawal
ungeplantes Ausfahren *n* von
Steuerstäben
~ **shutdown** ungeplante
Abschaltung *f*
unscrew *v* **a stud from the**
captive nut einen Bolzen *m*
aus der festen Mutter
ausschrauben
unsealed radioactive material
offener radioaktiver Stoff *m*,
offenes radioaktives

Präparat *n*

~ **source** offene Quelle

unshielded unabgeschirmt, nicht
abgeschirmt

unstable instabil

~ **crack extension** instabiles
Rißwachstum *n*

~ **fission product** instabiles
Spaltprodukt *n*

~ **fuel cladding surface
temperature** instabile
BE-Hüllen-Oberflächen-
temperatur *f*

~ **isotope** *(USAEC)* SYN.
radioisotope instabiles
Isotop *n*

~ **nuclide** instabiles
Nuklid *n*

unstrap *v* **fuel bundles**
BE-Bündel *npl* aufbinden

UO₂ crystal lattice Urandioxid-
Kristallgitter *n*

**UO₂ pellet thermal expansion
characteristics**
Wärmedehnungseigenschaften
fpl der Brennstofftabletten

UO₂ powder Urandioxid-Pulver
n, UO₂-Pulver *n*

UO₂ reload fuel rod
UO₂-Nachladebrennstab *m*

UO₂ restructuring UO₂-Neu-
oder Umstrukturierung *f*

UO₂ thermal expansion
UO₂-Wärmedehnung *f*

upender SYN. **fuel ~, upending
frame** (BE-)Kipp- *oder*
Schwenkvorrichtung *f*

upending *(nuclear steam
generators on installation)*
Auf(recht)stellen *n*

~ **frame** *(fuel assembly transfer)*

SYN. **(fuel) upender**
Kippvorrichtung *f*,
(BE-)Schwenkvorrichtung *f*

~ **winch** Schwenkvorrichtungs-
winde *f*, Aufstellwinde *f*

upflow *(of coolant in reactor)*
Aufwärtsströmung *f*

upgrade *v* **liquids back to reactor
quality** Flüssigkeiten wieder
auf Reaktorqualität
verbessern

upgrading *(of D₂O)*
Aufkonzentration *f*

~ **plant** Aufkonzentrieranlage *f*

upon activation of a pump bei
Ansteuern *n* einer Pumpe

~ **loss of normal ventilation** bei
Ausfall *m* der normalen
Belüftung

upper annular ledge oberer
Konsolring *m*

~ **core plate** *(PWR)* obere
Gitterplatte *f*

~ **core structure** oberes
Kerngerüst *n*

~ **core structure lifting rig**
Hebevorrichtung *f* für das
obere Kerngerüst

~ **core structure support skirt**
Standzarge *f* für oberes
Kerngerüst

~ **core support assembly** *(PWR)*
obere Kernabstützung *f*

~ **crane** oberer Drehkran *m*

~ **grid** oberes Gitter *n*

~ **guide structure** *(above reactor
core)* , **UGS** oberes Führungsgerüst *n*

~ **guide structure base plate**
Grundplatte *f* des oberen
Führungsgerüstes

~ **guide structure support structure** Tragkonstruktion *f* für das obere Führungsgerüst

~ **head** *(RPV)* SYN. **RPV closure head** (RDB-) Deckel *m*

~ **internals assembly** obere (RDB-)Einbauten *mpl,* Baugruppe *f,* obere Einbauten, oberes Kerngerüst *n*

~ **internals storage ring** Abstellring *m* für obere Einbauten

~ **internals storage stand** *(Westinghouse PWR)* Abstellvorrichtung *f* für oberes Kerngerüst

~ **plenum** *(in reactor)* oberer Sammelraum *m*

~ **pool** oberes Becken *n*

~ **probability limit for damage** obere Wahrscheinlichkeitsgrenze *f* für Schäden

~ **radial guide bearing** *(PWR coolant pump)* oberes Führungslager *n*

~ **receptacle** oberer Aufnahmebehälter *m oder* Köcher *m*

~ **reflector** *(HTGR)* Deckenreflektor *m*

~ **steam extraction pipe** oberes Dampfentnahmerohr *n*

~ **stressing gallery** *(PCRV)* oberer Spanngang *m*

~ **supplementary shield** obere Zusatzabschirmung *f*

~ **support grid** oberes Kernführungsgitter *n*

~ **support plate** obere Tragplatte *f (oder* Stützplatte)

~ **tie plate** obere Gitterplatte *f*

~ **tie plate casting** Gußstück *n* der oberen Gitterplatte

upright circular cylinder *(containment structure)* aufrechter Kreiszylinder *m,* gerader Kreiszylinder

upscattering Aufwärtsstreuung *f*

upstream rupture disk *(before relief valves)* vordere Berstscheibe *f*

upward transfer cycle Aufwärts-Förderzyklus *m*

~ **travel** Hochfahren *n*

uranium, U Uran *n,* U

~ **carbide** Urankarbid *n*

~ **compound** Uranverbindung *f*

~ **concentrate** Urankonzentrat *n*

~ **content** Urangehalt *m*

~ **conversion plant** Uranumwandlungsanlage *f*

~ **dioxide** Urandioxid *n*

~ **dioxide compactible powder** preßbares Urandioxidpulver *n*

~ **dioxide pellet** Urandioxid-tablette *f*

~ **dioxide thermal conductivity** Wärmeleitzahl *f* des Urandioxids

~ **enrichment** Urananreicherung *f*

~ **hexafluoride, UF$_6$** Uranhexafluorid *n,* UF$_6$

~ **metal** metallisches Uran *n*

~ **ore** Uranerz *n*

~ **oxide pellet** Uranoxidsinterkörper *m,* -tablette *f*

~ **/plutonium cycle** Uran-Plutonium-Zyklus *m*

~ **production** Urangewinnung *f*

~ **rod** Uranstab *m*

~ **sequence SYN. series**
  (USAEC) Uran(zerfalls)-
  reihe *f*
~ **tetrafluoride, UF₄** *(USAEC)*
  SYN. green salt Urantetrafluorid *n*, UF₄
~ **/thorium cycle**
  Uran-Thorium-Zyklus *m*
~ **trioxide, UO₃** *(USAEC)*
  Urantrioxid *n*, UO₃
uranium-bearing rock
  uranhaltiges Gestein *n*
uranium-thorium reactor
  Uran-Thorium-Reaktor *m*
uranyl Uranyl *n*
urban site stadtnaher Standort *m*
use *v* **a separate control switch
  to energize the valves in the
  hydraulic system** zum
  Ansteuern *n* der Ventile im
  Hydrauliksystem einen
  getrennten Schalter benützen
~ **s. th. as a standby spare** etwas
  als Reserve *f* benützen
~ **as a guide in mechanical
  design and stress analysis** als
  Leitfaden bei der
  mechanischen Auslegung und
  Spannungsanalyse benützen
use charge *(for enriched
  fissionable material)*
  Benutzungsgebühr *f*
~ **of standard components and
  a simple design** Verwendung *f*
  von normgerechten Teilen
  und einer einfachen
  Konstruktion
used reactor equipment
  verbrauchte Reaktor-
  einrichtungen *fpl*
useful power nutzbare Energie *f*

U-shaped working platform
  U-förmige Arbeitsbühne *f*
utility companies Elektrizitäts-
  werke *npl*, Elektrizitäts-
  versorgungsunternehmen *npl*,
  EVU
utilization time Ausnutzungs-
  zeit *f*
UTS = ultimate tensile strength
  Zugfestigkeit *f*
U-tube recirculating design
  U-Rohr-Umwälzkonstruk-
  tion *f*
~ **steam generator** U-Rohr-
  Dampferzeuger *m*

V

vacancy Leerstelle *f (im Kern)*
vacant rack freies (BE-)
  Gestell *n*
~ **spaces** *(in non-pressurized
  LWR fuel rods)* freie Räume
  mpl, Leerräume *mpl*
vacuum breaker
  Vakuumbrecher *m*
~ **breaker valve**
  Vakuumbrech(er)ventil *n*
~ **cast epoxy resin** im Vakuum
  vergossenes Epoxidharz *n*
~ **control panel** Vakuumschalt-
  tafel *f*
~ **distillation/overflow sampler**
  Vakuumdestillations/
  Überlauf-Probenahmegerät *n*
~ **filtration** Vakuumfilterung *f*
~ **pump** Vakuumpumpe *f*

~ **relief device** *(containment structure)* SYN. **relieving device** Unterdruck-Begrenzungseinrichtung *f*

~ **surge tank** Vakuumpuffer-behälter *m*

~ **system** Vakuumsystem *n*

~ **tank** Vakuumbehälter *m*

valve *v* **a standby unit into a system** ein Reserveaggregat mit Armaturen in ein System einschalten

~ **off** *or* **out** abschiebern

valve and pressure switch settings Armaturen- und Druckschalter-Einstellungen *fpl*

~ **closure circuit** Armaturen-Schließstromkreis *m*

~ **discharge** Armaturen-Austrittsmenge *f*

~ **drain line** Armaturen-entwässerungsleitung *f*

~ **lineup for boration** *(PWR)* Ventilschaltung *f* für Borieren *(oder* Borzusatz*)*

~ **stem leakoff** Spindel-absaugung *f*

~ **stem packing leak** Undichtheit *f* in der Ventilspindel-packung *f*

~ **stem penetration** Spindel-durchführung *f*

~ **stuffing box** Armaturenstopf-buchse *f*

valved loading pipe *(waste drumming station)* armatur-bestücktes Laderohr *n*

vane 1. Leitblech *n* *(SWR-Dampf/Wasser-abscheider)*; 2. (Leit)Fahne *f*

(DWR-BE)

vaned diffuser *(gas circulator)* Leitschaufelring *m*

vapor-air mixture *(in containment after LOCA)* Schwaden-Luft-Gemisch *n*

vapor blanketing *(of heating surfaces)* Dampffilmbildung *f*

~ **column** Brüdenkolonne *f*

~ **compression type evaporator** Brüdenkompressions-verdampfer *m*

~ **condenser** Brüdenkondensator *m*

~ **container** SYN. **containment structure** Sicherheitshülle *f*, Sicherheitsbehälter *m*, SB

~ **container shell piping penetration** Rohrleitungs-durchführung *f* durch die Sicherheitshülle

~ **dome** Brüdenraum *m* *(Verdampfer)*

~ **phase** Dampfphase *f*

~ **phase inhibitor** Dampfphasen-hemmer *m*, Dampfphasen-inhibitor *m*

~ **preheater** Brüden-vorwärmer *m*

~ **recompressor** *(liquid waste treatment)* Brüdennach-verdichter *m*

~ **recovery system** Brüden-rückgewinnungsanlage *f*

~ **seal** Brüdendichtung *f*, Gasdichtung *f*

~ **space** Dampf-, Brüden-, Schwadenraum *m*

~ **suppression** SYN. **pressure suppression** *(USAEC)* Schwaden-, Druckabbau *m*

~ **vessel** Brüdengefäß *n*
vaporization heat SYN.
  evaporation heat, (latent)
  heat of evaporation, heat of ~
  Dampfbildungswärme *f,*
  Verdampfungswärme *f*
vaporize *v* verdampfen,
  verdunsten
variable characteristics of
  thermal performance variable
  Wärmeleistungseigen-
  schaften *fpl*
~ **cycle cooling** zwischen
  Durchlauf- und
  Kombinationskühlung
  variable Kühlung *f,*
  wechselweise Durchlauf- und
  Kombinationskühlung
~ **position valves** regelbare
  Stellventile *npl*
~ **setting circulator inlet guide**
  vane Gebläsevordrall-
  schaufel *f*
~ **speed** variable Drehzahl *f*
variable-speed centrifugal
  recirculation pump *(BWR)*
  drehzahlveränderliche
  Kreisel-Umwälzpumpe *f,*
  Kreisel-Umwälzpumpe *f* mit
  veränderlicher Drehzahl
~ **simultaneous operation**
  drehzahlveränderlicher
  Simultanbetrieb *m*
~ **single-stage centrifugal pump**
  drehzahlgeregelte einstufige
  Kreiselpumpe *f*
variables affecting fuel
  performance die Brenn-
  elementleistung
  beeinflussende Größen *fpl*
variably set inlet guide vane

Vordrallschaufel *f*
variation in pumping capacity
  Veränderung *f* der Pumpen-
  leistung
~ **in the level of heavy water**
  (SGHWR) Schwerwasser-
  Füllstandänderung *f*
vary *v* **reactor power output**
  over a power range of ... %
  die Reaktorabgabeleistung *f*
  über einen Leistungsbereich
  von ... % variieren
~ **the operating power level** den
  Betriebsleistungspegel
  variieren
vehicle air lock *(HTGR)*
  Fahrzeug-Luftschleuse *f*
velocity head SYN. **kinetic**
  (energy) head, dynamic head,
  rise head, water-surface
  elevation Staudruck *m,*
  Stauhöhe *f,* Geschwindigkeits-
  höhe *f,* -gefälle *n,* Fließfall-
  höhe *f*
~ **limiter** *(BWR control rod)*
  Geschwindigkeitsbegrenzer *m*
~ **loss** Strömungsverlust *m*
~ **profile** Geschwindigkeits-
  profil *n*
~ **profile rearrangement** *(in*
  BWR jet pump) Umstellung
  des Geschwindigkeitsprofils *n*
vent *v* **control air from a scram**
  valve *(BWR CRD system)*
  Steuerluft *f* aus einem
  Schnellschlußventil ablassen
  (*oder* abblasen)
~ **to the atmosphere**
  (containment penetration
  space) in die Atmosphäre
  oder ins Freie abblasen,

Entlüftung f

vent air Abluft f, Fortluft f

~ **air filter** Abluftfilter m, n

~ **air plume** Abluftfahne f

~ **and off-gas header**
Entlüftungs- und Abgas-
sammelleitung f

~ **annulus** Entlüftungsring m

~ **annulus area** Entlüftungs-
Ringraumfläche f

~ **building** Lüftungsanlagen-
gebäude n

~ **gas adsorber** *(D₂O-moderated
reactor)* Fortgas-Adsorber m

~ **gas adsorber discharge**
Fortgas-Adsorberablaß-
menge f

~ **gas booster fan** Fortgas-
Druckerhöhungsgebläse n

~ **gas dryer equipment** Fortgas-
Trockenanlage f

~ **header** Entlüftungssammel-
leitung f, Fortluftsammler m

~ **nozzle** Entlüftungsstutzen m

~ **pipe** 1. Entlüftungsrohr-
leitung f, Fortluftleitung f;
2. Kondensationsrohr n
(SWR-Druckabbausystem)

~ **piping penetrations through
the reactor well**
Kondensationsrohr-Durch-
brüche *mpl* durch den
Flutraum

~ **pipe release limit** Entlüftungs-
leitung-Abgabegrenze f

~ **pipe system** Kondensations-
rohrsystem n

~ **stack** Abluft-, Fortluftkamin
m, -schornstein m

~ **stack air activity release**
Kaminabluft-Aktivitäts-

abgabe f

~ **system** Entlüftungs-, Fortluft-
system n

~ **valve** Entlüftungsarmatur f

vented B₄C control rod
(LMFBR) entlüfteter
B₄C-Steuerstab m

~ **fuel assembly** entlüftetes
Brennelement n

~ **fuel rod** entlüfteter Brennstab m

vented-rod type fuel element
BE n mit entlüfteten
Brennstäben *mpl*

ventilating duct (Be)Lüftungs-
kanal m

~ **room** *(in BWR auxiliary
building)* Lüftungsraum m

~ **stack SYN. vent stack** Ab-,
Fortluftkamin m,
-schornstein m

~ **unit** Belüftungsaggregat n

~ **zone** Belüftungszone f

ventilation discharge Fortluft f

~ **duct** Lüftungsleitung f

~ **exhaust system** Gebäude-
abluftventilation f

~ **fan cooler** Lüfterkühler m

~ **purge duct** Lüftungsanlagen-
Spülkanal m

~ **shroud** *(PWR CRDM)*
Lüftungshaube f

~ **shroud support** *(PWR)*
Lüftungshauben-Auflager n

~ **shroud support structure**
(PWR) Lüftungshauben-
Traggerüst n

~ **sleeve** *(containment)*
Lüftungsstutzen m

~ **stack** Abgaskamin m,
Fortluftkamin m

~ **system exhaust plenum**
Lüftungsanlagen-Abluft-
Sammelraum *m*

~ **system purge duct** Lüftungs-
anlagen-Spülkanal *m*

venturi flume drucklose
Verengung *f* für
Durchflußmessungen

~ **meter**
Venturi(geschwindigkeits)-
messer *m*, Venturimeter *n*,
Venturi-Kanalmesser *m*,
Venturi-Wassermesser *m*

~ **tube** Venturirohr *n*

venturi-type flow restrictor
Venturi-Durchflußbegrenzer
m, Venturi-Durchflußdrossel *f*

verify *v* **a system** ein System *n*
überprüfen

~ **proper alignment and
concentricity** auf richtiges
Fluchten *n* und Konzentrizität
überprüfen

~ **the operability of components**
die Betriebsbereitschaft *f* von
Komponenten nachprüfen

**vertical, centrifugal, mechanical
seal type reactor recirculation
pump** stehende Kreisel-
Reaktorumwälzpumpe *f* mit
Gleitringdichtung

~ **flux profile** vertikales
(Neutronen)Flußprofil *n (im
Reaktorkern)*

~ **ground acceleration** Vertikal-
beschleunigung *f (des Bodens
bei Erdbeben)*

~ **hole** vertikale Bohrung *f*

~ **natural-circulation type shell
and tube evaporator**
stehender Naturumlauf-Rohr-

bündelverdampfer *m*

~ **partition plate** *(PWR SG)*
Sammelkammer-Trennwand *f*

~ **shell and U-tube heat
exchanger** *(PWR SG)*
vertikaler *oder* stehender
U-Rohr-Wärmetauscher *m*

~ **, single bottom-suction,
horizontal-discharge,
motor-driven centrifugal
pump** vertikale Kreiselpumpe
f mit einflutigem Bodensaug-
stutzen, horizontalem Förderstutzen und E-Motorantrieb

~ **snubber** Vertikalabweiser *m*

~ **straight-tube heat exchanger**
stehender Geradrohr-Wärme-
tauscher *m*

~ **telescoping mast** *(refueling
machine)* vertikaler Teleskopmast *m*

~ **U-tube steam generator**
vertikaler U-Rohr-Dampf-
erzeuger *m*

~ **water-cooled, totally enclosed,
three-phase, squirrel-cage
induction motor** *(BWR
recirculation pump drive)*
vertikaler wassergekühlter
ganzgekapselter Drehstrom-
Käfigläufermotor *m*

**vertically stacked fission
chambers** vertikal
übereinander angeordnete
Spaltkammern *fpl*

very high active cell *(SGHWR)*
Zelle *f* für Abfall höchster
Aktivität

~ **high active waste**
(SGHWR)
höchst aktiver Abfall *m*

~ **low probability of operating falsely** *(dual-channel RPS)* sehr geringe Wahrscheinlichkeit *f* des Falschbetriebs

vessel bottom head Behälterboden *m*

~ **closure head erection platform** Montagebühne *f* für RDB-Deckel

~ **closure head lay-down** Abstellfläche *f* für RDB-Deckel

~ **closure head standpipe** Deckelstandrohr *n*

~ **closure stud** Deckelschraube *f*

~ **cooldown rate** RDB-Abkühlgeschwindigkeit *f*

~ **core support ledge** Tragleiste *f* für Kernbehälter

~ **course** Behälterschuß *m*

~ **flange/head keyway** Zentrierleiste *f* (Deckel/Flansch)

~ **flange surface protector** RDB-Flansch-Oberflächenschutz *m*

~ **flange tapped hole** Behälterflansch-Gewindeloch *n*

~ **head closure seal** *(BWR)* Behälterdeckeldichtung *f*

~ **head guide stud** RDB-Deckelführungsstange *f*

~ **head guide stud bracket support ledge** *(PWR)* RDB-Deckel-Führungsstangen-Konsolentragleiste *f*

~ **head installation guide stud** Deckelführungsbolzen *m*

~ **head keyway** RDB-Deckelführungsleiste *f*

~ **head lifting beam** Hebetraverse *f* für RDB-Deckel

~ **head lifting rig** Traggestell *n* für RDB-Deckel

~ **head nozzle protection cover** Schutzdeckel *m* für Deckelstutzen

~ **head removal** Abheben *n* des RDB-Deckels

~ **head shipping cover** Transportdeckel *m* für RDB-Deckel

~ **head shipping skid** Transportrahmen *m* für (RD)Behälterdeckel

~ **heat(-)up rate** RDB-Aufheizgeschwindigkeit *f*

~ **inlet nozzle** *(BWR)* (RD)Behältereintrittsstutzen *m*

~ **inner wall** Gefäßwand *f*

~ **internal pressure** Behälterinnendruck *m*

~ **internals** RDB-Einbauten *mpl*

~ **lifting beam** RDB-Hebetraverse *f*

~ **lifting beam linkage** RDB-Hebetraversenaufhängung *f*

~ **material surveillance sample** Behälterwerkstoff-Bestrahlungsprobe *f*

~ **penetration** Behälterdurchbruch *m*

~ **plate** (Druck)Behälterblech *n*

~ **shell** 1. Behältermantel *m*; 2. RDB-Unterteil *n*

~ **shipping skid** (Transport)-Tragrahmen *m* für RDB-Unterteil

~ **support load** Kesselstützlast *f*,
Kesseltraglast *f*
~ **support lug** Behältertrag-
pratze *f*
~ **surveillance program** Druck-
behälter-(Werkstoff)-
Überwachungsprogramm *n*
~ **thermal liner** *(LMFBR)*
thermische Druckgefäßaus-
kleidung *f*
~ **thermal shield** thermischer
(RDB-)Schild *m*
~ **vendor** RDB-Lieferfirma *f*
~ **vent** *(BWR)* RDB-Entlüf-
tung *f*
~ **wall material** Behälterwandwerkstoff *m*
VFP = volatile fission product
flüchtiges Spaltprodukt *n*
vibration Schwingung *f*
~ **damper** Schwingungs-
dämpfer *m*
~ **isolator** Schwingblech *n*,
Schwingungsdämpfer *m*
vibratory compaction *(of fuel in
fuel rods)* Schwingungs-
verdichtung *f*, Vibrations-
verdichtung *f*
vibrocompact *v* einrütteln
(Brennstoff)
vibrocompacted *(fuel)*
eingerüttelt
video display Fernsehanzeige *f*
view port assembly *(LMFBR)*
Schauglasbaugruppe *f*,
Besichtigungsöffnung *f*
viewing aid Beobachtungshilfe *f*,
-hilfsmittel *n*
~ **branch** Beobachtungs-
stutzen *m*
~ **device** Besichtigungs-

vorrichtung *f*, optische
Beobachtungsvorrichtung *f*
~ **device isolation valve**
(HTGR) Absperrschieber *m*
für optische Beobachtungs-
einrichtung
~ **glass** Schauglas *n*, Sichtglas *n*
~ **port** Beobachtungsöffnung *f*,
-luke *f*
~ **section** Sichtstrecke *f*
~ **system** Beobachtungssystem *n*
virgin neutrons jungfräuliche
Neutronen *npl*
viscous flow SYN. ~ **motion,
frictional flow, frictional
motion** viskose Strömung *f*,
laminare *oder* zähe *oder*
reibungsbehaftete Strömung *f*,
Reibungsströmung *f*; viskose
oder reibungsbehaftete
Bewegung *f*, viskoses *oder*
zähes Fließen *n*
vital AC bus sichere Wechsel-
stromschiene *f*
~ **bus** sichere Schiene *f*,
Vitalschiene, gesicherte
(Notstrom)Schiene
vital-function auxiliary load
lebenswichtiger Eigenbedarfs-
verbraucher *m(el.)*
~ **equipment** lebenswichtige
Anlagen *fpl* (*oder* Ausrüstung *f*)
~ **load** *(el.)* lebenswichtiger
Verbraucher *m (el.)*
**vital-instrument AC power
supply (for NSSS
instrumentation and control)**
Wechselstromversorgung *f* für
wichtige Meßgeräte (für
NDES-Leittechnik)

~ **bus inverter breaker** Wechsel-
richterschalter *m* für
gesicherte Meß(geräte)-
schiene

vitrification plant *(for high-level
wastes)* Einglasungsanlage *f*

void 1. *allg.* Leerstelle *f*, Loch *n*;
2. Dampfblase *f*

~ **coefficient** Dampfblasenkoeffizient *m*, Leerraum-
koeffizient *m*

~ **coefficient of reactivity**
Dampfblasenkoeffizient *m* der
Reaktivität

~ **content** Dampfblasengehalt *m*

~ **distribution** Dampfblasenverteilung *f*

  ~ **in the core** D. im Kern

~ **distribution change** Änderung
f der Dampfblasenverteilung

~ **factor** Dampfblasenfaktor *m*

~ **formation** Dampfblasen-
bildung *f*

~ **fraction** Dampfblasenanteil *m*,
Leervolumenanteil *m*

~ **reactivity coefficient** Dampf-
blasen-Reaktivitäts-
koeffizient *m*

~ **space** Leerraum *m*

voided of liquid *(reactor core)*
von Flüssigkeit enleert,
trockengelegt

volatile evaporator carryover
mitgerissene Flüchtige *mpl*
aus dem Verdampfer

~ **fission product** flüchtiges
Spaltprodukt *n*

voltage variance method *(BWR
intermediate range neutron
monitoring)* Spannungs-
abweichungsmethode *f*

volume control surge tank
(PWR) Volumenausgleichsbehälter *m*

~ **control system** *(PWR)*
Volumenausgleichssystem *n*

~ **control tank** Volumenausgleichsbehälter *m*

~ **control tank gas phase sample**
(PWR) Gasphasenprobe *f* aus
dem Volumenausgleichs-
behälter

~ **control tank sample bomb**
Probenbehälter *m* für
Volumenausgleichsbehälter

~ **effectiveness** Volumen-
wirksamkeit *f*

~ **flow rate** Volumendurch-
satz *m*

~ **per cent**
Volumenprozent *n*

~ **reduction** Volumenminderung
f, -reduzierung *f*,
-verringerung *f*, -reduktion *f*

~ **reduction factor** *(waste
disposal)* Volumen-
verringerungsfaktor *m*,
Volumenreduktionsfaktor

~ **variation** Volumen-
schwankung *f*

volumetric expansion Volumen-
expansion *f*

~ **expansion coefficient**
Volumenausdehnungs-
koeffizient *m*

~ **heat rating** volumenbezogene
oder -mäßige Wärmeleistung *f*

vortex flow Wirbelströmung *f*

~ **type fuel assembly** wendel-
artiges Brennelement *n*

vortexing
Wirbelbildung *f*

W

wall crane Wandkran *m*
~ **penetration** Wanddurch-
  bruch *m*
~ **thickness transition** Wand-
  dickenübergang *m*
**wall-mounted channel
  accumulation rack** *(BWR)*
  wandmontiertes BE-Kasten-
  Sammelgestell *n*
warming of turbine valve chest
  Aufwärmung *f* des Turbinen-
  Ventilkastens
warm-up period *(RCS)*
  Anwärmzeit *f*
warping *(fuel assembly)*
  Verziehen *n*, Verbiegen *n*
warranty demonstration
  Garantiedemonstration *f*,
  Gewährleistungsnachweis *m*
~ **demonstration test** Garantie-
  prüfung *f*, Gewährleistungs-
  prüfung *f*
wash cell Waschzelle *f*
~ **sump**
  Waschsumpf *m*
washdown *(of soluble nuclides
  by containment spray system)*
  Auswaschen *n (löslicher
  Nuklide)*
~ *(of spent fuel casks)* Abspülen
  n (von BE-Behältern)
~ **water** Abspülwasser *n*,
  Abspritzwasser
**washing and decontamination
  system** Wasch- und
  Dekontaminierungssystem *n*
~ **plant**
  Waschanlage *f*
~ **tank** Waschbehälter *m*

wastage begrenzte Abtragung *f*
  (von DE-Rohren)
~ **corrosion** örtlich verstärkter
  Materialabtrag *m*
  (DE-Rohre)
waste Abfall *m*
~ **burial** Vergraben *n*
  von Abfall
~ **calcining facility** Abfall-
  Sinteranlage *f*
~ **collection** Abfallsammeln *n*,
  Abfallsammlung *f*
~ **collection tank** Abfallsammel-
  behälter *m*, aktiver Sammeltank *m*
~ **collector subsystem**
  Abwassersammel-Unter-
  system *n*
~ **collector system** Abwasser-
  sammelsystem *n*
~ **collector tank** *(BWR)*
  Abwassersammelbehälter *m*
~ **compactor** (Fest)Abfallpresse
  f und Verpackungsmaschine *f*
~ **concentrator** Abfall-
  konzentriermittel *n*
~ **concentrator condenser**
  Abfallkonzentrator-
  Kondensator *m*
~ **condensate pump** *(PWR)*
  Abfallkondensatpumpe *f*,
  Abwasserkondensatpumpe *f*
~ **condensate tank** *(PWR)*
  Abwasserkondensat-
  behälter *m*
~ **condenser** Abfallkondensator
  m, Abwasserkondensator *m*
~ **container** Abfallbehälter *m*
~ **containment** Abfall-
  Sicherheitseinschluß *m (als
  Maßnahme)*

~ **demineralizer spent resin tank**
Regenerier- und Harz-
schleuse *f*

~ **disposal** Abfallbeseitigung *f*
ultimate ~ d. endgültige
Abfallbeseitigung *f*

~ **disposal area** Abfall-
beseitigungszone *f*

~ **disposal building** Abfall-
aufbereitungsgebäude *n*

~ **disposal control room** Abfall-
aufbereitungs-Leitstand *m*,
Abfallaufbereitungs-Neben-
warte *f*

~ **disposal stack** Abluftkamin *m*
der Abfall-
aufbereitung(sanlage)

~ **disposal system** Abfall-
aufbereitungssystem *n*,
Abfallbeseitigungsanlage *f*

~ **disposal system control board**
Abfallbeseitigungssteuer-
tafel *f*, Abfallbeseitigungsleit-
stand *m*

~ **disposal system control panel**
Abfallbeseitigungssteuertafel *f*

~ **disposal system liquid effluent
monitor** Überwachungsgerät *n*
für Abwässer der Abfall-
aufbereitung(sanlage)

~ **disposal system liquid release**
Abwasserabgabe *f oder*
-ableitung *f* aus der Abfall-
aufbereitung(sanlage)

~ **disposal system purification
equipment (or system)** Abfall-
beseitigungsreinigungsanlage *f*

~ **drum** Abfallfaß *n*

~ **drum store** Faßlager *n*

~ **effluent line** Abwasser-
leitung *f*

~ **evaporator** *(PWR)* Abwasserverdampfer *m*

~ **evaporator body** Abwasser-
verdampferkörper *m*

~ **evaporator condensate pump**
Abwasserverdampfer-
Kondensatpumpe *f*

~ **evaporator feed pump**
Abwasserverdampfer-Speise-
pumpe *f*

~ **evaporator package** Abfall-
verdampfer-Kompakt-
baugruppe *f*

~ **fluid** Abfallmedium *n*

~ **gas** SYN. gaseous ~, off-gas
Abgas *n*

~ **gas activated charcoal column**
Abgas-Aktivkohlekolonne *f*

~ **gas buffer**
Abgaspuffer *m*

~ **gas buffer tank** Abgaspuffer-
behälter *m*

~ **gas cleaning system** Abgas-
reinigungsanlage *f*

~ **gas compressor** Abgas-
kompressor *m*

~ **gas compressor package**
(PWR) Abgaskompressor-
Kompaktbaugruppe *f*

~ **gas control station** Abgas-
regelstation *f*

~ **gas decay tank** *(PWR)* Abgas-
Abklingbehälter *m*

~ **gas manifold** Abgasverteiler
m, Abgasverteilleitung *f*

~ **gas pipe**
Abgasleitung *f*

~ **gas piping system** Abgas-
leitungssystem *n*

~ **gas release** Abgasabgabe *f*,
-ableitung *f*, -freisetzung *f*

~ **gas storage tank** Abgaslager-
behälter *m*
~ **gas system** Abgassystem *n*
~ **gas vapor trap** Abgasdampffalle *f*
~ **handling equipment** Abfall-
behandlungsanlagen *fpl*
~ **hold-up tank** Abfall-Sammel-
behälter *m*, -verweiltank *m*
~ **hold-up tank (recirculation)
pump** Sammelbehälter-
Umwälzpumpe *f*
~ **liquid** Abfallflüssigkeit *f*,
Abwasser *n*, Flüssigabfall *m*
~ **liquid concentrate** Abwasserkonzentrat *n*
~ **liquid release** Abwasserabgabe *f*, -ablaß *m*
~ **management**
Entsorgung *f*
~ **management system**
(nukleares) Entsorgungs-
system *n*
~ **material**
Abfallstoff *m*
~ **monitor tank** Abfallkontroll-
behälter *m*
~ **neutralizer decanting pump**
Abfallneutralisierbehälter-
Dekantierpumpe *f*
~ **neutralizer tank** Abfall-
neutralisationsbehälter *m*,
-becken *n*
~ **processing equipment** Abfall-
aufbereitungsanlagen *fpl*
~ **processing system** Abfall-
aufbereitung(sanlage) *f*
~ **receiver tank** Abwasser-
Auffangbehälter *m*
~ **recirculation pump** Abwasser-
umwälzpumpe *f*

~ **resin transfer pump**
Abfallharz-Förderpumpe *f*
~ **storage drum** Abfall-Lager-
faß *n*
~ **surge tank** *(BWR)* Abwasser-
Ausgleichsbehälter *m*
~ **treatment** Abfallaufbereitung *f*, Abfall-
konzentrierung *f*
~ **treatment equipment** Abfall-
aufbereitungsanlagen *fpl*,
-einrichtungen *fpl*
~ **vault** Abfallbunker *m*
~ **water** Ab(fall)wasser *n*
~ **water evaporator plant**
Verdampferanlage *f* für
Schmutzwasser
~ **water recycling system**
Abwasser-Rückführanlage *f*
water Wasser *n*
~ **accumulator** *(BWR hydraulic
control rod drive)* Wasser-
speicher(behälter) *m*
(Hydraulikspeicher)
~ **accumulator drain shutoff
valve** Ablauf-Absperrventil
des Wasserspeicher-
behälters *m*
~ **activity monitor** Überwachungsgerät *n* für Wasser-
aktivität, Wasseraktivitäts-
monitor *m*
~ **adsorbed in the core
structures** in den Core-
einbauten adsorbiertes W.
~ **bath** Wasserbad *n*
~ **bath evaporator**
Wasserbadverdampfer *m*
~ **carryover**
Wassermitriß *m*
~ **chemistry** Wasserchemie *f*

~ **clarity** *(fuel storage pool)*
Klarheit *f* des Wassers

~ **decomposition** Wasser-
zersetzung *f*

~ **depth above the stored fuel**
(fuel storage pool) Wasser-
tiefe *f* über den gelagerten BE

~ **displacer** Wasser-
verdrängungsvorrichtung *f*

~ **dump valve** Wasser-Schnell-
ablaßarmatur *f*

~ **eliminator** *(PWR containment
recirculation system)* Wasserabscheider *m*

~ **gap** *(BWR core)* Wasserspalt *m*

~ **gap between fuel assemblies**
Wasserspalt *m* zwischen
Brennelementen

~ **gauge, WG**
Wassersäule *f*, WS

~ **hammer** Wasserschlag *m (in
einer Rohrleitung)*

~ **heating bath**
Wasserheizbad *n*

~ **hold-up tank** Wasserauffang-
behälter *m*

~ **hole** Wasserloch *n*

~ **inlet nozzle** *(BWR RPV)*
Wassereintrittsstutzen *m*

~ **inventory** *(in steam
generation system)* Wasser-
inhalt *m*

~ **jet nozzle** Wassersprühdüse *f*

~ **jet pump** *(BWR)*
Wasserstrahlpumpe *f*

~ **knockout drum** Wasser-
abscheidetrommel *f*

~ **leg** Wasserschleife *f*

~ **leg pump** *(BWR RCICS)*
Wasserstrangpumpe *f*

~ **level** Wasserstand *m*

~ **level instrumentation**
Wasserstandsmeß-
einrichtungen *fpl*

~ **logging** *(of LWR fuel)*
Wassereinbruch *m*

~ **monitoring** Wasserüber-
wachung *f*

~ **phase** Wasserphase *f*

~ **pool** Wasservorlage *f*, Wasser-
becken *n*

~ **quality** Wasserqualität *f*

~ **quality and steam generator
blowdown system**
(Westinghouse PWR)
Wasserqualitäts- und Dampf-
erzeuger-Abschlämmsystem *n*

~ **reactor** Wasserreaktor *m*

~ **reactor safety** Wasserreaktor-
sicherheit *f*, Sicherheit *f* von
Wasserreaktoren

~ **recirculation**
Wasserumlauf *m*

~ **retaining structure** *(fuel
storage pool)* Wasserrück-
haltekonstruktion *f*

~ **right** Wassergebrauchsrecht *n*

~ **ring pump** Wasserringpumpe *f*

~ **rod** *(BWR fuel bundle)*
Wasserstab *m*

~ **scrubber** Wasserwäscher *m*

~ **separator**
Wasserabscheider *m*

~ **shed** Wassereinzugsgebiet *n*

~ **shielding** Wasserabschir-
mung *f*

~ **slug** Wasserpfropfen *m*

~ **space** *(SGHWR calandria)*
Wasserraum *m*

~ **/steam partition factor**
Wasser/Dampf-Trenn-

faktor *m*
~ **steam volume** Wasserdampf-
volumen
~ **storage tank** Wasservorrats-
behälter *m*
~ **stream volume** *(liquid waste
treatment system)* Wasser-
stromvolumen *n*
~ **temperature** Wasser-
temperatur *f*
~ **thrown off by swirling motion**
durch Fliehkraft *f*
abgeschleuderte Wasser-
teilchen
water-cooled condensibles trap
wassergekühlte Falle *f* für
kondensierbare Gase
~ **helium cooler** wassergekühlter
Heliumkühler *m*
~ **reactor** wassergekühlter
Reaktor *m*
~ **steel membrane** *(PCRV)*
wassergekühlte Stahl(innen)-
haut *f*
water-extracting medium
wasserentziehendes Medium *n*
water lubricated bearing wasser-
geschmiertes Lager *n*
water-moderated reactor
wassermoderierter Reaktor *m*
water-soluble halogen wasser-
lösliches Halogen *n*
water-steam mixture Wasser-
Dampf-Mischung *f*
watertight compartment
wasserdichte Abschottung *f*
~ **gate** wasserdichtes
Tor *n*, wasserdichte Schleuse
f, wasserdichtes Schütz *n*
~ **reusable metal container**
(for BWR CRD)

wasserdichter, wieder-
verwendbarer Metall-
behälter *m*
water-to-fuel volume ratio
Volumenverhältnis *n* Wasser/
Brennstoff
water/uranium volume ratio
Volumenverhältnis *n* Wasser/
Uran
wattmeter Wirkleistungs-
messer *m*
waveform generator Wellen-
formgenerator *m*
wavelength Wellenlänge *f*
weakening of the cladding
Schwächung *f* der Umhüllung
weakly active components store
Lager *n* für schwachaktive
Teile
~ **ionized gas** schwach
ionisiertes Gas *n*
wear protection Schutz *m* gegen
Verschleiß
wearing couples dem Verschleiß
unterliegende Werkstoff-
paarungen *fpl*
weathertight barrier *(floating
nuclear power plant)*
wetterfeste Sperre *f*
wedge and restrainer *(BWR jet
pump)* Keil *m* und
Halterung *f*
weighing range
Wägebereich *m*
weight percent Gewichtsprozent *n*
weighted average gewichteter
Mittelwert *m*
weir wall level Überlauf-
schwellenhöhe *f*
weld deposit method Auftrags-

schweißverfahren *n*
~ **inspection** Schweißnaht-
besichtigung *f*
~ **overlay** Schweißplattierung *f*
weldable seal membrane *(RPV)*
Schweißlippendichtung *f*
weld-affected zone, WAZ
Schweißeinflußzone *f*
weld-deposited cladding
Schweißplattierung *f*
weld-deposited Stellite auftrag-
geschweißtes Stellit *n*
welded-end closure
geschweißter Endverschluß *m*
welded-end plug *(fuel rod)*
geschweißter Verschluß-
stopfen *m*
welded tube end *(BWR fuel
rod)* verschweißtes Rohr-
ende *n*
**well within the regulatory
requirements of responsible
public agencies** gut im
Rahmen der Anforderungen
der Vorschriften zuständiger
öffentlicher Behörden
well-moderated gut moderiert
well-type ionization chamber
Schacht(ionisations)kammer *f*
**Westcott cross-section SYN.
effective thermal cross-section**
Westcott-(Wirkungs)-
Querschnitt *m*, effektiver
thermischer Wirkungs-
querschnitt *m*
~ **model** Westcott-
Modell *n*
wet chemical separation process
naßchemisches Trenn-
verfahren *n*
~ **criticality** *(USAEC)* nasse

Kritikalität *f*
~ **gas cleaning plant** Feuchtgas-
reinigungsanlage *f*
~ **gas method** Feuchtgas-
methode *f*
~ **solid radioactive wastes** nasse
Festaktivabfälle *mpl*
~ **stator motor** *(pump)*
Naßständermotor *m*
~ **steam fog cooled reactor**
Reaktor *m* mit Naßdampf-
nebelkühlung
~ **steam plenum** *(BWR vessel)*
Naßdampfsammelraum *m*
~ **steam turbine** Naßdampf-
turbine *f*
wet-well *(BWR)*
Kondensationsraum *m*
(Druckabbauanlage)
wettable benetzbar
wetted parts
benetzte Teile *npl*
~ **surface** benetzte Oberfläche *f*
wetting agent Netzmittel *n*
whipping pipe schlagende Rohrleitung *f*
whirler Drallerzeuger *m*
whole-body counter Ganz-
körperzähler *m*
~ **exposure SYN.** ~ **irradiation**
Ganzkörperbestrahlung *f*
~ **gamma dosage** Ganzkörper-
Gammadosis *f*
~ **irradiation SYN.** ~ **exposure**
Ganzkörperbestrahlung *f*
wide-angle light Breitstrahler *m*
~ **scattering** Weitwinkel-
streuung *f*
Wigner effect Wignereffekt *m*
~ **energy** Wignerenergie *f*
~ **energy release** Wigner-

entspannung *f*
~ **energy storage** Wigner-
energiespeicherung *f*
~ **growth** Wachstum *n* durch
Wignereffekt, Wigner-
wachstum *n*
~ **release** Wignerentspannung *f*
~ **shrinkage** Wignerschrumpfen
n, Wignerschrumpfung *f*
Wigner-Wilkins method
Wigner-Wilkins-Methode *f*
(DIN)
winch unit *(SGHWR refuelling
machine)* Windenaggregat *n*
wind loading Windbelastung *f*
~ **velocity** Windgeschwindig-
keit *f*
**wind-generated wave
activity** vom Wind erzeugte
Wellenbewegung *f*
window counter tube
Fensterzählrohr *n*
wing of a control console *(in
control room)* Flügel *m* eines
Steuerpultes
~ **of the control rod cruciform**
(BWR) Arm *m* des Steuer-
stabkreuzes
wipe test Wischtest *m*
wiping test Wischtest *m*
wire equilibration device
(LMFBR) Draht-Equilibrier-
vorrichtung *f*
~ **mesh packed crystallizer tank**
(LMFBR cold trap)
Kristallisierbehälter *m* mit
Drahtgeflechtfüllung
~ **precipitator** Drahtpräzipita-
tor *m*
wire-winding machine *(PCRV)*
Wickelmaschine *f*

wire-wound spacer Draht-
abstandhalter *m*
wiring diagram
Schaltbild *n*
~ **raceway** Verdrahtungskanal *m*
~ **trough assembly**
Verdrahtungsrinne *f*
~ **verification** Nachprüfung der
Verdrahtung *f*
withdraw *v* **input data from the
memory** Eingabedaten *fpl* aus
dem Speicher abrufen
~ **the (fission) counters
downward** die (Spaltungs)-
Zähler nach unten zurück-
ziehen
withdraw valve *(BWR CRD
system)* Ausfahrarmatur *f*
withdrawal closure dome obere
Glocke *f*
~ **isolation valve** Ausfahr-
Steigrohr-Absperrventil *n*
~ **pattern** *(control rods)*
Ausfahrmuster *n*
~ **rate** *(control rods)* Ausfahr-
geschwindigkeit *f*
~ **speed** *(control rods)* Ausfahr-
geschwindigkeit *f*
~ **tube** Entnahmerohr *n*
**within ... seconds of the fault
occurring** innerhalb von ...
Sekunden nach Auftreten *n*
der Störung
**without removing the motor
from the pump** ohne
Demontage *f* des Motors von
der Pumpe
~ **undue restriction on power
peaking factors** ohne
übermäßige Beschränkung *fpl*
der Heißstellenfaktoren

work v **hot** unter Strahlenbelastung arbeiten
work surface Arbeitsfläche f
worked-up and costed design
(voll)ausgearbeitete und
kostenmäßig durchgerechnete
Konstruktion f
working area Arbeitszone f
~ **coil** Arbeitsspule f
~ **component** arbeitendes Teil n
~ **cycle** Arbeitskreislauf m
~ **document** Arbeitsunterlage f
~ **fluid** Arbeitsmittel n, Arbeits-
fluid n, Arbeitsmedium n
~ **platform** Arbeitsbühne f
~ **properties** Verarbeitungs-
eigenschaften fpl
workshop and stores building
Werkstatt- und Lager-
gebäude n
worst conceivable conditions
schlimmste vorstellbare
Bedingungen fpl (oder
Zustände mpl)
~ **expected state of operation**
schlimmster erwarteter
Betriebszustand m
wound rotor induction motor
(LMFBR sodium pump)
Schleifringmotor m
woven wire mesh blanket
(moisture separator) Draht-
gestrickmatte f
wrap wire (LMFBR fuel
assembly) Umwicklungs-
draht m
wt% = weight percent Gewichtsprozent n
**wt% U-235 = weight percent of
U-235** Gewichtsprozent n
U-235

X

X-bank position control loop
X-Bank-Stellungs-
regelung f
Xe and Sm poisoning Xe- und
Sm-Vergiftung f
xenon, Xe Xenon, Xe n
equilibrium ~ Gleichgewichts-
xenon
peak ~ Spitzenxenon
~ **activity override SYN.** ~
override Ausregelung f der
Xenonvergiftung, Xenon-
reaktivitätsreserve f (DIN)
~ **build-up** Xenonaufbau m,
Xenonansammlung f
~ **burndown transient**
instationärer Xenon-
Abbrandzustand m
~ **burnout** Xenonausbrand m,
Xenonabbrand m
~ **burnout transient**
instationärer Xenon-
Abbrandzustand m
~ **concentration** Xenon-
konzentration f
~ **concentration gradient**
Xenonkonzentrations-
gradient m
~ **decay** Xenonzerfall m
~ **effect** Xenoneffekt m
~ **equilibrium concentration**
Xenongleichgewichts-
konzentration f
~ **equilibrium poisoning** Xenon-
gleichgewichtsvergiftung f
~ **free concentration** xenonfreie
Konzentration f
~ **instability** Xenon-
instabilität f

~ **level change** Änderung *f* des
Xenonpegels
~ **maneuvering** Xenon-
Manövrieren *n*
~ **oscillations**
Xenonoszillationen *fpl*,
Xenonschwingungen *fpl*
~ **override** Xenonreaktivitäts-
reserve *f (DIN)*
~ **override capability** Xenon-
reaktivitätsreservefähigkeit *f*
~ **peak** Xenonspitze *f*
~ **peak override** Überfahren *n*
des Xenonberges
~ **poisoning**
Xenonvergiftung *f*
~ **radial oscillations** radiale
Xenonschwingungen *fpl*
~ **reactivity** Xenonreaktivität *f*
~ **redistribution** Xenon-
Umverteilung *f*
~ **stability** Xenonstabilität *f*
~ **transient** Xenontransiente *f*
**xenon-produced power
oscillations** xenonbedingte
oder von Xenon erzeugte
Leistungsoszillationen *fpl*
X-radiation
Röntgenstrahlung *f*
X-rod bank X-Bank *f*

Y

yearly release rate jährliche
Abgaberate *f*
yellowcake *(U₃O₈)* Urankonzentrat *n*

yield range Fließbereich *m*
~ **stress** Streckspannung *f*,
Streckgrenze σ_s *f*
Yvon's method Yvonsche
Methode *f*

Z

zero displacement Nullpunkt-
verschiebung *f*
~ **energy assembly** Nullenergie-
anlage *f*
~ **energy experiment** Null-
energieexperiment *n*
~ **energy physics test**
physikalische Nullenergie-
prüfung *f*
~ **energy reactor**
Nulleistungsreaktor *m*
~ **power experiment**
Nulleistungsexperiment *n*
~ **power measurement**
Nulleistungsmessung *f*
~ **power phase** Nulleistungs-
phase *f*
~ **power reactor** Null(leistungs)-
reaktor *m*
~ **power test** Nulleistungs-
prüfung *f*
~ **radioactive gas release**
Nullabgabe *f* radioaktiver
Gase
~ **release** Nullabgabe *f*
~ **release design** Auslegung *f* für
Nullabgabe
~ **to full power coolant surge**
(PWR pressure relief tank)

Kühlmittelvolumenstoß *m* von
Null- auf Vollast
~ **xenon** Nullxenon *n*
Zircaloy, zircaloy Zircaloy *n*
  (Zirkon-Speziallegierung)
Zircaloy-clad mit Zircaloy-
  umhüllung *(Brennstab)*
~ **cladding** Zircaloyumhüllung *f*
~ **cladding tube** Zircaloy-
  umhüllungsrohr *n*
~ **oxidation** Zircaloy-Oxida-
  tion *f*
zirconium, Zr Zirkon(ium), Zr *n*
~ **alloy pressure tube** *(SGHWR)*
  Druckrohr *n* aus
  Zirkonlegierung
~ **hydride** Zirkon(ium)hydrid *n*
~ **melting** Zirkonschmelzen *n*
~ **spacer** *(BWR)* Zirkon-
  Abstandhalter *m*
~ **sponge** Zirkonschwamm *m*
zirconium-water reaction
  Zirkon-Wasser-Reaktion *f*
~ **reaction energy transient**
  instationärer Energiezustand
  m bei Zirkon-Wasser-
  Reaktion
~ **reaction heat** Zirkon-Wasser-
  Reaktionswärme *f*
zone air receiver *(containment
  leaktightness system)* Zonen-
  windkessel *m*
~ **loading procedure** Zonen-
  ladungsverfahren *n*
~ **of low population density**
  Zone *f* geringer
  Bevölkerungsdichte
~ **unloading procedure** Zonen-
  entladungsverfahren *n*
zoned fuel loading Zonen-
  Brennstoffladung *f,*

BE-Ladung *f* in Zonen
**Zr cladding pinhole formation
  temperature** Perforations-
  temperatur *f* der Zr-Hüllen

3-element controller *(SGHWR)*
  Dreigliedregler *m*
17 × 17 fuel-assembly core
  (Westinghouse PWR)
  17 × 17-BE-Kern *m*
~ **fuel assembly design**
  (Westinghouse PWR)
  17 × 17-BE-Konstruktion *f*
~ **rod array** *(Westinghouse
  PWR)* 17 × 17-(Brenn)Stab-
  anordnung *f*
18-month refuelling cycle
  (BWR) 18-Monate-
  BE-Wechselzyklus *m*
100 % duty emergency pump
  (SGHWR) Vollast-Not-
  (stand)pumpe *f*
100-hour run 100-Stunden-
  (Gewährleistungsnachweis)-
  Lauf *m*, -Betrieb *m*
α-n reaction α-n-Reaktion *f*
γ-n reaction γ-n-Reaktion *f*

Abbreviations · Abkürzungen

A/E   **architect/engineer** *(US)*
Projektierungsfirma *f*, Ingenieur-Architekt *m*

A/S   **air supply** Druckluftversorgung *f*

ACNS   **Allied-Chemical Nuclear Services** *(US)*
(amer. Wiederaufarbeitungsfirma)

ACRS   **Advisory Committee on Reactor Safeguards**
Beratender Ausschuß *m* für Reaktor-Sicherheits-
einrichtungen

ACS   **auxiliary coolant system** *(Westinghouse PWR)*
Hilfskühlmittelsystem *n*

ARD   **Arbeitsgemeinschaft Druckbehälter** *m (Essen,*
BRD)
Study Group for Pressure Vessels

ADU   **ammonium diuranate** Ammoniumdiuranat *n*

AE   **acoustic emission** Schallemission *f*

AEC   **Atomic Energy Commission** *(former) (USA)*
Atomenergiebehörde *f (früher)*

AECL   **Atomic Energy of Canada Ltd., Canada**

AETR   **Advanced Engineering Test Reactor**
fortschrittlicher technischer Testreaktor *m*

AFR   **annual fuel requirement**
jährlicher Brennstoffbedarf *m*

AGNS   **Allied-General Nuclear Services**
(amer. Brennelementhersteller)

AGR   **advanced gas-cooled reactor**
fortschrittlicher, gasgekühlter Reaktor *m*

AIF   **Atomic Industrial Forum** *(US)*
amer. Atomindustrieforum *n*

ak-T-Kurve   **Kerbschlagenergietemperaturkurve** *f*
notched bar impact energy-temperature curve

ALARA   **as low as reasonably achievable**
so niedrig wie vernünftigerweise erreichbar
(Emissionsforderung der amer.
Umweltschutzbehörde)

ANCC   **Ass. Naz. Controllo Combustione, Italia**

ANS   **American Nuclear Society** *(US)*
Amerikanische Kerntechnische Gesellschaft *f*

AP   **Armaturenprüfstand** *m* valve test stand

APPA	**American Public Power Assn.**
	(amer. Elektrizitätsversorgungsunternehmen)
APPR	**Army Package Power Reactor**
	Kompakt-Leistungsreaktor der amer. Armee
APR	**all-plutonium recycle**
	Ganzplutonium-Rückführung *f*
APRM	**average power range monitor**
	Überwachungsgerät *n* im durchschnittlichen Leistungsbereich des Kerns
APSRA	**axial power shaping rod assembly**
	Axial-Leistungsformer(steuer)element *n*
ARAC	**Atmospheric Release Advisory Capability** *(US)*
	computergesteuertes regionales Luftüberwachungssystem n
ARCO	**Atlantic Richfield Company** *(US)*
	(amer. Uranförderungsgesellschaft)
ARE	**Aircraft Reactor Experiment**
	Flugzeugreaktorexperiment *n*
ARR	**Armour Research Reactor**
	Forschungsreaktor *m* für Abschirmungen
ART	**Aircraft Reactor Test** Flugzeugreaktortest *m*
ASGR	**advanced sodium graphite reactor**
	fortgeschrittener Natriumgraphitreaktor *m*
ASK	**Abteilung für die Sicherheit der Kernanlagen** *(Schweiz) f*
	Department for the Safety of Nuclear Power Plants *(Switzerland)*
ASLB	**Atomic Safety and Licensing Board** *(US)*
	Atomare Sicherheits- und Genehmigungsbehörde *f*
ASME	**American Society of Mechanical Engineers** *(US)*
	Amerikanische Gesellschaft der Maschinenbauingenieure
ASTR	**Aircraft Shield Test Reactor**
	Flugzeug-Abschirmungsprüfreaktor *m*
ATR	**Advanced Test Reactor**
	fortschrittlicher Versuchsreaktor *m*
ATWS	**anticipated transients without scram**
	voraussichtliche Momentanwerte *fpl* ohne Schnellabschaltung *f*
AUC	**ammonium uranyl carbonate** *(pore former in UO$_2$)*
	Ammoniumuranylkarbonat *n* *(Porenformer in UO$_2$)*

AVR	**Arbeitsgemeinschaft Versuchsreaktor** *(Jülich, BRD)* Experimental Reactor Associates *(for German pebble-bed reactor)*
AVS	**Arbeitsvorschrift** *f* process specification
AVT	**all-volatile treatment** Chemiefahrweise *f* nur mit flüchtigen Alkalisierungsmitteln *(DE)*
BBC	**Brown, Boveri & Cie, AG** *(Schweiz)*
BBR	**Babcock, Brown Boveri Reaktor GmbH** *(Mannheim, BRD)*
BDHT	**blowdown heat transfer** Abblase-Wärmeübergang *m,* Wärmeübergang bei Systemdruckerniedrigung
BE	**Brennelement** *n* fuel assembly *(or* element)
BGR	**bismuth graphite reactor** Wismut-Graphit-Reaktor *m*
BHWR	**boiling heavy-water reactor** Schwerwasser-Siedereaktor *m*
BKW	**Bernische Kraftwerke AG** *(Bern, Schweiz) (Swiss utility Co.)*
BMFT	**Bundesministerium** *n* **für Forschung und Technologie** *(BRD)* German Federal Ministry for Research and Technology
BMI	**Battelle Memorial Institute** *(Columbus, Ohio, USA)*
BNFL	**British Nuclear Fuels Ltd.** *(GB)*
BNFP	**Barnwell Nuclear Fuel Plant** *(S.C., USA)* Kernbrennstoffwerk Barnwell
BNS	**British Nuclear Society** *(GB)* Britische Kerntechnische Gesellschaft
BOL	**beginning of life** Anfang der Lebensdauer *f*
BONUS	**Boiling Nuclear Superheat Reactor** *(Puerto Rico)* Nuklear-Siedeüberhitzer(reaktor) *m*
BoP, BOP	**balance of plant** Kernkraftwerksausrüstung *f* außer NDES mit Nebenanlagen
BORAX	**Boiling Reactor Experiment** Siedewasserreaktor-Experiment *n*
BPRA	**burnable poison rod assembly** Vergiftungsstabelement *n*
BRAUN SAR	**Braun Standard Safety Analysis Report** Standard-Sicherheitsbericht *m* der C. F. Braun Company

BSD	**burst slug detection** *(GB)*
	(BE-)Hülsenüberwachung *f*
BSF	**bulk shielding facility**
	Massenabschirmungsanlage *f*
BT	**boiling transition** Siedeübergang *m*
BTU	**British thermal unit**
	Britische Wärmeeinheit *f*
BWR	**boiling water reactor** Siedewasserreaktor *m*
BWST	**borated water storage tank** *(B & W PWR)*
	Borwasser(vorrats)behälter *m*
CACS	**core auxiliary cooling system**
	Kernhilfskühlsystem *n*
CANDU	**Canadian Deuterium-Uranium Reactor**
	Kanad. Schwerwasserreaktor *m*
CAPS	**cell atmosphere processing system**
	Zellenatmosphären-Aufbereitungssystem *n*
CAT	**crack arrest temperature** *(steel)*
	Rißauffangtemperatur *f (Bruchmechanik)*
CBR	**commercial breeder reactor**
	kommerzieller Brüterreaktor *m*
CB & I	**Chicago Bridge & Iron Company** *(US)*
CCM	**Compagnie de Construction Mecanique Sulzer**
	(Paris)
CCW	**condenser circulating water** Hauptkühlwasser *n*
CCW	**component cooling water** *(Westinghouse PWR)*
	Komponentenkühlwasser *n*, nukleares
	Zwischenkühlwasser
CDC	**capsule driver core** Kapseltreiberkern *m*
CDR	**CO_2-D_2O reactor**
	CO_2-gekühlter und D_2O-moderierter Reaktor *m*
CE	**Combustion Engineering Company** *(USA)*
CEDM	**control element drive mechanism** *(CE PWR)*
	Steuer(element)antrieb *m*
CEA	**Commissariat à l'Energie Atomique** *(Paris)*
	franz. Atomenergiebehörde *f*
CEA	**control element assembly** *(CE PWR)* Steuer-
	element *n*
CEGB	**Central Electricity Generating Board** *(GB)*
	britische zentrale Stromerzeugungsbehörde *f*
CERN	**Centre Européen de Recherches Nucléaires**
	(Genève)

CES	**critical experiment station**
	Anlage *f* für kritische Experimente *npl*
CESSAR	**Combustion Engineering Standard Safety Analysis Report**
	CE-Standard-Sicherheitsbericht *m*
CET	**critical experiment tank**
	Tank *m* für kritische Experimente *npl*
CFC	**containment fan cooler (system)** *(Westinghouse PWR)*
	Sicherheitshüllen-Ventilatorkühlung *f*
CFR	**Code of Federal Regulation** *(US)*
	amer. Bundesverordnungsblatt *n (z. B. 10 CFR 50)*
CFT	**core flooding tank** *(B & W PWR)* Kernflut-behälter *m*
CGR	**CO_2 graphite reactor** CO_2-Graphitreaktor *m*
CHF	**critical heat flux** kritische Heizflächenbelastung *f*
CIP	**Cascade Improvement Program**
	Kaskadenverbesserungsprogramm *n*
CIS	**containment isolation signal** *(CE PWR)*
	Sicherheitshüllen-Absperrsignal *n*
CNSG	**Consolidated Nuclear Steam Generator**
	Kompakt-Druckwasserreaktor *m (für Schiffsantrieb)*
C.O.D.	**crack opening displacement**
	Rißöffnungsverschiebung *f*
COLSS	**core operating limit supervisory system** *(CE PWR)*
	Kern-Betriebsgrenzwert-Überwachungssystem *n*
CP	**construction permit**
	Errichtungsgenehmigung *f (für ein KKW)*
cpm	**counts per minute**
	Zählungen *fpl* pro Minute
CRA	**control rod assembly** *(PWR)* Steuerelement *n*
CRBR	**Clinch River Breeder Reactor** *(US)*
	Brüterreaktor Clinch River
CRBR	**controlled recirculation boiling water reactor**
	Siedewasserreaktor *m* mit Umlaufdrosselung *f*
CRBRP	**Clinch River Breeder Reactor Project** *(US)*
	Brüterreaktorprojekt Clinch River
CRDHS	**Control Rod Drive Hydraulic System** *(BWR)*
	hydraulisches Steuerstabantriebssystem *n*
CRDM	**control rod drive mechanism** *(Westinghouse PWR)*
	Steuer(stab)antrieb *m*

CRO	**cathode ray oscilloscope**
	Kathodenstrahloszillograph *m*
CRT	**cathode ray tube**
	Kathodenstrahlröhre *f*
	(Leitstand-Überwachungsgerät)
CS	**core spray** Kerneinsprühung *f*
CS	**containment spray** Sicherheitshüllen-Einsprühung *f*
CSCS	**core standby cooling system** *(BWR)*
	Kernnotkühlsystem *n*
CSS	**containment spray system** *(Westinghouse PWR)*
	Gebäudesprühsystem *n (KWU)*
CSSGR	**Current Status Sodium Graphite Reactor**
	Natriumgraphitreaktor nach neuestem technischen
	Stand *m*
CST	**condensate storage tank**
	Kondensatspeicher(behälter) *m*
CTR	**Channel Test Reactor** Kanal-Versuchsreaktor *m*
CTR	**Controlled Thermonuclear Research**
	programmierte Thermonuklearforschung *f*
CUP	**Cascade Uprating Program**
	Kaskadenverbesserungsprogramm *n*
CVCS	**chemical and volume control system** *(PWR)*
	chem. und Volumenregelsystem *n*, System für
	Wasserchemie und Volumenregelung *f*
CVR	**Carrier Vessel Reactor**
	Trägerbehälterreaktor *m*
CWIP	**construction work in progress** *(US)*
	laufende Bauarbeiten *fpl*
D	**diffusion coefficient** *(in cm²/s)*
	Diffusionskoeffizient *m*
DASt	**Deutscher Ausschuß für Stahlbeton im DIN** *(Berlin)*
	German Committee for Reinforced Concrete in the
	German Standards Institute
DB	**Druckbehälter** *m* pressure vessel, PV
DBA	**design basis accident** Auslegungsstörfall *m*
DBE	**design basis earthquake** Auslegungserdbeben *n*
DBWR	**Development Boiling Water Reactor**
	Entwicklungssiedereaktor *m*
DCEF	**Demonstration Centrifuge Enriching**
	Demonstrations-Zentrifugenanreicherung *f*
DCR	**dual cycle reactor** Zweikreisreaktor *m*

DCTF	**Danger Coefficient Test Facility**
	Gefährdungskoeffizienten-Prüfanlage f
DDE	**Digitaldatenerfassungseinheit** f
	digital data acquisition unit
DE	**Dampferzeuger** m steam generator, SG
DES	**draft environmental statement** *(US)*
	Entwurf m für Umweltschutzbericht
DG	**Dieselgenerator** m, **Dieselsatz** m diesel generator
DGZfP	**Deutsche Gesellschaft für zerstörungsfreie Prüfungen**
	German Society for Non-Destructive Testing
DH	**Druckhalter** m pressurizer
DIMPLE	**Deuterium Moderated Pile Low Energy Reactor** *(GB)*
	deuteriummoderierter Niedrigenergiereaktor m
DIN	**Deutsches Institut für Normung e. V.** *(BRD)*
	German Standards Institute *(designation of German Standards)*
DLF	**dynamic load factor** dynamischer Lastfaktor m
DMS	**Dehnungsmeßstreifen** m strain gauge
DNA	**Deutscher Normenausschuß** m
	German Standards Committee
DNBR	**departure from nucleate boiling ratio**
	Sicherheitsabstand m gegen Filmsieden
DPA	**densely populated area** dicht besiedeltes Gebiet n
dpm	**disintegrations per minute**
	Spaltungen fpl pro Minute
DSL	**damage severity limit**
	Schadensschweregrenze f
DTA	**differential thermal analysis**
	Differentialthermoanalyse f
DTT	**design transition temperature**
	Rißhaltetemperatur f
DVS	**Deutscher Verband für Schweißtechnik**
	German Society for Welding Technology
DWR	**Druckwasserreaktor** m
	pressurized water reactor, PWR
D_2O	**D_2O = deuterium oxide** *(heavy water)*
	Deuteriumoxid n, Schweres Wasser n
E/P	**electro-pneumatic convertor**
	elektro-pneumatischer Umformer m

EAB	**exclusion area boundary** Grenze *f* der Sperrzone, Sperrzonengrenze *f*
EB	**enclosure building** *(CE PWR)* Sicherheitshülle *f*
EBFR	**enclosure building filtration region** *(CE PWR)* Sicherheitshüllen-Filterzone *f*
EBFS	**enclosure building filtration system** *(CE PWR)* Sicherheitshüllen-Filteranlage *f*
EBOR	**Experimental Beryllium Oxide Reactor** experimenteller Berylliumoxidreaktor *m*, Berylliumoxid-Versuchsreaktor *m*
EBR	**Experimental Breeder Reactor** Versuchs-Brutreaktor *m*
EBWR	**Experimental Boiling Water Reactor** Versuchs-Siedewasserreaktor *m*
ECCS	**emergency core cooling system** Kernnotkühlsystem *n*
ECNE	**Electric Council of New England** *(US)*
ECNG	**East Central Nuclear Group** *(US)*
ECT	**eddy current testing** Wirbelstromprüfung *f (WS)*
EDF	**Electricité de France** franz. staatliches Elektrizitätsversorgungs- unternehmen *(EVU)*
EDM	**electrodischarge machining** elektroerosive Bearbeitung *f*, Funkenerosion *f*
EEI	**Edison Electric Institute** *(US)*
EFCR	**Experimental Fast Ceramic Reactor** schneller Keramik-Versuchsreaktor *m*
EFOR	**Experimental Fast Oxide Reactor** schneller Oxid-Versuchsreaktor *m*
EGCR	**Experimental Gas-Cooled Reactor** gasgekühlter Versuchsreaktor *m*
EHC(S)	**(turbine) electro-hydraulic control system** elektrohydraulisches Turbinenregelsystem *n*
EIR	**Eidgenössisches Institut für Reaktorforschung** *(Würenlingen, Schweiz)* Swiss Federal Institute for Reactor Research
EIS	**environmental impact statement** Analyse *f* der Umweltauswirkungen

EKRECC	**East Kentucky Rural Electric Cooperative Corp.** *(US)*
	amer. Elektrizitätsversorgungsunternehmen
ELPHR	**Experimental Low Temperature Process Heat Reactor**
	Niedrigtemperatur-Prozeßwärme-Versuchs-reaktor *m*
ENS	**European Nuclear Society**
	Europäische Kerntechnische Gesellschaft *f*
EOCR	**Experimental Organic Cooled Reactor**
	organisch gekühlter Versuchsreaktor *m*
EOL	**end of life** Ende *n* der Lebensdauer *f*
EPA	**Environmental Protection Agency** *(US)*
	amer. Umweltschutzbehörde *f*
EPFL	**Ecole Polytechnique Fédérale de Lausanne** *(Switzerland)*
	Eidgenössische Technische Hochschule Lausanne
ERDA	**Energy Research and Development Administration** *(US)*
	amer. Energieforschungs- und -entwicklungsbehörde *f (Nachfolgerin der AEC)*
ERP	**elevated release point**
	erhöhter *oder* hochgelegener Abgabepunkt *m (für Abgase und Abluft)*
ESADA	**Empire State Atomic Development Associates** *(US)*
ESAS	**engineered safeguards actuation system** *(B & W PWR)*
	Auslöse- *bzw.* Betätigungssystem *n* für sicherheitstechnische Einrichtungen
ESF	**engineered safety features**
	technische Sicherheitsvorkehrungen *fpl*, -einrichtungen *fpl*, sicherheitstechnische Einrichtungen *fpl*
ET	**eddy current test** Wirbelstromprüfung *f*
ETHZ	**Eidgenössische Technische Hochschule** *(Zürich, Schweiz)*
	Swiss Federal Institute of Technology
ETR	**Engineering Test Reactor**
	technischer Versuchsreaktor *m*
ETRC	**Engineering Test Reactor Critical Facility**
	kritische Anordnung *f* für technischen Prüfreaktor

EVA	**Einwirkung von außen** external impact
EVET	**equal velocity, equal temperature**
	gleiche Geschwindigkeit f, gleiche Temperatur f
EVU	**Elektrizitätsversorgungsunternehmen** n
	electric utility (company), electricity supply company
F + E	**Forschung und Entwicklung** f
	research and development, R & D
FA	**fuel assembly** (*LWR, FBR*) Brennelement n, BE
FAB	**fabrication** Herstellung f, Fertigung f
FBR	**fast breeder reactor** schneller Brutreaktor m
FC	**fails closed**
	schließt bei Ausfall der Energieversorgung f
FD	**Frischdampf** m live *or* main steam
FEA	**Federal Energy Administration** (*USA*)
	amer. Bundesenergiebehörde f
FEE	**fast exponential experiment**
	schneller Exponentialversuch m
FES	**final environmental statement**(*US*)
	endgültige Umweltschutzanalyse f
FFTF	**Fast Flux Test Facility**
	Schnellfluß-Versuchsanlage f
FGR	**fortschrittlicher gasgekühlter Reaktor** m
	advanced gas-cooled reactor
FIR	**Food Irradiation Reactor**
	Lebensmittelbestrahlungsreaktor m
FM	**fracture mechanics** Bruchmechanik f
FM	**frequency modulation** Frequenzmodulation f ,
FMEF	**Fuels and Materials Examination Facility** (*FFTF, US*)
	Brennstoff- und Materialprüfanlage f
FNKe	**Fachnormenausschuß Kerntechnik im DIN** (*Berlin*)
	Engineering Standards Committee for Nuclear Technology of the DNA
FNP	**floating nuclear plant** (*US*) schwimmendes Kernkraftwerk n
FO	**fails open** öffnet bei Ausfall der Energieversorgung f
FOM	**figure of merit**
	Stellenwert m im Kraftwerks-Maschineneinsatzplan
FPC	**Federal Power Commission** (*US*)
	amer. Bundesaufsichtsbehörde f für die Stromerzeugung

FR	**Führungsrohr** *n* guide tube
FR	**Forschungsreaktor** *m*
	research reactor
FSAR	**final safety analysis report**
	endgültiger Sicherheitsbericht *m*
FSF	**fuel storage facility** *(FFTF, US)*
	Brennelement-Lager *n*
FSR	**Flowable Solids Reactor**
	Reaktor *m* mit fließfähigen Feststoffen
FSR	**Fast Source Reactor**
	Reaktor *m* mit schneller Neutronenquelle
FW	**feedwater** Speisewasser *n*
FWPCA	**Federal Water Pollution Control Act** *(US)*
	amer. Bundesgesetz *n* zur Bekämpfung der Wasserverunreinigung
GAO	**General Accounting Office** *(US)* amer. Bundesrechnungshof *m*
GAC/GAI	**General Atomic Company/General Atomic International** *(USA)*
GATE	**group to advance total energy**
	Gruppe zur Förderung der Totalenergie *bzw.* Kraft-Wärme-Kupplung
GaU, GAU	**größter anzunehmender Unfall** *m*
	maximum conceivable accident, MCA
GBR	**gasgekühlter Brutreaktor** *m* gas-cooled breeder reactor
GBSR	**Graphite Moderated Boiling and Superheating Reactor**
	graphitmoderierter Siede- und Überhitzerreaktor *m*
GCBR	**gas-cooled (fast) breeder reactor**
	gasgekühlter schneller Brüter *m*
GCF(B)R	**gas-cooled fast (breeder) reactor**
	gasgekühlter schneller (Brut)Reaktor *m*
GCHWR	**gas-cooled heavy-water reactor**
	gasgekühlter Schwerwasser-Reaktor *m*
GCR	**gas cycle reactor** Gaskreislaufreaktor *m*
GCRE	**Gas-cooled Reactor Experiment**
	Versuch *m* mit gasgekühltem Reaktor
GDCh	**Gesellschaft Deutscher Chemiker**
	Association of German Chemists

GESMO	**Generic Environmental Statement on the Use of Recycled Plutonium in Mixed Oxide Fuel in LWR** allgemeiner Umweltschutzbericht *m* über den Einsatz von rückgeführtem Plutonium in Mischoxid-Brennstoff in LWR
GESSAR	**General Electric Standard Safety Analysis Report** GE-Standard-Sicherheitsbericht *m*
GETR	**General Electric Test Reactor** *(US)*
GETSCO	**General Electric Technical Services Company** *(Zürich, Schweiz)*
GfK	**Gesellschaft für Kernforschung mbH** *(Karlsruhe, BRD, jetzt KFK)* Association for Nuclear Research (now KFK)
GGR	**Gas-Cooled Graphite Moderated Reactor** gasgekühlter, graphitmoderierter Reaktor *m*
GLEEP	**Graphite Low Energy Experimental Pile** *(GB)* Niedrigenergie-Graphit-Versuchsreaktor *m*
GRS	**Gesellschaft für Reaktorsicherheit** *(BRD)* Association for Reactor Safety
GT-HTGR	**gas-turbine HTGR** *(high-temperature gas-cooled reactor)* Gasturbinen-HTGR *m,* Gasturbinen-Hochtemperaturreaktor *m*
GTR	**Ground Test Reactor** Boden-Prüfreaktor *m (für Raum- oder Schiffahrt)*
HAO	**high-activity oxide** hochaktives Oxid *n*
HAZEL	**Homogeneous Assembly Zero Energy** *(UKAEA)* homogene Nullenergieanordnung *f*
HB	**Brinell hardness** Brinellhärte *f*
HBA	**Helium Breeder Associates** *(US)* Arbeitsgemeinschaft Heliumbrüter
HBWR	**Heavy-Water Moderated Boiling Water Reactor** schwerwassermoderierter Siedewasserreaktor *m*
HCU	**Hydraulic Control Unit** Hydraulische Steuereinheit *f*
HD	**Hochdruck** *m* high pressure, HP
HeBR	**heliumgekühlter Brutreaktor** *m* helium-cooled breeder (reactor)
HECTOR	**Hot Enriched Carbon Moderated Thermal Oscillator Reactor** thermal oszillierender, mit heiß angereichertem Kohlenstoff moderierter Reaktor

HEDL	**Hanford Engineering and Development Laboratory** *(US)*
HEPA	**high efficiency particulate air (filter)** Feinstfilter *n (für Luftaktivität)*
HEPC	**Hydro-Electric Power Commission** *(Ontario, Canada)*
HERO	**Hot Experimental Reactor of Zero Power** *(GB)* heißer Nulleistungs-Versuchsreaktor
HFBR	**High Flux Beam Research Reactor** *(Brookhaven, US)* Hochflußstrahl-Forschungsreaktor *m*
HFEF	**Hot Fuel Examination Facility** Untersuchungsanlage *f* für radioaktiven Brennstoff
HFIR	**high flux isotope reactor** Hochflußisotopenreaktor *m*
HFR	**high flux reactor** Hochflußreaktor *m*
HGP	**Hanford Generating Plant** *(US)* (Kern)Kraftwerk Hanford *(USA) (früher milit. Plutoniumerzeugungsreaktor)*
HHT	**Hochtemperatur-Reaktor** *m* **mit Helium-Turbine** *f* high-temperature reactor with helium turbine, GH-HTGR
HHV	**Helium-Hochtemperatur-Versuchsanlage** *f* high-temperature helium test loop
HKL	**Hauptkühlmittelleitung** *f* main coolant line, reactor coolant line
HKP	**Hauptkühlmittelpumpe** *f (DWR)* reactor coolant pump, RCP
HLLW	**high-level liquid (radioactive) waste** hochaktives Abwasser *n,* hochaktive Abwässer *pl*
HITEX	**High Temperature Experiment** Hochtemperaturexperiment *n*
HLW	**high-level wastes** hochgradig radioaktive Abfälle *m,* hochaktive Abfälle *mpl*
HOTCE	**Hot Critical Experiment** heißes kritisches Experiment *n*
HP, h.p.	**high pressure (turbine)** Hochdruck *m,* HD
HPCS	**high pressure core spray system** Hochdruck-Kernsprühsystem *n*

HPIS	**high-pressure injection system**
	Hochdrucksprühsystem *n*, HD-Einspeisesystem
HPRE	**Homogeneous Power Reactor Experiment**
	homogenes Leistungsreaktorexperiment *n*
HPRR	**High Performance Research Reactor**
	Hochleistungs-Forschungsreaktor *m*
HPSW	**high-pressure service water** *(B & W PWR)*
	Hochdruck-Nebenkühlwasser *n*
HPTR	**High Power Tank Reactor**
	Hochleistungs-Tankreaktor *m*
HR	**Heißriß** *m*, **Warmriß** *m* hot crack
HRB	**Hochtemperatur-Reaktorbau** *(BRD)*
	high-temperature reactor construction company
HRc	**Rockwell-c hardness** Rockwell-c Härte *f*
HRT	**Homogeneous Reactor Test**
	Homogenreaktorversuch *m*
HS	**hand switch** Handschalter *m*
HTC	**heat transfer coefficient** Wärmeübergangszahl *f*
HTGR	**high-temperature gas-cooled reactor**
	gasgekühlter Hochtemperaturreaktor *m*
HTO	**tritiated water** Tritiumwasser *n*
HTR	**high-temperature reactor**
	Hochtemperatur-Reaktor *m*
HTR	**homogeneous thorium reactor**
	homogener Thoriumreaktor *m*
HTRE	**Heat Transfer Reactor Experiment**
	Wärmeübergangsversuch *m* im Reaktor
HTS	**heat transport system**
	Wärmetransportsystem *n (schneller Brüter)*
HTTF	**High Temperature Test Facility**
	Hochtemperaturprüfanlage *f*
HTTR	**High-Temperature Thorium Reactor**
	Hochtemperatur-Thoriumreaktor *m*
HTTT	**high-temperature turbine technology**
	Hochtemperatur-Turbinentechnik *f*
HV	**Herstellungsvorschrift** *f (DDR)*
	manufacturing regulation *(East Germany)*
HV 10	**Vickers hardness with 10 kp load**
	Vickershärte mit 10 kp Last *f*
HVAC	**heating/ventilating/air conditioning**
	Heizung/Lüftung/Klimatisierung *f*

HWCTR	**Heavy Water Components Test Reactor** Schwerwasser-Komponentenversuchsreaktor *m*
HWGCR	**heavy-water moderated gas-cooled power reactor** schwerwassermoderierter, gasgekühlter Leistungsreaktor *m*
HWP	**Heavy-Water Project** Schwerwasserprojekt *n*
HWR	**heavy-water reactor** Schwerwasserreaktor *m*
HX	**heat exchanger** Wärmetauscher *m*
HZ	**Heißzelle** *f* hot cell
I/P	**Current-Pneumatic Convertor** elektro-pneumatischer Umformer *m*
IAEA	**International Atomic Energy Agency** *(Vienna)* Internationale Atomenergiebehörde *f (Wien)*
IB	**Inbetriebnahme** *f* initial start-up, commissioning
ICBWR	**improved cycle boiling water reactor** verbesserter Siedewasserreaktor *m*
ICRP	**International Commission on Radiological Protection** Internationale Strahlenschutzkommission *f*
ICS	**integrated control system** *(B & W PWR)* Kraftwerksregelung *f*, Kraftwerksleitsystem *n*
ICSE	**intermediate current stability experiment** Stabilisierungsteilexperiment *n*
IE	**irradiation effects** Bestrahlungsauswirkungen *fpl*
IEA	**International Energy Agency** Internationale Energiebehörde *f*
IEEE	**The Institute of Electrical and Electronics Engineers Inc.** *(USA)*
IFKM	**Institut für Festkörpermechanik der FhG** *(Bremen)* Institute for Solid-State Mechanics
IGSCC	**intergranular stress corrosion cracking** interkristalline Spannungsrißkorrosion *f*
IKK	**interkristalline Korrosion** *f* intercrystalline corrosion
IL	**intermediate loop** Zwischenkreislauf *m*
IM	**initial makeup** anfängliche Zusatzmenge *f*
INEL	**Idaho Nuclear Engineering Laboratory** *(US)*
INIS	**International Nuclear Information Systems**
IP, i.p.	**intermediate pressure** *(steam turbine)* Mitteldruck *m*, MD
IPT	**in-pile tube** reaktorinneres Rohr *n*

IRS	**Institut für Reaktorsicherheit** *f (Köln, BRD)* *(jetzt GRS)* Institute for Reactor Safety *(now GRS)*
ISI	**in(-)service inspection** Wiederholungsprüfung *f*
ISO	**International Organization for Standardization** *(Geneva)* Internationale Normungsgemeinschaft *f*
ISO-V-	**Charpy-Kerbschlagprobe** *f* Charpy V-notch impact specimen
ISR	**interkristalliner Spannungskorrosionsriß** *m* intergranular stress corrosion crack *(IGSCC)*
ISS	**inherent shutdown system** *(LMFBR)* Eigen-Abschaltsystem *n*
ITR	**Industrial Testing Reactor** industrieller Versuchsreaktor *m*
J	**Jod** *n* I (iodine)
Jato	**Jahrestonnen** *fpl (Durchsatz einer Aufbereitungsanlage)* tons per year
JCAE	**Joint Committee on Atomic Energy** *(US)* Gemeinsamer Ausschuß *m* (des amer. Repräsentantenhauses und Senats) für Atomenergie
JEEP	**Joint Establishment Experimental Pile** *(GB)*
JEN	**Junta de Energia Nuclear** *(Spanish nuclear energy authority)* span. Kernenergiebehörde *f*
K	**Kerbschlagzähigkeit** *f (ISO-Empfehlung)* notched bar impact strength *(ISO Recommendation)*
Kbz	**Kerbschlagzähigkeit** *f* notched bar impact strength
KEWB	**kinetic experiment on water boiler (reactor)** kinetischer Versuch *m* am Siedegefäß
KF	**Kernforschung** *f* nuclear research
KFA	**Kernforschungsanstalt** *f (Jülich, NRW, BRD)* Nuclear Research Center
KFK	**Kernforschungszentrum Karlsruhe mbH** *(BRD)* Nuclear Research Center
KGU	**kilogram of uranium** Kilogramm *n* Uran
KHB	**kritische Heizflächenbelastung** *f* (krit. Wärmestromdichte) critical heat flux, CHF

KKG	**Kernkraftwerk Gundremmingen** *(BRD)*
	Gundremmingen Nuclear Power Station *(FRG)*
KKG	**Kernkraftwerk Gösgen AG** *(Schweiz)*
	Gösgen Nuclear Power Station *(Switzerland)*
KKI	**Kernkraftwerk Isar** *(BRD)*
	Isar Nuclear Power Station
KKK	**Kernkraftwerk Krümmel** *(BRD)*
	Krümmel Nuclear Power Station
KKL	**Kernkraftwerk Lingen** *(BRD)*
	Lingen Nuclear Power Station
KKL	**Kernkraftwerk Leibstadt AG** *(Schweiz)*
	Leibstadt Nuclear Power Station
KKN	**Kernkraftwerk Niederaichbach** *(BRD)*
	Niederaichbach Nuclear Power Station
KKP	**Kernkraftwerk Philippsburg** *(BRD)*
	Philippsburg Nuclear Power Station
KKS	**Kernkraftwerk Stade** *(BRD)*
	Stade Nuclear Power Station
KKW	**Kernkraftwerk** *n* nuclear power station
KO	**Kathodenstrahloszillograph** *m*
	cathode ray oscilloscope
KRB	**Kernreaktorbetrieb** *m*
	nuclear reactor operation
KSA	**Kommission für die Sicherheit von Atomanlagen** *(Schweiz)*
	Committee for the Safety of Nuclear Facilities
KTG	**Kerntechnische Gesellschaft** *f (BRD)*
	German Nuclear Society
KV	**kaltverarbeitet** cold worked
KWU	**Kraftwerk Union AG** *(BRD)*
LC	**lock closed** geschlossen verriegelt
LCF	**latent cancer fatalities**
	latente Krebs-Todesfälle *mpl*
LD	**Leistungsdichte** *f* power density
LEFM	**linear elastic fracture mechanics** linearelastische Bruchmechanik *f*
LEMUF	**limit of error of material unaccounted for**
	Fehlergrenze *f* bei nicht erfaßbarem Material *(Spaltstoffflußkontrolle)*
LEO	**low enrichment ordinary water reactor** Reaktor *m*
	niedriger Anreicherung mit gewöhnlichem Wasser

LFBR	**Liquid Fluidized Bed Reactor**
	Flüssigkeits-Wirbelbettreaktor *m*
LFR	**Low Flux Reactor** Niederflußreaktor *m*
LITR	**Low Intensity Test Reactor**
	Versuchsreaktor *m* niedriger Intensität
LLL	**Lawrence Livermore Laboratory** *(US)*
LMFBR	**liquid metal fast breeder reactor**
	schneller Brutreaktor *m* mit Flüssigmetallkühlung
LMFR	**Liquid Metal Fuel Reactor**
	Reaktor *m* mit Flüssigmetallbrennstoff
LMFRE	**Liquid Metal Fuel Reactor Experiment**
	Reaktorversuch *m* mit Flüssigmetallbrennstoff
LMFSR	**Liquid Metal Fuel Suspension Reactor**
	Reaktor *m* für Flüssigmetallbrennstoff in Suspension
LMTD	**logarithmic mean temperature difference**
	logarithmischer Mittelwert *m* der
	Temperaturunterschiede
LNG	**liquified natural gas** verflüssigtes Erdgas *n*
LO	**lock open** offen verriegelt
LOCA	**loss-of-coolant accident**
	Kühlmittelverlustunfall *m*
LOCE	**loss-of-coolant experiment**
	Kühlmittelverlustexperiment *n*
LOF	**loss of flow**
	Ausfall der Strömung, Strömungsausfall *m*
LOFT	**Loss-of-Fluid Test** Kühlmittelausfallversuch *m*
LOI	**letter of intent**
	Bestell- *oder* Kaufabsichtserklärung *f (für ein KKW)*
LOPI	**loss of piping integrity** *(LMFBR)*
	Verlust *m* der Rohrleitungsdichtheit
LP, l.p.	**low pressure** *(turbine)* Niederdruck *m*, ND
LPCI	**low pressure cooling injection (system)**
	Niederdruck-Noteinspeisesystem *n*
LPCS	**low pressure core spray (system)**
	Niederdruck-Kernsprühsystem *n*
LPI	**low pressure injection** Niederdruckeinspeisung *f*
LPIS	**low-pressure injection system**
	Niederdruck-Einspeisesystem *n*
LPRM	**Local Power Range Monitor**
	Überwachungssystem *n* für den lokalen
	Leistungsbereich *m*

LPRR	**Low Power Research Reactor** Quellenbereichs-Forschungsreaktor *m*
LPSW	**low-pressure service water** *(B&W PWR)* Niederdruck-Nebenkühlwasser *n*
LPTF	**Low Power Test Facility** Quellenbereichs-Versuchsanlage *f*
LPZ	**low population zone** Zone geringer Bevölkerungsdichte *f*
LRA	**Laboratorium *n* für Reaktorregelung und Anlagensicherheit *f* *(jetzt GRS)*** Laboratory for Reactor Control and Plant Safety *(Garching, FRG) (now GRS)*
LSR	**large ship reactor** großer Schiffsreaktor *m*
LV	**Leistungsverteilung *f*** power distribution
LWA	**Limited Work Authorization** *(US NRC)* Genehmigung *f* nur für Baustellenvorbereitung
LWBR	**light-water breeder reactor** Leichtwasser-Brutreaktor *m*
LWPF	**liquid waste packaging facility** Abwasser-Verpackungsanlage *f*
LWR	**light water reactor** Leichtwasserreaktor *m*
Mbtu	**million British thermal units** Millionen Britische Wärmeeinheiten
MBA	**material balance area** Materialbilanzzone *f (Spaltstoffflußkontrolle)*
MCA	**Maximum Credible Accident** größter anzunehmender Unfall *m*, GaU
MCC	**motor control center** Motorverteilung *f*
MCHFR	**Minimum Critical Heat Flux Ratio** Minimale kritische Heizflächenbelastung *f*
METR	**Materials Engineering Test Reactor** Versuchsreaktor *m* für Materialprüfungen
MFW	**magnetic force welding** Schweißen *n* mit magnetischer Pulverumhüllung
MGCR	**Marine Gas-Cooled Reactor** gasgekühlter Reaktor *m* für Seefahrtszwecke
mgd	**million gallons per day** Millionen Gallonen pro Tag *(Durchsatz)*
ML	**Mobile Low-Power Reactor** mobiler Reaktor *m* niedriger Leistung

MLRP	**mobile low-power reactor project**
	Projekt *n* für einen mobilen Reaktor niedriger Leistung
MOV	**motor-operated valve**
	motorbetätigte Armatur *f*, Armatur mit E-Motor-Stellantrieb
MPBB	**maximum permissible body burden**
	höchstzulässige Körperbelastung *f (durch Strahlung)*
MPC	**maximum permissible concentration**
	zulässige Höchstkonzentration *f*
MRR	**medical research reactor**
	medizinischer Forschungsreaktor *m*
MSBR	**Molten Salt Breeder Reactor**
	Salzschmelzen -Brutreaktor *m*
MSF	**maintenance and storage facility** *(FFTF, US)*
	Wartungs- und Lagereinrichtung *f*
MSIS	**main steam isolation signal** *(CE PWR)*
	Frischdampf-Absperrsignal *n*
MSIV	**main steam isolation valve**
	Absperr-, Isolierventil *n* der Frischdampfleitung
MSL	**main steam line** Frischdampfleitung *f*
MSR	**Merchant Ship Reactor**
	Handelsschiffreaktor *m*
MSRE	**Molten Salt Reactor Experiment**
	Salzschmelzenreaktorexperiment *n*
MT	**magnetic particle test** Magnetpulverprüfung *f*
MTA	**Mobile Test Assembly**
	mobile Versuchsanlage *f*, fahrbare Versuchsanlage
MPA	**Materialprüfungsanstalt** *f*
	Materials Testing Institute *(Stuttgart, FRG)*
MTBF	**mean time between failures**
	mittlere ausfallfreie Zeit *f*
MTC	**moderator temperature coefficient**
	Moderatortemperaturkoeffizient *m*
MTK	**Moderatortemperaturkoeffizient** *m*
	MTC *(moderator temperature coefficient)*
MTR	**materials testing reactor** Materialprüfreaktor *m*
MTTR	**mean time to repair**
	Zeit *f* zwischen Zeitpunkt des Ausfalls und Fehlerbehebung
MTU	**metric tons uranium** metrische Tonne Uran

MUF	**material unaccounted for** nicht erfaßtes Material *n (Spaltstoffflußkontrolle)*
MV/I	**millivolt-to-current convertor** Spannungs-/Stromumformer *m*
MVEA	**Missouri Valley Electric Assn.**
MW	**megawatt** Megawatt
MW	**Mittelwert** *m* average value
MWD	**megawatt days** Megawatt-Tage *mpl (Abbrand)*
MWD/MTU	**megawatt days per metric ton of uranium** Megawatt-Tage pro t Uran
MWe	**megawatt electric** Megawatt elektrisch
MWt/MWth	**megawatt thermal** Megawatt thermisch
MZFR	**Mehrzweck-Forschungsreaktor** *m (Karlsruhe, BRD)* multi-purpose research reactor
N/A	**not applicable** nicht anwendbar, nicht zutreffend
NaSB	**natriumgekühlter Schnellbrüter** *m* sodium cooled fast breeder
NB$_3$Ge	**niobium-germanium** Niobium-Germanium
NB$_3$Sn	**niobium-tin** Niob-Zinn
NBU	**Nachbestrahlungsuntersuchung** *f* examination after irradiation *or* postirradiation examination, PIE
NC	**normally closed** *(valve)* normalerweise geschlossen *(Armatur)*
NCGT	**nitrogen-cooled closed-cycle gas turbine** stickstoffgekühlte Gasturbine *f* mit geschlossenem Kühlkreislauf
NCPSD	**normalized cross-power spectral density** normalisierte Querleistungs-Spektraldichte *f*
NDE	**non-destructive examination** zerströrungsfreie Werkstoffprüfung *f*
NDES	**nukleares Dampferzeugungssystem** *n* NSSS, nuclear steam supply system
NDI	**non-destructive inspection** zerstörungsfreie Werkstoffprüfung *f*
NDT(T)	**nil ductility transition temperature** Sprödbruch-Übergangstemperatur *f*
NEC	**nuclear energy center** Kernenergiezentrum *n*
NELPIA	**Nuclear Energy Liability and Property Insurance** **Administration** *(US)* Kernenergie-Haftpflicht- und Sachschädenversicherung *f*

NE-Metall	**Nichteisenmetall** *n* non-ferrous metal
NEPA	**National Environmental Policy Act** *(US)* Gesetz zur nationalen Umweltschutzpolitik
NERAC	**Northeast Regional Advisory Committee** *(FPC sponsored) (US)*
NETF	**nuclear engineering test facility** kern-, nukleartechnische Versuchsanlage *f*
NETR	**nuclear engineering test reactor** nukleartechnischer Versuchsreaktor *m*
NFAA	**Nuclear Fuel Assurance Act** *(US)* Kernbrennstoff-Versicherungsgesetz *n*
NFS	**Nuclear Fuel Services Inc.** *(US)* *(amer. Brennstoffkreislauffirma)*
NICCW	**nuclear island closed cooling water system** nuklearer Zwischenkühlkreislauf *m*
NNI	**non-nuclear instrumentation** *(in an NPP)* nicht-nukleare Instrumentierung *f*
NO	**normally open** normalerweise offen
NOK	**Nordostschweizerische Kraftwerke AG** Northeast Swiss Power Plants AG
NPC	**Nuclear Power Company** *(UK)*
NPD	**nuclear power demonstration (reactor)** Demonstrationsreaktor *m*
NPDES	**National Pollutant Discharge Elimination System** *(US)* Nationales Schadstoffemissions-Beseitigungs-system *n*
NPP	**nuclear power plant** Kernkraftwerk *n*
NPR	**New Production Reactor** Neuer Produktionsreaktor *m (Hanford)*
NPSD	**normalized power spectral density** normalisierte Leistungs-Spektraldichte *f*
NPSH	**net positive suction head** Gesamt-Haltedruckhöhe *f (Pumpe)*
NRC	**Nuclear Regulatory Commission** *(US)* amer. Bundes-Aufsichts- und Genehmigungsbehörde für kerntechn. Anlagen *(Nachfolgerin der USAEC)*
NRF	**Naval Reactors Facility** Schiffahrtsreaktoranlage *f*
NRL	**Naval Research Laboratory Reactor** *(US)* Reaktor *m* des Marine-Forschungslabors

NSCR	**Nuclear Science Reactor** Kernforschungsreaktor *m*
NSCWS	**nuclear services cooling water system** *(B&W PWR)* nukleares Zwischenkühlwassersystem *n*
NSR	**neutron source reactor** Neutronenquellenreaktor *m*
NSSS	**nuclear steam supply system** Nukleares Dampferzeugungssystem *n*, NDES
NTR	**nuclear test reactor** Versuchsreaktor *m*
NURE	**National Uranium Resource Evaluation** *(US)* Auswertung der nationalen Uranvorkommen *npl*
OBE	**Operating Basis Earthquake** Betriebserdbeben *n*
OCDRE	**Organic-Cooled Deuterium-Mod. Reactor** organisch gekühlter, deuteriummoderierter Reaktor *m*
OL	**operating license** *(US)* (KKW-) Betriebsgenehmigung *f*
OMFBR	**Organic Moderated Fluidized-Bed Reactor** organisch moderierter Wirbelbettreaktor *m*
OMR	**organic moderated reactor** organisch moderierter Reaktor *m*
OMRE	**Organic Moderated Reactor Experiment** Versuch mit einem organisch moderierten Reaktor *m*
OMRR	**Ordnance Materials Research Reactor** Forschungsreaktor *m* für Kriegsmaterial
OPR	**open pool reactor** Offenbeckenreaktor *m*
OPS	**Offshore Power Systems Inc.** *(US)* *(Westinghouse-Tochtergesellschaft für schwimmende Kernkraftwerke)*
ORNL	**Oak Ridge National Laboratory** *(US)*
ORP	**Oberflächenrißprüfung** *f* surface crack examination *(LP or MP)*
ORR	**Oak Ridge Research Reactor** Forschungsreaktor *m* Oak Ridge *(USA)*
OSHA	**Occupational Safety and Health Administration** *(US)* amer. Bundes-Arbeitsschutzbehörde *f*
OTSG	**once-through steam generator** *(B&W PWR)* Zwangdurchlauf-Dampferzeuger *m*
P&ID	**piping and instrumentation diagram** Rohrleitungs- und Meßgeräte-Schaltbild *n*

PIC	**polymer-impregnated concrete** polymerimprägnierter Beton *m*
PuO2	**plutonium oxide** Plutoniumoxid *n*
PyC	**pyrocarbon** Pyrokohlenstoff *m*
PASNY	**Power Authority of the State of New York** *(US)*
PCA	**pool critical assembly** kritische Beckenanordnung *f*
PCI	**pellet-cladding interaction** Brennstofftablette-Hülle-Wechselwirkung *f*
PCIV	**prestressed cast iron pressure vessel** vorgespannter Grauguß-Druckbehälter *m*
PCL	**power conversion loop** *(GT-HTGR)* Energieumwandlungskreislauf *m*
PCM	**power-cooling mismatch** Leistungs-Kühlungs-Fehlanpassung *f*
PCRV	**prestressed concrete reactor vessel** Spannbeton-Reaktordruckgefäß *n*
PCS	**primary coolant system** Primärkühlmittelsystem *n*
PCTF	**Plant Component Test Facility** Versuchsanlage für Werksteile *npl*
PCTR	**Physical Constants Test Reactor** Versuchsreaktor für physikalische Konstanten *fpl*
PDA	**preliminary design approval** *(by the USNRC)* Vorabgenehmigung *f* des (KKW-) Entwurfs
PFBR	**Plutonium Fast Breeder Reactor** schneller Plutoniumbrutreaktor *m*
PGCR	**portable gas-cooled reactor** fahrbarer, gasgekühlter Reaktor *m*
PHWR	**pressurized heavy-water reactor** Schwerwasser-Druck-Reaktor *m*
PHWRH	**Presurized Heavy Water Reactor of the Homogenized Type** homogenisierter Schwerwasser-Druckreaktor *m*
PIE	**post-irradiation examination** Nachbestrahlungsuntersuchung *f*
PKM	**Primärkühlmittel** *n* primary coolant
PL	**portable low power (reactor)** fahrbarer Reaktor *m* niedriger Leistung
PM	**portable medium (power reactor)** fahrbarer Reaktor *m* mittlerer Leistung

PPA	**preliminary pile assembly**
	vorläufige Reaktorkernkonstruktion *f*
PRPR	**Plutonium Recycle Program Reactor**
	Reaktor *m* für das Plutoniumrückführungspro-
	gramm *n*
PSAR	**preliminary safety analysis report**
	vorläufiger Sicherheitsbericht *m*
PSI	**pounds per square inch**
	Pfund *n* pro Quadratzoll
PSIA	**pounds per square inch, absolute**
	Pfund *n* pro Quadratzoll, absolut *(entspricht ata)*
PSID	**pounds per square inch differential**
	Pfund *n* pro Quadratzoll Druckdifferenz/in
PSIG	**pounds per square inch, gage**
	Pfund *n* pro Quadratzoll am Instrument
	(entspricht atü)
PT	**(dye) penetrant test** Farbeindringprüfung *f*
PTC	**part-through crack**
	teilweise durchgehender Riß *m*, Teildurchriß
PTO	**power take-off**
	Nebenabtrieb *m (Getriebe)* Abtriebswelle *f*
PTR	**pressure tube reactor** Druckrohrreaktor *m*
PTR	**pool test reactor** Beckenversuchsreaktor *m*
PTR	**pool training reactor** Beckenausbildungsreaktor *m*
PTR	**pool thermal reactor** Beckenthermalreaktor *m*
PTR	**proof test reactor**
	Versuchsreaktor für technische Verfahrens-
	nachweise *mpl*
PURRE	**Plutonium Recycle Reactor Experiment**
	Versuch *m* mit einem plutoniumrückführenden
	Reaktor *m*
PWR	**pressurized water reactor**
	Druckwasserreaktor *m*, DWR
QA	**Quality Assurance** Qualitätssicherung *f*
QC	**Quality Control** Qualitätskontrolle *f*
R *oder* Rö	**Röntgen** *n*
	X-ray (testing, indications, etc.), RT
R&D	**Research and Development**
	Forschung und Entwicklung, F&E
RB	**reactor building** Reaktorgebäude *n*
RB	**Reisebericht** *m* field report, travel report

RAM	**radioactive material** radioaktives Material *n,* radioaktive Substanz *f*
RAPS	**radioactive argon processing system** *(LMFBR)* Aufarbeitungsanlage *f* für radioaktives Argon
RBCCW	**reactor building closed cooling water (system)** *(CE PWR)* Zwischenkühlsystem *n* des Reaktorgebäudes
RBE	**relative biological effectiveness** relative biologische Wirksamkeit, RBW
RBM	**Rod Block Monitor** Steuerstab-Verriegelungsmonitor *m*
RCC	**rod cluster control (element)** *(Westinghouse PWR)* Fingersteuerelement *n*
RCIC	**reactor core isolation cooling (system)** Kernisolationskühlsystem *n*
RCP	**reactor coolant pump** *(PWR)* Hauptkühlmittelpumpe *f,* HKP *(DWR)*
RCW	**recirculated cooling water** *(B&W PWR)* Zwischenkühlwasser *n*
RDB	**Reaktordruckbehälter** *m* reactor pressure vessel, RPV
RE	**Reaktorentwicklung** *f,* reactor development
REM	**Rasterelektronenmikroskop** *n* scanning electron microscope, SEM
RER	**radiation effects reactor** Reaktor *m* zur Erforschung der Auswirkungen von Strahlen
RESAR	**Reaktor-Schnellschlußauslösung** reactor trip initiation
REVAB	**relief valve augmented bypass** Bypass *m* unter Verwendung von Abblase- ventilen *npl*
RHR(S)	**residual heat removal (system)** Nachwärmeabfuhr(system) *f (n),* Nachkühlung *f*
RHRS	**residual heat removal system** Nachkühlsystem *n*
RIA	**reactivity-initiated accident** reaktivitätsausgelöster Störfall, von Reaktivität ausg. Störfall *m*
RM	**remote manual** manuelle Fernsteuerung *f*
RMC	**remote manual control** manuelle Fernsteuerung *f*

RMS	**remote manual switch**
	Hand-Fernschalter *m*
RO	**reverse osmosis** Umkehrosmose *f*
RPA	**Regelstabprüfanlagen** *fpl*
	control rod testing facilities
RPDV	**recirculation pump discharge valve** *(BWR)*
	Umwälzpumpen-Austrittsarmatur *f*
RPF	**reactivity physics facility**
	reaktivitätsphysikalische Anlage *f*
RPS	**Reactor Protection System**
	Reaktorschutz (system) *m (n)*
RPT	**Reactor for Physical and Technical Investigations**
	Reaktor *m* für physikalische und technische Untersuchungen *fpl*
RPV	**reactor pressure vessel**
	Reaktordruckgefäß *n*, -behälter *m*, RDB
RSK	**Reaktorsicherheitskommission** *f (BRD)*
	Reactor Safety Commission
RSS	**Reaktorsicherheitssystem** *n*
	reactor protection system
RSSF	**retrievable surface storage facility (for radwaste)** *(US)*
	für Entnahme geeignetes oberirdisches Abfallager *n*
RT	**room temperature** Raumtemperatur *f*
RT	**radiographic test** Röntgenprüfung *f*
RWE	**Rheinisch-Westfälisches Elektrizitätswerk AG** *(Essen, BRD) (German utility)*
RWCU	**reactor water cleanup system**
	Reaktor(wasser)-Reinigungsanlage *f*
RWDPP	**Radioactive Waste Disposal Pilot Plant** *(US)*
	Pilot-Beseitigungsanlage *f* für radioaktive Abfälle
RWST	**refueling water storage tank** *(PWR)*
	Flutbehälter *m (DWR)*
SASCHA	**Schmelzanlage** *f* **für Proben mit schwacher Aktivität** *(Karlsruhe, BRD)*
	low-activity sample melting plant
SiC	**silicon carbide** Siliziumkarbid *n*
Spw	**Speisewasser** *n* feedwater
SAR	**Submarine Advanced Reactor**
	fortgeschrittener Unterseebootreaktor *m*
SAR	**Safety Analysis Report** Sicherheitsbericht *m*

SB	**Sicherheitsbehälter** *m* containment structure
SB	**Sicherheitsbericht** *m* safety analysis report
SBWR	**Superheat Boiling Water Reactor**
	Siedeüberhitzerreaktor *m*, Heißdampfreaktor *m*
SCR	**silicon controlled rectifier**
	gesteuerter Siliziumgleichrichter *m*, Silizium-thyristor *m*
SCVM	**start of control valve motion**
	Beginn der Regelventil-Bewegung *f*
SDR	**sodium D$_2$O reactor** Natrium/D$_2$O-Reaktor *m*
SE	**Steuereinheit** *f* control assembly
SEA	**Schallemissionsanalyse** *f* acoustic emission analysis
SEE	**Southeastern Electric Exchange** *(US)*
	amer. Lastverteiler Südost
SEM	**scanning electron microscopy**
	Raster-Elektronenmikroskopie *f*
SEM	**sequence-of-events monitor**
	Ereignisfolge-Überwachungsgerät *n*, zeitfolgerichtiges Überwachungsgerät
SFK	**Spaltstoffflußkontrolle** *f*
	fissile material safeguard system *(NPT)*
SFR	**Submarine Fleet Reactor**
	Unterseebootflotten-Reaktor *m*
SGBPS	**steam generator blowdown processing system** *(Westinghouse PWR)*
	Dampferzeuger-Abschlämm-Aufbereitungssystem *n*
SGC	**sintered glass-ceramics** Sinterglaskeramik *f*
SGHWR	**steam generating heavy water reactor**
	dampferzeugender Schwerwasserreaktor *m*
SGR	**Sodium Graphite Reactor** Natriumgraphitreaktor *m*
SGR	**self-generated (mode of) recycle**
	selbsterzeugte (Plutonium-) Rückführung *f*
SGTS	**standby gas treatment system** *(BWR)*
	Notabluftsystem *n*
SHGR	**Semi-Homogeneous Gas-Cooled Reactor**
	halbhomogener, gasgekühlter Reaktor *m*
SHP	**shaft horsepower**
	Pferdestärke *f* an der Welle, Wellen-PS *f*
SIN	**Schweizerisches Institut für Nuklearforschung**
	Swiss Institute for Nuclear Research *(Zürich, Switzerland)*

SIRW	**safety injection and refueling water** *(CE PWR)*
	Sicherheitseinspeise- und Flutwasser *n*
SIS	**safety injection system** *(PWR)*
	Sicherheits-Einspeisesystem *n*
SJAE	**steam jet air ejector**
	Dampfstrahlpumpe *f*, Dampfstrahler *m*
SL	**stationary low power reactor**
	nichtfahrbarer Reaktor *m* niedriger Leistung
SLFM	**source-level flux monitor**
	Impulsbereich-Neutronenfluß-Überwachungsgerät *n*
SM-Stahl	**Siemens-Martin-Stahl** open-hearth-steel
SMR	**Shield Mock-Up Reactor**
	Abschirmungs-Attrappenreaktor *m*
SNAP	**system for nuclear auxiliary power** *(US)*
	amer. Raumfahrt-Kernenergie-Hilfssystem *n*
SNEAK	**Schnelle Nullenergie-Anordnung Karlsruhe** *(BRD)*
	Karlsruhe Fast Zero Energy Assembly
SNM	**special nuclear material**
	nukleares Spezialmaterial *n*
SNR	**schneller natriumgekühlter Reaktor** *m (SNR-300,*
	Kalkar, BRD)
	fast sodium-cooled reactor
SNUPPS	**Standardized Nuclear Unit Power Plant**
	System *(US)*
	(Westinghouse-Standardkernkraftwerk)
SO_x	**sulfur dioxide** Schwefeldioxid *n*
SO_2	**sulfur dioxide** Schwefeldioxid *n*
SO-BE	**Sonderbrennstoffelement** *n*
	special fuel element (*or* assembly)
SPERT	**Special Power Excursion Reactor Test** *(US)*
	Spezial-Leistungsexkursions-Reaktorversuch *m*
SPND	**self-powered neutron detector**
	Neutronendetektor *m* mit eigener Stromversorgung
SPR	**swimming-pool reactor** Schwimmbad-Reaktor *m*
SRE	**Sodium Reactor Experiment**
	Natriumreaktorexperiment *n*
SRK	**Spannungsrißkorrosion** *f* stress corrosion cracking,
	SCC
SRL	**Savannah River Laboratory** *(US)*
SRP	**Standard Review Plan** *(NRC)*
	Norm-Überprüfungsplan *m*

SS	**stainless steel** rostfreier Stahl *m*, Edelstahl *m*
SSCR	**Spectral Shift Control Reactor** Reaktor *m* mit Spektralverschiebung
SSE	**safe shutdown earthquake** Auslegungserdbeben *n*
SSER	**site safety evaluation report** Sicherheitsbewertung *f* des Standorts
SSP	**staff site position** *(NRC)* Standort, Standpunkt *m* des NRC-Personals
SSV	**Schnellschlußventil** *n (Dampfturbine)* emergency stop valve *(steam turbine)*, scram valve
STPR	**Shield Test Pool Reactor** Abschirmungsprüf-Beckenreaktor *m*
STR	**Submarine Thermal Reactor** thermischer Unterseebootreaktor *m*
SVA	**Schweizerische Vereinigung für Atomenergie** Swiss Association for Atomic Energy
SVDB	**Schweiz. Verein von Dampfkessel-Besitzern** *(Zürich)* Swiss Association of Steam Boiler Owners
SWESSAR	**Stone & Webster Standard Safety Analysis Report** Standard-Sicherheitsbericht *m* von Stone & Webster *(amer. Beraterfirma)*
SWR	**Siedewasserreaktor** *m* boiling water reactor, BWR
SWS	**service water system** Nebenkühlwassersystem *n*
SWU	**separative work unit** Trennarbeitseinheit *f*, TAE
TAE	**Trennarbeitseinheit** *f* separative work unit, SWU
TBCCW	**turbine building closed cooling water (system)** Maschinenhaus-Zwischenkühlsystem *n*
TBF	**traveling belt filter** Bandfilter *m*, Filterband *n (für Flüssigmedien)*
TBP	**tributyl phosphate** Tributylphosphat *n*
TBR	**thorium breeder reactor** Thoriumbrutreaktor *m*
T/C	**temperature controller** Temperaturregler *m*
TCV	**turbine control valve** Turbinenregelventil *n*
TD	**theoretical density** theoretische Dichte *f*
TE	**total energy** Gesamtenergie *f*, Kraft-Wärme-Kupplung *f*
TEG	**Teilerrichtungsgenehmigung** *f* partial construction permit
TH, TU	**Technische Hochschule, Technische Universität** Technical University

THO$_2$	**thorium oxide** Thoriumoxid *n*
THTR	**thorium high-temperature reactor** Thorium-Hochtemperatur-Reaktor *m*
TIP	**traversing in-core probe** Eichspaltkammersonde *f*, Fahrkammer *f*
TOP	**transient overpower** *(LMFBR)* instationäre Überleistung *f*
TPM	**thermal power monitor** Wärmeleistungs-Überwacher *m*
TR	**Engineering Test Reactor** technischer Versuchsreaktor *m*
TRD	**Technische Regeln für Dampfkessel** *(BRD)* Technical Regulations for Steam Boilers
TREAT	**Transient Reactor Test** Reaktor-Transientenversuch *m*, Reaktorparameterprüfung *f*
TRX	**Two Region Critical Experiment** kritisches Zweizonenexperiment *n*
TSR	**transkristalliner Spannungskorrosionsriß** *m* transcrystalline stress corrosion crack
TTR	**Thermal Test Reactor** thermischer Versuchsreaktor *m*
TÜV	**Technischer Überwachungsverein** *(BRD)* Authorized Inspection Agency
TVA	**Tennessee Valley Authority** *(US)*
UCNR	**Union Carbide Nuclear Reactor** *(US)* Kernreaktor *m* der Union Carbide Corp.
UEA	**Uranium Enrichment Associates**
UF$_6$	**uranium hexafluoride** Uranhexafluorid *n*
UGS	**upper grid structure** *(CE PWR)* obere Gitterkonstruktion *f (im RDB)*
UKAEA	**United Kingdom Atomic Energy Authority** *(GB)* britische Atomenergiebehörde *f*
ULCC	**ultra large crude carrier** Großtanker *m (für Rohöl)*
UO$_2$	**uranium dioxide-solid oxide** *(used as fuel in reactors)* Urandioxid *n*
UPR	**Unterplattierungsriß** *m* underclad crack
UPS	**Unterpulverschweißen** *n* submerged arc welding, SAW
US	**Ultraschallprüfung** ultrasonic testing, UT

USAEC	**United States Atomic Energy Commission** Atomkommission der Vereinigten Staaten von Amerika
UT	**ultrasonic test** Ultraschallprüfung *f*
UVUT	**unequal velocity, unequal temperature** ungleiche Geschwindigkeit *f*, ungleiche Temperatur *f*
UVV	**Unfallverhütungsvorschriften** *fpl (BRD)* German Accident Prevention Regulations
VA	**vinyl acetate** Vinylazetat *n*
VCT	**volume control tank** *(PWR)* Volumenregelbehälter *m*
VdTÜV	**Vereinigung der (deutschen) Technischen Überwachungs-Vereine** Association of Authorized Inspection Agencies
VDE	**Verband Deutscher Elektrotechniker e. V.** Association of German Electrical Engineers
VDEW	**Verband deutscher Elektrizitätswerke** *(BRD)* Association of German Electricity Utilities
VDEh	**Verein Deutscher Eisenhüttenleute e. V.** Association of German Metallurgists
VDI	**Verein Deutscher Ingenieure** Association of German Engineers
VFP	**volatile fission product** flüchtiges Spaltprodukt *n*
VGB	**Technische Vereinigung der Großkraftwerksbetreiber** *(BRD)* Technical Association of Operators of Large Power Plants
VHTR	**very-high-temperature (gas-cooled) reactor** gasgekühlter Höchsttemperaturreaktor *m*
VKOM	**Vorwärmekammer-Originalmodell** *n* preheat chamber original model
VLCC	**very large crude carrier** Großtanker *m (für Rohöl)*
VPI	**vapour phase inhibitor** Dampfphaseninhibitor *m*
VW	**Vorwärme-(Zone, -Kammer, *usw.*)** *f* preheat (zone, chamber, *etc.*)
WBNS	**water boiler neutron source** Neutronenquelle *f* im Siedewasserreaktor
WDS	**waste disposal system** Abfallaufbereitungsanlage *f*

WHO	**World Health Organization** *(UNO)* Weltgesundheitsorganisation *f*
WEZ	**Wärmeeinflußzone** *f* heat affected zone, HAZ
WHP	**Wiederholungsprüfung** *f* in-service inspection, ISI
WPS	**waste processing system** Abfallaufbereitungssystem *n*
WS	**Wirbelstromprüfung** *f* eddy current (testing)
WT	**Wärmetauscher** *m* heat exchanger, HX
Z, Zw	**Zwischenüberhitzer** *m* reheater
ZEA	**zero energy assembly** Nullenergieanlage *f*, -anordnung *f*
ZED	**zero energy deuterium** Nullenergiedeuterium *n*
ZEEP	**Zero Energy Experimental Pile** Nullenergie-Experimentalreaktor *m*
ZENITH	**Zero Energy High Temperature Reactor** *(UKAEA)* Nullenergie-Hochtemperaturreaktor *m*
ZEPHYR	**Zero Energy Fast Reactor** *(UKAEA)* schneller Nullenergiereaktor *m*
ZERLINA	**Zero Energy Reactor for Lattice Investigation and New Assemblies** Nullenergiereaktor *m* für Gitteruntersuchungen und neue Anordnungen
ZES	**zero energy system** Nullenergiesystem *n*
ZETR	**Zero Energy Thermal Reactor** thermischer Nullenergiereaktor *m*
ZETR	**Zero Energy Tank Reactor** Nullenergie-Tankreaktor *m*
ZEUS	**zero energy uranium system** Nullenergie-Uransystem *n*
ZPFB	**Zero Power Fast Breeder** schneller Nulleistungsbrüter *m*
ZPR	**zero power reactor** Nulleistungsreaktor *m*
ZTU	**Zeit-Temperatur-Umwandlung** *f* time-temperature-transition, TTT *(diagram)*

THIEMIG-TASCHENBÜCHER · BAND 48

Fachwörter der Kraftwerkstechnik

Teil II: Kernkraftwerke (dt./engl.)

zusammengetragen von Friedrich Stattmann,
KWU Erlangen

Der 2. Teil der »Fachwörter der Kraftwerkstechnik«
behandelt die Kernkraftwerke. Die bisher im deutschen Sprachraum erhältlichen Wörterbücher für
Kernphysik und Kerntechnik erschienen ausnahmslos
bereits vor dem Durchbruch des Kernkraftwerksbaues
in der BRD, der Schweiz und Österreich. Sie konnten
also die seitdem neu entstandene Terminologie noch
nicht berücksichtigen. Das vorliegende Taschenbuch
ermöglicht den Anschluß an die neueste Entwicklung,
da hier zum ersten Male alle in der BRD, Österreich
und der Schweiz gebauten und angebotenen Reaktor-
typen einschließlich des ersten deutschen schnellen
Brüters SNR 300 systematisch erfaßt werden. Auch
wurden die wichtigsten Termini der Spaltstoffflußkontrolle im Rahmen des Atomwaffensperrvertrags einge-
fügt. Mit etwa 7000 Wortstellen überschreitet der Band
wesentlich den Umfang des 1. Teiles, da hier anstelle
einer Auswahl des Wichtigsten versucht wird, die neu
entstandene Terminologie so vollständig wie möglich
zu bieten.

(1973) IV, 316 Seiten; karton.-cellophan. DM 19,80

Verlag Karl Thiemig
Postfach 90 07 40 · D-8000 München 90